# 야성의 엘자

BORN FREE : THE FULL STORY
by Joy Adamson

Text and Photographs Copyright ⓒ 1966 by Joy Adamson
All rights reserved.
Korean Translation Copyright ⓒ 2005 by Dourei Publication Co.

This Korean edition is published by arrangement with Pan Macmillan Ltd.,
London through Korea Copyright Center, Inc., Seoul.

이 책의 한국어판 저작권은 (주)한국저작권센터(KCC)를 통해 저작권자와 독점 계약한 도서출판
두레가 갖고 있습니다. 저작권법에 의해 한국 내에서 보호를 받는 저작물이므로 무단전재와 복제
를 할 수 없습니다.

# 야성의 엘자

조이 애덤슨 지음 • 강미경 옮김

두레

### 감사의 말

1부 후기에 실린 편지를 비롯한 남편의 기록들은 내가 엘자의 이야기를 쓰는 데 많은 도움을 주었다. 따라서 이 책은 나의 책일 뿐만 아니라 남편인 조지의 책이기도 하다는 것을 말하고 싶다.

그밖에도 또한 내게 도움을 준 사람들이 있다. 이 책의 서문을 쓰고 우정으로 엘자를 대해준 윌리엄 퍼시 경, 내게 소중한 자료를 제공해준 우간다의 찰스 피트먼 전 수렵 감독관 책임자, 본문의 내용 교정을 도와준 리전트 공원 동물원 포유류과의 전 큐레이터이자 더블린 동물원 소장인 세실 웹, 동물학적인 자료를 검증해준 블리도르프의 책임자 E. G. 아펠만 박사에게 감사 드린다. 그리고 책을 출간하는 데 많은 관심을 가져준 로버트 앳킨슨 여사와 아드리안 하우스 씨에게 감사 드린다. 그러나 누구보다도 조지 빌리어스 여사에게 깊이 감사 드린다. 특히 자료를 대조하는 데 그의 도움과 충고가 없었다면, 엘자의 삶을 기록한 이 책은 지금과 같은 모습으로 결코 태어날 수 없었을 것이다.

*조이 애덤슨*

### ●●● 머리말

요즘 사람들이 치타나 그레이하운드나 리트리버를 훈련시켜 사냥에 사용하는 것처럼, 고대 아시리아인들이 사자를 치타처럼 길들여 사용했다는 이야기가 사실인지 허구인지는 분명치 않다. 하지만 애덤슨 부부가 수천 년 만에 처음으로 암사자를 훈련한 것은 확실한 사실이다. 애덤슨 부부는 의도적이 아니라 우연한 기회를 통해 암사자를 기르게 되었다. 하지만 그들은 결코 암사자의 본능을 억제하려 들지 않고 그저 한 가족처럼 지냈다.

그들이 기른 암사자의 이름은 '엘자'였다. 그들은 엘자가 갓 태어났을 때부터 세 살이 될 때까지 키운 다음 야생으로 돌려보냈다. 엘자의 성장 기록은 동물심리학 연구에 독특하면서도 유익한 정보를 제공해왔다. 지난 반세기 동안 동물심리학 연구는 이전 시대와는 전적으로 다른 새로운 이론을 발전시켰다. 19세기 작가들은 동물을 의인화해 인간과 같은 지성과 정서, 감정을 부여했다. 20세기에는 이에 대한 반발로 동물의 행동을 '조건반사'나 '반응 메커니즘'에 근거해 설명하면서 동물의 심리를 좀더 분명하게 이해할 수 있는 새로운 장을 개척해왔다. 하지만 동물들이 같은 종이라도 개체에 따라 다양한 기질과 지성과 능력을 지닌다는 사실을 알고 있는 사람들의 눈에는 이와 같은 기계론적인 이론이 동물을 의인화시킨 19세기의 사고방식 못지않게 진실과 거리가 멀 뿐더러, 오히려 동물의 행동에 대한 종합적인 이해를 가로막는 것으로 비쳐질 수밖에 없다.

어떤 견해를 가지고 있든지 간에 엘자의 이야기를 읽는 독자들은 세상에서 가장 위험한 동물 가운데 하나가 맹수의 본능을 억제하면서 성장하는 모습에 깊은 흥미를 느낄 것이다. 예를 들어 그런 맹수가 버펄로와 오랜 사투를 벌인 끝에 잔뜩 흥분한 상태에서 죽은 버펄로 위에 올라타 승리를 만끽하는 순간, 한 남자가 자신에게 다가와 종교적인 목적을 위해 죽어가는 짐승의 목을 따도록 허용할 뿐만 아니라, 그의 도움을 받아 강에서 버펄로의 시체를 끌어냈다고 생각해보자. 이는 곧 그 맹수가 탁월한 지성과 자제력을 겸비했다는 증거가 아닐 수 없다.

19세기 동물 작가 가운데 가장 상상력이 뛰어난 작가가 만일 암사자가 그런 식으로 행동했다는 내용을 책에 담아 표현했다면 '격에 맞지 않은 일'이라고 조롱당했든지, 아니면 너무 터무니없는 말이라서 독자들의 의심을 불러일으켰을 것이다. 하지만 엘자의 이야기는 그런 일이 엄연한 사실임을 보여준다.

  한마디로 엘자의 이야기는 19세기의 의인화 이론이나 20세기의 과학적 이론이 진실과는 거리가 멀다는 사실을 증명하고 있다.

윌리엄 퍼시

〈여성 사제와 사자〉, 니네베(Nineveh), BC 7세기.

## 차례

- 감사의 말 ... 5
- 머리말 ... 6

# 자유롭게 살도록 태어나다(Born Free)

**1**
1. 엘자의 어린 시절...15
2. 엘자, 다른 야생동물들을 만나다...45
3. 엘자, 인도양에 가다...69
4. 루돌프 호수로 떠난 여행...83
5. 엘자와 야생 사자...125
6. 첫 번째 방사...144
7. 두 번째 방사...174
8. 마지막 시험...210
9. 후기...241

# 자유롭게 살아가다(Living Free)

**2**
10. 엘자, 야생 수사자와 짝짓기를 하다...271
11. 새끼들이 태어나다...288
12. 새끼들을 만나다...312
13. 새끼들, 친구를 사귀다...325
14. 새끼들, 야영지에서 지내다...340
15. 새끼들의 성격...351
16. 엘자, 출판업자를 만나다...363
17. 야영지가 불에 타다...379
18. 엘자의 전투...398
19. 덤불숲에 도사리고 있는 위험들...415
20. 새끼들과 카메라...429
21. 엘자, 새끼들을 가르치다...445
22. 새해가 밝아오다...466

# 영원히 자유로워지다(Forever Free)

## 3

23. 추방 명령...479
24. 병이 든 엘사...496
25. 엘사의 죽음...506
26. 엘사 새끼들의 보호자...517
27. 새끼들의 이동 계획...529
28. 새끼들과 사자 무리...540
29. 난관에 처한 새끼들...548
30. 위기...555
31. 새끼들의 포획을 위한 준비...568
32. 새끼들의 포획...576
33. 세렝게티 국립공원을 향한 여정...586
34. 새끼들의 방사...599
35. 동물들의 대이동...608
36. 새끼들의 계곡...627
37. 세렝게티 국립공원의 관광객...642
38. 새끼들과의 재회...661
39. 긴 수색작업...673
40. 자유의 품에서...694

- 지도 ... 707
- 옮긴이의 말 ... 714

● 일러두기
  1. 옮긴이 주는 괄호로 표시하고, 괄호 안에 '옮긴이' 라고 적어 놓았다.
  2. 탕가니카는 1964년에 잔지바르와 합병하여 탄자니아를 이루었다. 하지만 이 책에서는 원문을 살려 '탕가니카' 라는 명칭을 그대로 사용하였다.
  3. 야드파운드법에 의한 단위들(마일, 파운드 등)은 미터법에 의한 단위(미터, 킬로그램 등)로 환산해서 옮겨 실었다.

# 1부

## 자유롭게 살도록 태어나다
### (Born Free)

# 1

## 엘자의 어린 시절

우리 가족은 여러 해 동안 케냐 북부의 국경지역에서 살았다. 그곳은 케냐 산에서부터 에티오피아 국경에 이르는 광대한 지역으로, 건조한 데다가 가시덤불로 뒤덮여 있다.

이 지역은 그동안 문명의 영향을 전혀 받지 못했다. 외지에서 온 정착인들도 전혀 없고, 다만 몇몇 원시 부족들만 조상의 방식대로 삶을 이어오고 있다. 한마디로 이곳은 야생동물의 천국이다.

남편 조지는 이 광대한 지역의 수렵 감독관이다. 우리 집은 국경지역의 남쪽 경계에 속하는 작은 마을인 이시올로 근처에 있다. 이 마을에는 약 서른 명의 백인이 살고 있는데, 다들 지역의 행정을 담당하는 공무원들이다.

조지는 수렵에 관한 법을 집행하거나, 밀렵을 감시하거나, 부족민을 괴롭히는 위험한 야생동물을 처리하는 일과 같은 임무를 수행한다. 그는 일 때문에 종종 광활한 지역을 여행한다. 우리는 그런 여행을 가리켜 사파리라고 부른다. 남편이 사파리를 떠날 때면 나는 가능한 한 그를 따라나선다. 남편과 사파리 여행을 하면서 나는 약육강식의 자연법칙이 지배하는 태고의 야생지대를 직접 관찰할 수 있는 남 모르는 기쁨을 누려왔다.

지금부터 내가 하고자 하는 이야기는 바로 이런 사파리 여행에서부터 시작한다. 보란 족 한 명이 식인 사자에게 목숨을 잃는 사건이 발생했다. 암사자 두 마리를 거느린 살인 수사자가 근처의 산에 살고 있다는 소식이 남편 조지에게 보고되었다. 남편은 자신의 임무를 다하기 위해 곧 그 사자 가족을 뒤쫓기 시작했다. 그 때문에 우리는 멀리 이시올로의 북쪽지역까지 이동해 보란 족과 함께 야영을 하며 생활하게 되었다.

1956년 2월 1일 이른 아침, 나는 패티와 단둘이 야영지에 머물고 있었다. 패티는 6년 반 동안 애완동물로 키워온 바우너구리의 이름이다. 동물학자들에 따르면 바우너구리는 발과 치아의 골격으로 판단할 때 코뿔소나 코끼리와 가장 가까운 동물이라고 하지만, 패티의 생김새는 마멋(남아메리카산 설치류-옮긴이)이나 기니피그(속칭 모르모트-옮긴이)와 비슷했다.

패티는 부드러운 털을 내 목에 바짝 갖다댄 채 아늑한 표정으로 주변에서 일어나는 일들을 빠짐없이 관찰했다. 야영지 주위의 땅은 건조했으며, 화강암 바위가 여기저기 불쑥불쑥 솟아 있고, 풀이 듬성듬성 나 있었다. 하지만 그런 불모지에도 여전히 동물들은 있었다. 제레누크(동아프리카산의 목이 긴 영양—옮긴이)와 가젤처럼 건조한 기후에 적응이 된 동물들, 즉 물을 많이 마시지 않아도 살 수 있는 동물들이 많았기 때문이다.

바로 그때 자동차 엔진 소리가 들려왔다. 아마도 조지가 생각했던 것보다 훨씬 일찍 돌아오는 모양이었다. 아니나 다를까, 조지의 랜드로버가 가시덤불 사이를 뚫고 나타나더니 텐트 근처에 멈춰 섰다. 곧이어 조지가 "여보, 어디 있어? 어서 와. 당신에게 보여줄 게 있어"라고 외치는 소리가 들려왔다.

나는 패티를 어깨 위에 올려놓은 채 달려나갔다. 눈앞에 죽은 사자가 보였다. 내가 어떻게 잡았느냐고 묻기도 전에 조지는 자동차 뒤쪽을 가리켰다. 그곳에는 털 군데군데에 자잘한 점이 찍힌 새끼 사자 세 마리가 있었다. 녀석들은 한결같이 얼굴을 파묻고 숨느라 정신이 없었다. 태어난 지 불과 몇 주밖에 지나지 않은 아주 어린 새끼들로, 눈에 아직도 뿌연 막이 덮여 있었다. 잘 기지도 못하는 주제에 그래도 녀석들은 도망쳐 보겠다고 열심히 몸을 버둥거렸다. 나는 녀석들을 달래주려고 무릎으로 안아 올렸다. 그 사이 조지는 지친 표정으로 그동안의 일을 설명했다. 새벽녘에 남편과 켄이라는 이름의 또 다른 수렵 감독관이 사람들의 안내를 받아 살인 사자가 나타났다는 곳으로 접근했다. 아침 햇살이 밝아올 무렵 그들은 바위 뒤에서 튀어나온 암사자의 공격을 받았다. 그들은 암사자를 죽일 생각이 없었지만, 거리가 워낙 가까워 몸을 피할 겨를

이 없었다. 조지는 할 수 없이 켄에게 총을 쏘라는 신호를 보냈다. 켄이 쏜 총알은 암사자에게 명중해 부상을 입혔다. 그 몸을 하고서도 암사자는 순식간에 사라졌다. 남편과 켄은 계속 앞으로 나아가다가 위쪽으로 이어져 있는 핏자국을 발견했다. 조심스럽게 한 발 한 발 내디디며 마침내 산꼭대기에 다다른 그들의 눈앞에 거대하고 평평한 바위가 드러났다. 조지는 시야를 좀더 넓게 확보하기 위해 바위 위로 올라갔고, 켄은 아래쪽으로 돌아갔다. 그 순간 바위 아래쪽에 있던 켄이 멈춰 서더니 무언가를 응시하며 천천히 총을 들어 발사했다. 으르렁거리는 소리와 함께 사라졌던 암사자가 모습을 드러냈다. 암사자는 곧장 켄을 향해 덮쳐왔다. 조지는 켄 때문에 총을 쏠 수가 없었다. 다행히 조지보다 좀더 좋은 위치에 있던 사냥꾼이 총을 쏘아준 덕분에 암사자의 공격을 막을 수 있었다. 덕분에 조지는 정확한 위치에서 암사자를 죽일 수 있었다. 한창때라 몸집이 큰 암사자는 젖이 잔뜩 부풀어 있었다. 조지는 암사자가 그렇게 광포하게 행동했던 이유가 새끼를 보호하기 위한 것이었다는 사실을 뒤늦게 깨닫고 후회했다.

    조지는 암사자의 새끼들을 찾으라고 명령했다. 조지와 켄의 귀에 바위 앞쪽의 갈라진 틈새에서 희미한 소리가 들려왔다. 그들은 틈새로 손을 밀어 넣었다. 하지만 손이 닿지 않았다. 바위틈 속에 있는 새끼들은 날카롭게 으르렁거렸다. 그들은 다시 바위 틈새에 끝이 굽은 긴 막대기를 밀어 넣었다. 여러 번 이리저리 휘저은 뒤에야 그들은 간신히 새끼들을 끄집어낼 수 있었다. 새끼들은 태어난 지 두세 주가 조금 넘어 보였다. 차로 옮겨진 새끼들은 집으로 오는 동안 내내 큰 소리로 울부짖으며 침을 흘려댔다. 하지만 막내인 듯 보이는 체구가 가장 작은 새끼만은 아무 저항도 하지 않았다. 녀석은 주위의 상황에 전혀 무심한 듯했다. 이렇게 해서 바로 세 마리의 새끼 사자가 내 무릎에까지 오게 된 것이었다. 새끼들은 너무나도 귀여웠다.

질투심이 많은 패티조차도 곧 함께 어울렸다. 친구가 생겨 크게 환영하는 눈치였다. 그 날 이후 네 마리의 동물들은 늘 함께 붙어 다녔다. 처음에는 녀석들 중에서 패티의 몸집이 가장 컸다. 여섯 살 난 패티는 뒤뚱거리며 걸음도 제대로 떼어놓지 못하는 너저분한 벨벳 가방처럼 생긴 새끼 사자들과 비교할 때 아주 위풍당당해 보였다.

새끼들은 이틀이 지나서야 비로소 우유를 빨기 시작했다. 이틀 동안 나는 묽게 희석한 무가당 우유를 삼키게 하기 위해 별별 방법을 다 동원했다. 하지만 녀석들은 한결같이 먹기를 거부한 채 날카롭게 울부짖으며 저항했다. 녀석들은 마치 "고맙지만 괜찮아요"라고 정중하게 거절할 줄 아는 예의를 알기 전까지는 무작정 싫다고 고개를 저으며 투정하는 어린아이 같았다.

일단 우유를 받아먹기 시작하자 녀석들은 마구 먹으려고 들었다. 나는 두 시간마다 한 번씩 우유를 타야 했다. 그때마다 고무 튜브도 깨끗이 씻어야 했다. 아기 젖병이 마련되기 전까지 무전기에서 떼어낸 고무 튜브를 젖꼭지로 사용했기 때문이다. 우리는 집에서 약 80킬로미터 정도 떨어진 시장에 들러 젖꼭지와 간유와 포도당과 무가당 우유를 구입했다. 아울러 약 240킬로미터 정도 떨어져 있는 이시올로의 지역 담당관에게 급전을 보내 태어난 지 2주 된 사자 새끼 세 마리의 도착을 알리고, 우리가 돌아갈 시간에 맞추어 안락한 목재 우리를 만들어달라고 부탁했다.

며칠이 지나자 녀석들은 안정을 되찾았다. 이제 녀석들은 모든 사람의 귀여움을 독차지하는 애완동물로 자리잡았다. 무리 중에서 가장 점잖은 패티는 마치 유모라도 된 듯 모든 일에 관여했다. 패티는 녀석들에게 매우 헌신적이었으며, 성장이 빠른 세 마리의 왈패들에게 이리 끌리고 저리 끌리며 짓밟힘을 당해도 전혀 개의치 않았다. 녀석들은 모두 암컷이었다. 비록 어린 새끼였지만 다들 개성이 뚜렷했다. 첫째 '빅원(Big One)'은 이름에 걸맞게 통이 크고 다른 자매들에게도 관대했다. 둘째 녀석은 어릿광대처럼 항상 싱글댔다. 젖을 먹을 때면 녀석은 행복에 겨운 듯한 표정을 지으며 앞발로 젖병을 퉁퉁 두들기곤 했다. 나는 둘째의 이름을 '즐거운 녀석'을 의미하는 '루스티카(Lustica)'로 지었다.

셋째는 덩치는 가장 작았지만 용기는 타의 추종을 불허했다. 녀석은 무슨 일이든 맨 먼저 나섰다. 다른 녀석들은 뭔가 의심스러운 낌새를 느낄 때마다 셋째를 먼저 보내 탐색을 시켰다. 나는 셋째를 '엘자(Elsa)'라고 불렀다. 녀석은 내게 그 이름을 가진 누군가를 생각나게 했기 때문이다.

자연 상태에서 성장했더라면 엘자는 아마 '사자 무리'에서 쫓겨나는 신세가 됐을 게 틀림없다(혼자 사는 사자나 두 마리가 한 쌍을 이루어 사는 사자들과는 대조적으로, 어른 사자들과 새끼 사자들로 구성된 사자 가족 가운데는 사냥할 때 서로 협력할 목적으로 다른 사자 가족과 함께 집단 생활을 하는 사자들이 있다. 이를 가리켜 '사자 무리'라고 한다). 사자는 보통 한 배에 네 마리 정도를 낳는다. 그 가운데 한 마리는 대개 낳자마자 죽고, 또 다른 한 마리는 너무 약해서 서서히 도태된다. 암사자 한 마리에 보통 두 마리의 새끼가 따라다니는 모습을 종종 보게 되는 건 바로 이런 이유 때문이다. 암사자는 대개 새끼들이 두 살이 될 때까지 돌보아준다. 첫 해에는 새끼들이 먹기 좋게 음식을 잘게 씹어 직접 입으로 먹여주고, 둘째 해부터는 새끼들도 사냥에 참여할 수 있다. 하지만 새끼들이 자제심을

새끼 사자들의 유모로 자청하고 나선 패티.

잃고 제멋대로 행동할 경우에는 호된 징벌이 가해진다. 새끼들은 혼자 힘으로 먹잇감을 잡을 수 없기 때문에 어른 사자들이 먼저 먹고 남은 것을 먹어야 한다. 대개의 경우 남은 게 턱없이 부족할 때가 많기 때문에 새끼들은 못 먹어서 매우 궁상맞은 모습을 하고 있다. 때로 새끼들은 배고픔을 참지 못하고 먹이를 먹는 어른 사자들 틈에 끼려고 하다가 호되게 당하거나 무리에서 추방되기도 한다. 추방된 새끼들은 아직 사냥하는 법을 알지 못하기 때문에 종종 어려움에 직면하곤 한다. 이렇듯 사자는 어렸을 때부터 냉엄한 자연의 법칙을 배우게 된다.

패티와 새끼 사자 세 마리는 하루의 대부분을 텐트 안에 있는 내 침대 밑에서 놀았다. 침대 밑이 가장 안전하게 느껴졌던 모양이다. 사실 침대 밑은 녀석들이 가장 손쉽게 발견할 수 있는 서식처였다. 녀석들은 마치 집 안에서 자랄 본성을 타고난 듯했다. 밖에 있는 모래밭에라도 나갈라 치면 녀석들은 극도로 조심스런 태도를 취했다. 처음 며칠 동안은 약간의 사고가 있기도 했다. 하지만 녀석들은 곧 침대 밑보다는 바깥에 있는 작은 물웅덩이에서 놀기를 좋아했다. 녀석들은 특유의 고양이 소리를 내기도 하고, 싫을 때면 얼굴을 우스꽝스럽게 찡그리기도 했다. 녀석들의 몸은 벌꿀 냄새나 간유 냄새 같은 기분 좋은 냄새 외에는 아무 냄새도 나지 않을 정도로 청결했다. 녀석들의 혀는 사포만큼 거칠었다. 자랄수록 두꺼운 옷 위를 핥아대는 데도 거친 혀의 질감이 느껴졌다.

2주 후 우리는 이시올로로 돌아갔다. 이시올로에는 녀석들을 위한 궁전이 마련되어 있었다. 모든 사람이 녀석들을 보러 왔으며, 야수의 왕으로 성대하게 환영했다. 녀석들은 유럽인들, 특히 아이들을 좋아했지만 아프리카인들에 대해서는 노골적으로 싫어하는 기색을 보였다. 하지만 누루라는 이름의 소말리아 청년만큼은 예외였다. 그는 우리 집 정원사였다. 우리는 그를 후견인으로 세워 녀석들을 돌보게 했다. 그는 후견인이라는 직책을 몹시 마음에 들어했다. 왜냐하면 후견인이라는 직위가 그의 사회적 신분을 한층 격상시켜주었을 뿐만 아니라, 다른 일에 신경쓸 필요 없이 그저 새끼 사자들하고만 지낼 수 있게 해주었기 때문이다. 누루는 녀석들이 온 집안을 헤집으며 한바탕 뛰어놀다가 지쳐 근처의 나무 그늘에서 잠을 청할 때면, 뱀이나 비비와 같은 동물로부터 녀석들을 보호하며 옆에서 몇 시간씩 가만히 앉아 있었다.

우리는 12주 동안 녀석들에게 간유와 포도당, 칼슘, 약간의 소금을 혼합한 무가당 우유만 먹였다. 녀석들은 곧 하루 세 끼만으로 만족하게 되었고, 식사 간격도 점차 길어졌다.

*태어난 지 7주 된 새끼들.*

녀석들은 이제 완전히 눈을 떴다. 하지만 아직 거리 감각이 없어서 종종 목표물을 놓치곤 했다. 우리는 녀석들이 그와 같은 어려움을 극복할 수 있도록 하기 위해 고무공과 튜브를 주어 놀게 했다. 튜브는 줄다리기 놀이를 하는 데 안성맞춤이었다. 고무로 만들어진 것이나 부드럽고 유연한 것이면 무엇이든지 녀석들의 관심을 끌었다. 녀석들은 튜브를 서로 차지하려고 밀고 당기다가 한 놈이 튜브를 가로채면 다른 녀석들이 튜브 위에 올라앉아 체중을 이용해 빼앗으려고 했다. 그런 방법이 통하지 않으면 서로 온 힘을 다해 튜브를 끌어당겼다. 그러다가 한 놈이 싸움에서 이겨 튜브를 차지하면 튜브를 입에 문 채 다른 녀석들 앞에서 마치 빼앗아보라는 듯이 자랑하고 다녔다. 그런데도 다른 녀석들이 더 이상 덤빌 기색을 보이지 않으면 튜브를 다른 녀석들의 코앞에 내려놓고는 마치 도둑맞아도 괜찮다는 듯이 천연덕스럽게 시치미를 뚝 떼고 있기도 했다.

잠이 든 엘자.

녀석들은 상대방을 깜짝 놀라게 만드는 탁월한 재주를 가지고 있기도 했다. 녀석들은 서로에게 살금살금 다가가 놀라게 했다. 때로는 우리도 녀석들의 그런 재주에 놀라는 적이 많았다. 아직 어렸지만 녀석들은 상대방이 눈치 채지 못하게 다가갈 수 있는 재주를 타고난 듯했다.

녀석들은 항상 뒤에서 공격해왔다. 몸을 잔뜩 웅크린 채 상대방이 전혀 눈치 채지 못하게 뒤로 몰래 다가와서는 마지막 순간에 몸을 벌떡 일으켜 세운 뒤 온 체중을 실어 덮쳐왔다. 그럴 때면 목표물이 된 상대방은 여지없이 땅바닥에 쓰러지곤 했다. 우리가 그런 장난의 대상이 됐을 때는 짐짓 모르는 척했다. 우리는 마지막 공격이 이루어질 때까지 몸을 웅크리고 앉아 딴 데로 시선을 돌린 채 기다려주곤 했다. 녀석들은 그런 놀이가 무척이나 재미있는 모양이었다.

패티도 항상 놀이에 끼기를 원했다. 녀석들의 몸집은 어느새 패티의 세 배나 되었다. 하지만 패티는 무겁게 덮쳐 누르는 녀석들의 공격을 요령 있게 잘 피했기 때문에 결코 짓눌리는 일은 없었다. 패티는 여전히 위풍당당한 모습으로 권위를 지켜나갔다. 녀석들이 지나치게 공격적으로 나올 때는 녀석들 주위를 빙빙 돌거나 맞대응을 하면서 한쪽으로 몰아세웠다. 나는 패티의 그런 기상이 마음에 들었다. 비록 몸집은 작았지만 패티는 거침없는 태도로 기선을 제압했다. 패티는 날카로운 이빨과 민첩한 동작, 그리고 빠른 반사신경과 지성과 용기로 자신을 보호했다.

패티는 갓 태어났을 때부터 함께 지내왔기 때문에 모든 점에서 우리에게 완전히 적응되어 있었다. 같은 종인 나무너구리와는 달리 패티는 야행성 동물이 아니었다. 패티는 밤에는 마치 모피 목도리처럼 내 목에 찰싹 붙어 잠을 잤다. 패티는 초식동물이었지만 술 특히 독한 술을 매우 좋아했다. 기회가 있을 때마다 패티는 술병을 넘어뜨려 마개를 뽑은 뒤 술을 벌컥벌컥 들이켰다. 술은 패티의 의욕을 꺾어놓았을 뿐만 아니라 건강에도 많은 해를 끼쳤기 때문에 우리는 가능한 한 위스키나 진을 보이지 않게 하려고 주의를 기울였다.

패티의 배설 습관은 매우 특이했다. 바위너구리는 항상 같은 곳에 용변을 보는데, 특히 바위의 가장자리를 선호한다. 패티는 집에서는 늘 변기 가장자리에 쪼그리고 앉아서 용변을 보았다. 그렇게 쪼그리고 앉아 있는 모습이 얼마나 우스꽝스러웠던지. 사파리 여행을 떠날 경우 자신의 품위를 유지할 수 있는 장치가 마련되어 있지 않으면 패티는 무척 당혹스러워했다. 그 때문에 우리는 패티를 위해 작은 휴대용 변기를 마

뒤에서 몰래 접근하는 법을 연습하는 새끼들. 사자들은 아주 어렸을 때부터 상대에게 소리없이 다가가려면 어떻게 해야 하는지를 본능적으로 깨우쳤다.

련해야 했다.

패티의 몸에는 벼룩이나 진드기가 전혀 없었다. 그런데도 패티는 항상 몸을 긁어댔다. 처음에는 그 이유를 몰라 무척 궁금했다. 패티의 발톱은 모형 코뿔소의 발톱처럼 둥글었다. 발톱은 앞쪽에 네 개, 뒤쪽에 세 개가 있었다. 뒷다리 안쪽 발가락에는 '빗질 발톱'이라고 불리는 발톱이 붙어 있었다. 패티는 이 발톱을 이용해 몸의 털을 매끄럽게 빗어 내렸다. 나는 나중에야 패티가 늘 몸을 긁어대는 이유가 털을 관리하기 위한 것이라는 사실을 알 수 있었다.

패티는 겉으로 드러나 보이는 꼬리가 없었다. 패티의 털은 얼룩덜룩한 회색이었는데, 등뼈 중간 부분에 하얀 점이 있었다. 그 하얀 점은 외분비선의 일종으로 체액을 방출했다. 분비선을 둘러싸고 있는 털은 패티가 기뻐할 때나 놀랄 때마다 올올이 곤두서곤 했다. 새끼 사자들의 몸집이 커지면서부터 패티의 털이 자주 곤두섰다. 녀석들의 장난기 어린 거친 행동이 패티를 두렵게 했기 때문이다. 패티는 종종 위험을 느낄 때마다 신속하게 창문턱이나 사다리 위 같은 높은 곳으로 피했다. 그렇지 않았더라면 패티를 고무공으로 착각한 새끼 사자들에게 곤욕을 치렀을 게 분명했다. 새끼 사자들이 오기 전까지 패티는 모두의 귀여움을 독차지했었다. 하지만 녀석들이 오고 나서부터는 방문객들의 관심이 온통 녀석들에게 쏠렸다. 그런데도 패티는 못된 장난꾸러기들을 언제나 다정하게 대해주었다. 패티의 그런 모습은 매우 감동적이었다.

점차 왕성한 체력을 느끼기 시작하면서 녀석들은 뭐든 눈에 띄는

것마다 자신들의 힘을 시험해보아야 직성이 풀렸다. 녀석들은 방수용 깔개가 아무리 커도 개의치 않고 질질 끌고 다녔다. 그런가 하면 고양이과 동물들의 습성대로 마치 사냥감을 죽이듯 몸으로 깔아뭉개며 앞발로 잡아당기기도 했다. 녀석들이 특히 좋아하던 놀이가 있었다. 나는 그 놀이를 가리켜 '정복자 놀이'라고 이름 붙였다. 녀석들 가운데 한 놈이 감자 자루 위로 뛰어올라가 자신을 공격하는 다른 놈과 한판 승부를 벌이는 놀이였다. 두 녀석 사이의 싸움은 나머지 한 마리가

▲ 새끼 사자들에게서 피해 있는 패티.

뒤에서 올라와 위에 있는 놈을 밀쳐내고 왕의 자리를 차지할 때까지 계속되었다. 최후의 승자는 대개 엘자였다. 엘자는 다른 두 녀석이 서로 싸우느라 정신이 없는 틈을 노려 성을 차지하곤 했다.

마당에 서 있는 몇 그루의 바나나나무도 녀석들이 즐겨 가지고 놀던 장난감이었다. 그 덕분에 아름답던 바나나나무 잎사귀들이 너덜너덜한 누더기처럼 변하고 말았다. 녀석들은 나무 타기도 좋아했다. 녀석들은 타고난 곡예사였다. 하지만 아무 생각 없이 높이만 오르다가 나중에 내려올 방법을 찾지 못하고 당황할 때가 많았다. 그럴 때면 우리가 녀석들을 구해주어야 했다.

새벽에 누루가 우리의 문을 열어주면 녀석들은 밤새 비축해놓은 힘을 한꺼번에 발산하려는 듯 쏜살같이 뛰어나갔다. 그 순간은 마치 그레

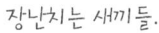
장난치는 새끼들.

이하운드 경주가 시작됐을 때를 방불케 했다. 한번은 녀석들이 두 사람의 방문객이 머물고 있는 텐트를 목표로 삼았다. 텐트는 5분 만에 처참하게 무너져 내렸다. 우리는 방문객들의 비명 소리에 잠에서 깨어났다. 방문객들은 자신들의 물건을 빼내려고 했지만 아무 소용이 없었다. 녀석들은 신이 나서 무너진 텐트 속으로 뛰어들어 슬리퍼, 파자마, 찢어진 모기장과 같은 다양한 전리품을 물고 나왔다. 우리는 그때만큼은 작은 막대기로 녀석들을 훈계해야 했다.

녀석들을 밤에 잠자리에 들게 하는 일도 결코 쉽지 않았다. 잠자는 시간을 싫어하는 어린아이들처럼 녀석들은 지지리도 말을 듣지 않았다. 생각해보라. 우리보다 두 배나 더 빨리 뛸 수 있고, 밤중에도 사물을 환히 볼 수 있는 녀석들을 어떻게 쉽게 잠자리에 몰아넣을 수 있었겠는지.

우리는 종종 속임수를 사용해야 했다. 그 가운데서도 낡은 가방을 기다란 밧줄에 붙잡아 맨 채 질질 끌고 가 우리 안에 집어넣는 유인작전이 가장 잘 먹혀들었다. 그러면 녀석들은 만사를 제쳐두고 쫓아오지 않고는 못 배겼다.

녀석들은 밖에서 뛰노는 것도 좋아했지만 책이나 쿠션 같은 물건을 가지고 노는 것도 좋아했다. 우리는 서재의 책들과 그 밖의 다른 물건들을 보호하기 위해 녀석들을 집 안에 들어오지 못하게 했다. 우리는 나무로 짠 틀에다 질긴 철사를 동여맨 어깨 높이의 문을 베란다 통로에 달아맸다. 녀석들은 문을 매단 게 몹시 못마땅한 듯했다. 녀석들의 놀이터 중 하나가 사라졌기 때문이었다. 그 대신 우리는 마당에 있는 나무에 타

놀고 있는 새끼들(31~33).

이어를 매달아 새로운 놀이터를 조성해주었다. 녀석들은 타이어를 씹기도 하고 올라타기도 하면서 시간을 보냈다. 우리가 마련한 또 다른 장난감은 나무로 된 빈 꿀통이었다. 통을 밀면 쿵쿵거리며 울리는 소리가 났다. 하지만 뭐니뭐니 해도 녀석들이 가장 좋아하는 장난감은 삼베 가방이었다. 우리는 가방 안에 낡은 튜브를 집어넣은 뒤 나뭇가지에 매달았다. 나뭇가지에 매달린 삼베 가방은 이리저리 흔들리며 녀석들에게 손짓을 보냈다. 우리는 가방에 또 하나의 밧줄을 매달았다. 녀석들이 가방에 달려드는 순간, 우리는 밧줄을 잡아당겨 공중 높이 끌어올려서는 그네를 태웠다. 우리가 웃으면 웃을수록 녀석들도 더욱 흥에 겨워 놀이를 즐겼다.

하지만 이 모든 장난감에도 불구하고 녀석들은 베란다를 막아놓은 걸 못내 아쉬워했다. 녀석들은 종종 그 앞에 와서 철사에 코를 비벼대곤 했다.

어느 날 오후 늦게 몇몇 친구들이 일몰을 보기 위해 우리 집을 방문했다. 안에서 들려오는 즐거운 소리에 이끌렸는지 곧이어 녀석들이 나타났다. 하지만 그 날 저녁만큼은 착하게 굴었다. 녀석들은 철사에 코를 비벼대지도 않고, 문에서 약간 떨어진 곳에 다소곳이 앉아 있었다. 녀석들이 교양 있게 구는 모습을 보고 있자니 문득 미심쩍은 생각이 들었다. 나는 녀석들이 그렇게 얌전한 이유를 살펴보려고 몸을 일으켰다. 그 순간 나는 소스라치게 놀라지 않을 수 없었다. 녀석들과 문 사이에서 커다란 코브라가 붉은 혀를 날름거리고 있었던 것이다. 한쪽에는 사자 세 마리가 다른 쪽에는 우리가 버티고 있는데도 코브라는 전혀 아랑곳하지 않고 베란다 계단을 가로질러 계속 움직여댔다. 우리가 총을 가져왔을 때는 이미 사라지고 없었다.

장애물이나 코브라나 그 어떤 금제 장치도 집에 들어오고 싶어 하는 루스티카의 욕망을 가로막지는 못했다. 루스티카는 집안의 문이란 문은 모두 열려고 시도했다. 루스티카는 곧 손잡이를 누르거나 돌리면 문을 열 수 있다는 걸 터득했다. 루스티카가 그렇게 할 때마다 우리는 재빨리 모든 문에 나무 빗장을 질러 못 들어오게 막는 수밖에 없었다. 하지만 루스티카는 이빨로 빗장을 물어 옆으로 밀어내려고 한 적도 있었다. 루스티카는 자신의 목적이 좌절되자 빨랫줄에 널어놓은 옷들을 찢기도 하고, 옷가지를 물고 수풀 속으로 도망쳐 우리에게 보복을 가하기 시작했다.

3개월째도 접어들사 녀식들은 고기를 먹기에 충분한 정도로 이빨

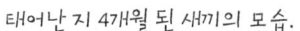
태어난 지 4개월 된 새끼의 모습.

이빨로 문을 열려고 하는 루스티카.

이 자랐다. 나는 녀석들에게 잘게 다진 날고기를 주었다. 녀석들의 어미처럼 먹이를 씹어 입에 넣어줄 수는 없었기 때문에 우리로서는 그 방법이 최선이었다. 녀석들은 며칠 동안은 날고기를 거들떠보지도 않았다. 심지어 역겹다는 표정을 짓기까지 했다. 그러는 가운데 루스티카가 먼저 날고기에 도전하더니 제법 맛있게 먹기 시작했다. 그 모습을 본 다른 녀석들도 용기를 내 도전했다. 곧 식사 시간마다 열띤 쟁탈전이 벌어졌다. 다른 녀석들보다 여전히 몸이 약했던 엘자는 가엾게도 늘 자기 몫을 제대로 챙기지 못했다. 나는 엘자를 위해 고기 몇 조각을 남겨놓았다가 무릎으로 불러 먹이곤 했다. 그때마다 엘자는 고개를 이리저리 돌리기도 하고 눈을 지긋이 감기도 하면서 자신이 느끼는 행복감을 표시했다. 그런가 하면 내 손가락을 빨기도 하고, 새끼 사자가 젖을 더 달라고 보채며 어미의 배를 두드리듯이 앞발로 내 허벅지를 툭툭 치기도 했다. 엘자와 나의 유대관계가 형성되기 시작한 것은 바로 이 무렵부터였다. 우리에게 식사 시간은 곧 놀이 시간이기도 했다. 나머지 녀석들도 정말 귀엽고 매력적이었다. 나는 녀석들과 함께 지내면서 매일매일 즐거운 시간을 보냈다.

녀석들은 천성적으로 게으름뱅이들이었다. 한번 편안한 자세를 잡으면 꿈쩍하기를 싫어했다. 그런 녀석들을 움직이게 하려면 많은 노력이 필요했다. 골수가 가득한 뼈다귀를 던져줘도 벌떡 일어나 받아먹는 대신, 귀찮다는 듯이 몸을 굴려 가장 편한 방법으로 받아먹으려고 했다. 녀석들은 심지어 내게 뼈다귀를 잡고 있게 한 뒤 벌렁 누워서 허공에 대

당나귀들에게 몰래 다가가는 새끼들.

고 발을 휘적거리며 핥아먹곤 했다.

녀석들이 숲속에 있을 때는 종종 뜻밖의 사건들이 일어나곤 했다. 어느 날 아침 나는 녀석들을 찾으러 나갔다. 전에 녀석들의 몸에 기생충 약을 뿌려놓은 게 효과가 있는지 살펴보기 위해서였다. 나는 막 잠든 녀석들을 발견했다. 그때였다. 검은 병정개미가 열을 지어 녀석들에게 접근하고 있었다. 이미 몇 마리는 녀석들의 몸을 타고 올라가고 있었다. 병정개미는 강력한 턱을 무기삼아 자기들 앞에 있는 물체는 뭐든 사납게 공격해댄다. 다행히 내가 막 녀석들을 깨우려고 하는 순간 개미들은 방향을 바꾸기 시작했다.

그 직후 당나귀 다섯 마리가 다가왔다. 마침 녀석들도 잠에서 깼다.

녀석들이 그처럼 큰 동물을 본 건 이때가 처음이었다. 녀석들은 당나귀 무리를 보자마자 모두 동시에 공격했다. 사자가 매우 용맹스런 동물이라는 사실을 여지없이 보여준 셈이었다. 이 일로 인해 녀석들은 더욱 짓궂게 변했다. 그러고 나서 며칠 뒤였다. 당나귀와 노새 40마리가 짐을 싣고 집 근처까지 왔다가 녀석들이 겁도 없이 휘젓고 다니는 바람에 모두 달아나고 말았다.

생후 5개월이 지나자 녀석들은 제법 맹수의 면모를 갖추면서 나날이 강해졌다. 녀석들은 한밤중을 제외하고는 아주 자유로웠다. 조지와 나는 바위와 모래로 우리 주변에 울타리를 만들어 녀석들을 그 안에다 재웠다. 야생 사자와 하이에나, 자칼, 코끼리 같은 동물들이 집 근처를

태어난 지 6개월 된 새끼들.

자주 어슬렁거렸기 때문에 녀석들의 안전을 위해서는 반드시 필요한 조치였다.

　녀석들을 알아갈수록 더욱더 사랑스러웠다. 녀석들은 무척 빠르게 성장했다. 그런 녀석들을 영원히 데리고 있을 수 없다는 사실이 무척 원망스러웠다. 우리는 슬펐지만 할 수 없이 셋 중 두 놈을 다른 곳으로 보내기로 결정했다. 덩치도 크고 늘 붙어 지내기를 좋아하는 빅원과 루스티카는 엘자에 비해 독립심이 강했기 때문에 녀석들을 보내는 게 나을 듯했다. 집에서 일하는 흑인들도 우리의 선택에 동의했다. 그들은 이구동성으로 몸집이 가장 작은 엘자를 적극 추천했다. 앞으로의 일을 생각할 때 위험도 덜하고 덜 귀찮으려면 "아무래도 작은 놈이 더 낫다"는 것

태어난 지 6개월 된 엘자.

이 그들의 공통된 생각이었다.

엘자는 우리하고만 있게 되면 길들이기가 한결 쉬울 것 같았다. 그러면 이시올로에서는 물론이고 사파리 여행 때도 함께 데리고 다닐 수 있을 터였다.

빅원과 루스티카는 로테르담 블리도르프 동물원에 보내기로 했다. 그러고 나서 우리는 녀석들을 비행기로 수송할 준비를 해나갔다.

나이로비 공항은 우리 집에서 약 290킬로미터 정도 떨어져 있었기 때문에 일단 녀석들이 자동차 여행에 익숙해지도록 만들어야 했다. 우리는 1.5톤 트럭에 녀석들을 태워 매일 잠깐씩 돌아다녔다. 이 밖에도 우리는 차 안에서 먹을 것을 주어 적응하게 하는 한편, 녀석들이 그곳을 놀이터로 인식하도록 배려했다.

공항으로 떠나는 날 우리는 자동차 안에 부드러운 샌드백을 집어넣었다.

자동차를 몰고 출발하자 엘자가 집 입구의 도로까지 따라 나왔다. 그러고는 멈추어 서서 우리를 물끄러미 쳐다보았다. 두 자매가 실려 가는 자동차를 바라보는 엘자의 눈에 슬픈 빛이 가득했다. 나는 녀석들과 함께 짐칸에 탔다. 나는 오랜 여행을 하다가 혹시 녀석들의 발톱에 긁혀 상처가 날 것에 대비해 응급약 상자를 준비했다. 하지만 시간이 지나면서 그렇게까지 준비할 필요는 없었다는 생각이 들었다. 녀석들은 샌드백 위에 누워 앞발로 나를 감싸 안은 채 얌전히 있었다. 우리의 여행은 차가 두 번이나 펑크나는 바람에 무려 열한 시간이나 걸렸다. 녀석들은

내 자매들은 어디에 있을까?

긴 여행에도 불구하고 듬직하게 잘 참아주었다. 나이로비 공항에 도착하자 녀석들은 큰 눈망울로 나를 물끄러미 쳐다보면서 생전 처음 듣는 이상한 소음과 냄새를 어떻게 이해해야 할지 모르겠다는 듯 어리둥절한 표정을 지었다. 곧 비행기가 녀석들을 태우고 높이 날아올랐다. 녀석들은 이제 자기들이 태어난 고향을 영원히 떠나게 된 셈이었다.

며칠 뒤 우리는 녀석들이 네덜란드에 안전하게 도착했다는 전보를 받았다. 그로부터 약 3년 뒤 내가 동물원을 방문했을 때 녀석들은 나를 우호적인 사람으로 생각했는지 가까이 다가가서 만져도 가만히 있었다. 하지만 나를 알아보지는 못했다. 녀석들은 매우 좋은 여건에서 생활하고 있었다. 나는 녀석들이 더 자유로웠던 옛날을 생각하지 못하는 걸 오히려 다행으로 여겼다.

## 2

## 엘자, 다른 야생동물들을 만나다

남편 조지의 말에 따르면, 내가 나이로비에 가고 없는 동안 엘자는 몹시 불안해하면서 잠시도 그의 곁을 떠나지 않으려 했다고 한다. 엘자는 그림자처럼 그의 뒤를 따라다니며 그가 일하는 사무실 책상 아래 앉아 있기도 하고, 밤에는 그의 침대에서 함께 잠을 자기도 했다. 매일 저녁 남편은 엘자를 데리고 산책을 나갔다. 하지만 내가 돌아오던 날은 무슨 이유 때문인지 엘자는 남편을 따라나서지 않았다. 엘자는 마치 내가 돌아오는 것을 알기라도 한 듯 도로 한가운데 꿈쩍 않고 앉아 있었다. 과연 엘자는 내가 돌아오는 걸 알고 있었을까? 만일 그렇다면 앞일을 내다보는 예지는 동물의 어떤 본능에서 비롯되는 걸까? 이에 대한 설명은 비록 불가능하지는 않겠지만 그리 쉽지는 않으리라.

엘자와 조지.

엘자는 집에 돌아온 나를 아주 반갑게 맞아주었다. 두 자매를 찾기 위해 여기저기를 두리번거리는 엘자의 모습을 보자 마음이 아팠다. 엘자는 그 후로도 오랫동안 숲속을 응시하기도 하고, 자매들을 불러보기도 했다. 엘자는 우리가 가는 곳마다 따라다녔다. 아마도 우리마저 자기를 버리고 사라질까봐 겁이 났던 모양이다. 우리는 엘자를 안심시키기 위해 집 안에 들여놓았다. 엘자는 우리와 함께 잤다. 엘자가 거친 혀로 얼굴을 훑는 바람에 우리는 종종 잠에서 깨곤 했다.

우리는 두 자매를 기다리며 힘들어하는 엘자의 기분을 달래주기 위해 녀석을 데리고 사파리 여행을 떠나기로 결정했다. 엘자를 데려갈 모든 채비를 마치자 우리는 곧바로 출발했다. 다행히 엘자도 우리처럼 사파리 여행을 좋아하는 것 같았다.

말랑말랑한 짐과 침구로 채워진 내 트럭은 엘자가 편안하게 여행할 수 있는 이상적인 공간을 제공했다. 엘자는 편안한 자세로 주위를 살피며 여행의 즐거움을 만끽했다.

우리는 우아소 니이로 강변에 텐트를 쳤다. 강둑을 따라 종려나무와 아카시아나무가 즐비하게 서 있었다. 건조기라 강의 수심이 낮았다. 강물은 천천히 로리언 늪지로 흘러들어 갔다. 어떤 곳에서는 물살이 세지면서 깊은 웅덩이들을 만들기도 했다. 그런 웅덩이에는 보통 물고기들이 가득했다.

야영지 근처에는 바위산이 있었다. 엘자는 바위 틈새를 들여다보기도 하고, 바위 사이를 헤집고 돌아다니며 냄새를 맡기도 하다가 마침내 높은 바위 꼭대기에 올라가 몸을 웅크리고 앉았다. 그곳에서 엘자는 주위 숲속을 관찰했다. 초원 가득 석양이 붉게 드리운 늦은 오후, 햇빛을 받은 엘자의 모습도 마치 하나의 붉은 돌덩이 같았다.

하루 중 이때가 가장 쾌적한 시간이었다. 한낮의 열기가 가신 뒤에는 주변의 모든 것이 평화로워 보였다. 그림자가 점차 길어지면서 햇빛이 급속히 사라지고 나면, 사물의 형상이 불분명해지면서 검붉은 어둠이 내려앉았다. 새소리도 점차 희미해지는 가운데 마치 모든 게 중지된 듯 온 세상은 완전한 어둠을 기다리며 고요 속으로 잠겨들었다. 하지만 어둠이 깔리면 숲은 다시 살아났다. 그리고 나면 하이에나의 긴 울음소리를 신호로 사냥이 시작되었다.

그러던 어느 날 저녁이었다. 나는 텐트 앞에 있는 한 나무 아래서 엘자와 함께 있었다. 엘자가 저녁을 먹는 동안 나는 어둠 속에 앉아 귀를 기울였다.

패티가 내 무릎 위로 뛰어올라 편안히 자리를 틀더니 이를 갈기 시작했다. 패티는 행복할 때마다 이를 가는 습관이 있었다. 잔잔한 강물 위로 달빛이 드리워질 무렵, 근처에서 아카시아나무들이 바람에 흔들리는 소리가 들려왔다. 온 누리를 포근하게 감싸고 있는 어둠 속으로 별들이 밝게 반짝거렸다. 북쪽 경계지역에서 바라보는 별들은 다른 곳에서보다 두 배는 더 커 보였다. 멀리서 비행기가 지나갈 때 나는 것과 같은 진동음이 들려왔다. 소리의 주인공은 강가로 걸어오는 코끼리들이었다. 바람의 방향 덕분에 그 진동음은 이내 사라졌다.

그때였다. 짐승이 으르렁거리는 소리가 들려왔다. 틀림없이 사자 소리였다. 처음에는 멀리서 들리더니 점차 크게 들려왔다. 엘자는 이 소리를 듣고 무슨 생각을 할까? 엘자는 자기 종족이 접근하는 것에 전혀 관심이 없는 듯했다. 엘자는 고기를 찢어 입에 넣고는 어금니로 질근질근 씹어대더니 뒤로 벌렁 드러누워 네 발을 허공으로 향한 채 졸기 시작했다. 나는 조용히 앉아 하이에나가 킬킬대는 소리, 자칼이 캥캥거리는 소리, 사자가 웅장하게 포효하는 소리에 귀를 기울였다.

날씨가 매우 무더웠기 때문에 엘자는 더러 물 속에서 시간을 보내곤 했다. 그러다 햇빛이 너무 강해 못 견딜 지경이 되면 갈대숲에 들어가 휴식을 취했다. 그러면서 이따금씩 물가에 내려와 물장구를 치기도 했다. 우아소 니이로 강에는 악어가 많았기 때문에 엘자가 그럴 때마다 우리는 신경을 바짝 곤두세웠다. 하지만 다행히도 악어는 엘자에게 접근하지 않았다.

엘자는 늘 장난기가 넘쳤다. 우리가 한눈을 팔고 있을 때면 물장구를 쳐서 놀라게 하기도 하고, 물 속에 있다가 재빨리 뛰어나와 젖은 몸으로 우리를 덮치곤 했다. 그럴 때면 카메라며 망원경이며 총이며 모든 것이 모래 위로 내동댕이쳐졌고, 우리는 영락없이 엘자의 몸 아래 깔려 넘어지고 말았다. 엘자는 앞발을 다양한 용도로 사용했다. 엘자의 앞발은 우리를 부드럽게 쓰다듬어 주기도 했지만, 어떤 때는 때릴 곳을 정확히 조준해 장난스럽게 힘껏 내려칠 때도 있었다. 엘자는 마치 유도 기술을 알고 있기라도 한 듯 우리에게 장난을 걸었다. 그럴 때면 우리는 여지없이 땅바닥에 넘어져야 했다. 아무리 준비를 단단히 하고 맞서도 엘자는 앞발을 이용한 간단한 동작으로 발목의 균형을 잃고 넘어지게 만들었다.

엘자는 발톱을 특히 애지중지했다. 엘자는 껍질이 거친 나무에다 발톱을 갈아 날카롭게 세웠다. 엘자의 발톱은 나무껍질을 사정없이 벗겨냈고, 발톱이 지나간 곳마다 깊은 자국이 생겨났다. 엘자는 만신창이가 된 나무를 보고 만족스러워했다. 아마도 엘자의 이런 행동은 발톱을 오므릴 때 사용하는 근육을 펴기 위한 일종의 스트레칭 동작이었던 같다.

엘자는 총소리에도 놀라지 않았다. 오히려 총소리가 나면 죽은 새가 땅에 떨어져 있다는 사실을 점차 터득해갔다. 엘자는 죽은 새를 물고 오는 것을 좋아했다. 엘자가 특히 좋아하는 새는 뿔새였다. 엘자는 날고기를 거의 먹지 않는 데다 새의 깃털은 한 번도 먹어본 적이 없었지만 뿔새의 큰 깃털을 우둑우둑 씹는 것을 좋아했다. 사냥에서 처음 잡은 새는 언제나 엘자의 몫이었다. 엘자는 죽은 새를 자랑스럽게 입에 물고 돌아다녔다. 그러다 지겨워지면 내 발치에 내려놓고는 나를 빤히 쳐다보았다. 그 눈빛이 마치 "대신 좀 운반해주세요"라고 말하는 듯했다. 내가 죽은 새를 들어 코앞에 흔들어대면 엘자는 얌전하게 그 뒤를 쫓아왔다.

코끼리의 배설물을 발견할 때마다 엘자는 그 위에 몸을 굴렸다. 아마도 이를 이상적인 목욕용 파우더라고 생각하는 듯했다. 엘자는 커다란 공처럼 생긴 코끼리의 배설물을 껴안고는 자기 몸에다 대고 비벼댔

사냥감을 물어오는 훈련을 받는 엘자.

독수리를 닮은 기니 새를 물고 오는 엘자.

다. 이 밖에 코뿔소의 배설물도 엘자의 관심을 끌었다. 사실 엘자는 초식동물의 배설물은 거의 다 좋아했다. 그 중에서도 코끼리나 하마와 같은 후피동물의 배설물을 가장 좋아했다. 우리는 종종 그런 행동이 궁금했다. 아마도 먹이를 잡아먹기 위해 자신의 냄새를 위장하려는 자연적인 본능 때문이 아니었을까? 집에서 기르는 개나 고양이의 경우에도 배설물 위에서 구르는 습성이 있다. 이 또한 이런 야생 본능의 일종이 아닐까 싶다. 엘자가 육식동물의 배설물을 몸에 발랐던 적은 한 번도 없었다.

 엘자는 배변 장소를 선택할 때마다 늘 신중을 기했는데, 주로 우리가 자주 다니는 길에서 약간 떨어진 곳에다 볼일을 봤다.

　어느 날 오후 엘자는 코끼리의 소리에 이끌려 숲으로 달려갔다. 곧이어 코끼리의 울음소리와 비명에 이어 뿔새가 꽥꽥대는 소리가 들려왔다. 우리는 이 만남이 어떻게 끝날지 몹시 궁금했다. 잠시 후 코끼리의 소리는 그쳤지만 뿔새는 더욱 요란하게 울어댔다. 그와 동시에 엘자가 극성스런 뿔새 떼에 쫓겨 수풀 속에서 모습을 드러냈다. 엘자가 앉으려고 할 때마다 뿔새들은 멀리 쫓아내고야 말겠다는 듯 계속해서 소리를 질러댔다. 결국 엘자는 몸을 피해야 했다. 뿔새들이 우리의 존재를 눈치채고 추적을 중단한 뒤에야 비로소 엘자는 평화를 되찾을 수 있었다.

　한번은 산책을 하다가 엘자가 천년란(용설란과에 속하는 관엽식물, 산세비에리아라고도 함—옮긴이)이 무리 지어 있는 곳 앞에서 갑자기 얼어붙

코끼리의 배설물에 몸을 굴리는 엘자.

은 듯 멈추어 섰다. 그러고는 공중으로 펄쩍 뛰어올라 황급히 뒤로 물러서더니 우리를 흘끔 쳐다보았다. 그 눈빛이 마치 "왜 나처럼 빨리 피하지 않고 뭐 하는 거예요?"라고 말하는 듯했다. 그 순간 칼처럼 날카롭고 뾰족한 천년란 잎사귀 사이에서 똬리를 틀고 있는 커다란 뱀이 눈에 들어왔다. 뱀은 아무도 뚫고 들어갈 수 없는 날카로운 잎사귀 아래 몸을 숨기고 있었다. 우리는 엘자의 경고에 고마움을 느꼈다.

이시올로로 돌아오자마자 우기가 시작되었다. 곧이어 들판은 작은 개울과 웅덩이로 뒤덮였다. 엘자는 개울과 웅덩이에서 철벅거리며 즐거운 시간을 보냈다. 엘자가 온 힘을 다해 뛰어올랐다가 다시 웅덩이로 뛰어내릴 때면 우리는 영락없이 흙탕물을 뒤집어 써야 했다. 엘자는 재미있었을지 몰라도 우리는 아니었다. 이제는 몸집이 많이 컸기 때문에 더 이상 그런 식의 장난을 쳐서는 안 된다는 사실을 일깨워줄 필요가 있었다. 우리는 조그만 막대기를 지휘봉처럼 휘두르며 엘자에게 상황을 설명했다. 엘자는 즉시 우리 말을 이해했으며, 그 후로는 좀처럼 그런 장난을 치지 않았다. 우리는 엘자에게 못된 장난을 쳐서는 안 된다는 걸 상기시켜주기 위해 늘 막대기를 가지고 다녔다. 엘자는 "안 돼"라는 말을 이해할 정도로 성장했다. 심지어는 눈앞에 나타난 영양의 모습에 한눈을 팔면서도 우리에게 복종했다.

엘자는 사냥 본능을 억제하고 우리에게 복종하려고 노력했다. 그런 엘자의 모습은 매우 감동적이었다. 개와 마찬가지로 사자도 움직이는 것은 무엇이나 쫓아가려는 본능을 가지고 있다. 하지만 엘자의 사냥 본능은 아직 완전히 개발되지 않은 상태였다. 여기에는 우리의 영향도 컸다. 엘자에게 염소를 통째로 던져준 적이 한 번도 없을 정도로 우리는 이 부분에 대해 몹시 신경을 썼다. 엘자는 야생동물을 볼 기회가 많았지만 그때마다 우리와 함께 있었기 때문에 장난삼아 그 뒤를 쫓았을 뿐 사냥을 하지는 않았다. 그럴 때면 엘자는 잠시 후에 돌아와 우리의 무릎에 머리를 비벼대며 잘 놀고 왔다는 듯이 고양이처럼 가르릉거렸다.

집 근처에는 온갖 종류의 동물들이 돌아다녔다. 영양 떼와 60마리 정도 되는 얼룩말이 몇 년 동안 우리와 이웃처럼 지내고 있었다. 엘자는 산책을 나갈 때마다 녀석들과 마주쳤고, 녀석들도 엘자를 잘 알고 있었다. 심지어는 엘자가 가까이 접근해도 개의치 않고 있다가 조용히 물러가곤 했다. 귀가 박쥐처럼 생긴 여우 가족도 엘자에게 익숙하기는 마찬가지였다. 여우는 조심성이 무척 많은 짐승이었지만 엘자가 자기들이 사는 굴에서 불과 몇 발자국 앞까지 접근해와도 도망치지 않았다. 새끼 여우들은 어미의 보호 아래 굴 입구에 있는 모래밭에서 뒹굴며 놀았다.

몽구스도 엘자에게 많은 즐거움을 안겨주었다. 몸집이 딱 족제비만 한 몽구스들은 버려진 흰개미 언덕에서 살았다. 흰개미 언덕은 시멘트처럼 딱딱한 흙으로 이루어져 있어 녀석들에게는 요새처럼 이상적인 장소였다. 게다가 높이가 240센티미터나 되고 공기 구멍까지 뚫려 있는데다 한낮에는 열기를 피할 수 있는 서늘한 안식처까지 제공해주었다. 식사 때가 되면 몽구스들은 요새에서 나와 벌레나 곤충을 잡아먹다가 오후가 되면 다시 집으로 돌아갔다. 그 시간이 마침 우리의 산책 시간과

엘자는 훈련을 시작할 때부터 마치 나중에 진짜 사냥감을 죽여 끌고 오듯이 천을 질질 끌고 다녔다.

겹쳤기 때문에 우리는 종종 몽구스들과 마주쳤다. 엘자는 흰개미 언덕 앞에 가만히 앉아서 자그마한 몽구스들이 공기 구멍으로 머리를 불쑥 내밀고는 날카로운 경계의 휘파람 소리를 내지르며 그림자처럼 사라지는 모습을 보면서 즐거워했다.

몽구스들이 엘자의 놀림거리였다면 비비들은 정반대였다. 녀석들은 집 근처의 깎아지른 듯한 절벽 위에서 살았다. 그곳은 경사가 심해 표범도 감히 오르지 못할 정도로 안전했다. 거기서 녀석들은 움푹 들어간 바위에 착 달라붙어 밤을 지새우곤 했다. 비비들은 항상 해가 지기 전에 자신들의 은신처로 돌아갔다. 그 때문에 저녁이 되면 절벽은 검은 점으로 뒤덮인 것처럼 보였다. 비비들은 안전한 장소에서 엘자를 보고 소리를 질러댔다. 엘자는 약이 올랐지만 어떻게 해볼 도리가 없었다.

엘자가 처음 코끼리를 만났던 순간이 떠오른다. 엘자는 어미가 없었기 때문에 코끼리를 만나면 조심해야 한다는 말을 아무에게서도 들을 수가 없었다. 코끼리는 사자를 자신의 어린 새끼를 해치는 유일한 적으로 생각하기 때문에 때로 사자를 보면 죽이기도 한다. 어느 날 누루가 엘자를 데리고 아침 산책을 나갔다가 숨을 헐떡이며 뛰어오더니 엘자가 코끼리와 놀고 있다고 말했다. 우리는 즉시 총을 들고 누루를 따라나섰다. 누루가 안내하는 곳으로 가보니 거대한 늙은 코끼리 한 마리가 수풀에 머리를 묻고 아침 식사를 즐기고 있었다. 그때 갑자기 엘자가 뒤에서 기어 나오더니 앞발로 코끼리 발을 세게 때리며 장난을 걸었다. 엘자의 버르장머리 없는 행동에 코끼리는 깜짝 놀라 비명을 내질렀다.

이시올로의 코끼리들.

자신의 위엄이 손상되었다고 생각한 코끼리는 곧 수풀을 뒤로한 채 엘자를 공격했다. 엘자는 민첩하게 몸을 날려 한쪽으로 피하더니 겁도 없이 코끼리에게 다가갔다. 위험한 상황이었는데도 그런 모습을 보고 있자니 웃음이 나왔다. 우리는 총을 사용할 상황이 오지 않기를 바랐다. 다행히도 시간이 흐르자 두 녀석 모두 서로에게 흥미를 잃었다. 코끼리는 다시 풀을 뜯기 시작했고, 엘자도 곁에 누워 잠이 들었다.

그 후 몇 달 동안 엘자는 기회가 있을 때마다 코끼리를 괴롭혔다. 코끼리 철이 막 시작될 무렵이었기 때문에 그런 기회는 아주 많았다. 코끼리 철이란 1년에 한 번씩 코끼리들이 수백 마리씩 떼를 지어 민가에 쳐들어오는 시기를 말한다. 코끼리들은 이시올로의 지형을 잘 알고 있기라도 한 듯 항상 옥수수와 양배추를 키우는 장소를 습격해왔다. 이시올로는 인구 밀도도 높았고 교통량도 많았다. 코끼리들은 농작물에 피해를 주는 것만 제외하고는 얌전하게 행동했기 때문에 그 이상의 문제는 발생하지 않았다. 이시올로에서 약 5킬로미터 정도 떨어진 곳에 자리잡은 우리 집 주변에는 어린 풀들이 많이 나 있기 때문에 해마다 코끼리 떼가 몰려온다. 그 가운데서도 집 앞에 있는 옛날 소총 사격장은 코끼리들이 가장 좋아하는 놀이터다. 코끼리 철이 되면 도처에 코끼리들이 서너 마리씩 무리 지어 있기 때문에 산책을 나갈 때마다 신중을 기해야 한다. 우리 자신과 엘자를 보호하기 위해서는 그저 조심하는 수밖에 없었다.

어느 날 점심때였다. 주방 창문을 통해 보니 집으로 돌아오는 누루와 엘자의 뒤를 쫓아 코끼리 떼가 따라오고 있었다. 우리는 엘자의 관심을 다른 곳으로 돌리려고 애썼다. 하지만 엘자는 한사코 코끼리들에게 가려고 했다. 엘자는 가만히 앉아서 코끼리 떼가 다른 쪽으로 방향을 틀어 사격장을 가로질러 가는 모습을 주시했다. 코끼리들이 덤불 속에서 한 마리씩 튀어나와 서로의 뒤를 따라가는 모습은 장관이었다. 엘자는 덤불 속에 웅크리고 앉아 코끼리가 지나가는 모습을 지켜보았다. 약 20여 마리의 코끼리가 엘자의 앞을 지나갔다. 엘자는 마지막 코끼리가 나올 때까지 기다렸다가 머리를 어깨선과 똑바로 일치시키고 꼬리를 수평으로 길게 드리운 채 천천히 그 뒤를 따르기 시작했다. 그런데 맨 뒤에 있던 코끼리가 갑자기 방향을 바꾸더니 커다란 머리를 흔들어대며 엘자를 위협했다. 코끼리는 나팔 소리와 같은 고음을 내질렀다. 하지만 엘자는 전혀 위축되지 않고 계속해서 다가갔다. 코끼리도 마찬가지였다. 우리는 밖으로 뛰어나가 조심스럽게 뒤를 따랐다. 엘자와 코끼리들이 덤불 속에서 한데 어울려 있는 모습이 어렴풋하게 보였다. 하지만 비명 소리도 없었고, 나뭇가지가 부러지는 소리도 들리지 않았다. 뭔가 문제가 발생한 듯했다. 우리는 속으로 걱정이 되었지만 엘자가 돌아올 때까지 기다렸다. 마침내 엘자는 놀이에 지쳤는지 지겨운 표정으로 우리에게 돌아왔다.

하지만 모든 코끼리가 엘자를 상냥하게 대해주지는 않았다. 한번은 엘자가 코끼리 떼를 우르르 달리게 한 적도 있었다. 갑자기 사격장에서 천둥이 치는 듯한 굉음이 들려왔다. 부리나케 나가보니 언덕 아래로 질주하는 코끼리 떼와 그 뒤를 쫓는 엘자의 모습이 보였다. 마침내 코끼리 한 마리가 엘자를 공격했다. 하지만 엘자는 쉽게 공격을 받아넘겼다. 그러자 코끼리는 공격을 포기하고 동료들에게 돌아갔다.

기린들도 엘자에게는 큰 흥밋거리였다. 어느 날 오후 엘자와 함께 산책을 하고 있을 때였다. 약 50여 마리의 얼룩말을 발견한 엘자는 땅바닥에 납작하게 엎드린 채 꿈틀거리며 한 걸음씩 다가갔다. 엘자는 마치 신바람이라도 난 듯한 표정이었다. 얼룩말들은 아무런 경계심도 품지 않고 그저 가만히 서서 무관심한 눈빛으로 엘자를 쳐다보았다. 엘자는

엘자와 기린들.

얼룩말들을 쳐다본 뒤 우리 쪽으로 눈길을 돌렸다. 그 모습이 마치 "아니, 왜 거기 나무처럼 우두커니 서서 제가 몰래 다가가는 걸 방해하고 있는 거예요?"라고 말하는 듯했다. 마침내 엘자는 화가 났는지 갑자기 전속력으로 다가와 나를 땅바닥에 넘어뜨렸다.

해가 질 무렵 우리는 코끼리 떼와 마주쳤다. 벌써 날이 어둑어둑했지만 사방에서 우리를 둘러싸고 있는 코끼리들의 그림자를 볼 수 있었다.

나는 코끼리처럼 몸집이 거대한 동물이 소리도 없이 수풀을 헤치고 나와 상대를 에워쌀 수 있다는 게 늘 신기했다. 이번의 포위망은 전례 없이 완벽했다. 탈출구를 찾아 달아나려고 하면 어느새 코끼리가 다가와 앞을 막아섰다. 우리는 엘자를 붙들어 놓으려고 애썼다. 그런 상황에서 엘자의 장난기가 발동할 경우 불상사가 일어날 수도 있었기 때문이다. 하지만 코끼리 떼를 본 엘자는 즉시 한복판으로 뛰어들었다. 우리 힘으로는 엘자를 통제할 수가 없었다. 이내 고막을 찢는 듯한 날카로운 비명 소리가 들려왔다. 순간 온몸의 신경이 곤두섰다. 아무리 조심해서 어두운 수풀을 헤치고 나가려고 해도 이내 눈앞에 코끼리가 우뚝 서 있었다. 마침내 우리는 가까스로 포위망을 뚫고 집에 돌아왔다. 물론 엘자는 우리와 함께 있지 않았다. 엘자는 훨씬 늦게 집으로 돌아왔다. 얼굴을 보니 재미있는 놀이를 즐겼다는 표정이 역력했다. 나는 괜히 신경을 썼다는 생각이 들었다.

우리 집 주변에는 대극이 울타리처럼 빙 둘러쳐져 있다. 이 식물은 부식성의 액체를 함유하고 있기 때문에 대부분의 동물들은 뚫고 지나갈 엄두를 내지 못한다. 그 액체가 조금만 눈에 들어가도 망막을 손상시켜 며칠 동안 참기 힘든 고통을 안겨주기 때문이다. 그래서 동물들은 대개 대극을 보기만 해도 멀리 피해간다. 하지만 코끼리만큼은 예외였다. 코끼리는 오히려 즙이 많은 대극 가지를 즐겨 먹었다. 코끼리들이 한밤중에 식사를 하고 나면 울타리에 구멍이 숭숭 뚫렸다.

한번은 엘자에게 먹이를 주고 있는데, 갑자기 울타리 뒤에서 육중한 소리가 들려왔다. 소리가 나는 곳을 쳐다보니 코끼리 다섯 마리가 울타리를 우적우적 씹어먹고 있었다. 우리가 있는 곳과 녀석들 사이를 가로막는 유일한 장벽을 끼니거리로 삼아버린 셈이었다. 내가 이 글을 쓰고 있는 지금도 울타리는 코끼리들 때문에 흉하게 변해버린 상태 그대로다.

엘자의 신나는 어린 시절과 관련해 마지막으로 해두고 싶은 이야기가 있다. 우리 집 근처에 코뿔소가 한 마리 살고 있었다. 어느 날 저녁 산책을 나갔다가 돌아오는 길에 엘자가 갑자기 하인들의 숙소 뒤로 쏜살같이 내달렸다. 곧이어 엄청난 소음이 들려왔다. 무슨 일인가 하고 뒤따라가 보았더니 엘자와 코뿔소가 맞대결 자세를 취하고 있었다. 코뿔소는 이럴까 저럴까 잠시 망설이는 듯한 태도로 콧김을 씩씩 뿜어대다가 뒤로 물러서 달아났고, 엘자는 그 뒤를 맹렬하게 추격했다.

다음 날 저녁 나는 엘자와 누루를 데리고 산책을 하고 있었다. 시간이 늦어져 날이 점차 어두워지고 있었다. 갑자기 누루가 내 어깨를 잡았다. 내가 코뿔소를 향해 정면으로 걸어가고 있었기 때문이다. 코뿔소는 수풀 뒤에 서서 우리를 노려보고 있었다. 나는 얼른 뒤로 물러서서 달아났다. 다행히 코뿔소를 보지 못한 엘자는 내가 무슨 놀이라도 하는 줄 착각하고는 뒤쫓아왔다. 코뿔소는 언제 어떤 행동을 보일지 모르는 동물로, 큰 트럭이든 기차든 가릴 것 없이 무엇이든 들이받는 성질이 있다. 따라서 그런 식으로 피하게 된 게 얼마나 다행스러운 일인지 몰랐다. 하지만 다음 날 아침 엘자는 계곡을 가로질러 코뿔소를 3킬로미터나 쫓아갔다. 충실한 누루는 숨을 헐떡이며 엘자의 뒤를 쫓아갔다. 이런 일련의 사건이 있고 나서 코뿔소는 엘자를 피해 스스로 한적한 지역으로 물러났다.

우리는 엘자를 위해 하루 일과를 정해놓았다. 서늘한 아침이면 우리는 우아한 자태로 사격장에서 뛰노는 임팔라영양을 바라보기도 하고, 아침을 깨우는 새들의 합창 소리를 듣기도 했다. 날이 밝자마자 누루는 우리에서 엘자를 데리고 나가 근처 숲에서 짧은 산책을 즐겼다. 힘이 넘치는 엘자는 눈에 띄는 건 무엇이든 쫓아다녔고, 심지어 자기 꼬리를 물려고 빙글빙글 돌기도 했다.

햇볕이 뜨거워지기 시작할 무렵이면 엘자와 누루는 나무 그늘 아래 앉아 휴식을 취했다. 누루가 코란을 읽으며 차를 마시는 동안 엘자는 꾸벅꾸벅 졸았다. 누루는 야생동물의 공격으로부터 자신과 엘자를 방어하기 위해 항상 총을 들고 다녔다. 하지만 총을 쏘기 전에 먼저 소리를 지르라는 우리의 지시에 충실했다. 그는 엘자를 정말 좋아했고, 또 잘 다루었다.

　엘자와 누루는 서너 시쯤에 돌아왔다. 그때부터 엘자는 우리가 맡았다. 우리는 먼저 엘자에게 우유를 먹인 다음 함께 언덕을 돌아다니거나 평지를 산책했다. 엘자는 나무에 올라가기도 하고, 발톱을 날카롭게 갈기도 하고, 냄새를 맡으며 돌아다니기도 하고, 가젤이나 영양에게 살금살금 다가가기도 했다. 때로 가젤과 영양은 엘자와 숨바꼭질을 하곤 했다. 우리의 예상을 뒤엎고 엘자는 거북이에게도 흥미를 보였다. 엘자는 거북이를 굴리면서 놀았다. 엘자는 조금만 기회가 있어도 우리와 함께 장난치기를 좋아했다. 엘자는 우리를 자기와 같은 사자처럼 생각했는지 모든 것을 우리와 함께 하려고 했다.

　어둑어둑해질 무렵이면 우리는 집으로 돌아와 엘자를 우리에 집어넣었다. 우리 안에는 이미 엘자의 저녁 식사가 준비되어 있었다. 엘자의 저녁 식사는 날고기로, 양과 염소 고기가 대부분을 차지했다. 엘자는 갈비뼈와 연골 조직을 우둑우둑 씹어먹었다. 엘자를 위해 뼈를 잡아줄 때 보면 이마 근육이 세차게 움직였다. 나는 엘자를 위해 늘 뼈 속에 있는 골수를 파내야 했다. 그때마다 엘자는 그 무거운 몸을 내 팔에 기댄 채 손가락에 묻어 있는 골수를 맛있게 핥아먹었다. 그 사이 패티는 창문턱에 앉아 그런 우리의 모습을 바라보면서 엘자의 식사가 끝나기를 기다렸다. 그래야 내 목을 꼭 껴안고 밤새 나를 온통 독차지할 수 있었기 때문이다.

　그때까지 나는 엘자 옆에 앉아 그림도 그려주고 책을 읽어주기도 하면서 함께 놀았다. 이렇게 우리는 서로 친밀감을 쌓아나갔다. 지금도 나는 우리를 향한 엘자의 사랑은 대개 이런 저녁 시간에 형성됐다고 믿고 있다. 배불리 먹은 엘자는 행복한 표정으로 내 엄지손가락을 입에 넣은 채 꾸벅꾸벅 졸곤 했다. 엘자의 심리가 다소 불안해질 때는 달빛이 훤히 비치는 밤뿐이었다. 그럴 때면 엘자는 안절부절못하고 귀를 쫑긋 세운 채 저 밖의 신비로운 밤의 세계에서 날아왔을지도 모를 냄새를 맡으려는 듯 코를 연신 씰룩거렸다. 엘자는 초조해지면 발바닥이 축축해졌다. 그래서 손으로 엘자의 발바닥을 만져보면 심리 상태가 어떤지 알 수 있었다.

# 3

## 엘자, 인도양에 가다

 이제 한 살로 접어든 엘자는 젖니가 빠지고 새 이빨이 나기 시작했다. 엘자가 머리를 가만히 쳐들고 있어준 덕분에 어렸을 때 난 송곳니를 비틀어 빼낼 수 있었다. 엘자는 고기를 갉아먹을 때면 대개 앞니가 아닌 어금니를 사용했다. 하지만 뼈에 붙은 고기를 핥아먹을 때는 가느다란 바늘 같은 것들로 뒤덮인 거친 혀를 이용했다. 엘자의 타액은 양도 많은 데다 매우 짰다.

 패티는 점점 더 늙어갔다. 그래서 나는 그런 패티를 위해 가능한 한 차분한 분위기를 만들어주려고 노력했다.

 휴가가 다가오고 있었다. 우리는 바다에서 휴가를 보낼 계획을 세우고 바르준이라는 작은 어촌에서 그리 멀지 않은 한적한 해변을 휴가 장소로 택했다. 그곳은 소말리아 국경에서 가까웠다. 거기서 가장 가까운 백인 거주지역은 라무(동아프리카 해안에 있는 인도양상의 도시이자 항구인 섬―옮긴이)에서 남쪽으로 144킬로미터 떨어진 곳에 있었다. 인가와 멀리 떨어져 있을 뿐더러 넓고 깨끗한 백사장과 그늘진 숲이 있어서 엘자에게는 아주 적합한 장소였다.

친구 두 명도 우리와 함께 갔다. 한 명은 지역 관청에서 일하는 돈이었고, 다른 한 명은 손님으로 와 있던 오스트리아 작가 헤르베르트였다.

길이 험하고 멀었기 때문에 가는 데만 꼬박 사흘이 걸렸다. 나는 내 트럭을 몰고 엘자와 앞장서서 달렸고, 조지와 나머지 일행은 랜드로버 두 대에 나누어 타고 패티와 함께 뒤를 따랐다. 목적지까지는 대부분 건조하고 뜨거운 사막이었다.

그러던 어느 날 갑자기 도로가 끊기면서 여기저기 낙타 발자국이 보였다. 날까지 어두워져 나는 그만 길을 잃고 말았다. 더군다나 연료도 거의 떨어진 상태였다. 조지가 나를 발견하기를 바라면서 가만히 기다리는 수밖에 없었다. 몇 시간이 지나서야 나는 조지가 모는 랜드로버의 불빛을 볼 수 있었다. 조지는 이미 몇 킬로미터 밖에 텐트를 쳐놨다고 하면서 일사병에 걸린 패티를 남겨두고 왔으니 서둘러 돌아가자고 말했다.

조지는 패티의 원기를 북돋아주기 위해 브랜디를 주었지만 별 소용이 없었다고 했다. 돌아가는 몇 킬로미터가 그렇게 길게 느껴질 수가 없었다. 패티는 혼수상태였다. 심장이 어찌나 빨리 뛰는지 더 이상의 압력을 견딘다는 건 무리일 듯했다. 패티는 약간 정신이 드는지 나를 알아보고는 힘없이 이빨을 갈아 보였다. 패티는 늘 그런 식으로 내게 애정을 표현했다. 그게 마지막이었다. 패티는 점차 조용해졌다. 심장이 뛰는 속도가 느려지더니 금방이라도 멈출 것만 같았다. 패티의 작은 몸은 마지막 경련을 일으킨 후 뻣뻣해지면서 이내 맥없이 툭 쓰러졌다.

패티는 그렇게 죽었다.

나는 패티를 끌어안았다. 패티의 따뜻한 체온이 식기까지는 꽤 오랜 시간이 걸렸다.

지난 7년 반 동안 패티와 함께 나누었던 행복한 순간들이 주마등처럼 스쳐지나갔다. 패티와 함께했던 사파리 여행이 그렇게 많을 줄은 미처 몰랐다. 패티는 루돌프 호수에도 함께 갔었다. 무더운 날씨 때문에 패티가 무척 힘들어했던 기억이 났다. 게다가 바닷가에 갔을 때는 범선 안에서 며칠씩 답답하게 지낸 적도 있었다. 우리는 또 케냐 산에도 함께 갔다. 패티는 케냐 산의 황무지를 좋아했다. 수구타 계곡과 니이로 산에 가서 노새를 타고 가파른 길을 함께 올라갈 때는 떨어지지 않으려고 노새 등에 찰싹 달라붙는 영특함을 보이기도 했다. 아프리카 부족의 모습을 화폭에 담기 위해 케냐 전역을 돌아다니며 야영을 할 때도 패티는 늘 나와 동행했다. 때로 몇 달씩 이어지는 여행에서도 패티는 나의 유일한 길동무였다.

패티는 우리 집에 드나들던 몽구스나 다람쥐들에게도 매우 관대했으며, 엘자 자매들도 무척 사랑했다. 식사 시간에는 내 옆에 앉아서 내가 주는 작은 음식 조각을 받아먹었다.

한마디로 패티는 내 몸의 일부와도 같았다.

나는 패티를 천으로 싸서 줄로 감은 다음 텐트에서 조금 떨어진 곳에다 땅을 파고 묻어주었다. 날은 몹시 무더웠지만 달빛이 밝아 들판을 밝게 비춰주었다. 조용하고 평화로운 밤이었다.

다음 날 아침 우리는 여행을 계속했다. 험한 길에 신경을 쓰는 바람에 패티를 잃은 슬픔을 잠시 잊을 수 있어 그나마 다행이었다.

우리는 오후 늦게 해안에 도착했다. 우리를 마중 나온 어부 두 명이 사자 한 마리가 말썽을 부리고 있다고 말했다. 사자가 거의 매일 밤마다 염소들을 약탈하고 있는 모양이었다. 그들은 조지가 사자를 죽여주기를 바랐다.

텐트를 칠 만한 여유가 없었기 때문에 우리는 바깥에 야전 침대를 펼쳐놓고 잠을 청했다. 동행한 유럽인 네 명과 아프리카인 여섯 명 중에서 여자는 나 혼자였기 때문에 나는 약간 떨어진 곳에다 침대를 펼쳤다. 엘자는 옆에 세워둔 내 트럭 안에 잘 가두어두었다. 곧 나를 제외한 모든 사람이 곯아떨어졌다. 나는 갑자기 뭔가를 질질 끄는 듯한 소리에 손전등을 켰다. 아니나 다를까, 내 침대에서 겨우 몇 미터 떨어진 곳에서 사자가 그 날 오후에 우리가 잡은 수사슴을 물어뜯고 있었다.

나는 잠시 엘자가 아닐까 생각했지만 엘자는 차 뒤편에 얌전히 앉아 있었다. 나는 다시 사자를 바라보았다. 사자도 나를 응시하더니 곧이어 울부짖기 시작했다.

나는 천천히 조지가 있는 쪽을 향해 움직였다. 하지만 어리석게도 사자에게 등을 보이고 말았다. 사자와 나의 거리는 불과 몇 발자국밖에 되지 않았다. 사자가 뒤따라오는 것을 느끼는 순간, 나는 몸을 휙 돌려 손전등을 비치면서 뒷걸음질로 남자들이 코를 골며 자고 있는 쪽으로 움직였다. 깨어 있는 사람은 조지뿐이었다. 사자가 뒤따라오고 있다고 말했더니 조지는 "말도 안 돼. 하이에나나 표범이겠지"라고 대답했다. 하지만 그는 그렇게 말하면서도 소총을 집어들고 내가 가리키는 방향으로 다가갔다. 곧이어 그도 사자를 볼 수 있었다. 그는 혹시 그 사자가 말썽을 부린다는 사자일지도 모른다고 생각했다. 그는 차에서 약 30미터 정도 떨어진 곳에 서 있는 나무에 커다란 고기 조각을 붙잡아맨 뒤 사자가 오기를 기다렸다.

잠시 후 차들이 서 있는 뒤편, 그러니까 저녁 식사를 준비했던 장소에서 쌩그랑거리는 소리가 들려왔다.

조지가 총을 수평으로 세워 들고 포복으로 뒤로 돌아가서는 손전등을 켰다. 그러자 사자가 냄비와 프라이팬 사이에 앉아서 남은 음식을 먹어치우는 모습이 보였다. 그는 방아쇠를 당겼다. 하지만 찰깍 하는 소리만 났을 뿐 총알이 발사되지 않았다. 다시 시도했지만 마찬가지였다. 총에 총알을 장전하는 것을 잊어버렸던 것이다. 사자는 벌떡 일어나더니 느릿느릿 사라졌다. 조지는 계면쩍어하면서 총알을 장전한 뒤 다시 원래의 자리로 돌아갔다.

한참 후 다시 나무에 매단 고기를 잡아채는 소리가 들려왔다. 조지

엘자는 바다를 매우 좋아했다.

는 자동차 전조등을 밝혔다. 사자의 모습이 불빛에 환하게 드러났다. 조지가 쏜 총알은 사자의 심장을 정확히 관통했다.

죽은 사자는 해안지역에서 흔히 볼 수 있는 갈기 없는 수사자였다. 우리는 불을 켜고 수사자가 남긴 발자국을 조사했다. 조사 결과 사자는 처음에 수사슴 시체를 내 침대에서 약 20미터 떨어진 곳으로 끌고 가 배가 부를 때까지 먹고는 야영지 주위를 한가롭게 돌아다녔던 것으로 드러났다. 엘자는 이 모든 과정을 지켜보았을 테지만 한 마디 소리도 내지 않았다.

해가 뜨자마자 우리는 엘자에게 인도양을 보여주려고 우르르 물가

로 나갔다. 마침 썰물 때였다. 엘자는 일렁이는 파도 소리에 익숙하지 않아서인지 잔뜩 긴장했다. 엘자는 조심스런 태도로 물 냄새를 맡기도 하고, 파도가 남긴 거품을 입으로 조금 깨물어보기도 했다. 마침내 엘자는 고개를 숙이고 물을 마시기 시작했다. 하지만 짠 바닷물이 입 안으로 들어오자 코를 찡그리며 역겨운 표정을 지었다. 그래도 다른 사람들이 노는 모습을 보자 안심이 됐는지 물 속에 들어와 함께 놀기 시작했다. 엘자는 곧 미친 듯이 바다의 매력에 흠뻑 빠져들었다. 빗물이 만들어낸 웅덩이와 얕은 개울만 봐도 사족을 못 쓰던 엘자에게 광대한 바다는 마치 천국과도 같았다. 엘자는 자기 키보다 훨씬 깊은 곳에서도 여유롭게 헤엄쳐 다녔을 뿐만 아니라, 우리를 물 속에 밀어 넣기도 하고 꼬리에 물을 묻혀 뿌리기도 했다. 엘자의 장난을 피해 달아날 때면 우리는 짠 바닷물을 몇 모금씩 마셔야 했다.

엘자는 어디든 우리를 따라다녔다. 다른 사람들이 낚시하러 갈 때면 나는 대개 뒤에 남았다. 내가 남지 않았더라면 보나마나 엘자는 헤엄을 쳐 배를 따라갔을 게 분명했다.

하지만 나도 찬란한 무지갯빛을 자랑하며 동화에나 나올 법한 기기묘묘한 형상들로 가득한 바다 속 세계의 유혹 앞에서는 가만히 앉아 있을 수가 없었다. 나는 때로 스킨다이빙을 하며 바다 속을 누볐다. 그럴 때면 엘자를 다른 사람에게 맡겨놓아야 했다. 우리 일행은 대개 야영지 근처에 있는 맹그로브나무 그늘 아래서 휴식을 취했다. 그때마다 지나가던 어부들이 사람들과 함께 있는 엘자를 보고는 일부러 멀리 돌아와 옷을 허리춤까지 끌어올리고 물 속으로 첨벙거리며 들어갔다. 사자가 육지에서나 바다에서나 잘 지낼 수 있는 동물이라는 사실을 알고 있는 사람이라면 엘자를 보고 다시 한 번 그 점을 확인했으리라.

엘자는 해변을 거니는 것을 좋아했다. 해변을 거니는 동안 엘자는 물 속에 떠올랐다 가라앉았다 하는 코코넛 열매를 쫓아다니다가 파도에 흠뻑 젖기도 했다. 때로 우리가 코코넛에 줄을 매달아 머리 위로 원을 그리며 돌리면 엘자는 날아가는 코코넛을 붙잡으려고 높이 뛰어올랐다. 엘자는 모래를 파는 데에도 재미를 붙였다. 구멍을 깊이 파면 팔수록 모래가 젖어들면서 시원한 물이 스며 올라오는 게 신기했던 모양이었다.

그러고 나면 엘자는 자기가 판 구덩이 속에서 한참을 뒹굴었다. 해초를 질질 끌고 다니다가 몸에 얽히는 바람에 이상한 바다괴물과 같은 모양새를 할 때도 많았다. 하지만 뭐니뭐니 해도 엘자의 관심을 가장 많이 끌었던 건 바닷게였다. 석양이 질 무렵이면 해변은 구멍에서 나와 물가로 가기 위해 옆걸음질을 치는 분홍빛 바닷게들로 뒤덮였다. 바닷게들은 밀려오는 파도에 휩쓸려 다시 해안으로 떠밀려왔지만 포기하지 않고 다시 물가로 가려고 애썼다. 그런 과정이 여러 차례 반복되었다. 하지만 개중에는 결국 맛있는 해초 조각 하나를 거머쥐고는 다음번 파도가 밀려와 애써 손에 넣은 전리품을 휩쓸어가기 전에 얼른 구멍으로 돌아오는 게들도 더러 있었다. 엘자는 바쁘게 돌아다니는 바닷게들을 잡으려고 했지만 쉽지 않았다. 이놈 저놈 집적거려 보았지만 코만 물릴 뿐이었다. 하지만 엘자는 끈질기게 다시 달려들었다. 물론 그때도 코만 물릴 뿐이었다. 코끼리와 버펄로, 코뿔소도 엘자 앞에서는 어쩔 수 없이 물러났지만 바닷게만큼은 조금도 밀리지 않고 자신들의 영역을 지켰다. 이 점에서 나는 바닷게를 칭찬해주고 싶다. 바닷게들은 앞발을 높이 치켜든 채 구멍 앞에서 기다리고 있다가 잽싸게 엘자의 코를 물어버렸다. 엘자가 바닷게를 이겨보려고 아무리 용을 써도 결과는 마찬가지였다.

시간이 지날수록 엘자에게 먹이를 주는 문제가 심각해졌다. 어부들이 엘자가 온 것을 알고는 염소 값을 올려 한몫 챙기려고 했기 때문이다. 사실 이 지역 주민들은 한동안 엘자 때문에 예전에 경험해보지 못한 호황을 누렸다고 해도 과언이 아니었다. 하지만 엘자는 곧 복수를 시작했다. 가축지기들이 모든 가축을 다 잘 관리할 수는 없었다. 개중에는 하루 종일 숲에서 서성이는 가축들도 있었다. 그런 가축은 표범이나 사자의 표적이 되기가 십상이었다. 어느 날 저녁 해안을 거닐고 있을 때였다. 엘자가 갑자기 숲으로 쏜살같이 튀어갔다. 곧 염소의 비명 소리가 들리더니 이내 조용해졌다. 엘자가 길 잃은 염소의 냄새를 맡고 공격한 게 틀림없었다. 하지만 엘자는 한 번도 사냥을 해본 적이 없었기 때문에 육중한 몸으로 눌러만 놓았을 뿐 그 다음의 처리 방법은 알지 못했다. 우리가 도착해보니 엘자는 처량한 표정으로 도움을 요청하는 눈치였다. 엘자가 염소를 누르고 있는 동안 조지가 신속하게 총을 쏴 염소를 죽였다. 염소 주인은 야생 사자를 죽이는 총소리로 생각했는지 아무런 항의도 하지 않았다. 우리는 모든 일을 비밀에 부치기로 했다. 사실대로 말할 경우에는 야영지 주변의 인근 마을에서 염소가 없어질 때마다 모든 책임을 엘자에게 뒤집어 씌워 배상을 요구해올 게 틀림없었기 때문이다. 우리는 양심의 가책을 느꼈지만 조지가 염소를 잡아먹던 사자를 해치워준 공로도 있고, 또 그동안 엘자를 위해 터무니없는 먹이 값을 지불해온 것도 부당하다는 생각이 들어 그냥 입을 다물기로 했다.

휴가가 끝나갈 무렵 조지가 말라리아에 걸렸다. 그런데도 낚시를 하러 갈 욕심에 약을 복용하고 약효가 퍼지기를 기다렸다가 기어이 바다로 나갔다. 그 바람에 그는 심하게 앓아눕고 말았다.

엘자와 함께 해안을 걷다가 야영지로 돌아오는 길이었다. 야영지가 가까워지자 비명 소리가 들려왔다. 엘자를 트럭에 두고 텐트로 달려갔

인도양에서의 조지와 엘자.

더니 조지가 절룩거리며 걷다가 의자 위에 풀썩 쓰러지는 게 아닌가. 그는 끔찍한 신음 소리를 내뱉으며 권총을 가져다 달라고 소리쳤다. 그는 엘자에게 욕설을 퍼부으며 자살하겠다고 소리쳤다. 반쯤 의식을 잃은 상태에서도 그는 나를 알아보고는 내 손을 꽉 붙잡고 내가 있으니 이제는 편안히 죽을 수 있겠다고 말했다. 나는 완전히 넋이 나가고 말았다. 몇 미터 밖에서는 하인들이 두려운 표정으로 서 있었다. 우리를 따라온 친구도 완전히 속수무책이었다. 그는 조지가 난동을 부리면 때려눕힐 요량으로 막대기를 들고 서 있을 뿐이었다.

사람들은 조지가 갑자기 난폭해지면서 내 이름을 소리쳐 부르더니 죽고 싶다며 권총을 가져다 달라고 마구 고함을 쳤는데, 다행히 그가 쓰러진 다음에 내가 도착했다며 그간의 일을 귓속말로 전해주었다. 우선 그를 침대로 옮긴 다음 진정을 시켜야 했다. 침대로 옮기는 순간 조지는 의식을 잃었다. 몸도 얼음장처럼 차가웠다. 나는 두려웠지만 조용한 목소리로 그에게 말을 걸기 시작했다. 나는 그에게 함께 해변을 산책한 일, 저녁 식사로 생선을 먹은 일, 내가 예쁜 조가비를 발견한 일을 들려주면서 왜 그렇게 이상한 행동을 했느냐고 놀리기도 했다. 하지만 그러면서도 그가 혹시나 죽을까봐 무척 두려웠다. 조지는 내 말에 어린아이처럼 반응하며 평정을 되찾았다. 하지만 관자놀이가 회색으로 변하면서 콧구멍이 움푹 꺼지더니 눈까지 감겼다. 그는 얼음처럼 차가운 물이 다리에서부터 심장으로 올라오는 것 같다고 속삭였다. 이제는 팔도 축 처졌다. 마찬가지로 얼음처럼 차가웠다. 손과 발에서 올라오는 냉기가 심

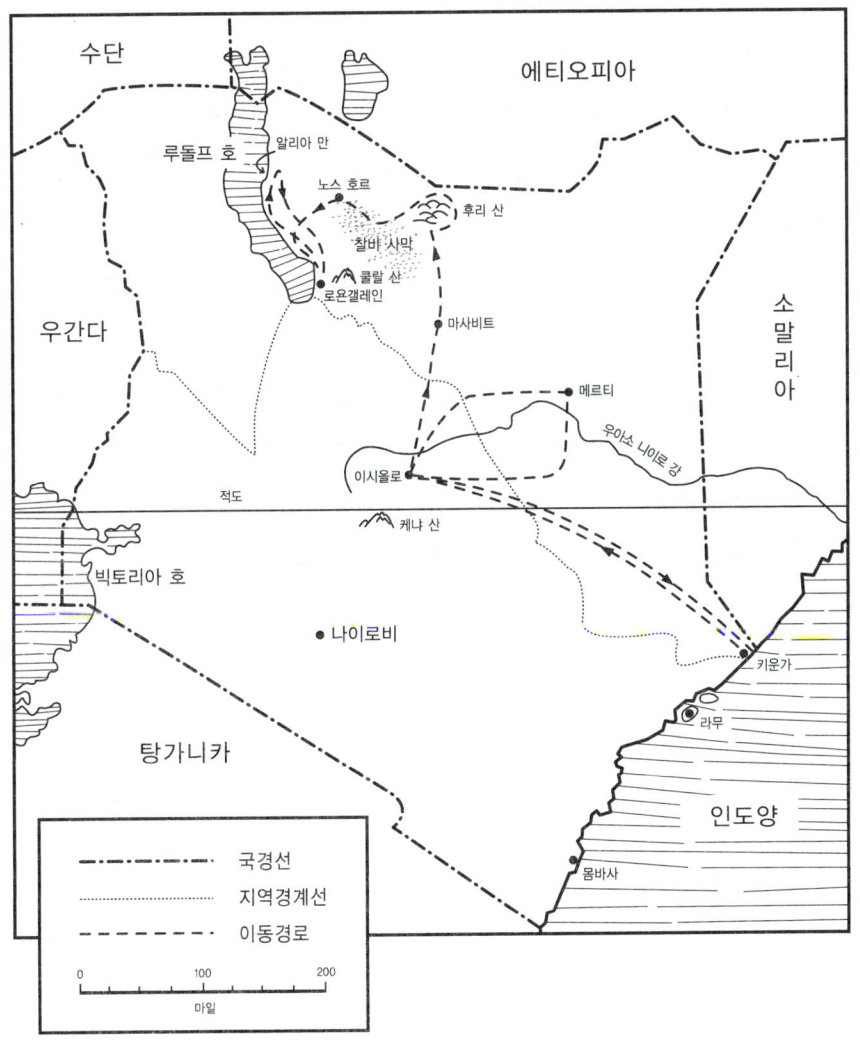

〈케냐〉

장에 이르면 그는 죽을지도 몰랐다. 그는 갑자기 공포에 사로잡혀 죽고 싶지 않다는 듯 온 힘을 다해 나를 붙잡았다. 나는 그의 마른 입술 사이로 브랜디를 부어주었다. 그러고는 살며시 그를 토닥이며 가까운 미래에 있게 될 일들에 관심을 갖게 하려고 애썼다. 나는 이시올로에서 가져온 그의 생일 케이크를 언급하면서 어서 힘을 내 자리에서 일어나면 함께 먹자고 말했다.

그는 몇 번이나 발작을 일으킨 끝에 새벽 무렵에야 비로소 잠이 들었다. 발작을 일으키는 동안 그는 계속 헛소리를 해댔다. 다음 날 아침 나는 사람을 시켜 라무에 있는 의사를 불러오게 했다. 하지만 인도 의사는 조지를 위해 수면제를 처방하는 것 외에는 달리 할 일이 없었다. 그는 조지에게 다시 물 속에만 들어가지 않으면 병이 나을 거라고 말했다.

마침내 조지의 병이 완치되자 우리는 이시올로로 돌아왔다.

# 4

## 루돌프 호수로 떠난 여행

이시올로에 돌아온 지 얼마 지나지 않은 어느 날, 엘자의 걸음걸이가 왠지 부자연스럽고 고통스러워 보였다. 날은 어두워지는 데다 집에까지 가려면 가시덤불로 뒤덮인 가파른 바위산을 지나야 했다. 곧이어 엘자는 더 이상 걷지 못했다. 조지는 엘자가 변비 때문에 그러는 줄로 생각하고는 즉시 관장을 해야 한다고 말했다. 하지만 관장을 하려면 집에 돌아간 뒤 이시올로까지 차를 몰고 가서 관장약을 사와야 했다. 내가 그러는 동안 조지와 엘자는 그 자리에서 기다려야 했다.

모든 게 준비될 즈음에는 날이 완전히 어두워져 있었다. 나는 따뜻한 물과 관장약과 손전등을 손에 든 채 험한 산길을 올랐다. 동물병원에서 관장을 하기는 그리 어렵지 않지만, 가시덤불로 뒤덮인 어두운 곳에서 날카로운 발톱을 휘둘러대는 사자를 관장하기란 결코 쉬운 일이 아

조지와 함께 사냥을 나간 엘자.

니었다.

마침내 관장액을 엘자의 몸에 성공적으로 집어넣고 나자 안도의 한숨이 절로 나왔다. 하지만 엘자의 증세는 별로 나아지지 않았다. 이제 엘자를 들것에 실어 집까지 나르는 수밖에 없었다.

나는 다시 비틀거리며 집으로 돌아와 들것으로 사용할 야전 침대와 횃불 몇 개를 챙겼다. 그러고 나서 들것을 운반할 인부 여섯 명과 함께 엘자가 있는 산으로 향했다.

우리가 도착하자 엘자는 마치 기다리고 있었다는 듯 몸을 굴려 침대 위에 벌렁 드러누웠다. 엘자는 들것에 실려 운반되는 걸 은근히 즐기는 듯했다. 하지만 80킬로그램은 족히 나가는 엘자를 떠멘 인부들은 땀

을 흘리며 숨을 헐떡여야 했다. 그들은 산길을 내려오는 동안 몇 번이나 들것을 내려놓고 휴식을 취해야 했다.

그때마다 엘자는 들것에서 내려오기는커녕 어서 가자는 듯이 주둥이로 자신과 가장 가까운 곳에 있는 인부의 엉덩이를 슬쩍슬쩍 물어뜯곤 했다.

마침내 집에 도착했을 때 우리 모두는 파김치가 되고 말았다. 하지만 엘자만은 예외였다. 게다가 들것에서 내려오려고 하지 않는 통에 우리는 강제로 엘자를 들것에서 굴려 내려야 했다.

나중에 우리는 엘자의 문제가 십이지장충 때문이라는 걸 알게 되었다. 해변에서 휴가를 즐기는 동안 감염된 게 분명했다.

비비들을 쫓아가지 못하도록 제지당한 엘자.

엘자가 질병에서 회복되자 조지는 곧 식인 사자 두 마리를 처리해야 했다. 식인 사자들은 지난 3년 동안 보란 족 사람 28명을 상해하거나 살해했다. 엘자와 나는 조지와 함께 식인 사자들을 찾아 나섰다. 어렵고도 위험한 과정이었다. 식인 사자들을 죽이기까지 무려 24일이 걸렸다. 식인 사자들을 추적하는 동안 나는 우리의 행동에서 모순을 느꼈다. 밤낮으로 위험한 식인 사자를 쫓느라 지치고 피곤해하면서도 갖은 애교로 피곤과 긴장을 풀어주는 어린 엘자를 통해 기쁨을 얻는 우리의 모습 때문이었다.

엘자는 이제 18개월이 되었다. 나는 처음으로 엘자에게서 강한 체취를 맡을 수 있었다. 엘자는 꼬리가 시작되는 곳 바로 밑에 항문샘으로 알려진 두 개의 분비샘을 가지고 있었다. 이 분비샘에서 강한 냄새가 나는 체액이 분비되었다. 엘자의 체액은 나무에 소변을 눌 때 함께 배출되어 나왔다. 엘자는 분비액의 냄새를 맡더니 자신의 냄새인데도 혐오스럽다는 듯 늘 코를 높이 쳐들었다.

이시올로로 돌아오고 나서의 어느 날 오후, 우리는 일런드영양 떼를 만났다. 엘자는 즉시 영양 떼에게 살금살금 다가갔다. 영양 떼는 가파른 산비탈에서 풀을 뜯고 있었다. 어린 새끼들도 몇 마리 무리에 섞여 있었다. 암영양 한 마리가 가까이 다가오고 있는 엘자를 보고 마치 잡아보라는 듯 수풀 속에서 한바탕 숨바꼭질을 벌였다. 엘자의 관심을 새끼들로부터 멀어지게 하려는 의도에서였다. 암영양은 영양 떼와 새끼들이 안전하게 산등성이를 넘어 사라질 때까지 엘자와 숨바꼭질을 계속했다.

무리가 안전하게 피신하자 암영양은 그제야 전속력으로 달려 도망쳤다. 엘자는 닭 쫓던 개 지붕 쳐다보는 격으로 멍하니 그 뒤를 바라보았다.

이 밖에도 동물들의 지혜를 엿볼 수 있는 일들은 많았다. 언젠가 엘자를 집 뒤에 있는 산에 데리고 갔을 때였다. 산꼭대기에서 바라보니 코끼리 떼 약 80여 마리가 새끼들을 거느리고 산 밑에서 한가롭게 먹이를 먹고 있는 모습이 눈에 들어왔다. 이를 본 엘자는 우리가 "안 돼"라는 말을 하기도 전에 이미 언덕길을 내달리고 있었다. 잠시 후 엘자는 코끼리 떼를 향해 신중하게 다가갔다.

엘자와 가장 가까운 곳에 암코끼리와 새끼 코끼리 한 마리가 있었다. 엘자가 매우 조심스럽게 접근했는데도 암코끼리는 이미 엘자의 속셈을 한눈에 파악한 듯했다. 우리는 코끼리가 공격해올 것을 예상하고 불안한 마음으로 지켜보았다. 하지만 암코끼리는 엘자와 새끼 코끼리 사이를 가로막더니 천천히 새끼 코끼리를 몸집이 큰 수코끼리들이 있는 곳으로 몰고 갔다. 암코끼리는 새끼를 몰고 가면서 엘자와 꽤 먼 거리를 유지했다. 실망한 엘자는 어쩔 수 없이 다른 놀이 대상을 찾아 나서야 했다. 엘자는 먹이를 먹고 있는 수코끼리 두 마리에게 조심스럽게 접근했다. 하지만 이번에도 코끼리들에게 무시당하고 말았다. 그러자 엘자는 서너 마리씩 모여 있는 코끼리 무리에 접근했다. 하지만 코끼리들은 아무 반응도 보이지 않았다. 해가 점점 낮아지고 있었다. 우리는 큰 소리로 그만 돌아오라고 소리쳤지만 엘자는 들은 척도 하지 않았다. 우리는 결국 엘자를 놓아두고 집으로 돌아와야 했다. 엘자는 혼자서 즐기고 싶어 하는 듯했다. 우리는 엘자가 말썽을 일으키지 않기를 바라면서 그냥 내버려둘 수밖에 없었다.

우리 안에서 엘자를 기다리고 있으려니 점점 불안해져서 견딜 수가 없었다. 어떻게 엘자를 단속해야 할지 막막하기만 했다. 쇠사슬로 묶어놓자니 오히려 엘자의 심성을 포악하게 만들 것만 같았다. 우리는 결국 엘자가 경험을 통해 자신의 한계를 깨닫도록 내버려두기로 했다. 지루함을 달래기 위해 코끼리 떼와 장난을 치다가 위기를 경험하다 보면 자연스레 코끼리들에게 더 이상 관심을 기울이지 않을 거라는 생각이 들었다. 엘자는 거의 세 시간이 지나도록 돌아오지 않았다. 혹시나 무슨 사고가 일어난 건 아닌지 걱정스러웠다. 바로 그때 엘자의 기척이 느껴졌다. 집에 돌아온 엘자는 몹시 갈증이 나는 듯했다. 하지만 물그릇으로 달려가기 전에 내 얼굴을 핥으며 엄지손가락을 빨아댔다. 다시 나와 함께 있게 되어 얼마나 기쁜지 모르겠다고 말하는 듯했다. 엘자의 몸에서는 코끼리 냄새가 진하게 풍겼다. 보나마나 코끼리의 배설물 위에서 뒹굴었을 게 틀림없었다. 엘자는 몹시 피곤했는지 바닥에 털썩 주저앉았다. 내가 근접할 수 없는 야생의 세계에서 돌아온 엘자였지만 여전히 정겹게만 느껴졌다. 엘자는 과연 자신이 서로 다른 두 세계를 연결하고 있는 예외적인 존재라는 사실을 알고 있을까?

엘자는 동물 가운데서 기린을 가장 좋아했다. 엘자는 기린을 볼 때마다 늘 살금살금 다가가 양쪽 다 지칠 때까지 장난을 걸었다. 그러다 기린이 멀리 달아나면 가만히 앉아 기린이 돌아오기를 기다렸다. 엘자의 예상대로 기린은 어느 정도 시간이 지나면 다시 돌아왔다. 기린은 천천히 한 걸음씩 다가와 슬픈 빛을 띤 커다란 눈망울로 엘자를 바라보다가 뭔가를 찾듯 기다란 목을 둥글게 구부렸다. 그러고 나면 여기저기 헤집으면서 자기가 좋아하는 아카시아 씨앗을 찾아 먹었다. 엘자와 기린은 대체로 평화롭게 지냈다. 하지만 엘자는 때로 사자의 본성을 발휘해 기린을 사납게 몰아치기도 했다. 기린들을 보면 엘자는 배를 땅바닥에 바짝 붙이고 바람을 마주한 채 몰래 접근했다. 그럴 때면 엘자의 모든 근육이 파르르 떨리는 게 확연하게 보였다. 엘자는 이런 식으로 기린들을 한 곳에 모은 뒤 우리를 향해 몰고 왔다. 이는 우리더러 숨어서 기다리고 있다가 자기가 애써 몰고 온 사냥감을 덮치라는 이야기와 다를 바 없었다.

    이 밖에 다른 동물들도 엘자의 관심을 끌었다. 어느 날 엘자는 코를 허공에 대고 씰룩거리더니 곧 울창한 수풀 속으로 뛰어들었다. 그 직후 뭔가가 씩씩거리며 우리를 향해 곧장 달려오는 소리가 들렸다. 우리는 잽싸게 몸을 피했다. 그 순간 우리 옆으로 흑멧돼지가 요란한 소리를 내며 쏜살같이 지나갔다. 그 뒤를 엘자가 바짝 쫓고 있었다. 둘 다 번개 같은 속도로 사라졌다. 잠시 후 나뭇가지들이 부러지는 소리가 들렸다. 우리는 엘자의 안전이 걱정스러웠다. 흑멧돼지의 긴 이빨은 상대를 능히 죽이고도 남을 만큼 천하무적이었기 때문이다. 하지만 엘자는 아무 탈 없이 돌아와서는 새로운 놀이 상대를 발견했다는 듯 우리의 무릎에 머리를 비벼댔다.

우리의 다음 사파리 여행지는 루돌프 호수였다. 길이가 약 290킬로미터에 달하는 루돌프 호수는 담해호로 에티오피아 국경까지 이어져 있었다. 루돌프 호수까지는 7주가 걸렸는데, 대부분 노새와 당나귀에 짐을 싣고 도보로 여행해야 했다. 이런 식의 도보 여행은 엘자에게는 처음이었다. 우리는 엘자가 잘 적응해주기를 바랐다. 우리 일행은 조지와 나, 인접 지역에서 수렵 감독관으로 일하는 줄리안, 우리 손님인 헤르베르트, 운전사와 일꾼들, 우리 지역의 수렵 관리소 직원들에 엘자의 먹이로 사용할 양 여섯 마리와 짐을 운반할 노새와 당나귀 서른다섯 마리로 이루어진 대규모 행렬이었다. 짐을 실은 동물들은 우리보다 3주 전에 출발시켜 호수에서 만나기로 했다. 우리는 약 480킬로미터 정도는 차량을 이용해 여행했다.

이번에는 움직이는 차량도 많았다. 지프 두 대와 엘자를 실은 나의 1.5톤 트럭 외에도 3톤 트럭 두 대가 더 필요했다. 3톤 트럭 두 대에는 사람들과 음식, 몇 주일 동안 필요한 연료와 물 360리터가 실렸다. 처음 290킬로미터는 모래와 흙으로 뒤덮인 무더운 카이수트 사막을 지나야 했다. 그러고 나면 마사비트 산의 경사진 길을 올라가야 했다. 한때 용암을 내뿜었던 마사비트 산은 높이가 1,370미터에 달했다. 황량한 사막 지대에서 마사비트 산만 홀로 우뚝 솟아 있었다. 마사비트 산은 숲이 빽빽하게 우거진 데다 이끼가 많아 서늘했다. 거기다 종종 안개가 피어오르기도 했다. 마사비트 산의 이런 모습은 산 아래의 덥고 건조한 지역과 뚜렷하게 대조를 이루었다. 마사비트 산은 동물들의 천국이었다. 코뿔소, 버펄로, 얼룩영양, 사자 외에도 아프리카에서 가장 훌륭한 상아를 자랑하는 코끼리들이 살고 있었다. 이곳은 케냐의 마지막 행정 관할지였다.

드디어 외부 세계와의 접촉이 완전히 단절된 미지의 땅을 향한 탐험이 시작되었다. 모래 계곡과 용암으로 이루어진 산등성이 외에는 아무것도 보이지 않았다. 도중에 사고가 있었다면 내 차가 거의 두 동강이 가 날 뻔한 사고뿐이었다. 트럭의 뒷바퀴가 달아나면서 순간적으로 멈춰 서고 말았다. 부서진 차를 손보는 데 여러 시간이 걸렸다. 그동안 엘자는 차 안에 갇혀 지내야 했다. 차 안만이 햇빛을 싫어하는 엘자에게 그늘을 제공할 수 있는 유일한 장소였기 때문이다. 엘자는 몇 시간 동안 갑갑한 차 안에 갇혀 있었지만 아무 말썽 없이 얌전하게 굴었다. 엘자가 싫어하는 낯선 아프리카인들이 여럿 있는 데다 우리를 돕기 위해 몰려온 사람들 때문에 주위가 소란스러웠지만 엘자는 끝까지 잘 참고 협조해주었다. 마침내 우리는 다시 이동하기 시작했다. 우리는 에티오피아 국경에 있는 후리 산을 향해 올라갔다. 후리 산의 정상에 이르는 길은 매우 황량했다. 후리 산은 마사비트 산보다 높았지만 습기는 훨씬 적었다. 산의 경사면을 가로질러 강한 바람이 불어와 습기를 앗아가는 바람에 나무들이 자랄 수가 없었다. 사나운 강풍 때문에 몹시 힘들어하던 엘자는 할 수 없이 트럭 안에서 밤을 보내야 했다. 방수포를 둘러친 트럭 안은 차가운 바람을 막아주었다.

조지가 굳이 이곳을 찾은 목적은 수렵 상황을 조사하는 한편, 가브라 족에 의한 밀렵의 흔적을 살피기 위해서였다. 며칠 동안 주변을 조사한 뒤 우리는 서쪽으로 발길을 돌려 황량하기 이를 데 없는 용암지역을 통과했다. 뾰죽뾰죽 솟은 바위들 때문에 차들이 요란하게 덜컹거렸다. 발목까지 푹푹 빠지는 모래투성이의 강바닥을 건널 때는 다들 달려들어 차를 밀어야 했다. 그뿐만이 아니었다. 조심스럽게 자갈밭을 헤치고 전진하다가 커다란 돌부리에 걸리기라도 하면 차는 사정없이 삐걱거리며 흔들렸다. 엘자는 이 모든 고생을 감수해야 했다. 마침내 우리는 찰비 사막에 도착했다. 찰비 사막은 옛날에는 호수였지만 그 후 물이 마르면서 형성된 사막이다. 길이가 약 130킬로미터에 달하는 찰비 사막은 자동차가 전속력으로 질주할 수 있을 만큼 바닥이 매끄럽고 단단하다. 이 지역의 가장 두드러진 특징은 신기루 현상이다. 예를 들어 야자수 그림자가 드리워진 드넓은 강가가 나타났다가 가까이 다가가면 곧 사라져버리거나 몸집이 코끼리만한 가젤이 물가를 거닐고 있는 것처럼 보이기도 한다. 그 정도로 찰비 사막은 뜨겁고 메마른 지역이다. 찰비 사막 서쪽 끝에 노스 호르라는 오아시스가 있는데, 렌딜 부족이 기르는 수천 마리의 낙타와 양, 염소들이 이곳에서 물을 마신다. 그 모습은 참으로 장관이 아닐 수 없다. 여기서만 볼 수 있는 또 하나의 아침 풍경은 수천 마리가 넘는 뇌조들이 날아와 여기저기 나 있는 웅덩이에서 물을 마시는 모습이다. 우리는 노스 호르에서 더 이상 머물러야 할 이유가 없었기 때문에 물통에 물을 가득 채운 뒤 여행을 계속했다.

마침내 370여 킬로미터의 고된 여행을 마치고 우리는 로욘갤레인에 도착했다. 루돌프 호수 남쪽에 위치한 이곳은 오아시스 지역으로 신선한 샘물과 야자수들이 우거져 있다. 여기서 우리는 노새와 당나귀에 짐을 싣고 먼저 떠났던 일행과 합류했다. 나는 즉시 엘자를 호수로 데려갔다. 호수는 오아시스 지역에서 약 3킬로미터 정도 떨어진 곳에 있었다. 엘자는 여행으로 인한 스트레스를 풀기라도 하려는 듯 호수에 첨벙 뛰어들었다. 루돌프 호수에는 악어들이 득실댔지만 다행히 공격적이지는 않았다. 그렇지만 우리는 겁을 주어 악어들을 멀리 쫓아내려고 애썼다. 악어들은 딱딱한 등껍질을 드러낸 채 호수 위를 둥둥 떠다녔다. 우리는 그런 모습을 보면서 과연 호수에서 멱을 감을 수 있을지 의심스러웠다.

우리는 로욘갤레인에 베이스 캠프를 치고 사흘 동안 머물면서 마구(馬具)를 수선하고 당나귀에 실을 짐을 꾸렸다. 짐 꾸러미 하나의 무게는 대략 23킬로그램 정도였다. 우리는 당나귀 한 마리에 두 개의 짐 꾸러미를 실었다. 마침내 모든 준비가 끝났다. 열여덟 마리의 당나귀에는 식량과 야영 장비를, 네 마리의 당나귀에는 물통을 실었다. 노새 한 마리와 당나귀 다섯 마리는 여분으로 남겨두었다. 노새는 여행 도중에 생길지도 모르는 부상자나 환자를 위해서였다. 나는 엘자가 당나귀들을 괴롭힐까봐 걱정이 됐다. 다행히 엘자는 우리가 짐을 꾸리는 동안 옆에서 차분하게 지켜보았다. 하지만 막상 당나귀들에게 짐을 실을 때는 엘자를 잠시 묶어놓아야 했다. 당나귀들이 짐 싣는 것을 거부한 채 시끄럽게 울어대면서 발길질을 해대고 모래 위에 나뒹구는 상황이 연출되면

루돌프 호수를 거닐고 있는 엘자.

흑인들이 그런 당나귀들을 통제하기 위해 소리를 질러댈 게 뻔했고, 그럴 경우 엘자가 흥분할 수도 있었기 때문이다. 아침이 되자 본대가 먼저 출발했다. 우리는 날이 서늘해질 때까지 기다렸다가 엘자와 함께 그 뒤를 따랐다. 우리 일행은 호숫가를 따라 북쪽으로 향했다. 엘자는 신바람이 나서 애완견처럼 이 사람 저 사람에게 뛰어다니기도 하고, 플라밍고 떼 사이로 쏜살같이 뛰어들기도 했다. 그런가 하면 우리가 쏜 오리를 물어오기도 했다. 그러다가 마침내 호수에 뛰어들어 헤엄을 치기 시작했다. 우리는 혹시 모를 악어의 공격으로부터 엘자를 보호하기 위해 총을 들고 지켜서 있어야 했다. 나중에 낙타 떼와 마주쳤을 때는 엘자를 쇠사슬로 묶을 수밖에 없었다. 사슬에 묶이자 엘자는 새로운 친구들을 못 만나는 게 못내 억울한지 그러다 뽑혀 나가지 싶을 정도로 내 팔을 세게 잡아당겼다. 하지만 나는 엘자 때문에 낙타 떼가 우르르 피해 달아나다가 서로 뒤엉켜 넘어지는 걸 원치 않았다. 다행히 가는 도중에 낙타 떼 이외의 다른 가축은 만나지 않았다.

저녁이 되자 우리는 호숫가 야영지에서 피워놓은 모닥불을 볼 수 있었다. 나는 다시 엘자를 쇠사슬로 묶었다. 혹시 엘자가 힘이 남아 당나귀들에게 장난을 칠 수도 있었기 때문이다. 우리가 도착할 무렵에는 이미 모든 텐트가 쳐져 있었고, 저녁 식사 준비도 끝나 있었다. 우리는 술을 마시면서 앞으로의 이동 계획을 놓고 밤늦도록 의논했다. 매일 아침 다른 사람들이 텐트를 걷고 당나귀들에게 다시 짐을 싣는 동안 조지와 나, 누루, 수렵 감시원 한 명이 엘자를 데리고 새벽에 먼저 출발하는

낙타 떼를 지나가고 있다.

쪽으로 의견이 모아졌다. 여기에는 서늘한 시간을 이용해 여행을 하려는 목적도 있었지만 엘자와 당나귀들을 안전하게 떼어놓기 위한 목적도 컸다. 그러고 나서 9시 반쯤 되면 우리는 낮의 열기를 피할 수 있는 그늘과 당나귀들이 풀을 뜯을 수 있는 장소를 물색했다. 그런 장소를 발견하면 우리는 즉시 엘자를 사슬로 묶었다. 오후에는 이동 계획을 거꾸로 뒤집었다. 먼저 다른 사람들과 당나귀들을 두 시간 앞서 출발시켜 날이 어둡기 전에 텐트를 치게 한 다음 우리와 엘자는 나중에 출발했다. 우리는 여행중에 이와 같은 이동 계획을 철저하게 지켰다. 우리의 이동 계획은 효과 만점이었다. 덕분에 휴식 시간을 제외하고는 엘자와 당나귀들을 떼어놓을 수 있었다. 엘자는 쇠사슬에 묶인 채로 낮잠을 즐겼다. 시간이 지나면서 엘자와 당나귀들은 서로를 당연하게 받아들이기 시작했다. 사파리 여행을 위해서는 조금씩 양보해야 한다는 사실을 깨달은 모양이었다.

엘자는 아침 9시까지는 잘 걸었다. 하지만 그 이후부터는 더위 때문인지 바위나 수풀이 만들어내는 그늘만 보이면 걸음을 멈추고 쉬려고 했다. 오후가 되면 5시 이전에는 좀처럼 움직이기를 싫어했다. 하지만 5시 이후에는 걸음걸이가 안정되면서 밤새라도 걸을 수 있을 만큼 힘이 넘쳐났다. 엘자는 대개 하루 평균 7시간에서 8시간을 걸었다. 엘자의 건강 상태는 아주 좋았다. 엘자는 가능한 한 자주 호수에 뛰어들어 수영을 즐겼다. 불과 2미터에서 2.5미터 정도 떨어진 곳에 악어들이 있었지만 전혀 개의치 않았다. 내가 아무리 위험하다고 소리치며 다급하게 손짓

엘자는 매일 7~8시간을 걸었다.

을 해도 엘자는 물릴 때까지 수영을 하곤 했다. 우리는 대개 저녁 8시에서 9시 사이에 야영지에 도착했다. 당나귀들을 몰고 먼저 가 있던 일행이 신호탄을 쏘아 올려 주었기 때문에 길을 잃을 염려는 전혀 없었다.

　여행을 떠난 지 둘째 날 우리는 마지막 촌락을 뒤로하고 길을 떠났다. 우리가 지나온 마지막 촌락은 문명 생활과는 거리가 먼 엘몰로 부족의 작은 어촌이었다. 80명이 채 되지 않는 엘몰로 족은 주로 고기잡이에 의존하지만 때로 악어나 하마를 잡아먹기도 한다. 영양 상태도 좋지 않은 데다 근친혼을 통해 자손을 낳다보니 이들 중 상당수가 기형이거나 구루병 증세를 보이고 있다. 영양실조, 아니 그보다 석회석과 그 외 광물질을 함유하고 있는 호수의 물을 먹다보니 치아와 잇몸 상태도 엉망이다. 하지만 이들은 친절하고 관대한 부족으로, 낯선 사람이 마을에 들르면 늘 신선한 생선을 선물로 안겨준다.

이들은 주로 야자나무 섬유로 만든 그물로 고기를 잡는다. 야자나무 섬유는 소금기가 있는 물 속에서도 썩지 않는 유일한 재질이다. 이들은 야자나무 둥치 세 개를 밧줄로 엮어 만든 뗏목을 타고 작살을 던져 무게가 무려 90킬로그램 이상이 나가는 나일 강의 퍼치(농어류의 일종인 담수어-옮긴이)는 물론 악어와 하마를 사냥하기도 한다. 하지만 막대기를 이용해 수심이 낮은 호숫가를 따라 뗏목을 움직일 뿐 멀리 나가는 법은 절대 없다. 호수의 먼 곳에는 종종 시속 145킬로미터가 넘는 강풍이 불기 때문이다. 그런 강풍이 불어올 경우 이 지역을 여행하는 사람은 엄청난 불편을 감수해야 한다. 텐트를 치는 것도 불가능하고, 접시에 담긴 음식이 먹기도 전에 공중으로 날아가버리거나 왕모래로 뒤덮여버리기 때문이다. 그뿐만이 아니다. 모래를 동반한 세찬 강풍이 눈과 코, 귀를 때려대는가 하면 침상까지 뒤집어엎기가 일쑤이기 때문에 잠자는 것도 거의 불가능하다. 하지만 평온할 때의 호수는 말로 다할 수 없을 정도로 아름답고 매력적이다. 이 때문에 이곳을 한 번 방문한 사람이라면

신선한 생선 선물.

누구나 다시 오고 싶어 한다.

호숫가를 한 번 빙 도는 데 열흘이 걸렸다. 호수 주변 풍광은 매우 삭막했다. 가도가도 온통 용암 천지였다. 다만 용암의 밀도가 다를 뿐이었다. 때로 타다 남은 재도 있었지만 개중에는 끝이 날카로운 것들도 있어 울퉁불퉁한 땅 위로 미끄러져 넘어질 때면 발을 찔러댔다. 또 어떤 곳은 발이 푹푹 빠지는 바람에 한 걸음 한 걸음 떼어놓을 때마다 몹시 힘이 들었다. 그렇지 않으면 거친 왕모래와 자갈이 깔려 있는 지역을 지나야 했다. 사방에서 뜨거운 바람이 불어와 기운을 앗아가는 바람에 머리가 어질어질했다. 초목은 거의 찾아볼 수 없었고, 살갗을 따끔따끔 찔러대는 가시투성이의 식물들이 전부였다. 잎사귀도 어찌나 날카로운지 조금만 방심해도 베이곤 했다.

나는 엘자의 발바닥을 보호하기 위해 기름을 발라주었다. 엘자는 기름을 발라주는 이유를 이해했을 뿐만 아니라 좋아하는 것 같았다. 한낮에 휴식을 취할 때면 나는 대개 딱딱한 자갈 위보다는 야전 침대에 누워 휴식을 취했다. 그러는 게 훨씬 편했기 때문이다. 엘자도 이 점을 알아채고는 나처럼 침대에서 쉬기를 좋아했다. 곧이어 나는 엘자가 조그만 공간이라도 남겨놓으면 그나마 다행이라고 여기게 되었다. 때로 운이 나빠 엘자가 침대 위에 몸을 쭉 펴고 누울 때면 나는 땅바닥에 앉아 있어야 했다. 하지만 대개의 경우에는 둘이 서로 몸을 오그리고 사이 좋게 침대에 누워 휴식을 취했다. 다만 침대가 우리 둘의 무게를 감당하지 못하고 부러질까봐 걱정이었다. 먼길을 가는 동안 엘자가 마실 물과 물그릇을 운반하는 일은 늘 누루의 몫이었다. 엘자는 9시경에 저녁 식사를 했고, 식사를 마친 후에는 내 침대 옆에서 곯아떨어졌다.

어느 날 저녁 우리는 길을 잃고 헤매다 사람들이 쏘아 올리는 신호탄의 도움으로 밤이 이슥해서야 가까스로 야영지에 도착했다. 엘자가 매우 지쳐 보였기 때문에 나는 사슬을 풀어주었다. 하지만 엘자는 졸려 보였는데도 일단 사슬에서 풀려나 자유롭게 되자 가시 울타리 안에 있는 당나귀들을 향해 전속력으로 질주했다. 곧이어 당나귀들의 비명 소리가 들려왔다. 우리가 개입했을 때는 놀란 당나귀들이 이미 어둠 속으로 도망친 뒤였다. 다행히 우리는 곧 엘자를 붙잡을 수 있었다. 나는 혼

루돌프 호숫가의 야전 침대 위에서 엘자와 함께.

당나귀를 보며 애를 태우는 엘자.

을 내기 위해 엘자에게 매질을 했다. 엘자는 자신이 매를 맞아도 싼 짓을 저질렀다는 걸 이해하는 듯했다. 매를 맞는 동안 엘자는 매우 미안한 표정을 지어 보였다. 나는 엘자의 본능을 과소평가했다는 사실을 깨달았다. 야생동물의 사냥 본능이 가장 왕성할 시간에, 그것도 좋은 먹잇감이 바로 눈앞에 있는 상황에서 엘자가 유혹에 넘어갈 수밖에 없었으리라는 생각이 들자 양심의 가책이 느껴졌다.

다행히 당나귀 가운데 한 마리만 약간 긁혔을 뿐 나머지는 멀쩡했다. 상처를 소독해주었더니 곧 아물었다. 하지만 나는 이 사건을 계기로 엘자에게서 절대로 한눈을 팔지 않겠다고 다짐했다.

루돌프 호수에는 물고기가 아주 풍부했다. 조지와 줄리안은 루돌프 호수에만 사는 틸라피아라는 큰 물고기를 잡아 일행에게 별미를 맛볼

수렵 감시원들이 엘자에게 캣피시를 주고 있다.

기회를 제공했다. 두 사람은 장대나 줄을 사용해 잡기도 하고, 때로는 총을 쏘아 기절을 시켜 잡기도 했다. 수렵 감시원들은 얕은 물에 사는 캣피시(메기의 일종—옮긴이)라는 못생긴 물고기를 잡는 데 열을 올렸다. 이들은 주로 막대기와 돌멩이로 캣피시를 잡았다. 엘자도 이 대열에 합류해 고기 잡는 재미를 즐겼다. 때로 엘자는 죽은 캣피시를 건져 물고 왔지만 곧 바닥에 내려놓고는 냄새가 고약하다는 표정을 지었다. 어느 날 우리는 늘 총을 들고 다니는 누루가 총으로 캣피시를 때려잡는 장면을 목격했다. 어찌나 세게 내려쳤는지 개머리가 산산이 부서진 데다 총신이 한쪽으로 삐죽이 튀어나올 정도였다. 누루는 캣피시를 잡았다는 기쁨에 총을 망가뜨렸다는 사실을 완전히 잊은 듯했다. 조지가 그 일을 지적하자 그는 침착한 어조로 "뭉고(하느님)께서 주인님에게 또 총을 주실 거예요"라고 말했다. 하지만 엘자가 누루에게 복수를 했다. 엘자가 해변에 벗어놓은 누루의 샌들을 물고 달아나버린 것이다. 누루와 엘자가 서로 쫓고 쫓기는 모습은 참으로 재미있었다. 결국 누루가 샌들을 되찾았을 때는 이미 너덜너덜해진 뒤였다.

북쪽으로 약 160킬로미터 정도 떨어진 알리아 만으로 가려면 먼저 롱곤도티 산맥을 가로질러야 했다. 하지만 산자락이 호수까지 직접 이어져 내린 곳이 몇 군데 있어 부피가 큰 짐을 실은 당나귀들은 호숫가를 따라 전진할 수가 없었다. 결국 일행 중 한 패는 당나귀들을 이끌고 내륙으로 돌아가야 했고, 엘자를 비롯한 우리는 험한 바위지대를 지나 호숫가를 따라 여행을 계속했다. 그러다 어느 지점에 이르자 지세가 매우 험해 엘자가 돌아서 건너기가 불가능해 보였다. 방법은 두 가지뿐이었다. 하나는 4.5미터 절벽 아래로 뛰어내리는 것이었다. 절벽이 온통 미끌미끌해서 붙잡을 만한 게 전혀 없었기 때문에 뛰어내리는 방법밖에 없었다. 절벽 아래에는 얕은 물이 있었다. 또 한 가지 방법은 가파른 바위를 타고 내려가는 것이었다. 바위 아래는 물살이 부딪히면서 생겨난 거품이 하얗게 일고 있었다. 물의 깊이는 엘자의 키 정도밖에 되지 않았지만 거품 때문에 엘자는 위험하다고 느낀 듯 망설였다. 마침내 엘자는 눈에 띄는 바위턱마다 발을 내디디며 내려오려고 시도했다. 좁은 바위턱에 의지한 채 필사적으로 몇 발자국을 내딛다 마침내 용감하게 세차게 부딪히는 파도 속으로 뛰어 내렸다. 엘자는 우리의 박수갈채에 힘입어 곧 마른 땅 위로 올라왔다. 엘자는 어려운 지점을 무사히 통과했다는 생각과 자신의 행동이 우리를 기쁘게 했다는 사실에 무척 자랑스럽고 기쁜 기색이었다.

　우리는 소금기가 있는 호수의 물을 마셔야 했다. 물론 요리할 때도 그 물을 사용해야 했다. 호수의 물은 아무 해가 없는 데다 연성이어서 목욕을 하기에도 좋았고, 세수를 할 때도 비누가 필요 없었다. 하지만 물맛은 좋지 않았다. 당연히 음식맛도 엉망이었다. 그런 물만 먹다가 어느 날 모이티라고 불리는 산기슭에서 신선한 샘물을 발견하고 보니 너무나 반가웠다.

　우리는 산의 서쪽 기슭을 따라 여행했다. 우리가 아는 한 지금까지 그 길로 여행했던 유럽인은 없었다. 과거에 이 지역을 방문했던 유럽인

절벽을 타고 내려오는 것을 망설이는 엘자.

들은 모두 동쪽 길로 여행했기 때문이다. 로욘갤레인을 출발한 지 9일째 되던 날 우리는 산의 북쪽 끝에 텐트를 쳤다. 여느 때와 마찬가지로 우리는 수렵 감시원들을 미리 보내 그 지역을 정찰하게 하는 한편, 밀렵꾼이 있는지 조사하도록 했다. 그들은 오후 일찍 돌아와 많은 사람들이 카누를 타고 가는 것을 보았다고 보고했다. 호수 주변에서 카누를 소유하고 있는 부족은 갈루바 족밖에 없었다. 이들 부족은 매우 사나운 부족으로, 소총으로 무장한 채 에티오피아 국경을 건너 우리 지역으로 침입해 들어와서는 약탈과 살인을 일삼는 것으로 악명이 높다. 수렵 감시인들이 목격한 일당은 약탈이나 밀렵을 목적으로 침입한 사람들이거나, 아니면 물고기를 잡으러 온 사람들일 수도 있었다. 하지만 어떤 경우든 그들이 우리 지역에 들어올 권리는 없었다. 나머지 사람들이 상황을 파악하러 나간 동안 엘자와 나는 소총으로 무장한 네 명의 수렵 감시인들이 보초를 선 가운데 텐트에 남아 있었다.

정찰을 나간 사람들은 알리아 만이 내려다보이는 산꼭대기로 올라갔다. 아니나 다를까, 산 아래로 각각 열두 명씩 태운 카누 세 척이 우리가 있는 해안 쪽으로 노를 저어오고 있는 모습이 눈에 띄었다. 그들은 곧 우리 쪽 사람들을 발견하고는 급히 뱃머리를 돌렸다. 조지와 다른 사람들이 물가로 쫓아 내려갔을 때는 이미 180미터나 달아난 상태였다. 그들은 호수의 작은 섬을 향해 미친 듯이 노를 젓고 있었다. 언뜻 보기에 그들은 아무런 무장도 하고 있지 않았다. 하지만 보나마나 카누 안에 소총을 숨기고 있을 게 뻔했다. 조지는 망원경을 통해 최소한 40명의 사람들과 카누 여러 척이 섬에 정박하고 있다는 사실을 확인할 수 있었다. 도망치던 카누 세 척이 섬 가까이 다가가자 섬에 있던 사람들이 그들을 맞이했다. 우리 쪽 사람들은 배가 없이는 아무런 조처도 취할 수 없었기 때문에 다시 야영지로 돌아오는 수밖에 없었다. 우리는 즉시 짐을 꾸려 산 아래의 만으로 이동했다. 될 수 있는 대로 가까운 곳에서 섬을 관찰하기 위해서였다. 그 날 밤 우리는 평소보다 보초를 더 많이 세웠다. 아울러 다들 장전한 소총을 곁에 두고 잠을 잤다. 먼동이 틀 무렵 섬 쪽을 바라보니 아무도 보이지 않았다. 우리를 의식한 갈루바 족이 전날 밤 심한 강풍이 불었는데도 어둠을 틈타 섬을 떠난 게 분명했다. 조지는 순찰대를 보내 그들이 정말 섬을 떠났는지 점검하도록 했다. 곧이어 해가 떠오르자 독수리와 아프리카황새 떼가 섬에 내려앉는 모습이 보였다. 이로써 갈루바 족의 목적이 밀렵과 물고기 사냥이었다는 게 분명해졌다. 필시 하마 몇 마리가 그들 손에 죽었을 테고, 독수리와 황새 떼는 남은 시체를 노리고 날아든 게 틀림없었다.

오전 11시경 야영지 남쪽의 갈대 숲 사이에서 카누 두 척이 호수 위로 불쑥 모습을 드러냈다. 조지는 그들을 쫓아버리기 위해 뱃머리를 향해 소총을 발사했다. 그러자 그들은 서둘러 갈대 숲으로 다시 사라졌다. 그리고 나서 조지는 수렵 감시인들을 갈루바 족에게 보내 섬 밖으로 나오도록 설득하게 했다. 하지만 수렵 감시인들이 가까이 접근해 큰 소리로 말을 걸었지만, 밀렵꾼들은 아무 반응도 보이지 않고 늪지 쪽으로 더욱더 멀리 달아났다. 그 날 하루 종일 그들은 갈대 숲을 사이에 두고 숨바꼭질을 하면서 우리의 동태를 살폈다. 추측하건대 갈대 숲에는 최소한 네 척의 카누가 있는 것 같았다. 아마도 일행에서 낙오한 자들인 듯했다. 그들에게 접근하는 게 불가능했기 때문에 조지는 그들을 집으로 돌아가도록 하기 위해 해가 지자마자 늪지 위로 예광탄과 신호탄을 번갈아 쏘아 올렸다.

이 무렵 가지고 온 물품이 거의 바닥나고 있었기 때문에 집으로 돌아가야 했다. 이번 사파리에 비하면 먼젓번이 훨씬 풍족했다는 생각이 들었다. 그래도 그때는 호수에서 물을 마음껏 구할 수 있었기 때문이다. 우리는 왔던 길 대신 내륙으로 돌아가기로 결정했다. 하지만 투르카나족 출신의 안내원인 고이테는 그 길을 잘 알지 못하는 눈치였다. 게다가 설상가상으로 필요한 경우에 물을 구할 수 있을지에 대해서도 확신하지

물이 귀해 너무나도 반가운 물웅덩이.

못했다. 그 지역에서는 웅덩이의 물에 의존해야 했는데, 마침 건기였기 때문에 웅덩이를 발견할 가능성이 희박했다. 하지만 조지는 내륙으로 돌아가더라도 정 물이 모자라면 호수까지 하루 만에 다녀올 수 있다는 계산에서 계획을 강행했다. 결국 우리는 호수에서 불어오는 서늘한 바람을 뒤로한 채 무더운 내륙을 지나야 했다. 나는 열기 때문에 여러 번 탈수 증세를 보였다. 이번에 택한 길은 먼젓번 길보다 훨씬 더 황량했다. 용암밖에는 아무것도 없었기 때문에 당연히 동물이나 사람도 거의 보이지 않았다. 엘자의 먹이도 급속히 줄어들고 있었다. 다행히 로욘갤레인에서 구입해둔 양이 있어서 이 문제는 쉽게 해결할 수 있었다. 하지만 우리는 대부분 체중이 줄어들었다. 당나귀들 짐이 가벼워졌기 때문에 올 때에 비해 이동 속도가 훨씬 빨랐다. 그렇지 않아도 내륙으로 돌아가는 길에는 물이 없었기 때문에 우리는 가급적 이동 속도를 빨리해야 했다.

    길을 떠난 지 18일이 지나자 로욘갤레인에 도착할 수 있었다. 우리는 그곳에서 사흘을 지내면서 곧 이어질 다음 여행을 위해 장비와 마구를 재정비했다. 다음 목적지는 쿨랄 산이었다. 호수에서 동쪽으로 32킬로미터 지점에 위치한 쿨랄 산은 높이가 약 2,280미터로, 우기 때마다 습기를 충분히 흡수하기 때문에 정상에도 울창한 숲이 형성되어 있다. 쿨랄 산 역시 화산지대로, 길이는 약 45킬로미터 정도에 달한다. 산꼭대기 중앙에는 직경이 약 6.5킬로미터에 이르는 분화구가 있다. 반으로 쪼개진 분화구를 기점으로 각각 남쪽 산과 북쪽 산으로 나뉜다. 사람들은

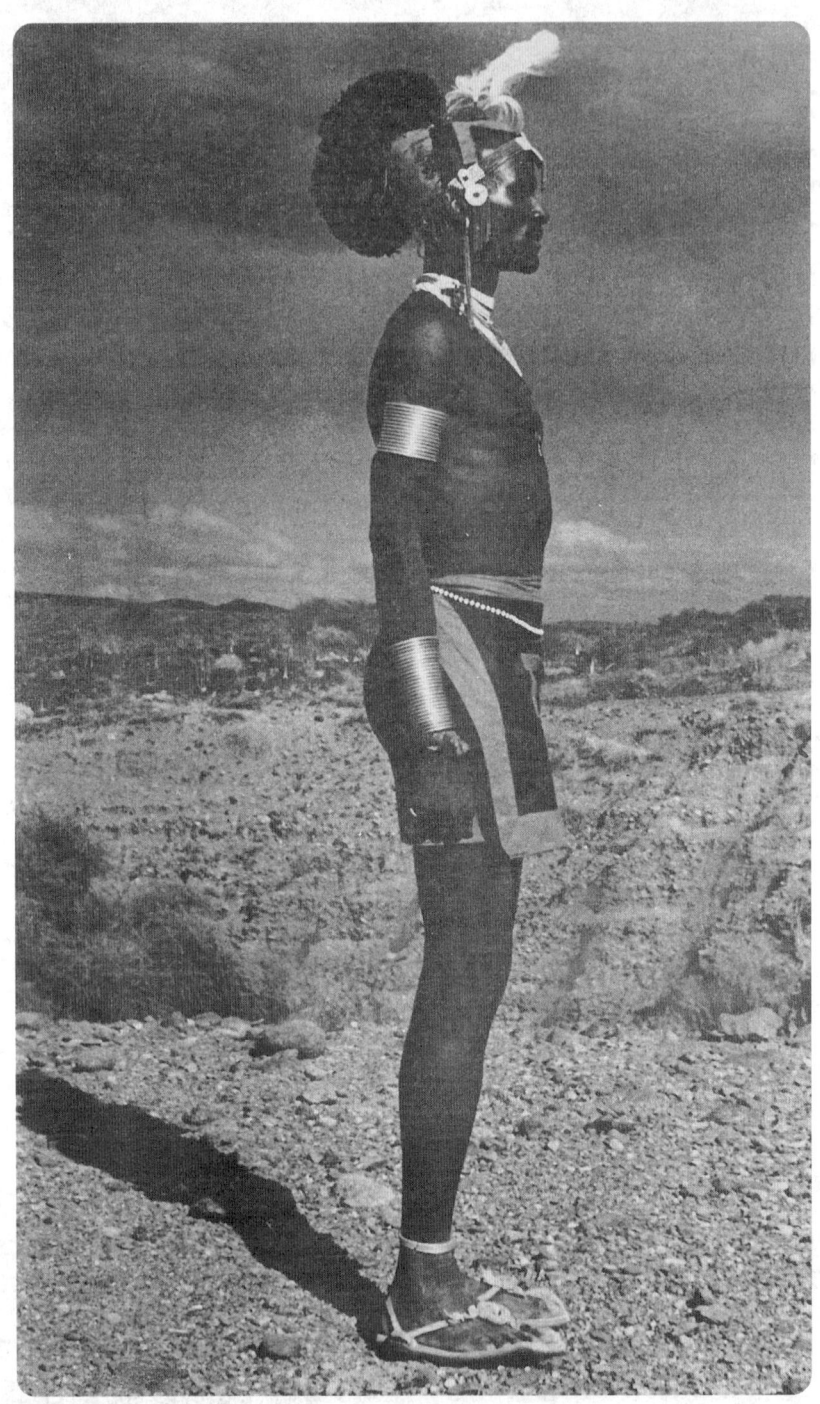

투르카나 족 경찰.

화산 폭발이 있고 나서 발생한 지진 때문에 쿨랄 산과 분화구가 둘로 갈라졌다고 추측한다. 분화구의 벽은 마치 잘라놓은 오렌지 껍질처럼 쩍 벌어져 있다. 분화구 입구에서 915미터 아래로 깊은 산줄기가 뻗어 있다. 꼭대기에서는 보이지 않지만 바닥에는 산의 중심부로 이어지는 일시가타라는 협곡이 있다. 높이가 수십 미터에 이르는 협곡은 갈라진 틈새로 하늘이 겨우 보일 정도로 폭이 좁다. 우리는 협곡을 탐험하기로 했다. 협곡 입구로 들어가려면 쿨랄 산 동쪽 기슭으로 접근하는 수밖에 없었다. 하지만 몇 시간의 시도 끝에 우리는 탐험을 중단해야 했다. 거대한 바위와 깊은 물웅덩이가 길을 가로막고 있었기 때문이다.

쿨랄 산을 철저히 살펴보기 위해서는 두 부분으로 나뉜 지형 중 한쪽을 먼저 등정했다가 다시 밑으로 내려와 나머지 절반을 등정해야 한다.

이번 여행의 목적은 조지가 12년 전 쿨랄 산을 마지막으로 방문했을 때 수집한 자료와 비교해 산의 동물들이 원래 상태대로 잘 보존되어 있는지, 아니면 밀렵으로 인해 그 수가 감소했는지를 살펴보는 데 있었다. 우리는 특히 얼룩영양의 상태에 관심이 많았다.

쿨랄 산은 아래에서 보면 밋밋하다는 느낌을 준다. 즉 전체적인 산의 형태가 펑퍼짐하게 펼쳐져 있는 데다 정상에 이르는 산등성이도 넓어 보인다. 하지만 막상 산등성이에 오르고 보니 짐을 실은 당나귀들이 한꺼번에 지나가기가 힘들 정도로 길이 비좁았다.

여행 첫날은 용암석이 곳곳에 산재해 있어 짐을 실은 당나귀들이

아무리 목이 말라도 엘자는 늘 자기 차례를 기다렸다.

걷는 데 무척 애를 먹었다. 게다가 깎아지른 듯한 산등성이에서부터는 험준한 곳이 많아 당나귀의 짐을 사람들이 들고 나를 수밖에 없었다.

    그래도 이틀째 밤이 되자 정상까지 약 3분의 2 정도의 등정을 마칠 수 있었다. 우리는 용암석이 꽉 들어찬 가파른 계곡에다 텐트를 쳤다. 근처에는 샘물이 하나 있었는데, 한 번에 한 마리씩만 물을 먹일 수 있을 정도로 크기가 작았다. 그 때문에 마지막 당나귀가 물을 마시기까지 많은 시간이 걸렸다. 쿨랄 산을 통틀어 워낙 샘물이 부족하다 보니 삼부루 족은 건기 때마다 이곳으로 가축 떼를 몰고 와 물을 먹인다.

    이곳 샘물을 비롯해 다른 샘물들을 차례로 지나면서 우리는 낙타, 소, 염소, 양 떼를 끌고 와 물을 먹이는 사람들을 만날 수 있었다. 엘자는 그런 광경을 지켜보며 참기가 어려웠겠지만 기특하게도 점잖게 행동해주었다. 코앞에서 가축들이 풍기는 자극적인 냄새를 맡고도 잘 참아준 것으로 보아 어떤 상황인지 이해하고 있는 듯했다. 가축을 몰고 온 사람들과 부딪칠 때마다 우리는 엘자를 쇠사슬로 묶었지만 엘자는 전혀 공격할 의사를 보이지 않았다. 오히려 소란과 먼지를 피해 멀찍이 거리를 두고 싶어 하는 눈치였다.

쿨랄 산에 오르는 길은 가파르기도 했지만 높이 오를수록 쌀쌀한 한기가 느껴져 더욱 고역스러웠다. 우리는 당나귀 등에 올라탄 채 깊은 계곡과 험준하고 가파른 지역을 지나 어렵게 행진했다. 처음에는 키가 낮은 관목 숲이 주종을 이루다가 곧 아름다운 고산식물대가 펼쳐졌다.

다음 날 아침 우리는 마침내 쿨랄 산 정상에 도착했다. 길이 어느 정도 평평해지면서 걷기가 한결 수월했다. 우리는 아름다운 숲 사이의 빈터에 텐트를 쳤다. 근처에는 삼부루 족의 가축 떼가 더럽혀놓은 샘물이 있었다. 하지만 그리 심하게 오염되지는 않았다. 그들은 거의 다 자란 사자가 우리와 함께 있는 걸 보고 몹시 놀란 듯했다.

산 정상의 울창한 숲 지대에는 거의 매일 아침마다 짙은 안개가 꼈기 때문에 우리는 몸을 따뜻하게 하기 위해 통나무로 불을 피웠다. 밤에는 너무 추워서 엘자를 내 작은 텐트 안으로 들어오게 해 이끼를 바닥에 깐 뒤 담요를 덮어주었다. 하지만 엘자는 자꾸만 담요를 걷어찼다. 그 때문에 추위에 몸을 떨곤 했다. 나는 한밤중에 일어나 엘자에게 담요를 다시 덮어주느라 깊은 잠을 잘 수가 없었다. 담요를 덮어줄 때마다 엘자는 내 팔을 핥아댔다. 엘자가 텐트를 찢고 밖으로 나가려고 한 적은 한

삼부루 족 소녀.

번도 없었다. 오히려 깨어 있는 시간을 제외하고는 텐트 속에서 지내려고 했다. 강한 바람이 불고 축축한 안개가 자욱할 때면 엘자는 텐트 속의 아늑한 보금자리에서 꿈쩍도 하지 않았다. 하지만 해가 떠오르면서 안개가 걷히면 엘자는 즉시 일어나 신선한 산의 공기를 마음껏 즐겼다. 땅바닥은 부드럽고 서늘했으며, 나무들은 짙은 그늘을 드리워주었다. 게다가 구르며 놀 수 있는 버펄로의 배설물도 많았다. 엘자는 그런 쿨랄 산을 무척 좋아했다.

그늘도 많고 날씨도 서늘했기 때문에 낮의 열기가 한창일 때도 여행하기가 그렇게 어렵지 않았다. 엘자는 우리와 함께 쿨랄 산의 정취를 만끽했다. 엘자는 머리 위에서 원을 그리며 날아가는 독수리를 지켜보기도 하고, 날아드는 까마귀들을 피해 귀찮은 듯 몸을 잔뜩 웅크리기도 했다. 한번은 잠자는 버펄로를 깨워 뒤를 쫓으며 즐거워하기도 했다. 엘자는 후각과 청각, 시각이 매우 예민했기 때문에 깊은 숲 속에서도 길을 잃은 적이 한 번도 없었다. 어느 날 오후 저만치 앞서 가고 있는 일행에서 뒤처져 숲을 지날 때였다. 엘자는 수풀에 숨어 있다가 갑자기 뒤에서 우리를 덮치는 숨바꼭질 놀이에 한참 빠져 있었다. 그런데 엘자가 사라진 방향에서 당나귀가 놀라 울부짖는 소리가 들려왔다. 잠시 후 나무들 사이에서 당나귀 한 마리가 보인다 싶더니 엘자가 그 뒤를 바짝 쫓으며 괴롭히는 모습이 눈에 들어왔다. 다행히 숲이 우거져 두 마리 다 그렇게 빨리 뛰지는 못했다. 우리는 쫓아가서 둘을 붙잡은 뒤 엘자에게 매질을 했다. 엘자는 지금까지 이런 일을 저지른 적이 한 번도 없었다. 엘자가

나뭇가지에 걸터앉아 산들바람을 즐기는 엘자.

제멋대로 당나귀를 쫓지 않고 늘 내 말에 복종해왔다는 사실에 자부심을 느끼던 터라 나는 이 일로 인해 몹시 실망했다. 하지만 나는 다시금 엘자를 묶어놓지 않았던 자신을 탓할 수밖에 없었다.

어느 날 우리는 산을 둘로 나누고 있는 분화구 입구에 서서 북쪽 산을 바라보고 있었다. 북쪽 산까지의 거리는 직선으로 6킬로미터를 넘지 않았다. 하지만 그곳까지 가려면 이틀은 족히 걸릴 터였다. 그런데 엘자가 600미터나 되는 절벽의 가장자리를 태연하게 걸어가는 게 아닌가. 나는 그 광경을 보고 거의 제정신이 아니었다. 하지만 동물들은 고소공포증이 없는 것 같았다. 다음 날 우리는 산에서 내려와 일시가타 협곡 어귀에 도착했다. 그러고 나서 곧바로 텐트를 쳤다.

낮에는 협곡 위로 약 6킬로미터 정도 떨어진 곳에 위치한 물을 찾아 훤칠한 키와 잘생긴 외모를 지닌 렌딜 족이 수천 마리의 낙타와 염소, 양을 몰고 우리 곁을 지나갔다. 그들 뒤로 여인들이 몰고 오는 낙다 행렬이 이어졌다. 낙타들은 코에서 꼬리까지 줄에 묶인 채 모두 물통을 짊어지고 있었다. 섬유를 촘촘히 짜서 만든 물통 하나에 약 30리터의 물을 담을 수 있었다. 우리는 협곡 사이의 틈새를 타고 위로 올라갔다. 아니 산 안으로 들어갔다고 해야 옳을 것이다. 협곡 바닥에는 바싹 마른 수로가 있었다. 8킬로미터쯤 더 가니 양쪽으로 가파른 절벽이 높이 솟아 있었다. 깊은 곳은 높이가 무려 460미터에 달하는 깎아지른 듯한 절벽을 형성하고 있었다. 거기서부터는 짐을 실은 낙타가 나란히 통과할 수 없을 정도로 비좁은 곳들이 많았다. 게다가 절벽까지 높이 솟아 있어서 하늘이 거의 보이지 않았다. 가축들에게 물을 먹이는 장소를 지나 훨씬 더 위로 올라가니 꽤 큰 개울이 눈에 띄었다. 개울 주변에는 맑은 물이 고인 웅덩이들이 아주 많았다. 결국 높이가 10미터에 이르는 가파른 폭포 때문에 우리는 더 이상 전진할 수가 없었다. 전문 산악인인 헤르베르트가 가까스로 폭포 위로 올라가보았지만 그 위로 또다시 폭포가 있다는 사실만 발견했을 뿐이었다.

일시가타는 물가에 매복해 있다가 물을 마시러 온 동물들을 포획하기가 쉬웠기 때문에 밀렵꾼들이 즐겨 찾는 곳이다. 물을 마시러 온 동물들은 꼼짝없이 밀렵꾼들에게 희생될 수밖에 없다. 매복해 있는 사냥꾼들 앞을 지나는 것 외에는 다른 출구가 없기 때문이다. 북쪽 산의 정상에 오르는 데 꼬박 하루 반이 걸렸다. 북쪽 산에는 남쪽 산보다 삼부루 족이 더 많이 살고 있었다. 당연히 가축들도 더 많았다. 그런 만큼 엘자도 행동하는 데 더 많은 제약을 받을 수밖에 없었다.

우리는 동물들을 거의 볼 수 없었다. 지역 사람들 얘기가 예전에는 버펄로가 많았지만 지난 6년 동안에는 웬일인지 북쪽 산을 거의 찾지 않는다고 했다. 얼룩영양도 겨우 몇 마리만 흔적이 발견됐을 뿐 눈에 띄지 않았다. 조지는 동물들이 없어진 이유가 삼부루 족이 기르는 가축 떼가 주변의 풀을 다 먹어버리는 바람에 산림이 훼손된 탓이라고 생각했다.

날카로운 용암석 때문에 로욘갤레인으로 내려가는 길은 지금까지의 여정 중에서 가장 힘들었다. 산 아래로 루돌프 호수가 훤히 내려다보였다. 석양의 햇살에 반사된 호수의 납빛 수면과 주위의 짙은 남색 산지, 거기다 오렌지빛 하늘이 서로 어우러져 더없이 아름다운 광경을 연출했지만 점점 더 어려워지는 여행길에 지치다 보니 차분하게 감상할 마음이 전혀 일지 않았다.

엘자는 내려오면서 서늘한 숲을 떠나기 싫다는 듯 자꾸만 뒤돌아보면서 산 쪽으로 달려가려고 했다. 이 때문에 우리는 엘자를 쇠사슬로 묶어야 했다.

해가 지고 어둠이 짙어지자 우리는 길을 잃고 말았다. 엘자는 몇 발자국씩 가다가 주저앉기를 반복했다. 엘자의 얼굴에는 이제 더 이상 걷지 못하겠다는 표정이 역력했다. 엘자는 거의 다 자랐지만 초조해지면 여전히 내 엄지손가락을 빨았다. 그 날 밤 엘자는 전보다 더 많이 내 엄지손가락을 빨아댔다. 마침내 앞서 가던 일행이 쏘아 올린 예광탄 불빛을 보고 우리는 야영지에 도착할 수 있었다. 엘자는 힘든 여정에 매우 지쳤는지 음식을 거부한 채 내 옆에만 있고 싶어 했다. 나도 피곤에 지쳐 아무것도 먹을 수 없었기 때문에 엘자가 힘들어하는 심정을 이해할 수 있었다. 물론 엘자는 우리가 왜 밤중에 날카로운 용암석이 깔린 지역을 통과하느라 씨름하는지 그 이유를 이해하지 못했다. 하지만 엘자는 우리를 사랑하고 믿는 마음으로 모든 것을 참아주었다. 엘자는 적어도 480킬로미터가 넘는 길을 걸었다. 하지만 함께 힘든 여행을 하는 동안 서로의 유대감은 더욱 깊어졌다. 엘자는 우리 곁에 있으면서 사랑받는 것을 행복으로 여겼다. 야수의 본성을 억제하고 우리를 즐겁게 하기 위

루돌프 호수에서.

해 잘 적응해주는 엘자의 모습은 참으로 감동적이었다. 이는 엘자가 착한 기질을 타고난 이유도 있었지만 엘자를 길들이기 위해 강제적인 수단을 사용하지 않았던 이유도 있었다. 우리는 엘자에게 늘 친절하게 대하려고 노력했다. 그 때문에 엘자는 인간 세계와 동물 세계를 가로막는 장벽을 극복할 수 있었다.

야생 상태의 사자는 먹이가 있는 한 결코 장거리 여행을 하지 않는다. 엘자가 만일 사자 무리에 섞여 살았더라면 그와 같은 경험은 꿈도 꾸지 못했을 것이다. 엘자는 자기 집이 어딘지 잘 알고 있었다. 사파리 여행에서 돌아올 때마다 엘자는 곧장 자신의 우리로 되돌아가 다시 일상생활을 시작하곤 했다.

# 5

## 엘자와 야생 사자

엘자는 참으로 매력적인 성품을 지니고 있다. 서로 떨어져 있는 시간이 아무리 짧더라도 다시 만날 때는 이쪽저쪽을 오가며 반갑게 맞이해준다. 그때마다 엘자는 우리에게 머리를 비벼대며 가르릉거린다. 대개 내게 먼저 인사를 한 다음 조지와 누루에게 차례로 달려간다. 그뿐만이 아니다. 가까운 곳에 누가 있든지 우리와 인사를 나눈 뒤에는 반드시 찾아가 인사를 건넨다. 엘자는 자기를 좋아하는 사람을 금방 알아보고 그 사람 앞에서 애교를 부린다. 엘자는 불안해하는 손님은 잘 대해주지만 겁을 먹고 무서워하는 손님의 경우에는 짓궂게 군다. 물론 그렇다고 해서 해를 입히는 경우는 없다. 다만 자신을 무서워하는 상대방을 더 골려줄 생각으로 짐짓 무서운 척하기를 즐길 뿐이다.

엘자는 새끼 때부터 자신의 체중을 이용하는 법을 배웠다. 다 자란 지금에는 더 말할 필요도 없었다. 엘자는 우리를 멈추어 세우고 싶을 때면 우리 발 위에 힘껏 몸을 던진 뒤 체중을 실은 정강이 압박 전술을 구사해 넘어지게 만들었다.

루돌프 호수에서 돌아온 지 얼마 되지 않아 우리는 엘자를 데리고 저녁마다 산책을 나갔다. 그런데 이상하게도 엘자가 점점 불안해하기 시작했다. 때로는 우리와 함께 돌아오기를 거부하기도 하고, 숲속에서 밤을 지새우기도 했다. 그럴 때면 우리는 랜드로버를 몰고 가서 엘자를 다시 데려오곤 했다. 그런 일이 한두 차례 이어지자 엘자는 차를 따라 집까지 걸어가는 게 체력 낭비라고 생각했는지 곧 랜드로버 지붕 위에 올라타 편안한 자세를 취했다. 우리가 랜드로버를 모는 동안 엘자는 차 지붕 위에서 주변의 동물들을 관찰했다. 엘자는 그러는 게 만족스러웠을 테지만 문제는 자동차 지붕이 사자가 소파삼아 올라탈 수 있을 정도로 강하게 설계되어 있지 않다는 데 있었다. 랜드로버 지붕의 지지대가 점차 엘자의 체중을 이기지 못하고 내려앉기 시작했다. 이 때문에 조지는 지지대를 덧대 차 지붕을 좀더 견고하게 만들어야 했다.

우리가 엘자를 돌보지 못할 때는 그 책임은 언제나 누루의 몫이었다. 어느 날 우리는 누루가 엘자와 함께 있는 모습을 촬영하고 싶어서 그에게 평상시에 입고 다니는 누더기 옷과 바지를 벗고 좀더 깔끔한 옷을 입으라고 말했다. 누루는 불과 몇 분 만에 몸에 딱 맞는 크림색 저고리로 갈아입고 깜짝 놀랄 만한 모습으로 나타났다. 저고리는 그가 결혼할 때 입으려고 산 것으로, 앞에 장식 끈과 장식 단추가 달려 있었다. 그

짧은 거리를 여행할 때는 랜드로버 지붕 위를 더 좋아하는 엘자.

옷을 입고 있는 그의 모습은 마치 전문적인 사자 조련사처럼 보였다. 엘자는 그를 한 번 힐끗 쳐다보더니 즉시 숲으로 달려갔다. 그러고는 수풀 뒤로 머리를 삐죽이 내밀어 누루를 빤히 쳐다보면서 그의 일거수 일투족을 탐색했다. 잠시 후 수풀 뒤에서 뛰어나온 엘자는 "나를 그렇게 놀라게 하면 어떡해요?"라고 말하는 듯 앞발로 누루를 툭 쳤다.

누루와 엘자는 함께 여러 가지 우여곡절을 많이 겪었다. 그 가운데 한 가지 예를 들면 다음과 같다. 어느 날 누루와 엘자가 수풀 아래서 쉬고 있는데 표범 한 마리가 접근해왔다. 엘자는 눈을 반짝거리며 그 모습을 관심 있게 지켜보았다. 표범을 본 엘자는 무척 흥분했지만 꼬리를 제외하고는 꼼짝도 하지 않았다. 엘자는 표범이 거의 자기 위로 다가올 때까지 쥐죽은듯이 엎드려 있었다. 그제야 엘자의 꼬리가 움직인다는 것을 눈치 챈 표범은 화들짝 놀라 옆에 있던 누루를 뛰어넘어 쏜살같이 줄행랑을 쳤다.

엘자는 이제 23개월이 되었다. 자랄수록 으르렁거리는 소리도 전보다 더 깊어졌다. 한 달이 더 지나자 엘자는 발정기에 이른 듯 수풀에 분비액을 방출하고 다니며 짝을 찾았다. 대개 엘자는 우리가 가는 곳마다 군말 없이 따라다녔지만 최근 이틀 동안은 계곡 너머로 건너가고 싶어 하는 눈치였다. 어느 날 오후 엘자는 자기가 먼저 나서서 우리를 이끌었다. 엘자가 끄는 대로 따라가보니 곳곳에 새로 난 사자 발자국이 눈에 띄었다. 엘자는 밤중에도 돌아오지 않았다. 바로 근처에 자동차 도로가 있었기 때문에 우리는 랜드로버를 가지러 집으로 돌아왔다. 엘자가

엘자의 발자국.

지름길로 되돌아올 것에 대비해 나는 집에 그대로 남아 있고, 조지만 차를 몰고 밖으로 나갔다. 조지는 엘자와 헤어진 곳에 도착해 한동안 큰 소리로 엘자를 불렀지만 메아리 외에는 아무런 응답이 없었다. 조지는 이따금 엘자를 소리쳐 부르며 다시 1.6킬로미터를 더 운전했다. 결국 그는 엘자가 집에 와 있기를 바라면서 되돌아오는 수밖에 없었다. 나는 조지에게 두 시간만 더 기다려보자고 말했지만 그때가 돼도 엘자는 여전히 돌아올 기미를 보이지 않았다. 조지는 다시 밖으로 나갔다. 그가 나가고 나서 잠시 후 총성이 들렸다. 나는 조지가 돌아올 때까지 초조하게 기다렸다. 그런데 막상 그가 돌아와서 한 말이 나를 더욱 불안하게 만들었다.

조지는 차를 몰고 나가 적어도 30분 동안이나 소리쳐 부르며 다녔지만 엘자는 나타나지 않았다. 그는 숲속 공터에 잠시 차를 세우고 다음에 살펴볼 장소를 생각했다. 그런데 갑자기 뒤쪽으로 약 180미터 떨어진 곳에서 사자들이 서로 사납게 싸우며 포효하는 소리가 들렸다. 그와 동시에 암사자 한 마리가 전광석화처럼 튀어나오더니 그 뒤를 다른 암사자가 바짝 뒤쫓는 게 보였다. 사자 두 마리가 총알처럼 눈앞을 지나가는 순간 조지는 소총을 들고 두 번째 암사자에게 총알을 발사했다. 질투심 많은 암사자가 앞에 가는 엘자를 공격하는 모양이라고 생각했기 때문이다. 그는 즉시 차에 올라타 암사자들을 추격했다. 조지는 울창한 가시덤불 사이로 난 좁은 길을 달리며 이쪽저쪽을 향해 전조등을 비추었다. 그런 조지 앞에 갑자기 수사자 한 마리와 암사자 두 마리가 모습을 드러냈다. 그들은 큰 소리로 포효하며 조지의 길을 막아선 채 비키려고 하지 않았다.

조지는 돌아와서 나를 데리고 그 장소로 가보았다. 우리는 있는 힘을 다해 엘자를 소리쳐 부르고 또 불렀지만 감감 무소식이었다. 그 순간 마치 우리를 조롱하기라도 하듯 몇 백 미터 떨어진 곳에서 사자들의 포효 소리가 들려왔다. 소리가 들리는 쪽을 향해 차를 몰고 가보니 어둠 속에서 번쩍이는 세 쌍의 사자 눈이 보였다. 하지만 달리 방법이 없었기 때문에 불안한 마음을 안고 집으로 돌아올 수밖에 없었다. 엘자는 질투심 많은 암사자에게 찢겨 죽고 말았을까? 엘자의 성숙도로 볼 때 충분

위용을 뽐내며 앉아 있는 사자들.

히 짝짓기가 가능한 시기였다. 하지만 다른 암사자가 자신의 경쟁자를 가만히 놓아둘 것인지가 문제였다. 이런저런 생각을 하면서 차를 몰고 약 1.6킬로미터 정도 왔을 무렵 다행히도 우리는 수풀에 코를 대고 냄새를 맡고 있는 엘자를 만날 수 있었다. 엘자는 우리를 아는 척하지 않았다. 이리 오라고 말했지만 엘자는 들은 척도 하지 않고 사자들의 포효 소리가 들려온 방향을 동경의 눈빛으로 응시했다. 사자들은 다시 울부짖기 시작하면서 우리에게 다가왔다. 우리 뒤편으로 약 30미터 떨어진 곳에 바싹 마른 강둑이 있었다. 사자 무리는 그곳에 멈춰 선 뒤 우렁찬 목소리로 으르렁댔다.

때는 자정이 훨씬 넘어 있었다. 엘자는 사자들과 우리 사이에 앉아 있었다. 그런 엘자 위로 달빛이 쏟아져 내렸다. 양쪽에서 서로 엘자를 불렀다. 과연 엘자는 어느 편의 말을 들을까? 갑자기 엘자가 사자들이 있는 곳을 향해 몸을 움직이기 시작했다. 나는 "엘자, 안 돼. 가지 마. 가면 죽어"라고 소리쳤다. 엘자는 다시 자리에 앉아 우리를 쳐다보았다가 다시 자신의 종족을 쳐다보며 결정을 내리지 못하고 망설였다. 그런 상황이 한 시간 동안 계속되었다. 그때 조지가 사자들을 향해 총알 두 발을 발사했다. 사자들을 조용히 쫓아 보내려는 의도에서였다. 그런데도 엘자가 마음을 결정하지 못했기 때문에 우리를 따라오기를 바라는 마음으로 슬슬 뒤로 물러났다. 엘자는 마지못한 듯 일어나 연신 뒤쪽을 쳐다보며 차를 따라오기 시작했다. 그러다가 마침내 랜드로버 지붕 위로 몸을 날려 안전하게 집으로 돌아왔다. 집에 돌아오자 엘자는 몹시 목이 말

누루, 마케데, 이브라힘, 그리고 엘자.

랐는지 한참 물을 마셨다.

  사자들과 함께 보낸 다섯 시간 동안 엘자에게 과연 무슨 일이 있었을까? 엘자의 몸에 인간의 냄새가 배었는데도 불구하고 사자들이 엘자를 받아들였을까? 수사자가 발정기가 된 엘자를 무시했을까? 왜 엘자는 자기 종족을 따라가지 않고 우리에게 되돌아왔을까? 사나운 암사자의 공격이 두려워서였을까? 우리는 여러 가지 의문에 휩싸였지만 분명한 건 엘자가 아무 탈 없이 돌아왔다는 사실뿐이었다.

  하지만 이 일이 있은 후 야생으로 돌아가고 싶어 하는 엘자의 욕구는 나날이 강해졌다. 날이 어두워도 우리와 함께 집으로 돌아오지 않는 날이 점점 늘어갔다. 우리는 그럴 때마다 엘자를 찾느라 곤욕을 치러야 했다. 하지만 건조기에는 집에서만 물을 얻을 수 있었기 때문에 굳이 찾

5. 엘자와 야생 사자 • 133

바위 위에 앉아 있는 엘자.

으러 다니지 않아도 알아서 집으로 돌아왔다.

    바위산을 가장 좋아하는 엘자는 늘 벼랑 꼭대기나 그 외 안전한 장소를 선택해 주변을 둘러보았다. 한번은 근처에서 표범의 소리가 들렸지만 바위 위에 있는 엘자를 그대로 놓아둔 채 돌아와야 했다. 다음 날 아침 집으로 돌아온 엘자의 몸에는 긁힌 자국이 여러 개 나 있었다. 표범과 싸우다가 다친 상처 같았다.

    또 한번은 해가 진 후 하이에나의 울음소리를 듣고 집을 나간 적이 있었다. 곧 큰 소리로 으르렁거리는 소리에 이어 엘자가 날카롭게 대응하는 소리가 들려왔다. 조지는 상황을 살펴보기 위해 서둘러 나갔다. 때맞추어 현장에 도착한 그는 엘자를 압박하는 두어 마리의 하이에나에게 총을 쏘았다. 조지가 총을 쏘고 난 후 엘자는 새끼 적에 방수용 깔개를 끌 때처럼 앞발을 이용해 죽은 하이에나를 수풀 속으로 끌고 들어갔다. 엘자는 이미 두 살이었지만 아직 하이에나의 가죽을 뚫을 만큼 이빨이 강하지 못했다. 엘자는 죽은 하이에나를 어떻게 처리해야 할지 몰랐다.

기린은 여전히 엘자가 좋아하는 친구였다. 엘자는 자신이 구사할 수 있는 모든 전략을 동원해 기린이 눈치 채지 못하게 조용히 접근하려고 했지만 그때마다 번번이 발각되고 말았다. 그 이유는 주로 꼬리를 갈무리하지 못한 탓이었다. 몸은 그 자리에 붙박인 듯 꿈쩍도 하지 않았지만 까만 술이 달린 꼬리만은 잠시도 가만히 있질 못했다. 기린들은 일단 엘자를 발견하게 되면 누가 제일 대담한지 서로 경쟁을 벌이곤 했다. 그때마다 기린들은 한 마리씩 반원을 그리며 앞으로 나와서는 콧김을 씩씩 내뿜으며 엘자에게 다가섰다. 그런 모습을 본 엘자가 더 이상 참지 못하고 달려들면 기린들은 그제야 황급하게 도망쳤다. 한번은 엘자가 나이 든 기린 한 마리를 계속해서 쫓아간 적이 있었다. 약 1.6킬로미터의 추격전 끝에 기린은 더 이상 쫓기는 게 싫었는지, 아니면 화가 나서 그랬는지 몰라도 갑자기 걸음을 멈추고 배수진을 쳤다. 그러자 엘자는 기린의 강력한 발길질에 머리를 맞지 않을 만큼의 거리를 유지한 채 그 주위를 원을 그리며 천천히 돌았다.

엘자는 두 달 반마다 발정기가 오는 것 같았다. 사람들은 발정기 때의 암사자가 보이는 가장 뚜렷한 특징으로 크게 가르랑거리는 소리를 꼽았다. 하지만 엘자는 두 번이나 발정기를 거쳤는데도 그런 현상을 보이지 않았다. 다만 특이한 냄새를 풍기면서 수컷의 관심을 끌기 위해 수풀에 분비물을 뿌려댈 뿐이었다.

　엘자가 다른 야생 사자들과 만난 지 얼마 되지 않아서였다. 어느 날 아침 누루가 엘자의 뒤를 쫓은 적이 있었다. 그런데 엘자가 계속해서 그를 향해 으르렁거렸다. 따라오지 말라는 신호가 분명했다. 그러고는 행선지를 정한 듯 언덕 쪽으로 걸음을 옮겨놓았다. 날이 뜨거워지고 있었지만 엘자는 점차 속도를 내더니 결국 누루의 시야에서 사라졌다. 오후에 우리는 엘자의 흔적을 추적했다. 하지만 곧 발자국을 놓치는 바람에 바위산 기슭에서 엘자를 소리쳐 부르는 수밖에 없었다. 바로 그때 낯선 울음소리가 들려왔다. 엘자의 목소리는 아니었지만 분명 사자가 내는 소리였다. 그 직후 엘자가 바위들을 뛰어넘으며 산 아래로 황급히 내려

새로운 냄새에 얼굴을 찌푸리는 엘자.

오는 모습이 눈에 들어왔다. 엘자는 마침내 우리가 있는 곳에 이르더니 지쳤는지 숨을 헐떡거리며 무척 상기된 표정으로 땅바닥에 털썩 주저앉았다. 그제야 우리는 엘자의 뒷발과 어깨, 목에서 발톱에 할퀸 상처를 발견할 수 있었다. 그뿐만이 아니었다. 앞이마에도 두 개의 구멍이 나 있었다. 이번에는 발톱이 아닌 이빨에 의한 상처였다(이런 일이 있은 지 2년 후 나는 런던에 가는 길에 우연히 로마 동물원에 들렀다가 사자들이 교미하는 장면을 목격하게 되었다. 그런데 수사자가 교미 마지막 순간에 암사자의 이마를 물어뜯는 게 아닌가? 그 후 나는 런던 동물원에서도 사자들이 그런 식으로 교미하는 모습을 볼 수 있었다).

엘자는 대개는 특별한 냄새를 풍기지 않았다. 하지만 이때만큼은 암내보다 더 강한 냄새를 풍겼다. 엘자는 잠시 휴식을 취한 뒤 원기를 회복했는지 예전처럼 우리를 반겼다. 그러면서 나와 조지에게 차례로 가르랑거리는 소리를 냈다. 그 모습이 마치 "제가 무엇을 경험했는지 아세요?"라고 말하는 듯했다. 우리는 전에 없던 엘자의 그런 태도에 적지 않게 놀랐다.

엘자는 신기해하는 우리의 표정을 살피며 다시 땅바닥에 몸을 눕힌 뒤 두 시간 동안 잠을 잤다. 우리가 소리쳐 불렀을 때 수사자와 함께 있었던 게 분명한 듯했다.

이틀 후 엘자는 하루 밤낮을 꼬박 밖에 나가 돌아오지 않았다. 엘자의 흔적을 뒤쫓아가 보니 다른 암사자와 함께 있는 모습을 볼 수 있었다. 둘이서 그런 식으로 여러 번 밤을 지새운 듯했다.

그 후로 엘자는 밖에서 밤을 지새우고 오는 적이 점점 많아졌다. 그때마다 우리는 차를 몰고 엘자가 좋아하는 장소들을 지나면서 그만 집으로 돌아오라고 소리쳐 불렀다. 엘자는 때로 모습을 드러내는 경우도 있었지만 대개는 나타나지 않았다. 어떤 때는 2, 3일 동안이나 집을 나가 들어오지 않는 적도 있었다. 돌아올 때는 단지 물을 먹기 위한 것 같았다. 곧 우기가 시작되면 더 이상 엘자를 우리 곁에 붙잡아둘 수 없겠다는 생각이 들었다. 이런 상황은 반드시 해결해야 할 한 가지 문제를 야기했다. 5월에 장기간의 해외여행이 잡혀 있었기 때문에 우리는 이 문제를 시급하게 해결하지 않으면 안 되었다. 이제 27개월째로 접어든 엘자는 거의 다 자란 상태였다. 그런 만큼 이시올로에서 엘자를 자유롭게 풀어둔다는 건 더 이상 불가능한 일이었다. 처음에는 엘자를 자매들이 가 있는 로테르담 동물원에 보낼 계획이었다. 그래서 우리는 비상시에는 언제든지 엘자를 동물원에 보낼 수 있도록 만반의 조치를 취해놓고 있었다. 하지만 엘자가 독립을 원하는 데다 최근에 보인 몇 가지 발달상황을 고려할 때 본래의 계획을 재고하지 않을 수 없었다. 다행히도 야생의 환경 속에서 자라난 덕분에 엘자는 숲을 편안하게 느끼는 것 같았다. 게다가 다른 야생동물들과도 잘 어울렸다. 대개 애완동물을 야생에 풀어놓을 경우에는 야생 생활에 익숙하지 않을 뿐더러 사람 냄새가 나기 때문에 같은 종류의 동물들에게 해를 당할 가능성이 높다. 하지만 엘자의 경우에는 그럴 가능성이 거의 없을 것으로 판단되었다. 이쯤 되자 엘자를 시험삼아 야생에서 생활하게 해보는 것도 괜찮겠다는 생각이

발톱 강화 연습에 몰두하는 엘자.

들었다.

　우리는 2, 3주 동안 엘자와 함께 야생에서 지낼 계획을 짰다. 그리고 모든 게 계획대로 이루어져서 엘자가 야생 생활에 잘 적응하는 모습을 보이면 우리도 케냐 밖에서 오랜 휴가를 보내기로 했다. 잠시 다른 기후와 환경을 접해보고 싶었기 때문이다.

　다음으로 엘자를 방사할 장소를 결정하는 것이 문제였다. 이시올로는 인구가 밀집되어 있는 지역이라 엘자를 풀어놓기에 적합하지 않았다. 다행히 우리는 거의 일 년 내내 사람들과 가축이 찾지 않을 뿐더러 다른 동물들과 사자들이 많은 장소를 알고 있었다.

　우리는 엘자를 그곳으로 데려가도 된다는 허락을 받았다. 우기가 시작되기 전에 엘자를 그곳까지 데려가려면 지체할 시간이 없었다.

강은 엘자의 훈련 장소로 알맞았다.

그곳까지의 거리는 544킬로미터로, 고원지대와 험준한 계곡 외에도 유럽인들이 상대적으로 많이 살고 있는 인구밀집지역을 통과해야 했다. 우리는 도중에 잠시 휴식을 취하는 동안 호기심을 참지 못한 사람들이 몰려들어 엘자를 당황하게 만들까봐 걱정이 되기도 하고, 또 한낮의 뜨거운 열기를 피해야겠기도 해서 야간 여행을 계획했다. 우리는 출발 예정 시각을 저녁 7시경으로 잡았다. 하지만 엘자는 우리의 계획에 동의하지 않는 것 같았다. 우리는 출발 전에 여느 때처럼 엘자를 데리고 산책을 나가 엘자가 좋아하는 바위산으로 향했다. 그곳에서 나는 곧 집을 떠나게 될 엘자의 마지막 모습을 사진에 담았다. 엘자는 카메라를 들이대면 매우 수줍어했다. 엘자는 자신의 모습을 사진에 담거나 스케치를 할 때마다 늘 못마땅한 기색을 보였다. 엘자는 번쩍이는 카메라를 보는 순간 즉시 고개를 돌려 외면해버리거나, 앞발로 카메라를 가리거나, 아예 다른 곳으로 걸어가버리곤 했다. 이시올로에서의 마지막 날을 보내는 동안 엘자는 하루 종일 카메라에 시달려야 했다. 결국 엘자는 복수를 하고 말았다. 사진 촬영에 넌더리가 났는지 엘자는 우리가 잠시 카메라를 방치해둔 틈을 타서 와락 달려들어 카메라를 낚아챘다. 그러고는 카메라를 입에 물고 바위를 훌쩍 뛰어넘더니 세차게 흔들어대다가 급기야는 앞발로 꽉 잡고 이빨로 물어뜯었다. 우리는 카메라를 다시 빼앗았다. 다행히 카메라는 심하게 부서지지 않았다.

그러는 사이 긴 여행을 시작할 시간이 다가왔다. 하지만 엘자는 바위 위에 앉아 명상에 잠긴 듯한 특유의 표정으로 계곡 건너편을 응시했다. 엘자는 아무리 말해도 꿈쩍도 하지 않았다. 집에 돌아가 자기를 실어 나를 차에 탈 의도가 전혀 없는 듯한 태도였다. 이 때문에 일찍 출발하려던 계획은 물거품이 되고 말았다. 조지와 나는 집으로 돌아가 차를 가지고 엘자를 남겨둔 산기슭으로 다시 돌아왔다. 하지만 엘자는 이미 자리를 뜨고 없었다. 아마도 혼자서 저녁 산책을 나간 것 같았다. 소리쳐 불러보았지만 아무 반응이 없었다. 엘자는 밤 11시가 되어서야 어슬렁거리며 나타나더니 이제 그만 집으로 돌아가자는 듯 랜드로버 지붕에 올라탔다.

이시올로에서의 마지막 날.

# 6

첫 번째 방사

마침내 우리는 엘자를 운송용 상자에 넣고 여행을 시작했다. 때는 이미 자정을 훨씬 넘긴 시각이었다. 엘자가 편안하게 여행할 수 있도록 우리는 진정제를 투여했다. 수의사 말이 진정제는 아무 해가 없으며 약 8시간 동안 약효가 지속된다고 했다. 나는 엘자를 안심시키기 위해 지붕이 없는 트럭에 함께 타고 여행했다. 우리는 한밤중에 고도 2,440미터의 고지를 통과했다. 밤 공기는 얼음처럼 차가웠다. 엘자는 진정제 덕분에 절반밖에 의식이 없었다. 하지만 엘자는 그런 상태에서도 내가 여전히 자기와 함께 있는지를 확인하려고 운송용 상자의 창살 밖으로 자주 앞발을 뻗었다. 목적지에 도착하기까지는 17시간이 걸렸다. 진정제는 도착 이후 한 시간이 지날 때까지 효력을 발휘했다. 그동안 엘자는 몸이 얼음장처럼 차가워지면서 숨소리까지 느려졌다. 나는 혹시나 엘자가 죽는 게 아닌가 싶어 무척 걱정스러웠다. 나는 이때의 경험을 통해 사자에게 약물을 투여할 경우에는 매우 신중해야 한다는 사실을 다시금 확인했다. 사자의 경우에는 다른 동물보다 약물에 훨씬 민감한 데다 개체마다 서로 다른 반응을 보이기 때문이다. 우리는 예전에 엘자와 엘자의 자매들에게 살충제 분말을 뿌릴 때 그와 같은 현상을 목격할 수 있었다. 그 중 한 마리는 아무 이상이 없었지만 다른 한 마리의 경우에는 상태가 좋지 않았다. 게다가 엘자는 경련을 일으킬 정도로 심하게 아팠었다.

우리는 오후 늦게야 목적지에 도착했다. 그 지역에서 수렵 감독관으로 일하는 친구가 우리를 마중나와 있었다. 우리는 광대한 평원이 내려다보이는 300미터 높이의 단애(斷崖) 아래 텐트를 쳤다. 평원을 가로질러 흐르는 강을 따라 나무와 수풀이 띠 모양으로 짙게 우거져 있었다. 고도가 1,525미터나 되는 곳이다 보니 공기가 무척 신선하고 상쾌했다. 야영지 앞에는 평원 쪽을 향해 경사진 풀밭이 넓게 펼쳐져 있었다. 그 위에서 톰슨가젤과 토피영양, 누, 얼룩말, 얼룩영양, 콩고니, 버펄로가 몇 마리씩 떼를 지어 한가롭게 풀을 뜯고 있었다. 한 마디로 동물들의 천국이었다. 사람들이 텐트를 치는 동안 우리는 엘자를 데리고 산책을 나갔다. 엘자는 동물들을 향해 내달렸다. 하지만 어디로 가야 할지 마음을 정하지 못한 채 동물들이 모여 있는 곳마다 마구 달려갔다. 엘자는 여독을 떨쳐버리려는 듯 새 친구들 사이에서 정신 없이 뛰어다녔다. 동물들은 낯선 사자 한 마리가 갑자기 뛰어들어 바보처럼 이리저리 돌진

졸린가 아니면 지루한가?

하는 모습을 보고 약간 놀란 듯했다. 하지만 엘자는 곧 만족을 느끼고는 야영지로 돌아와 저녁을 먹었다.

우리의 계획은 이랬다. 먼저 처음 일 주일 동안은 엘자를 랜드로버 지붕에 태우고 새로운 지역을 돌아보기로 했다. 그렇게 함으로써 엘자에게 낯선 환경과 이 지역에 사는 동물들에게 익숙해질 수 있는 시간을 주기 위해서였다. 이곳 동물들 가운데는 북쪽 경계지역에서는 살지 않는 동물들, 곧 엘자가 한 번도 본 적이 없는 동물들이 많았다. 그러고 나서 두 번째 주부터는 엘자를 야생에 풀어놓아 밖에서 지내게 할 계획이었다. 그러려면 밤 시간에는 숲에서 활동하게 하다가 엘자가 잠든 아침에 먹이를 주는 게 좋을 듯했다. 그 후부터는 야생 사자 무리에 합류하든지, 아니면 스스로 사냥을 해 생존할 수 있도록 점차 먹이의 양을 줄이기로 했다.

도착한 바로 다음 날 아침부터 우리는 계획을 실천에 옮겼다. 먼저 우리는 엘자의 목에서 목걸이를 풀었다. 이는 곧 해방의 상징이었다. 엘자가 랜드로버 지붕 위로 뛰어오르자 우리는 차를 몰고 나갔다. 차를 몰기 시작한 지 얼마 지나지 않아 언덕 아래로 암사자 한 마리가 우리 차와 나란히 걸어가는 모습이 보였다. 암사자는 영양들이 있는 곳을 지나쳤다. 하지만 영양들은 암사자를 별로 경계하지 않았다. 일정한 속도로 천천히 걸어가는 암사자에게서 살의를 전혀 느끼지 못했기 때문이다. 엘자는 다소 흥분했는지 차 지붕에서 뛰어내려 낮게 울부짖더니 조심스럽게 새 친구를 따라나섰다. 하지만 암사자가 가던 길을 멈추고 뒤를 돌아보자 엘자는 다소 기가 꺾였는지 잽싸게 다시 차로 되돌아왔다. 암사자는 계속해서 일정한 속도로 걸어갔다. 우리는 곧 울창한 수풀에 가려진 개미언덕 위에서 어미를 기다리고 있는 새끼 사자 여섯 마리를 발견할 수 있었다.

　우리는 계속 차를 몰고 갔다. 뼈다귀를 씹고 있는 하이에나가 우리의 출현에 깜짝 놀랐다. 엘자가 뛰어내려 놀란 하이에나를 뒤쫓기 시작했다. 하이에나는 씹던 뼈다귀를 물고 간신히 몸을 피해 달아났다. 하이에나는 못생긴 외모에도 불구하고 몸놀림이 매우 민첩했지만 도망치는 과정에서 결국 뼈다귀를 놓치고 말았다.

　우리는 다양한 종류의 영양들이 떼지어 노닐고 있는 들판을 달렸다. 영양들은 사자가 탄 지프차의 모습에 호기심을 느꼈는지 우리가 가까이 접근해도 가만히 있었다. 엘자는 이 모든 광경을 예의 주시했지만 방심한 채 등을 돌리고 풀을 뜯고 있는 동물이나 서로 싸우고 있는 동물을 보는 경우를 제외하고는 차에서 뛰어내리려고 하지 않았다. 어쩌다 차에서 내린 후에는 배를 땅바닥에 찰싹 붙이고 목표물을 향해 살금살금 접근하곤 했다. 하지만 상대방이 엘자의 움직임을 눈치 채고 잔뜩 경계하는 태도를 취하면 엘자도 멈춰 서서 꼼짝하지 않았다. 그러다 상황이 좀 나아진다 싶으면 짐짓 무관심한 태도로 발바닥을 핥거나 등을 대고 구르는 척했다. 그리고 나서 상대가 안심하는 것 같으면 다시 조심스럽게 접근했다. 하지만 엘자가 아무리 교묘한 전략을 구사해도 상대를 죽일 만큼 가까운 거리를 확보할 수는 없었다.

몸집이 작은 톰슨가젤들이 힘센 짐승은 배고플 때를 제외하고는 약한 짐승을 죽이지 않는다는 야생의 불문율만 잔뜩 믿고 엘자의 약을 바짝 올렸다. 톰슨가젤은 들판의 개구쟁이들이다. 녀석들은 대개 호기심이 많은 데다 꼬리를 한시도 가만히 놓아두지 못한다. 톰슨가젤들은 마치 자기들을 잡아보라는 듯 슬슬 장난을 걸면서 엘자를 귀찮게 하기 시작했다. 하지만 엘자는 도무지 관심이 없는지 지루한 표정을 지었다. 엘자는 사자로서의 권위를 지키며 "네 분수를 알라"는 식으로 그들을 무시했다.

버펄로와 코뿔소의 경우에는 사정이 좀 달랐다. 엘자는 그런 동물들의 경우에는 추격할 만한 충분한 가치가 있다고 생각했다. 어느 날 차에서 보니 버펄로가 평원을 가로질러 느릿느릿 걸어가고 있었다. 버펄로는 지프차 위에 올라탄 사자의 모습에 호기심을 느낀 듯했다. 순간 엘자는 차 지붕에서 풀쩍 뛰어내리더니 수풀 뒤에 몸을 숨긴 채 서서히 버

톰슨가젤들을 만난 엘자.

펄로에게 접근했다. 버펄로도 역시 같은 생각이었는지 수풀 뒤에 몸을 숨긴 채 반대 방향에서 서서히 접근해오기 시작했다. 우리는 차 안에서 가만히 기다리며 사태를 주시했다. 엘자와 버펄로는 서로 거의 충돌하기 직전이었다. 그러더니 버펄로가 갑자기 도망치기 시작했다. 엘자는 용감하게 도망치는 버펄로를 쫓기 시작했다.

또 한 번은 이런 일도 있었다. 랜드로버 지붕 위에 타고 있던 엘자가 마침 수풀 속에서 잠을 자고 있던 버펄로 두 마리를 발견했다. 엘자가 그쪽을 향해 달려간 순간 우당탕 쿵쾅 하는 요란한 소리가 들려오더니 버펄로들이 수풀을 헤치며 튀어나와 반대 방향을 향해 냅다 줄행랑을 치는 모습이 보였다.

코뿔소도 역시 엘자의 관심을 자극했다. 어느 날 코뿔소 한 마리가 수풀 속에 머리를 묻고 한창 단잠을 즐기고 있었다. 엘자가 조심스럽게 접근해 잠자는 코뿔소에게 코를 비벼댔다. 느닷없는 기척에 잠이 깬 코뿔소는 콧김을 훅 뿜어대더니 당황한 듯 한 바퀴를 빙 돈 후 근처의 늪지를 향해 쏜살같이 달려갔다. 코뿔소는 물을 휘저어 엘자에게 물세례를 안겼다. 엘자도 코뿔소를 따라 물 속에 첨벙 몸을 던졌다. 하얗게 퍼지는 물살 뒤로 엘자와 코뿔소의 윤곽이 어렴풋이 드러났다. 그러더니 둘 다 갑자기 우리의 시야에서 사라졌다. 엘자가 돌아오기까지는 오랜 시간이 걸렸다. 이윽고 나타난 엘자는 몸은 젖었지만 늠름한 모습이었다.

엘자는 나무 타기를 좋아했다. 이따금씩 울창한 수풀 속에서 엘자를 찾다 허탕을 칠 때면 엘자는 어느새 나무 꼭대기에 올라가 가지에 매달린 채 몸을 흔들어대고 있었다. 하지만 때로 나무에서 내려오는 방법을 몰라 쩔쩔매곤 했다. 엘자가 내려가는 방법을 놓고 고민하는 동안 나뭇가지가 무게를 이기지 못하고 위태롭게 휘청거렸다. 우리는 나뭇잎 사이로 엘자의 꼬리가 움직이는 모습과 나뭇가지를 붙잡으려고 안간힘을 쓰는 뒷다리를 볼 수 있었다. 엘자는 버둥대다가 결국 120센티미터 정도 되는 풀밭 아래로 쿵 하고 떨어져 내렸다. 엘자는 관중이 보는 앞에서 체면을 구겼다고 생각했는지 몹시 당혹스러워했다. 엘자는 우리를 웃음거리로 만들기는 좋아했지만 스스로가 웃음거리가 되는 건 싫어했다. 엘자는 서둘러 우리 눈앞에서 모습을 감추었다. 우리는 엘자에게 자존심을 회복할 수 있는 시간을 주었다. 한참 뒤에 찾아 나섰더니 엘자는 하이에나 여섯 마리와 노닥거리고 있었다. 음흉한 하이에나들이 엘자를 둥글게 에워싸고 있는 걸 보자 엘자의 안위가 조금 걱정스러웠다. 하지만 앞서 나무에서의 실수를 만회라도 하려는 듯 엘자는 자신이 하이에나보다 훨씬 우월하다는 걸 보여주고자 했다. 엘자는 하품을 하며 기지개를 켜더니 하이에나들을 철저히 무시한 채 우리에게 걸어왔다. 비실대며 물러나던 하이에나들이 어깨 너머로 고개를 돌려 우리 쪽을 바라보았다. 엘자의 낯선 친구들을 보고 당황한 듯한 표정이 역력했다.

어느 날 아침 우리는 하늘 위를 빙빙 도는 독수리들을 쫓아가다가 수사자 한 마리가 사냥한 얼룩말을 뜯어먹는 광경을 목격했다. 수사자는 고기를 찢는 데만 열중할 뿐 우리에게 아무 관심도 기울이지 않았다.

엘자는 조심스럽게 차에서 내려서더니 수사자를 향해 고양이 소리를 내질렀다. 누가 시킨 것도 아닌데 엘자는 힐끔힐끔 눈치를 보며 수사자에게 접근했다. 마침내 수사자가 고개를 들어 엘자를 정면으로 쏘아보았다. 그 표정이 마치 "너는 사자들의 예법도 모르냐? 감히 암사자 주제에 식사를 하고 있는 수사자를 참견하려고 하다니. 나를 위해 사냥할 수는 있지만, 그 후에는 내 몫을 다 먹을 때까지 기다려야 하는 법이야. 너는 내가 먹고 난 나머지만 먹을 수 있어"라고 말하는 듯했다. 가엾은 엘자는 수사자의 그런 태도에 기가 죽었는지 재빨리 차가 있는 곳으로 돌아왔다. 수사자는 계속해서 먹이를 먹었다. 우리는 엘자가 다시 용기를 얻어 접근을 시도할지 모른다는 생각에 오랫동안 수사자를 지켜보았다. 하지만 엘자는 안전한 장소를 떠날 기미를 보이지 않았다.

다음 날 아침 우리는 전날보다 운이 좋았다. 토피영양 한 마리가 마치 보초를 서기라도 하듯 개미언덕 위에 서서 한쪽 방향을 예의 주시하고 있었다. 토피영양이 쳐다보는 곳으로 시선을 돌렸더니 젊은 수사자 한 마리가 빽빽한 수풀 속에서 휴식을 취하고 있는 모습이 눈에 띄었다. 아름다운 황금색 갈기를 가진 수사자의 모습은 무척 위풍당당했다. 엘자는 수사자에게 매력을 느끼는 듯했다. 우리는 엘자에게 꼭 맞는 신랑감이라고 생각하며 약 5킬로미터 거리까지 차를 몰고 접근했다. 수사자는 장래 자신의 신부가 될지도 모르는 암사자가 자동차 위에 앉아 있는 걸 보고는 약간 놀라는 눈치였지만 곧 친근감을 표시했다. 엘자는 몹시 수줍어하면서 낮게 가르랑거렸지만 랜드로버 지붕에서 내려오지는 않았다. 우리는 거리를 약간 더 벌린 뒤 엘자를 내리게 했다. 그런 다음 재빨리 반대쪽 방향으로 차를 몰았다. 이는 엘자가 우리에게 오려면 반드시 수사자를 거치도록 하기 위한 전략이었다. 엘자는 매우 난감한 표정을 짓더니 결국 용기를 내 수사자에게 다가갔다. 수사자와의 거리가 열 발자국 남짓으로 좁혀지자 엘자는 귀를 뒤로 젖히고 자리에 누운 채 꼬리를 휘저었다. 수사자는 몸을 일으키더니 호감을 표시하며 엘자에게 접근했다. 하지만 마지막 순간에 엘자는 겁을 집어먹고는 얼른 차가 있는 곳으로 달려왔다.

우리는 엘자를 태우고 그곳을 떠났다. 하지만 무슨 우연의 일치인지 사냥한 먹이를 해치우고 있는 수사자 두 마리와 암사자 한 마리와 또다시 마주쳤다.

그날따라 연거푸 운이 좋았던 셈이다. 사냥감은 죽인 지 얼마 되지 않아 보였다. 사자들은 먹이를 먹는 데 정신이 팔려 엘자가 아무리 아는 척을 해도 전혀 관심을 보이지 않았다. 마침내 사자들은 식사를 끝마쳤다. 먹이를 잔뜩 먹어 축 처진 배가 양옆으로 출렁거렸다. 엘자는 지체 없이 그들이 남긴 먹이를 이리저리 살펴보기 시작했다. 야생에서 죽인 사냥감을 처음 대하는 순간이었다. 수사자들의 신선한 체취가 가득 묻은 야생 사냥감을 접하게 되다니 엘자에게 이보다 더 좋은 기회는 없을 듯했다. 엘자가 충분히 자기 몫을 먹은 후 우리는 남은 먹이를 끌고 가서 엘자에게 친근감을 표시했던 잘생긴 젊은 수사자에게 갖다주었다. 엘자가 먹이를 가져다주면 수사자가 더욱 호감을 갖게 되리라는 생각에서였다. 우리는 엘자와 먹이를 수사자 옆에 남겨둔 채 차를 몰고 얼른 그 자리를 피했다. 그러고 나서 몇 시간 뒤 상황을 점검하기 위해 현장으로 다시 차를 몰고 나갔다. 하지만 반쯤 갔을까, 야영지로 돌아오고 있는 엘자와 마주쳤다. 그렇더라도 수사자가 엘자에게 관심을 보였기 때문에 우리는 오후에 다시 엘자를 그곳으로 데리고 갔다. 수사자는 여전히 같은 장소에 있었다. 엘자는 차 지붕에 앉은 채 마치 오랜 친구라도 되는 것처럼 수사자에게 말을 걸었다. 하지만 지붕에서 내려와 다가갈 의도는 전혀 없어 보였다.

우리는 엘자를 움직이게 하려고 수풀 뒤로 차를 몰고 갔다. 나는 그곳에서 차에서 내렸다. 그 순간 하이에나 한 마리가 갑자기 내게로 튀어나오는 바람에 거의 넘어질 뻔했다. 수사자가 있는 곳에는 죽은 지 얼마 되지 않은 얼룩말 새끼가 한 마리 놓여 있었다. 금발의 수사자가 엘자에게 주는 선물인 것 같았다. 이를 본 엘자는 갑자기 뒷일이야 어찌됐든 상관없다는 태도로 차에서 풀쩍 뛰어내려 죽은 얼룩말에게 다가갔다. 우리는 그 기회를 이용해 엘자를 남겨둔 채 가능한 한 빨리 자리를 피했다. 다음 날 아침 일찍 우리는 엘자와 수사자가 다정하게 지내고 있길 바라면서 녀석들이 있던 곳을 찾았다. 하지만 엘자는 처량한 모습으로 우리를 기다리고 있었다. 수사자와 죽은 얼룩말도 모두 사라지고 엘자 혼자 덩그러니 남아 있었다. 엘자는 우리를 보더니 무척 반가워하면서 우리 곁을 떠나지 않으려고 했다. 엘자는 마치 우리의 사랑과 우정을 확인하려는 듯 내 엄지손가락을 마구 핥아댔다. 이 모든 게 엘자의 행복을 위해서라는 사실을 설명할 길이 없었다. 그럴수록 나는 엘자에게 상처를 입힌 것 같아 마음이 무척 아팠다. 엘자는 우리와 함께 있어서 안심이 됐는지 곧 잠이 들었다. 우리는 그런 엘자가 안돼 보였지만 어쩔 수 없이 다시 그곳에 남겨놓고 살그머니 사라져야 했다.

그때까지 우리는 엘자에게 늘 미리 잘라놓은 고기만 먹여왔다. 따라서 엘자는 살아 있는 동물을 잡아먹어야 한다는 생각을 전혀 하지 못했다. 우리는 계획을 약간 수정했다. 엘자가 낮잠을 즐기는 동안 우리는 100여 킬로미터 떨어진 곳까지 차를 몰고 가서 수사슴을 잡아왔다. 그래야 했던 이유는 야영지 주변이 수렵금지구역이었기 때문이다. 우리는 수사슴을 자르지 않고 통째로 엘자에게 안겨주었다. 어미에게 죽은 사냥감을 먹는 방법을 배우지 못한 엘자가 사슴을 어떻게 처리할지 궁금했다. 하지만 엘자는 사냥감을 처리하는 방법을 본능적으로 알고 있었다. 엘자는 뒷다리 안쪽, 즉 거죽이 가장 부드러운 부분을 찢어서는 창자를 밖으로 꺼내 맛있게 식사를 했다. 그런 다음 보통 사자들이 하는 대로 위장에 담긴 내용물을 땅속에 파묻고 핏자국을 모두 없앴다. 그러고 나서 다시 뼈에 붙은 고기를 어금니로 물어뜯더니 꺼칠꺼칠한 혀를 이용해 긁어먹기 시작했다.

우리는 사냥감을 충분히 처리할 수 있는 엘자의 능력을 목격하고 이번에는 엘자 스스로 사냥을 할 수 있도록 유도했다. 평원은 군데군데 울창한 수풀로 뒤덮여 있어 이상적인 은폐물을 제공했다. 사자들은 일반적으로 사냥을 할 때 은밀히 몸을 숨기고 있다가 사냥감이 가까이 접근하면 신속하게 달려들어 죽이곤 한다.

우리는 한 번에 2, 3일씩 엘자를 홀로 내버려두었다. 배가 고프면 사냥을 하리라는 생각에서였다. 하지만 엘자가 있던 곳으로 되돌아가 보면 그때마다 굶주린 채로 우리를 기다리고 있었다. 늘 우리의 사랑을 원하고 함께 있기를 원하는 엘자를 보면서도 계획을 고수해 나가자니 마음이 몹시 아팠다. 엘자는 우리를 보면 내 엄지손가락을 빨아대면서 앞발로 나와 조지를 꽉 붙들었다. 하지만 우리는 엘자의 행복을 위해서는 계획대로 밀고 나가야 한다고 확신했다.

엘자를 야생으로 돌려보내는 일은 우리가 예상했던 것보다 훨씬 더 많은 시간이 걸렸다. 따라서 우리는 이 일을 마저 끝내기 위해 장기 휴가를 사용할 수 있게 해달라고 정부에 요청했다. 정부는 우리의 요구를 흔쾌히 승낙했다. 정부의 허가로 충분한 시간을 확보할 수 있었기 때문에 우리는 마음이 한결 안정되었다.

우리는 엘자를 홀로 두는 시간을 더 길게 연장하는 한편, 사자가 들어오지 못하도록 텐트 주위에 둘러친 가시나무 울타리를 보강했다. 이는 특히 엘자가 배고플 때 우리를 찾아오지 못하게 하려는 조치였다.

어느 날 아침 엘자와 함께 있는데 수사자 한 마리가 모습을 드러냈다. 수사자는 매우 침착했으며 상당히 우호적이었다. 엘자는 차에서 내렸다. 우리는 다시 일부러 녀석들만 남겨두고 떠났다. 그 날 저녁 가시나무 울타리를 둘러친 텐트 안에 앉아 있을 때였다. 갑자기 엘자의 소리가 들려왔다. 미처 말릴 겨를도 없이 엘자는 가시나무 울타리를 뚫고 기어들어와 우리 곁에 앉았다. 엘자의 몸에 난 발톱 자국에서 피가 흐르고 있었다. 수사자보다 우리와 함께 있는 게 더 좋았는지 13킬로미터의 거리를 걸어 되돌아왔던 것이다.

이 일이 있은 후 우리는 엘자를 야영지에서 더 멀리 떨어진 곳으로 데리고 갔다. 차를 몰고 가는 도중에 우리는 각각 680킬로그램은 족히 나가 보이는 일런드영양 두 마리가 서로 싸우는 광경을 목격했다. 엘자는 즉시 차에서 뛰어내려 영양에게 접근했다. 처음에 영양들은 싸움에 정신이 팔려 엘자가 다가가는 것을 눈치 채지 못했다. 하지만 곧 엘자의 접근을 눈치 챈 영양 한 마리가 맹렬하게 발길질을 가해왔다. 엘자는 가까스로 몸을 피했다. 영양들은 싸움을 중단하고 달아나기 시작했다. 곧장 추격에 나선 엘자는 잠시 뒤 자랑스러운 표정으로 돌아왔다.

그 직후 우리는 풀밭에 앉아 있는 젊은 수사자 두 마리와 마주쳤다. 우리가 보기에 엘자에게 이상적인 반려자가 될 듯했다. 하지만 엘자는 우리의 속셈을 간파했는지 차에서 내리려고 하지 않았다. 그래도 수사자들에게 관심을 보이며 말을 걸었다. 하지만 끝내 엘자를 차에서 내려오게 할 수 없었기 때문에 결국 기회를 놓치고 말았다. 우리는 계속 차를 몰고 이동했다. 잠시 후 우리는 서로 싸우느라 여념이 없는 톰슨가젤 두 마리와 마주쳤다. 그 모습을 보더니 엘자는 얼른 차에서 뛰어내렸다. 우리는 엘자에게 야생생활에 더욱 익숙해질 수 있는 기회를 제공하기 위해 신속히 차를 돌려 사라졌다.

약 일주일 후 우리는 현장에 다시 가보았다. 엘자는 여전히 잔뜩 굶주린 상태로 우리를 기다리고 있었다. 엘자는 우리에게 변함 없이 애정을 표시했다. 그동안 수없이 속여넘기며 신뢰를 저버렸는데도 엘자는 여전히 충성스러웠다. 우리가 가져온 고기 덩어리를 몇 개 떨어뜨려주자 엘자는 즉시 달려들어 정신 없이 먹기 시작했다. 그 순간 으르렁거리는 소리와 함께 수사자 두 마리가 우리를 향해 빠른 속도로 달려왔다. 수사자들은 사냥중인 모양이었다. 아마도 고기 냄새를 맡은 것 같았다. 상황을 감지한 엘자는 자신의 귀중한 먹이를 버려둔 채 황급히 달아났다. 그와 동시에 수풀 속에 몸을 숨기고 있던 자칼이 모습을 드러냈다. 자칼은 자신의 기회가 그리 오래 지속되지 않으리라는 걸 아는지 재빨리 엘자의 고기를 한 입씩 베어 물기 시작했다. 아니나 다를까, 수사자 한 마리가 자칼을 향해 곧장 달려오더니 으르렁거리며 위협했다. 하지만 바로 눈앞에 고기가 있는데 자칼이 쉽사리 물러날 리가 없었다. 자칼은 먹이를 움켜쥔 채 수사자가 덮치기 직전까지 포기할 의사를 전혀 내비치지 않았다. 심지어 수사자가 달려드는 데도 어디서 그런 용기가 났는지 먹이를 지키려고 애썼다. 하지만 덩치의 차이 앞에서 용기만으로 될 일이 아니었다. 결국 수사자가 먹이를 차지했다. 엘자는 멀리서 이 장면을 지켜보았다. 며칠 만에 처음 먹는 먹이를 빼앗기다니 그 심정이 오죽할까 싶었다. 수사자 두 마리는 먹이를 먹는 데 정신이 팔려 엘자는 거들떠보지도 않았다. 우리는 실망한 엘자의 용기를 북돋아주려고 함께 데려갔다.

야영지에서 생활하는 동안 몇몇 사람이 우리를 방문했다. 첫 번째는 동물들을 구경하기 위해 온 사람들이었다. 조지는 그들을 안으로 초청해 길들인 암사자가 있다고 설명했다. 엘자는 차 소리를 듣고 뛰어들어와 호기심이 가득한 눈으로 방문객들을 상냥하게 맞이했다. 그들은 조금 놀란 듯했지만 상황을 금방 이해했다.

그들에 이어 스위스인 부부가 우리가 사자를 기르고 있다는 소문을 듣고 찾아왔다. 그들은 우리가 품에 안을 수 있는 작은 새끼 사자를 키우는 줄로 착각한 모양이었다. 135킬로그램은 족히 나가는 엘자가 랜드로버 지붕에 앉아 있는 모습을 막상 대하는 순간, 그들은 잠시 멍한 표정을 지었다. 우리는 그들에게 차에서 내려 함께 점심 식사를 하자고 말했다. 엘자도 꼬리로 식탁을 한 번 휙 쓸고 지나간 것 외에는 방문객들 앞에서 예의를 지켰다. 식사를 마친 뒤 그들은 엘자와 함께 다양한 포즈로 사진을 찍었다.

랜드로버 위에 올라앉은 엘자.

야영지에서 생활한 지 4주가 흘렀다. 엘자는 지난 2주 동안 야생에서 주로 지냈지만 아직도 사냥하는 법을 터득하지 못했다. 우기가 시작되면서 매일 오후마다 장대비가 쏟아졌다. 이 지역 상황은 이시올로의 상황과는 사뭇 달랐다. 우선 날씨가 훨씬 더 추웠다. 게다가 이시올로의 경우에는 비가 오더라도 몇 시간만 지나면 건조해지는 모래땅인 데 비해 이곳은 비에 젖으면 늪지로 변해버리는 검은 토양이었다. 더욱이 허리까지 오는 풀들 때문에 땅이 완전히 마르려면 몇 주씩 기다려야 했다. 엘자는 이시올로에 있을 때는 편안하게 집 안에 틀어박혀서 비를 즐겼지만 이곳에서의 상태는 비참하기 짝이 없었다.

어느 날 밤 폭우가 쉴 새 없이 쏟아져 내렸다. 아마 먼동이 틀 때까지 적어도 120밀리미터 정도는 온 것 같았다. 사방이 철벅거렸다. 아침이 되자 우리는 무릎까지 빠지는 진흙길을 헤치고 엘자를 찾아 나섰다. 하지만 도중에 이미 야영지를 향해 처량한 모습으로 되돌아오고 있는 엘자를 만날 수 있었다. 엘자는 매우 슬퍼 보였다. 우리와 함께 있고 싶어 하는 눈치가 너무 간절해 우리는 엘자를 야영지로 데려왔다. 그 날 저녁 갑자기 야영지 근처에서 한바탕 큰 소리가 나더니 이내 조용해졌다. 밖에서 도대체 무슨 일이 일어났는지 궁금했다. 잠시 후 하이에나의 신경질적인 웃음소리와 공기를 가르는 자칼의 울음소리가 뒤섞여 들려왔다. 하지만 그 소리는 곧 최소한 세 마리 정도 되어 보이는 수사자들의 포효 소리에 압도되고 말았다. 텐트 밖에서 일대 혈전이 벌어진 게 틀림없었다. 이는 엘자에게 좋은 기회였다. 합창이라도 하듯 울려 퍼지

밖으로!

는 날카로운 소리, 목구멍 깊은 곳에서 나오는 듯한 거센 소리, 그리고 간간이 귀청을 찢는 듯한 외마디 비명 소리가 한데 뒤섞여 들려왔다. 우리는 잔뜩 긴장한 채 그 소리에 귀를 기울였다. 하지만 엘자는 태평스런 표정으로 우리에게 머리를 비벼댈 뿐이었다. 아마도 가시나무 울타리로 둘러싸인 안전한 텐트 안에 있다는 사실이 즐거운 듯했다.

며칠이 지나자 빗줄기가 점차 잦아들었다. 우리는 다시 엘자를 야생으로 돌려보내기 위한 작업을 재개했다. 하지만 엘자가 다시 버림을 받게 될까봐 경계심을 늦추지 않는 바람에 계획을 진행하는 데 큰 어려움이 따랐다.

우여곡절 끝에 엘자는 결국 우리를 따라나섰다. 얼마 지나지 않아 암사자 두 마리가 우리 쪽을 향해 빠른 속도로 달려왔다. 하지만 엘자는 전보다 더욱 긴장된 표정으로 서둘러 사자들에게서 도망치고 말았다.

엘자가 이 지역의 수사자들을 무서워한다는 사실이 명백해지면서 우리는 더 이상 엘자에게 녀석들과 친하게 지내라고 강요하지 않고 발정기가 돌아올 때까지 기다리기로 했다. 그때가 되면 아마도 엘자 스스로 자신의 짝을 찾게 되리라는 생각에서였다.

그 사이 우리는 엘자에게 사냥 방법을 가르치는 데 모든 노력을 집중하기로 했다. 독립은 그 후의 문제였다. 엘자가 일단 사냥하는 법을 익히면 수사자와 짝을 이루어 함께 지낼 수 있을 것 같았다. 평원은 여전히 물기가 가득했다. 하지만 상대적으로 고지대라 물기가 마른 곳에서는 동물들이 벌써 풀을 뜯고 있었다. 엘자는 군데군데 바위들이 박혀 있는 야트막한 언덕을 좋아했다. 그래서 우리는 그곳을 엘자를 위한 실험기지로 삼았다. 하지만 야영지에서 불과 10킬로미터 정도밖에 떨어져 있지 않다는 단점이 있었다. 가급적 야영지에서 멀리 떨어지는 게 좋았지만 기후 조건 때문에 멀리 가기가 어려웠다.

우리는 엘자를 일주일 동안 언덕 위에 홀로 남겨놓았다. 그리고 나서 다시 들렀더니 엘자는 무척이나 불행해 보였다. 나는 마음이 흔들렸지만 엘자의 교육을 위해서는 의지를 더욱 다지는 수밖에 없었다. 우리는 정오 무렵까지 엘자와 함께 있었다. 엘자는 꾸벅꾸벅 졸기 시작하더니 내 무릎을 베고 잠이 들었다. 그때였다. 갑자기 뒤쪽에 있는 수풀에서 뭔가가 와장창 부딪치는 소리가 나더니 코뿔소 한 마리가 나타났다. 엘자와 나는 자리에서 벌떡 일어났다. 내가 나무 뒤로 달려가는 동안 엘자는 용감하게 맞서 침입자를 멀리 쫓아버렸다. 엘자가 코뿔소를 쫓아간 사이 우리는 내키지 않았지만 엘자를 다시 버려두고 떠나야 했다.

그 날 오후 늦게 대기는 습기를 잔뜩 머금어 무겁게 가라앉아 있었다. 잿빛 하늘 위에 둥둥 떠 있는 검붉은 구름 위로 이제 막 지기 시작한 해가 찬란한 빛을 쏘아댔다. 하늘 위에는 쌍둥이 무지개가 조각조각 걸려 있었다. 하지만 그것도 잠시뿐, 만화경처럼 찬란한 빛깔은 이내 사라지고 비를 잔뜩 머금은 시커먼 먹장구름이 몰려왔다. 곧이어 우리 머리 위로 짙은 비구름이 형성되었다. 주위의 모든 것이 정지되고, 하늘은 금방이라도 터질 듯했다.

빗방울 몇 개가 납덩이처럼 땅 위로 떨어지더니 금세 두 개의 거대

낮잠자는 엘자.

한 손이 하늘을 가르고 물을 부어대기라도 하듯 세찬 빗줄기가 쏟아져 내렸다. 순식간에 야영지는 개울에 둘러싸인 섬처럼 고립되고 말았다. 폭우는 몇 시간 동안 계속되었다. 나는 이 추운 밤에 혼자 있으면서 비에 흠뻑 젖은 채 떨고 있을 가엾은 엘자를 떠올렸다. 천둥과 번개가 칠 때마다 내 걱정은 더욱 깊어졌다. 다음 날 아침 우리는 진창을 헤치고 엘자가 있는 곳으로 향했다. 여느 때처럼 엘자는 우리를 기다리고 있었다. 우리를 보더니 엘자는 뛸 듯이 기뻐하면서 조지와 내게 계속 머리와 몸을 비벼대며 가르랑거렸다. 하지만 엘자의 모습은 그 어느 때보다 비참해 보였다. 정말이지 금방이라도 울음을 터뜨릴 듯한 표정이었다. 우리는 엘자의 교육을 잠시 중단하는 한이 있더라도 더 이상은 그와 같은 혹독한 날씨에 홀로 내버려두지 않기로 했다. 이 지역의 기후에 익숙한 일반 사자들과는 달리, 엘자는 비교적 건조한 지역에서 성장했기 때문에 달라진 기후 조건에 쉽게 적응하지 못했다. 엘사는 우리와 함께 돌아오는 게 기뻤는지 물웅덩이를 지날 때마다 이시올로에서처럼 물을 튀겨댔다. 엘자의 몸짓에서 행복해하는 표정을 읽을 수 있었다.

아니나 다를까, 다음 날 엘자에게 탈이 나고 말았다. 엘자는 몸을 움직일 때마다 몹시 아파했다. 분비샘이 부풀어오른 데다 몸에 열까지 있었다. 우리는 조지의 텐트를 넓혀 풀로 침대를 만들어주었다. 풀 침대에 누워 생기라곤 하나도 없이 숨을 헐떡이는 엘자의 모습은 매우 애처로웠다. 나는 엘자에게 당시 내가 가지고 있던 유일한 약을 투여했다. 엘자는 내가 줄곧 자기 곁에 있어주기를 바랐다. 나는 엘자가 원하는 대로 해주었다.
　엘자의 피를 검사해봐야 할 듯했지만 비가 내리기 시작한 이후로는 사륜구동의 지프차로도 가장 가까운 지역조차 갈 수 없었다. 그래서 우리는 엘자의 피를 채취해 인편으로 160킬로미터 남짓 떨어져 있는 곳에 보내 조사를 의뢰했다. 조사 결과 엘자는 십이지장충과 촌충에 감염된 것으로 밝혀졌다. 엘자는 전에도 똑같은 질병을 앓은 적이 있었기 때문에 우리는 치료법을 알고 있었다. 하지만 분비샘이 부풀어오른 것이나 체온이 오른 것으로 보아 단순히 기생충 때문만은 아닌 듯했다. 우리는 엘자가 진드기가 옮기는 바이러스에 감염된 것으로 추정했다. 만일 우리의 추측이 맞다면, 동물들의 경우 자신이 사는 지역에서 발생하는 질병에 대해서는 면역성이 있지만 다른 지역에서 발생하는 질병에 대해서는 동일한 면역성을 유지할 수 없다는 새로운 사실이 입증되는 셈이었다. 동아프리카 지역 동물들의 분포상황을 살펴보면 납득하기 어려운 점이 종종 발견되는데 아마도 이런 이유 때문이 아닐까 싶었다.
　엘자는 심하게 아팠기 때문에 회복하기까지 시간이 많이 걸릴 것 같았다. 일주일이 지나자 엘자의 체온은 3, 4일 간격으로 높이 올랐다가 다시 정상으로 되돌아가곤 했다. 그동안 엘자의 몸에 흐르던 아름다운 금빛은 흔적도 없이 사라지고 털이 마치 목화처럼 푸석거렸다. 등에도 흰털이 많이 생겨났고 얼굴도 잿빛으로 변했다. 엘자는 텐트에서 나와 얼마 되지 않는 햇빛이라도 쪼이려고 했지만 그것조차 쉽지 않았다. 하지만 불행 중 다행인 것은 엘자가 식욕을 잃지 않았다는 점이었다. 우리

엘자와 필자.

는 엘자가 물릴 때까지 고기와 우유를 양껏 대주었다. 둘 다 먼 거리에서 가져와야 했지만 우리는 개의치 않았다. 날씨 때문에 교통 사정이 좋지 않았지만 우리는 나이로비에 있는 동물병원과 정기적인 연락을 취하는 데 성공했다. 우리가 보낸 엘자의 피를 검사한 결과 기생충은 더 이상 발견되지 않았다. 따라서 그 후부터는 추측에 근거해 엘자를 치료해야 했다.

우리는 엘자의 질병 원인으로 추정되는 십이지장충과 리케차(막대 모양 또는 다양한 구형의 비여과성 세균으로 극심한 건조 상태에서도 견딜 수 있다—옮긴이), 진드기 바이러스를 퇴치하기 위한 약을 처방했다. 하지만 질병의 원인을 정확히 알기 위해서는 엘자의 분비액을 채취해야 했다. 그런데 문제는 피하주사 바늘을 분비샘에 찔러 넣기가 불가능하다는 데 있었다. 우리가 할 수 있는 일은 가능한 한 조용한 환경을 만들어주는 일과 애정을 베푸는 일뿐이었다. 엘자는 매우 고분고분했으며, 우리의 지시에 잘 따라주었다. 내가 엘자의 어깨를 베고 자는 동안 엘자는 나를 종종 앞발로 껴안아주었다.

지금까지 한 가족처럼 지내왔던 터라 엘자는 병에 걸리자 의존심이 더욱 강해진 데다 전에 없이 말을 잘 들었다. 엘자는 낮에는 대부분 가시나무 울타리 출입구에 가로누워 지냈다. 이곳은 야영지 안의 상황과 평원의 상황을 동시에 관찰할 수 있는 전략적인 위치였다. 식사 때마다 엘자는 음식을 가져다 주는 일꾼들이 자기 위를 타고 넘어가는 것을 좋

엘자는 대개 조지 옆에서 잠을 잤다.

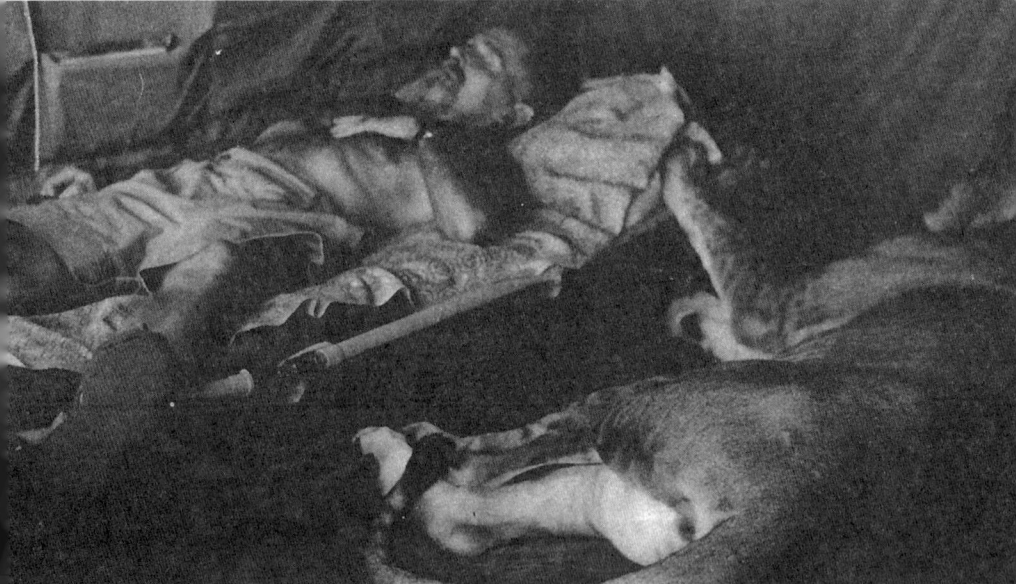

아했다. 한 손에 수프 접시를 들고 균형을 잃지 않으려고 애쓰며 엘자를 타고 넘는 일꾼들의 모습은 매우 우스꽝스러웠다. 엘자는 일꾼들이 자신을 타고 넘는 동안 앞발로 그들을 툭툭 두드리며 친밀감을 표시했다.

엘자는 조지와 함께 텐트에서 잠을 잤지만 원할 때는 언제든지 나가고 들어올 수 있었다. 어느 늦은 밤 조지는 엘자가 낮게 그르렁대는 소리에 잠에서 깼다. 엘자는 텐트 뒤쪽을 통해 밖으로 나가려고 애쓰고 있었다. 자리에서 일어나 앉은 조지는 텐트 입구에서 그림자 하나가 어른거리는 것을 볼 수 있었다. 엘자가 그렇게 빨리 입구 쪽으로 갔을 리가 없다는 판단 아래 조지는 손전등을 켰다. 불빛에 야생 암사자 한 마리가 눈을 깜빡거리는 모습이 보였다. 조지가 크게 소리를 지르자 놀란 암사자는 멀리 가버렸다. 아마도 엘자의 냄새를 맡고 찾아왔다가 텐트 속에서 사자의 소리가 들리자 기웃거려 보려고 했던 것 같았다.

엘자가 아프기 시작한 지 다섯 주가 흘렀시만 상태는 그렇게 많이 호전되지 않았다. 이 지역의 기후가 엘자에게 맞지 않는 게 분명했다. 지역마다 달라서 그런지 엘자는 진드기나 체체파리와 같은 질병 매개체에 면역성이 없는 것 같았다. 게다가 엘자는 이 지역 사자들과도 생김새가 달랐다. 이 지역 사자들은 엘자와 비교해 털 빛깔이 좀더 어두웠고, 코가 좀더 길고 귀가 컸으며, 몸집도 일반적으로 훨씬 컸다. 엘자는 높은 산지보다는 건조한 지역에 더 적합했다(케냐에는 두 종류의 사자가 있다. 노란색 갈기에 털 색깔이 담황색인 펠릭스 마사이카와, 몸집은 작고 귀는 크며 점이 뚜렷하고 꼬리가 더 긴 펠릭스 레오 소말리엔시스가 거기에 해당한

여느 때와 다를 바 없이 사랑스런 엘자.

다. 엘자는 후자에 속한다). 수렵금지구역에 있다 보니 엘자의 먹이를 구하려면 차를 몰고 30킬로미터 밖으로 나가야 했다. 뿐만 아니라 엘자가 조지와 함께 사냥에 참여할 수 없었기 때문에 잡은 사냥감을 물고 오는 생생한 현장 체험을 시킬 수도 없었다. 이는 곧 야생 상태에서 어미를 통해 배우게 되는 사냥 방법을 엘자에게 가르칠 수 없다는 뜻이었다. 이런 이유로 우리는 3개월 동안의 야영 생활을 정리하고 엘자에게 더 나은 곳을 찾아주는 것이 좋겠다는 결정을 내리기에 이르렀다.

하지만 물이 풍족하고 사냥할 먹이가 충분하며, 기후도 알맞고, 사냥을 일삼는 사람들이나 부족들이 없는 지역을 찾기란 그리 쉬운 일이 아니었다. 게다가 차량이 쉽게 접근할 수 있는 지역이어야 했다. 마침내 우리는 그와 같은 낙원을 발견하고 정부로부터 엘자를 그곳에 방사해도 된다는 허락을 받았다. 비가 그치자마자 우리는 그곳으로 가기로 결정했다.

우리는 캠프를 철거한 뒤 엘자를 제외한 모든 짐을 차에 실었다. 바로 그 날 엘자는 발정기가 시작되면서 갑자기 숲 속으로 사라져버렸다. 우리는 엘자의 발정기를 두 달 반이나 기다려왔다. 하지만 이 지역에서 엘자가 발정난 상태로 미친 듯이 돌아다니게 내버려둘 수는 없었다. 그 날 하루 종일 엘자의 흔적은 어디에서도 발견되지 않았다. 우리는 차에 타기도 하고 걷기도 하면서 엘자가 있을 만한 곳을 모두 뒤졌지만 헛수고였다. 엘자가 야생 암사자에게 죽임을 당했을지도 모른다는 불안감이 몰려들기 시작했다. 하지만 엘자가 스스로 돌아오기만을 기다릴 수밖에 달리 도리가 없었다. 엘자는 이틀 낮과 밤을 밖에 나가 지냈다. 그 사이 잠시 돌아와 우리 무릎에 머리를 비벼대고는 다시 총알같이 튀어나갔다. 그러더니 몇 분 뒤 다시 돌아와 만족스러운 표정으로 또다시 머리를 비벼댔다. 엘자는 그렇게 나갔다가 돌아오기를 두 번이나 반복했다. 엘자는 마치 "나는 행복해요. 하지만 내가 가야 한다는 걸 이해해주세요. 걱정하지 말라는 말을 전하기 위해 이렇게 온 거예요"라고 말하는 듯했다. 그러고 나서 엘자는 다시 사라졌다(우리는 엘자가 발정기 때 수사자와 함께 지내면서도 임신을 하지 않는 이유가 궁금했다. 나중에 나는 동물원 관계자로부터 사자의 경우 임신 가능 기간은 총 나흘로, 그 기간에 수사자는 암사자

트럭에서 편안하게 여행하는 엘자.

와 하루에 여섯 번 내지 여덟 번 정도 교미를 하는데 넷째 날에 하는 교미만이 임신을 가능케 한다는 말을 들었다. 그렇다면 수사자를 독차지하려는 질투심 많은 암사자가 새로 온 엘자에게 수사자와 자주 교미할 수 있는 기회를 주지 않은 게 틀림없었다). 엘자는 마침내 다시 돌아왔다. 엘자는 심하게 긁혔을 뿐만 아니라 여러 군데에 나 있는 발톱 자국에서는 피가 흘렀다. 내가 상처를 소독해주자 엘자는 무척 쓰라린 듯한 표정을 지었다. 엘자가 트럭에 올라타기까지는 많은 인내심이 필요했다.

이렇게 해서 우리의 처음 석 달 동안의 실험은 끝이 났다. 엘자가 병이 나는 바람에 실패하긴 했지만 시간을 충분히 두고 인내심을 갖는다면 반드시 성공할 수 있으리라는 자신감이 생겼다.

# 7

## 두 번째 방사

갈 길이 아직도 700킬로미터나 남아 있었다. 모든 게 어긋나기만 하는 여행이 있는데, 이번 여행이 그랬다. 겨우 20킬로미터를 가고 나서 조지의 차 앞바퀴 베어링이 말썽을 일으켰다. 나는 140킬로미터 거리에 있는 가장 가까운 행정관할구역으로 차를 몰고 가서 새 베어링을 구해 조지에게 보냈다. 그 날 밤 나는 불쌍한 엘자를 차 뒷좌석에 가둬둔 채 그곳에서 지내야 했다. 그러는 사이 베어링이 도착했다. 그제야 조지는 베어링을 갈아 끼울 만큼 큰 스패너가 없다는 데 생각이 미쳤지만 망치와 끌을 이용해 가까스로 베어링을 갈아 끼우고는 저녁 무렵 나와 합류했다. 그 날 밤과 그 다음 날 아침까지 내 차와 조지의 차가 번갈아 가며 무려 여섯 차례나 펑크가 났다. 밤 9시가 되자 목적지까지 아직도 20킬로미터가 남아 있는데 내 차가 털털거리기 시작했다. 할 수 없이 우리는 차를 세우고 공터를 찾아 텐트를 쳤다. 꼬박 52시간 동안을 쉬지 않고 운전한 뒤라 우리 모두 완전히 녹초가 되어 있었다. 그동안 엘자는 어찌나 얌전하게 구는지 단 한 번도 반항하지 않았다. 엘자는 우리 곁에 누워 잠이 들었다. 다음 날 아침 우리는 엘자를 다시 차 안으로 들어가게 하는 것이 어려울 수도 있다고 생각했다. 더구나 엘자는 텐트 근처의 조그만 개울가에 자리잡은 갈대숲에서 이미 하루를 지낸 뒤였다. 개울을 건너는 게 만만치 않은 일이었기 때문에 먼저 차들부터 건넨 다음 엘자를 데려오기로 했다.

랜드로버는 아무 문제 없이 개울을 통과했지만 내 차가 진창에 처박혀 끌어내야 했다. 그리고 나서 우리는 엘자가 우리를 따라 차 있는 데로 오도록 달래기 위해 다시 개울을 건넜다. 이번에는 걸어서였다. 엘자는 마치 여행이 아직 끝나지 않았다는 것을 알고 우리에게 협조하려는 듯 난번에 차 안으로 뛰어들었다. 우리는 울창한 관목숲을 헤치고 덜컹거리는 길을 따라 차를 몰았다. 하지만 골칫거리는 아직 끝나지 않았다. 몇 킬로미터쯤 갔을까, 내 차 뒷바퀴 스프링이 고장나는 바람에 오후가 한참 지나서야 엘자의 새 집에 도착했다.

그곳은 아프리카에서도 여우들이 서로 밤 인사를 건네는 오지 중의 오지였다. 좋은 야영 장소를 물색하기 위해 조지와 일꾼들이 무성한 수풀을 헤치며 새로 길을 냈다. 그러는 데 나흘이 걸렸다. 우리의 마지막 야영지는 종려나무와 아카시아나무, 무화과나무, 덩굴식물로 둘러싸인 아름다운 강가였다. 하얀 물거품을 일으키며 여울목을 통과한 강물은 갈대로 뒤덮인 섬들 사이를 지나 바위들이 삐죽삐죽 튀어나온 차가운 물웅덩이에 이르러 겨우 흥분을 가라앉혔다. 웅덩이는 수많은 물고기들이 모여 살 정도로 수심이 깊었다. 어부에게는 그만한 천국이 없을 듯했다. 아니나 다를까, 조지는 기다렸다는 듯 곧바로 낚싯줄을 던졌다.

야영지 주변은 우리가 떠나온 지역과는 너무 많이 달랐다. 날도 훨씬 무더웠고, 떼를 지어 평화롭게 풀을 뜯는 초식동물들도 눈에 띄지 않았다. 보이는 건 오로지 가시덤불뿐이었다. 사냥꾼에게는 악몽이 따로 없었다. 하지만 엘자가 태어난 곳까지는 56킬로미터밖에 되지 않았고, 따라서 엘자에게는 그 모든 게 눈에 익은 풍경이었다.

강 양쪽 둑에만 무성하게 자란 열대식물 군락을 지나자 머리 위로 쏟아져 내리는 태양의 열기 때문에 마치 찜통 속에 있는 것 같았다. 우리는 적도에서 얼마 떨어지지 않은 지점에 있었다. 고도계가 490미터를 가리켰다. 동물들이 있는 지역으로 들어가려면 바싹 마른 가시덤불숲을 관통하는 수밖에 없었다. 덤불 곳곳에는 매일 이곳을 이용하는 코끼리와 코뿔소, 버펄로의 흔적과 배설물이 흩어져 있어 우리에게 조심하라는 경고 표지의 역할을 하기도 했다. 야영지에서 약 320킬로미터 떨어진 지점에 함염지(동물이 소금기를 핥으러 모이는 곳—옮긴이)가 있었는데, 뿔과 엄니 자국이 무수히 나 있는 것으로 보아 코뿔소와 코끼리들이 자주 들르는 모양이었다. 코끼리들이 몸을 비벼대는 통에 주변의 나무란 나무들은 모두 껍질이 반질반질 윤이 나거나 닳아 있었다. 쉽게 말해 껍질이 온전하게 붙어 있는 나무가 거의 없었다. 이는 엘자에게 발톱 훈련

엘자의 새로운 거주지에서.

을 제대로 시킬 수 없다는 것을 의미했다. 다행히 바오밥나무는 무사했다. 바오밥나무들은 키 작은 가시덤불 위로 자줏빛과 잿빛이 뒤섞인 거대한 몸체를 드리우고 있었다. 동물들에게는 바오밥나무의 무른 몸통이 아무 짝에도 쓸모가 없었기 때문에 그나마 껍질이 붙어 있었던 것이다.

계곡과 동굴들과 함께 불그스름한 바위들이 거대한 능선을 이루며 즐비하게 늘어선 그곳은 정말 매력적이었다. 바위 그늘에서는 바위너구

엘자가 즐겨 찾던 속이 텅 빈 바오밥나무.

리들이 이리저리 뛰어다니고 있었다. 시야가 탁 트인 그곳은 사자에게는 정말 이상적인 장소였다. 바위 위로 올라가니 기린과 워터벅영양, 얼룩영양, 제레누크, 부시벅영양이 생명줄인 강으로 이동하는 모습이 보였다. 강이 없었다면 이 지역은 물이라곤 찾아볼 수 없는 반 사막지대나 다름없었다.

리케차 요법과 기후 변화 덕분에 엘자의 상태는 날로 좋아졌다. 그래서 우리는 다시 엘자의 교육에 들어갈 수 있었다. 매일 아침 동이 트자마자 우리는 엘자를 초식동물들이 다니는 길목과 모래투성이의 습지로 데려갔다. 엘자는 구경거리가 가득한 그런 장소들을 좋아했다. 엘자는 코를 킁킁거리면서 지난 밤에 왔다 갔던 동물들의 흔적을 뒤쫓았다. 엘자는 코끼리와 코뿔소 배설물에 관심을 보이기도 하고, 혹멧돼지와 디크디크영양을 추격하기도 했다. 우리도 잔뜩 긴장한 채 동물들의 흔적과 바람의 방향을 살피며 뭔가 단서가 될 만한 소리와 광경에 귀와 눈을 집중했다. 안 그랬다가는 예기치 않은 순간에 코뿔소나 버펄로, 코끼리와 맞닥뜨려 곤란한 상황에 빠질 수도 있기 때문이었다.

처음에 엘자를 데려왔던 장소와 달리 이곳에서는 엘자가 조지와 함께 사냥을 하러 나갈 수 있었다. 우리 둘 다 동물을 죽이는 걸 끔찍이 싫어했지만 엘자의 교육을 위해서는 어느 정도의 희생을 감수할 수밖에 없었다. 엘자가 야생 상태에 있었다면 스스로 동물을 죽였을 터였다. 그런 생각이 우리가 느끼는 양심의 가책을 덜어주었다. 엘자가 빨리 배우면 배울수록 모든 면에서 유리했다. 당장은 먹잇감에게 살그머니 접근

매일 아침 우리는 엘자를 데리고 산책을 나갔다.

하는 법부터 배우는 게 급선무였다. 그러고 나서 혹시 죽이는 데 실패할 경우에는 조지가 총으로 쏴서 마지막 숨통을 끊어놓도록 엘자에게 던져주곤 했다. 하지만 독수리와 하이에나, 다른 사자들로부터 자신의 노획물을 지키는 일은 순전히 엘자의 몫으로 남겨두었다. 그러다 보면 엘자는 이런 동물들과 마주쳤을 때의 대처 요령을 자연스레 터득하게 될 터였다.

야영지 근처에서 사자들 소리가 들린 데 이어 발자국도 자주 눈에 띄었다.

어느 날 저녁 엘자가 바위산 꼭대기에서 돌아오지 않았다. 그곳은 엘자가 가장 좋아하는 장소였다. 그곳에 올라가면 서늘한 산들바람을 즐길 수 있을 뿐만 아니라 성가시게 괴롭혀대는 체체파리 떼에서도 놓여날 수 있었다. 게다가 저 아래 동물들을 내려다볼 수도 있었다. 하지만 우리가 갔을 때는 엘자는 보이지 않았다. 우리는 걱정이 되어서 엘자를 찾으러 나섰다. 이윽고 어둠이 내려앉아 덤불숲은 위험한 동물들로 북적거렸다. 울창한 덤불숲 여기저기를 헤치며 샅샅이 뒤졌지만 엘자의 흔적은 어디에도 없었다. 우리는 몹시 실망한 채 다시 야영지로 돌아왔다.

새벽녘에 우리는 다시 수색을 재개했다. 곧이어 커다란 사자의 발자국과 뒤섞여 있는 엘자의 발자국을 발견할 수 있었다. 강으로 이어진 발자국은 거기서 한참 떨어진 지점에 이르러 다시 나타났다. 주변 여기저기에 바위들이 솟아 있었다. 우리는 발자국을 남긴 그 사자가 엘자를

자신이 제일 좋아하는 바위에서 사냥감을 찾는 엘자.

자기 영역으로 데려간 모양이라고 생각했다.

점심 무렵쯤 야영지 근처의 비비 무리들이 왁자지껄하게 떠들기 시작했다. 우리는 엘자의 귀환을 알리는 소리일지도 모른다는 생각에 귀를 쫑긋 세웠다. 아니나 다를까, 조금 있다 엘자가 강을 건너 돌아왔다. 엘자는 우리를 보자 머리를 비벼대며 반가운 기색을 보이더니 흥분한 목소리로 자기가 겪은 신나는 모험에 대해 이야기하기 시작했다. 우리는 상처 하나 없이 무사히 돌아온 엘자를 보고 무척 반가웠다. 이전 야영지에 있을 때 엘자가 다른 사자에게 심하게 다친 게 불과 2주 전 일이었다. 따라서 엘자가 스스로 새로운 모험에 나섰다는 사실은 엘자의 방사를 앞둔 우리에게 좋은 조짐이었다.

어느 날 아침 워터벅영양 한 마리가 엘자에게 아주 좋은 공격 기회를 제공했다. 조지가 총을 쏘았지만 그 전에 엘자가 먼저 달려들어 목을 덥석 물더니 영양의 숨통이 끊어질 때까지 마치 불독처럼 영양을 물고 늘어졌다. 엘자에게는 자기 몸집만한 동물을 죽인 최초의 경험이었다. 엘자는 이제 본능적으로 먹잇감의 급소를 파악하고 있었을 뿐만 아니라, 빨리 숨통을 끊어놓는 법을 터득하고 있었다. 실제로 엘자는 일부 사람들의 상상처럼 목을 부러뜨린 게 아니라 사자들이 일반적으로 먹잇감을 죽이는 방법을 사용했던 것이다. 엘자는 처음으로 노획물의 꼬리를 먹었다. 나중에 알게 된 일이지만 꼬리를 먹는 것은 엘자의 습관으로 자리잡았다. 그러고 나서 엘자는 뒷다리 사이를 물어뜯어 내장을 먹고 난 다음 남은 위장을 조심스럽게 땅에 파묻어 피의 흔적을 모두 없앴다. 아마 독수리를 속이려고 그러는 모양이었다. 그런 다음 영양의 목덜미를 물더니 25킬로미터쯤 떨어진 그늘진 수풀로 끌고 갔다. 우리는 낮에는 독수리로부터, 어둠이 내리고 난 뒤에는 하이에나로부터 자신의 포획물을 지키도록 엘자를 그곳에 남겨두었다. 사자가 사냥한 먹잇감을 옮길 때 등을 문다는 이야기를 자주 들었을 것이다. 조지나 나나 사자가 그런 식으로 행동하는 걸 본 적은 한 번도 없다. 하지만 개나 토끼처럼 몸집이 작은 동물을 물고 갈 때는 정말 그렇게 한다. 그렇지만 덩치가 큰 동물일 경우에는 엘자와 같은 방법을 사용한다. 거기에는 예외가 없다.

서너 시쯤 우리는 물도 가져다 줄 겸 다시 엘자를 방문했다. 엘자는 오후에 우리와 함께 산책하는 걸 좋아했지만 이번만큼은 먹잇감 곁을 떠나려 하지 않았다. 녀석은 해가 져도 돌아오지 않았다. 그런데 새벽 3시쯤 폭우가 쏟아져 내렸다. 그 직후 엘자가 어슬렁거리며 나타났다. 그날 밤 엘자는 야영지에서 보냈다.

아침 일찍 우리 모두 엘자가 잡은 사냥감이 어떻게 됐는지 살피러 나갔다. 물론 영양은 사라지고 없었다. 근처에는 사자와 하이에나 발자국이 찍혀 있었다. 멀지 않은 곳에서 사자가 으르렁거리는 소리가 들려왔다. 그 소리를 듣고 있으려니 지난 밤 엘자가 포획물을 두고 야영지로 돌아온 이유가 비 때문인지 아니면 사자들 때문인지 궁금해졌다.

엘자의 건강은 몰라보게 좋아졌지만 평소의 상태를 회복하려면 아직도 먼 듯했다. 엘자는 여전히 대부분의 시간을 야영지에서 보냈다. 이런 습관을 버리고 강가의 시원한 그늘에서 쉬도록 하기 위해 조지는 엘자를 데리고 낚시를 하러 갔다. 엘자는 물 속의 작은 움직임까지 뚫어질 듯 응시하다가 조지가 물고기를 건져 올리면 곧바로 강물로 뛰어들어 요동을 치는 물고기의 마지막 숨통을 끊어놓고는 입에 문 채 기슭으로 올라왔다. 엘자가 낚시 바늘을 제거하기도 전에 물고기를 문 채 야영지까지 내달리는 바람에 애를 먹은 적이 한두 번이 아니었다. 그때마다 엘자는 조지의 침대에 물고기를 올려놓곤 했는데 마치 "이 차갑고 미끌거리는 이상한 먹이는 당신 거예요"라고 말하는 듯했다. 그러고 나면 엘자는 다시 낚시터로 돌아와 다음번 물고기가 올라오기를 기다렸다. 엘자는 이 새 놀이는 무척 재미있어 했지만 녀석을 야영지에서 끌어내려면 또 다른 놀이를 고안해야 했다.

강에서 가까운 곳에 가지가 거의 강물에 닿을 듯한 아주 근사한 나무가 한 그루 서 있었다. 더위를 식혀주는 시원한 나무 그늘 아래 있다 보면 마치 돔 밑에 있는 듯했다. 나는 나뭇가지 뒤에 숨어 얼룩영양과 부시벅영양 같은 야생동물들이 물을 마시러 강가를 찾는 모습을 지켜보았다. 때로 머리가 망치처럼 생긴 황새가 마른 목을 축이러 오기도 했고, 비비들도 심심찮게 눈에 띄었다. 정말 재미있는 광경이었다. 엘자와 함께 거기 그러고 앉아 있노라면 마치 낙원의 현관에 있는 듯한 기분이 들었다. 인간과 동물이 신뢰 속에서 완벽하게 조화를 이루는 순간이었다. 느릿느릿 흘러가는 강물이 한가로운 분위기를 더해주었다. 나에게

엘자는 무더운 날에는 특히 물놀이를 즐겨 했다.

조지와 낚시를 하고 있는 엘자.

는 그 장소가 화가나 작가의 '작업실' 처럼 느껴졌다. 결국 우리는 식량을 담았던 상자에 나무 판자를 덧대 임시로 탁자와 의자를 만들었다. 곧이어 나는 널찍한 나무 둥치에 등을 기댄 채 그곳에서 일을 하기 시작했다.

엘자는 뒷발을 짚고 일어서서는 나의 그림물감 상자와 타자기를 신기한 눈길로 쳐다보았다. 그러고는 운 나쁜 도구들 위에다 앞발을 턱 걸친 채 내 얼굴을 핥으며 나의 애정을 확인한 다음에야 내가 일하는 걸 허락했다. 그러고 나면 내 발치에 앉아 경계 태세에 들어갔다. 하지만

 주변은 조용하기만 했다. 그런데 막 집중하려고 하는 순간 비비 한 마리가 나뭇잎 틈새로 우리를 탐색하며 짖어댔다. 그 소리를 신호로 반대편 강둑의 수풀이 호기심 어린 얼굴들로 들썩였다. 곧이어 엘자에게 흥미를 느낀 비비들이 노골적으로 호기심을 드러낸 채 이 나무 저 나무로 옮겨다니며 비명을 질러대는가 하면, 나무 등걸을 타고 주르르 미끄러져 내리거나 그림자처럼 나무 위에서 어른거렸다. 그 소동은 새끼 한 마리가 강물에 떨어지고 나서야 겨우 중단되었다. 그와 동시에 나이 든 비비가 강물로 뛰어들어 물에 빠져 허우적거리는 새끼를 재빨리 건져 올렸

작업실에서.

다. 그러자 세상의 비비란 비비들은 모두 뛰쳐나왔는지 주변이 온통 비비 천지였다. 게다가 어찌나 소리를 질러대는지 귀가 다 먹먹할 지경이었다. 소음을 참다 못한 엘자는 강물로 뛰어들어 반대쪽으로 건너갔다. 그러는 사이에도 비비들은 비명을 그치지 않았다. 반대편 강둑에 닿자마자 엘자는 가장 가까운 곳에 있는 비비를 향해 몸을 날렸다. 하지만 비비는 아슬아슬하면서도 민첩한 동작으로 높은 곳에 있는 나뭇가지로 펄쩍 뛰어올라 엘자의 일격을 피했다. 다른 녀석들도 이 놀이에 동참했다. 엘자가 화를 내면 낼수록 비비들은 더욱 신이 나서 엘자를 놀려댔다. 녀석들은 엘자의 손이 닿지 않는 곳에 앉아 바로 밑에서 길길이 날뛰는 암사자는 안중에도 없다는 듯 엉덩이를 벅벅 긁어댔다. 그 광경이

엘자는 불안할 때면 여전히 내 엄지손가락을 핥았다.

어찌나 우습던지 엘자에게는 미안한 일이지만 카메라를 꺼내 필름에 담았다. 역시나 엘자는 그런 모습을 찍히는 게 싫었던 모양이다. 내가 자기한테 그 얄미운 상자를 들이대는 걸 보자마자 엘자는 도로 강을 건너와서는 카메라를 채 치우기도 전에 내게 엉겨붙었다. 한동안 우리는 소중한 카메라와 함께 모래 바닥을 뒹굴었다. 그 바람에 모든 게 젖고 말았다. 비비들은 우리의 갑작스런 퍼포먼스에 박수를 치며 좋아했다. 녀석들 앞에서 엘자나 나나 체면이 말이 아니었다.

이 일이 있고 난 이후 비비들은 매일 엘자를 찾았다. 이제 양쪽은 서로를 꿰뚫고 있었다. 엘자가 녀석들의 놀림에도 아랑곳하지 않자 녀석들은 더욱 대담하게 나왔다. 비비들은 엘자와 겨우 몇 미터밖에 떨어지지 않은 여울목 근처에 둘러앉아 물을 마실 때도 많았다. 다른 녀석들이 궁둥이를 땅에 붙이고 몸을 숙여 천천히 물을 마시는 동안 한 녀석이 망을 보곤 했다.

엘자를 괴롭히는 건 비비들만이 아니었다. 한번은 사슴을 갖다 두러 가는데 수풀왕도마뱀과 마주쳤다. 길이가 90센티미터에서 150센티미터 정도 되고 몸통이 10센티미터에서 15센티미터에 이르는 이 대형 도마뱀은 혀가 갈라져 있고 강에서 살면서 물고기를 먹지만 육식도 즐긴다. 항간에는 이들 도마뱀이 악어의 접근을 미리 알려준다는 미신이 있는데, 실제로 녀석들은 악어 알을 먹기도 한다. 그렇게 함으로써 자연스럽게 개체 수 조절 기능을 하는 셈이다. 그런데 바로 이 도마뱀이 엘자의 먹잇감을 몇 입 뺏어 먹으려 들었다. 엘자는 녀석을 잡으려고 했지만 그러기에는 녀석의 몸놀림이 너무 빨랐다. 그래서 엘자는 자기가 포획한 사슴을 녀석의 손길이 닿지 않는 곳에 안전하게 묻어두고는 녀석이 두 번 다시 훔쳐먹지 못하게 단단히 지켰다. 엘자의 이런 행동은 우리를 대할 때와 정말 비교가 되었다. 엘자는 먹이를 먹는 동안 내가 옆에서 지켜보는 걸 좋아했다. 게다가 조지와 누루에게도 자기 먹이에 손을 대는 걸 허락했다. 쉽게 말해 우리는 엘자의 '무리'였고, 엘자는 기꺼이 우리와 모든 걸 나눌 자세가 되어 있었다. 하지만 수풀왕도마뱀에게는 그럴 마음이 눈곱만큼도 없었다. 엘자는 나와 조지, 누루, 그 외 나머지 사람들을 대하는 태도도 각기 달랐다. 예를 들어 우리가 자기 먹이를 텐트 밖으로 가져가는 건 허용했지만 일꾼들이나 요리사가 그렇게 하는 건 용납하지 않았다.

엘자가 사냥감을 죽이는 훈련을 받아야 하는 육식동물만 아니었다면 우리의 전원 생활은 더없이 완벽했다. 우리의 다음번 희생양은 제레누크였다. 엘자도 사냥에서 한몫했다. 우리는 먹잇감과 함께 야영지에서 몇 킬로미터 떨어진 곳에 엘자를 남겨두었다. 그러고 나서 집으로 돌아오는 길에 사자 한 마리가 엘자가 있는 쪽으로 어슬렁대며 걸어가는 게 보였다. 벌써 피 냄새를 맡은 걸까? 오후에 엘자를 보러 갔더니 엘자와 제레누크는 온데간데없고 덩치 큰 사자의 발자국이 무수히 찍혀 있었다. 그것만으로도 무슨 일이 일어났는지 충분히 알 수 있었다. 우리는 3킬로미터 이상 엘자의 발자국을 추적했다. 발자국은 엘자가 가장 좋아하는 바위 쪽으로 이어져 있었다. 망원경으로 보니 바위 위에 앉아 있는 엘자의 모습이 눈에 들어왔다. 엘자는 영리하게도 전략적으로 안전하면서도 멀리서도 우리 눈에 띌 수 있는 곳을 택했던 것이다.

어느 날 밤 우리는 함염지가 있는 쪽에서 들려오는 거센 콧김 소리와 소음에 잠이 깼다. 우리가 채 정신을 차리기도 전에 엘자가 숨겨놓은 먹이가 걱정되는지 텐트를 박차고 뛰어나갔다. 콧김 소리와 소음이 점점 커진다 싶더니 이내 잠잠해졌다. 결국 엘자가 문제를 해결한 모양이었다. 잠시 후 엘자가 숨을 헐떡이며 돌아와서는 조지 침대 옆에 털썩 주저앉더니 앞발 하나를 그에게 올려놓았다. 그 모습이 마치 "이제 모든 게 다시 안전하답니다. 코뿔소 한 마리가 난리를 쳤지 뭐예요"라고 말하는 듯했다.

엘자는 코끼리들에게도 며칠 밤 동안 똑같은 행동을 보였다. 야영지 뒤쪽에서 뭔가에 놀란 듯한 코끼리들의 비명 소리가 들려오면 엘자는 여지없이 뛰어나가 거인들을 쫓아버리고 무사히 돌아왔다. 코끼리들이 울부짖는 소리는 정말 끔찍했다. 나는 예나 지금이나 코끼리를 무서워한다. 코끼리는 내가 두려워하는 유일한 동물이다. 그랬기에 전세가 금세 역전될 수도 있다는 생각을 떨칠 수가 없었다. 엘자가 코끼리들에게 쫓겨 우리한테 달려올 수도 있는 일이었다. 조지는 괜한 걱정을 한다며 웃었지만 행운이 늘 우리 편이라는 보장은 없었다.

매일 버펄로 한 마리가 우리 야영지 근처에서 얼쩡대다가 결국 어느 날 아침 조지의 총에 맞고 말았다. 버펄로는 엘자가 도착하기 훨씬 전에 숨이 끊어졌지만 버펄로를 보자 엘자는 난폭하게 변했다. 엘자가 사냥감 앞에서 그렇게 흥분하는 모습은 본 적이 없었다. 엘자는 죽은 버펄로 위로 와락 달려들더니 사방에서 공격을 가하며 시체를 이리저리 타넘었다. 그런데 겉으로 볼 때는 제멋대로 날뛰는 것 같았지만 치명적인 뿔에 받히지 않도록 나름대로 조심을 하고 있었다. 엘자는 한참을 그러더니 앞발로 버펄러의 코를 툭툭 쳐보고는 마침내 사냥감이 죽었다는 결론을 내렸다.

조지가 그렇게 큰 동물을 쏘는 이유는 사자의 사냥 본능을 끌어내기 위해서였다. 우리는 엘자가 그 과정에 참여해 사냥에 익숙해지기를 바랐다. 우리는 엘자가 어떻게 나오는지 보기 위해 버펄로를 야영지 근처로 끌고 가 엘자에게 내맡겼다. 그리고 나서 우리는 차도 가져올 겸

버펄로 가죽을 벗겨내는 법을 배우는 엘자.

그 자리를 피했다. 돌아와 보니 근처 나무들에 독수리와 아프리카황새 떼가 새까맣게 몰려와 있었다. 하지만 엘자는 뜨거운 태양 아래 앉아 꿋꿋하게 먹잇감을 지키고 있었다. 자신의 '무리'인 우리를 보자 엘자는 눈에 띄게 안도의 표정을 지으며 버펄로를 우리에게 인계하고는 그제야 그늘진 수풀로 들어가 휴식을 취했다. 하지만 일꾼들이 버펄로 가죽을 벗겨내기 시작하자 곧바로 뛰어나와서는 도축 작업에 끼어들었다. 일꾼

들이 위장을 꺼내 써는 동안 엘자도 내장을 찢어발기며 바쁜 일손을 거들었다. 그러면서 일꾼들이 건네는 내장을 맛나게 받아먹었다. 엘자는 마치 스파게티를 먹듯 후루룩거리며 창자를 입 속으로 쓸어 넣더니 맛없는 내용물은 이를 앙다문 채 치약을 짜내듯 밖으로 밀어냈다. 그러고는 흐뭇한 눈길로 버펄로를 차에 붙들어매는 모습을 지켜보았다. 잠시 후 가엾은 랜드로버가 울퉁불퉁한 지면을 지그재그로 오가며 육중한 버펄로를 들어올리는 동안 엘자는 평소처럼 135킬로그램이나 되는 몸을 날려 차 지붕 위로 뛰어올랐다.

    버펄로를 야영지 근처의 나무에 쇠사슬로 안전하게 묶고 나자 엘자는 그 다음 날 낮과 밤을 그 자리에서 꼼짝도 하지 않은 채 시체를 지켰다. 낄낄거리며 웃는 듯한 하이에나들의 기분 나쁜 울음소리가 끝없이 이어지면서 해가 지고 나면 엘자는 더욱 바빠졌다. 다음 날 아침 우리가 살피러 갔을 때도 엘자는 여전히 시체를 지키고 있었다. 우리를 보고서야 엘자는 시체 곁을 떠났다. 자기가 강에 가서 물을 마시고 오는 동안 우리더러 시체를 지키라는 게 분명했다. 우리는 독수리 떼로부터 시체를 보호하기 위해 그 위에다 가시덤불을 덮었다. 거기에는 또 다른 밤을 무사하게 넘기려면 어떻게 하는 게 좋은지를 엘자에게 보여주려는 의도도 있었다.

    엘자는 버펄로 고기를 잔뜩 먹어 배를 출렁거리며 평소 때처럼 우리와 함께 오후 산책에 나섰다. 수풀을 헤치고 얼마쯤 갔을까, 하이에나 한 마리가 시체가 있는 쪽을 향해 느릿느릿 움직이는 게 보였다. 엘자는 그 자리에 얼어붙은 채 앞발을 공중으로 치켜들었다. 그러고는 잔뜩 긴장한 표정으로 몸을 낮춰 포복 자세를 취하더니 누르스름한 풀 사이에 엎드려 몸을 숨겼다. 엘자는 온몸의 신경을 팽팽하게 곤두세운 채 아무것도 모르고 한가롭게 어슬렁대는 하이에나를 지켜보았다. 하이에나와의 거리가 몇 미터 안팎으로 좁혀지자 엘자는 전방을 향해 펄쩍 뛰어오르면서 일격을 가했다. 하이에나는 비명 소리와 함께 데굴데굴 구르다 벌러덩 자빠져서는 긴 신음 소리를 내뱉었다. 엘자는 우리를 힐끔 쳐다보더니 하이에나를 향해 홱 고개를 돌렸다. 그 표정이 마치 "이제 어떻게 하죠?"라고 묻는 듯했다. 우리에게서 아무런 격려도 받지 못하자 엘자는 한동안 자기 발을 핥더니 코앞에 있는 불쌍한 짐승에게 싫증이 난 듯한 기색을 보이기 시작했다. 그 사이 점차 기력을 회복한 하이에나는 여전히 낑낑거리며 줄행랑을 쳤다.

우리에 대한 엘자의 믿음은 다른 일들에서도 드러났다.

어느 늦은 오후 우리는 야영지로부터 멀리 떨어진 곳에서 조지와 엘자가 함께 잡은 수사슴을 녀석에게 맡겼다. 엘자가 우리와 멀리 떨어져서는 혼자 밤을 보내지 않으리라는 걸 잘 알고 있었기에 우리는 야영지 근처에 세워둔 차를 가지러 갔다. 그런데 돌아와 보니 엘자와 사슴이 사라지고 없었다. 하지만 엘자는 곧 수풀 속에서 나타나 우리를 은신처로 안내했다. 우리가 없는 동안 그리로 사슴을 옮겨놓았던 것이다. 엘자는 우리를 보고 몹시 반가워했지만 시체를 차로 옮기려 하자 완강하게 저항했다. 내가 별별 방법을 다 동원해보았지만 끝내 실패하고 말았다. 엘자는 어떤 꼬임에도 속아넘어가지 않았다. 결국 우리는 시체 바로 앞에다 차를 갖다 댔다. 나는 시체와 차를 번갈아 가리키며 우리가 도우려고 한다는 걸 엘자에게 납득시키려고 애썼다. 엘자는 그런 내 마음을 이해했는지 갑자기 일어나서는 내 무릎에 머리를 비비더니 가시덤불 밑에 있던 시체를 끄집어내 차 앞으로 가져갔다. 그러고는 시체의 머리를 랜드로버 안으로 밀어 넣으려고 했다. 하지만 곧이어 밖에서는 그렇게 할 수 없다는 걸 깨달았는지 차 안으로 뛰어들더니 그 위치에서 시체의 머리를 잡아당겼다. 우리도 뒤에서 궁둥이와 뒷다리를 받쳐주었다. 사슴을 차 안으로 안전하게 옮기고 나자 그제야 엘자는 숨을 헐떡이며 그 위에 걸터앉았다. 그 사이 조지가 차에 시동을 걸었다. 하지만 차가 관목

숲을 지나며 덜컹거리자 그 자세로는 도무지 편치 않았는지 다시 차 위로 뛰어올랐다. 그러면서도 사슴이 잘 있는지 확인하려는 듯 고개를 숙여 자꾸 차 안을 들여다보았다.

야영지에 도착하자 차에서 사슴을 꺼내는 데 문제가 생겼다. 이번에는 엘자가 우리에게 대부분의 일을 맡긴 채 뒷전으로 빠졌다. 나를 빼고는 모두 달려들어 사슴 꺼내는 일을 거들었다. 그러자 엘자는 내 쪽으로 걸어오더니 나를 툭툭 쳐댔다. 마치 "당신도 좀 거들지 그래요?"라고 말하는 듯했다.

야영지 근처에 사슴을 부려놓았는데 잠시 후 엘자가 시체를 질질 끌고 오는 소리가 들렸다. 보나마나 텐트 안에다 들여놓으려는 속셈이었다. 우리는 서둘러 가시 울타리를 닫아버렸다. 물론 텐트 안이 훨씬 안전하기는 했다. 하지만 이제 가엾은 엘자는 피 냄새를 풍기는 사슴을 지키며 밖에서 밤을 새야 했다. 다행히 엘자는 가시 울타리를 등지고 시체를 지키는 데 이골이 나 있었다. 실제로 엘자는 정말 그렇게 했다. 그 때문에 하이에나들이 근처까지 몰려와 시끄럽게 떠들어댔다. 덕분에 밤새 한숨도 자지 못했다. 마침내 엘자가 하이에나 떼를 쫓는 데 지친 모양이었다. 사슴을 강가로 끌고 가 강물에 뛰어드는 소리가 들렸다. 이 조치로 하이에나들은 닭 쫓던 개 신세가 되고 말았다. 물 속에 들어가면 하이에나들이 쫓아오지 못한다는 걸 알고 있었을까?

다음 날 아침 우리는 엘자가 시체를 끌고 간 흔적을 발견했다. 분명 강을 건너기는 했지만 우리와 떨어져 있는 게 싫었는지 다시 우리 쪽으로 끌고 온 흔적이 보였다. 엘자는 강가 바로 옆에 있는 수풀에다 시체를 옮겨놓고 있었다. 수풀이 무성해서 강에서 접근하지 않는 한 아무도 찾을 수 없는 그런 곳이었다. 엘자는 사슴 옆에서 휴식을 취하고 있었다. 하지만 우리가 울타리를 닫아 거는 바람에 몹시 마음이 상한 눈치였다. 엘자가 자신감을 회복하고 우리를 용서하기까지는 꽤 오랜 시간이 걸렸다.

필요한 지식을 가르쳐줄 엄마는 없었지만 엘자는 사나운 동물들을

차에서 사슴 꺼내는 것을 돕는 엘자.

다루는 법을 본능적으로 터득했다. 함께 근처 숲을 산책하다 보면 엘자가 코를 벌름거리며 어느 한 방향으로 성큼성큼 다가가는 모습이 여러 번 눈에 띄었다. 그러고 나서 조금 있으면 숲 속에서 커다란 물체가 요란하게 움직이는 소리가 들려왔다. 엘자가 코뿔소를 발견하고 우리에게 접근하지 못하도록 쫓아버린 적도 한두 번이 아니었다. 실제로 엘자는 뛰어난 파수꾼이었다.

버펄로 몇 마리가 근처 산마루에 있는 집으로 돌아가다가 엘자와 마주쳐 놀란 나머지 소란을 피운 적도 있었다. 잠든 버펄로 떼를 덮쳐 놀라게 한 적도 적어도 한 번은 넘었다. 그때마다 엘자는 뿔에 받치지 않도록 요리조리 피해 다니며 버펄로 떼가 알아서 떠날 때까지 절대 자리를 뜨지 않았다.

어느 날 아침 말라붙은 강바닥을 산책하고 있는데 간밤에 왔다 갔던 방문객들의 흔적이 눈에 띄었다. 사자 두 마리와 코끼리 떼였다. 날은 점점 무더워졌고, 세 시간을 걸은 뒤라 우리 모두 지쳐 있었다. 게다가 맞바람까지 불어와 잠시 주의가 산만해진 사이에 우리는 거의 코끼리 떼와 마주칠 뻔했다. 다행히 엘자가 우리 바로 뒤에 붙어서 따라온 덕분에 강둑 위로 몸을 피할 시간이 있었다. 그 사이 코끼리들은 맞은편 강둑 위로 올라가 새끼 세 마리를 안전하게 피신시켰다. 수코끼리 한 마리가 어떤 공격도 막아내고야 말겠다는 기세로 일행의 뒤를 지켰다. 엘자는 졸린 눈으로 주변을 어슬렁대다가 자리를 잡고 앉았다. 우리는 무슨 일이 일어날지 궁금해하며 사태의 추이를 지켜보았다. 양쪽은 한동

마케데와 엘자.

안 서로 노려보기만 했다. 그 시간이 마치 영원처럼 느껴졌다. 그러다 결국은 코끼리가 백기를 들고는 무리로 돌아갔다. 엘자는 데굴데굴 구르며 등에 붙은 체체파리를 떼어냈다.

돌아오는 길에 조지가 강가에서 워터벅영양을 향해 총을 쏘았다. 하지만 총이 빗나가는 바람에 영양은 강 반대쪽으로 냅다 내달렸다. 그 뒤를 쫓아 엘자가 물 속으로 뛰어들었다. 그야말로 눈 깜짝할 사이였다. 반대편 강둑에 도착해 보니 강가 수풀에서 엘자가 죽은 영양을 앞에 둔 채 숨을 헐떡이고 있었다. 엘자는 몹시 흥분한 상태였고, 우리가 사슴을 건드리는 걸 용납하지 않았다. 그래서 우리는 엘자를 남겨두고 야영지로 돌아가기로 했다. 우리가 강을 건너기 시작하자 엘자도 곧 우리를 뒤따랐다. 하지만 보아하니 어떻게 해야 좋을지 몰라 갈팡질팡하는 눈치였다. 혼자 강가에 남아 있기도 싫었고, 그렇다고 애써 잡은 먹이를 놓치고 싶지도 않은 모양이었다. 결국 엘자는 마지못해 되돌아가더니 잠시 후 다시 강을 건너려고 시도하다가 또다시 미적거렸다. 하지만 우리가 반대편 강둑에 이르렀을 때에는 마음을 완전히 굳힌 듯했다.

다음 순간 엘자는 영양을 끌고 강물로 뛰어들었다. 대체 어쩌려고 저러지? 저렇게 무거운 짐까지 달고 혼자 힘으로는 강을 건너지 못할 텐데? 하지만 엘자는 끝까지 포기하지 않았다. 엘자는 영양 시체를 입에 문 채 물살을 가르며 헤엄을 치기 시작했다. 영양을 꽉 붙드느라 엘자의 머리가 자꾸만 물 속으로 가라앉았다. 엘자는 잡아끌고 밀고 당기고를 반복하면서 영양을 놓치지 않기 위해 안간힘을 썼다. 그러다 뭔가에 걸렸는지 영양이 꼼짝도 않더니 다시 떠올랐다. 영양과 엘자 모두 시야에서 사라진 채 엘자의 꼬리나 영양의 다리만 보일 때도 많았다. 그러면 우리는 엘자가 강바닥에서 영양을 붙잡고 씨름을 하고 있는 모양이라고 생각했다. 우리는 넋이 나간 채 그 광경을 지켜보았다. 30분쯤 그렇게 실랑이를 벌인 끝에 엘자가 노획물과 함께 수면 위에 그림자를 드리우며 우리 코앞까지 다가왔다. 분명 지쳐 있을 테지만 아직 임무가 다 끝난 것은 아니었다. 엘자는 물살이 세지 않아 떠내려갈 염려가 없는 야트막한 웅덩이에 영양을 끌어다 놓고는 안전한 은신처를 찾으러 나섰다. 이쪽 강둑은 끝에 날카로운 가시가 돋친 종려나무들로 둘러싸여 있는 데다 강을 빙 돌아가며 뾰족한 암벽이 곳곳에 솟아 있어서 엘자도 빠져나올 수가 없었다.

    우리는 엘자를 남겨둔 채 칼과 밧줄도 가져올 겸 늦은 아침을 먹기 위해 야영지로 돌아갔다. 우리는 다시 강으로 돌아와 종려나무 가지들을 쳐내며 길을 냈다. 그 사이 엘자는 사람들을 의심스런 눈길로 빤히 쳐다보았다. 나는 밧줄을 던져 영양의 목에 걸었다. 이제 강둑까지 끌어올리기만 하면 됐다. 영양을 끌어당기자 엘자가 으르렁거리며 경고하듯 귀를 팽팽하게 세웠다. 자기 먹이를 훔쳐간다고 생각하는 게 틀림없었다. 하지만 나를 보더니 곧 안심을 하고 강둑 위로 올라왔다. 모두가 힘을 합친 덕분에 강 위 3미터 지점까지 영양을 무사히 끌어올릴 수 있었다. 거기서부터는 일꾼들이 엘자와 엘자가 잡은 먹이를 위해 이미 길을 만들어둔 상태였다. 그제야 엘자는 우리가 자기를 위해 그 고생을 했다는 걸 깨달았는지 거기 있는 모든 사람들에게 다가와 일일이 머리를 비벼대며 고마움을 표시했다. 정말 가슴 뭉클한 장면이 아닐 수 없었다.

언젠가 두 번인가는 엘자가 병정개미 행렬을 무심코 방해한 적이 있었다. 엘자의 커다란 발 때문에 일사불란하게 열을 지어 가던 개미들이 사방으로 흩어졌다. 무섭기로 소문난 이 개미들은 자기네 앞길을 방해하는 물체가 있으면 무엇이든 가리지 않고 물어뜯는 게 보통이지만 무슨 이유 때문인지 엘자에게는 복수를 하지 않았다.

어느 날은 너무 피곤한 나머지 완전히 얼이 빠진 채 엘자 뒤를 따라 걷고 있었다. 그런데 갑자기 엘자가 비명을 내지르며 뒷다리를 들어 올리더니 공중으로 펄쩍 튀어 올랐다. 우리는 땅 위로 1.5미터쯤 갈라져 나온 나무를 지나고 있었는데, 그 틈새에서 온몸이 시뻘건 코브라 한 마리가 똬리를 튼 채 우리를 향해 대가리를 바짝 곤추세우고 있었다. 다행히 엘자 넉분에 불상사는 없었지만 그렇게 가까운 거리에서 코브라 옆을 지나갔더라면 필시 심각한 상황이 발생했을 것이다. 나무 틈새에서 코브라를 보기는 그때가 처음이었다. 엘자도 놀랐는지 그 후 며칠 동안은 그 나무 근처에 갈 때마다 뒷걸음질을 쳤다.

이 무렵 날이 무척 더웠기 때문에 엘자는 대부분의 시간을 강에서 지냈다. 엘자는 시원한 물 속에 반쯤 몸을 담근 채 서 있기가 일쑤였다. 강에는 악어들도 자주 나타났지만 엘자를 전혀 개의치 않는 눈치였다. 조지가 강 근처에서 뿔새를 쏘아 맞추면 그때마다 엘자는 뿔새를 물에서 건져 올려 입에 물고는 한동안 장난을 치며 놀았다. 엘자는 우리가

매우 더운 날에는 오랫동안 물을 마셨다.

물속에서 먹잇감을 물고 있는 엘자.

자기를 지켜보는 걸 좋아하는 것만큼이나 그 놀이를 즐겼다.

이제 엘자의 건강은 완전히 회복되었다. 엘자는 약간의 예외를 빼고는 매일 철저하게 습관을 지켰다. 그 점에서는 우리도 마찬가지였다. 아침 일찍 산책하고 나면 강둑에 있는 나무 아래서 내 옆에 누워 낮잠을 즐겼다. 오후 서너 시까지 그러고 있다가 다시 오후 산책에 나섰다. 그러고 나서 돌아오면 식사가 엘자를 기다리고 있었다. 엘자는 대개 식사를 가지고 랜드로버 지붕 위로 올라가 지내다가 날이 어두워지고 다들 잠자리에 들 때가 되어서야 내려왔다. 그러고 나면 조지와 함께 텐트에 들어가 앞발 하나를 그에게 올려놓은 채 그의 침대 옆 땅바닥에서 잠을 잤다.

어느 날 오후 엘자가 산책에 따라나서길 거부했다. 해가 진 후에 돌아와 보니 엘자는 어딘가로 사라져 다음 날 새벽까지 돌아오지 않았다. 나중에 우리는 야영지 근처에서 커다란 사자 발자국을 발견했다. 엘자가 다시 돌아왔을 때는 성숙한 암사자가 풍기는 특이한 냄새가 났다. 엘자의 태도도 그 점을 뒷받침해주었다. 엘자는 여전히 다정하게 굴었지만 진짜 애정을 그리워하고 있었다. 아침을 먹고 나자마자 엘자는 다시 밖으로 나가 하루 종일 돌아오지 않았다. 어둠이 내리고 나서 엘자가 랜드로버 위로 뛰어오르는 소리가 들려왔다. 나는 엘자와 놀아주기 위해 밖으로 나갔다. 하지만 엘자는 나한테는 눈길도 주지 않고 몹시 불안해하더니 차에서 뛰어내려 어둠 속으로 사라져버렸다. 그 날 밤 내내 나는 엘자가 물을 튀기는 소리에 이어 놀란 비비들이 시끄럽게 울어대는 소리에 시달려야 했다. 이 소란은 다음 날 새벽까지 계속되었다. 그러고 나서 엘자는 잠시 야영지에 들러 조지가 쓰다듬는 대로 몸을 내맡긴 채 가르랑거리다가 다시 어딘가로 사라졌다. 사랑에 빠진 게 분명했다.

그동안의 경험에 따르면 이런 징후는 약 나흘 동안 지속되었다. 이전 야영지와 달리 이곳에서는 엘자가 야생으로 돌아가는 데 모든 게 유리했다. 마침내 때가 온 것 같아 우리는 일주일 동안 엘자 혼자 남겨두기로 했다. 엘자가 짝을 만나기를 바랄 뿐이었다. 우리가 떠나는 걸 엘자에게 눈치 채이지 않으려면 서둘러야 했다.

짐을 싸는 동안 엘자가 돌아왔다. 그래서 내가 엘자를 돌보는 사이 조지가 텐트를 철수하고 약 1.5킬로미터 거리에 있는 차에 짐을 실은 다음 모든 게 준비되면 내게 신호를 보내기로 했다.

나는 엘자를 데리고 강둑에 있는 우리의 나무로 향했다. 함께 이 나무를 보는 게 이번이 마지막일까? 엘자는 뭔가가 잘못되고 있다는 걸 알아챈 듯했다. 나는 평소처럼 행동하려고 애쓰면서 타자기를 가져다 자판을 두드렸다. 귀에 익은 소리를 들으면 엘자의 의심이 좀 가실 것 같아서였다. 하지만 엘자는 안정을 찾지 못했고, 나도 마음이 너무 어수선해서 자판을 제대로 칠 수가 없었다. 오랫동안 이번 방사를 준비해온 데다 인간들 틈에서 사느니 엘자에게 더 행복한 미래를 열어주고픈 마음이 간절했지만 막상 헤어질 때가 되자 쉽지가 않았다. 그동안 쌓인 정을 잘라내자니, 더구나 두 번 다시는 엘자를 보지 못할 수도 있다고 생각하니 가슴이 미어졌다. 엘자도 그런 내 마음을 알았는지 실크처럼 부드러운 머리를 내게 비벼댔다.

우리 앞에 펼쳐진 강은 어제도 그랬고 내일도 그럴 것이라는 듯 천천히 흐르고 있었다. 어디선가 코뿔새 울음소리가 들려왔다. 마른 나뭇잎들이 나무에서 떨어져 강물에 떠밀려 갔다. 엘자도 이 세계의 일부였다. 엘자는 문명세계가 아니라 자연에 속해 있었다. 우리는 인간이면서 엘자를 사랑했고, 엘자는 우리를 사랑하면서 이만큼 성장했다. 엘자가 바로 오늘 아침까지 익숙했던 그 모든 것을 과연 잊을 수 있을까? 배가 고프면 초원으로 나가 사냥을 할까? 아니면 우리가 한 번도 자기를 실망시킨 적이 없다는 걸 알기에 우리가 돌아올 때까지 고집스럽게 기다릴까? 방금 전 나는 나의 애정을 다시금 주지시키고 안심도 시킬 겸 엘자에게 키스를 했다. 하지만 배반의 키스는 아니었을까? 이제 여기다 홀로 남겨둔 채 자연으로 되돌아가도록 하기 위해 내 모든 사랑의 힘을 끌어올려야 한다는 걸 엘자는 과연 알까? 자신의 진정한 무리를 찾을 때까지 혼자 살아남는 법을 엘자는 터득할 수 있을까?

누루가 와서 나를 불렀다. 그는 오는 길에 고기를 좀 가져왔다. 엘자는 아무런 의심 없이 갈대 숲으로 누루를 따라가 고기를 먹기 시작했다. 그 사이 우리는 몰래 빠져 나왔다.

엘자와 필자.

# 8

## 마지막 시험

우리는 1.6킬로미터를 달려 인근 강에 도착했다. 먼젓번 강보다 폭은 좁았지만 수심은 훨씬 깊었다. 여기서 우리는 일주일을 지낼 예정이었다. 오후 늦게 나는 조지와 함께 강둑으로 산책을 나갔다. 우리는 묵묵히 걷기만 했다. 둘 다 엘자 생각을 하고 있었다. 그동안 내가 엘자에게 얼마나 많이 기대고 있었는지 뼈저리게 실감했다. 3년 가까이 엘자와 동고동락하면서 엘자가 보이는 감정과 관심과 반응을 하나에서부터 열까지 공유하고 있었던 것이다. 지금껏 서로 너무 붙어 살아 그런지 혼자 있다는 사실을 도저히 받아들일 수 없을 것 같았다. 내 옆에서 걷는 엘자가 없다고 생각하니, 내게 머리를 비벼대며 부드러운 피부와 따듯한 몸을 안겨오는 엘자가 없다고 생각하니 못 견디게 외로웠다. 하지만 일주일만 있으면 엘자를 다시 볼 수 있다는 희망이 있었다. 그게 얼마나 위안이 되었던지.

해가 지고 있었다. 투명하게 빛나는 종려나무 이파리에 햇빛이 반사되어 나무 꼭대기들이 황금빛으로 물들었다.

나는 다시 엘자를 생각했다. 엘자가 태어난 세상은 얼마나 아름다운지. 엘자를 잃는다는 게 아무리 고통스러운 일이라 할지라도 이제 우리는 엘자를 이 세계로 돌려보내기 위해 최선의 노력을 기울여야 한다. 엘자가 인간의 품에서 벗어나 그동안 빼앗겼던 본성을 되찾도록 도와주는 게 우리가 할 일이었다. 지금껏 인간의 손에서 자란 사자를 방사하는 데 성공했다는 기록은 어디에도 없지만 그래도 우리는 엘자가 야생 상태에 잘 적응하기를, 늘 친하게 지내왔던 그 세계에 익숙해지기를 간절히 기원했다.

마침내 초조했던 일주일이 지나고 우리는 엘자가 과연 무사히 시험을 통과했는지를 보러 다시 돌아갔다.

이전 야영지에 도착하자마자 우리는 곧바로 엘자의 흔적을 찾으러 나섰다. 하지만 엘자의 흔적은 어디에도 없었다. 나는 엘자를 소리쳐 부르기 시작했다. 곧이어 낯익은 울음소리가 들려온다 싶더니 엘자가 강에서 나와 쏜살같이 우리 쪽으로 달려왔다. 우리를 보고 무척 반가워하는 모습을 보니 엘자도 우리만큼이나 우리를 보고 싶어 했던 모양이었다. 엘자가 머리를 비벼대며 가르릉거리는 소리를 내는 걸 보고 있으려니 가슴이 뭉클했다. 영양을 던져주었지만 엘자는 거의 쳐다보지도 않고 계속해서 우리를 반겼다. 성대한 환영식이 끝나자마자 나는 엘자의

위부터 살폈다. 위가 꽉 차 있는 걸로 보아 최근에 먹이를 먹은 게 분명했다. 이는 엘자가 이제 안전하다는 의미였기 때문에 마음의 짐이 훨씬 줄어들었다. 이로써 엘자는 우리 없이도 혼자 잘해 나갈 수 있다는 걸 입증해 보인 셈이었다. 적어도 먹이에 관한 한은 그랬다.

다른 사람들이 텐트를 치는 동안 나는 엘자를 데리고 강으로 나가 함께 휴식을 취했다. 이제 엘자의 미래에 대해선 걱정할 필요가 없다고 생각하니 마음이 느긋해졌다. 크고 부드러운 앞발을 내게 척 걸치고 꾸벅꾸벅 조는 걸로 보아 엘자도 같은 생각인 듯했다. 나는 엘자가 머리를 쳐들고 부시벅영양을 쳐다보는 바람에 잠에서 깼다. 불그스름한 빛깔의 부시벅영양은 반대편 강둑에 있는 숲에서 나왔다. 엘자는 영양이 우리의 존재를 눈치 채지 못한 채 느릿느릿 걷는 동안 별다른 관심 없이 가만히 지켜보기만 했다. 엘자에게 이 순간이 아무리 행복하다 하더라도 영양에게 관심을 보이지 않는 건 배가 찼기 때문이기도 했다. 도대체 뭘 먹었을까?

몸집이 작은 버빗원숭이 몇 마리가 나무 사이로 우리를 물끄러미 쳐다보고 있었다. 하지만 이맘때쯤이면 늘 나타나는 그 소란스러운 비비들은 보이지 않았다. 나중에 혹시나 했던 나의 우려는 사실로 확인되었다. 비비들이 물을 마시며 엘자를 놀려대던 장소 근처에서 비비 털을 뭉텅이로 발견했기 때문이다. 방사 이후 엘자의 첫 희생양은 다름 아닌 비비들이었던 것이다.

엘자의 미래에 대해 별로 걱정하지 않아도 될 것 같아 우리는 짧은 시간 동안 엘자와 즐겁게 지내면서 마지막 이별을 준비하기로 했다. 어쨌든 이번 이별은 그렇게 고통스러울 것 같지는 않았다. 우리는 그동안 비워두었던 야영지에서의 생활을 다시 시작했다. 엘자는 우리 곁을 떠나는 적이 거의 없었지만 계속해서 사냥 본능을 드러냈다. 우리는 이런 모습을 지켜보면서 좋은 징조라고 생각했다. 때로 우리와 함께 산책을 하다가도 한 시간씩 어딘가로 사라지곤 했다.

초원은 바싹 말라 있었고, 마른 풀들이 서로 마찰을 일으키면서 불이 붙는 바람에 하늘까지 훤해질 때가 많았다. 2, 3주 안에 짧은 우기가 시작될 예정이었지만 쩍쩍 갈라진 땅은 생명의 양식인 단비에 목말라 있었다. 체체파리들이 기승을 부려대는 바람에 불쌍한 엘자는 몹시 고역스러워했다. 특히 일출 직후와 일몰 후에는 정도가 더욱 심했다. 엘자는 파리 떼를 떼어내기 위해 키 작은 덤불숲으로 무작정 뛰어들거나 털을 꼿꼿이 세운 채 따끔거리는 살갗을 땅바닥에 비벼대곤 했다.

엘자의 독립심을 키워주기 위해 우리는 가능한 한 야영지를 벗어나 시간을 보냈다. 이른 아침 엘자를 데리고 두세 시간 산책을 하고 나면 우리 셋은 강가의 그늘에 자리를 잡고 앉아 가볍게 요기를 했다. 그러고 나면 나는 스케치북을 꺼내들었고, 엘자는 곧 꾸벅꾸벅 졸기 시작했다. 나는 그런 엘자를 베개삼아 책을 읽거나 잠을 청했다. 조지는 대개 낚시로 소일했다. 덕분에 우리의 점심은 주로 강에서 갓 잡아 올린 물고기였다. 엘자도 처음에는 어쩔 수 없이 물고기를 먹었지만 입에 넣고 잠시 우물거리더니 역겨운 듯 인상을 찡그리고는 조지의 포획물에 더 이상 관심을 보이지 않았다. 누루와 총기 운반을 책임진 인부는 알고 보니 뛰어난 요리사들로, 물고기가 잡히는 대로 우리를 위해 먹음직스러운 생선구이를 내왔다.

한번은 바위 위에서 일광욕을 즐기는 악어를 놀라게 한 적도 있었다. 우리 때문에 놀란 악어는 급류 사이에 갇힌 비좁은 웅덩이로 뛰어들고 말았다. 강물이 아주 맑은 데다 수심이 낮아서 강바닥까지 들여다볼 수 있었지만 악어는 어디에도 보이지 않아 우리의 궁금증을 자아냈다. 식사를 하고 나서 엘자는 물가에서 느긋하게 휴식을 취했고, 나는 엘자에게 기댔다. 곧이어 조지는 다시 낚시를 시작했다. 하지만 낚싯줄을 던지기 전에 웅덩이에 여전히 악어가 없는지 확인하기 위해 기다란 막대기로 강바닥을 쑤셔보았다. 그런데 갑자기 막대기가 비틀리면서 모래 속에 숨어 있던 악어가 모습을 드러내더니 급류를 타고 또 다른 웅덩이로 사라졌다. 단단한 막대기 끝이 악어의 이빨에 부러져 있었다. 엘자는 이 사실을 모르고 있었고, 우리도 엘자가 악어 사냥에 나서는 걸 원치 않았기 때문에 얼른 그 자리를 피했다.

그 직후 혹멧돼지 한 마리가 물을 마시러 강가를 찾았다. 혹멧돼지에게 몰래 접근한 엘자는 조지가 쏜 총알의 도움으로 녀석의 목을 물어 질식시켰다. 이 뜻밖의 조우는 강에서 약간 떨어진 곳에서 이루어졌다. 그래서 엘자가 먹이를 지키려면 강가의 그늘이 좀더 편할 듯했다. 나는 멧돼지와 강을 번갈아 가르키며 엘자에게 "마지, 엘자, 마지, 엘자"라고 말했다. 내가 누루에게 엘자의 그릇에 물을 채우라고 할 때마다 마지라는 말을 사용하기 때문에 엘자는 이 말에 익숙해 있었다. 멧돼지를 강가로 끌고 가는 것으로 보아 엘자는 이제 스와힐리어로 물을 뜻하는 이 말을 완전히 이해한 모양이었다. 엘자는 거의 두 시간 동안이나 물 속에서 자기가 잡은 멧돼지를 가지고 놀았다. 엘자는 물을 튀기기도 하고, 포획물과 함께 잠수를 하기도 하면서 몹시 지칠 때까지 그 놀이를 즐겼다. 그러다 마침내 맞은편 강둑 위로 멧돼지를 끌어올리더니 수풀 속으로 사라졌다. 거기서 엘자는 우리가 야영지로 돌아갈 때까지 먹이를 지켰다. 엘자는 혼자 남겨지는 게 싫었던지 우리가 야영지로 가기 위해 자리에서 일어나자마자 멧돼지를 끌고 다시 우리 쪽으로 건너왔다. 우리는 엘자가 보는 앞에서 멧돼지를 도축해 누루와 짐꾼에게 들려주고는 엘자와 함께 야영지로 출발했다.

그 일 이후 엘자는 강 근처에서 사냥을 할 때마다 포획한 먹이를 낑낑대며 강가로 끌고 가서는 멧돼지를 가지고 놀며 했던 놀이를 되풀이했다. 우리는 이 이상한 행동을 어떻게 해석해야 좋을지 몰라 난감했다. 아마 엘자는 '마지, 엘자'를 교육의 일환으로 받아들였던 모양이었다.

이런 식의 소풍은 우리 모두를 아주 가깝게 만들어주었다. 누루와 총기를 운반하는 인부까지도 엘자와 친해져 엘자가 어슬렁거리며 다가가 코를 비비거나 깔고 앉아도 도망치지 않았다. 게다가 엘자와 함께 랜드로버 뒤칸에 타는 것도 개의치 않았다. 그때마다 엘자가 135킬로그램이나 나가는 육중한 몸을 자신들의 앙상한 다리 사이에 털썩 부려놓아도 웃으면서 쓰다듬어주기만 할 뿐이었다. 그러면 엘자는 거칠거칠한

멧돼지를 강으로 끌고 가는 엘자.

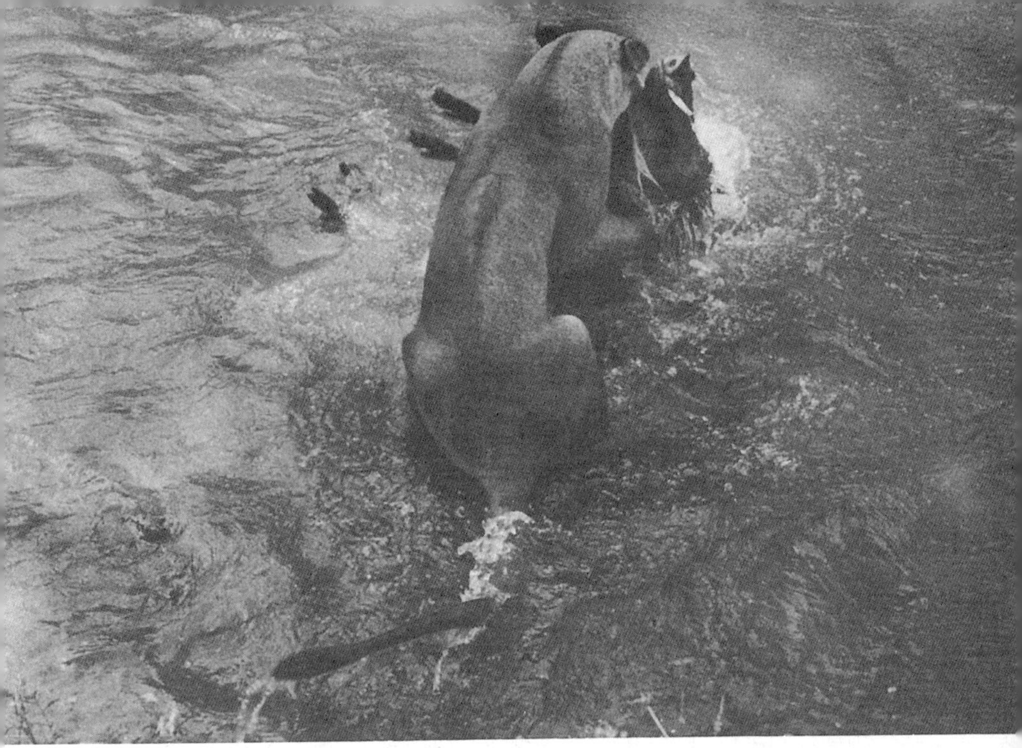

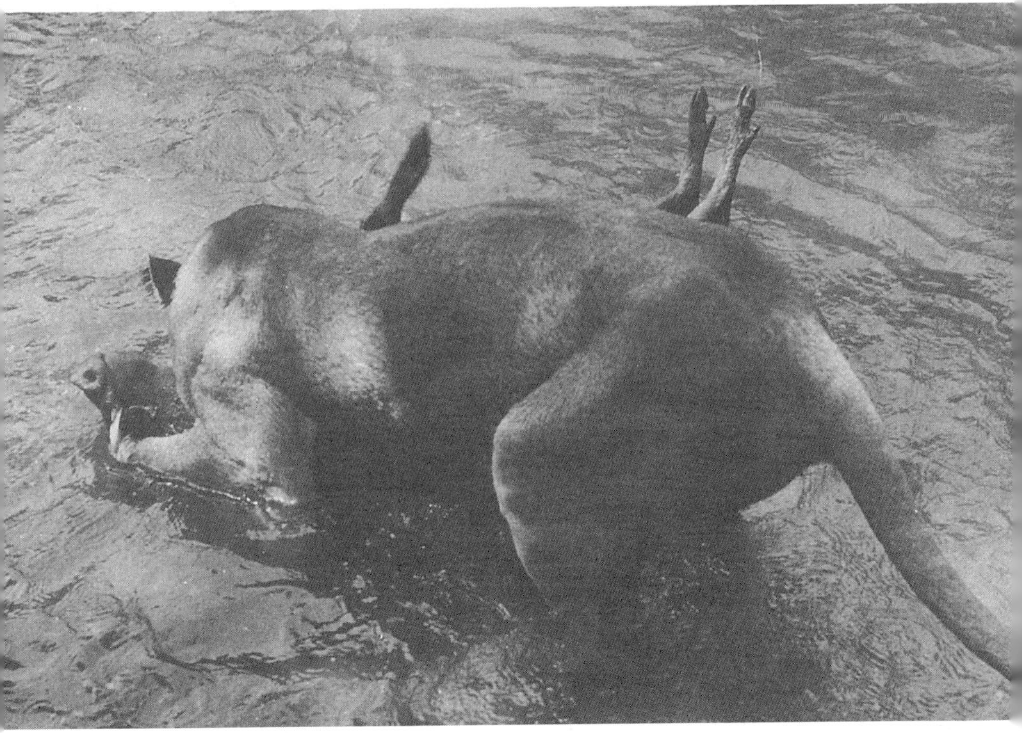

혓바닥으로 그들의 무릎을 핥았다.

언젠가 엘자와 함께 강둑에서 쉬고 있을 때였다. 엘자는 우리 곁에서 잠들어 있었다. 시커먼 얼굴 둘이 강 건너 수풀 속에서 우리를 빤히 쳐다보고 있다는 걸 제일 먼저 발견한 건 조지였다. 알고 보니 독화살로 무장한 밀렵꾼들로, 강으로 물을 마시러 오는 동물들을 잡기 위해 거기서 매복하고 있었던 것이다.

조지는 즉시 경고를 하고는 강을 건너기 시작했다. 누루와 총기를 운반하는 짐꾼이 그 뒤를 따랐다. 그런데 이상한 기척을 느꼈는지 엘자가 갑자기 벌떡 일어나서는 추격에 합류했다. 당연히 밀렵꾼들은 그 길로 꽁무니를 뺐다. 하지만 사건은 거기서 끝난 게 아니었다. 나중에 전해들은 바로는 그 두 사람이 '브와나'(원주민들 사이에서 통하는 조지의 이름)가 사자를 시켜 밀렵꾼들을 사냥하고 있다는 이야기를 마을에 퍼뜨린 모양이었다.

어느 날 새벽 식사 전에 먹을 간식거리를 들고 산책을 하고 있었다. 앞서가던 엘자가 무슨 낌새를 챈 듯 한쪽으로 고개를 돌렸다. 밤 사이 코끼리들의 울음소리가 들렸던 방향이었다.

엘자는 갑자기 멈춰 서서 바람 부는 쪽에다 코를 대고 냄새를 맡더니 머리를 바짝 치켜들고 우리를 남겨둔 채 내달리기 시작했다. 잠시 후 저 멀리서 사자 울음소리가 희미하게 들려왔다. 그러고 나서 엘자는 하루 종일 나타나지 않았다. 그 날 저녁 늦게 먼 데서 엘자의 울음소리가 다른 사자의 울음소리와 섞여 들려왔다. 밤 동안 하이에나 떼가 출몰해

엘자는 대개 사냥감을 물속으로 끌고 갔다.

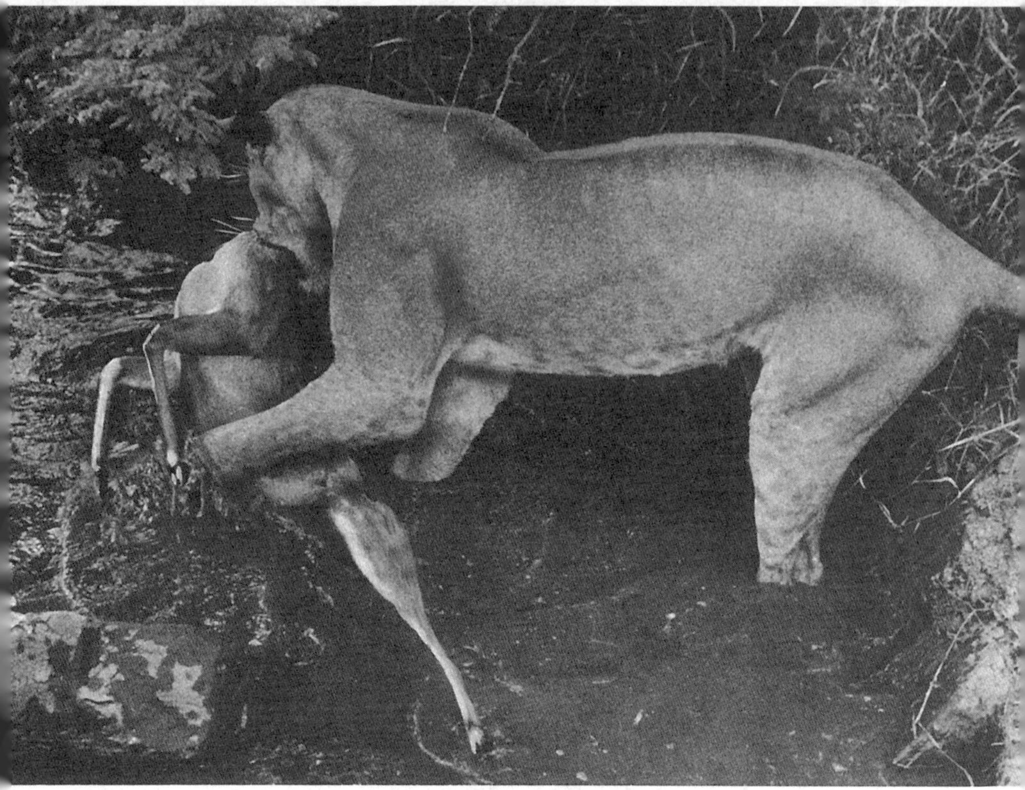

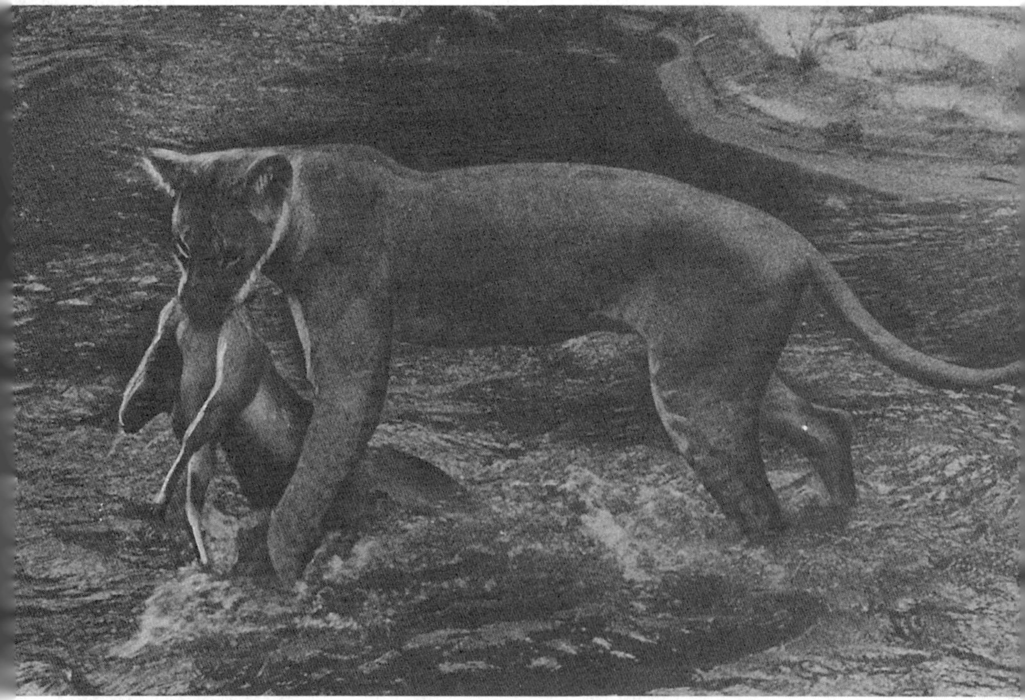

특유의 기분 나쁜 웃음을 흘려대는 바람에 우리는 밤새 뜬눈으로 새웠다. 우리는 날이 밝기를 기다렸다가 엘자의 흔적을 찾아 나섰다. 곧이어 야영지에서 멀리 떨어진 곳에서 다른 사자의 발자국과 뒤섞여 있는 엘자의 발자국을 찾았다. 다음 날에는 엘자의 발자국만 발견되었다. 엘자가 사라지고 나서 나흘째 되는 날 우리는 엘자의 발자국을 좇아 강을 건넜다. 하루 종일 엘자를 찾아 헤매다 우리는 뜻밖에도 코끼리 떼 한복판에 갇히고 말았다. 도망치는 수밖에 달리 방법이 없었다. 닷새째 되는 날 새벽 엘자가 몹시 허기진 모습으로 돌아왔다. 엘자는 거의 배가 터질 정도로 먹어대더니 내 야전 침대로 가 한참을 달게 잤다. 나는 아무 방해도 하지 않고 엘자가 자게 내버려두었다. 나중에 알고 보니 엘자의 뒷다리에 깊게 물어뜯긴 상처 두 곳과 그보다 작은 발톱 자국이 여러 군데나 있었다. 나는 정성을 다해 다친 부위를 치료해주었다. 엘자는 내 엄지손가락을 빨기도 하고 나를 끌어안기도 하면서 애정 어린 반응을 보였다. 오후가 되자 엘자는 산책을 거부하고 어둑어둑해질 때까지 랜드로버 지붕에 올라가 있다가 밤이 되자 또다시 어딘가로 사라졌다. 두 시간쯤 후 멀리서 사자의 포효 소리가 들려온다 싶더니 곧이어 엘자가 화답하는 소리가 들렸다. 엘자의 울음소리는 처음에는 야영지 근처에서 들려왔지만 점차 사자가 있는 방향 쪽으로 멀어져 갔다.

다음 날 아침 우리는 엘자를 또다시 며칠 동안 혼자 두기로 결정했다. 엘자가 야생 사자와 어울리는 걸 방해하지 않으려면 야영지를 옮겨야 했다. 우리를 보면 야생 사자가 화를 낼지도 모르기 때문이었다. 이제 엘자가 스스로를 잘 돌볼 수 있다는 걸 알기에 이번 이별은 먼젓번보다 덜 고통스러웠다. 하지만 물린 상처가 감염으로 이어질까봐 걱정스러웠다.

일주일 후 우리는 다시 이전 야영지로 돌아왔다. 그 바람에 때마침 두 마리의 워터벅영양에게 몰래 다가가고 있던 엘자를 방해하고 말았다. 이미 오후가 시작되어 날이 무척 무더웠다. 이렇게 늦게 사냥을 하고 있다면 보나마나 엘자는 무척 허기져 있을 게 틀림없었다. 엘자는 우리에게 감동적인 환영 인사를 건넨 후 우리가 가져온 고기를 허겁지겁 먹었다. 그런데 엘자의 무릎에 또다시 새로 물린 자국이 나 있었다. 지난번 상처도 상태가 좋지 않았다. 그 후 사흘 동안 엘자는 그간의 굶주림을 보상받으려는 듯 열심히 먹어댔다.

이 무렵 엘자의 명성은 멀리까지 파다하게 퍼져 있었다. 미국 운동선수들이 특별히 엘자를 필름에 담기 위해 우리를 방문했다. 엘자는 손님들을 극진하게 대접하면서 그들을 즐겁게 하기 위해 자기가 할 수 있는 일을 모두 했다. 엘자는 나무에 오르기도 하고, 강에서 장난을 치기도 하고, 나를 껴안기도 하고, 우리와 함께 차를 마시기도 했다. 특히나 손님들 앞에서 어찌나 얌전하게 구는지 엘자가 다 자란 암사자일 뿐만 아니라 자신들이 도착하기 직전까지 야생 사자들과 어울려 지냈다는 사실을 아무도 믿으려 들지 않았다.

그 날 밤 사자 소리가 들려오더니 엘자가 황급히 어둠 속으로 사라졌다. 그러고는 이틀 동안 소식이 감감했다가 다시 돌아와서는 잠시 조

야전 침대에 누워 있는 엘자.

지의 텐트에서 지냈다. 엘자는 더없이 다정했고, 잠든 조지 위에 올라가 앉는 바람에 하마터면 그의 야전 침대를 부숴뜨릴 뻔했다. 가볍게 식사를 한 후 엘자는 다시 나갔다. 아침에 엘자의 발자국을 따라가 봤더니 야영지 근처의 바위산 쪽으로 이어져 있었다. 우리는 바위산 꼭대기로 올라가 엘자가 가장 좋아하는 장소들을 살폈지만 엘자는 보이지 않았다. 그러고 나서 근처 수풀 속을 뒤지다 엘자에게 걸려 거의 넘어질 뻔했다. 우리 눈에 띄지 않는 곳에서 혼자 조용히 있고 싶었던 게 분명했다. 그런데도 엘자는 우리를 보자 평소처럼 다정하게 굴면서 반가운 척 했다. 우리는 엘자의 감정을 존중해주기로 하고 혼자 남겨두었다. 그 날

8. 마지막 시험 • 225

저녁 늦게 강 위쪽에서 사자의 포효 소리와 하이에나의 울음소리가 들려왔다. 곧이어 야영지 근처에서 엘자의 목소리도 들렸다. 이제 엘자는 자기 주인이 사냥을 하는 동안 멀찌감치 떨어져서 주인이 배를 채울 때까지 기다리는 법을 터득한 듯했다. 엘자는 다시 조지의 텐트로 돌아와 잠시 머물렀다. 그 짧은 시간 동안 엘자는 한쪽 발을 다정하게 조지의 목에 두르고는 가르릉거리는 소리를 냈다. 그 모습이 마치 "내가 당신을 사랑하는 거 알죠? 하지만 밖에 친구가 기다리고 있어서 가봐야 해요. 이해해주리라 믿어요"라고 말하는 것 같았다. 그리고 나서 엘자는 다시 사라졌다. 다음 날 새벽 우리는 야영지 근처에서 커다란 사자 발자국을 발견했다. 엘자가 사정을 설명하기 위해 조지의 텐트를 찾아간 동안 거기서 기다리고 있었던 게 분명했다. 엘자는 사흘 동안 돌아오지 않았다. 그 사이에도 저녁마다 잠시 들러 우리에게 애정을 보였지만 우리가 준비한 고기는 손도 대지 않고 다시 나가버렸다. 그런 식으로 집을 나갔다가 돌아올 때마다 엘자는 전보다 더욱 다정하게 굴었다. 마치 그동안 우리를 버려두었던 것에 대해 보상이라도 해주려는 듯했다.

우기가 시작되자 이때가 되면 늘 그렇듯 엘자의 장난기가 발동했다. 엘자는 숨을 곳만 있으면 우리와 숨바꼭질 놀이를 하려고 들었다. 우리 '무리' 중에서 나는 엘자가 가장 좋아하는 '암사자'였다. 그런 만큼 딴에는 최대한의 예의를 갖춰 나를 존경했다. 그러다 보니 부드럽지만 육중한 엘자의 몸 밑에 깔리는 사람은 주로 나였다. 거기까지는 좋았지만 조지가 와서 뜯어말리기 전까지는 나를 풀어주지 않는 게 문제였다. 유독 나에게만 이런 특전을 베푸는 데에는 애정 말고 다른 이유가 없다는 걸 잘 알면서도 다른 사람 도움 없이는 엘자를 제지할 수 없었기 때문에 당장 중단해야 했다. 내 목소리의 분위기로 엘자는 내가 이런 놀이를 좋아하지 않는다는 걸 곧 이해했다. 넘치는 힘을 조절하기 위해 애쓰는 엘자를 보고 있으려니 정말 대견하다는 생각이 들었다. 엘자는 펄쩍 뛰어오르다가도 마지막 순간에 자제를 하고 엄숙한 표정으로 내 옆에 와 앉았다.

첫 번째 폭우가 쏟아지고 나서 바싹 말라 있던 잿빛 덤불숲은 며칠 만에 에덴 동산으로 바뀌었다. 모래 알갱이 하나하나가 그 밑에서 싹을 틔우는 씨앗에 자리를 양보한 듯했다. 우리는 파릇파릇한 새싹들이 융단처럼 깔린 오솔길을 따라 산책을 즐겼다. 수풀마다 흰색이나 분홍색, 노란색 꽃들로 한껏 멋을 낸 거대한 꽃다발 같았다. 하지만 우리의 감각을 즐겁게 해주는 이런 변화는 발을 내디딜수록 불안만 가중시켰다. 이제 몇 미터 앞도 제대로 보이지 않았기 때문이다. 빗물이 고여 생긴 웅덩이들이 도처에 눈에 띄었다. 웅덩이마다 방금 막 다녀간 듯한 동물들의 발자국이 어지러이 널려 있었다. 엘자는 이런 따끈따끈한 정보를 최대한 활용해 종종 우리를 놓아둔 채 사냥을 하러 갔다. 우리도 워터벅영양에게 몰래 접근하는 엘자를 지켜보다 몇 번 따라 나섰다. 그때마다 엘자는 영리하게도 지그재그로 달아나는 영양을 그대로 뒤쫓기보다는 대각선으로 가로질러 가서 퇴로를 차단하곤 했다. 하지만 이즈음 엘자는 잘 먹어서 배가 부른 상태였기 때문에 이런 식의 사냥을 심각한 용무라

조지, 엘자와 마케데.

기보다는 심심풀이로 여겼다.

　어느 날 아침 우리는 엘자와 함께 강을 따라 걷고 있었다. 엘자는 활기가 넘쳐났다. 꼬리를 실룩이는 걸로 보아 기분이 좋은 모양이었다. 두 시간쯤 걷고 나서 우리는 아침을 먹을 장소를 물색하고 있었다. 그때였다. 엘자가 갑자기 멈춰 서더니 귀를 곤추세우고 온몸의 근육을 긴장시켰다. 다음 순간 엘자는 강 옆에 있는 바위지대로 풀쩍 뛰어내렸다. 그러고는 그 아래 있는 울창한 관목숲 속으로 사라졌다. 바로 이 지점에서 강은 자그마한 섬들에 의해 두 부분으로 나뉘는데, 쓰러진 나무 등걸과 암석 파편 때문에 어느 쪽으로도 숲에 접근할 수가 없었다. 우리는 결과가 나올 때까지 기다리기로 했다. 그때였다. 분명 코끼리 울음소리인 듯한 소리가 들려왔다. 묵직한 진동음이 공기를 흔들어놓았다. 저 아래 숲 속에 최소한 한 마리 이상의 코끼리가 있는 게 틀림없었다. 하지만 조지는 버펄로가 내는 소리라면서 내 의견에 반대했다. 나는 버펄로가 내는 다양한 소리를 수없이 들어보았지만 코끼리 울음소리에 가까운 소리는 들어본 적이 없었다. 우리는 엘자가 평소처럼 덩치 큰 친구들에게 곧 싫증내기를 바라면서 5분 정도 기다렸다. 우르르 하는 소리가 들려온 건 그러고 나서였다. 어찌 된 영문인지 채 파악하기도 전에 조지가 엘자가 곤경에 처한 모양이라는 말만 남긴 채 바위지대로 뛰어내렸다. 나도 최대한 빨리 뒤쫓아갔지만 바로 앞에서 들려오는 엄청난 소리 때문에 멈춰 설 수밖에 없었다. 화가 난 코끼리가 숲 속 어딘가에서 갑자기 튀어나와 발에 밟히는 대로 모든 걸 으스러뜨리는 상상을 하자 한 걸음 한 걸음이 불안하기 짝이 없었다. 나는 다른 사람들과 함께 본능적으로 그 자리에 멈춰 서서 조지에게 그만 가라고 소리쳤지만 조지는 뒤도 돌아보지 않고 덩굴식물과 나무들로 발 디딜 틈이 없는 초록색 벽 뒤로 사라졌다. 곧이어 귀청이 떨어져 나갈 듯한 비명 소리에 이어 조지의 다급한 고함 소리가 들려왔다. "빨리 와, 어서!" 순간 사고가 일어났다고 생각할 수밖에 없었다. 나는 거의 넘어질 듯하면서 서둘러 숲 속으로 들어갔다. 그 사이에도 머릿속에는 온갖 끔찍한 장면이 떠올랐다. 하지만 다행히도 무성한 나뭇잎들 사이로 햇볕에 그을린 조지의 등이 보였다. 똑바로 서 있는 걸로 보아 아무 일도 없는 게 분명했다.

조지가 다시 서두르라고 소리쳤다. 수풀을 헤치고 마침내 강둑에 이르자 뜻밖의 상황이 눈앞에 펼쳐졌다. 다름이 아니라 엘자가 물에 흠뻑 젖은 채로 여울목 한가운데서 버펄로 위에 올라타 있었다. 나는 내 눈을 믿을 수가 없었다. 버펄로가 머리를 반쯤 물 속에 처박고 축 늘어져 있는 동안 엘자는 버펄로의 두꺼운 살갗을 찢어발기며 사방에서 공격을 해댔다. 우리는 10분 전의 상황을 그저 짐작만 할 뿐이었다. 내가 처음 들었던 '코끼리 울음소리'는 버펄로가 엘자에게 공격당하면서 냈던 소리가 틀림없었다. 한창 때가 지난 버펄로 수컷은 강 근처에서 휴식을 취하다 엘자에게 쫓겨 강까지 오게 된 모양이었다. 그러고 나서 여울을 건너려다 바위가 미끄러워 넘어진 게 분명했다. 엘자는 이때를 놓치지 않고 달려들어 너무 지쳐서 더 이상 일어날 기력도 없을 때까지 버펄로의 머리를 물 속에 처박았던 것이다. 그러고 나서 엘자는 버펄로의 급소인 뒷다리 사이를 공격했고, 우리가 도착했을 때에도 여전히 그 자세를 유지하고 있었다.

조지는 엘자의 움직임을 주시하며 총을 쏠 기회를 엿보다가 이 불쌍한 짐승의 고통을 덜어주었다. 버펄로의 숨이 넘어가려는 찰나 누루가 허리까지 물에 잠긴 채 보글보글 거품을 일으키는 여울을 건너오기 시작했다. 아마도 버펄로 고기를 시식할 기회를 놓치기가 싫었던 모양이었다. 하지만 누루는 이슬람교도였기 때문에 죽기 전에 목을 따면 모

엘자와 버펄로.

를까, 그렇지 않고서는 버펄로 고기를 먹을 수가 없었다. 더 이상 머뭇 거릴 시간이 없었다. 마음이 다급해진 누루는 미끄러운 바위 틈새를 헤 치며 곧바로 버펄로에게 직행하는 모험을 감행했다. 그때까지도 버펄로 위에 올라타 있던 엘자는 잔뜩 긴장한 채 누루를 지켜보았다. 새끼였을 때부터 누루와 알고 지냈고 어떤 식으로 친하게 굴어도 용인했던 엘자 였지만, 지금은 애써 잡은 먹이를 빼앗길까봐 자기를 길러준 유모에게 까지 의심의 눈길을 보내며 위협적으로 으르렁거렸다. 엘자는 정말 위 험해 보였다. 하지만 버펄로 고기를 맛볼 생각에 눈이 먼 누루는 엘자의 경고에도 아랑곳하지 않았다. 금방이라도 쓰러질 듯 뼈만 앙상한 누루 가 죽어가며 버둥대는 버펄로를 깔고 앉은 채 으르렁거리는 암사자를 향해 겁도 없이 다가가다니 아무리 생각해도 어처구니가 없었다. 누루 는 엘자에게 엄지손가락을 흔들어 보이며 "안 돼, 안 돼"라고 소리쳤다.

다음 순간 믿을 수 없는 광경이 벌어졌다. 엘자가 버펄로 위에 가만히 앉아 누루가 목을 따도록 허락한 것이었다.

그러고 나니 버펄로 시체를 강 저쪽으로 운반하는 문제가 우리를 기다리고 있었다. 우선 버펄로를 끌고 곳곳에 미끄러운 바위들이 도사리고 있는 여울부터 건너야 했다. 그런 상황에서 흥분한 암사자까지 앞세우고 545킬로그램이나 되는 버펄로를 옮긴다는 건 절대 쉬운 일이 아니었다.

하지만 영리한 엘자는 무엇이 필요한지 금세 깨달았다. 남자 셋이 달려들어 머리와 다리를 끌어당기는 동안 엘자는 꼬리 쪽을 맡아 버펄로를 운반하는 데 말 그대로 한몫 거들었다. 엘자의 지원에 힘을 얻은 사람들은 결국 버펄로를 끌어내는 데 성공했다. 그러고 나서 곧바로 도축 작업이 이어졌는데, 이번에도 엘자는 제몫을 톡톡해 해냈다. 버펄로 몸에서 크고 육중한 다리를 잘라낼 때마다 엘자는 근처에 있는 수풀로 끌고 가 인부들의 수고를 덜어주었다. 엘자가 나서지 않았다면 나중에 인부들이 해야 할 일이었다. 다행히 랜드로버가 1.5킬로미터 거리까지 들어올 수 있어 나머지 고기를 야영지로 옮기는 데 별 문제가 없었다.

엘자는 무척 지쳐 보였다. 자기보다 훨씬 덩치가 큰 버펄로와 사투를 벌이느라 적어도 두 시간은 급류에 머리를 처박은 채 엄청난 양의 물을 마셔댔을 게 분명했다. 하지만 아무리 피곤하더라도 도축 작업이 끝나고 먹이가 안전하다는 판단이 설 때까지 그 곁을 떠나지 않을 터였다. 실제로 엘자는 모든 게 끝나고 나서야 숲 속 그늘로 물러났다.

잠시 후 내가 합류하자 엘자는 내 팔을 핥으면서 축축한 몸으로 나를 껴안았다. 우리는 아침의 흥분 이후 처음으로 달콤한 휴식을 즐겼다. 불과 몇 분 전까지만 해도 두꺼운 버펄로 가죽에 치명적인 상처를 냈던 바로 그 발톱으로 행여 내가 긁히기라도 할까봐 조심조심 내 피부를 어루만지는 엘자의 모습에 나는 크게 감동했다.

야생 사자에게도 혼자 힘으로 버펄로를 죽인다는 건 엄청난 성과였다. 하물며 최근에야, 그것도 미덥지 못한 양부모로부터 사냥 기술을 배운 엘자의 경우에는 더 말할 필요조차 없었다. 비록 강이 훌륭한 동맹군 역할을 해주긴 했지만 그 점을 이용하려면 고도의 지능이 필요했다. 나는 그런 엘자가 무척 자랑스러웠다.

오후 늦게 야영지로 돌아가는 도중에 우리는 맞은편 강둑에서 물을 마시는 기린과 마주쳤다. 엘자는 피곤함도 잊고 기린에게 몰래 다가갔다. 일단 강을 건넌 엘자는 바람이 불어오는 방향을 향해 몸을 낮추더니 물이 튀지 않게 조심하면서 강 근처 숲으로 사라졌다. 기린은 다가오는 위험을 전혀 눈치 채지 못한 채 앞다리를 최대한 벌리고는 긴 목을 구부려 물을 마시기 시작했다. 우리는 엘자가 숲에서 뛰어나와 공격하기만을 기다리면서 숨을 몰아쉬었다. 하지만 다행히도 기린은 엘자의 존재를 제때 알아채고는 뒤돌아서서 도망쳤다. 엘자가 버펄로 고기를 잔뜩 먹어 배가 꽉 찼던 게 기린에게는 다행이었다. 하지만 엘자의 그 날 모험은 아직도 끝나지 않았다. '클수록 좋다'는 게 엘자의 신조인 듯했다. 이제 코끼리가 나타나 우리 쪽으로 천천히 걸어오는 일만 남았다. 코끼리를 우회하기 위해 우리가 서둘러 뒤로 피하는 동안에도 엘자는 코끼리가 지나다니는 길목 한가운데서 꼼짝도 않고 앉아 있다가 거의 부딪치기 직전에 한쪽으로 민첩하게 몸을 날렸다. 이 때문에 코끼리는 방향을 돌려 전속력으로 질주했다. 그제야 엘자는 조용히 우리 뒤를 따라 야영지로 돌아왔다. 그러고는 조지의 침대 위에 벌렁 드러눕더니 이내 잠들었다. 그 정도면 나쁘지 않은 하루였다.

그 일이 있고 나서 얼마 후 엘자와 함께 강둑을 산책하다가 야트막한 석호에서 직경이 1미터쯤 되는 대야 모양의 진흙 구덩이를 발견했다. 조지의 설명에 따르면 틸리피아라는 물고기가 알을 까놓은 장소였다. 지금까지 강에서는 한 번도 본 적이 없는 물고기였다. 우리가 진흙 구덩이를 살피는 동안 엘자는 잔뜩 흥분한 표정으로 숲 쪽에다 코를 대고 냄새를 맡더니 콧잔등을 찡그렸다. 사자 냄새를 맡으면 종종 그런 반응을 보였다. 아니나 다를까, 근처에 새로 찍힌 발자국들이 있었다. 엘자는 가르랑거리며 발자국을 쫓아 숲 속으로 사라졌다. 엘자는 그 날 밤에도, 그 다음 날에도 돌아오지 않았다. 그 날 오후 우리는 엘자를 찾으러 나갔다. 망원경으로 살펴보니 엘자가 제일 좋아하는 바위 위에서 엘자의 윤곽이 잡혔다. 우리를 향해 울부짖는 소리로 미루어 우리를 본 게 틀림없었지만 바위에서 내려올 기미는 영 보이지 않았다. 엘자가 야생 사자들과 같이 있을지도 모른다는 생각에 방해하기가 싫어서 우리는 그냥 집으로 돌아왔다. 다들 잠자리에 들고 나서 조지가 몹시 고통스러워하는 동물의 비명 소리를 들었다. 그 직후 엘자가 텐트로 들어오더니 조지의 침대 옆에 털썩 주저앉았다. 엘자는 마치 할 말이 있다는 듯 앞발

조지의 침대에서.

로 조지를 여러 차례 쓰다듬었다. 그러고 나서 몇 분 후 다시 나가 다음 날까지 돌아오지 않았다.

다음 날 저녁을 먹고 있는데 엘자가 텐트 안으로 걸어 들어와 나에게 다정스레 머리를 비벼대더니 다시 밖으로 나갔다. 그 다음 날 아침 우리는 엘자의 발자국을 추적하느라 아주 멀리까지 가야 했다. 그 날 저녁에도 엘자는 돌아오지 않았다. 이제 엘자는 사흘 동안이나 모습을 보이지 않았다. 하지만 그 사이에도 잠시 들러 우리에게 애정을 보여주는 것만은 잊지 않고 꼭 챙겼다. 자기 무리를 찾았으니 여전히 우리를 사랑

잠이 든 엘자.

하긴 하지만 우리와의 정을 떼기 위해 노력중이라는 말을 하고 있었던 건 아닐까?

누군가에게 경고를 보내는 듯한 사자 울음소리와 하이에나의 웃음소리 때문에 우리는 밤새 한숨도 자지 못했다. 우리는 엘자가 언제고 들이닥칠지 모른다는 기대를 품고 귀를 기울였지만 동이 틀 때까지 엘자는 돌아오지 않았다. 날이 밝자마자 우리는 사자 울음소리가 들려왔던 방향으로 엘자를 찾으러 나섰다. 하지만 몇 백 미터도 채 못 가 아래쪽 강에서 들려오는 사자 소리에 깜짝 놀라 걸음을 멈추었다. 그와 동시에 영양과 버빗원숭이 몇 마리가 숲 속으로 후닥닥 도망치는 게 보였다. 포복 자세로 조심스럽게 수풀을 헤치며 강으로 내려가 보니 새로 찍힌 사자 발자국이 눈에 들어왔다. 최소한 두세 마리는 될 듯했다. 모래에 선명하게 찍힌 발자국은 강 건너로 이어져 있었다. 우리는 아직도 젖어 있는 발자국을 따라 강을 건너 반대편 둑 위로 올라갔다. 50미터쯤 갔을까, 울창한 수풀 사이로 사자 한 마리가 보였다. 내가 눈을 치켜뜨고 엘자인지 확인하는 동안 조지가 엘자를 소리쳐 불렀다. 하지만 엘자는 우리에게 등을 보인 채 그대로 걸어갔다. 조지가 다시 소리쳐 불렀지만 엘자는 더욱 속도를 낼 뿐 뒤돌아보지조차 않았다. 수풀 사이로 엘자의 꼬리 끝에 달린 검정 술이 흔들거렸다. 그러고는 더 이상 엘자의 모습을 볼 수 없었다.

조지와 나는 말없이 서로 멀뚱멀뚱 쳐다보았다. 엘자가 자신의 반쪽을 찾은 걸까? 엘자는 분명 우리가 부르는 소리를 들었다. 하지만 사자들을 따라감으로써 자신의 미래를 결정했다. 그렇다면 엘자가 자연으로 돌아가길 바랐던 우리의 소망이 이루어진 걸까? 엘자에게 상처를 주지 않고 떠나 보내려던 우리의 계획이 성공한 걸까?

우리는 무거운 마음으로 야영지로 돌아왔다. 이제 엘자와 헤어져야 한단 말인가? 이것으로 우리 인생에서 아주 중요한 장을 덮어야 한단 말인가? 조지는 엘자가 정말 무리에게 받아들여졌는지 확인하려면 며칠 더 기다려봐야 알 수 있다고 했다.

나는 강가에 있는 작업실로 가서 오늘 아침까지도 나와 함께 있었던 엘자의 이야기를 계속 써내려 갔다. 혼자 있는 게 슬펐지만 나와 함께 있을 때 그랬던 것처럼 지금 이 순간 그 부드러운 피부를 다른 사자에게 비벼대고 있을 엘자를 상상하면서 애써 스스로를 달랬다.

# 9

후기

　엘자가 우리와 계속 관계를 맺고 싶어 하는 한 3년 동안 한 식구처럼 지내온 엘자와 단번에 관계를 단절하기란 불가능한 일처럼 보였다.

　조지의 직업 때문에 늘 여행을 할 수밖에 없었지만 그래도 우리는 약 3개월 간격으로 엘자가 사는 곳을 방문하려고 노력해왔다. 야영지에 도착하는 즉시 우리는 늘 한두 발의 총이나 예광탄을 쏘아 올린다. 그러면 엘자는 거의 어김없이 몇 시간 내로 달려와 우리를 크게 환영하면서 전보다 더 진하게 애정을 표현하곤 한다. 한번은 15시간 만에 나타난 적도 있었고, 또 한번은 30시간이 걸린 적도 있었다. 그럴 때면 분명 아주 먼 곳에 있었을 텐데도 신기하게 우리의 도착을 알고 달려왔다. 야영지에 머물러 있는 3일 동안 엘자는 우리 곁에 붙어 다니면서 함께 있는 걸 몹시 기뻐했다.

    떠날 시간이 다가오면 조지는 약 15킬로미터 정도 떨어진 곳에 가서 수사슴이나 혹멧돼지를 잡아 인부들이 텐트를 철거하고 짐을 꾸리는 동안 엘자에게 작별 선물로 주곤 한다. 그 사이 나는 엘자와 함께 큰 나무 아래 있는 작업실에 앉아 엘자의 관심을 딴 곳으로 돌리려고 애쓴다. 엘자는 대개 건강하고 살집이 좋은 편이었지만 수사슴을 가져다 주면 아주 배불리 먹는다. 엘자는 이미 사냥하는 법을 터득했기 때문에 우리가 아니더라도 스스로 먹이를 해결할 수 있다. 엘자가 먹이를 먹는 동안 짐을 실은 차는 약 1.5킬로미터 밖으로 벗어난다. 엘자가 먹이를 먹고 나서 배가 불러 잠이 들면 우리는 조용히 그곳을 떠난다.

엘자와 필자.

작별할 때가 되면 한동안 엘자는 태연한 척하며 우리를 외면한다. 엘자는 우리와 함께 있고 싶어 하지만 어쩔 수 없이 헤어져야 한다는 사실을 잘 알고 있다. 그럴 때면 엘자는 작별의 순간을 쉽게 하기 위해 자신의 감정을 억제하면서 위엄 있는 태도를 취한다. 그런 모습을 보면 가슴이 뭉클해진다. 거의 매번 이런 일이 일어나기 때문에 단순히 우연의 일치로만 돌리기는 어렵다.

그 직후 나는 엘자에 관한 책을 출판하기 위해 영국으로 건너왔다. 런던에서 몇 달을 지내는 동안 조지는 엘자를 방문했을 때의 이야기들을 내게 편지로 전해주었다. 그의 편지들이 보여주는 대로 엘자는 야생 암사자로 지내면서도 여전히 우리와의 옛 관계를 그대로 유지하고 있었다. 엘자와 우리의 관계는 개와 주인의 관계와는 전적으로 다른 평등한 관계였다.

1959년 3월 5일, 이시올로에서

나는 25일 저녁에 엘자를 방문할 수 있었소. 내가 도착한 지 15분이 지나자 엘자가 강 저편에서 건너왔다오. 디젤 트럭의 소리를 들은 게 분명했소. 엘자는 대체로 건강해 보였지만 약간 야윈 편에다 배가 고픈 듯했소. 여느 때처럼 엘자는 내가 고기를 가져다 주기 전에 나를 반갑게 맞이해주었소. 하지만 엘자는 첫 번째 방문했을 때처럼 그렇게 야위지는 않아 보였다오. 이틀이 지나자 다시 살집이 올라 전처럼 건강해 보였소. 엘자는 당신의 모습이 보이지 않는 게 의아한 듯 당신의 작업실을 여러 번 기웃거리기도 하고 트럭 안을 살피며 소리쳐 불러대기도 했다오. 하지만 곧 안정을 찾은 듯 평소처럼 활동하기 시작했소. 그래도 야영지를 떠나 산책하는 것만은 한사코 거부했소. 엘자는 아침에 작업실에서 하루 종일 나와 함께 보냈다오. 일요일 아침에 내가 두 번째 수사슴을 잡아다 주었더니 엘자는 아무도 접근하지 못하게 하면서 몹시 사납게 굴었소. 하지만 내가 작업실로 내려가자마자 수사슴을 끌고 와서 내 옆에 내려놓았소. 그리고 내가 수사슴을 칼로 잘라도 아무렇지도 않게 바라봅디다. 오후에 내가 텐트로 돌아가자 엘자는 수사슴을 집어들고는 나를 따라왔소. 다음 날 오후 나는 "엘자야, 이제 집에 돌아갈 시간이다"라고 말했소. 엘자는 내가 남은 수사슴을 집어들 때까지 기다린 다음 진지한 표정으로 앞장서서 텐트로 향했소. 엘자의 등에 있던 흰 반점은 모두 사라졌더구려. 엘자의 친구인 수풀왕도마뱀도 먹이를 훔칠 기회를 엿보며 그곳에 있었소. 이제 엘자는 녀석을 받아들인 것 같아 보였소. 도마뱀이 먹이에 접근해도 그냥 놓아둡디다. 하지만 수사자들과 교미한 흔적은 여전히 보이지 않았소.

 나는 화요일에 엘자와 헤어졌소. 캠프를 철거하는 동안 나는 엘자를 작업실에 내려가 있게 하려고 노력했소. 하지만 디젤 트럭이 가는 걸 본 순간 엘자는 내가 떠나리라는 걸 알고는 예전과 같이 태연한 척하면서 나를 쳐다보지 않았소. 나는 갔다가 14일에 다시 엘자를 방문할 예정이오.

1959년 3월 19일, 이시올로에서

 앞서 말한 대로 14일에 다시 엘자를 방문했다오. 오전 10시 15분경에 출발해 오후 6시 30분경에 도착했소. 하지만 엘자의 기척이나 흔적은 전혀 볼 수 없었소. 나는 밤중에 예광탄 세 발과 신호탄 한 발을 쏘아 올렸다오. 다음 날 새벽 나는 엘자를 찾아 나섰소. 나는 엘자가 전에 몸을 숨기고 코끼리를 기다리던 길목 옆에 있는 커다란 물웅덩이 근처까지 나가보았소. 하지만 웅덩이는 말라 있었고, 여전히 엘자의 흔적은 보이지 않았소. 나는 다시 예광탄을 한 발 쏜 뒤 산등성이를 따라 도로가 있는 곳으로 돌아왔소. 그런 다음 야영지 뒤편의 말라붙은 강바닥을 따라 텐트로 귀환했소. 하지만 여전히 엘자가 오는 기척은 없었소. 나는 오전 9시 15분경에 텐트 안으로 들어갔소. 그런데 약 15분 후에 엘자가 갑자기 강 저편에서 달려왔소. 살이 많이 찐 매우 건강한 모습이었소. 11일 전에 나와 헤어진 이후 최소한 한 번 정도는 사냥을 했던 게 틀림없었소. 엘자는 나를 크게 반겨주었소. 몸에는 사냥을 하면서 입은 것으로 보이는 상처가 몇 군데 나 있었소. 하지만 상처의 깊이가 모두 얕은 데다 가죽을 찢을 정도의 심각한 상처는 보이지 않았소. 엘자는 늘 하던 식으로 행동하기 시작했다오. 엘자는 기운이 넘쳐나는지 나를 두 번이나 넘어뜨렸소. 그런데 한 번은 가시덤불 위였지 뭐요. 엘자는 나와 함께 강둑을 따라 간단한 산책을 즐겼소. 하지만 대부분의 시간은 직업실에서 보냈소.

　여전히 야생 수사자와 접촉한 흔적은 없어 보였소. 이번 여행에서도 나는 아무 소식도 듣지 못했소. 날씨가 매우 건조하다 보니 물을 마시려면 다들 강으로 내려와야 했소. 덕분에 엘자 입장에서는 사냥하기가 훨씬 수월했다오. 산악용 텐트만 가져갔던 터라 밤에 엘자와 함께 자려니 약간 비좁았다오. 하지만 엘자는 말을 아주 잘 들었소. 게다가 방수용 깔개에 한 번도 오줌을 싸지 않았다면 믿겠소. 엘자가 여느 때처럼 코를 비벼대면서 내 위에 올라앉는 바람에 몇 번씩이나 잠에서 깨곤 했다오. 나는 수요일에 엘자와 헤어졌다오. 작별은 그렇게 어렵지 않았소. 엘자가 완전히 독립할 날도 멀지 않은 것 같소. 이제는 혼자 남는 것도 개의치 않으니 말이오. 나

엘자와 조지.

는 동물의 삶과 행동이 순전히 본능과 조건반사에 의해 이루어진다고 믿는 사람들을 이해할 수 없다오. 사자 무리가 사냥을 할 때 구사하는 신중한 전략이나 엘자가 보여주는 지성적이고 주도면밀한 행동은 동물이 이성적인 능력을 가지고 있다는 것 외에 달리 설명할 길이 없을 듯하오.

1959년 4월 4일, 이시올로에서

야영지에 도착한 시간은 오전 8시경이었소. 나는 여느 때처럼 예광탄 몇 발과 신호탄 한 발을 발사했다오. 하지만 엘자의 기척은 느껴지지 않았고, 한밤중이 되어도 모습을 드러내지 않았소. 아침 일찍 나는 전에 뿔새를 사냥했던 장소에 가보았소. 그곳에는 누군가 최근에 야영을 했던 흔적이 남아 있었다오. 나는 다시 엘자의 흔적을 찾아 강 건너편까지 크게 반원을 그리며 조사해보았지만 헛수고였소. 야영지로 돌아올 무렵 엘자가 총에 맞아 죽었을지도 모른다는 생각에 갑자기 두려워졌소.

켄 스미스도 나와 함께 왔다오. 그가 엘자를 다시 보고 싶어 했기 때문이오. 내가 돌아왔을 때 그는 캠프에 있었소. 다행히 그에게서 큰바위 위에 있는 엘자를 보았다는 말을 들을 수 있었소. 그가 소리쳐 불렀지만 긴장한 기색을 보이면서 내려오려고 하지 않았던 모양이오. 나는 그를 따라가 보았소. 내가 소리쳐 부르자 엘자는 내 목소리를 알아듣고는 순식간에 바위에서 내려와 나를 크게 반겨주었다오. 그리고 켄에게도 상냥하게 인사를 건넵디다. 엘자는 매우 건강해 보였고, 배가 잔뜩 부른 상태였다오. 간밤에 사냥을 한 게 틀림없었소. 켄은 당신의 작업실에서 잠을 잤는데, 엘자는 밤새 그를 귀찮게 한 적이 한 번도 없었다오. 우리는 함께 산책을 나가기도 하고, 작업실에서 하루 종일 보냈다오. 엘자는 내 침대에서

책을 읽고 있는 조지와 엘자.

자고, 켄은 자기 침대에서 잠을 잤소. 그 사이 엘자는 다정함을 표시하고 싶었는지 딱 한 번 켄 위에 올라탔다오.

켄은 수요일에 떠났고, 나는 목요일 저녁에 엘자를 바위 위로 데리고 올라갔소. 야영지로 돌아가야겠다고 생각할 무렵, 표범 한 마리가 바로 밑에서 으르렁대기 시작했소. 엘자는 신속하게 몸을 움직이더니 표범을 향해 조용히 접근해 갔소. 하지만 표범은 벌써 내 소리를 듣고 달아나버린 것 같았소. 나는 금요일 아침에 엘자를 기쁘게 하기 위해 살찐 혹멧돼지를 잡아주고 떠났소. 엘자는 즉시 혹멧돼지를 강으로 끌고 갔소. 그곳에는 엘자가 잡아놓은 것으로 보이는 아주 커다란 동물이 하나 있었다오. 엘자의 건강 상태는 최상이고, 야윈 흔적은 전혀 없다오.

1959년 4월 14일, 이시올로에서

어제 엘자를 보러 가려고 했지만 코끼리 떼를 추적하느라 사정이 여의치 않았소. 하지만 내일은 무슨 일이 있어도 출발할 예정이오. 언제나 지칠 줄 모르는 애정으로 나를 환영해주는 엘자를 볼 생각에 벌써부터 마음이 설렌다오. 엘자가 짝만 찾는다면 더 이상 바랄 게 없을 듯하오. 홀로 지내는 엘자는 얼마나 외롭겠소. 더러 좌절감을 맛볼 때도 분명 있겠지만 엘자의 좋은 품성과 다정함에는 아무 영향을 미치지 못하는 것 같소. 내가 떠날 때를 알면서도 그 사실을 받아들이고 나를 방해하거나 따라오려는 기색을 전혀 안 내비치는 모습이 얼마나 대견한지. 엘자의 점잖은 태도로 보아 이별은 피할 수 없다는 걸 아는 모양이오.

1959년 4월 27일, 이시올로에서

15일 오후에 엘자를 보러 출발했소. 야영지에는 8시경에 도착했는데, 코뿔소 두 마리와 부딪칠 뻔했지 뭐요. 간신히 몇 미터를 남겨두고 녀석들을 피해 갈 수 있었다오. 나는 평소처럼 예광탄과 신호탄을 쏘아 올렸소. 하지만 그 날 밤 내내 엘자의 기척은 들리지 않았소. 다음 날 아침 바위로 가서 신호탄 몇 발을 더 쏘아 올렸소. 하지만 어디에서도 엘자의 흔적은 보이지 않았다오. 밤새 천둥과 번개를 동반한 폭우가 내려 강이 범람한 상태였소. 다음 날 아침 나는 '버펄로 능선'으로 가서 강바닥으로 내려갔다오. 그곳도 역시 물이 불어나 있었소. 게다가 위쪽에서 떠내려오는 토사 때문에 도로 나올 수밖에 없었다오. 그런데 어느 한 지점에 이르러 갑자기 허리까지 푹 잠기면서 빠져나오는 데 상당히 애를 먹었소. 그러고는 능선 아래쪽에 난 길을 따라 강바닥과 강이 만나는 지점 근처까지 갔다오. 그러니까 우리가 전에 갔던 곳보다 좀더 멀리 간 셈이었소. 나는 강둑에서 점심을 먹고 나서 허리 높이까지 불어난 강을 건넜소. 강물은 진흙 때문에 온통 시뻘갰소. 간밤에 내린 비로 흔적이 남아 있을 리는 없었지만 어쨌든 나는 왔던 길을 되짚어 다시 내려갔다오.

얼마쯤 갔을까, 강 한쪽에서 짐승의 시체로 보이는 물체를 하나 발견했소. 그런데 가까이 다가가서 막 돌멩이를 던지려는데 갑자기 머리가 불쑥 솟아오르는 게 아니겠소. 다름 아닌 하마였다오. 그 직후 강가 수풀 속에서 거세게 콧김을 내뿜는 소리에 이어 꿀꿀대는 소리와 날카로운 비명 소리가 들려왔소. 알고 보니 코뿔소 한 쌍이 짝짓기를 하며 내는 소리였소. 야영지에는 오후 5시경에 도착했는데, 여전히 엘자의 흔적은 없었소. 그렇게 오랫동안 나타나지 않은 적이 한 번도 없었기 때문에 정말 걱정이 됐다오. 내가 도착한 지 48시간이 지난 저녁 8시 30분경에 강 건너편에서 엘자가 낮게 울부짖는 소리가 들려왔소. 곧이어 엘자가 숨을 헐떡이며 야영지로 뛰어들어 왔다오. 건강한 모습의 엘자는 나를 보더니 무척이나 반가워합디다. 하지만 다른 사자들과 어울린 흔적은 전혀 없어 보였다오. 엘자는 배가 고팠는지 내가 야영지로 돌아오는 길에 잡은 그랜트가젤을 거의 남김 없이 먹어치웁디다. 다음 날 아침 밖에 나가 돼지를 갖다 줬더니 이번에도 엘자는 아주 좋아했소. 어찌나 많이 먹어댔는지 엘자는 한 발자국도 움직이려 들지 않았다오.

일요일 아침 나는 엘자와 함께 작업실에 있었소. 엘자가 깊이 잠들어 있는 사이 2.5미터짜리 악어 한 마리가 물에서 나와 반대편 바위로 올라갑디다. 나는 강어귀로 기어가 사진을 한 장 찍은 다음 총을 가지러 다시 야영지로 향했소. 그러고는 목을 쏘았는데, 정확히 명중했는지 녀석은 바위에서 꼼짝도 하지 않습디다. 나는 마케데를 시켜 밧줄로 악어 목을 묶어 끌어내리게 했소. 엘자는 그 과정을 관심 있게 지켜보면서도 악어의 존재는 아직 눈치 채지 못하는 모양이었소. 그러다 강둑 가까이 와서야 비로소 악어를 알아보았소. 엘자는 매우 조심스럽게 악어에게 접근하더니 버펄로 때와 마찬가지로 앞발을 들어 코를 툭툭 건드려보고는 죽었다는 걸 확인하더구려. 그러고 나서는 악어를 끌고 강둑으로 가더니 역겨운 듯 인상을 잔뜩 찡그립디다. 엘자는 이 무렵 한창 가격이 치솟은 돼지고기가 더 좋은지 악어는 거들떠보지도 않았소.

월요일 아침 엘자를 혼자 남겨두고 돌아오는 길에 빗물이 고여 생긴 물웅덩이에서 몸집이 커다란 버펄로 수컷을 만났소. 그러고 나서 다음 날 아침에는 본의 아니게 엘자의 어미만 죽이고 잡지 못한 식인 사자를 추적하러 나갔소. 놈은 최근 몇 주 동안 수많은 말썽을 일으키면서 로바 족이 기르는 가축을 열두 마리나 잡아먹은 상태였소. 나는 놈의 흔적을 찾아 꼬박 나흘 밤을 바위산 근처에서 매복하며 기다렸소. 하지만 암사자 한 마리와 생후 3, 4개월쯤 된 새끼 두 마리의 흔적밖에는 아무것도 발견할 수 없었소. 보나마나 엘자의 이복자매와 조카들이 분명했소. 어쨌든 식인 사자는 끝내 나타나지 않았소. 놈을 잡아 엘자에게 데려다 주겠다는 생각은 포기해야 할 듯하오.

1959년 5월 12일, 이시올로에서

5월 3일 일요일에 출발해 5일 새벽 12시 30분경에 야영지에 도착했소. 역시 엘자의 흔적은 보이지 않았고, 강물은 지난번 봤을 때보다 더 불어나 있었소. 모든 게 빗물에 씻겨 내려가 흔적이 남아 있을 리 없었소. 나는 저녁에 예광탄과 신호탄을 쏘아 올렸소. 하지만 다음 날 아침에도 엘자는 나타나지 않았다오. 나는 밖으로 나가 엘자를 위해 제레누크 한 마리를 잡았소. 내가 가지고 온 그랜트가젤은 이미 부패가 시작됐는지 고약한 냄새를 풍겼기 때문이오. 엘자는 그 날도, 그 다음 날도 나타나지 않았소. 불안한 마음을 가눌 길이 없었지만 야생 사자들과 어울리고 있을지도 모른다고 생각하며 애써 스스로를 달랬소. 나는 마케데와 아스만을 보내 인근에 있는 원주민 마을들을 살펴보게 했지만 사자를 보았거나 그 울음소리를 들었다는 사람은 한 명도 없었소. 그래서 토요일 아침 무거운 마음으로 짐을 꾸리기 시작했소. 벌써 일주일이나 있었기 때문에 더 이상 지체할 시간이 없었기 때문이오.

그런데 갑자기 강 건너에 있는 비비들이 소란스럽게 떠들어대기 시작했소. 그러고는 곧이어 엘자가 물을 뚝뚝 떨어뜨리며 전처럼 건강한 모습으로 나타났지 뭐요. 엘자는 위장은 비어 있었지만 배가 고픈 것 같지는 않았소. 엘자는 제레누크 시체에 코를 갖다 대고 냄새만 맡을 뿐 먹으려 들지 않았소. 하지만 이미 고약한 냄새를 풍기고 있었기 때문에 엘자를 탓할 수는 없었다오. 엘자는 여전했소. 엘자는 여느 때처럼 나를 보더니 애정과 반가움을 표시했소. 다른 사자들과 어울린 흔적은 역시 없습디다. 당신이 떠난 후로 발정기의 징후도 보이지 않았소. 하지만 내가 없는 사이에 발정기를 맞이했을지도 모를 일이오. 엘자가 어느 정도 흥분을 가라앉히자 나는 밖으로 나가 신선한 제레누크를 구해왔소. 밤에 엘자는 비좁은 산악용 텐트 안으로 제레누크를 끌고 옵디다. 나 혼자서도 그리 넉넉지 못한 공간에 엘자와 제레누크까지 함께 있었다고 생각해보구려. 피와 배설물 냄새가 진동을 하긴 했지만 그래도 제레누크가 아직은 신선한 상태라 못 견딜 정도로 괴롭지는 않았소.

　엘자가 혼자 생활한 지도 이제 거의 6개월이 지나고 있소. 엘자는 여느 야생 사자처럼 스스로를 잘 돌보고 있을 뿐만 아니라 멀리까지 사냥을 나가고 있소. 하지만 엘자의 다정함과 애정은 조금도 변하지 않았다오. 적어도 그 점에 관한 한 당신이 떠날 때와 똑같다오. 엘자는 한 가지만 빼면 모든 면에서 야생 암사자라고 할 수 있소. 그 한 가지란 유럽인들을 향한 엄청난 친밀감이라오. 엘자는 우리를 자기와 같은 사자로 여기고 있는 게 분명하오. 그래서 아무 거리낌 없이 그토록 다정하게 구는 거라오. 엘자는 내가 돌아오기만을 손꼽아 기다리는 눈치라오. 그러다 나를 보면 무척 반가워하면서 내가 다시 떠나는 걸 싫어하는 기색이 역력하다오. 하지만 내가 영원히 돌아오지 않는다 해도 엘자의 생활이 크게 흔들릴 것 같지는 않소.

1959년 5월 20일, 이시올로에서

　이제 엘자에 대해서는 더 이상 할 말이 없다오. 자세한 얘기는 그동안 편지를 통해 모두 했소. 배가 차면 엘자는 며칠 동안 꿈쩍도 하지 않고 작업실 주변에 있는 나무 그늘 아래서 나와 함께 지낸다는 거 당신도 잘 알 거요. 뭔가 특별한 일이 일어나지 않는 한, 당신이 가기 전과 똑같은 일상이 되풀이되고 있다오. 엘자는 나날이 의젓해지고 있소. 혼자서도 멀리까지 나가는 걸 보면 이제 더 이상 나한테 의존할 필요가 없을 것 같소. 하지만 낯선 아프리카인들에 대해서는 의심이 더욱 많아졌는지 누루나 마케데도 먹잇감 근처에는 얼씬도 하지 못하게 한다오. 그래서 아침에 텐트에서 작업실로 먹이를 옮기거나 저녁에 작업실에서 텐트로 먹이를 옮길 때면 내가 나서서 먹이를 운반해야 하는 처지라오. 엘자가 비좁은 산악용 텐트에 먹이를 끌고 들어오는 바람에 나는 꼼짝없이 참는 수밖에 달리 도리가 없다오. 그래도 정 냄새가 고약하면 침대를 아예 밖으로 들고 나간다오. 엘자는 내 옆에다 먹이를 두면 안전하다는 걸 알고 있는 게 분명하오. 이러다 엘자가 새끼를 낳는다면 나한테 데려와서 돌봐달라고 할 것 같다는 생각이 드오. 정말 그런 일이 생기면 우리 외에는 아무도 접근하지 못하게 하지 않을까 싶소. 그렇게 되면 나머지 사람들은 뒤에서 지켜보는 수밖에.

　벌써 엘자가 보고 싶구려. 지난번에 엘자를 두고 왔을 때 애처로운 표정을 짓던 게 마음에 걸리오. 내 딴에는 들키지 않고 몰래 빠져 나오려고 했지만 뒤를 돌아봤더니 엘자가 함염지에서 내가 가는 모습을 물끄러미 쳐다보고 있지 뭐겠소. 하지만 엘자는 나를 따라올 기미는 보이지 않았소. 몰래 도망치는 도둑이 된 듯한 심정이었다오.

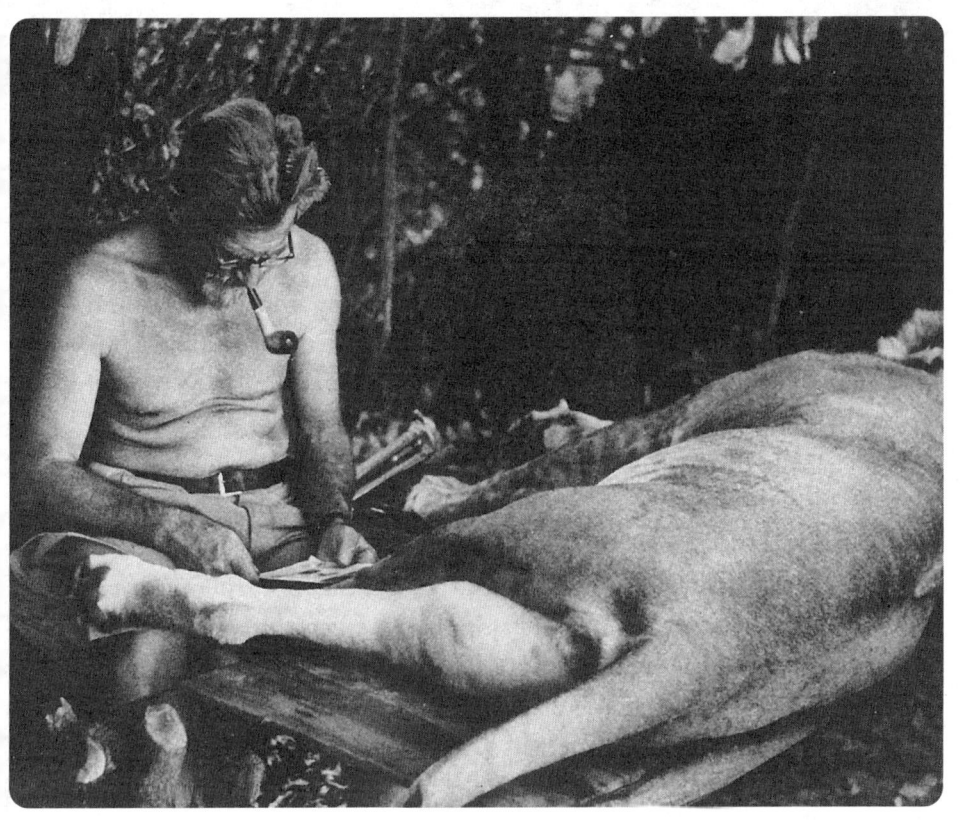

조지와 엘자.

1959년 7월 3일, 이시올로에서

다시 엘자를 보러 왔소. 야영지에 도착하고 나서 15분쯤 지나자 엘자가 나타나 평소처럼 날 반겨주었소. 엘자는 여전히 건강해 보였지만 몹시 배가 고픈 듯했소. 그 날 밤 엘자는 내가 가져온 그랜트가젤을 반 마리나 먹어치웠다오. 다음 날 아침 일찍 엘자는 남은 그랜트가젤을 야영지 아래쪽에 있는 숲으로 끌고 가 하루 종일 나오지 않았소. 물론 그 사이 내가 여전히 그곳에 있는지 확인하러 몇 번 작업실에 들르기는 했지만 말이오. 화

9. 후기 • 255

요일 아침에 먹이를 다 먹고 나자 엘자는 나를 따라 800미터 가량 강 아래쪽으로 내려왔소. 그러더니 갑자기 멀리 떨어져 있는 강둑에다 시선을 고정시킵디다. 분명 무슨 냄새를 맡은 듯했소. 엘자는 잔뜩 긴장한 채로 강 위쪽으로 올라가더니 강을 건넜소. 나는 엘자가 관심을 보였던 곳 맞은편에 숨어 기다렸소. 하지만 주변은 잠잠하기만 했소. 그런데 갑자기 시끄러운 소리가 들리더니 강가 수풀 속에서 워터벅영양 한 마리가 뛰쳐나와 곧장 나한테로 달려오지 뭐요. 그 뒤를 엘자가 바짝 쫓고 있었소. 영양은 나를 보더니 방향을 바꾸려고 했지만 엘자가 번개처럼 올라타는 바람에 넘어지고 말았다오. 곧이어 물 속에서 엄청난 혈전이 벌어졌소. 엘자는 위치를 바꿔 영양의 목을 움켜쥐었소. 잠시 후 영양의 저항이 수그러들자 엘자는 턱으로 영양의 얼굴을 가리면서 주둥이를 물고 늘어졌소. 숨을 쉬지 못하게 해 죽이려는 전략인 게 분명했소. 나는 옆에서 그 광경을 지켜보다 더 이상 참지 못하고 결국 영양을 위해 자비의 총알 한 발을 발사했소. 언뜻 보기에 영양은 180킬로그램은 족히 나갈 듯했소. 엘자는 낑낑거리며 영양을 끌고 올라왔지만 강둑까지의 거리를 절반쯤 남겨두고 몹시 지친 기색을 보였소. 나는 엘자를 도우려고 했지만 내 힘으로는 아무래도 역부족이었소. 나는 엘자를 남겨두고 누루와 마케데를 데리러 야영지로 돌아갔소. 그러고 나서 돌아와보니 엘자가 그 무거운 영양을 끌고 강둑 위까지 올라와 있는 게 아니겠소. 정말 놀라운 힘 아니오? 엘자가 마음만 먹는다면 나약한 인간은 어찌 될지 한 번 상상해보구려. 그런데도 우리와 함께 있으면서는 그 힘을 억제하느라 얼마나 힘이 들지 생각하니 정말 엘자가 대견스럽소. 2일 엘자를 남겨두고 오는데 몹시 힘이 듭디다. 엘자는 내가 가리라는 걸 알고는 나를 유심히 관찰하면서 내 곁을 떠나려고 하지 않았소.

결국 엘자가 잠들고 나서 두 시간 후에 몰래 빠져 나올 수밖에 없었다오.
엘자의 극진한 환대를 기대하구려. 내 생각으로는 엘자가 나를 반기고 나서 웬만큼 안정을 되찾은 후에 모습을 드러내는 게 가장 좋을 듯하오.

케냐로 돌아오자마자 나는 조지로부터 우리의 낡은 랜드로버가 산산조각 났다는 소식을 들었다. 나는 엘자의 발톱 자국이 선명하게 나 있던 랜드로버를 더 이상 볼 수 없어 서운했다. 하지만 우리는 곧 새 모델을 구입했다. 우리는 엘자가 새로 산 차에 어떤 반응을 보일지 궁금했다.
마침 조지는 내가 돌아올 때에 맞춰 지방 출장을 계획하고 있었다. 덕분에 우리는 곧바로 엘자를 만나러 갈 수 있었다. 우리는 7월 12일에 야영지로 떠났다. 야영지에 도착했을 때에는 이미 날이 어두워지고 있었다. 약 20분쯤 지나 텐트를 치고 있으려니 강가에서 낯익은 비비들의 울음소리가 들려왔다. 지금까지의 경험으로 보건대 그러고 나면 어김없이 엘자가 나타나곤 했다.
조지는 엘자가 자기를 반기느라 어느 정도 진을 뺄 때까지 트럭 안에 들어가 있으라고 했다. 오랫동안 헤어져 있던 터라 엘자가 너무 흥분한 나머지 넘치는 힘을 주체하지 못해 내게 무슨 해라도 끼칠까봐 걱정해서였다.
나는 마지못해 그의 충고에 따라 차 안에서 엘자가 그를 반갑게 맞이하는 모습을 지켜보았다. 하지만 몇 분 후 나는 차 밖으로 나갔다. 엘자는 나를 보더니 마치 그렇게 하는 게 세상에서 가장 자연스런 일이라는 듯 조지에게서 조용히 물러나 내 무릎에 대고 얼굴을 비비며 평소처럼 가르릉거렸다. 그리고 나서는 발톱을 오그린 채 135킬로그램이나 나가는 거구를 이용해 나를 데굴데굴 굴렸다. 그러더니 안달하거나 흥분하는 기색이라곤 전혀 없이 평소처럼 다정하게 굴었다. 엘자는 양껏 먹었는지 배가 축 처져 있었다. 그런 모습을 보니 내 마음이 다 흡족했다. 그 때문에 조지가 가져온 그랜트가젤에 관심을 보이기까지는 한참이 걸렸다. 나중에 엘자는 부서진 옛날 차와는 사뭇 달라 보이는데도 나를 반길 때처럼 아무렇지도 않은 얼굴로 번쩍거리는 새 랜드로버 지붕 위로 훌쩍 뛰어올라 우리를 놀라게 했다.

그 날 밤 우리는 엘자가 나와 함께 있고 싶어 할지도 몰라 내 야전침대를 트럭으로 옮기기로 했다. 이 조치는 곧 현명한 결정이었던 것으로 드러났다. 불이 꺼지자마자 엘자가 기다렸다는 듯 나를 에워싸고 있는 가시나무 울타리 사이로 기어들어 왔기 때문이다. 엘자는 뒷다리로 버티고 서서 트럭 안을 들여다보더니 내가 있다는 사실을 확인하고는 무척 만족스러워했다. 하지만 그러고 나서는 새벽까지 차 옆에서 꼼짝도 하지 않았다. 새벽 무렵 엘자가 그랜트가젤을 끌고 강둑으로 내려가는 소리가 들렸다. 엘자는 조지가 밖으로 나가서 아침을 먹으라고 소리쳐 부를 때까지 가젤을 지켰다. 엘자는 나를 보더니 뛰어오르려고 했지만 내가 "안 돼, 엘자, 안 돼"라고 소리치자 애써 참으면서 조용히 걸어왔다. 엘자는 식사를 하면서도 한쪽 앞발로 나를 만지작거렸다. 그리고 나서 엘자는 다시 가젤 시체가 있는 곳으로 돌아갔다.

다시 만난 엘자와 필자.

쉬고 있는 엘자와 조지.

그 후 엿새 동안 엘자는 우리와 함께 야영지에서 생활하면서 아침 저녁으로 산책을 나갔다. 어느 날 엘자는 강 건너편에서 물을 마시고 있는 워터벅영양에게 몰래 접근했다. 엘자는 잔뜩 긴장한 채 마치 그 자리에서 얼어붙기라도 한 듯 미동조차 하지 않고 기다리다가 영양이 바람을 등지자 소리 없이 강을 건너 수풀 속으로 사라졌다. 잠시 후 다시 나타난 엘자는 자신의 실패에 대해 설명하기라도 하듯 우리에게 머리를 비벼댔다. 한번은 갓 잡은 디크디크영양 시체 위에 커다란 맹금 한 마리가 앉아 있기에 쫓아 보낸 적이 있었다. 맹금이 시체를 놓아두고 도망치자 우리는 영양을 엘자에게 가져다 주었다. 하지만 엘자는 싫어하는 걸 봤을 때 늘 하듯이 얼굴을 찡그린 채 입도 대려 하지 않았다. 또 한번은 낚시를 하러 강 아래쪽으로 내려갔을 때였다. 나는 앉아서 엘자의 모습을 스케치하고 있었다. 내가 막 샌드위치를 먹으려고 하는 순간 엘자가 자기도 달라고 하면서 커다란 앞발로 내 입에 있는 샌드위치를 낚아채려고 버둥거렸다.

엘자가 늘 얌전하게 굴지만은 않았기 때문에 엘자의 장난기 어린 기습 공격을 피하려면 우리가 조심하는 수밖에 없었다. 이제 엘자는 힘이 너무 세져서 그 무거운 몸으로 덤벼오면 서로 얼굴을 붉혀야 하는 상황이 발생할 수도 있었기 때문이다.

어느 날 아침 엘자는 조지가 던져준 막대기를 장난감 삼아 강에서 신나게 놀고 있었다. 엘자는 막대기를 집어들더니 한쪽 발로 막대기를 차올리면서 꼬리를 있는 힘껏 내려쳐 온 사방으로 물을 튀겨댔다. 그러고 나서 막대기가 떨어지면 얼른 물 속으로 잠수해 다시 꺼내 왔다. 조지가 강어귀에서 이 모습을 사진에 담는 동안 엘자는 짐짓 눈치 채지 못한 척하면서 점점 조지 곁으로 다가갔다. 그러고는 갑자기 막대기를 떨어뜨리더니 불쌍한 조지 위로 훌쩍 몸을 날렸다. 마치 "이제 당신이 막대기를 건져 올릴 차례예요, 사진사 아저씨"라고 말하는 듯했다. 그 직후 조지가 복수를 하려고 하자 엘자는 꽁무니를 빼더니 놀라운 속도로 우리의 손이 닿지 않는 나무 위로 올라가버렸다. 그러고는 한동안 거기

앉아서 더없이 순진한 표정으로 애꿎은 발만 핥아댔다.

이런 일이 있고 나서 다음 이틀 동안 엘자는 아주 잠깐씩만 우리를 방문하면서 데면데면하게 굴었다. 23일, 엘자는 우리가 아침 산책을 나갈 때 나타나지 않았다. 하지만 오후 늦게 우리는 야영지 근처의 바위 위에서 엘자의 희미한 윤곽을 목격할 수 있었다. 그런데 비비 군단 전체가 엘자와의 거리를 20미터도 채 남겨두지 않은 채 태연하게 앉아 있는 모습을 보고 우리는 서로의 눈을 의심하지 않을 수 없었다. 엘자는 아주 마지못해 우리가 부르는 소리에 응답하면서 바위 밑에 있는 우리와 합류했다. 하지만 곧 총알처럼 내달리더니 수풀 속으로 사라져버렸다. 우리는 날이 어두워질 때까지 엘자를 뒤쫓았다. 나중에 엘자는 우리에게 돌아와 몸을 내맡긴 채 내가 쓰다듬는 대로 얌전하게 있었지만 몹시 불안해하면서 다시 나가고 싶어 했다. 그 날 밤과 그 다음 날 엘자는 딱 한 번 식사를 하러 들렀을 때 빼고는 종일 밖에서 지냈다. 다음 날 저녁을 먹고 나서 조지와 이런저런 이야기를 하고 있는데 엘자가 강을 건너왔는지 물을 뚝뚝 흘리며 나타났다. 엘자는 조지와 내게 반가움을 표시했지만 저녁을 먹으면서도 계속 밖에서 나는 소리에 귀를 기울였다. 아침에 엘자는 다시 사라지고 없었다. 이 이상한 행동은 우리를 당혹스럽게 만들었다. 엘자는 발정기의 징후를 전혀 보이지 않았기 때문에 우리는 너무 오래 머물러서 엘자가 귀찮아진 게 아닌가 하는 생각을 할 수밖에 없었다. 하긴 엘자를 방사한 이후 이렇게 긴 시간 동안 함께 지낸 적은 없었다.

다음 날 저녁 식사를 하고 있는데 엘자가 갑자기 어둠 속에서 나타나 꼬리로 식탁에 있던 물건들을 모조리 쓸어 내렸다. 그러고는 우리를 껴안으며 다소 과장된 애정을 보이더니 다시 어둠 속으로 사라졌다. 하지만 잠시 후 사과를 하려는 듯 다시 돌아왔다.

다음 날 아침 커다란 사자 발자국을 발견하고서야 우리는 엘자의 이상한 행동을 이해할 수 있었다. 그 날 오후 우리는 망원경을 통해 독수리 떼가 공중에서 빙빙 선회하는 모습을 보고 무슨 일인지 알아보러 밖으로 나갔다. 하이에나 떼와 자칼 떼의 발자국에 이어 수사자의 발자국도 보였다. 발자국은 강으로 이어져 있었다. 수사자가 물을 마시고 모래에 핏자국을 남긴 게 분명했다. 하지만 엘자의 흔적은 보이지 않았다. 독수리 떼나 핏자국을 설명할 만한 시체도 없었다. 우리는 여섯 시간 동안 주변 지역을 샅샅이 뒤졌지만 아무 소득 없이 야영지로 돌아와야 했다. 그 날 저녁 엘자는 몹시 배가 고픈 상태로 돌아와 밤새 우리와 함께 지냈지만 새벽이 되자 다시 나갔다.

29일, 우리는 바위산 꼭대기에서 엘자를 보았다. 우리가 소리쳐 부르자 엘자는 우리가 있는 곳으로 내려와 몇 번이고 가르랑거리며 애정을 표시했지만 이내 다시 바위로 돌아갔다. 최근의 행동으로 보아 엘자는 이제 발정기에 접어든 게 틀림없었다. 오후에 다시 방문했을 때 엘자는 우리가 부르는 소리에 응답하면서도 내려올 생각은 하지 않았다. 그래서 할 수 없이 우리가 바위산 위로 올라가야 했다. 날이 어두워지자 엘자는 자리에서 일어나 마치 작별 인사라도 하듯 나와 조지, 총기를 운반하는 짐꾼에게 차례로 머리를 비벼댔다. 그러고는 자신의 보금자리를 향해 천천히 걸음을 옮겨놓았다. 엘자는 딱 한 번 뒤돌아보았다. 다음 날 망원경으로 봤더니 엘자는 바위 위에서 휴식을 취하고 있었다. 엘자가 말을 할 수 있다면 혼자 있고 싶다는 의사를 내비쳤을 게 분명했다. 우리가 아무리 엘자에게 애정을 쏟아 붓는다 하더라도 엘자는 지금 짝이 필요했다.

우리는 캠프를 철거하기로 했다. 조지와 내 차가 엘자가 있는 바위 밑을 지날 때 엘자는 하늘을 등지고 서서 멀어지는 우리를 지켜보았다.

그 후 우리는 8월 18일부터 23일까지 다시 엘자를 방문했다. 엘자는 여느 때처럼 무척 반가워하면서 우리와 함께 있었지만 닷새 중에서 이틀은 혼자 숲 속에서 지냈다. 수사자 흔적을 발견할 수는 없었지만 엘자는 우리와 함께 지내는 것보다 고독을 즐기고 싶어 하는 눈치였다. 물론 엘자가 우리에게서 완전히 독립한다면 더 이상 바랄 나위가 없었다.

8월 29일, 조지는 일 때문에 엘자가 있는 지역을 둘러보아야 했다. 조지는 저녁 6시경에 야영지에 도착해 거기서 밤을 보냈다. 그는 엘자에게 자신의 도착을 알리기 위해 예광탄 두 발을 쏘아 올렸다. 저녁 8시경 조지는 강 아래쪽에서 수사자의 소리를 듣고 예광탄 한 발을 더 발사했다. 수사자는 밤새 쉬지 않고 울부짖었지만 엘자의 기척은 어디에서도 들리지 않았다. 다음 날 아침 조지는 야영지 근처에서 젊은 수사자이거나 암사자의 것으로 보이는 발자국을 발견했다. 그러고 나서 그는 곧 야영지를 떠나야 했지만 오후 4시경 다시 돌아갔다. 한 시간쯤 후 엘자가 강을 건너는 모습이 그의 눈에 들어왔다. 엘자는 매우 건강해 보였고 여느 때처럼 애정을 표시해왔다. 엘자는 배가 고픈 것 같지는 않았지만 조지가 가져간 영양을 조금 먹더니 나머지는 텐트 안으로 끌고 들어갔다. 해가 지고 나자 수사자 한 마리가 울부짖기 시작했다. 그런데 조지의 예상과 달리 엘자는 수사자의 초대를 철저히 무시한 채 그 날 밤 대부분을 텐트 안에서 지냈다.

다음 날 아침 일찍 엘자는 배불리 먹고 나서 전혀 서두르는 기색 없이 수사자의 울음소리가 들려왔던 방향으로 사라졌다. 그 직후 엘자의 목소리가 들려왔다. 조지가 나가보니 엘자는 커다란 바위 위에 앉아 그르렁거리고 있었다. 조지를 보자마자 엘자는 바위에서 뛰어내려왔다. 하지만 조지를 반기면서도 혼자 있고 싶어 하는 기색이 역력했다. 엘자는 잠시 머리를 비벼대고는 수풀 속으로 사라졌다. 조지가 뒤쫓아가보니 엘자의 발자국은 강으로 이어져 있었다. 곧이어 수풀에 가려 여간해서는 눈에 띄지 않는 바위 위에 앉아 있는 엘자의 모습이 들어왔다. 조지는 한동안 엘자를 지켜보았다. 엘자는 처음에는 고양이처럼 야옹대다가 뭔가에 놀란 듯 후닥닥 바위 밑으로 내려서더니 순식간에 조지를 지나쳐 수풀 속으로 사라졌다. 다음 순간 젊은 수사자 한 마리가 모습을 드러냈다. 수사자는 추격에 온통 정신이 팔려 조지가 다가가는 것도 눈치 채지 못했다. 사자와의 거리가 20미터 안팎으로 좁혀지자 조지는 이때다 생각하고는 팔을 흔들며 고함을 질렀다. 놀란 사자는 한 바퀴 빙그르르 돌더니 왔던 길을 되짚어 쏜살같이 달아났다. 잠시 후 엘자가 다시 나타나서는 못마땅한 표정으로 조지 곁에 털썩 주저앉았다. 엘자는 한동안 그러고 앉아 있다 이윽고 수사자를 따라나섰다. 그러고 나서 조지는 캠프를 철수했다.

이틀 후 조지는 같은 지역을 다시 방문해야 했다. 엘자가 있는 야영지까지 몇 백 미터를 남겨둔 지점에서 동행한 사람들 중 한 명이 도로에

강을 헤엄쳐 건너는 엘자.

서 가까운 수풀 아래 있는 엘자를 발견했다. 언뜻 보기에 몸을 숨기는 듯했다. 차를 보면 어김없이 달려들어 반갑게 맞이하는 평소의 엘자로 미루어볼 때 정말 이해할 수 없는 행동이었다. 조지는 그 사람이 야생 암사자를 엘자로 착각한 줄 알고는 차를 돌려 그 장소를 지나쳤다. 하지만 수풀 아래 앉아 있던 암사자는 엘자가 맞았다. 처음에 엘자는 꼼짝도 하지 않으려고 했지만 곧 자신의 위치가 발각됐다는 걸 깨닫고는 앞으로 걸어나왔다. 그러고는 조지에게 진한 애정을 표시하면서 평소처럼 반가운 척했다. 엘자가 가져간 고기를 먹는 동안 조지는 주변을 조사했다. 곧이어 그는 엘자의 발자국이 다른 수사자의 발자국과 뒤엉켜 있는 흔적을 발견했다. 아니나 다를까, 바로 그 수사자가 수풀 뒤에서 조지를 쳐다보고 있었다. 며칠 전 엘자와 함께 있던 수사자인 듯했다. 바로 그 때 강가의 비비 군단이 소리를 꽥꽥 질러댔다. 수사자의 접근을 알리는 신호였다. 엘자는 그 소리를 듣더니 서둘러 식사를 끝내고는 자신의 주인을 찾기 위해 자리를 떴다.

 조지는 텐트를 치고 나서 엘자를 위해 남은 고기를 텐트 안에 남겨두고 일을 보러 나갔다. 하지만 조지가 다시 돌아왔을 때에도 고기는 그대로 있었다. 그 날 밤 내내 엘자는 돌아오지 않았다.

 마침내 엘자는 자기 짝을 찾았다. 이제 우리의 바람이 이루어져서 어느 날 엘자가 귀여운 새끼들을 거느리고 야영지 안으로 걸어 들어올 일만 남았다.

# 2 부

자유롭게 살아가다
(Living Free)

## 10

## 엘자, 야생 수사자와 짝짓기를 하다

조지가 엘자와 수사자가 짝짓기를 하는 것을 본 시기는 1959년 8월 29일과 9월 4일 사이였다. 조지는 재빨리 계산을 해보았다. 108일 동안의 임신 기간을 감안하면 새끼들은 12월 15일과 21일 사이에 태어날 가능성이 높았다. 이시올로로 돌아온 남편에게서 그 얘기를 듣고는 야영지로 출발할 때까지 마음이 다급했다. 엘자가 짝을 따라 우리의 손길이 닿지 않는 세계로 영영 가버릴지도 모른다는 두려움 때문이었다.

하지만 엘자는 찻길 근처의 큰바위 옆에서 우리를 기다리고 있었다.

녀석은 우리를 보자 무척 반가워했다. 잔뜩 허기진 모습이었다.

텐트를 치고 있는데 엘자의 짝이 소리쳐 부르기 시작했다. 녀석은 밤새 야영지 근처를 어슬렁거렸지만 엘자는 녀석의 호소에는 아랑곳하지 않고 조지 곁에서 머물며 배가 불룩해질 때까지 먹이를 탐했다. 새벽녘에도 수사자의 소리가 들려왔지만 거리는 훨씬 멀어져 있었다.

이틀 동안 엘자는 야영지에 머물면서 엄청나게 먹어댔다. 어찌나 많이 먹었던지 오후에 조지를 따라 낚시를 하러 갈 때까지 꼼짝도 않고 꾸벅꾸벅 졸기만 했다.

셋째 날 밤에도 너무 많이 먹어대서 우리는 슬슬 걱정이 되기 시작했다. 하지만 날이 밝자 엘자는 잔뜩 부른 배를 안고 우리와 함께 근처 숲으로 산책을 나갔다. 도중에 자칼 두 마리에 이어 뿔새 떼와 마주쳤다. 물론 그때마다 녀석은 동물들에게 몰래 다가갔고, 놀란 동물들은 황급히 도망쳤다. 그러면 엘자는 그 자리에 철퍼덕 주저앉아 발바닥을 핥아댔다. 나는 앞장서서 걸어가다 오소리를 보고는 가만히 멈춰 섰다. 벌꿀오소리라고도 불리는 이 동물은 여간해서는 구경하기가 힘들다. 녀석은 등을 내 쪽으로 돌린 채 썩은 나무의 그루터기를 파느라 여념이 없었다. 그 바람에 녀석은 엘자가 접근하는 것을 까맣게 몰랐다. 엘자는 녀석을 보더니 호기심을 보이며 살금살금 다가가 녀석의 등에 올라탈 참이었다.

두 녀석의 머리가 거의 부딪치기 직전에야 오소리는 사태를 파악하고는 쉭쉭거리며 엘자를 공격했다. 녀석의 기세가 어찌나 등등하던지 엘자는 주춤거리며 뒤로 물러났다.

오소리는 땅이 주는 이점을 최대한 활용해 퇴각하다가 종종 공격도

해왔다. 그러더니 마침내 어디론가 훌쩍 사라지고 말았다.

엘자는 자기가 졌다는 게 당혹스러운지 다소 풀이 죽어 돌아왔다. 사실 엘자는 너무 많이 먹은 상태라 재미삼아서라면 모를까 사냥할 마음이 없었던 데다, 그렇게 사나운 친구와는 굳이 어울리고 싶지 않다는 눈치였다.

처음에 엘자를 방사했을 때 녀석의 아랫도리에 나 있는 깊은 상처를 발견하고는 오소리의 짓이 아닌가 의심했는데, 이 사건은 그런 우리의 추측이 맞았음을 확인해주었다. 몸집이 작은 동물 가운데 오소리처럼 겁 없고 대담한 녀석은 없기 때문이다.

야영지로 돌아오는 길에 엘자는 기분이 한껏 좋아져서 몇 번이나 나를 모래바닥에 굴렸다. 그러고 있는데 코끼리 떼 소리가 아주 가까이서 들려왔다.

그 날 밤 엘자는 내 텐트 앞에서 잠을 잤지만 동이 트기 직전에 자기 짝이 소리쳐 부르자 녀석은 소리가 들려오는 방향으로 사라졌다.

두 녀석의 울음소리는 쉽게 구분할 수 있었다. 엘자의 경우에는 목구멍 깊숙한 곳에서 나오는 후음이지만 처음에 울부짖고 나면 한두 번 낮게 으르렁거리고 만다. 반면 녀석의 짝은 엘자보다 저음이지만 처음에 길게 울부짖고 나면 최소한 열 번에서 열두 번은 으르렁거린다.

엘자가 자리를 비운 동안 우리는 녀석이 짝과 잘 지내기를 바라면서 텐트를 접고 이시올로로 출발했다. 집을 떠난 지 약 3주 만이었다.

우리는 10월 10일에 다시 야영지를 찾았다. 도착하고 나서 1시간쯤 지나자 강을 건너 헤엄쳐 오는 엘자의 모습이 보였다. 하지만 엘자는 평소와 달리 우리를 보고 반색을 하는 대신 그냥 내 쪽으로 천천히 다가왔다. 허기져 보이지도 않았고, 드물게도 아주 얌전하고 조용했다.

엘자를 어루만지다 보니 녀석의 피부가 매우 부드러워지고 털도 전에 없이 윤기가 자르르했다. 게다가 젖꼭지도 다섯 개 중에서 네 개가 상당히 부풀어 있었다.

엘자는 임신한 상태였다. 의심의 여지가 없었다. 녀석은 한 달 전에 임신한 게 분명했다.

새끼를 밴 암사자들은 사냥하는 데 아무래도 불편하기 때문에 '이모뻘' 되는 한두 마리의 다른 암사자가 옆에서 거들어준다는 게 정설이다. 이 밖에 이모뻘 되는 암사자들은 갓 태어난 새끼들을 돌보아주는 것으로도 알려져 있다. 그런 경우 수컷은 거의 도움이 되지 않기 때문이다. 사실 수컷은 몇 주 동안 새끼들 곁에 접근하지 못할 때가 많다.

가엾은 엘자는 이모들이 없기 때문에 우리가 그 자리를 대신해야 할 것 같았다. 조지와 나는 임신 기간 동안 엘자의 먹이를 대는 문제와 녀석이 다치지 않게 할 방법을 의논했다.

나는 최대한 오래 야영지에 머물기로 했다. 가장 가까운 수렵 감시 탑은 야영지에서 40킬로미터 떨어진 곳에 위치해 있었다. 나는 트럭을 타고 나가 염소를 구해다가 정기적으로 그곳에 풀어놓기로 했다.

누루도 나와 함께 지내면서 엘자를 돕기로 했고, 마케데는 총으로 무장하고 우리를 지키기로 했다. 이브라힘은 운전을 담당하기로 했고,

토토(토토는 스와힐리어로 '꼬마'라는 뜻이다)는 내 밑에서 잔심부름을 하기로 했다.

조지는 일이 허락하는 대로 가능한 한 자주 우리를 방문하기로 했다.

엘자는 우리의 대화를 알아들었는지 내가 야전 침대를 펴자마자 임산부에게는 거기가 제일 적당한 장소라고 생각하는 듯 그 위로 펄쩍 뛰어올랐다.

그때부터 엘자가 내 야전 침대를 독차지하는 바람에 이튿날 아침 눈을 떠보니 온몸이 찌뿌드드했다. 내가 야전 침대를 작업실로 옮겨놓자 엘자도 따라와서 나와 함께 침대를 나누어 썼다. 아무래도 불편해서 잠시 후 녀석을 굴려 침대에서 쫓아냈다. 그러자 녀석은 나의 행동에 화가 났는지 강변 갈대숲으로 들어가 산책할 시간인 오후 늦게까지 나오지 않았다.

내가 소리쳐 부르자 녀석은 나를 빤히 쳐다보더니 성큼성큼 침대 쪽으로 걸어와서는 그 위로 뛰어올랐다. 그러고는 털썩 주저앉아 꼬리를 치켜들고는 세상을 다 얻은 듯한 표정을 지었다.

잠시 후 녀석은 무척이나 만족스런 얼굴로 침대에서 내려오더니 우리보다 앞장서서 산책에 나섰다.

방금 전까지만 해도 녀석은 앙심을 품고 있었지만 이제는 다 풀어진 듯했다.

내가 지켜본 바에 따르면 녀석의 몸놀림은 매우 굼떴고, 코끼리 떼의 울음소리가 가까이서 들려와도 귀만 쫑긋거릴 뿐이었다.

　새벽녘에 울부짖던 엘자의 짝이 아직도 울부짖고 있었다. 우리는 엘자를 울음소리가 들려오는 방향으로 데리고 갔다. 그런데 놀랍게도 두 마리의 수사자 발자국이 눈에 들어왔다.

　엘자가 발자국에 관심을 보이기 시작하자 우리는 녀석을 남겨두고 야영지로 돌아왔다. 녀석은 그 날 밤 돌아오지 않았다. 그래서 야영지 바로 옆에서 수사자 한 마리가 으르렁거리는 소리를 듣고 우리는 깜짝 놀랐다(아침에 일어나 보니 우리 텐트에서 10미터도 채 안 되는 곳에 사자 발자국이 찍혀 있었다). 다음 날에도 엘자는 돌아오지 않았다. 조지는 수사자들이 엘자에게 잘 대해주기를 바라면서 수사슴 한 마리를 사냥해 헤어지는 선물로 남겨두었다. 그리고 나서 우리는 이시올로로 돌아왔다. 2주 후 나는 엘자가 어떻게 지내는지 보러 다시 야영지를 찾기로 했다.

　우리가 야영지에 도착한 것은 어둑어둑해질 때였지만 엘자는 금세 나타났다. 녀석은 매우 야위었고, 배도 무척 고파 보였다. 게다가 목 주변의 물린 상처에서는 피가 흐르고 있었고, 등에도 수사자의 발톱 자국이 나 있었다.

　엘자가 우리가 가져간 고기를 먹는 동안 나는 녀석의 상처를 소독해주었다. 그러자 녀석은 혀로 내 손을 핥으면서 제 머리를 내 머리에 비벼댔다.

　그 날 밤 우리는 엘자가 먹이를 강까지 끌고 가서 먹이와 함께 강을 건넜다가 되돌아오는 소리를 들었다. 그 직후 비비 몇 마리가 경고의 울음소리를 낸 데 이어 강 건너편에서 수사자의 울음소리가 들려왔다. 엘자는 우리 쪽 강둑에서 나지막하게 가르랑거려 화답했다. 새벽녘에 엘자는 내 텐트 주위를 에워싼 가시나무 울타리 입구를 억지로 열려고 했다. 녀석은 머리를 반쯤은 안으로 들이밀었지만 그러고 나서는 그만 머리가 끼고 말았다. 녀석은 머리를 빼내려고 발버둥쳤고, 그 바람에 입구의 쪽문이 무너지고 말았다. 잠시 후 녀석은 쪽문을 마치 깃처럼 목에 두른 채 안으로 들어왔다. 나는 그 즉시 녀석의 목에 걸린 쪽문 잔해를 떼어냈지만 녀석은 어딘지 불안해 보였고, 위안거리가 필요한지 내 손가락을 미친 듯이 빨아댔다. 허기져 있었지만 녀석은 평소와 달리 먹이를 차지하려고도 지키려고도 하지 않았다. 다만 먹이가 있는 방향에서 들려오는 소리에만 행여 놓칠세라 열심히 귀를 기울일 뿐이었다. 이 이상한 행동에 우리는 당황스러웠다. 조지가 무슨 일이 있었는지 알아보러 나갔다. 그랬더니 엘자가 먹이를 가지고 강을 건너긴 했지만, 발자국으로 미루어보아 또 다른 암사자가 400미터 정도 먹이를 끌고 가서 일부를 먹고 나머지는 근처 바위 쪽으로 가져간 것으로 확인되었다. 이 암사자가 아무래도 바위 부근에 새끼들을 숨기고 있다고 판단했기 때문에 조지는 거기서 추적을 멈추었다. 하지만 조지는 낯선 암사자 발자국 바로 옆에서 수사자의 발자국을 발견했다. 자세히 보니 엘자의 남편 발자국은 아니었다. 여러 가지 정황상 수사자는 고기에는 손을 대지 않았지만 일정한 거리까지 암사자 뒤를 따라갔던 듯했다. 다시 말해 먹이를 암사자에게 양보했던 듯했다.

그렇다면 수사자들이 비록 새끼를 임신했거나 돌보느라 사냥에 지장이 있는 암사자들에게 많은 도움이 되지는 않는다 하더라도 짝을 위해서라면 기꺼이 희생한다는 추론이 가능하지 않을까? 엘자는 아직도 낫지 않은 상처 때문에 고통을 겪고 있었고, 임신 기간이라 이모의 도움이 필요한 상태였다. 그래서 허기를 참아가면서까지 이모 암사자의 도움을 구하러 왔던 게 아니었을까? 우리는 이렇게밖에 추측할 수가 없었다.

이제 엘자는 몸이 불어서 움직일 때마다 힘들어했다.

나와 함께 작업실로 내려갈 때면 엘자는 탁자 위로 올라가 드러눕곤 했다. 나는 엘자의 그런 행동이 이해가 되지 않았다. 비록 탁자가 약간 시원하긴 하지만 내 야전 침대나 바닥의 부드러운 모래에 비하면 훨씬 딱딱하기 때문이었다. 그 다음 며칠 동안 엘자는 자기 짝과 내 곁에서 번갈아가며 지냈다. 야영지에서의 마지막 날 엘자는 염소 고기를 배불리 먹고 나서 묵직한 배를 출렁이며 벌써 몇 시간째 녀석을 애타게 불러대는 짝 곁으로 돌아갔다. 엘자가 없는 틈을 타 우리는 이시올로로 떠날 채비를 했다.

11월 두 번째 주에 우리는 다시 야영지를 찾았다. 엘자의 은신처에 도착하자 양과 염소들 발자국이 어지럽게 찍혀 있고, 야영지에도 여기저기 발굽 자국이 나 있었다. 만약 엘자가 자기 영역이라고 생각하는 곳에서 방목중인 염소들을 보고 화가 난 나머지 그 중 한 마리를 죽였다면 염소 주인에게 봉변을 당했을지도 모른다고 생각하니 머리끝이 쭈뼛거렸다. 나중에 강 근처에서 아주 최근에 창에 찔려 죽은 악어 시체를 발견하자 우리의 두려움은 더욱 커졌다. 조지는 밀렵꾼들의 동태를 알아보기 위해 수렵 감시원들을 파견했다. 그 사이 조지와 나는 엘자를 찾으러 나섰다.

몇 시간 동안 덤불숲을 헤치며 엘자를 소리쳐 불렀지만 허공을 가르는 총소리만 간간이 들려올 뿐 아무 대답이 없었다. 해질 무렵 수사자 한 마리가 큰바위가 있는 쪽에서 울부짖기 시작했지만 엘자의 목소리는 들리지 않았다.

날은 점점 어두워지는데 손전등 배터리가 나갔다. 우리가 왔다는 걸 알리려면 마우마우(1950년대 케냐의 키쿠유 족이 시작한 투쟁적인 아프리카 민족운동 - 옮긴이) 시대의 유물인 공습 사이렌을 켜놓는 수밖에 없었다. 예전에 엘자는 귀를 찢는 듯한 이 사이렌 소리를 듣고 야영지로 찾아들곤 했다.

하지만 엘자가 아니라 수사자가 사이렌 소리에 응답해왔다. 우리는 계속 사이렌을 울려댔고, 그때마다 수사자도 끈질기게 대꾸를 했다. 이 이상한 대화는 마침내 엘자가 나타나 방해를 할 때까지 계속 이어졌다. 엘자는 반가운지 우리 둘을 한꺼번에 넘어뜨렸다. 몸이 축축하게 젖은 걸로 보아 수사자가 울부짖던 쪽의 강변에 있다가 강을 헤엄쳐 건너온 게 분명했다.

엘자는 매우 건강해 보였고, 허기져 있지도 않았다. 녀석은 새벽녘에 떠났다가 우리가 막 오후 산책을 나서려던 찰나에 돌아왔다. 우리는 큰바위 위로 올라가 적당한 곳에 자리를 잡고 앉아서는 일몰을 구경했다. 쪽빛 언덕들 뒤로 뉘엿뉘엿 넘어가는 해가 꼭 불덩이 같았다.

처음에 엘자는 불그스레한 색깔의 바위와 하나가 되는 듯하더니 곧이어 희끄무레한 하늘을 배경으로 윤곽만 남았다. 보름달이 뜨고 있었다. 우리 모두가 자줏빛과 잿빛 일색인 덤불의 바다에 정박한 커다란 배를 타고 있는 듯했다. 덤불 바다 위로 장미 모양의 화강암 섬들이 점점이 떠 있었다. 이루 말할 수 없이 광대하고, 그러면서도 이루 말할 수 없이 평화로운 광경이었다. 시간이 멈춘 듯했다. 마술의 배에 몸을 싣고 현실에서 빠져나와 인간이 만든 모든 가치가 의미를 상실하는 세계로 미끄러져 들어가는 듯한 기분이었다. 내 곁에 앉아 있는 엘자 쪽으로 손을 뻗었다. 나도 모르게 나온 행동이었다. 엘자는 이 세계에 속해 있었고, 우리는 엘자를 통해서만 우리가 먼 옛날에 잃어버린 낙원을 구경할 수 있었다. 나는 엘자가 야생 수사자 사이에서 태어난 새끼들과 함께 이 바위 위에서 행복하게 뛰노는 모습을 상상했다. 지금 이 순간에도 수사자는 근처에서 엘자를 기다리고 있을 터였다. 엘자는 바닥에 드러눕더니 나를 자기 곁으로 끌어당겼다. 나는 혹시 녀석의 배 안에서 생명이 움직이고 있는지 알아보기 위해 녀석의 늑골 밑으로 조심스럽게 손을 넣어 더듬어 보았지만 녀석은 얼른 내 손을 치워버렸다. 무슨 경우 없는 짓을 하느냐는 듯한 태도였다. 녀석의 젖꼭지는 이미 상당히 부풀어 있었다.

곧이어 우리는 야영지로, 가시나무 울타리가 둘러쳐진 우리의 안가로, 엘자의 진짜 삶이 시작된 어둠의 세계로부터 우리를 지켜줄 불빛과 소총이 있는 곳으로 돌아와야 했다.

우리는 서로 헤어져 각자의 세계로 돌아갔다.

야영지로 돌아와 보니 보란 족 밀렵꾼들이 수렵 감시원들에게 둘러싸여 있었다. 수렵 감독관으로서 조지의 가장 중요한 임무 가운데 하나는 밀렵을 근절하는 일이다. 밀렵은 보호 구역 안에 있는 야생동물들의 생존을 위협하기 때문이다.

엘자는 그 날 밤에도, 그 다음 날에도 돌아오지 않았다. 슬슬 걱정이 되면서 부족민들과 그들의 가축 떼가 주변에 있는 동안에는 엘자를 우리 눈길이 닿는 곳에 두는 게 낫지 않을까 하는 생각이 들었다. 그 날 오후 우리는 엘자를 찾으러 나갔다. 바위 근처에 이르러 우리가 왔다는 신호를 보냈지만 아무 대답이 없었다. 전날 저녁 일몰을 구경하던 곳에 올라갔을 때였다. 갑자기 나즉이 으르렁거리는 소리에 이어 우리 아래 쪽에 있는 바위 틈새에서 우당탕 하는 소리와 함께 나무가 부러지는 소리가 들려왔다. 우리는 있는 힘을 다해 바로 옆에 있는 바위 꼭대기로 달려갔다. 아주 가까운 데서 엘자의 목소리가 들린다 싶더니 잠시 후 엘자의 짝이 숲 속으로 쏜살같이 튀어나가는 모습이 보였다.

엘자는 멈춰 서서 우리를 올려다보더니 짝을 좇아 슬그머니 숲 속으로 사라졌다. 두 녀석이 사라진 방향은 보란 족과 가축들이 있는 곳이었다.

우리는 거의 해질 무렵까지 기다리다가 엘자를 소리쳐 불렀다. 뜻밖에도 녀석은 덤불숲에서 터벅터벅 걸어나왔다. 그 날 밤 녀석은 야영지에서 우리와 함께 지낸 후 새벽녘에 다시 나갔다.

조지는 체포된 밀렵꾼들과 함께 이시올로로 돌아갔지만 수렵 감시원 몇 명은 야영지에 남았다.

덤불숲은 무리에서 떨어져 나온 양과 염소들로 북적댔다. 그 가운데 갓 태어난 새끼 양들은 애처롭게 울어대고 있었다. 나는 수렵 감시원들의 도움을 받아 녀석들을 어미 품으로 돌려보냈다.

저녁에 번개가 쳤다. 곧 우기가 시작된다는 표시였다. 비가 온다는 소식이 그렇게 반갑기는 처음이었다. 우기가 시작되면 보란 족들이 자기네 목장으로 돌아갈 테고, 그렇게 되면 엘자에게 가해지는 유혹과 위험도 제거될 터였기 때문이다.

다행히 엘자는 현재 우리와 야영지를 공유하고 있는 수렵 감시원들을 싫어했기 때문에 지난 며칠은 보란 족과 가축들이 없는 강 건너에서 지냈다.

소나기가 내려 바싹 말라붙었던 대지가 물에 잠겼다. 우기가 시작되면서 일어나는 변화는 이를 지켜보지 못한 사람이라면 상상조차 하지 못할 정도로 엄청나다.

불과 며칠 전만 해도 바싹 마른 덤불숲은 금방이라도 쩍쩍 갈라질 듯했고, 아무리 주위를 둘러보아도 길게 늘어선 흰색 가시덤불밖에는 보이지 않았다. 하지만 지금은 형형색색의 꽃들이 단추처럼 박힌 열대의 싱그러운 초목이 사방에 펼쳐져 있고, 공기에서도 진한 향내가 나고 있었다.

조지가 얼룩말 한 마리를 잡아가지고 돌아왔다. 임신한 엘자를 위한 특별식이었다. 자동차 소리를 듣자마자 엘자는 어디선가 냉큼 달려 나오더니 먹이를 발견하고는 랜드로버에서 끌어내리려고 했다. 잠시 후 녀석은 자기한테는 너무 무겁다고 판단했는지 일꾼들이 서 있는 곳으로 가서는 머리로 얼룩말을 치받았다. 도와달라는 신호였다. 일꾼들은 왁자지껄 웃음을 터뜨리며 얼룩말을 끌어내 가까운 곳에 부려놓고 엘자가 먹이를 먹기를 기다렸다. 얼룩말은 엘자가 가장 좋아하는 고기였다. 하지만 뜻밖에도 엘자는 고기에는 손도 대지 않은 채 강가에 서서 낮게 울부짖었다.

아마도 같이 먹자고 짝을 초대하는 모양이었다. 그렇다면 엘자도 사자들의 식사 예법을 익힌 셈이었다. 사냥은 대개 암사자들이 하지만 사냥을 하고 나면 수사자가 배를 채울 때까지 기다렸다 먹어야 하기 때문이다.

다음 날 아침, 그러니까 11월 22일 엘자는 불어난 강을 헤엄쳐 건너와서는 얼룩말을 놓아둔 장소로 올라왔다. 그러더니 이번에도 강 건너편의 바위지대를 향해 울부짖었다.

엘자의 한쪽 앞발에 깊이 베인 상처가 나 있었지만 내가 소독하려고 하자 엘자는 거부했다. 엘자는 양껏 먹은 후 바위지대 쪽으로 사라졌다.

그 날 밤 8시간 동안이나 내린 비로 강은 물살이 아주 거셌다. 엘자가 아무리 수영을 잘한다 해도 건너기에는 너무 위험했다. 그래서 다음 날 아침 엘자가 큰바위에서 돌아오는 모습을 보고서 무척 기뻤다.

녀석은 무릎이 심하게 부어 있었다. 이번에는 내가 갈라진 앞발을 치료하도록 가만히 있었다.

녀석은 배변을 하는 데 무척 곤란을 겪었던 듯했다. 녀석의 배설물을 조사해보니 놀랍게도 얼룩말 가죽이 돌돌 말린 채로 섞여 있었다. 펼쳤더니 수프 접시만했다. 털은 소화된 상태였지만 가죽은 두께가 1.3센티미터나 됐다. 내장을 다치지 않고도 그런 물체를 몸에서 제거하는 야생동물들의 능력에 그저 감탄이 나올 따름이었다.

며칠 동안 엘자는 시간을 쪼개 우리와 함께 지내기도 하고, 제 짝과 함께 지내기도 했다.

조지가 정찰 임무를 마치고 돌아오는 길에 엘자에게 염소 한 마리를 가져다 주었다. 평소 같으면 옆에 붙어서서 지켜야 하는 번거로움을 덜기 위해 먹이를 조지의 텐트로 끌고 들어갔을 테지만 이번에는 텐트에서는 보이지 않는 차 옆에 놓아두었다. 그 날 밤 녀석의 짝이 와서 엘자가 놓아둔 먹이를 배불리 먹었다. 우리는 엘자가 무슨 속셈으로 이런 행동을 하는지 궁금했다.

다음 날 저녁 일부러 야영지에서 멀리 떨어진 곳에 먹이를 갖다 두었다. 엘자의 짝이 너무 가까이까지 접근하는 게 불안했기 때문이다.

어둠이 깔리자마자 엘자의 짝이 먹이를 끌고 가는 소리가 들렸다. 아니나 다를까, 아침에 보니 엘자는 짝과 함께 있었다.

이제 우리에게 문제가 생겼다. 우리는 점점 배가 불러와서 사냥하기가 갈수록 힘들어지고 있는 엘자를 돕고 싶었다. 그래서 정기적으로 먹이를 대고 있지만 우리가 계속 야영지에 나타나면 아무래도 엘자와 수사자의 관계에 방해가 될 것 같았다. 엘자의 짝에게는 분명 달갑지 않은 일이었다. 하지만 녀석이 대놓고 우리에게 반감을 품은 적이 있었던가? 전반적으로 봤을 때 그렇지 않은 것 같았다. 결국 우리는 앞으로 6개월 동안 엘자를 돌보기로 한 계획을 그대로 밀고 나가기로 했다. 그 사이 엘자의 짝을 보진 못했지만 열 번에서 열두 번 정도 으르렁거리는 녀석만의 독특한 울음소리는 자주 들려왔다. 그리고 발자국도 발견되었다. 이는 녀석이 계속해서 엘자와 어울려 다닌다는 증거였다.

녀석은 여전히 우리 앞에 나타나지는 않았지만 점점 대담해지고 있었다. 그렇더라도 우리와 녀석 사이에 체결된 조약은 아주 특이했다. 우리가 녀석의 습관을 꿰뚫게 되면서 녀석도 우리의 습관을 알게 되었다. 녀석은 기꺼이 우리와 엘자를 공유했고, 그 대가로 가끔씩 먹이를 기대하는 것은 당연하다고 생각하는 듯했다.

녀석의 그런 태도를 위안 삼아 우리는 양심의 가책을 걷어냈다.

어느 날 오후 엘자와 함께 덤불숲을 산책하다가 안쪽에 금이 간 커다란 옥석을 발견했다. 엘자는 호기심이 동한 듯 킁킁거리며 냄새를 맡더니 이내 얼굴을 찡그리며 더 이상은 가까이 다가가려고 하지 않았다. 다음 순간 쉭쉭거리는 소리가 들려왔다. 조지는 뱀인 줄 알고 권총을 꺼내 들었다. 하지만 돌 틈에서 나온 것은 왕도마뱀의 넙적한 대가리였다.

도마뱀은 몸을 꿈틀거리며 순식간에 밖으로 나왔다. 녀석은 길이 150센티미터에 몸통이 거의 30센티미터나 되는 거구로, 있는 힘을 다해 풀쩍 뛰어올랐다. 그리고 나서 목을 앞으로 쭉 빼더니 갈퀴같이 생긴 길다란 혀를 채찍처럼 휘둘러대며 꼬리를 사납게 패대기쳤다. 그 모습에 엘자는 물러서는 게 현명하다고 생각하는 듯했다.

나는 안전 거리를 확보하고 나서 녀석의 용기에 경의를 표했다. 위협적인 외모와 악어처럼 힘센 꼬리 외에는 방어 수단이 하나도 없는 데도 녀석은 돌 틈새에 갇혀 있느니 밖으로 나와 위험과 맞서는 쪽을 택했다.

며칠 동안 우리는 엘자를 거의 보지 못했지만 엘자의 짝이 포효하는 소리도 자주 들었고, 발자국도 자주 목격했다. 그래서 걱정하지 않았다.

안타깝게도 조지는 떠나야 했지만 나는 계속 남았다. 짝이 계속해서 소리쳐 부르는 데도 엘자는 나와 함께 3일 동안 야영지에서 지냈다.

어느 날 저녁 엘자는 강 쪽을 쳐다보더니 잔뜩 몸이 굳어서는 덤불 숲으로 사라졌다. 뒤이어 비비들이 엄청나게 짖어대는가 싶더니 엘자의 포효 소리에 잠잠해졌다. 잠시 후 엘자의 짝이 화답해왔다. 녀석은 불과 45미터쯤 떨어진 거리에 있는 게 분명했다. 녀석의 목소리에 땅이 뒤흔들리는 듯했다. 소리는 점점 커졌다. 반대쪽에서 엘자가 포효하는 소리가 들렸다. 두 녀석 사이에 앉아 있으려니 녀석들이 내 텐트 안으로 들어오기라도 하면 어쩌나 걱정이 되었다. 녀석들에게 대접할 게 아무것도 없었기 때문이다. 하지만 시간이 지나자 녀석들은 소리를 질러대는 데 지친 듯했다. 낮게 으르렁거리는 소리가 잦아들더니 벌레들이 윙윙 거리는 소리 외에는 숲에서 아무 소리도 들려오지 않았다. 다행히 다음 날 저녁 조지가 엘자를 위해 염소 한 마리를 가지고 돌아왔다.

# 11

## 새끼들이 태어나다

어느새 12월 중순으로 접어들었다. 곧 새끼들이 태어날 터였다.

엘자는 몸이 너무 무거워서 움직일 때마다 힘들어했다. 정상적인 환경에서 살았더라면 엘자는 싫어도 운동을 할 수밖에 없었을 것이다. 그래서 엘자를 산책시키려고 내 나름대로 최선을 다했지만 엘자는 텐트 근처에서 꿈쩍도 하지 않았다. 우리는 엘자가 몸을 풀 장소로 어디를 택할지 궁금했다. 녀석은 우리의 텐트를 가장 안전한 '동굴'로 여겨온 터라 텐트 안에서 새끼들이 태어날 가능성도 없지 않았다.

우리는 젖병을 준비하고, 분유와 포도당도 비축해두었다. 아울러 동물의 출산과 예상되는 합병증에 관해 내가 구할 수 있는 책과 자료는 모두 구해 읽었다.

아기를 받아본 경험이 없었기 때문에 매우 불안했다. 그래서 수의사에게 조언을 구했다. 엘자의 임신 기간이 어느 정도인지 알아보기 위해 늑골 바로 밑에 있는 복부를 손으로 지긋이 눌러보았다. 하지만 태동이 전혀 느껴지지 않았다. 엘자가 교미한 날짜를 잘못 계산했을 수도 있었다.

강이 불어 넘치고 있었다. 조지와 나는 폭포의 상태를 알아보러 하류 쪽으로 5킬로미터쯤 걸어 내려가기로 했다. 엘자는 랜드로버 꼭대기에서 우리가 출발하는 모습을 지켜보기만 할 뿐 따라올 기미는 보이지 않았다. 졸린 표정이었다. 풀과 나무가 무성한 덤불숲을 지나가면서 엘자가 옆에 있어 버펄로와 코끼리 떼의 접근을 경고해주면 얼마나 좋을까 하는 생각을 했다. 배설물로 미루어보아 버펄로와 코끼리들이 아주 가까운 거리에 있는 게 분명했기 때문이다.

폭포는 장관을 이루었다. 하얀 거품을 내뿜으며 협곡으로 쏟아져 내린 물이 바위에 부딪혀 천둥치는 소리를 내더니 곧이어 깊은 소용돌이를 일으키며 사방으로 콸콸 흘러넘쳤다.

돌아오는 길에 폭포 소리가 막 멈춘 지점에서 푸푸거리는 엘자의 낯익은 목소리가 들려왔다. 잠시 후 엘자가 총총걸음을 치며 우리 쪽으로 다가오는 모습이 보였다. 엘자는 체체파리 떼로 뒤덮여 있었지만 우리를 보더니 무척이나 반가워했다. 그러고 나서야 엘자는 땅바닥에 드러누워 몸을 굴리면서 파리 떼를 떼어내려고 무진 애를 썼다.

나는 우리와 함께하려는 엘자의 노력에 깊은 감동을 받았다. 어젯밤부터 오늘 아침 9시까지 짝이 애타게 불렀는데도 짝한테 가지 않고 우리 곁에 남아 있어 주어서 더욱 그랬다.

하지만 흐뭇하면서도 엘자의 짝이 우리와 엘자를 공유하는 것에 싫증을 낼까봐 한편으로는 두렵기도 했다. 엘자의 짝을 찾는 데에는 꽤 오랜 시간이 걸렸다. 이번에도 우리가 끼어들어 짝이 엘자를 떠난다면 스스로를 용서하지 못할 것 같았다. 우리는 엘자의 새끼들이 야생에서 자라길 바랐다. 그러려면 아버지가 필요했다.

우리는 사흘 동안 떠나 있기로 했다. 물론 여기에는 위험이 따랐다. 우리가 없는 동안에 새끼들이 태어날지도 모르는 데다 엘자가 우리의 도움을 필요로 할 수도 있었기 때문이다. 하지만 우리가 생각하기에는 엘자가 짝한테서 버림받는 게 더 위험했다. 그래서 떠나기로 결심했다.

우리는 12월 16일에 다시 야영지를 찾았다. 엘자는 매우 허기진 상태로 우리를 기다리고 있었다. 엘자는 이틀 동안 야영지에서 꿈쩍도 하지 않은 듯했다. 아마도 주기적으로 내리치는 천둥번개 때문에 보호처를 떠나기가 망설여졌던 모양이었다. 하지만 엘자는 뜻밖에도 큰바위 쪽으로 몇 걸음 옮겨놓았다. 하지만 평소처럼 곧 다시 돌아왔다. 엘자는 앞으로를 대비해 영양분을 비축해 두려는지 엄청나게 먹어댔다.

12월 18일 밤 엘자는 어둠을 뚫고 내 텐트를 에워싼 가시나무 울타리 사이로 기어들어 와서는 내 침대 옆에서 밤을 보냈다. 이런 일은 상당히 드물었다. 아마도 몸을 풀 때가 됐다고 느끼는 것 같았다.

다음 날 조지와 내가 산책을 나가자 엘자는 우리를 따라왔다. 하지만 숨이 차서 중간중간 앉아서 쉬어야 했다. 불편해하는 기색이 역력했다. 이를 보고 우리는 왔던 길을 되짚어 아주 천천히 걸었다. 그런데 뜻밖에도 엘자가 갑자기 큰바위가 있는 쪽 덤불숲으로 사라졌다.

그 날 밤 엘자는 돌아오지 않았다. 하지만 아침이 되자 엘자가 매우 약하게 소리치는 게 들려왔다. 우리는 엘자가 새끼들을 낳았다고 판단하고는 녀석의 흔적을 찾으러 나갔다. 발자국은 큰바위 근처로 이어져 있었지만 풀이 너무 우거져서 그만 엘자의 자취를 놓치고 말았다. 바위와의 거리는 1.5킬로미터 정도밖에 되지 않았지만 한참을 찾아도 엘자는 보이지 않았다.

우리는 오후에 다시 엘자를 찾으러 나섰다. 마침내 망원경 렌즈에 엘자의 모습이 잡혔다. 엘자는 큰바위 위에 서 있었다. 멀리서 보니 아직도 배가 부른 상태였다.

올라가 봤더니 엘자는 널찍한 바위 틈 위의 큼지막한 돌 옆에 누워 있었다. 근처에는 풀도 그럭저럭 있고, 키작은 나무 한 그루가 그늘을 드리우고 있었다. 그곳은 엘자가 가장 좋아하는 '전망대' 가운데 하나였다. 바위 틈 안에 비를 막아주기도 하고 침입자로부터 보호해주기도 할 동굴이 있었기 때문에 새끼들을 놓아두기에는 그보다 안성맞춤인 장소는 없지 싶었다.

엘자에게 모든 걸 일임하고 떠나려고 하자 녀석이 천천히 우리 쪽으로 다가왔다. 조심조심 걷는 모습이 상당히 고통스러워 보였다. 엘자는 반갑게 우리를 맞이했지만 녀석의 질에서 피가 똑똑 떨어지는 게 보였다. 산통이 시작됐다는 증거였다.

산통의 와중에서도 엘자는 우리 뒤에 서 있는 마케데와 토토에게 다가가 두 사람의 다리에 머리를 비비더니 털썩 주저앉았다.

내가 가까이 다가가자 엘자는 일어서서 바위 끝으로 슬슬 움직여 갔다. 그러고는 우리에게서 고개를 돌린 채 그곳에 버티고 섰다. 아무도 따라와선 안 된다고 경고하고 있는 듯했다. 이따금씩 엘자는 되돌아와 서는 내 머리에 자기 머리를 문지르더니 단호하게 평평한 돌이 있는 곳으로 되돌아가곤 했다. 혼자 있고 싶은 게 분명했다.

우리는 그리 멀리 떨어지지 않은 곳으로 옮겨 1시간 반 동안 망원경으로 엘자의 동태를 살폈다. 엘자는 옆으로 데굴데굴 구르는가 하면, 질을 핥으면서 괴로워했다. 그러다 갑자기 벌떡 일어서서는 조심조심 가파른 바위턱으로 내려오더니 그 밑에 있는 무성한 덤불숲으로 사라져 버렸다.

엘자를 도와줄 방법이 없었기 때문에 우리는 야영지로 돌아왔다. 해가 지고 나서 엘자의 짝이 울부짖는 소리가 들려왔다. 하지만 아무 대답이 없었다.

나는 엘자를 생각하며 거의 뜬눈으로 밤을 지샜다. 동이 터올 때쯤 걱정이 산더미처럼 불어나기 시작하면서 날이 밝을 때까지 도저히 기다릴 수가 없을 지경이 되었다. 당장이라도 뛰쳐나가서 무슨 일이 일어났는지 확인하고 싶었다.

이른 새벽 조지와 나는 밖으로 나갔다. 우리는 우선 엘자의 짝이 남긴 발자국을 추적했다. 녀석의 발자국은 밤 사이 야영지 근처까지 와서 엘자가 사흘 동안 손도 대지 않은 냄새 나는 염소 시체를 숲 속으로 끌고 가서 먹어치웠다는 것을 말해주고 있었다. 그러고 나서 녀석은 엘자가 사라진 장소 근처의 바위 쪽으로 걸어갔다.

우리는 그 다음에는 어떻게 해야 할지 갈피를 잡지 못했다. 우리의 호기심 때문에 새끼들을 위험에 빠뜨리고 싶지 않았다. 출산 직후에 방해를 받은 암사자는 새끼들을 죽이는 것으로 알려져 있다. 게다가 엘자의 짝이 아주 가까운 곳에 있을지도 모를 일이었다. 그래서 우리는 수색을 접기로 했다. 대신 조지가 밖으로 나가 엘자와 엘자의 짝에게 줄 커다란 영양을 한 마리 사냥해 왔다.

그 사이 나는 큰바위 위로 올라가 엘자가 있는 곳을 알려줄지도 모르는 주변 소리에 귀를 기울이며 1시간 동안 기다렸다. 귀에 온 신경을 집중했지만 사방은 조용하기만 했다. 더 이상은 불안을 견딜 수가 없어 나는 결국 엘자를 소리쳐 불렀다. 하지만 아무 대답이 없었다. 엘자가 죽기라도 한 걸까?

우리는 수사자 발자국이 엘자가 있는 곳으로 안내해줄지도 모른다는 기대를 품고 아까 우리가 되돌아온 곳에서부터 녀석의 흔적을 더듬었다. 발자국은 바위 근처에 있는 마른 강 바닥으로 이어져 있었다. 우리는 만약 녀석이 먹이 냄새를 맡고 되돌아온다면 엘자의 위치를 파악하는 데 도움이 될지도 모른다는 생각에 거기다 녀석의 먹이를 놓아두었다.

밤새 멀리서 녀석이 울부짖는 소리가 들려왔다. 그 때문에 다음 날 아침 야영지 근처에서 녀석의 발자국을 발견하고는 깜짝 놀랐다. 조사해봤더니 우리가 야영지 근처에 놓아둔 고기는 그대로 있었지만 바위 근처에 놓아둔 짐승 시체는 사라지고 없었다. 협곡을 가로질러 울퉁불퉁한 바위지대와 울창한 덤불숲을 지나야 하는 험한 여정을 마다 않고 녀석은 먹이를 적어도 8킬로미터는 끌고 갔다. 식사중인 녀석을 방해할 마음이 없었기 때문에 우리끼리 엘자를 찾으러 나섰지만 엘자의 흔적은 어디에도 없었다. 야영지로 돌아와 아침을 먹고 나서 우리는 다시 밖으로 나갔다. 그런데 엄청나게 많은 독수리 떼가 수사자가 식사를 했다고 여겨지는 곳 근처의 나무들 위에 앉아 있는 모습이 망원경에 들어왔다.

우리는 수사자가 지금쯤은 식사를 마쳤겠거니 생각하고는 그곳으로 접근했다. 가까이 다가가자 덤불과 나무마다 독수리 떼로 우글거렸다. 다들 마른 강바닥을 뚫어지게 노려보고 있었다. 그곳에는 짐승 시체가 뜨거운 태양 아래 놓여 있었다. 고기가 눈앞에 있는 데도 독수리들이 꿈쩍도 하지 않는 점으로 미루어보아 수사자가 먹이를 지키고 있는 게 분명했다. 우리가 보기로는 녀석은 먹이에 손도 대지 않았다. 그렇다면 엘자가 아주 가까이에 있을지도 모른다는 추측이 가능했다. 수사자는 자기 짝을 위해 180킬로그램이나 나가는 짐을 끌고 그 먼 거리를 온 것이었다. 우리는 계속 수색을 하는 것은 현명한 행동이 아니라고 판단하고는 야영지로 돌아와 점심을 먹고 나서 다시 나갔다.

독수리 떼가 여전히 나무 위에 앉아 있는 걸 보고 우리는 바람을 등진 채 그 장소를 뱅뱅 돌며 높은 데서부터 조심스럽게 접근했다.

방금 전 조지와 마케데와 함께 땅바닥이 푹 꺼진 울창한 덤불숲을 지나오는데 갑자기 이상한 생각이 들었다. 멈춰 서서 뒤돌아보았더니 내 바로 뒤에 있던 토토가 덤불숲을 노려보고 있었다. 그러고 나서 으르렁거리는 소리에 이어 나뭇가지가 부러지는 소리가 들렸다. 잠시 후 사방은 다시 고요해졌다. 수사자가 근처에 있다가 튀어나간 모양이었다. 알고 보니 우리와 2미터도 안 되는 거리에 수사자가 있었다. 뭔가 이상한 느낌이 든 것은 녀석이 우리의 일거수일투족을 예의 주시하고 있었기 때문이었던 듯했다. 토토가 숲 속에 뭐가 있는지 보기 위해 허리를 굽히는 순간 녀석은 더 이상 참을 수가 없어서 튀어나갔던 것이다. 토토와 수사자는 서로 눈이 마주쳤고, 토토는 녀석의 큰 덩치가 갈라진 땅바닥 사이로 사라지는 모습을 볼 수 있었다. 우리는 매우 운이 좋았다고 생각하며 야영지로 돌아와 밤이 되기 전에 여러 군데 장소에 고깃덩이 세 개를 놓아두었다.

다음 날 날이 밝자마자 어제 저녁에 놓아둔 고기 상태를 확인하러 나갔더니 고기는 없고 하이에나 발자국만 찍혀 있었다.

강가에서 엘자 짝의 발자국을 발견했지만 엘자의 흔적은 보이지 않았다. 얕은 물웅덩이는 오래전에 말라붙었기 때문에 엘자가 목을 축일 수 있는 곳은 강밖에 없었다. 그래서 어디에도 엘자의 흔적이 없자 몹시 걱정이 되었다. 마침내 우리는 사흘 전 마지막으로 엘자를 봤던 장소 근처에서 엘자의 발자국으로 추정되는 발자국 몇 개를 목격했다. 하지만 확실치는 않았다. 우리는 잔뜩 기대에 부풀어 큰바위 일대를 샅샅이 뒤졌지만 헛수고였다.

독수리 떼마저 보이지 않았기 때문에 엘자의 위치를 찾을 만한 단서는 하나도 없었다.

우리는 바위와 야영지 근처에 다시 먹이를 놓아두었다. 다음 날 아침 엘자의 짝이 먹이 중 일부를 작업실로 끌고 가 그곳에서 먹어치운 흔적을 발견했지만 나머지는 하이에나 차지가 되고 말았다.

엘자를 못 본 지가 벌써 나흘째였다. 자기 짝과 영양을 나눠 먹지 못했다면 엘자는 엿새를 내리 굶고 있을 터였다.

엘자는 12월 20일 밤에 새끼들을 낳은 게 분명했다. 그렇지 않다면 엘자의 짝이 나흘이나 자취를 감추었다 그 날 밤 다시 나타나 줄곧 바위 근처에서 지냈을 리가 없었다. 우연의 일치라고 하기에는 너무 이상했다.

크리스마스 이브 날 조지는 염소를 구하러 나갔고, 그동안 나는 계속 엘자를 찾아다녔지만 내가 외치는 소리는 대답 없는 메아리에 불과했다.

나는 무거운 마음으로 조그만 크리스마스 트리를 준비했다. 예전에는 늘 즉석에서 트리를 만들곤 했다. 어떤 때는 대극에서 잘생긴 가지를 꺾어다 번쩍거리는 금속 줄을 매단 후 두툼한 뿌리 사이에 양초를 꽂기도 하고, 또 어떤 때는 꽃이 활짝 핀 알로에나 가시나무 묘목을 활용하기도 했다. 특히 가시나무 묘목은 장식 효과도 클 뿐더러 바늘이 삐죽삐죽하게 솟아 있어서 장식물을 매달기에도 좋다. 달리 마땅한 재료가 없을 때는 우묵한 접시에 모래를 담아 초를 꽂은 다음 주변에서 쉽게 구할 수 있는 식물로 장식을 하곤 했다.

하지만 오늘 밤에는 반짝이는 꽃줄과 장식물과 양초로 한껏 멋을 낸 조그맣지만 그럴듯한 진짜 트리가 마련되었다. 나는 화초들로 뒤덮여 있는 텐트 밖 탁자에 트리를 올려놓았다. 그러고 나서 조지와 마케데, 누루, 이브라힘, 토토, 요리사를 위해 준비한 선물과 일꾼들에게 주려고 돈을 얼마씩 넣은 봉투를 챙겼다. 봉투 겉면에는 그 전에 이미 크리스마스 트리를 그려두었다. 이 밖에 일꾼들용으로 담배와 설탕에 절인 대추야자와 깡통에 든 분유도 준비했다.

나는 서둘러 옷을 갈아입었다. 그러는 사이 날이 촛불을 켜도 될 만큼 어두워졌다. 나는 일꾼들을 불렀다. 일꾼들도 크리스마스를 위해 잔뜩 차려입고 있었다. 다들 활짝 웃었지만 약간 수줍어했다. 이런 종류의 크리스마스 트리는 본 적이 없기 때문이었다.

조그만 은빛 트리가 근처 덤불숲에 내려앉은 광활한 어둠을 배경으로 빛을 내며 예수의 탄생이 지니는 메시지를 전하는 모습을 보고 있으려니 나도 가슴이 뭉클했다.

크리스마스 이브 날이면 아이가 된 듯한 기분이 든다. 긴장된 분위기를 풀기 위해 나는 일꾼들에게 크리스마스 트리로 크리스마스를 축하하는 유럽의 전통을 이야기해 주었다. 일꾼들에게 선물을 나누어준 후 우리 모두 만세 삼창을 하듯 엘자를 세 번 연호했다. 그 소리가 공중에 매달린 듯했다. 순간 목구멍에서 뭔가가 울컥 치미는 것 같았다. 엘자는 살아 있을까? 나는 얼른 요리사에게 이시올로에서 공수해온 자두 푸딩을 가져오라고 말했다. 잠시 후 요리사가 내온 푸딩에 브랜디가 부어지고 촛불이 켜졌다. 하지만 불꽃이 파랗게 피어오르지 않았다. 푸딩이 너무 축축했던 게 문제였다. 푸딩에서는 워스터 소스 냄새가 났다. 요리사는 이런 식의 의식을 치러본 적이 없었던 게 분명했다. 요리사가 내 지시를 따르지 않고 조지가 자기가 만든 소스를 좋아한다는 믿음 아래 푸딩에도 그 소스를 듬뿍 뿌렸던 것이다.

하지만 크리스마스 만찬에 실망한 것은 비단 우리만이 아니었다. 엘자가 나타나면 낮춰주려고 약탈자들의 손길이 미치지 않는 곳에 염소 시체를 매달아 두었는데, 이 때문에 엘자의 짝이 크게 낙심한 모양이었다. 잠자리에 들고 나서 녀석이 나무 옆에서 울부짖으며 온갖 곡예를 펼치는 소리가 들려왔다. 녀석은 한동안 계속 그러고 있더니 지쳤는지 가버렸다.

크리스마스 날 아침 일찍 우리는 다시 엘자를 찾으러 나섰다. 우리는 수사자의 발자국을 좇아 강을 건넌 다음 녀석이 영양을 끌고 갔던 장소를 중심으로 덤불숲을 이 잡듯이 뒤졌다. 몇 시간의 수색이 헛수고로 끝난 후 우리는 아침을 먹으러 야영지로 돌아왔다. 아침에 조지는 야영지 근처에서 코브라를 쏘아 죽였다.

나중에 우리는 또다시 바위지대로 나갔다. 누군가가 만약 엘자가 살아 있다면 녀석은 그곳에 있다고 말하는 것만 같았다. 우리는 몸을 숙인 채 울창한 덤불숲을 훑어나갔다. 나는 엘자가 죽은 채로 발견되지 않기를, 독수리 떼를 피해 가시덤불 사이에 숨어 있기를 간절히 바라면서 눈에 띄는 바위 틈마다 고개를 들이밀었다.

다들 녹초가 된 채 머리 위의 바위가 드리우는 그늘에 앉아 쉬면서 엘자에게 닥쳤을 여러 가지 운명에 대해 이런저런 이야기를 나누었다. 우리는 매우 침울해 있었고, 누루와 마케데마저 목소리가 가라앉아 있었다.

우리는 몸도 덥혀주고, 젖도 먹이고, 소화가 잘 되라고 배도 맛사지 해주면서 처음 대엿새 동안은 새끼들 곁에서 꼼짝도 하지 않는 암캐들의 예를 들면서 애써 울적해진 기분을 추스렸다. 우리는 엘자도 그러고 있기를 바랐지만 아무런 흔적도 없다는 게 문제였다. 암캐들은 새끼를 낳고 얼마 되지 않았을 때도 가끔 밖으로 나와 주인을 찾곤 한다. 더군다나 엘자는 산통이 시작될 때까지 자기 짝보다는 우리에게 더 강한 애착을 보였기 때문에 새끼를 낳았다고 해서 완전히 야성을 회복했다고 하기에는 아무래도 무리가 있었다.

한낮이 되어서야 우리는 다시 야영지로 돌아와 침울한 가운데 크리스마스 음식을 들기 시작했다.

바로 그때 뭔가가 쏜살같이 달려오나 싶더니 엘자가 탁자 위에 있는 것들을 모조리 쓸어내리며 우리를 땅바닥에 내동댕이쳤다. 그러고는 우리 위에 올라타고 앉아 정신없이 기쁨과 애정을 표시했다.

엘자는 일꾼들에게도 똑같이 반가움을 나타냈다.

다시 예전 모습을 찾은 엘자는 아주 건강해 보였지만 젖꼭지는 조그맣게 줄어든 데다 말라 보였다. 젖꼭지마다 지름이 5센티미터쯤 되는 원이 시커멓게 둘러쳐져 있었다. 조심스레 젖꼭지를 잡고 짜보았더니 아니나 다를까, 젖이 한 방울도 나오지 않았다. 녀석은 먹이를 주자 금세 달려들어 먹기 시작했다. 그 사이 우리는 여러 가지 의문점에 대해 얘기했다. 녀석은 왜 하필이면 하루 중 제일 뜨거운 시간에 우리를 찾아왔을까? 평소 같으면 움직이지 않았을 이 시간을 택한 건 그때가 새끼들을 놓아두고 나오기에 가장 안전하다고 판단했기 때문은 아닐까? 실제로 그렇게 뜨거운 한낮에 먹잇감을 찾아 나서는 포식자는 거의 없다. 아니면 아까 조지가 코브라에게 총을 쏘는 소리를 듣고는 자기를 부르는 신호로 알아들었을까? 젖꼭지는 왜 줄어들고 말라 있을까? 좀전에 새끼들에게 젖을 물려 그런가? 그렇다 하더라도 임신 기간에는 몹시도 부풀어 있던 유선이 지금 와서 정상 크기로 줄어들었다는 건 말이 되지 않았다. 새끼들이 죽었나? 무슨 일이 일어났건 간에 녀석은 어째서 닷새 동안이나 나타나지 않았을까?

엘자는 배불리 먹고 물을 조금 마신 뒤 우리에게 와서 다정스레 머리를 비벼댔다. 그러고는 30미터쯤 떨어진 강가로 내려가 자리를 잡더니 꾸벅꾸벅 졸았다. 우리는 편히 쉬라고 엘자를 혼자 놓아두었.

엘자의 발자국을 따라가봤더니 바위지대로 이어져 있었다. 하지만 곧이어 발자국은 사라지고 없었다. 우리는 새끼들의 안위를 위해서는 그만 찾는 게 좋겠다고 판단하고 발길을 돌렸다. 하지만 엘자가 무사하다는 것을 확인한 이상 마음이 가벼웠다.

그 날 밤 엘자의 짝이 강 반대편에서 소리쳐 불렀지만 엘자는 대답하지 않았다.

다음 날 우리는 새끼들이 걱정되기 시작했다. 녀석들이 살아 있다면 저렇게 말라붙은 젖꼭지로 어떻게 젖을 먹인담? 우리는 젖꼭지를 둘러싸고 있는 불그스레한 원이 새끼들이 하도 빨아대서 핏줄이 터져 생긴 결과일지도 모른다며 애써 스스로를 안심시켰다. 하지만 동물원 관계자들에게 사람 손에서 자란 암사자는 얼마 안 가 죽고 마는 기형아를 낳을 확률이 높다는 경고를 들은 터라 몹시 걱정이 되었다. 엘자의 자매 가운데 한 녀석이 정말 그랬다. 아무래도 새끼들의 상태를 파악해서 필요하다면 구해주어야 할 것 같았다. 그래서 다음 날 아침 5시간 동안이나 찾아 헤맸지만 엘자의 새끼들이 있는 곳을 알려줄 만한 발자국은 고사하고 배설물이나 으깨진 나뭇잎조차 발견하지 못했다.

오후에도 수색에 나섰지만 여진히 아무런 성과가 없었다. 덤불숲을 뒤지다 조지가 하마터면 엄청나게 큰 독사를 밟을 뻔했다. 다행히 녀석이 덤벼들기 직전에 총을 쏠 수 있었다.

30분 후 이브라힘이 쏘는 공포탄 소리가 들려왔다. 엘자가 야영지에 나타났다는 신호였다.

엘자는 조지가 독사를 죽이느라 쏜 총소리에 반응을 보였던 게 분명했다.

엘자는 우리를 보더니 무척이나 반가워했다. 하지만 녀석의 젖꼭지는 여전히 말라 있었다. 걱정이 되지 않을 수 없었다. 하지만 엘자가 처음 야영지에 나타났을 때는 젖꼭지와 유선이 축 늘어지다 못해 양옆으로 출렁거릴 정도로 부풀어 있었다는 이브라힘의 말을 듣고 우리는 불안을 가라앉혔다.

이브라힘은 엘자의 행동이 매우 이상했다는 이야기도 전했다. 그가 부엌에서 총을 가져오자 엘자가 화를 내며 덤벼들었다고 했다. 부엌은 엘자가 나타난 방향에 있었다. 아마도 엘자는 이브라힘이 자기 새끼들한테 가는 줄로 알았던 모양이었다. 이브라힘에 따르면, 나중에 그가 응달에 매달아둔 엘자의 먹이를 가지러 작업실로 내려가자 엘자는 그가 자기 먹이에 손대지 못하게 막아서기도 했다고 한다. 엘자는 먹이를 끌고 랜드로버 위에다 부려놓았는데, 이브라힘이 녀석의 젖꼭지와 유선이 원래 상태로 줄어든 걸 발견한 것은 그러고 나서였다. 이브라힘은 엘자의 젖꼭지가 거짓말처럼 올라붙어 있더라고 하면서, 낙타와 소들은 젖꼭지를 수축시켜 젖이 나오지 않게 한다는 얘기를 덧붙였다. 그래서 계속 젖이 나오게 하려면 나무에 묶어놓고 억지로 젖을 짜내야 한다. 그렇게 하면 혈압이 올라가 근육이 저절로 풀어지면서 다시 젖을 분비하게 된다. 이브라힘의 말로는 그랬다. 엘자의 젖꼭지 상태를 설명하는 데에는 그의 이야기가 일리가 있는 듯했다. 암사자도 사냥을 할 때는 비슷한 반응을 보이지 않을까? 만약 젖꼭지를 수축시킬 수 없다면 덜렁이는 유방 때문에 사냥하는 데 큰 지장이 있을 뿐만 아니라 가시덤불에 젖꼭지가 찔릴 수도 있었다.

우리가 이 문제로 고심하는 동안 양껏 먹은 엘자는 바닥에 느긋하게 드러누워서는 새끼들한테 돌아갈 기미를 전혀 보이지 않았다.

그 모습을 보고 있자니 신경이 곤두섰다. 날이 점점 어두워지고 있었기 때문이다. 새끼들을 혼자 놓아두기에는 가장 위험한 시간이었다.

우리는 엘자를 유인해 새끼들한테 돌려보내기 위해 녀석이 왔던 길을 되짚어 산책을 나갔다. 녀석은 마지못해 우리 뒤를 따라왔지만 바위가 있는 쪽을 향해 귀를 곧추세우더니 곧이어 다시 야영지로 돌아가고 말았다. 어쩌면 녀석은 우리가 자기 뒤를 따라가 새끼들을 발견하게 될까봐 불안해하고 있는지도 몰랐다. 그리고 나서 녀석은 다시 먹이로 다가가 주변에 널린 부스러기를 깨끗이 치우더니 어둠 속으로 휑하니 사라졌다. 그제야 마음이 놓였다. 아마도 우리가 쫓아오지 못하도록 하기 위해 날이 저물 때까지 기다렸던 모양이었다.

이로써 엘자가 새끼들을 돌보고 있다는 게 분명해졌다. 하지만 동물원 관계자들로부터 들은 이야기 때문에 새끼들이 정상이라는 것을 우리 눈으로 직접 확인하기 전까지는 완전히 안심할 수가 없었다.

이시올로로 돌아가기 전에 다시 한 번 수색에 나섰지만 이번에도 실패했다. 우리는 12월의 마지막 사흘을 이시올로에서 보냈다. 그러고 나서 다시 야영지로 돌아오는 길에 우리는 하마터면 코뿔소 두 마리와 충돌할 뻔한 데 이어 코끼리 떼와도 마주쳤다. 무사히 통과하기를 바라면서 코끼리들한테 돌진하는 수밖에 달리 선택의 여지가 없었다. 하지만 무리 중에서 유독 몸집이 큰 수컷이 잔뜩 성이 나서는 한참 동안이나 우리 뒤를 쫓아왔다. 코끼리는 내가 유일하게 무서워하는 야생동물인지라 어서 빠져나가고 싶은 마음밖에 없었다.

우리는 야영지에 닿기 전에 부엉부엉 하는 신호음을 보내 엘자에게 우리의 도착을 알렸다. 엘자는 큰바위 끝으로 이어지는 커다란 돌 위에서 우리를 기다리고 있었다.

녀석은 랜드로버 뒤에 타고 있던 일꾼들 사이로 풀쩍 뛰어오르더니 죽은 염소가 있는 트레일러로 건너갔다. 녀석이 그렇게 배고파하는 모습은 별로 본 적이 없었다.

녀석의 젖꼭지는 이번에도 역시 말라 있는 상태 그대로였다. 녀석의 젖꼭지를 비틀어보았지만 젖은 나오지 않았다. 아무래도 조짐이 좋지 않았다. 녀석은 랜드로버 꼭대기를 오르락내리락하면서 먹이를 먹느라 일곱 시간 동안을 야영지에서 뭉기적댔다. 우리는 엘자에게 더 이상은 돌봐줄 새끼들이 없는 게 아닌가 싶어 슬슬 걱정이 되기 시작했다. 엘자는 새벽 2시가 되어서야 야영지를 떠났다.

다음 날 아침 일찍 우리는 엘자의 발자국을 추적했다. 발자국은 큰바위 쪽으로 이어져 있었다. 바위 근처에 암사자와 새끼들에게는 안성맞춤인 듯한 장소가 있었다. 커다란 돌들이 더 바랄 나위 없는 은신처를 제공하는 가운데 주변은 거의 침입이 불가능한 덤불숲으로 둘러싸여 있었다. 우리는 곧장 맨 꼭대기에 있는 바위로 올라가 아래를 내려다보며 '동굴' 입구를 찾기 시작했다. 발자국은 보이지 않았지만 동물이 드러누웠던 흔적은 있었다.

그 근처에서 우리는 오래된 핏자국을 발견했다. 엘자가 진통을 하는 것을 목격한 장소에서 매우 가까웠다. 아마도 그곳에서 새끼들을 낳은 모양이었다. 하지만 전에 수색을 하면서 거기서 1미터도 채 떨어지지 않은 곳까지 뒤졌던 터라 엘자가 그곳에 새끼들을 숨기고 있으면서 우리 눈에 띄지 않았다는 것은 거의 불가능해 보였다.

우리의 생각이 틀렸다는 걸 입증이라도 하듯 30분 정도 크게 소리를 질러대자 불과 20미터 떨어진 덤불더미에서 엘자가 후닥닥 뛰쳐나왔다. 녀석은 우리를 보고 놀랐는지 입을 다문 채 노려보기만 했다. 더 이상은 가까이 오지 말았으면 하는 눈치였다.

아마도 우리가 녀석의 은신처와 너무 가까이 있어서 발각되지 않으려면 차라리 자기 쪽에서 먼저 우리 앞에 나타나는 게 낫겠다고 판단한 듯했다. 잠시 후 녀석은 우리 쪽으로 다가와 조지와 나, 마케데, 토토에게 차례로 애정을 표시했다. 하지만 입은 계속 굳게 다물고 있었다. 언뜻 보니 녀석의 젖꼭지는 보통 때보다 두 배나 부풀어 있었고, 젖꼭지 주변의 털은 젖을 물리다 왔는지 아직도 축축했다. 다행이었다.

곧이어 녀석은 덤불 쪽으로 천천히 걸음을 옮겨놓더니 등을 돌린 채 덤불에서 들려오는 소리에 귀를 쫑긋거리며 약 5분 동안 서 있었다. 그리고는 여전히 등을 돌린 채로 그 자리에 주저앉았다. 마치 우리에게 "여긴 나만의 세계가 시작되는 곳이니 방해하지 마세요"라고 말하는 듯했다.

시위치고는 점잖았지만 녀석은 자신의 의사를 분명하게 전달하고 있었다.

우리는 가능한 한 조용하게 그곳을 빠져나온 다음 우회로를 이용해 큰바위 꼭대기로 올라갔다. 거기서 아래를 내려다보니 엘자는 여전히 똑같은 자리에 앉아 있었다.

분명 우리의 냄새를 맡고는 우리가 뭘 하는지 알고 있는 눈치였다. 녀석은 우리에게 자신의 은신처를 알려줄 마음이 전혀 없었다.

그제야 비로소 엘자와 아무리 친하다고는 해도 야생동물의 습성에 대해 우리가 얼마나 무지했는지를 깨닫게 되었다. 새끼들이 우리 텐트 안에서 태어날 가능성에 대비해 야단법석을 떨며 준비를 했던 것도 그렇고, 엘자가 우리 텐트를 가장 안전하게 여길 것이라고 지레 믿어버린 것도 그렇고, 돌이켜보면 우스웠다. 최근에 발견한 발자국은 모두 아래쪽 바위로 이어져 있었지만 새끼들은 바위 틈새에서 태어난 후 나중에야 거기서 30미터쯤 떨어진 지금의 장소로 옮겨졌을 가능성이 높았다.

이 추측이 맞다면 아마도 엘자는 우기가 끝나고 나서 새끼들을 옮겼을 것이다. 바위 틈새의 은신처는 비를 가려주었던 데 비해 새로 옮긴 장소는 그러지 못했기 때문이다. 하지만 그 점만 빼면 지금의 장소도 이상적이었다.

우리는 엘자의 의사를 존중하기로 하고 녀석이 새끼들을 우리에게 데려올 때까지 보고 싶은 마음을 꾹 참기로 했다. 언젠가는 녀석이 새끼들을 보여주리라는 것을 믿어 의심치 않았다. 나는 당분간 야영지에 머물면서 엘자에게 먹이를 대기로 했다. 안 그러면 엘자가 사냥을 하러 나가 있는 동안 새끼들 혼자 방치될 위험이 높았기 때문이다. 아울러 우리는 엘자가 있는 곳에다 먹이를 가져다 놓기로 했다. 엘자가 새끼들만 놓아두어야 하는 시간을 줄이기 위해서였다.

우리는 계획을 즉각 실행에 옮기기로 하고 그 날 오후에 차로 엘자의 은신처에 접근했다. 자동차 엔진 소리를 들으면 엘자는 우리가 와서 음식을 놓아두고 간 줄 알 터였다.

엘자를 마지막으로 본 곳이 가까워지자 우리는 "마지, 차쿨라, 느야마"라고 소리쳤다. 스와힐리어로 물, 음식, 고기를 뜻하는 말이었다. 엘자에게는 익숙한 단어였다.

곧이어 엘자가 나타나서는 평소처럼 반가워하면서 배불리 먹었다. 엘자가 땅을 파서 고정시켜 놓은 대야에 머리를 처박고 열심히 물을 마시는 동안 우리는 슬쩍 빠져나왔다. 자동차가 출발하는 엔진 소리를 듣고 엘자는 주변을 둘레둘레 살폈지만 우리를 따라오지는 않았다.

다음 날 아침 우리는 엘자의 하루치 식량을 들고 똑같은 장소로 갔지만 엘자는 나타나지 않았다. 오후에 다시 가봤지만 그때도 엘자는 없었다. 그 날 밤 처음 보는 수사자가 텐트에서 불과 5미터밖에 떨어지지 않은 곳까지 들어와서는 남은 고기를 채가버렸다.

아침을 먹고 나서 우리는 녀석의 발자국을 따라가보았다. 발자국은 큰바위 쪽으로 이어져 있었다. 거기서 발자국은 또 다른 수사자의 발자국과 뒤섞여 있었다. 우리는 엘자가 녀석들과 잘 지내고 있기를 바랐다. 어쩌면 녀석들이 엘자가 살림하는 걸 돕고 있을지도 모를 일이었다.

우리는 엘자가 흔적을 남겼는지 알아보러 강가로 내려갔다. 녀석의 흔적은 없었지만 조지가 염소를 가지러 가던 도중에 바위 근처에서 엘자와 마주쳤다. 녀석은 몹시 갈증이 난 상태였다. 혹시나 했더니 알루미늄 대야가 사라지고 없었다. 수사자들이 훔쳐간 모양이었다. 돌아오는 길에 조지는 엘자에게 먹이를 던져주었다. 녀석의 왕성한 식욕으로 미루어보아 수사자들이 훔쳐간 먹이를 나눠 먹지 못한 듯했다.

그 날 오후 조지는 이시올로로 떠났다. 엘자는 오후 늦게까지 야영지에서 나와 함께 지내다 사람들의 눈을 피해 강 위쪽에 있는 덤불숲으로 슬쩍 사라졌다. 나는 엘자를 뒤따라갔다. 내 냄새를 맡고는 나무에다 대고 발톱을 가는 시늉을 하는 것으로 보아 녀석은 뒤를 밟히고 싶어 하지 않는 게 분명했다. 그러고 나서 내가 녀석 쪽으로 등을 돌리자 녀석은 와락 달려들어 나를 넘어뜨렸다. 마치 "왜 날 염탐하려는 거예요?"라며 항의하는 듯했다. 이번에는 내가 고기를 더 주러 왔을 뿐이라는 척했다. 내 핑계가 통했는지 엘자는 군말 없이 나를 따라오더니 먹이를 먹기 시작했다. 이 일이 있고 나서 녀석은 별별 수단을 다 동원했지만 밤이 으슥해질 때까지 새끼들한테 돌아가지 않았다. 그러다 내가 책을 읽는 모습을 흘끔거리더니 따라오지 않을 것이라는 확신이 들었는지 그제야 자리를 떴다.

그 후 며칠 동안 나는 새끼들이 있다고 여겨지는 장소 근처에 먹이를 가져다 놓았다. 엘자는 어쩌다 나와 마주칠 때마다 자기 은신처를 숨기느라 무진 애를 썼다. 나를 헷갈리게 하려고 일부러 발자국을 이중으로 남길 때도 많았다.

어느 날 오후 큰바위 옆을 지나가고 있는데, 처음 보는 동물이 꼭대기 위에 서 있는 모습이 눈에 들어왔다. 멀리서 보니 하이에나와 몸집이 작은 수사자를 섞어놓은 듯한 생김새였다. 녀석은 나를 보더니 고양이처럼 쌩하고 자취를 감추었다. 새끼들을 발견한 게 분명한 듯했다. 순간 가슴이 벌렁벌렁 뛰기 시작했다. 나중에 음식을 가지고 갔더니 엘자는 내가 부르는 소리에 단번에 나타났다. 녀석은 평소 같지 않게 예민해 보였고, 토토에게도 약간 거칠게 굴었다. 나는 녀석이 내 트럭 지붕에서 먹이를 먹게 했다. 그 즈음 저녁에는 약탈자들의 손이 미치지 못하도록 거기다 먹이를 놓아두고 있었다. 설령 그럴 능력이 있다 하더라도 이 낯선 물체 위로 펄쩍 뛰어오르는 모험을 감행할 놈들은 거의 없을 터였기 때문이다. 어떻게 하는 게 최선인지 알 수가 없었다. 계속해서 엘자의 은신처 근처에 먹이를 놓아둔다면 약탈자들을 불러들이는 결과를 초래할 수도 있지 않을까? 이 방법말고 야영지에다 먹이를 놓아둘 경우 엘자는 먹이를 먹으러 새끼들을 버려두고 와야 할 테고, 그렇게 되면 어미가 자리를 비운 사이에 새끼들이 죽임을 당하지 않을까? 이 두 가지 안 사이에서 고민하다가 결국 예전처럼 엘자의 은신처 근처에 먹이를 놓아두기로 결정했다. 다음 날 저녁 그렇게 하고 있는데, 수사자 몇 마리가 가까운 곳에서 으르렁거리는 소리가 들려왔다. 잠시 후 엘자가 모습을 드러냈다. 몹시 초조하고 목이 마른 듯한 기색이었다.

이 일이 있은 뒤 나는 엘자가 싫어하더라도 새끼가 몇 마리인지, 또 잘 있는지 확인해보기로 마음을 굳혔다. 그래야 응급 상황이 발생했을 경우 도울 수가 있을 터였기 때문이다. 1월 11일, 나는 용서받지 못할 행동을 저지르고 말았다. 그 날 아래쪽 도로에 무장한 수렵 감시원 한 명을 남겨놓고(마케데가 아팠다) 엘자를 잘 아는 토토와 함께 길을 나섰다. 나는 바위턱으로 올라간 다음 여러 차례 신호음을 보내 엘자에게 우리의 접근을 알렸다. 엘자는 대답하지 않았다. 나는 토토에게 소리가 나면 안 되니까 샌들을 벗으라고 말했다.

꼭대기에 도착해 절벽 끝자락에 서서 망원경으로 저 아래 덤불숲을 살폈다. 곧이어 엘자가 처음 나타났던 장소가 시야에 들어왔다. 당시 엘자는 깜짝 놀라 그 자리에 꼿꼿이 선 채로 경계 태세를 갖추었었다.

지금은 엘자의 흔적은 보이지 않았지만 아무래도 그곳에 새끼들이 있는 것 같았다. 새끼들을 숨기기에는 안성맞춤인 장소였다.

눈에다 온 신경을 집중한 채 덤불숲을 샅샅이 훑고 있는데, 갑자기 이상한 느낌이 들면서 망원경을 놓쳤다. 고개를 돌려보니 아뿔싸, 엘자가 토토 뒤로 몰래 다가오고 있는 게 아닌가. 고함을 질러 경고를 보내는 찰나 엘자가 토토를 쓰러뜨렸다. 엘자는 바위에서부터 우리 뒤를 몰래 따라온 모양이었다. 토토는 간발의 차이로 낭떠러지에 대롱대롱 매달렸다. 그나마 맨발이었던 게 천만다행이었다. 그 덕분에 미끄러지지 않고 바위에 찰싹 달라붙을 수 있었기 때문이다.

잠시 후 엘자는 내게 다가와 나를 바닥에 넘어뜨렸다. 태도는 우호적이었지만 자기 새끼들 있는 곳 코앞에서 우리를 발견한 게 몹시도 못마땅한 눈치였다.

이런 식으로 불편한 심기를 드러낸 후 엘자는 바위 등성이를 따라 천천히 걸음을 옮겨놓았다. 때때로 녀석은 어깨 너머로 힐끔힐끔 뒤돌아보며 우리가 따라오는지를 확인했다. 녀석은 아무 말 없이 우리를 등성이 끝으로 안내했다. 거기서 우리는 덤불숲으로 내려갔다. 우리가 평지에 도착하자마자 녀석은 앞서 달려나갔다. 그 와중에서도 녀석은 계속 고개를 돌려 우리가 오고 있는지를 확인했다.

이런 식으로 녀석은 한참을 우회해 우리를 도로가 있는 데로 끌고 갔다. 아마도 지름길로 가게 되면 우리가 새끼들 있는 데를 지나칠까봐 이를 막으려는 속셈이었던 듯했다. 나는 엘자의 침묵을 새끼들이 놀라게 하지 않으려는 배려로 해석했다. 아니면 우리더러 따라오지 말라는 경고일 수도 있었다.

엘자와 나란히 걸을 때면 이따금씩 엘자를 쓰다듬어 주었고 엘자도 그러는 것을 좋아했지만 오늘은 손도 대지 못하게 했다. 나를 경계하고 있는 게 분명했다. 야영지로 돌아와 자동차 지붕에서 저녁 식사를 할 때조차도 내가 가까이 다가갈라 치면 슬금슬금 피했다.

녀석은 날이 저물어서야 새끼들 곁으로 돌아갔다.

그리고 나서 조지가 이시올로에서 돌아왔고, 우리는 당번을 교대했다. 엘자의 행동으로 보아 내가 녀석의 동태를 살피는 건 더 이상 불가능할 것 같았다. 조지는 그런 적이 없었기 때문에 엘자가 경계를 덜했다. 내 호기심이 말썽이었다. 조지가 '나쁜 짓'을 해서 그 덕에 내가 반사 이익을 얻는다면 모를까, 마음이 착잡했다.

# 12

## 새끼들을 만나다

내가 야영지에서 160킬로미터 떨어진 이시올로의 집에 있을 때였다. 어느 날 오후 조지가 엘자의 큰바위로 살그머니 다가갔다.

저 아래에서 엘자가 새끼 두 마리에게 젖을 물리는 모습이 조지의 눈에 들어왔다. 엘자의 머리가 공중으로 삐죽 튀어나온 바위에 가려져 있는 것을 보고 조지는 녀석이 자기를 보지 못했다고 생각했다. 엘자의 가족을 보고 나서 조지는 야영지로 돌아와 먹이를 챙겼다.

그 전에 우리는 야영지에다 엘자에게 먹이로 줄 염소를 여러 마리 가져다 두곤 했었다. 엘자가 새끼들을 놓아두고 사냥을 나가지 않아도 되게끔 하기 위해서였다. 그랬다가 약탈자들에게 새끼들이 죽임을 당할 수도 있었기 때문이다.

근처에 음식을 놓아두고 나서 조지는 무슨 일이 일어나는지 보려고 기다렸다. 엘자는 나타나지 않았다. 그 때문에 조지는 죄책감을 느꼈다. 고기는 엘자가 늘 먹던 장소에 놓여 있었다. 이 날 엘자가 먹이 근처에 얼씬도 하지 않았다는 사실은 녀석이 조지의 염탐 행위를 알아차렸다는 뜻이 아닐까? 다음 날에도 엘자가 야영지에 모습을 드러내지 않자 조지는 그럴지도 모른다고 생각했다. 하지만 밤이 되자 엘자가 나타났다. 평소에는 거들떠도 보지 않던 디크디크영양까지 받아 먹을 정도로 녀석은 굶주려 있었다. 당시 조지가 녀석을 위해 찾아줄 수 있는 건 디크디크영양밖에 없었다. 며칠 후 나는 이시올로에서 돌아오는 길에 싱싱한 염소들을 구해왔다.

반갑게도 희소식이 나를 기다리고 있었다. 어찌나 설레었던지!

다음 날 조지는 이시올로 떠났고, 엘자가 젖을 먹이는 동안에 필요한 엄청난 양의 음식을 공급하는 임무는 내게 맡겨졌다.

다행히 엘자는 조지가 있을 때 그랬듯이 내게도 평소처럼 살갑게 굴었고, 먹이를 먹을 때도 살을 발라먹는 동안 내가 뼈를 붙잡고 있게 허락했다. 하지만 아프리카인들에 대한 녀석의 태도는 아주 많이 달라져 있었다. 새끼 때부터 알고 지낸 누루와 마케데에게까지 녀석은 데면데면하게 굴었다. 가족이 생기고 나서 생긴 변화였다.

어느 날 점심을 먹고 난 직후였다. 녀석은 야영지에 와서는 배불리 먹고도 새끼들 곁으로 돌아갈 기미를 보이지 않아 나를 몹시 걱정시켰다. 날이 어두워지자 나는 녀석을 새끼들에게 돌려보낼 요량으로 토토와 함께 녀석의 은신처가 있는 쪽을 향해 걸음을 재촉했다.

녀석은 우리를 따라오기 시작했지만 얼마 안 가 100미터 전방에 덤불숲이 나오자 등을 돌린 채 그 자리에 버티고 앉아 우리 진로를 막았다.

아무리 달래도 꿈쩍도 하지 않았다. 눈치를 보아하니 우리가 시야에서 사라져야 새끼들한테 돌아갈 모양이었다. 그래서 우리는 엘자를 남겨두고 되돌아왔다.

다음 날에도 녀석은 새끼들의 위치를 숨기려는 기색이 역력했다. 그러니까 토토와 함께 오후 산책을 나와 큰바위 옆을 조심조심 지나고 있을 때였다. 갑자기 엘자가 나타나 내 무릎에 머리를 비비더니 새끼들이 있는 큰바위를 슬그머니 지나쳐 우리가 꼬마바위산이라고 부르는 쪽으로 토토와 나를 안내했다. 꼬마바위산은 조그만 바위들이 옹기종기 모여 있는 곳이다.

신이 나서 바위 사이의 갈라진 틈새를 들락거리는가 하면 타넘기도 하는 녀석의 꼴이 아무래도 우리가 거북살스런 지형 앞에서 쩔쩔 매는 모습을 즐기는 듯했다. 우리가 뒤처지면 녀석은 빨리 오라는 듯 머리를 쭉 내밀고 기다렸다. 나는 결국 바닥에 주저앉고 말았다. 거기에는 녀석이 나를 놀리는 것에 대한 항의 표시도 어느 정도 섞여 있었다.

그러고 나서 엘자는 꼬마바위산을 뒤로한 채 가시덤불과 자갈밭을 지나 자신의 은신처에서 멀찍이 떨어진 곳으로 우리를 안내했다.

이따금씩 녀석은 그럴듯한 장소가 나타나면 짐짓 불안한 표정을 지으며 코를 박고 오래 냄새를 맡곤 했다. 이런 식으로 녀석은 자기가 우리를 새끼들에게 데려가고 있다고 믿게 하려는 듯했다. 한마디로 우리를 가지고 놀고 있는 셈이었다. 나중에 우리는 녀석이 숨어서 나를 곯려 먹곤 하던 장소에 이르렀다. 지친 데다 녀석에게 떠밀려 넘어질 기운도 없었기 때문에 나는 그곳을 멀찌감치 돌아서 왔다. 녀석은 그런 내 마음을 눈치 챘는지 매복을 풀고 모습을 드러냈다. 표정은 매우 엄숙했지만 나를 놀릴 기회를 놓쳐 실망한 기색이 역력했다.

조지가 젖을 빠는 새끼 두 마리를 본 것은 그야말로 눈 깜짝할 사이였기 때문에 새끼들이 정상인지, 또 두 녀석말고도 새끼들이 더 있는지 확인할 겨를이 없었다. 그래서 1월 14일 오후 엘자가 야영지에서 먹이를 먹는 틈을 이용해 조지가 꼬마바위산으로 몰래 접근했다. 그동안 나는 엘자와 놀았다.

이틀 동안 엘자는 계속 이 지역에 머물고 있었다. 그래서 우리는 녀석이 은신처를 옮겼다고 생각했다.

바위산 정상의 한 틈새에서 조지는 새끼 세 마리를 발견했다. 두 마리는 잠들어 있었지만 한 마리는 천년란 잎사귀를 잘근잘근 씹어대고 있었다. 녀석은 조지를 올려다보았지만 눈이 아직도 뿌연 막으로 덮여 있었다. 그래서 조지는 녀석이 쳐다보기는 해도 아직은 사물을 구분할 만큼 초점을 맞출 수 있는 상태가 아니라고 판단했다.

그는 넉 장의 사진을 찍었지만 잘 나오리라는 기대는 하지 않았다. 새끼들이 있는 바위 틈새가 어두운 편이었기 때문이다. 그가 사진을 찍고 있는데, 자고 있던 새끼 두 마리가 일어나 기어다녔다. 새끼들은 아주 건강해 보였다.

조지는 야영지로 돌아와 이 놀라운 소식을 전해주었다. 그때까지도 엘자는 아무것도 눈치 채지 못한 채 야영지에 있었다.

땅거미가 질 무렵 우리는 엘자를 차에 태우고 꼬마바위산 근처로 갔다. 그러고 나서 우리는 자리를 뜨는 척했다. 하지만 녀석은 우리 목소리가 희미해지는 것을 확인한 다음에야 랜드로버에서 뛰어내려 새끼들이 있는 곳으로 갔다.

조지는 다시 이시올로로 돌아갔다. 조지가 떠나고 난 날 아침 강 건너편에서 엘자의 짝이 소리쳐 부르는 소리가 들렸지만 엘자의 대답은 들려오지 않았다. 하지만 오후가 되자 엘자는 야영지 근처에서 아주 큰 소리로 울부짖었다. 내가 나타날 때까지 엘자는 계속 그렇게 울부짖었다. 엘자는 나를 보더니 몹시 반가워하면서 나와 함께 야영지로 왔다. 하지만 먹이를 줘도 거의 먹지 않고, 날이 어두워지자 어딘가로 사라졌다.

그 후 이틀 동안 엘자는 코빼기도 내비치지 않았다. 하지만 엘자의 짝은 이틀밤 내내 엘자를 소리쳐 불렀다. 사흘째 되는 날 아침을 먹고 있는데, 강가에서 끔찍한 포효 소리가 들려왔다. 서둘러 강으로 달려가 보니 엘자가 강 한가운데 서서 있는 힘껏 소리를 지르고 있었다.

녀석은 매우 지쳐 보였다. 곧이어 녀석은 강 건너편 덤불숲으로 사라져버렸다. 나는 엘자의 이상한 행동에 적잖이 당황했다. 오후 늦게 녀석은 야영지로 돌아와 허겁지겁 식사를 하고는 다시 종적을 감추었다.

다음 날에도 엘자는 돌아오지 않았지만 그 날 밤 커다란 동물이 내 트럭을 치받는 소리를 듣고 잠에서 깼다. 트럭은 가시나무 울타리 바로 밖에 세워져 있었다. 밤이면 우리는 염소들을 약탈자로부터 보호하기 위해 트럭을 외양간으로 사용하고 있었다. 엘자는 보통 낮게 으르렁거리기 때문에 녀석일 리는 없었다. 따라서 엘자의 짝일 확률이 높았다.

열심히 귀를 기울였지만 아무래도 야생 수사자인 것 같아 아무 소리도 내지 않았다. 하지만 쿵쿵거리는 소리는 점점 커졌다. 저러다 트럭이 부서지지 싶었다. 횃불을 밝혔지만 치받는 소리는 더욱 심해졌다.

바로 그때 강 건너편에서 엘자의 짝이 울부짖는 소리가 들려왔다. 그렇다면 트럭을 공격하고 있는 범인은 엘자임이 분명했다. 엘자는 잔뜩 화가 나 있었다. 하지만 날도 어두웠고, 일꾼들을 깨워 나를 밖으로 내보내달라고 하고 싶지도 않았다. 더군다나 엘자가 난리를 치는 소리를 듣고 녀석의 짝이 도와주러 달려올지도 모를 일이었다. 내가 할 수 있는 일이라고는 고작 "엘자! 안 돼, 안 돼"라고 소리치는 것밖에 없었다. 내 말을 고분고분 들을 것이라고는 거의 기대하지 않았기 때문에 엘자가 갑자기 소란을 멈추고 야영지를 떠났을 때 매우 놀랐다.

이튿날, 그러니까 2월 2일 오후 작업실에서 글을 쓰고 있는데 토토가 달려와서 엘자가 강 건너편에서 아주 이상한 목소리로 울부짖고 있다는 소식을 전했다. 나는 그 소리를 따라 강 위쪽으로 올라가 야영지에서 가까운 곳에 있는 덤불숲으로 들어갔다. 건기에는 덤불숲 한쪽은 드넓은 모래톱 차지가 되고, 그 맞은편은 강과 이어지는 마른 물웅덩이 차지가 된다.

나는 발걸음을 멈추었다. 내 눈을 믿을 수가 없었다.

몇 미터 전방의 모래톱에 엘자가 우두커니 서 있었다. 새끼 한 마리는 엘자 곁에 있었고, 두 번째 녀석은 물에서 나와 몸을 흔들어대며 털에 묻은 물기를 말리고 있었다. 세 번째 녀석은 아직도 저 멀리 뒤처진 채 비치적거리면서 애처롭게 울고 있었다. 엘자는 자부심과 당혹감이 복잡하게 뒤얽힌 눈길로 나를 빤히 쳐다보았다.

엘자가 곁에 있는 새끼에게 부드러운 목소리로 뭐라고 말하는 동안 나는 돌처럼 꿈쩍도 하지 않고 그 자리에 서 있었다. 잠시 후 엘자는 물에서 막 나온 새끼에게 다가가 다정하게 핥아주고는 저 멀리 모래톱에서 여전히 오도 가도 못 하고 있는 새끼에게 가기 위해 다시 강을 거슬러 올라갔다. 엘자와 함께 강을 건너온 새끼 두 마리는 즉시 어미를 따라 용감하게 깊은 물 속으로 뛰어들었다. 곧이어 엘자의 가족은 다시 한자리에 모였다.

엘자의 가족이 강에서 나온 곳 근처의 바위 틈새에 무화과나무가 한 그루 있었다. 나무의 회색 뿌리가 마치 그물처럼 돌멩이를 꽉 붙잡고 있었다. 엘자는 그 나무 그늘에서 휴식을 취했다. 엘자의 황금빛 털은 진초록 잎사귀와 은회색 자갈들 사이에서 더욱 도드라져 보였다. 처음에 새끼들은 어미 뒤에 숨어 있었지만 수줍음은 곧 호기심에 자리를 내주고 말았다. 녀석들은 덤불 사이에서 호기심 어린 눈초리로 나를 빤히 쳐다보더니 잠시 후 넓은 공터로 나와서는 아예 대놓고 탐색전을 벌였다.

엘자가 다시 뭐라고 부드럽게 속삭였다. 그 소리에 마음이 느긋해진 녀석들은 어미의 등에 올라 획획 움직이는 꼬리를 잡으려고 애썼다. 녀석들은 이리저리 뒹굴며 어미와 장난을 치는가 하면, 무화과나무 뿌리 밑에 조그만 배를 깔고 바위를 탐사하기도 했다. 그 바람에 나에 대해서는 까맣게 잊어버렸다.

잠시 후 엘자는 자리에서 일어나 물가로 갔다. 다시 강으로 뛰어들 모양이었다. 옆에 있던 새끼 한 마리도 어미를 따라나섰다.

바로 그때 엘자의 먹이를 가져오라고 보냈던 토토가 도착했다. 순간 엘자는 귀를 팽팽하게 긴장시킨 채 그 자리에서 미동도 하지 않았다. 그 모습에 기가 죽은 토토는 고기를 떨어뜨리고 줄행랑을 쳤다. 이윽고 엘자는 순식간에 강을 헤엄쳐 갔다. 새끼도 어미 뒤를 따랐다. 녀석은 강을 건너는 내내 어미 곁에 찰싹 붙어 있었지만 물을 무서워하는 것 같지는 않았다. 엘자가 먹이 옆에 자리를 잡자 담력이 보통이 아닌 새끼는 나머지 두 마리 새끼와 합류할 참인지, 아니면 강을 건너오게 도와줄 참인지 방향을 돌려 다시 거꾸로 헤엄쳐 갔다.

새끼가 깊은 곳으로 헤엄쳐 나가자 이를 본 엘자는 갑자기 강물로 뛰어들어 새끼를 따라잡더니 녀석의 머리를 덥석 물고는 인정사정 볼 것 없이 물 속에 푹 처박았다. 저러다 새끼가 잘못되기라면 하면 어쩌나 걱정이 되었다.

너무 겁 없이 달려들면 큰코다칠 수 있다는 교훈을 새기게 한 후 엘자는 새끼를 건져올려 입에 물고는 다시 내가 있는 쪽으로 돌아왔다.

이때쯤 두 번째 새끼도 용기를 내 헤엄을 치기 시작했다. 찰랑거리는 물결 위로 녀석의 조그만 머리만 겨우 보였다. 하지만 세 번째 녀석은 잔뜩 겁을 집어먹은 표정으로 여전히 강둑을 지키고 있었다.

비로소 엘자가 내게로 다가오더니 땅바닥에 드러누워 이리저리 몸을 굴리면서 내게 애정을 보이기 시작했다. 아마도 그런 행동을 통해 새끼들에게 내가 자기네 일족의 일원이며 믿어도 된다는 걸 보여주려는 듯했다.

그제야 마음이 놓이는지 강을 건너온 새끼 두 마리가 호기심을 보이며 점점 가까이 다가왔다. 녀석들은 눈을 휘둥그렇게 뜬 채 엘자와 나의 행동을 유심히 지켜보았다. 이제 녀석들과 나 사이의 거리는 1미터도 채 되지 않았다. 허리를 숙이고 녀석들을 쓰다듬고 싶은 생각이 굴뚝같았지만 새끼들이 먼저 몸을 맡기기 전에는 만져선 안 된다는 동물원 관계자의 경고가 퍼뜩 떠올랐다. 불과 1미터의 거리가 도저히 넘을 수 없는 장애물처럼 느껴졌다.

그 사이에도 세 번째 녀석은 여전히 저 멀리 강둑에서 애처롭게 칭얼거리며 도움을 호소하고 있었다.

엘자는 잠시 녀석을 바라보더니 수심이 가장 낮은 지점을 골라 물가로 성큼성큼 걸어갔다. 용감한 녀석들 두 마리도 어미 곁에 찰싹 달라붙어 따라갔다. 엘자는 소심한 새끼에게 어서 건너오라고 소리쳤다. 하지만 녀석은 같은 자리에서 초조하게 왔다 갔다 할 뿐이었다. 녀석은 너무 무서운 나머지 도저히 강을 건널 엄두가 나지 않는 모양이었다.

새끼들을 데리고 강을 건너고 있는 엘자. 새끼 한 마리는 맞은편 강둑에서 계속 애처롭게 울어댔다.

엘자는 속이 상한 듯 녀석을 쳐다보더니 녀석을 데려오기 위해 곧 강을 건너기 시작했다. 용감한 두 마리의 새끼도 함께 따라나섰다. 녀석들은 수영을 즐기는 것 같았다.

곧이어 온 식구가 다시 맞은편 강가에 모였다. 거기서 녀석들은 강으로 이어지는 가파른 모래톱을 기어오르기도 하고, 쓰러진 종려나무 둥치 위에서 뒹굴기도 하면서 즐거운 시간을 보냈다.

엘자는 새끼들을 다정스레 핥아주기도 하고, 부드러운 목소리로 말을 걸기도 하면서 한시도 새끼들에게서 눈을 떼지 않았다. 그러다 모험심이 발동한 새끼가 너무 멀리까지 원정을 나갈 때면 어김없이 뒤를 쫓

12. 새끼들을 만나다 • 321

아가 다시 데려오곤 했다.

나는 한 시간쯤 녀석들이 노는 모습을 지켜본 후 엘자를 소리쳐 불렀다. 엘자는 평소처럼 굵은 저음으로 대답했다. 새끼들에게 말을 걸 때의 목소리와는 영 딴판이었다.

엘자는 물가로 내려와서는 새끼들이 오길 기다렸다가 강을 헤엄쳐 건너기 시작했다. 이번에는 세 마리 새끼 모두 어미와 함께였다.

평소 같으면 나한테 달려들었을 테지만 강둑에 도착하자마자 엘자는 새끼들을 차례로 핥아주고 나서야 천천히 내가 있는 곳으로 올라왔다. 곧이어 엘자는 내게 다가와 몸을 비비더니 모랫바닥을 데굴데굴 구르기도 하고 내 얼굴을 핥기도 하다가 마침내 나를 껴안았다. 새끼들에게 우리가 친구라는 것을 보여주려는 엘자의 속 깊은 행동에 가슴이 뭉클했다. 새끼들은 관심을 보이며 우리 곁으로 다가왔지만 여전히 낯이 선지 일정한 거리 이내로는 접근하려 하지 않았다.

그러고 나서 엘자와 새끼들은 먹이 곁으로 다가갔다. 엘자가 먹이를 먹는 동안 새끼들은 그 옆에서 가죽을 핥기도 하고, 찢어발기기도 하고, 타넘기도 했다. 몹시 흥분하는 모습으로 보아 녀석들이 짐승 시체를 접하기는 아마도 이때가 처음인 듯했다.

이로 미루어볼 때 녀석들은 태어난 지 6주 하고도 이틀이 되었다는 계산이 나왔다. 녀석들은 무척 건강했고, 아직도 눈에 푸르스름한 막이 끼어 있지만 시력은 완전히 발달된 듯했다. 엘자나 엘자의 자매들이 어렸을 때에 비해 녀석들의 털은 반점도 거의 없을 뿐만 아니라 훨씬 가늘고 윤기가 났다. 성별을 구분할 수는 없었지만 털빛이 제일 밝은 녀석이 나머지 두 녀석에 비해 활동력도 왕성한 데다 호기심도 많고, 어미를 특히 따랐다. 녀석은 노상 어미 곁에 찰싹 달라붙어 조그만 앞발로 어미를 끌어안았다. 할 수만 있다면 턱밑으로 파고들 기세였다. 엘자는 새끼들에게 매우 다정하고 관대했다. 새끼들이 등으로 기어올라 귀와 꼬리를 씹어대도 가만히 있었다.

엘자는 나와의 거리를 점점 좁혀왔다. 표정이 같이 놀자는 것 같았다. 내가 모래에 파묻힌 새끼들을 만지려고 손을 내밀자 녀석들은 동그란 얼굴을 불쑥 쳐들긴 했지만 다가오지는 않았다.

날이 어두워지자 엘자는 주변 소리에 귀를 쫑긋거리더니 새끼들을 몇 미터 떨어진 덤불숲으로 데려갔다. 잠시 후 젖을 빠는 소리가 들려왔다.

나는 야영지로 돌아왔다. 그런데 뜻밖에도 텐트에서 10미터쯤 떨어진 곳에서 엘자와 새끼들이 나를 기다리고 있었다.

내가 다가가 쓰다듬자 엘자는 내 손을 핥았다. 그러고 나서 나는 토토를 불러 강가에 매달아두었던 남은 고기를 가져왔다. 토토와 내가 고기를 가져오는 동안 엘자는 내내 우리를 지켜보았다. 내가 보기에 엘자는 무거운 짐을 끌고 와야 하는 자신의 임무를 우리가 덜어줘 기뻐하는 듯했다. 하지만 우리와의 거리가 20미터로 좁혀지자 엘자는 귀를 팽팽하게 긴장시킨 채 갑자기 우리한테 달려들었다. 나는 토토에게 고기를 놓고 가라고 말한 다음 나 혼자 새끼들이 있는 곳 근처로 고기를 끌고 가기 시작했다. 그제야 엘자는 마음을 놓는 듯했다. 내가 고기를 내려놓자마자 엘자는 부리나케 먹기 시작했다. 엘자가 식사하는 모습을 지켜본 후 나는 텐트 쪽으로 걸어갔다. 그런데 뜻밖에도 엘자가 나를 따라오는 게 아닌가. 엘자는 텐트 바닥에 벌렁 드러눕더니 이리로 와서 나와 함께 놀라며 새끼들을 불렀다. 하지만 새끼들은 야옹거리며 계속 밖에 머물렀다. 곧이어 엘자는 다시 밖으로 나갔고, 나도 엘자 뒤를 따랐다.

우리 모두 풀밭에 자리를 잡고 앉았다. 엘자는 내게 기댄 채 새끼들에게 젖을 물렸다.

갑자기 새끼 두 마리가 젖꼭지 하나를 놓고 서로 차지하려고 싸우기 시작했다. 엘자는 몸을 굴려 녀석들이 편하게 젖을 물 수 있도록 자세를 고쳐잡았다. 그 와중에서도 엘자는 내게 기대 한쪽 발로 나를 끌어안았다. 나도 자기 가족의 일원이라는 뜻이었다.

그 날 저녁은 매우 평화로웠다. 그 날은 달이 늦게 떴다. 달빛에 종려나무들이 희미한 그림자를 던지고 있었고, 새끼들이 젖을 빠는 소리 외에는 아무 소리도 들리지 않았다.

많은 사람들이 엘자가 몸을 풀고 나면 새끼들을 지키느라 사나워질지도 모른다고 경고했지만 엘자는 전처럼 여전히 나를 신뢰하고 다정하게 굴면서 나와 자신의 행복을 나누고 싶어 했다. 그런 엘자 앞에서 마음이 숙연해졌다.

# 13

## 새끼들, 친구를 사귀다

다음 날 아침 눈을 떠보니 엘자와 새끼들의 흔적은 어디에도 없었다. 밤새 내린 비로 발자국이 모두 씻겨져 나갔다.

오후 늦게 엘자 혼자 매우 허기져서 나타났다. 엘자가 쩝쩝거리며 식사를 하는 동안 토토에게 새로 난 엘자의 발자국을 따라가보라고 일렀다. 나는 엘자의 관심을 끌어야 했기 때문이다. 엘자의 발자국은 새끼들의 현재 위치를 알 수 있는 단서였다.

토토가 돌아오자 엘자는 내 차 지붕 위로 풀쩍 뛰어올랐다. 거기서 엘자는 우리 둘이 자기 발자국을 되짚어 덤불숲으로 들어가는 모습을 지켜보았다.

나는 엘자를 새끼들에게 돌려보내기 위해 일부러 그렇게 했다. 우리의 목적지를 눈치 챈 엘자는 그 즉시 우리를 따라왔다. 엘자는 저만치 앞장서서 자기 발자국을 따라 성큼성큼 걸음을 옮겨놓았다. 그러다 이따금씩 숨을 헐떡거리며 우리가 자기를 따라잡을 때까지 기다렸다. 아무래도 마침내 우리를 자기 은신처로 데려가기로 결심한 듯했다. '푸푸바위'에 이르자 엘자는 갑자기 멈춰 섰다. 푸푸바위는 엘자와 엘자의 짝이 거기서 맹렬한 기세로 푸푸거려 우리를 놀라게 했다고 해서 붙여진 이름이었다. 그러고 나서 엘자는 주변에 귀를 기울이더니 잽싸게 바위 위로 기어올랐다. 하지만 중간쯤 가서 내가 따라올 때까지 기다렸다가 바위 등성이가 나올 때까지 다시 앞장서서 달려나갔다. 거기서 나는 숨이 턱까지 차서 엘자를 따라잡았다. 엘자를 쓰다듬으려는데, 엘자가 귀를 팽팽하게 긴장시킨 채 으르렁거리며 나를 툭 쳐냈다. 나는 얼른 뒤로 물러났다. 나를 원하지 않는다는 표시가 분명했다. 바위턱을 반쯤 내려가서 뒤돌아보니 엘자가 새끼 한 마리와 노는 모습이 시야에 들어왔다. 또 한 마리는 바위 틈새의 구멍에서 막 나오고 있었다.

엘자의 갑작스런 행동 변화에 당황스러웠지만 엘자의 의사를 존중하기로 하고 엘자와 새끼들을 뒤로하고 그곳을 떠났다. 나는 바위 바로 밑 덤불숲에서 기다리고 있던 토토와 합류해 망원경으로 엘자를 지켜보았다. 우리가 안전한 거리로 물러난 것을 보자 엘자는 그제야 안심을 했다. 새끼들도 밖으로 나와 어미와 놀기 시작했다.

새끼 한 마리는 나머지 녀석들에 비해 유독 어미를 따랐다. 녀석은 종종 엘자의 두 앞발 사이에 앉아 엘자의 턱에 머리를 비벼대는 데 비해 나머지 두 녀석은 주변을 탐색하느라 정신이 없었다.

조지는 2월 4일에 돌아왔다. 새끼들이 건강하다는 소식을 듣고 조지는 무척 기뻐했다. 그 날 오후 우리는 이번에도 녀석들을 볼 수 있기를 바라면서 푸푸바위 쪽으로 갔다.

도중에 비비들이 뭔가에 놀란 듯 시끄럽게 짖어대는 소리가 들려왔다. 우리는 엘자의 출현이 소동의 원인일 것이라고 생각하고는 강가로 가서 엘자를 소리쳐 불렀다. 엘자는 그 즉시 나타났다. 매우 반가워하면서도 엘자는 잔뜩 긴장한 채 우리와 강가로 이어지는 덤불 사이를 초조하게 왔다 갔다 했다. 우리가 강에 가지 못하도록 하려는 게 분명했다.

새끼들이 강가에 있는 모양이었다. 하지만 조지에게 새끼를 보여주려 하지 않다니 의외였다. 결국 엘자는 한참을 우회해서 우리를 야영지로 데려갔다.

이틀 후 우리는 푸푸바위 근처에서 엘자를 발견했다. 우리는 바위 쪽으로 걸어가면서 일부러 큰 소리로 이야기해 엘자에게 우리의 접근을 알렸다. 잠시 후 엘자가 바위 틈새 입구의 울창한 덤불에서 모습을 드러냈다. 엘자와 우리는 약 200미터쯤 떨어져 있었다. 엘자는 우리를 노려보며 가만히 서 있더니 그 자리에 주저앉았다. 더 이상은 가까이 오지 말라는 신호였다. 가끔 엘자는 바위 틈새 쪽으로 고개를 돌려 유심히 귀를 기울였지만 그런 때를 제외하고는 우리에 대한 경계 태세를 늦추지 않았다.

그제야 조지와 나는 우리에게 보여주려고 엘자가 직접 새끼들을 데려오는 것과 우리가 새끼들을 보러 가는 것은 차원이 다른 이야기라는 사실을 깨달았다.

　2주 후 엘자가 조지에게 소개시키기 위해 새끼들을 데리고 야영지에 나타났다. 그런데 하필이면 우리가 피치 못할 사정 때문에 이시올로로 돌아가느라 이틀 동안 자리를 비웠을 때였다. 엘자는 아침부터 새끼들을 거느리고 야영지에 도착해 우리를 찾았지만 일꾼들밖에 보지 못했다.

　나중에 마케데 말을 들으니 마중나온 그를 보고는 엘자가 그의 다리에 머리를 비벼댔고, 새끼 한 마리는 대담하게도 아주 가까이까지 다가왔던 모양이었다.

　하지만 마케데가 쭈그리고 앉아 녀석을 쓰다듬으려고 하자 녀석은 으르렁거리며 한참 떨어져 숨어 있던 다른 녀석들에게로 달아나버렸다고 했다. 엘자네 가족은 점심때까지 야영지에서 머물다 떠났다. 그 날 오후 먹이를 먹으러 엘자 혼자 다시 야영지를 찾았다. 하지만 염소 고기가 너무 높이 매달려 있어서 잔뜩 실망한 채로 야영지를 떠난 모양이었다.

　내가 도착한 것은 엘자가 떠나고 나서 1시간쯤 지났을 때였다. 마케데는 용감무쌍한 새끼 때문에 신이 나 있었다. 그는 녀석이 수컷이 틀림없다고 확신하면서 녀석에게 이름을 지어주었다고 말했다. 마케데의 설명에 따르면 메루 족 사이에서 아주 인기가 높은 이름이었는데, 내 귀에는 제스파처럼 들렸다. 나는 마케데와 다른 일꾼들에게 그 이름의 유래를 물었다. 다들 성경에 나오는 이름이라고 대답했지만 저마다 발음이 약간씩 달라서 어원을 추적하기가 어려웠다. 발음상 가장 유사한 말은 자프타였다. 내가 아는 범위에서는 그랬다. 이는 '하느님께서 자유케 하리라'는 뜻이다. 마케데가 지은 새끼의 이름이 정말 거기서 유래했다면 그보다 좋은 이름이 없었다. 나중에 알고 보니 새끼 가운데 두 마리는 수컷이었고, 한 마리는 암컷이었다. 우리는 겁이 무척 많은 나머지 수컷의 이름을 고파라고 지었다. 이는 스와힐리어로 겁쟁이라는 뜻이다. 암컷은 리틀 엘자로 지었다.

다음 날 오후 엘자가 다시 야영지를 찾았다. 엘자는 나를 보더니 무척 반가워했지만 몹시 허기져 있었다. 잠시 후 나는 내가 자리를 비운 동안 엘자가 새끼들에게 돌아가기를 바라면서 산책을 나갔다. 돌아와보니 내 기대대로 엘자는 가고 없었다.

다음 날에는 아침부터 비가 추적추적 내렸다. 잠에서 깨는 순간 강 건너편에서 엘자가 새끼를 부르는 소리가 들려왔다. 후닥닥 자리를 박차고 밖으로 나왔더니 마침 엘자가 새끼들과 함께 강을 건너는 모습이 보였다. 제스파는 어미 곁에 찰싹 달라붙어 있었고, 나머지 두 녀석은 약간 뒤처져 있었다.

엘자는 천천히 내게 다가오더니 내 손을 핥으며 바로 곁에 자리를 잡고 앉았다. 그러고는 새끼들을 소리쳐 불렀다. 제스파는 대담하게도 내 바로 옆에까지 왔지만 나머지 두 녀석은 계속 일정한 거리를 유지했다. 고기를 챙겨주자 엘자는 그 즉시 근처 덤불숲으로 끌고 갔다. 엘자와 새끼들은 두 시간에 걸쳐 식사를 했고, 나는 모래톱에 앉아 녀석들을 지켜보았다.

새끼들이 먹이를 먹는 동안 엘자는 낮게 가르랑거리며 새끼들에게 연신 말을 걸었다. 새끼들은 젖도 빨았지만 고기도 조금씩 씹어먹었다. 엘자는 새끼들을 위해 고기를 되올리지는 않았다. 하지만 최근 혼자 야영지에 와서 엄청난 양의 고기를 먹어치웠다는 점을 감안할 때 나중에 새끼들한테 돌아가 그 중 일부를 되올려 새끼들을 먹였을 가능성이 높았다. 하지만 그런 광경을 직접 목격한 적이 한 번도 없기 때문에 그저 추측일 뿐이다.

새끼들은 이제 9주째로 접어들었다. 마케데의 믿음대로 제스파가 수컷이라는 게 분명해졌다.

잠시 후 나는 아침을 먹으러 야영지로 출발했다. 그런데 엘자가 새끼들을 이끌고 차도로 나왔다. 사진을 몇 장 찍어볼 요량으로 녀석들의 뒤를 천천히 따라갔지만 엘자가 도로를 건너려다 말고 갑자기 멈춰 서서 귀를 곤추세웠다. 나는 엘자의 항의를 받아들여 왔던 길로 되돌아갔다. 마지막으로 한 번 더 보려고 고개를 돌렸더니 새끼들이 어미 뒤에서 까불거리며 큰바위가 있는 쪽으로 걸어가는 게 보였다. 이제 새끼들은 아주 잘 걸었다. 녀석들은 엘자와 보조를 맞추려고 애쓰면서 서로 앞서거니 뒤서거니 하고 있었다. 사기가 충천했지만 녀석들은 엘자의 지시를 아주 고분고분하게 따랐다. 이미 청결 훈련도 받았는지 배설을 할 때면 늘 길가에서 벗어난 곳을 찾았다.

그 후 며칠 동안 엘자는 혼자 우리를 방문하곤 했다. 엘자는 여전히 다정하게 굴었지만 새끼들을 낳은 뒤로 습관이 약간 바뀌어 있었다. 이제는 매복을 해 우리를 놀라게 하는 적도 거의 없고 장난기도 줄어들었다. 대신 훨씬 의젓해졌다.

나는 엘자가 우리를 방문하는 동안 새끼들을 어떻게 두는지 궁금했다. 자기가 돌아올 때까지 꼼짝하지 말라고 단단히 타이를까? 아니면 안전한 곳에다 숨기고 올까?

2월 19일, 나는 조지와 '당번 근무'를 교대하고 이시올로로 출발했다. 엘자의 새끼들을 보고 싶어 하는 윌리엄 퍼시 경 부부를 만나 야영지로 데려오기 위해서였다.

대개는 방문객들을 받지 않았지만 이들 부부는 예외였다. 부부는 우리의 오랜 친구이기도 했지만 새끼 때부터 엘자를 알고 지냈고, 엘자의 근황에 대해서도 늘 지대한 관심을 보였다.

야영지에 도착하자 소시가 새끼들을 봤다는 소식을 전하며 우리를 반갑게 맞이했다. 조지에게서 들은 얘기는 이랬다. 그 날 아침 조지가 눈을 떠보니 사방이 아직 컴컴했다. 그런데 엘자의 물그릇이 있는 쪽에서 물을 마시는 소리가 들려왔다. 새끼들도 있는지 길게 들이키는 소리에 이어 짧게 들이키는 소리도 간간이 들렸다. 조지가 밖을 내다봤더니 물그릇 주위에 새끼들 모습이 희미하게 보였다. 그러고 나서 몇 분 후 엘자와 새끼들은 모습을 감추었다.

바로 그때 조지는 우리가 타고 온 자동차 엔진 소리를 들었고, 엘자는 새끼들과 함께 우리 쪽으로 오려고 막 강을 건너려다 차 소리를 듣고

13. 새끼들, 친구를 사귀다 • 331

는 다시 수풀 속으로 사라졌다. 조지의 얘기를 모두 듣고 나서 나는 강 근처에 고기를 갖다 놓고 엘자를 소리쳐 불렀다.

엘자는 내내 기척이 없다가 내가 친구들에게 돌아가려고 발길을 돌리자 그제야 쏜살같이 강을 건너와 염소 시체를 물고는 새끼들이 있는 수풀로 되돌아갔다. 일단 강을 건너자 엘자는 시체를 끌어다 풀밭에 내려놓았고, 거기서 온 가족이 둘러앉아 식사를 했다. 우리는 망원경으로 녀석들을 지켜보았다.

날이 저물고 나서 시끄럽게 울부짖는 소리가 들려와 우리는 횃불을 들고 밖으로 나갔다. 그랬더니 엘자가 악어로부터 먹이를 지키느라 그 소란을 피우는 중이었다. 악어는 우리를 보자 황급히 물 속으로 사라졌다.

다음 날 아침 발자국을 조사해보니 악어가 결국 엘자의 먹이를 훔치는 데 성공한 것으로 밝혀졌다. 놀랍게도 엘자는 어떻게 하면 악어를 물리칠 수 있는지 아는 것 같았다. 강에는 몸 길이가 3.5미터가 넘는 악어들이 많았지만 엘자는 한 번도 두려움을 내비친 적이 없었다. 사실 엘자는 강을 건널 때 일정한 지점을 애용했고, 수심이 깊은 곳은 피했다. 이런 사실로 미루어보건대 엘자에게는 악어의 위치를 파악하는 나름의 방법이 있는 게 분명했다. 그 방법이 어떤 것인지는 알 수 없었다. 우리에게도 우리 나름대로 악어의 위치를 파악하는 방법이 있었다. 우리가 알기로는 악어들은 일정한 소리, 그러니까 대충 표현하자면 '임, 임, 임' 하는 소리에 어김없이 반응했다. 우리는 그 점을 이용했다.

우리의 경우에는 악어가 있는 것 같으면 강 근처에 숨어 계속해서 '임, 임, 임' 하는 소리를 낸다. 만약 400미터 이내에 있을 경우 악어들은 그 소리를 듣고 마치 자석에 끌리듯 물가로 나온다. 악어들이 콧구멍을 물 밖으로 내밀 때까지 계속 같은 소리를 반복해서 낸다. 우리가 위치를 바꿔가면서 소리를 내면 악어들은 그 소리를 듣고 그쪽으로 움직인다.

조지는 악어들이 우글대는 바링고 호수에서 고기잡이를 하는 아프리카 어부에게서 이런 속임수를 배웠다.

다음 날 윌리엄 부인은 엘자의 모습을 화폭에 담기 시작했다. 엘자는 대개 이런 일을 싫어했지만 오늘은 싫어하는 기색이 전혀 보이지 않았다. 엘자가 모델 노릇을 하는 데 갑자기 싫증을 낼까봐 그동안 나는 줄곧 엘자 곁에 붙어 있었다. 하지만 녀석이 주변 상황에 아주 무덤덤하기에 잠시 후 나는 자리를 떴다. 내가 등을 돌리자마자 녀석은 번개처럼 부인에게 달려들어 장난스럽게 부인을 껴안았다. 현재 엘자의 몸무게는 135킬로그램에 육박한다. 그런데도 윌리엄 부인은 침착하게 엘자의 장난을 받아주었다.

그 날 오후 늦게 우리는 강 건너편에 있는 엘자와 새끼들을 발견했다. 하지만 우리에게 있는 곳을 들키자 엘자는 새끼들을 데리고 강 아래쪽으로 내려가더니 거기서 강을 건넜다. 우리는 재빨리 고기를 가져다 놓았고, 엘자는 곧바로 고기를 챙기더니 새끼들이 있는 수풀로 가져갔다. 하지만 우리가 있는 곳에서는 새끼들이 보이지 않았다.

한참 지나서 목이 말랐는지 다들 강가로 나와 물을 마셨다. 바로 코앞에서 녀석들이 물을 마시는 모습을 손님들에게 보여줄 수 있어 기뻤다. 녀석들은 앞발을 구부린 채 고개를 앞으로 쑥 내밀고 물을 마셨다. 처음에는 물을 마시느라 정신이 없었지만 잠시 후 수심이 낮은 곳으로 뛰어들어 장난을 치기 시작했다. 고양이들은 물을 싫어한다는데 녀석들은 그렇지 않았다.

이처럼 아름다운 곳에서 생활을 하다니 새끼들은 정말 운이 좋았다. 녀석들이 태어난 바위지대는 우리 쪽 강에서 시작되어 건너편 강까지 몇 킬로미터에 걸쳐 원을 그리듯 둥글게 펼쳐져 있었다. 바위지대 곳곳에 나 있는 틈새와 동굴들은 바위너구리를 비롯해 몸집이 작은 동물들이 집으로 사용하고 있었다. 이곳에서 바위지대는 야생동물들의 발자국과 냄새로 가득한 수풀과 사방으로 연결되었다. 그러고 나면 바위와 모래톱이 있는 강이 다시 나왔다. 모래톱에서는 거대한 자갈처럼 생긴 거북이들이 아침 햇살에 몸을 덥히고 있었다.

강가에는 무화과나무와 아카시아, 피닉스야자 들이 일대를 빙 에워싸고 있고, 나무들을 칭칭 휘감은 열대산 덩굴손들은 서로 경쟁하듯 몸을 비비 꼬며 울창한 덩굴숲으로 이어진다. 덩굴숲은 수많은 동물들에게 거의 난공불락의 은신처를 제공한다.

이곳에는 우아한 긴꼬리원숭이를 비롯해 우스꽝스럽게 생긴 비비, 청록색 아가마도마뱀, 온갖 종류의 도마뱀들이 살고 있다. 도마뱀들 중에는 대가리가 밝은 주황색인 녀석도 있고, 꼬리가 선명한 푸른색을 띠는 녀석도 있다. 물론 우리의 친구 왕도마뱀도 이곳에 서식한다. 부시벅영양과 그보다 몸집이 작은 얼룩영양, 워터벅영양도 물을 마시러 이곳을 찾는다. 평평하게 다져진 이 일대의 땅은 꼬뿔소와 버펄로도 이곳을 방문한다는 사실을 보여준다. 이곳 거주자 가운데 우리의 눈길을 가장 많이 끄는 녀석들은 뭐니뭐니 해도 수풀을 가득 뒤덮은 총천연색의 새들이다. 찌르레기, 화려한 자태를 뽐내는 물총새, 무지개 빛깔의 태양조, 물수리, 얼룩덜룩한 깃털에 덩치가 매우 큰 야자독수리, 쉰 목소리로 까악까악 노래를 불러대는 코뿔새 들은 볼 때마다 경이롭다.

손님들이 잠자리에 들고 나서 조지와 나는 다시 엘자를 보러 나갔다. 엘자는 강가에서 악어를 노려보며 서 있었다. 악어는 대가리가 물 밖으로 1미터쯤 나와 있었다.

총을 쏘아 새끼들을 놀라게 하고 싶지 않았기 때문에 뇌와 골수, 칼슘, 간유로 만든 음식으로 유인해서 엘자가 그곳을 벗어나게 했다. 엘자는 이 음식을 몹시 좋아했다. 임신했을 때부터 주기 시작했는데, 엘자는 이 음식이라면 사족을 못 썼다.

역시나 엘자는 음식이 담긴 사발을 좇아왔다. 새끼들도 함께 와서 환하게 켜둔 램프 불빛을 마주보며 우리 텐트 앞에 앉았다.

새끼들은 불빛을 보고도 얌전했다. 아마도 새로운 종류의 달이라고 생각하는 모양이었다.

내가 잠자리에 들자 조지는 '달'을 끄고 한동안 어둠 속에 앉아 있었다. 새끼들은 그가 손을 뻗으면 닿을 거리에 있었다. 녀석들은 걸어오느라 목이 말랐는지 물을 마셨다. 이윽고 엘자와 새끼들은 큰바위 쪽으로 터벅터벅 걸어갔다. 그 직후 조지는 큰바위가 있는 방향에서 엘자의 짝이 울부짖는 소리를 들었다.

나중에 조지는 남은 고기를 가지러 갔지만 악어가 이미 물 속으로 끌고 간 뒤였다. 그는 도둑을 총으로 쏘아 죽이고 고기를 되찾았다.

다음 날 아침 일찍 다들 잠들어 있는 시간에 엘자가 야영지를 찾았다. 나는 엘자의 소리를 듣고 얼른 쫓아 나갔다. 엘자는 이미 강을 건너고 있었다. 하지만 내가 소리쳐 부르자 즉시 되돌아와 나와 함께 모래톱에 자리를 잡고 앉았다. 곧이어 엘자는 새끼들을 부르기 시작했다. 우리 옆으로 오라는 신호였다. 새끼들은 3미터 전방까지 접근했지만 내 말에 고분고분 따르고 싶은 생각은 전혀 없는 듯했다. 녀석들을 길들일 수만 있다면 더 이상 바랄 게 없었다.

엘자는 녀석들이 아직도 나를 무서워한다는 데 당황하는 눈치였지만 결국 나와 친해지게 하려는 시도를 포기한 채 새끼들을 데리고 강을 건너 덤불숲으로 사라졌다.

오전 10시에 엘자는 혼자 돌아왔다. 녀석은 강가 수풀 쪽에다 코를 대고 불안한 듯 킁킁거리더니 계속 냄새를 맡으며 아침에 왔던 길을 따라 바삐 걸어갔다.

시야에서 사라졌나 싶더니 엘자가 사납게 울부짖는 소리가 들려왔다. 잠시 후 엘자는 갔던 길을 되짚어 다시 나타났다. 녀석은 여전히 불안한 듯 계속 코를 킁킁거리더니 마침내 바위 쪽을 향해 있는 힘껏 소리를 내지르고는 반대편 수풀로 사라졌다. 우리는 엘자의 이상한 행동을 어떻게 해석해야 좋을지 몰랐지만 어쩌면 새끼를 잃어버렸을 수도 있다고 생각했다.

점심 무렵 이브라힘이 원주민 세 명을 데리고 왔다. 그들은 길 잃은 염소 한 마리를 찾고 있다고 말했지만 활과 독화살은 가지고 있지 않았다. 우리의 추측이 맞아떨어졌다. 새끼들은 그들을 보고 놀라서 어딘가로 도망친 게 분명했다.

엘자는 이틀 동안이나 새끼들을 데려오지 않았다. 그 날 아침 우리는 손님들을 데리고 타나 강의 폭포를 구경하러 갔다. 이곳의 폭포는 장관이지만 접근이 매우 어렵기 때문에 유럽인들은 거의 방문하지 않는다.

야영지로 돌아왔더니 엘자와 새끼들이 있었다. 우리가 가볍게 한 잔 하는 동안 녀석들은 저녁을 먹었다. 새끼들이 말하는 소리에 얼마나 민감한지 잘 알고 있었기 때문에 우리 모두 침묵을 지켰다. 녀석들은 멀리 떨어진 부엌에서 들려오는 일꾼들의 수다 소리에는 신경을 쓰지 않았지만 우리는 가까이에 있었기 때문에 아주 작은 소리로 소곤거려도 멀찍이 도망가버렸다. 카메라 셔터를 누르는 소리에도 녀석들은 예민하게 반응했다.

새끼들이 10주째로 접어들자 엘자는 서서히 젖을 떼게끔 하기 시작했다. 새끼들이 젖을 충분히 먹었다고 판단되면 그때마다 엘자는 젖꼭지가 보이지 않게 자세를 잡거나 랜드로버 지붕 위로 뛰어올랐다. 그래서 배를 곯고 싶지 않으면 새끼들은 어쩔 수 없이 고기를 먹어야 했다. 녀석들은 어미가 입으로 짐승의 내장을 건네주면 이를 찢어발겨 스파게티를 먹듯 후루룩거리며 먹었다. 그러다 마음에 안 드는 내용물이 있으면 이를 앙다물고 그 사이로 내뱉었다. 엘자도 어렸을 때 그랬다.

그 날 저녁 새끼 한 마리가 무슨 일이 있어도 젖을 더 먹어야겠다고 결심했는지 고집스럽게 어미의 품을 파고들었다. 엘자는 결국 화가 잔뜩 나서는 새끼를 세게 밀쳐내더니 차 위로 뛰어올랐다.

엘자의 이런 행동에 새끼들도 약이 바짝 올랐는지 뒷다리로 버티고 선 채 앞발로 차를 때려대며 칭얼거렸다. 하지만 엘자는 아래 있는 새끼들이 보채거나 말거나 내 알 바 아니라는 듯 지붕 위에 버티고 앉아 앞발을 핥아댔다.

잠시 후 새끼들은 언제 그랬냐는 듯 신이 나서 주변을 탐사하기 시작했다. 그러느라 녀석들은 엘자의 시야에서 사라졌다. 소리쳐도 새끼들이 오지 않자 엘자는 극도로 불안해했다. 그러다 몇 번을 불러도 새끼들이 나타나지 않자 엘자는 차에서 뛰어내려 새끼들을 안전한 곳으로 다시 옮겨놓았다.

그 후 이틀 동안 엘자는 저녁마다 새끼들을 데리고 야영지에 들렀다. 그때마다 엘자는 무척이나 다정스럽게 굴면서 마침 한잔 하고 있던 우리의 식탁을 난장판으로 만들어놓았다. 셋째 날 저녁에도 엘자는 새끼들을 데리고 와서는 똑같은 행동을 되풀이했다. 우리가 풀밭에다 저녁 식사를 펼쳐놓고 시끄럽게 떠드는 데도 이번에는 새끼들이 전혀 놀라지 않는 모습을 보고 오히려 우리가 놀랐다.

　이제 새끼들은 우리를 보고도 아주 편안해하는 것 같았다. 그래서 그 다음 이틀 동안 엘자가 100미터쯤 떨어진 함염지에 새끼들 혼자 내버려두는 것을 보고 의외라고 생각했다. 이뿐만이 아니었다. 엘자는 자기가 식사하는 동안 새끼들이 자기 눈에 띄는 곳에서 얌전하게 있도록 하는 법도 가르쳤다.

　그 날 밤 한시도 쉬지 않고 내내 비가 쏟아졌다. 이런 경우 엘자는 조지의 텐트를 피난처로 삼는다. 이번에도 엘자는 조지의 텐트로 들어가 새끼들에게 따라 들어오라고 소리쳤다. 하지만 녀석들은 계속 밖에 서 있었다. 비 오는 모습을 지켜보는 게 재미있는 모양이었다. 곧이어 가엾은 엘자는 새끼들 옆에 있는 게 자기 의무라고 생각했는지 다시 밖으로 나왔다.

　다음 날 나는 친구들과 함께 이시올로로 떠났다. 조지는 야영지에 남아 있었다. 우기가 본격적으로 시작됐으니 곧이어 물자 운송이 매우 어려워질 터였다. 따라서 계획도 거기에 맞게 세워야 했다.

## 14

새끼들, 야영지에서 지내다

조지와 교대하기 위해 이틀 만에 다시 야영지로 돌아왔다.

이번에 나는 엘자가 새끼들과 함께 있을 때는 일꾼들이 함부로 엘자 근처에 가게 해서는 안 된다는 것을 깨달았다. 마케데조차 가까이 접근하자 엘자는 귀를 곧추세운 채 눈을 가늘게 뜨고 그를 노려보았다. 차갑고도 살의가 번득이는 표정이었다. 하지만 나는 완전히 신뢰했다. 그 증거로 엘자는 강가로 물을 마시러 갈 때면 가끔씩 새끼들을 내게 맡기곤 했다.

며칠 밤 동안 우르릉 쾅쾅 하는 천둥과 번개를 동반한 폭우가 쏟아지는 바람에 몹시 겁이 났다. 마치 하수도가 넘친 것처럼 사방이 물 천지였다.

조지의 텐트가 비어 있어서 그곳을 피난처로 삼아도 무방했지만 엘자와 달리 새끼들은 사람에 대한 배타심이 너무 강해서 차라리 밖에서 비에 흠뻑 젖는 쪽을 택했다. 이런 성향은 녀석들에게 야생의 피가 흐르고 있다는 명백한 증거였다. 설사 비에 젖고, 우리와 친하게 지내기를 바라는 엘자의 소망이 물거품이 되는 한이 있더라도 더욱 북돋워주어야 할 특성이었다. 엘자는 종종 새끼들과 일종의 술래잡기 놀이를 했다. 그럴 때면 엘자는 새끼들이 미처 의식하지 못하는 사이에 텐트 안으로 들이려는 듯 원을 그리면서 내가 앉아 있는 텐트로 점점 가까이 다가왔다.

두 번인가 엘자는 텐트 안으로 뛰어들더니 어깨 너머로 곁눈질을 하면서 새끼들을 불렀다. 하지만 엘자가 별의별 수단을 다 동원해도 녀석들은 스스로 그어놓은 경계선 안으로는 한 발자국도 들여놓지 않았다.

비록 집에서 사람 손에 자란 어미에게서 태어났지만 그 사실이 모든 야생동물이 지니는 본능을 손상하지는 않은 듯했다. 야생동물들의 이러한 본능은 미지의 위험이 다가오는 것을 사전에 경고해준다. 사실 엘자만 해도 우리 눈을 피해 새끼들을 5, 6주 동안 숨김으로써 새끼를 보호하려는 본능이 여전히 살아 있음을 보여주었다.

이제 엘자는 새끼들에게 우리를 가족의 일원으로 받아들이게 하려는 시도가 실패로 끝났다는 사실 앞에서 실망하는 기색이 역력했다. 이는 부분적으로는 인간을 무서워하는 새끼들의 배타심 때문이기도 했지만 부분적으로는 우리의 협조가 부족했기 때문이기도 했다. 적어도 엘자가 생각하기에는 그랬다. 엘자는 꽤 당황하는 눈치였지만 자신의 계획을 포기할 마음은 전혀 없는 듯했다. 어느 날 저녁 엘자는 텐트 안으로 들어오더니 일부러 내 뒤에 벌렁 드러누웠다. 그러더니 와서 젖을 먹으라며 새끼들을 불렀다. 이렇게 함으로써 새끼들을 텐트 안으로 들어오게 하는 한편, 나와도 친하게 지내게 할 심산이었다. 새끼들은 내가 어미 뒤로 물러나기를 바랐을 테고 엘자는 내가 새끼들이 안으로 들어오도록 용기를 주기를 바랐을 테지만, 나는 그 자리에서 꼼짝도 하지 않고 침묵을 지켰다. 만약 내가 움직였다면 엘자의 의도를 무산시키는 셈이었고, 새끼들을 부추겼다면 녀석들을 길들이지 않겠다는 우리의 결심에 반하는 셈이었다. 새끼들과 친해지고 싶은 바람이 컸던 만큼 가슴이 아렸다. 특히 엘자가 실망이 가득 담긴 눈으로 한동안 나를 쳐다보다가 새끼들이 있는 밖으로 나가버렸을 때는 가슴이 내려앉는 듯했다. 물론 엘자는 나의 비협조가 새끼들의 본능을 그대로 유지하기 위해서라는 것을 이해하지 못했다. 엘자는 분명 나를 무정하다고 생각했을 테지만 나는 나대로 엘자 가족의 행복을 위해 감정을 억누르느라 힘들었다.

새끼들은 정반대의 이유 때문에 우리의 관계를 걱정스럽게 바라보았다. 매일 저녁 엘자가 체체파리로 인해 고통을 호소하며 내 앞에 벌러덩 드러누워 귀찮은 파리들을 떼달라고 할 때면 녀석들은 눈이 휘둥그래졌다.

내가 체체파리를 눌러 죽이다 그 과정에서 엘자를 철썩철썩 때리면 녀석들은 몹시 당황했다. 특히 제스파는 가까이 다가와서는 어미가 보호를 필요로 하면 언제라도 튀어오를 기세로 쭈그리고 앉곤 했다. 녀석들 눈에는 나한테 호되게 맞고도 오히려 고마워하는 듯한 표정을 짓는 어미가 이상해 보일 게 뻔했다.

한번은 엘자가 제스파와 리틀 엘자와 함께 텐트 앞에서 물을 마시고 있는데, 고파만 유독 겁을 내면서 물그릇 근처에는 아예 다가오려고도 하지 않았다. 이를 본 엘자가 녀석에게 가서 일부러 몇 번 철썩철썩 때리자 그제야 녀석은 용기를 내 다른 녀석들과 합류했다.

제스파는 성격이 유별났다. 말하자면 녀석은 용감해도 너무 용감했다. 어느 날 오후 다들 배가 거의 터질 지경에 이르도록 실컷 먹고 난 후 엘자가 앞장서서 바위 쪽으로 걸어가기 시작했다. 날은 거의 어두워진 상태였다. 새끼 두 마리는 얌전하게 엘자 뒤를 따랐지만 제스파는 계속 게걸스레 먹어댔다. 엘자가 두 번이나 소리쳐 불렀지만 녀석은 잠시 귀를 기울이더니 다시 먹이에 고개를 처박았다. 마침내 엘자가 되돌아와서는 아들 쪽으로 성큼성큼 다가갔다. 제스파는 그제야 아차 싶었는지 고기를 얼른 집어삼키고는 엘자를 따라나섰다.

이 무렵 나는 며칠 동안 이시올로에 가 있어야 했다. 그 사이 야영지를 관리하는 일은 조지가 맡았다.

이제 엘자는 말 그대로 하룻밤 새에 유명해져 있었다. 그렇게 많은 사람들이 관심을 보인다는 건 분명 고마운 일이었지만 우리는 엘자도 유명인사들의 운명을 따르게 될까봐, 다시 말해 사생활이 없어질까봐 걱정이 됐다.

세계 각지의 사람들로부터 직접 와서 엘자를 보고 싶다는 내용을 담은 편지가 쇄도했다. 지금까지 우리는 엘자와 새끼들을 야생의 상태대로 놓아두기 위해 무진 애를 썼다. 따라서 녀석들이 관광객들의 눈요깃거리로 전락하는 것을 가만히 두고 볼 수는 없었다. 물론 엘자의 팬들과 사냥객, 우리 친구들에게 엘자의 사생활을 침해하지 말라고 호소할 수는 있었지만 사람들의 접근을 막을 법적 수단은 없었다. 그 때문에 우리가 자리를 비운 사이에 일부 방문객들이 엘자를 자극했다가 사고를 유발할까봐 상당히 염려스러웠다.

새끼들은 우리의 기대를 저버리지 않고, 아니 그 이상으로 늠름한 야생 수사자로 자라나고 있었다. 하지만 녀석들의 아버지는 우리를 크게 실망시켰다.

물론 거기에는 녀석과 녀석의 가족들 사이에 끼어든 우리 탓도 어느 정도 있었지만 녀석은 가족들에게 음식을 공급할 생각이 전혀 없었다. 오히려 가족들의 음식을 훔쳐먹는 일이 다반사였다. 더욱이 녀석은 수많은 말썽을 일으켰다. 어느 날 저녁엔 내 트럭 안에 있는 염소를 꺼내려고 난리를 피우는가 하면, 또 한번은 이런 일도 있었다. 그러니까 엘자와 새끼들이 텐트 밖에서 식사를 하고 있을 때였다. 엘자가 갑자기 녀석의 냄새를 맡고는 신경이 매우 날카로워져서 수풀에 대고 계속 코를 킁킁거리는 틈을 이용해 녀석은 엘자의 고기를 가로챘다. 그 바람에 새끼들이 놀라서 황급히 달아나버렸다.

조지가 어찌 된 영문인지 알아보러 햇불을 들고 나가봤더니 3미터 앞에 녀석이 있었다. 녀석은 조지 바로 앞 수풀에 숨어 으르렁거리고 있었다. 화들짝 놀란 조지는 재빨리 뒤로 물러섰고, 다행히 녀석도 물러났다.

다음 날 또 다른 불상사가 생겼다. 마케데로부터 커다란 악어 한 마리가 엘자가 강을 건너는 지점에서 잠을 자고 있다는 보고를 받고는 조지가 소총을 들고 그곳으로 갔다. 악어는 여전히 그곳에 있었는데, 정말 몸집이 어마어마했다. 조지가 악어를 쏘아 죽이고 나서 재봤더니 몸 길이가 자그만치 3.7미터였다. 그 강에서는 신기록이었다.

만약 엘자가 그런 괴물에게 공격을 받았다면 아마 승리를 보장하기는 힘들었을 것이다.

야영지로 돌아오면서 나는 누루를 데려왔다. 누루는 위장병 때문에 6개월 동안 집에 돌아가 있었다. 지금은 완전히 나은 상태였지만 누루는 자신의 병을 엘자 탓으로 돌렸다. 엘자에게 늘 헌신적이었던 누루가 그렇게 생각하다니 의외였다. 하지만 그의 병은 공교롭게도 엘자와 두 자매를 돌보면서 시작되었다. 그 때문에 누루는 엘자가 자기한테 저주를 걸었다고 굳게 믿고 있었다.

이런 믿음을 없애기 위해 나는 일부러 누루를 야영지로 데려왔다. 추적추적 내리는 비 속에서 기다리며 누루에게 새끼들에 대한 이야기를 들려주었다. 누루는 상당히 관심이 있는 눈치였다.

그 날 밤 강물이 불어나는 바람에 다음 날 새벽녘이 되어서야 야영지에 도착할 수 있었다. 엘자는 자동차 소리를 듣고 마중나와 우리를 반겼다. 하지만 녹초 상태인 우리로서는 엘자의 애칭 표현이 거의 폭력처럼 느껴졌다.

그 날 오후 누루에게 새끼들을 보여줄 수 있기를 바라면서 우리 모두 새끼들이 있는 방향으로 걸어갔다. 갑자기 우리 바로 앞 수풀에서 엘자가 새끼들에게 말을 거는 소리가 들려왔다.

곧이어 엘자가 튀어나와 우리를 반기더니 누루에게 달려가 야단법석을 떨었다. 엘자는 오랜만에 옛날 친구를 다시 만나 이만저만 행복해하는 게 아니었다. 그 모습에 누루는 깊은 감동을 받았다. 누루는 엘자를 쓰다듬기 시작했다. 엘자의 눈이 저주를 불러온다는 미신은 이미 말끔히 씻겨져 나간 듯했다. 이 가슴 뭉클한 재회 이후 누루는 병에 걸리기 전보다 훨씬 더 엘자에게 헌신적으로 대했다. 하지만 엘자는 그에게 새끼들을 보여주지 않았다. 그리고 나서 어둑어둑해져서야 새끼들을 야영지로 데려왔다.

어미와 달리 새끼들은 사람이 만든 장난감을 가지고 놀지 않았다. 하지만 밝은 램프 불빛과 씨름을 하는가 하면, 몽둥이를 보고도 당황하지 않았다. 가끔 녀석들은 숨바꼭질 놀이를 하며 놀기도 했다. 녀석들은 종종 서로 얼싸안고 뒹굴곤 했는데, 밑에 깔린 녀석은 허공에다 대고 네 발을 버둥거렸다. 엘자도 대개 새끼들이 노는 데 끼어들었다. 그럴 때면 엘자는 육중한 몸무게에도 불구하고 마치 새끼 때로 돌아간 듯 펄쩍펄쩍 뛰어다녔다.

우리는 엘자네 가족을 위해 물그릇을 두 개 준비했다. 하나는 단단한 알루미늄 대야였고, 또 하나는 나무 조각을 덧댄 낡은 철모로 엘자가

엘자의 등에 올라타 어미의 꼬리를 가지고 장난치는 새끼들.

어렸을 때부터 쓰던 것이었다. 새끼들에게는 철모가 더 인기 있었다. 녀석들은 철모를 뒤집어엎다가 철모가 떨어지면서 덜커덕거리는 소리가 나면 깜짝 놀라곤 했다. 그리고 나면 언제 겁을 냈냐는 듯 머리를 꼿꼿이 쳐들고 이 빛나는 물체를 정면으로 노려보다가 조심스럽게 건드리기 시작했다. 우리는 이렇게 노는 녀석들의 모습을 사진에 담았다.

낮에는 녀석들이 노는 모습을 찍기가 어려웠다. 녀석들의 활동이 뜸하기 때문이었다. 사진을 찍기에는 늦은 오후가 제일 좋았다. 녀석들이 가장 좋아하는 놀이터는 강둑에 쓰러져 있는 종려나무 근처의 공터였다. 야영지에서 200미터쯤 떨어져 있었는데, 오후가 되면 녀석들은 그곳을 찾았다. 이곳은 녀석들에게 온갖 편의를 제공했다. 일단 시야가 툭 틔여 있어 좋았고, 근처에는 위험이 다가오면 몸을 감출 수 있는 울창한 수풀이 있었다. 게다가 함염지도 가까웠고, 원하면 언제든지 물을 마실 수 있는 강도 있었다. 이 밖에도 이곳은 내가 종종 고기를 갖다 두는 장소였다.

조지와 나는 그곳 수풀에 숨어 녀석들이 쓰러진 나무 둥치를 오르락내리락 하면서 자신들을 지키기 위해 줄곧 곁에 붙어 있는 어미를 놀리는 모습을 찍곤 했다.

녀석들은 우리가 근처에 있다는 것을 알았지만 전혀 신경 쓰지 않았다. 하지만 아프리카인이 나타나면 아무리 멀리 떨어져 있다 하더라도 즉시 놀이를 접고 수풀로 사라졌다. 그동안 엘자는 귀를 곤추세운 채 위협적인 표정으로 침입자를 노려보았다.

4월 2일 조지가 이시올로로 돌아갔다. 하지만 나는 야영지에 남았다.

시간이 흐를수록 새끼들은 점점 낯을 가렸다. 심지어 나한테도 그랬다. 이제 녀석들은 고기를 먹을 때도 어미를 따라 곧장 오지 않고 풀밭을 지나 한참을 돌아왔다. 그래야 나한테서 멀찌감치 떨어질 수 있었기 때문이다.

나는 밤새 약탈자들이 고기를 훔쳐가는 것을 막기 위해 종려나무에서부터 내 텐트 근처까지 남은 고기를 끌고 와서 사슬로 묶어두기 시작했다.

짐은 무거울 때가 많았다. 그때마다 엘자는 자기가 해야 할 수고를 덜게 되어서 다행이라는 얼굴로 내 행동을 지켜보곤 했다.

제스파는 내가 고기에 손을 댈 때면 못마땅한 표정을 지었다. 녀석은 몇 번이나 거의 정색을 하고 나를 공격했다. 처음엔 자세를 낮춘 채 웅크리고 있다가 나중에는 전속력으로 덤벼들었다. 그때마다 엘자가 나를 구하러 왔다. 엘자는 아들과 나 사이에서 중재하는 것으로만 그치지 않고 아들을 호되게 때리곤 했다. 그러고 나면 제스파는 완전히 무시한 채 한동안 텐트에서 나와 함께 있었다. 그때마다 제스파는 당혹스런 표정으로 밖에서 기다렸다. 어떤 때는 철모에 머리를 기대고 누운 채 간간이 물을 마시기도 했다.

엘자의 반응이 눈물겹게 고맙기도 했지만, 한편으로는 어미한테 자연스런 본능을 저지당하고 어쩔 줄을 몰라하는 제스파가 이해가 되기도 했다. 나는 녀석의 길투심을 건드리지 않으려고 무척 조심했다.

녀석이 아직은 작아서 그리 큰 해를 끼치지는 못했지만 우리 둘 다 새끼들이 우리에게 먹이를 의존하는 동안 녀석들과 화친 조약을 맺는 게 필요하다는 점을 인정하고 있었다. 녀석들이 몸집이 자라 위험해지기 전에 서둘러야 했다. 하지만 쉽지 않은 문제였다. 녀석들이 적대적으로 나오는 것도 원하는 바가 아니었지만 그렇다고 녀석들을 길들이고 싶지도 않았기 때문이다. 최근 들어 엘자는 우리의 어려운 처지를 알아차렸는지 해결책을 마련하기 위해 나름대로 고심하는 눈치였다. 제스파가 어미를 보호할 양으로 나를 공격하면 사정없이 두들겨팼지만 내가 자기 새끼들과 너무 친해진다 싶으면 나한테도 단호하게 굴었다. 예를 들어 새끼들이 노는 동안 몇 번 가까이 다가간 적이 있었는데, 그때마다 엘자는 실눈을 뜨고 나를 노려보면서 천천히 그러나 할 말이 있다는 듯 내게로 걸어와서는 내 무릎을 휘감았다. 분명 적의는 없었지만 단호한 태도였다. 내가 엘자의 의도를 알아차리지 못하고 물러나지 않았다면 내 무릎을 휘감은 녀석의 손에 힘이 들어갔으리라는 것은 너무도 명백했다.

# 15

새끼들의 성격

어느 날 아침 랜드로버 한 대가 와서 고드프리 윈과 도널드 와이즈라는 영국 기자가 곧 도착한다는 소식을 전했다.

새끼들과 있을 때는 엘자의 반응을 예측할 수가 없기 때문에 걱정이 되었다. 최근 들어 엘자는 누루도 거부하는 실정이었다. 나는 운전사 편에 무슨 수를 쓰든 야영지에서 16킬로미터 떨어진 곳에다 엘자네 가족을 붙잡아두면 내가 그리로 나가겠다는 전갈을 조지에게 보냈다. .

이렇게까지 준비를 했는데 녀석들이 나타나지 않자 나는 다소 놀랐다. 그리고 나서 손님들을 뒤로 물러나게 하려고 실랑이를 벌이고 있을 때였다. 엘자가 가르랑거리는 소리가 들려왔다. 아마도 자동차 엔진 소리를 좇아온 모양이었다. 어쨌든 거기에 엘자가 새끼와 함께 있었다. 그런 상황에서는 주어진 환경을 최대한 활용하는 수밖에 없었다.

조지가 먹이를 강가 종려나무 둥치에 붙들어 매는 동안 나는 손님들을 작업실로 데려가 차를 대접했다. 이렇게 해서 우리는 엘자와 새끼들이 먹이를 먹는 모습을 볼 수 있었다. 윈 씨에게 엘자와 새끼들을 나 혼자 독점하고 싶은 생각은 추호도 없지만 사자들은 야생에서 살아야 하고, 그러려면 사생활을 보호해줘야 한다고 말했다.

우리는 텐트 옆에서 저녁 식사를 했다. 잠시 후 엘자가 우리에게서 그리 멀지 않은 곳에 세워둔 랜드로버 위로 풀쩍 뛰어올랐다.

다음 날 저녁 우리는 텐트 가까운 곳에 먹이를 매달아두었다. 곧이어 엘자가 먹이를 먹으려고 왔다. 하지만 새끼들은 가까이 다가오려고 하지 않았다. 엘자는 이리저리 뛰어다니며 새끼들을 달래려고 최선을 다했다. 엘자는 새끼들의 두려움을 없애기 위해 갖은 수단과 방법을 동원했지만 제스파조차 불빛이 있는 데로는 한 발자국도 움직이려 하지 않았다. 그 날 저녁 엘자의 짝이 울부짖는 소리가 들렸는데, 다음 날 아침에 일어나보니 모두 사라지고 없었다.

4월 8일 조지는 이시올로로 떠났고, 나는 계속 야영지에 머물렀다. 어느 날 밤 엘자가 나타났기에 고기를 내주었더니 먹지는 않고 연신 냄새만 맡아댔다. 일꾼들에게서 염소 고기가 상했다는 소리를 들은 건 그러고 나서였다. 엘자의 본능이 엘자에게 고기가 오염됐다고 경고했던 것이다. 새끼들도 손을 대려고 하지 않았다. 그 일 이후 녀석들은 식탐이 엄청 많아져서 고기를 먹으면서도 엘자에게 젖을 달라고 보챘다.

그 날 저녁 엘자는 내 어깨에 기댄 채 가르랑거리며 새끼들에게 말을 걸었다. 다물린 입술 사이로 나오는 데도 아주 낭랑한 소리였다. 엘자는 새끼들을 나한테 오게 하려고 애썼지만 헛수고였다.

나와 놀 때와 새끼들과 놀 때를 정확히 구분해서 행동하는 엘자를 볼 때면 늘 대견스러웠다. 새끼들과 있을 때면 엘자는 다소 거칠어졌다. 예를 들면 새끼들의 살갗을 잡아당기기도 하고, 잘근잘근 깨물기도 하고, 자기가 식사하는 것을 방해하지 못하도록 새끼들의 머리를 지긋이 누르기도 했다. 만약 나한테도 똑같이 대했다면 무척 고통스러웠을 테지만 엘자는 나와 함께 있을 때는 늘 얌전하게 굴었다. 아마도 엘자를 쓰다듬을 때 항상 부드럽게 어루만지고, 말을 걸 때도 낮고 조용한 목소리로 말을 해서 자기도 그렇게 대하는 게 습관으로 굳어졌기 때문인 듯했다. 엘자를 거칠게 다루었다면 엘자는 자신의 우월한 힘을 과시하려고 들었을 게 틀림없다.

그 날 밤 잠자리에 들고 나서 엘자의 짝이 소리쳐 부르는 소리가 들렸지만 엘자는 녀석에게 가지 않고 가시나무 울타리를 비집고 내 텐트 안으로 들어오려고 안간 힘을 썼다. 내가 "안 돼, 엘자, 안 돼"라고 하자 엘자는 즉시 멈추었다. 그러고 나서 엘자는 쪽문 옆에 새끼들을 앉히고 거기서 그 날 밤을 보냈다.

다음 날 엘자는 어둑어둑해지고 나서야 나타났다. 이번에는 새끼 두 마리만 데리고 왔다. 제스파가 보이지 않았다. 엘자는 고파와 리틀 엘자와 함께 먹이 옆에 자리를 잡았다. 제스파의 안부가 걱정됐지만 밖이 캄캄해서 녀석을 찾으러 나갈 수가 없었다. 그래서 '치앙, 치앙' 하며 높게 울부짖는 제스파의 목소리를 흉내냄과 동시에 수풀을 가리키며 엘자가 녀석을 찾아나서게 하도록 자극했다. 엘자는 잠시 후 사라졌다. 남은 새끼들은 어미가 자리를 비웠는데도 걱정이 되지 않는 눈치였다. 녀석들은 계속 먹이를 먹었다. 그러다 5분쯤 지나서야 어미를 따라나섰다. 잠시 후 세 마리 모두 돌아왔지만 제스파는 여전히 보이지 않았다. 나는 다시 한 번 똑같은 방법을 이용해 엘자를 밖으로 내보냈지만 이번에도 엘자는 혼자 돌아왔다. 세 번째 시도도 아무 성과가 없었다.

그제야 나는 엘자의 꼬리에 커다란 가시가 깊이 박혀 있는 것을 발견했다. 상당히 아플 것 같았다. 가시를 빼내려고 하자 엘자는 짜증을 부렸다. 다행히 가시를 제거하는 데 성공했고, 엘자는 상처를 핥은 다음 내 손도 핥았다. 고맙다는 표시였다.

그러고 나서 갑자기 내가 무슨 언질을 준 것도 아닌데 엘자는 새끼 두 마리와 함께 수풀로 성큼성큼 걸어갔다. 곧이어 '치앙 치앙' 하는 제스파의 낯익은 울음소리가 들려왔다.

잠시 후 제스파가 다른 식구들과 함께 나타났다. 녀석은 고기를 조금 갉아먹더니 내 쪽으로 1.5미터 앞까지 다가와 드러누웠다. 제스파가 무사해서 정말 다행이었다. 녀석이 혼자 나돌아다니던 시간은 가장 위험할 때였다. 포식자들이 활동하는 시간이었기 때문이다. 게다가 녀석은 아직은 너무 어려서 수사자는 고사하고 하이에나조차 감당하지 못했다. 엘자가 손도 대지 않았던 상한 고기를 야영지에서 멀리 떨어진 곳에 버리라고 지시했는데, 아마도 녀석은 그 고기에 정신이 팔렸던 게 아니었나 하는 의심이 들었다.

녀석에게 넘치는 기운을 발산할 뭔가를 마련해주기 위해 낡은 튜브를 가져다 녀석 곁에서 꿈틀꿈틀 움직여 보였다. 녀석은 그 즉시 달려들었고, 곧이어 고파와 리틀 엘자도 이 새로운 놀이에 동참했다. 녀석들은 너덜너덜해진 고무 조각만 남을 때까지 튜브를 가지고 놀았다.

그 날 밤 비가 내렸다. 아침에 일어나보니 엘자의 발자국뿐만 아니라 새끼들의 발자국까지 조지의 빈 텐트 안으로 이어져 있어서 깜짝 놀랐다. 녀석들이 스스로 정한 금지 구역 안으로 들어가기는 이번이 처음이었다.

이튿날 밤 엘자가 쪽문을 밀치고 텐트 안으로 들어와 내 침대로 뛰어올랐다. 일꾼들이 텐트 주변에 가시나무 울타리 치는 것을 깜박했는데, 녀석이 그 사실을 알아차렸던 것이다. 찢어진 모기장을 온몸에 둘둘 감은 녀석은 무척이나 흐뭇한 표정을 지었다. 덕분에 앉은 채로 밤을 지새야 할 판이었다.

제스파도 어미를 뒤따라 텐트 안으로 들어와서는 뒷다리로 버티고 선 채 힐끔힐끔 침대를 탐색했다. 하지만 다행히 뛰어오를 생각은 하지 않았다. 나머지 새끼들은 밖에서 머물렀다.

우리는 저녁 내내 엘자를 텐트 밖으로 유인하려고 진땀을 뺐다. 문을 열면 새끼들이 우르르 어미 곁으로 달려들 위험이 있었기 때문에 쉬운 일이 아니었다. 그래서 우리는 엘자가 쪽문 사이로 기어서 나가게 하기로 했다. 처음 얼마 동안은 우리의 바람이 성공할 가능성이 매우 희박해 보였다. 그러고 나서 나는 새끼들이 없어져서 찾는 척하며 횃불을 들고 야영지 주변을 돌아다니며 '치앙 치앙' 하는 소리를 내기 시작했다. 이 방법은 효과가 있어서 엘자와 제스파는 곧 밖으로 튀어나갔다. 엘자는 문을 통해 들어왔지만 제스파가 어떻게 들어왔는지는 아직도 의문이다. 그런 수선 끝에 나 혼자 텐트를 독차지하게 되었지만 잠을 잘 수가 없었다. 엘자가 내 트럭을 요란하게 치받았기 때문이다. 하지만 놀랍게도 내가 "안 돼, 엘자, 안 돼"라고 하자 멈추었다. 전에도 그런 적이 있었다. 엘자가 왜 염소 트럭을 가지고 씨름을 하는지 이해할 수가 없다. 배가 고프다면 강가에 아직도 고기가 남아 있었기 때문이다.

새끼들은 16주째로 접어들었고, 지금쯤은 어미와 함께 먹이를 지키고 있어야 했다. 엘자가 저런 식으로 계속 게을러진다면 우리에게 먹이를 받아먹는 것을 당연시하는 건 물론이고 먹이를 지키는 수고까지 우리가 대신 해주길 기대하지 않을까?

우리가 녀석의 야생 본능을 파괴하고 있다면 이쯤에서 녀석을 내버려두어야 하지 않을까? 하지만 지금은 적기가 아닌 듯했다. 최근에 야영지 근처에서 낯선 아프리카인 두 명의 발자국을 발견했기 때문이다. 그들은 우리의 위치를 탐색하는 게 분명했다. 건기가 다시 시작되면서 아마도 금렵 지역에다 가축을 풀어놓으려는 모양이었다. 하지만 이는 불법이었다. 상황이 그렇다 보니 계속해서 엘자네 식구들에게 먹이를 공급해야 할 듯했다. 안 그랬다가는 엘자가 길 잃은 염소들을 죽일 게 뻔했다. 곧 우기가 시작되면 부족민들이 돌아갈 테고, 다음 건기 때는

발톱 강화 훈련을 하는 엘자의 새끼들.

엘자의 새끼들도 어미와 함께 사냥에 나설 수 있으리라고 생각하면서 스스로를 달랬다.

그건 그렇고 새끼들이 커가는 모습을 지켜본다는 건 나날이 새로운 경험이었다. 녀석들은 어느새 힘줄이 형성되어 있었다. 녀석들은 뒷다리로 버티고 선 채 발톱을 이용해 아카시아인 듯한 나무 껍질을 후벼 팠다. 그렇게 하다 보면 녀석들의 발톱 끝은 분홍색으로 물들었다. 녀석들이 이 운동을 끝내고 나면 나무 껍질에 깊은 상처가 나 있었다.

엘자의 배설물에서 흥미로운 사실을 알아냈다. 전에도 기생충 감염 여부를 확인하기 위해 녀석의 배설물을 종종 조사하곤 했다. 새끼를 낳기 전에는 녀석의 배설물에서 촌충과 회충이 나왔었다. 사자의 내장에 기생하는 촌충은 이롭다는 말을 듣긴 했지만(실제로 조지가 어쩔 수 없이 쏘아 죽인 사자를 부검해보면 그때마다 늘 엄청난 양의 기생충이 발견되었다) 기생충을 박멸하기 위해 가끔 가다 엘자에게 약을 먹이곤 했었다. 하지만 새끼를 낳은 뒤로는 엘자의 배설물에서 기생충이 한 마리도 검출되지 않았다. 새끼들의 경우에도 마찬가지였다. 그런데 새끼들이 아홉 달 반으로 접어든 직후에 조사해봤더니 엘자의 배설물에서 다시 촌충이 발견되었다.

환경의 변화가 원인인 듯했다. 예전에 엘자는 텐트 바닥이나 심지어는 랜드로버 지붕 천까지 버려놓을 때가 많았지만 엄마가 되고 난 이후로는 그런 나쁜 행동은 한 번도 하지 않았다. 게다가 새끼들이 배설을 할 때면 길가에서 벗어난 곳을 찾게끔 훈련시켰다.

새끼들에게는 사자들에게서 흔히 볼 수 있는 '로디지안리지백'의 징후가 전혀 나타나지 않았다. 로디지안리지백이란 등 한복판을 따라 나머지 털과 반대 방향으로 자라는 너비 35센티미터 가량의 반점을 말한다. 엘자와 엘자의 언니 빅원은 아주 어렸을 때 이 반점이 나타났지만 둘째 루스티카는 나타나지 않았다.

새끼들은 쉽게 구분할 수 있었다. 제스파는 털 색깔이 가장 밝고 체격도 완벽한 균형을 갖추고 있었다. 코는 매우 뾰족했고, 쭉 찢어진 눈은 예민해 보이는 얼굴에 약간 몽고인 같은 인상을 드리웠다. 성격은 침착하면서 담대하고 호기심이 많을 뿐만 아니라 정도 아주 많았다. 녀석은 어미 곁에 찰싹 달라붙어 앞발로 어미를 꼭 끌어안고 있거나 그렇지 않을 때는 남동생과 누이에게 애정을 표시했다.

엘자가 식사를 할 때면 녀석도 먹는 척하는 모습을 여러 본 보았지만 사실은 어미에게 치근대기만 할 뿐이었다. 녀석은 어미가 가는 곳이라면 그림자처럼 따라다녔다. 녀석의 소심한 동생 고파도 아주 매력적이었다. 녀석은 이마에 아주 진한 반점이 찍혀 있었고, 눈은 밝은 색에 커다란 제스파와 달리 다소 흐릿하고 약간 사시였다. 몸집은 형보다 크고 육중했다. 배가 늘 풍선처럼 불룩해서 저러다 터지면 어쩌나 걱정한 적도 있었다. 결코 멍청하지는 않았지만 제스파와 달리 결단을 내리는 데 시간이 오래 걸리고, 모험심도 부족했다. 실제로 녀석은 모든 게 안전하다고 판단할 때까지 늘 뒤에 숨어 있었다.

리틀 엘자는 이름에 걸맞게 그 나이 때 어미의 모습을 그대로 빼다 박았다. 표정도 똑같았고, 반점 위치도 똑같았고, 비쩍 마른 것도 똑같았다. 행동거지도 엘자가 어렸을 때와 너무 똑같아서 엘자처럼 상냥한 성격을 지니게 될 듯싶었다.

물론 당장은 힘센 오빠들에 비해 자기가 불리하다는 것을 잘 알고 있었지만 녀석에게는 기회를 봐서 균형을 회복하는 재치도 있었다. 다들 중요한 순간에는 즉시 어미 말에 복종했지만 놀 때는 어미를 전혀 무서워하지 않았다. 엘자도 장난이 너무 지나치다 싶을 경우에만 매를 들어 제지했을 뿐 웬만하면 마음껏 놀게 내버려두었다.

어느 날 저녁 온 식구가 텐트 앞에 드러누워 있을 때였다. 나는 압

축식 램프를 켜기 시작했다. 그런데 갑자기 불이 붙는 바람에 텐트 밖 땅바닥에 램프를 내동댕이치는 수밖에 달리 방법이 없었다. 그런데도 불꽃이 더욱 거세져서 도움을 요청하러 이브라힘에게 달려갔다. 불을 끌 넝마 조각들을 들고 부리나케 뛰어왔더니 불은 이미 꺼져 있었다. 이 소동이 일어나는 동안 새끼들은 아주 가까이까지 다가와서 자기네 '달'의 이상한 행동을 조용히 지켜보았다. 엘자도 호기심을 보이며 가까이 다가오는 바람에 명령조로 "안 돼, 엘자"라고 소리쳐야 했다. 자칫 수염을 그슬릴 수도 있었기 때문이다. 그 일이 있고 나서 엘자와 새끼들은 그 날 밤을 내 텐트 밖에서 보냈다.

잠자리에 들기 전 코뿔소가 짝짓기를 하는 듯한 소리가 들려왔다. 덩치라면 누구에게도 뒤지지 않는 코뿔소는 짝짓기를 할 때 어울리지 않게 아주 유순한 소리를 낸다. 버펄로일 가능성도 있었다. 뭐가 되었든지 간에 만약의 사태에 대비해 침대 곁에 소총을 놓아두었다. 하지만 더 이상 아무 일도 일어나지 않았고, 나는 곧 잠들었다. 다음 날 아침 사기그릇이 땅바닥에 부딪쳐 달그락거리는 소리에 잠이 깼다. 다음 순간 토토가 찻쟁반을 어디다 빠뜨렸는지 빈 손으로 텐트로 뛰어들어왔다. 토토는 숨을 몰아쉬면서 아침 차를 들고 텐트로 오다가 하마터면 버펄로한테 깔릴 뻔했다고 말했다. 천만다행하게도 버펄로가 덮치기 바로 직전에 울타리 쪽문에 도착해서 가까스로 문을 걸어잠갔던 모양이었다. 성난 버펄로에게 쫓기는 순간 약해빠진 나뭇가지 울타리가 가엾은 토토에게 안도감을 주었다고 생각하니 저절로 웃음이 났다.

새끼들이 18주째로 접어들면서 엘자는 새끼들과 우리의 관계가 자기와 우리의 관계처럼 되지는 않을 거라는 사실을 받아들인 듯했다.

실제로 새끼들은 날이 갈수록 낯을 심하게 가려서 불이 켜진 곳보다도 컴컴한 밖에서 식사하길 좋아했다. 하지만 제스파는 예외였다. 어미가 가는 곳이라면 어디든 따라다니는 녀석은 어미와 함께 '위험 구역' 안으로도 자주 들어왔다. 이제 엘자는 우리와 줄곧 방어 자세로 나오는 새끼들 사이에서 지내는 데 익숙해졌다.

새끼들은 엘자와 함께 며칠 동안 사냥에 내보내도 될 만큼 상태가 아주 좋았다. 최근에 녀석들의 아비가 모습을 드러냈다. 먹이를 먹을 때만 잠시 야영지에 들르는 것으로 보아 녀석들은 대부분의 시간을 아비와 함께 지내는 듯했다.

일꾼들이 텐트를 걷는 동안 나는 작업실로 내려가 나무에 등을 기대고 앉아 『야성의 엘자 (Born Free)』 독자들이 보낸 편지 다발을 읽기 시작했다. 우리에게 물자를 조달하는 랜드로버 편에 함께 묻어온 편지들이었다. 그 많은 편지들에 답장할 시간을 어떻게 쪼개나 하고 걱정하고 있는데, 갑자기 엘자가 뒤에서 덮쳐왔다. 135킬로그램이나 나가는 엘자와 씨름하느라 편지들이 사방으로 흩어졌다. 나는 가까스로 엘자에게서 빠져나와 흩어진 편지들을 주워 모으기 시작했다. 내가 편지를 주으려고 허리를 숙일 때마다 엘자가 덤벼드는 바람에 우리는 서로 몸이 얽힌 채 바닥에 나뒹굴었다. 새끼들은 이런 모습이 재미있었는지 팔랑거리는 종이를 좇아 이리저리 뛰어다녔다. 엘자의 찬미자들이 자기들이 보낸 편지가 이런 식으로 크게 환영받고 있는 모습을 본다면 기뻐하지 않을까 하는 생각이 들었다. 마침내 편지를 모두 수거했다. 그 사이 엘자의 저녁 식사가 도착했다. 엘자와 엘자의 새끼들은 편지 대신 먹이에 정신이 팔렸다.

이제 텐트를 철거하는 작업이 끝나고 저 멀리에서 짐을 실은 차들이 기다리고 있었다.

폭포 소리가 시끄러운데도 엘자는 자동차 엔진 소리를 금세 알아챘다. 엘자는 주의 깊게 귀를 기울이더니 나를 올려다보았다. 크게 팽창된 엘자의 눈동자는 거의 검은색으로 보였다. 엘자는 그간의 경험을 통해 우리가 자기를 버리고 떠나려 한다는 것을 알고 있었다. 표정이 마치 "그렇게 가버리면 나와 새끼들 먹이는 어떻게 하라고요?"라고 말하는 듯했다. 그리고 나서 엘자는 반쯤 먹다 만 먹이를 놓아둔 채 새끼들과 함께 모래톱 쪽으로 천천히 사라졌다.

# 16

엘자, 출판업자를 만나다

닷새 동안 자리를 비우고 나서 4월 28일 다시 야영지로 돌아왔다. 10분 후 엘자 혼자 나타났다. 엘자는 매우 건강해 보였고, 우리를 보자 기뻐했다. 하지만 이내 우리가 가져온 먹이를 물고 사라져버렸다.

엘자는 스물네 시간 만에 혼자 나타나 엄청나게 먹어대더니 이튿날 아침 다시 사라졌다. 새끼들이 보이지 않아 걱정이 되었다. 한동안 젖을 먹이지 않았는지 엘자의 젖이 퉁퉁 불어 있어서 더욱 걱정스러웠다. 하지만 다음 날 오후 온 식구가 마른 강바닥에서 노는 모습을 보고 안심이 되었다. 녀석들은 야영지까지 우리를 좇아왔다. 잠시 후 천둥과 번개를 동반한 폭우가 쏟아지기 시작했다. 엘자는 즉시 우리 텐트 안으로 들어왔지만 새끼들은 계속 밖에 앉아 간간이 물기를 털어냈다. 물에 흠뻑 젖었을 때는 누구나 꼴이 말이 아니지만 새끼들은 애처롭다기보다는 아주 귀여워 보였다. 온몸에 물을 머금은 상태에서 귀와 발이 평소보다 두 배는 커 보였다. 빗줄기가 잦아들자 엘자는 새끼들 곁으로 다가가 한바탕 신나게 놀았다. 아마도 몸을 덥히려는 의도인 듯했다. 그러고 나서 녀석들은 먹이 옆에 자리를 잡고 앉아 맹렬한 기세로 고기를 찢어발기기 시작했다. 그 사이 물기가 말라 북실북실해진 녀석들의 털 밑으로 어느새 보기 좋게 발달한 근육이 실룩실룩 움직이는 모습을 볼 수 있었다. 식사가 끝나자 녀석들은 먹다 남은 고기를 파묻었다. 녀석들이 그러는 걸 보기는 이번이 처음이었다. 녀석들은 모래를 파헤쳐서는 아무것도 보이지 않을 때까지 아주 조심스럽게 그 위에다 모래를 끼얹었다. 아마도 완전히 야생에서 지냈던 지난 5일 동안 어미한테서 이렇게 하도록 배운 모양이었다. 모든 게 깔끔하게 정리되고 난 후 녀석들은 어미 곁에 둘러앉았고, 엘자는 녀석들에게 오랫동안 젖을 물렸다.

 이번 방문은 일정을 짧게 잡았기 때문에 서둘러 사진을 찍으려고 했지만 엘자가 대부분의 시간을 야영지 밖에서 지내는 바람에 우리의 노력은 모두 수포로 돌아가고 말았다. 우리가 다시 자리를 비우기 전에 엘자를 배불리 먹이고 싶어 이른 아침에 큰바위 기슭에서 엘자를 소리쳐 불렀다. 엘자는 꽁무니에 제스파를 달고 내려왔다. 나머지 두 마리는 계속해서 일정한 거리를 유지했다. 녀석들은 한동안 차도를 따라 우리를 좇아왔다. 그 와중에서도 새끼들은 서로 얼싸안고 장난을 쳐댔고, 그때마다 엘자는 가만히 멈춰 서서 새끼들을 기다렸다. 아주 청명한 아침이었다. 공기는 상쾌했고, 맑은 날에도 케냐의 하늘을 수놓는 아름다운 구름층은 아직 보이지 않았다. 기운이 펄펄 넘치는 새끼들은 서로 치고받으며 내내 부산을 떨었다. 이윽고 엘자가 수풀로 들어갔다. 아마도 야영지에 이르는 지름길을 택하려는 듯했다. 리틀 엘자와 고파는 어미 뒤를 좇아갔지만 제스파는 계속 차도에 남았다. 자기 가족을 보호해야 한다고 생각하는 눈치였다. 녀석이 볼 때 우리는 가족이 아니었다. 녀석은 우리가 뒤따라오는 것을 원치 않았다. 녀석은 어미가 부르는 소리에도 아랑곳하지 않고 아주 작정을 한 듯 우리 쪽으로 다가왔다. 때로 녀석은 자세를 낮추고 웅크려 있다가 앞으로 내닫곤 했다. 우리와 녀석의 거리가 좁혀지면 녀석은 그 자리에 멈춰선 채 우리를 노려보면서 고개를 휘휘 내저었다. 녀석은 그러고 나서는 뭘 어떻게 해야 할지 몰라 당황하는 듯했다. 그러는 동안 엘자가 말썽꾸러기 아들 녀석을 데리러 되돌아왔다. 녀석은 어머니의 일격을 피해 잽싸게 옆으로 비켜서더니 발걸음을 재게 놀려 동생과 누이 뒤를 좇아갔다.

조지와 나는 온 식구가 배불리 먹는 모습을 지켜보며 작업실에서 행복한 하루를 보냈다. 더 이상은 들어갈 자리가 없을 때까지 실컷 먹고 나자 새끼들은 벌렁 드러누워 앞발을 공중으로 치켜든 채 꾸벅꾸벅 졸았다. 나는 엘자의 등에 기댔고, 제스파는 어미의 정강이 아래 자리를 잡았다. 달콤한 낮잠을 즐기고 나서 새끼들은 강 한복판에 나지막이 걸려 있는 나뭇가지들을 탐사했다. 녀석들은 고소공포증이나 저 아래서 세차게 흘러가는 물에 대한 두려움이 전혀 없는지 가느다란 나뭇가지 위에서도 아주 태연자약했다.

　날이 어둑어둑해지기 시작하자 나는 녀석들이 먹다 남긴 고기를 끌고 야영지로 돌아왔다. 고기를 끌고 오는 동안 제스파가 나를 두 번이나 공격했지만 엘자가 험한 표정을 지어 보이자 하던 짓을 멈추고 슬금슬금 도망쳤다.

　조지가 정찰을 나간 어느 날 오후 나는 또 한 번 사진을 찍으려고 시도했다. 나는 토토에게 카메라를 들게 하고 엘자네 가족을 찾아 나섰다. 녀석들은 우리가 '부엌 강'이라고 부르는 마른 강바닥 모래사장에서 깊이 잠들어 있었다. 녀석들을 발견하자 토토는 야영지로 돌려보냈다. 몹시 무더웠지만 하늘은 흐렸고 한쪽으로는 시커먼 먹구름까지 끼어 있었다. 카메라를 설치하는데 엘자가 다가와 삼발이 사이에서 뒹굴었지만 넘어뜨리지는 않았다. 새끼들도 다가와 반짝이는 물체에 잔뜩 호기심을 나타내며 녀석들의 손에 닿지 않는 곳에 매달아둔 봉지를 조사하고 싶어 안달을 했다. 곧이어 비가 내리기 시작했지만 지나가는 소나기였다. 나는 들고 다니는 번거로움을 덜기 위해 카메라 위쪽의 나뭇가지 틈새에 비닐 봉지들을 밀어넣었다.

　갑자기 엘자가 등을 곧추세우더니 실눈을 뜨고 내가 왔던 방향을 노려보았다.

　그리고 나서는 귀를 팽팽하게 긴장시킨 채 전광석화처럼 수풀로 뛰어들었다. 토토의 고함 소리가 들려왔다. 나는 "안 돼, 엘자, 안 돼"라고 소리치며 그쪽으로 달려갔다. 다행히 제때에 엘자를 제지할 수 있었다.

토토에게 엘자를 자극하면 안 되니까 아주 천천히, 그리고 조용히 야영지로 돌아가라고 당부를 해두었는데 토토는 비가 내리는 것을 보고 나 혼자 무거운 카메라 장비를 옮기느라 힘들까봐 내 지시를 어기고 되돌아오던 중이었다. 친절한 마음씨 때문에 하마터면 큰 변을 당할 뻔했다.

토토가 시야에서 사라지자 나는 엘자를 쓰다듬으면서 동시에 부드러운 목소리로 계속 "저건 토토야, 토토, 네가 잘 아는 토토 말이야"라고 말하며 엘자를 안심시켰다. 그러고 나서 장비를 챙겨 야영지로 출발했다. 쉽지 않은 여정이었다. 엘자는 여전히 긴장을 풀지 않았다. 계속해서 엘자는 모든 게 안전한지 확인하러 앞장서서 달려나갔다. 그 때문에 엘자와 새끼들 사이에 남겨질 때가 많았는데, 그때마다 새끼들은 대놓고 싫은 내색을 했다. 결국 나는 가까스로 선두를 유지했다. 엘자가 맨 먼저 야영지에 도착하는 것을 막고 싶어 일부러 그랬다. 뒤에서 무슨 일이 일어나는지 알아보느라 무거운 짐을 들고 가끔씩 뒷걸음질을 쳐야 했던 데다 엘자에게도 계속 말을 걸어야 했기 때문에 이만저만 힘든 게 아니었다. 야영지에 도착하기 전에 엘자가 평정을 되찾기를 바랄 뿐이었다.

야영지 근처에 이르러 일꾼들에게 소리쳐 먹이를 준비하라고 지시했다. 나는 먹이가 준비될 때까지 엘자를 붙들어두었다. 덕분에 우리의 귀환은 평화로운 가운데 이루어졌다.

조지가 돌아온 후 우리는 또 한 번 사진을 찍으려고 시도했다. 아침에 엘자를 목격했던 바위 근처로 가서 엘자를 소리쳐 불렀지만 엘자는 나타나지 않았다. 엘자는 사진을 찍기에는 햇빛이 너무 흐릿해지고 나서야 불과 10미터 앞에 있는 수풀에서 소리 없이 모습을 드러냈다.

엘자는 매우 침착해 보였다. 아마도 거기서 오후 내내 우리를 지켜보고 있었던 듯했다. 엘자는 우리 무릎에 머리를 비볐지만 아무 소리도 내지 않았다. 새끼들이 자기를 따라오는 게 내키지 않을 때면 엘자는 침묵을 지켰다. 나타날 때처럼 조용하게 엘자는 수풀로 사라졌다. 나중에 엘자의 짝의 발자국이 발견된 것으로 보아 둘이 함께 있는 게 분명했다.

다음 날 오후 망원경으로 보니 전날 오후에 사라졌던 지점에서 엘자의 모습이 잡혔다. 엘자는 하늘을 등지고 선 채 바위 사이의 조그만 틈새를 유심히 지켜보고 있었다. 나를 보았지만 아무런 관심도 내비치지 않았다. 어두워질 때까지 나는 그곳에 있었다. 그동안 내내 엘자는 꼼짝도 하지 않았다. 망을 보는 듯했다. 그러고 나서 갑자기 차도가 있는 쪽에 온 신경을 집중했다. 아마도 정찰 나갔던 조지의 차가 돌아오는 소리를 들은 모양이었다.

곧이어 조지의 차가 보였다. 나는 멈춰 선 조지의 차에 올라타 그간의 일을 얘기하기 시작했다. 차 뒤칸에 조지가 사냥한 뿔새 몇 마리가 놓여 있었다. 통조림만 먹다가 신선한 음식을 먹을 생각을 하니 기대가 됐다.

하지만 갑자기 엘자가 우리와 새들 사이에 뛰어들었다. 엘자가 미친 듯이 새들 시체를 물어뜯는 바람에 깃털이 사방으로 흩날리기 시작했다. 그냥 두었다가는 아무것도 남아나지 않을 것 같아 조지가 그 중

한 마리를 집어 새끼들에게 던져주었다. 엘자는 새를 잡으러 그 즉시 뛰어나갔고, 그 틈을 이용해 우리는 재빨리 시동을 걸고 출발했다. 이를 본 엘자가 랜드로버 지붕 위로 풀쩍 뛰어올랐다. 야영지까지 따라올 기세였다. 우리는 몇 백 미터쯤 가면 엘자의 모성 본능이 발동해 새끼들에게 돌아가기를 바랐지만 엘자는 그럴 마음이 조금도 없는 듯했다. 할 수 없이 차 안에 앉은 채로 차 지붕을 쾅쾅 쳐대는 수밖에 없었다. 마침내 엘자는 불편함을 견디지 못하고 차에서 뛰어내려 무슨 영문인지 몰라 당황하는 새끼들에게 돌아갔다.

나중에 엘자는 새끼들을 데리고 야영지로 와서 뿔새를 포식했다. 리틀 엘자는 갈수록 꾀가 늘었다. 녀석은 제스파와 고파가 깃털을 뽑는 모습을 지켜보다가 깃털이 깨끗이 제거되자 자기가 맨 먼저 달려들어 냉큼 낚아챘다.

그리고 나서는 귀를 팽팽히 곤추세운 채 으르렁거리며 아무도 접근하지 못하게 했다. 녀석의 서슬에 제스파와 고파는 피하는 게 현명하다고 판단했는지 또 다른 새의 깃털을 뽑기 시작했다. 때로 새끼들은 음식을 놓고 맹렬할 기세로 싸웠지만 그것으로 끝이었다. 나중에까지 토라져 있거나 성질을 내는 녀석은 한 마리도 없었다. 우리는 녀석들이 염소 고기보다 뿔새를 더 좋아하는 것을 보고 다소 놀랐다. 엘자가 새끼 때는 죽은 뿔새를 장난감으로만 여겼을 뿐 웬만해서는 먹으려 들지 않았다.

그 날 밤 온 식구가 야영지 근처에서 보냈다. 아침에 일어나보니 사방에 녀석들 아비의 발자국이 찍혀 있었다. 아마도 가족들과 함께 식사를 하려고 했던 모양이었다. 하지만 우리 텐트와 강 사이에 있는 덤불숲으로 먹이를 끌고 간 것으로 보아 엘자는 이 계획에 동의하지 않았던 게 분명했다. 거긴 수사자가 좀처럼 가지 않는 곳이었다.

엘자는 이 요새에서 새끼들과 함께 하루를 더 지내다 조지가 랜드로버를 타고 정찰에서 돌아오는 소리를 듣고서야 자리를 떴다. 조지는 뿔새를 가지고 왔고, 그 날 밤 다시 뿔새 잔치가 벌어졌다.

저녁 무렵 산책을 나갔다가 엘자의 짝 발자국이 방금 돌아온 조지의 차 바퀴 자국과 겹쳐 있는 것을 보고 깜짝 놀랐다. 최근 들어 아비가 근처에 있는 게 분명했다. 돌아오는 길에 엘자가 예민하게 귀를 쫑긋거리는 모습이 보였다. 잠시 후 엘자는 새끼들과 먹이와 함께 요새로 사라졌다. 그러고 나서 몇 분 후 수사자가 푸푸거리는 소리가 들려왔다. 수사자는 밤새 그러고 있었다.

다음 날 아침 우리는 다시 이시올로로 돌아갔다. 이번에는 8일 동안 자리를 비워야 했다. 텐트를 철거하는 소리를 분명 들었을 테지만 엘자는 요새에 틀어박혀 꼼짝도 하지 않았다.

이시올로 집에 도착하자마자 런던에서 전화가 왔다. 지난 며칠 동안 세 차례나 통화를 시도했는데 연결되지 않았다고 하면서 다음 날 아침 비행기를 예약하겠다는 내용이었다.

6,400킬로미터나 떨어진 곳에 있는 사람과 전화를 사이에 두고 모국어로 이야기를 한다는 것은 정말 흥분되는 일이 아닐 수 없다. 멀리

오지에 뚝 떨어져 있을 때는 특히 더 그렇다. 빌리 콜린스는 우리의 초대를 받아들여 엘자를 보러 오겠다고 했다.

우리는 나이로비에서 비행기가 착륙할 수 있는 가장 가까운 곳까지 그를 데려오기 위해 비행기를 전세 낸 다음 그가 도착하기 이틀 전에 출발했다. 우리는 엘자와 새끼들을 찾아 야영지 근처에 붙잡아두기로 했다. 거기서 엘자를 출판업자에게 소개할 생각이었기 때문이다.

우리는 일찍 야영지에 도착했다. 조지가 총을 쏘아 엘자에게 우리의 도착을 알렸다. 곧이어 '홍크-홍크' 하는 귀에 익은 소리가 들렸지만 엘자는 나타나지 않았다. 엘자의 목소리는 작업실이 있는 방향에서 들려왔다. 그리로 가봤더니 엘자가 새끼들과 함께 강가에서 물을 마시고 있었다. 엘자는 나를 흘끔 쳐다보더니 8일 만에 만나는데도 아무렇지도 않은 듯 계속 물만 마셨다.

하지만 나중에 내게로 다가와 여기저기 핥아댔다. 제스파는 30센티미터쯤 떨어진 곳에 자리를 잡았다. 잠시 후 엘자는 식탁 위로 뛰어올라 사지를 있는 대로 내뻗고 드러누웠다. 제스파는 그 옆에서 뒷다리로 버티고 선 채 엘자의 코에 자기 코를 문질러댔다. 녀석들은 내가 가져온 고기를 꽤 먹었지만 배고파 보이지는 않았다. 하지만 조지가 남은 고기를 치우려고 하자 엘자가 슬며시 달려들어 고기를 빼앗더니 덤불로 가져갔다. 그 날 저녁 엘자의 짝이 울부짖는 소리가 들려왔다. 자정 무렵 조지가 잠에서 깨보니 엘자가 그의 침대에 앉아 그를 핥아대고 있었다. 그 사이 새끼들은 텐트 밖에 앉아 어미를 지켜보았다. 다음 날 아침 나는 이브라힘과 함께 빌리 콜린스를 마중하러 나갔다.

점심 무렵 우리는 비행기가 착륙하기로 되어 있는 소말리 족 마을에 도착했다. 나는 부족민들에게 비행기가 언제 도착할지 모르니 활주로에서 가축들을 치워달라고 말했다.

활주로는 원래 메뚜기 떼를 방제할 목적으로 지어진 것이었다. 수풀 몇 군데를 치우니 활주로가 모습을 드러냈다. 가축들의 길목으로 사용될 뿐 지금은 거의 방치된 채 주변 환경과 뒤섞여 있어 공중에서 내려다보면 활주로를 발견하기가 쉽지 않다.

오후 늦게 엔진 소리가 들렸지만 비행기는 그러고 나서 한참 후에 착륙했다. 잠시 후 부족민 전체가 와자지껄 떠들며 활주로로 몰려들었다. 헐렁한 옷에 색색의 두건을 두른 부족민들은 빌리 콜린스와 비행사가 조그만 기체에서 내리는 모습을 지켜보았다. 빌리는 비행기에서 하룻밤을 지샌 후 불과 세 시간 전에 나이로비에 도착했다. 도착 직후 4인승 비행기로 갈아타고 케냐 산 주변의 악명 높은 수직 기류를 통과한 데 이어 북부 국경지대의 광활한 모래 평원에서 조그만 활주로를 찾느라 상당히 힘들었을 터였다.

런던에서부터 시작된 긴 여행으로 지칠 대로 지친 상태에서 밤중에 코끼리 떼를 만나면 손님이 더욱 피곤해지겠다 싶어 마을에서 하룻밤을 야영할 생각이었지만 이브라힘과 수렵 감시원과 의논을 하고 나서 바로 출발하기로 했다.

엘자가 먹을 염소를 놓아두는 초소에 도착하자 그곳 관리인이 조지에게 온 쪽지를 건네주었다. 밀렵꾼 문제로 증언을 해야 하니 다음 날 가장 가까운 관리 초소로 와달라는 내용이었다. 울창한 덤불숲을 헤치며 2시간 동안 차를 운전한 끝에 우리는 마침내 야영지에 도착했다. 막 물을 한 모금 들이키려는 찰나 '홍크-홍크' 하는 귀에 익은 소리에 이어 엘자가 새끼들과 함께 갑자기 튀어나오는 바람에 조지가 물을 쏟고 말았다. 엘자는 평소처럼 우리를 반기더니 빌리에게 다가가 탐색하듯 잠시 코를 킁킁거리고 나서 머리를 비벼댔다. 새끼들은 먼 발치에서 이 모습을 지켜보았다. 잠시 후 엘자는 램프 불빛을 피해 내 텐트 근처의 어두컴컴한 곳으로 먹이를 끌고 가 새끼들과 함께 식사를 했다. 우리도 저녁을 먹었다. 우리는 조지의 텐트 옆에 가시나무 울타리를 설치해 빌리가 지낼 임시 숙소를 만든 다음 그리로 그를 안내했다. 그러고 나서 주변을 다시 가시나무로 에워싼 다음 그가 밤새 푹 자도록 가만히 내버려두었다.

　엘자는 내 텐트 밖에 자리를 잡았다. 나는 엘자가 부드러운 목소리로 새끼들에게 얘기하는 소리를 들으며 잠에 빠져들었다. 새벽에 빌리의 텐트에서 들려오는 시끄러운 소리에 잠이 깼다. 빌리와 조지의 목소리였다. 보나마나 빌리의 침대를 차지하고 앉았을 엘자를 내려오게 하려고 설득하고 있는 게 분명했다. 동이 트자마자 엘자는 나뭇가지로 촘촘하게 엮은 울타리 틈새를 비집고 들어가 빌리의 침대 위로 뛰어올라가서는 그 육중한 체구로 짓누르며 찢어진 모기장 사이로 그를 다정하게 어루만졌던 모양이었다. 다 자란 암사자에게 깔려 잠을 깬 경험이 처음이라는 점을 감안할 때 빌리는 감탄이 나올 정도로 침착했다. 엘자가 애정의 표시로 팔을 약간 물어뜯을 때도 그는 엘자를 조용히 타이르기만 할 뿐 전혀 놀라지 않았다.

곧이어 엘자는 흥미를 잃고 조지를 따라 밖으로 나오더니 새끼들과 함께 텐트 주위를 뛰어다녔다. 그리고 나서 엘자네 가족은 큰바위 쪽으로 사라졌다. 조지도 법정에서 증언을 하기 위해 출발했다.

오후 늦게 돌아온 조지로부터 코끼리 떼가 방금 야영지 근처를 지나가더라는 얘기를 듣고 우리는 서둘러 차를 마신 후 사진을 찍기 위해 차도를 따라 차를 몰았다. 하지만 큰바위에 이르렀을 때 하늘을 배경으로 바위 꼭대기에 앉아 있는 엘자의 늠름한 모습이 우리 시야에 들어왔다. 우리는 코끼리 떼는 까맣게 잊은 채 엘자와 새끼들을 사진에 담을 수 있기를 바라면서 바위 기슭으로 다가갔다. 엘자가 근처에 있는 커다란 돌 뒤에서 나는 소리에 연신 귀를 기울이는 것으로 보아 코끼리 떼가 가까이 온 듯했다. 엘자는 우리의 일거수일투족을 주시했지만 우리가 소리쳐 부르는 데도 꼼짝하지 않았다. 한참을 기다렸지만 기척이 없자 우리는 코끼리 떼에게 운을 걸기로 했다.

차로 돌아오자마자 엘자가 벌떡 일어서서 새끼들을 불렀다. 마치 우리를 놀리는 듯 녀석들은 하나같이 멋진 자세를 취했다. 이 때문에 우리는 1시간 더 기다렸다. 하지만 엘자는 사진 모델을 할 기분이 영 아니었다. 우리는 조지가 코끼리 떼와 만났다는 곳으로 차를 몰았지만 발자국밖에 발견하지 못했다. 우리는 다시 엘자가 있는 곳으로 차를 돌렸다.

큰바위에 도착했을 때는 사진을 찍기에는 날이 너무 어두워져 있었기 때문에 망원경으로 녀석들을 지켜보는 것으로 만족해야 했다. 새끼들이 바위 주변에서 숨바꼭질을 하며 노는 동안 엘자는 우리를 뚫어지게 응시했다. 우리가 소리쳐 부르자 엘자는 그 즉시 수풀을 헤치며 뛰어내려와서는 반가움을 표시한 뒤 랜드로버 지붕 위로 육중한 몸을 날렸다. 우리가 차창에 대롱대롱 매달린 앞발을 어루만지는 동안 엘자는 어미가 없어진 것도 모르고 여태 놀고 있는 새끼들을 지켜보았다. 엘자는 우리가 보이는 관심이 싫지 않은 눈치였지만 새끼들이 마침내 바위 아래로 뛰어내려올 때까지 녀석들에게서 한시도 눈을 떼지 않았다. 잠시 후 엘자는 차에서 뛰어내려 새끼들을 마중하러 수풀로 사라졌다.

그 사이 우리는 야영지로 차를 몰아 엘자의 식구들이 먹을 고기를 준비했다. 고기를 준비하자마자 엘자의 식구들이 도착해 식사를 하기 시작했다. 우리도 몇 미터 떨어진 곳에서 한잔 했다. 저녁 내내 우리는 녀석들을 지켜보았다. 녀석들은 빌리를 친구로 받아들인 듯했다.

이번에도 빌리의 텐트에서 들려오는 소리 때문에 날이 밝기도 전에 잠에서 깼다. 엘자가 아침 인사를 하러 빌리의 텐트에 들른 모양이었다. 빌리를 구하러 달려간 조지가 얼르고 달랜 끝에 엘자는 밖으로 나왔다. 그 일이 있고 난 후 조지는 울타리 쪽문 밖에다 가시덤불을 더 보강했다. 그 정도면 엘자가 뚫고 들어갈 수 없겠다 싶어 조지는 다시 잠자리에 들었다. 하지만 엘자는 가시덤불이 몇 개 늘었다고 해서 물러서려고 하지 않았다. 잠시 후 빌리는 다시 엘자의 육중한 몸에 깔리는 신세가

출판업자 빌리 콜린스를
만난 엘자.

되고 말았다. 그가 둘둘 휘감긴 모기장에서 빠져나오려고 씨름하는 동안 조지가 그를 구하러 달려갔지만 이번에는 울타리 밖에 설치한 가시덤불을 제거하느라 훨씬 오래 걸렸다. 마침내 그가 안으로 들어갔을 때는 엘자가 앞발로 빌리의 목을 끌어안은 채 그의 뺨을 살짝 물어뜯고 있었다. 그 전에도 새끼들에게 그렇게 하는 걸 종종 본 적이 있었다. 분명 애정의 표시였지만 빌리에게 미친 영향은 매우 다를 수밖에 없었다.

　나도 엘자의 이상한 행동에 상당히 놀랐다. 엘자가 손님에게 이런 행동을 보이기는 처음이었다. 나로서는 애정의 표시라고 해석할 수밖에 없었다. 만약 놀이 삼아 그러는 게 아니라면 매우 다르게 행동했을 터였기 때문이다. 엘자는 밖에 있는 조지나 안에 있는 내가 미처 말릴 겨를도 없이 세 번째로 쪽문을 비집고 빌리의 텐트 안으로 들어왔다. 빌리는 이번에는 일어선 채로 엘자의 육중한 몸을 떠받쳤다. 엘자는 뒷다리로 버티고 서서는 앞발을 빌리의 어깨 위에 떡 걸친 채 빌리의 귀를 잘근잘근 씹어댔다. 엘자가 그를 놓아주자마자 나는 정색을 하고 엘자를 세차게 때렸다. 그 서슬에 놀랐는지 엘자는 뾰로통해서 텐트 밖으로 나가더니 제스파를 풀밭에 굴리기도 하고, 깨물기도 하고, 빌리에게 했던 대로 꽉 끌어안기도 하면서 넘치는 애정을 쏟았다. 그러고 나서 마침내 온 식구가 바위지대 쪽으로 사라졌다. 가엾은 빌리와 나 중에서 누가 더 마음을 졸였는지는 모르겠다. 우리는 엘자의 이런 반응이 빌리를 가족의 일원으로 받아들인 결과라고밖에 생각할 수 없었다. 엘자가 그런 식으로 애정을 보였던 대상은 새끼들과 우리밖에 없었기 때문이다. 하지만 엘자가 손님한테 똑같은 짓을 되풀이하게 내버려둘 수 없었기 때문에 일정을 앞당겨 조반을 먹는 대로 그를 떠나 보내기로 했다.

  몇 킬로미터쯤 갔을 때 도로에서 30미터쯤 떨어진 곳에 코끼리 두 마리가 있는 게 보였다. 녀석들은 코를 쳐들어 우리 냄새를 맡더니 약간 머뭇거리다가 뒤뚱거리며 사라졌다. 그러고 나서 이브라힘이 차도로 내려와 모든 게 안전한지 살폈다. 우리는 짐을 잔뜩 실어 언제 뒤집힐지 모르는 짐차를 뒤에 매달고 가느라 행동이 부자유스러웠기 때문이다. 그의 사전 답사 덕분에 우리는 아직도 도로에 남아 있던 수코끼리 한 마리를 피해 갈 수 있었다. 우리는 녀석에게 다른 곳으로 갈 시간을 주었지만 녀석은 우리가 사진을 몇 장 찍고도 한참 후에야 수풀로 사라졌다. 그 후 타이어에 펑크가 나서 두 번 도랑에 처박힌 것 외에는 별다른 사고 없이 순조롭게 여행을 했다. 하지만 이시올로에 도착하기 두 시간 전쯤에 자동차가 갑자기 덜커덩거리면서 멈춰 섰다. 뒤에 매단 짐차 바퀴가 하나 빠지면서 차축이 땅 속으로 곤두박질쳤던 것이다. 나중에 견인할 트럭을 보내기로 하고 동행한 수렵 감시원에게 차를 맡기고 걸어가는 수밖에 달리 도리가 없었다. 이시올로에 도착하자 자정이 훨씬 지나 있었다.

# 17

## 야영지가 불에 타다

6월 초 해가 지기 직전 다시 야영지를 찾았다. 열흘 만이었다. 야영지까지는 10킬로미터도 채 남지 않았다. 우리는 나무와 수풀마다 독수리들이 까맣게 내려앉아 있는 것을 보면서 천천히 차를 몰았다. 그러고 나서 갑자기 우리는 코끼리 떼에 둘러싸여 오도가도 못하는 처지가 되고 말았다. 사방이 코끼리 천지였다. 서른 마리에서 마흔 마리는 족히 될 듯했다. 지난 며칠 동안 그 근처에 죽치고 있었던 모양이었다. 무리에는 아직 어린 새끼들도 꽤 많았는데, 걱정이 된 어미들이 코를 쳐들고 귀를 부채처럼 활짝 펼친 채 다가와서는 성이 난 듯 우리를 향해 머리를 흔들어댔다. 잠시 후 내 트럭을 몰고 우리 뒤를 따라오던 이브라힘이 도착해서야 상황이 개선되었다. 조지는 즉시 소총을 들고 랜드로버 지붕 위로 뛰어올랐다. 영원할 것만 같던 한 시간이 지나고 코끼리들

가운데 일부가 전방 20미터 거리에 있는 차도를 건너가기 시작했다.

그 광경은 정말 장관이었다. 거대한 코끼리들이 못마땅한 듯 우리 쪽을 향해 커다란 머리를 흔들어대며 한 줄로 서서 질서정연하게 길을 건너고 있었다. 녀석들은 새끼들을 한가운데로 밀어넣었다. 새끼들을 보호하기 위한 조치였다.

한바탕 시끄럽게 항의를 하고 나서 대부분의 코끼리들은 자리를 떴고, 몇몇 무리만 아직도 결정을 내리지 못한 채 수풀에 남았다. 우리는 녀석들이 일행을 따라가기를 기다렸다. 결국 두 무리만 남겨두고 모두 사라졌다. 남은 녀석들은 떡 버티고 서 있는 품새가 움직일 마음이 전혀 없는 듯했다.

조지는 독수리들을 끌어들인 짐승 시체를 확인하고 싶어 했다. 하지만 날이 어두워지고 있었기 때문에 남아 있는 두 무리 사이에 마케데를 보초로 세워둔 채 차에서 내려 걷기로 했다. 그동안 이브라힘과 나는 차 지붕 위에 올라가 언제라도 조지에게 경고를 보낼 수 있게 녀석들의 움직임을 감시했다. 조지는 죽은 지 얼마 안 되는 워터벅영양과 사자 발자국을 발견했다. 거의 먹지 않은 것으로 보아 코끼리들이 나타나는 바람에 방해를 받은 게 분명했다.

그가 돌아왔을 때는 주위가 급속하게 어두워졌고, 코끼리들은 여전히 우리 길을 막고 있었다. 녀석들을 우회해서는 운전을 할 수가 없었기 때문에 우리는 곧장 차를 몰았고, 차 두 대 모두 무사히 녀석들 곁을 지나칠 수 있었다.

엘자가 워터벅영양을 죽였을 가능성도 배제할 수 없었지만 엘자의 사냥 구역에서 멀리 떨어진 데다 영양은 뿔도 날카롭고 몸무게도 엘자보다 많이 나갔기 때문에(영양은 180킬로그램은 족히 나갈 듯했다) 엘자가 다루기에는 벅찬 상대였다. 게다가 새끼들을 보호해야 하는 상황에서 그렇게까지 위험한 모험을 감행할 리가 없었다. 배가 몹시 고프다면 모를까, 엘자가 그런 위험을 무릅쓸 리는 없을 듯했다.

야영지에 도착하고 나서 큰바위에 있는 엘자와 새끼들을 발견했다. 우리를 보자마자 엘자는 아래로 뛰어내려와서는 육중한 몸을 날려 조지에게 애정을 과시한 후 나도 바닥에 내던졌다. 그러는 동안 당황한 새끼들은 풀밭 위로 고개를 길게 빼고 상황을 지켜보았다.

야영지로 돌아와 녀석들에게 먹이를 주었다. 서로 먹이를 차지하느라 으르렁거리며 할퀴어대는 것으로 보아 무척 배가 고팠던 모양이었다. 먹이 싸움에서는 리틀 엘자가 제일 유리한 고지를 점령했다. 녀석은 두 오빠를 남겨둔 채 전리품을 들고 사라졌다. 제스파와 고파는 녀석들을 위해 또 한 마리를 잡아야 하지 않을까 싶을 정도로 여전히 배고파했다.

나중에 쉬고 있는데, 제스파가 대담하게도 내 샌들을 씹어대면서 발끝을 콕콕 쑤시기 시작했다. 녀석의 발톱과 이빨은 이미 상당히 발달해 있었기 때문에 나는 얼른 발을 숨겼다. 그러자 녀석은 몹시 실망하는 눈치였다. 내가 천천히 손을 내뻗자 녀석은 내 손과 얼굴을 번갈아 쳐다보다가 자리를 떴다.

그 날 저녁 엘자는 평소처럼 랜드로버 지붕을 차지하고 앉았지만 새끼들은 여기저기 돌아다니는 대신 땅바닥에 드러누워 꼼짝도 하지 않았다. 녀석들이 한창 활동할 시간이었기 때문에 의외의 반응이었다. 그 날 밤 엘자가 새끼들에게 나지막이 속삭이는 소리와 젖을 물리는 소리가 들렸다. 하룻새에 염소 두 마리를 먹어치우고도 젖을 빠는 것으로 보아 무척이나 배가 고팠던 게 분명했다.

아침에 일어나보니 다들 사라지고 없었다. 녀석들의 발자국을 뒤쫓아갔더니 워터벅영양 시체가 있던 곳으로 곧장 이어져 있었다. 따라서 이틀 전 멀리까지 원정 나와서 영양을 죽인 건 엘자가 틀림없었다. 코끼리 떼의 출현으로 영양을 사냥하는 데 성공하고도 제대로 먹지 못했던 것이었다.

녀석들이 야영지에 왔을 때 왜 그렇게 허기지고 지쳐 보였는지 이제 짐작이 갔다.

우리는 워터벅영양의 뿔을 챙겨 새끼들이 어미와 함께 처음으로 큰 동물 사냥에 나선 기념으로 작업실에 걸어두었다. 이제 새끼들은 5개월 하고도 반 달째로 접어들었다.

어느 날 저녁 엘자와 새끼들이 우리와 함께 야영지로 돌아올 때였다. 엘자와 제스파는 앞장서서 가고 있었고, 고파와 리틀 엘자는 뒤처졌다. 이 때문에 제스파는 안절부절못한 채 엘자가 멈춰 설 때까지 이리저리 뛰어다니면서 동생과 누이를 따라오게 하느라 무진 애를 썼다. 우리는 엘자에게 길을 내주었고, 가족은 다시 재회했다. 잠시 후 엘자는 우리 무릎에 얼굴을 비벼댔다. 제스파의 마음을 헤아려줘서 고맙다는 표시인 듯했다. 그 날 밤 삶아놓은 뿔새 한 마리가 부엌에서 사라졌다. 부엌으로 사용하고 있는 텐트 옆에서 새끼들의 아비 발자국이 발견된 것으로 보아 녀석이 범인이었다.

다음 날 나는 아침 근처 덤불숲에서 엘자가 새끼들에게 얘기하는 소리를 듣고 잠에서 깼다. 새끼들이 태어난 이후로 우리는 녀석들이 있을 때는 라디오를 틀지 않고 있었다. 녀석들을 놀라게 할까 봐서였다. 하지만 오늘은 조지가 아침 뉴스를 들으려고 라디오를 켰다. 그 즉시 엘자가 나타나서는 라디오를 물끄러미 쳐다보더니 있는 대로 목청을 돋우며 울부짖었다. 엘자는 계속 그러고 있다가 우리가 라디오를 끄자 그제야 새끼들 곁으로 돌아갔다. 잠시 후 조지가 다시 라디오를 켜자마자 엘자는 다시 뛰쳐나와 조지가 할 수 없이 끌 때까지 계속 포효했다.

내가 몸을 쓰다듬으면서 나직한 목소리로 달랬지만 엘자는 텐트 안을 샅샅이 뒤지고 나서야 비로소 마음을 놓았다. 그리고 나서 엘자는 다시 가족들에게 돌아갔다. 엘자가 각기 다른 소리에 어떻게 반응하느냐는 질문을 받을 때면 답을 안다고 생각했지만 이번 반응은 뜻밖이었다. 방사하기 전 엘자와 함께 생활할 때 우리는 매일 라디오를 틀었었다. 그때마다 엘자는 내가 연주하는 피아노 소리를 들었을 때처럼 깜짝깜짝 놀랐지만 이내 소리의 정체를 파악하고는 아무 관심도 보이지 않았다. 엘자는 자동차 엔진 소리와 비행기 엔진 소리를 구분했다. 비행기 소리는 아무리 시끄러워도 무시해 버렸지만 자동차 엔진 소리에는 아주

민감하게 반응했다. 차 소리인 경우에는 엘자가 우리보다 먼저 들을 때가 많았다. 엘자의 반응을 시험하기 위해 노래를 들려줘 보았지만 어떤 멜로디건 엘자는 전혀 반응하지 않았다. 반면 가끔 새끼들을 찾아나서게 하려고 녀석들 소리를 흉내내면 내 의도대로 즉시 반응했다. 하지만 장난삼아 그럴 때는 아무 관심도 보이지 않았다.

엘자도 야생동물로서 당연히 다양한 동물의 소리를 파악하는 능력을 지니고 있었을 뿐만 아니라 그 소리로 다가오는 짐승의 상태를 파악하기도 했다. 이 밖에도 우리 목소리의 높낮이를 통해 우리의 기분을 알아챘다. 내가 보건대 엘자는 인간의 목소리가 날카롭다고 해서 동요하거나 하지는 않았지만 높은 음성보다는 낮은 음성을 선호했다.

6월 7일, 우리는 이시올로에서 9일을 지내고 나서 다시 야영지로 돌아왔다. 엘자는 예광탄을 쏘아 올리고 나서 1시간 반 후에 모습을 드러냈다. 새끼들도 함께였다. 엘자는 우리를 반갑게 맞이했지만 머리와 턱에 상처가 나 있었고, 오른쪽 발목도 깊이 베인 채 심하게 부어 있었다. 잘 움직이려 하지 않는 것으로 보아 상당히 아플 듯했지만 내가 상처를 소독하려고 하자 거부했다. 온 식구가 몹시 굶주려 있던 탓에 염소 두 마리를 잡아야 했다.

다음 날 아침 녀석들의 발자국을 따라가보니 우리가 도착하기 전날 밤에 묵었던 지점으로 이어져 있었다. 그곳은 강 건너편에 있었다. 엘자는 언제나 이 장소를 좋아했지만 우리 눈에는 이쪽이나 저쪽이나 똑같아 보였다. 맞은편 강둑에는 밀렵꾼들이 자주 출몰했기 때문에 우리는 엘자의 선택에 걱정이 되지 않을 수 없었다. 엘자 혼자라면 위험하지 않을 수도 있었지만 새끼 세 마리가 있는 상황에서는 사정이 달랐다.

우리가 엘자를 그 지역에 방사했던 이유는 그쪽 강가가 폭이 좁아 체체파리의 활동이 뜸했기 때문이었다. 체체파리는 인간과 대부분의 야생동물에게는 아무 해가 없지만 가축에게는 치명적이다. 우리는 염소들이 엘자의 손길이 미치는 곳에 들어가지 않기를 바랄 뿐이었다. 엘자는 습관에 집착하는 편이었기 때문에 2, 3일 단위로 은신처를 바꾸면서도 매우 제한된 지역 안에서만 움직였다. 그래서 조금은 안심이 되었다.

하지만 최근 들어 이웃 마을 주민들이 금렵 구역을 침범하고 있다는 증거가 꽤 많이 수집된 상태라 엘자의 은신처를 확인해야 마음이 놓일 것 같았다. 그래야 응급 상황이 발생했을 때 엘자를 도울 수가 있을 터였다. 발자국은 마른 강바닥을 따라 야영지에서 800미터 가량 떨어진 바위지대로 연결되어 있었다. 우리가 동굴바위라고 이름 붙인 이곳에는 평평한 바위들과 함께 비를 피할 수 있는 구멍이 있었다. 이 밖에도 근처의 수풀을 감시하는 데에는 더없이 좋은 장소였을 뿐만 아니라 그 일대에는 새끼들이 올라가기에 적당한 나무들이 자라고 있었다. 그 때문에 엘자가 그곳을 은신처로 삼은 듯했다.

야영지로 돌아왔더니 엘자와 새끼들이 우리를 기다리고 있었다. 엘자는 신경이 예민해 보였지만 나를 보자 무척 다정하게 굴면서 자기 몸을 베개로 내주었다. 그리고 앞발로 나를 꼭 끌어안기도 했다. 곁에서 우리를 지켜보던 제스파는 어미가 자리를 뜬 뒤에도 못마땅한 듯 납작

물웅덩이의 코끼리들.

엎드려 있다가 나를 공격하기 시작했다. 이번이 벌써 세 번째였다. 녀석은 마지막 순간에 코끼리의 배설물에 관심을 기울이는 척하면서 공격의 손길을 거두어들이긴 했지만 귀를 바짝 곧추세운 채 사납게 으르렁거렸다. 분명 나를 질투하고 있었다. 하지만 어미가 안 보는 틈을 이용해 공격을 했다는 게 중요했다. 나는 녀석을 달래기 위해 맛있는 음식을 조금 준 다음 3미터 길이의 밧줄에 튜브를 매달아 잡아당겼다. 튜브를 놓고 녀석과 한창 줄다리기를 하고 있는데, 갑자기 우르르 하는 소리가 들려왔다. 코끼리들이었다. 아마도 작업실을 놀이터로 삼은 모양이었다.

6월 20일은 새끼들이 태어난 지 6개월이 되는 날이었다. 이 날을 축하하기 위해 우리는 뿔새 한 마리를 사냥해 가지고 왔다. 이번에도 리틀 엘자가 특식을 차지해서는 수풀로 사라졌다. 화가 머리끝까지 난 오빠들은 누이의 뒤를 쫓아갔지만 이내 빈 손으로 돌아와 어미가 있는 모래톱으로 데굴데굴 굴러 내려갔다. 엘자는 네 발을 공중으로 치켜든 채 벌렁 드러누워 있었다. 엘자는 새끼들을 보더니 머리를 덥석 물었다. 녀석들은 빠져나오려고 몸부림을 치다가 어미의 꼬리를 깨물었다. 한참을 신나게 논 후 엘자는 벌떡 일어서서 내게로 다가오더니 살며시 껴안았다. 나 혼자 추위에 떨게 내버려두지 않겠다는 듯한 태도였다. 제스파는 이를 어떻게 해석해야 할지 몰라 당황하는 기색이 역력했다. 어미가 저렇게 호들갑을 떠는 것으로 보아 내가 위험한 존재가 아니라는 것은 분명하지만 그래도 나는 저희와 달라도 너무 달랐다. 녀석은 내가 등을 보일 때면 내 뒤를 졸졸 따라오다가 뒤돌아서서 마주보면 그 자리에 멈춰서서 어떻게 행동해야 할지 모르겠다는 듯 고개를 휘휘 내저었다. 그러다 해결책을 찾았는지 발걸음을 재촉했다. 녀석은 곧장 강으로 걸어갔다. 강을 건너려는 게 분명했다. 엘자는 서둘러 녀석을 뒤쫓아갔다. 내가 "안 돼, 안 돼"라고 소리쳤지만 나머지 식구들도 녀석을 따라나섰다. 제스파는 아직 어렸지만 어느새 가족을 이끌고 있었다.

녀석들이 돌아왔을 때 엘자는 내 무릎을 베고 꾸벅꾸벅 졸고 있었다. 이를 보더니 제스파는 무척이나 심기가 불편한 눈치였다. 녀석은 몰래 다가와서 날카로운 발톱으로 내 정강이를 할퀴기 시작했다. 하지만 엘자의 머리가 짓누르고 있어서 다리를 움직일 수가 없었다. 그래서 녀석을 제지하기 위해 천천히 손을 내뻗었다. 녀석이 순식간에 손을 깨무는 바람에 집게손가락 아래쪽에 상처가 났다. 다행히 술파밀아미드(패혈증에 특효약-옮긴이) 가루를 늘 지니고 다녔기 때문에 즉시 소독을 할 수 있었다. 이 모든 일이 엘자의 코앞에서 일어났지만 엘자는 눈을 감은 채 짐짓 모른 척했다.

그리고 나서 우리는 야영지로 되돌아왔고, 제스파는 나를 문 건 장난이었나 하는 의심이 들 정도로 살갑게 굴기 시작했다. 녀석과 어미에게는 깨무는 게 분명 애정의 표시였다.

하지만 이 무렵 우리는 녀석과의 관계에 대해 슬슬 걱정을 하고 있었다. 우리 딴에는 최선을 다해 새끼들의 야생 본능을 존중했지만 그 때문에 녀석들을 제어할 수 없는 상태에 이르렀다. 리틀 엘자와 소심한 고파는 여전히 낯을 가리는 데다 체벌이 필요할 정도로 상황을 심각하게 몰고 간 적이 한 번도 없었다. 하지만 제스파는 달랐다. 엘자가 새끼였을 때는 "안 돼, 안 돼"라고 말하면 장난삼아 할퀼 뻔하다가도 얼른 발톱을 집어넣었지만 녀석에게는 통하지 않았다. 그렇다고 회초리를 들 수는 없었다. 만약 내가 그렇게 한다면 엘자는 나에 대한 신뢰를 거둘지도 몰랐다. 제스파와 관계를 돈독히 하는 게 유일한 해결책인 듯했지만 녀석의 변덕스런 반응으로 미루어 당장은 우정을 쌓기보다 조약을 맺는 게 쉬울 것 같았다.

야영지에서 닷새를 머문 후 우리는 다시 이시올로로 출발했다. 집에 돌아오고 나서 얼마 지나지 않아 조지는 3주 동안 북쪽으로 사파리를 떠나야 했다. 우리는 엘자를 그렇게 오랫동안 방치해두고 싶지 않았다. 게다가 조지와 랜드로버가 없는 상태에서 혼자 이시올로와 야영지를 오가는 게 여의치 않았기 때문에 새끼들의 야생 생활을 방해할 위험이 있긴 했지만 3주 동안 야영지에서 지내기로 했다.

조지와는 7월 첫째 주에 야영지에서 합류하기로 하고 나는 2주 동안 이시올로에 혼자 머물렀다. 그때쯤 조지는 정찰을 끝내고 사파리를 떠날 채비를 하러 이시올로로 돌아가는 길에 야영지에 들를 예정이었다.

야영지에 다 와가는 데도 조지가 보이지 않아 걱정이 됐다. 야영지가 가까워질수록 매캐한 공기가 폐부를 찌르는 게 예감이 좋지 않았다.

야영지에 도착한 순간 내 눈을 믿을 수가 없었다. 덤불숲은 재로 변해 있었고, 불붙은 나무 둥걸들이 뿜어내는 열기로 공기가 뜨끈뜨근했다. 그늘을 드리워주기도 하고 수많은 새들의 보금자리이기도 했던 아카시아 두 그루는 시커멓게 그을려 있었다. 시커멓게 변한 주변 경치 속에서 텐트의 짙푸른 천이 유독 도드라져 보였다. 조지가 여러 채의 텐트 가운데 한 곳에서 점심 식사를 하는 모습을 보고서야 마음이 어느 정도 놓였다.

그는 나를 보더니 자초지종을 설명했다. 이틀 전 그가 도착해보니 야영지는 불에 타고 있었고, 열두 명의 밀렵꾼 발자국이 발견되었다. 그들은 나무와 가시덤불에만 불을 지른 게 아니라 눈에 띄는 족족 파괴했

야영지가 불탄 자리에서 함께 모여 있는 엘자네 식구들.

다. 그들은 이브라힘이 일군 조그만 채소밭까지 망쳐놓았다.

조지는 엘자의 안부가 걱정되어 저녁 7시와 10시 사이에 예광탄을 몇 차례 쏘아 올렸지만 아무 반응이 없었다. 그러고 나서 11시가 되어서야 엘자는 새끼들을 데리고 불쑥 나타났다. 다들 몹시 허기져 있었다. 두 시간 만에 녀석들은 염소 한 마리를 남김없이 먹어치웠다. 엘자는 매우 다정하게 굴었고, 밤사이 몇 번이나 조지의 침대로 뛰어올랐다. 조지가 살펴보니 엘자의 몸 여기저기에 상처가 나 있었다. 엘자는 새벽에 떠났다. 곧이어 조지가 발자국을 뒤따라가 봤더니 푸푸바위 위에 앉아 있는 엘자의 모습이 보였다.

그 후 조지는 전날 저녁 엘자가 나타났던 방향을 조사했다. 강 아래쪽으로 이어진 엘자의 발자국에는 밀렵꾼들의 발자국도 섞여 있었다. 이런 사실로 미루어보건대 밀렵꾼들은 아마도 엘자와 새끼들을 사냥하려고 했던 모양이었다.

점심을 먹고 나서 조지는 야영지를 불지른 범인들을 수색하러 수렵감시원 세 명을 파견했다. 감시원들은 용의자 여섯 명을 체포해 돌아왔다. 그는 그들을 시켜 야영지를 다시 짓게 했다. 부지를 조성하기 위해서는 가시덤불을 엄청나게 베어내야 했기 때문에 작업은 쉽지 않았다.

그 날 밤을 야영지에서 보낸 엘자와 새끼들은 동이 트기가 무섭게 자취를 감추었다. 30분 후 조지 귀에 포효 소리가 들려왔다. 엘자의 식구들이 사라진 큰바위 쪽에서 들려왔기 때문에 조지는 엘자가 틀림없다고 생각했다. 그래서 잠시 후 강 건너에서 나는 엘자의 목소리를 듣고 조지는 깜짝 놀랐다. 그리고 나서 엘자가 온몸이 물에 젖은 채 나타났다. 새끼들은 없었고, 엘자는 매우 흥분한 것처럼 보였다. 아니나 다를까, 엉덩이와 뒷다리에 피 묻은 상처가 여러 개 나 있었다.

잠시 후 엘자는 큰 소리로 울부짖으며 큰바위 쪽으로 황급히 사라졌다. 상처의 상태로 보아 조지는 엘자가 최근에 적과 맞부딪친 게 틀림없다고 생각했다. 게다가 몹시 초조해한다는 것은 엘자를 위협했던 맹수가 누가 됐든 아직도 근처에 있다는 의미였다. 그제야 조지는 처음에 엘자의 것으로 착각했던 포효 소리가 아마도 엘자를 공격했던 사나운 수사자의 것일지도 모른다고 생각했다. 두 마리가 싸우는 동안 새끼들은 뿔뿔이 흩어졌고, 전투가 끝난 후 엘자는 강 건너로 피신했던 모양이었다. 조지는 새끼들을 찾아나선 엘자를 뒤따라갔다. 둘은 큰바위 위로 올라갔다. 꼭대기에 이르러 엘자가 매우 걱정스런 목소리로 새끼들을 소리쳐 불렀다.

잠시 후 엘자는 근처의 울창한 수풀에 관심을 보이더니 그 옆에서 꼼짝도 하지 않았다. 덤불숲을 뒤졌지만 새끼들의 흔적이 전혀 나오지 않자 조지는 계속 수색을 했다. 하지만 아무 성과가 없었다. 나중에 조지는 푸푸바위 기슭에서 여전히 새끼들을 애타게 불러대는 엘자를 발견했다. 둘은 바위 등성이를 따라 샅샅이 훑으며 은신처가 될 만한 곳은 모조리 뒤졌다. 그 과정에서 수사자와 암사자의 발자국이 발견되었다. 엘자는 몹시 초조해 보였다. 엘자는 아침까지만 해도 자기가 앞장을 서겠다고 고집을 부렸지만 지금은 군말 없이 조지를 뒤따랐다.

새끼들이 태어난 장소에서 얼마 떨어지지 않은 바위 끝에 이르자 엘자는 구멍에다 코를 들이밀고 연신 킁킁거렸다. 순간 새끼 한 마리가 바위 꼭대기 위로 머리를 빠끔히 내밀었다. 곧이어 또 한 마리도 모습을 드러냈다. 리틀 엘자와 고파였다. 제스파는 보이지 않았다.

어미를 보자 새끼들은 아래로 뛰어내려와 한참 코를 비벼대더니 어미와 함께 부엌 강 쪽으로 사라졌다. 그런 일들이 있고 나서 곧바로 내가 도착한 것이었다. 조지는 점심을 먹는 대로 제스파를 찾아나설 참이었다. 당연히 나도 조지와 동행했다.

한 시간쯤 후 큰바위 기슭에 엘자가 나타났다. 엘자는 나를 무척 반겼다. 내가 엘자의 털에 붙은 체체파리를 떼어내고 상처를 소독하는 동안 새끼 두 마리는 60미터 가량 떨어진 곳에서 나를 지켜보다가 도망쳐 버렸다. 엘자의 상처에 소독용 파우더를 붓고 문지르다가 뒷다리에서 깊이 벌어진 상처들을 발견했다. 뿐만 아니라 가슴과 턱에도 심하게 찢어진 상처가 여러 군데 나 있었다.

그동안 새끼들은 계속 수풀에 남아 있었다. 엘자는 녀석들을 본척만척했다. 우리는 새끼들을 어미 곁으로 오게 하기 위해 바위 뒤로 물러났고, 잠시 후 녀석들이 달려왔다.

녀석들이 바위 등성이 꼭대기 위에 안전하게 자리를 잡자마자 조지는 제스파를 찾으러 갔고, 나는 바위산 기슭을 수색했다. 뒤돌아보니 엘자가 얼굴을 잔뜩 찌푸린 채 녀석이 아침에 몹시 관심을 보였다는 수풀 쪽에다 대고 냄새를 맡고 있었다. 소리쳐 불렀지만 녀석은 꿈쩍도 하지 않았다. 바닥이 온통 낯선 수사자 발자국으로 뒤덮여 있는 것을 보고 녀석이 긴장하는 이유를 알 수 있었다. 조지가 돌아온 후 엘자와 새끼 두 마리는 우리와 함께 바위 아래로 내려갔다.

이제 엘자가 앞장서서 아까 관심을 보였던 수풀 쪽으로 성큼성큼 걸어갔다. 엘자가 막 수풀을 빠져나온 순간 새끼 두 마리가 아니라 세 마리가 아무 일도 없었다는 듯 엘자 뒤에서 깡충깡충 뛰어다니는 모습이 눈에 들어왔다. 제스파가 하루 동안 보이지 않다 나타났는데도 나머지 식구들은 아주 당연하게 받아들이는 듯했다. 조지와 나는 가슴을 쓸어내리면서 녀석들을 따라 강가로 갔다. 녀석들은 거기서 한참 동안 물을 마셨고, 그 사이 우리는 녀석들의 먹이를 준비하러 먼저 야영지로 출발했다. 마침내 자리에 앉아 느긋하게 저녁 식사를 할 수 있게 되자 우리는 엘자의 이상한 행동에 대해 의견을 주고받았다. 엘자는 왜 계속해서 제스파를 찾지 않았을까? 제스파가 수풀에 숨어 있었다는 것을 엘자는 알고 있었을까? 하지만 그게 가능할까? 야영지도 지척이고, 나머지 식구들이 있는 강가 바위지대에서도 아주 가까운 곳에 있으면서 어째서 제스파는 스물네 시간 동안 혼자 지냈을까? 어미와 우리가 그렇게 소리쳐 불렀는데도 어째서 제스파는 대답을 하지 않았을까?

낯선 수사자들이 여전히 바위 근처에 있었다면 엘자와 제스파가 두려워했던 이유가 설명이 된다. 하지만 나머지 새끼 두 마리가 그곳을 피난처로 삼았다면 이는 말이 되지 않았다.

저녁을 먹고 조지는 3주간의 사파리를 준비하러 이시올로로 돌아가야 했다. 이렇게 늦은 시간에 떠나는 모습을 보니 마음이 좋지 않았다. 지금은 야생동물들이 한창 활동할 시간이었기 때문이다.

그가 떠나자마자 큰바위 쪽에서 수사자들이 포효하기 시작했다. 녀석들은 거의 밤새 그러고 있었다. 엘자는 그 소리를 듣더니 갑자기 어딘가로 사라졌고, 새끼들은 내 텐트 바로 옆에서 새벽까지 머물렀다.

어느 날 오후 엘자를 소리쳐 부르자 녀석은 저쪽 강둑에서 대답해왔다. 잠시 후 엘자가 새끼들과 함께 강을 헤엄쳐 건너려고 할 때였다. 갑자기 다들 그 자리에 얼어붙은 채로 강물을 뚫어질 듯 노려보았다. 그러고 나서 엘자는 새끼들을 강 위쪽으로 데리고 갔다. 잠시 후 온 식구가 부엌 강 맞은편에 나타났다. 건기가 되면 이곳은 수심이 매우 낮아진다. 그런데도 녀석들은 한 시간 동안이나 강을 건너지 않았다. 새끼들도 평소와 달리 물장구를 치지도 않았고, 자맥질을 하지도 않았다. 태도가 신중해서 안심이 되긴 했지만 녀석들의 이상한 반응은 다음 날에도 계속되었다. 같은 시간 같은 장소에서 엘자를 소리쳐 부르자 이번에는 녀석들이 주저하는 기색이라곤 전혀 없이 단숨에 헤엄쳐 건너왔다. 엘자의 혀에서 동전 크기만한 상처를 발견하는 건 그때였다. 복판을 가로질러 깊이 패인 상처에서는 피가 흐르고 있었다. 그런데도 새끼들을 핥아주어 나를 놀라게 했다.

날은 점점 어두워지고 있었고, 우리 모두 강가에 앉아 있었다. 그때였다. 갑자기 엘자와 새끼들이 물을 쳐다보더니 인상을 찌푸린 채 킁킁댔다. 아니나 다를까 3, 4미터 떨어진 곳에 악어가 있었다. 대가리가 30센티미터는 되는 것으로 보아 덩치가 아주 큰 놈임에 틀림없었다.

나는 소총을 꺼내 악어를 쏘아 죽였다. 내게서 1미터도 채 떨어져 있지 않았지만 새끼들은 총소리에도 전혀 놀라지 않았다. 잠시 후 엘자가 다가와서 고맙다는 듯 내 무릎에 머리를 비볐다.

거의 매일 오후마다 엘자는 새끼들을 데리고 모래톱으로 나갔다. 신선한 버펄로 배설물과 때로 코끼리 배설물은 이곳이 주는 매력 가운데 하나였다. 녀석들은 배설물에다 몸을 굴리며 몹시 좋아했다. 새끼들은 쓰러진 종려나무 둥치 위에서도 놀았다. 둥치에서 떨어질라 치면 그

때마다 녀석들은 날랜 고양이처럼 사뿐히 착지했다. 반면 맨땅이 아니라 풀밭으로 떨어질 때는 소포 뭉치처럼 쿵 소리가 났다. 어정쩡하게 떨어져놓고는 저희들도 놀라는 눈치였다.

이 무렵 제스파는 날이 갈수록 다정하게 굴었다. 이제는 가끔 나를 핥기도 했다. 한번은 뒷다리로 서서 나를 껴안기까지 했다. 엘자는 새끼들이 있는 데서는 지나친 애정을 보이지 않으려고 주의했지만 우리끼리 있을 때는 전처럼 헌신적으로 대했다. 나에 대한 엘자의 신뢰는 여전히 전폭적이었고, 내가 필요하다고 생각되면 녀석의 앞발에서 먹이를 빼내 좀더 적당한 장소로 옮겨도 가만히 있었다. 뿐만 아니라 새끼들의 먹이를 단속하는 일도 내게 맡겼다. 예를 들어 저녁 때면 악어에게 뺏기지 않으려고 먹다 남은 고기를 강둑에서 다른 곳으로 옮겼는데, 엘자는 그런 내 행동을 한 번도 제지하지 않았다. 비록 떡하니 버티고 앉아 있어 그 위로 고기를 끌고 가야 하긴 했지만 새끼들이 대롱대롱 매달려 먹이를 지키려고 안간힘을 쓸 때도 엘자는 가만히 있었다.

해가 지면 새끼들은 언제나 활기가 넘쳐났고, 녀석들과 놀 때면 엘자는 체면을 잃기 일쑤였다. 예를 들어 제스파는 뒷다리로 서서 어미의 꼬리를 붙잡으면 쉽게 빠져나가지 못한다는 것을 터득했다. 이런 식으로 원을 그리며 뱅글뱅글 돌 때면 제스파는 엘자가 그쯤이면 됐다고 생각하고 자기 등에 올라탈 때까지 꼭 어릿광대처럼 행동했다. 녀석은 엘자가 놀이를 끝내는 방식이 매우 만족스러운 듯했다. 놀이가 끝난 뒤에도 엘자가 견디다 못해 우리 텐트로 도망쳐 올 때까지 어미를 핥아대며 끌어안곤 했기 때문이다.

하지만 텐트도 장기적인 피난처가 되지는 못했다. 녀석이 곧 뒤따라와서는 주변을 쓱 둘러본 후 손에 닿는 대로 아무거나 땅바닥에 내동댕이쳤기 때문이다. 녀석은 또 걸핏하면 음식 상자와 맥주 상자를 뒤졌다. 병이 딸그락딸그락 부딪치는 소리를 녀석은 무척 좋아했다. 어느 날 아침 내가 아끼는 고무 방석 잔해가 강에 떠다니는 것을 일꾼들이 발견했다. 하지만 제스파를 탓할 수는 없는 노릇이었다. 전날 저녁 의자에서 방석을 치운다는 걸 깜빡한 내가 어리석었기 때문이다. 녀석은 이제 텐트 안에 들어와서도 제집처럼 편안해했지만 나머지 두 녀석은 여전히 데면데면하게 굴었다. 녀석들은 늘 밖에서 지냈다.

# 18

엘자의 전투

 어느 날 아침 마케데가 독수리들이 선회하는 것을 보고 가보았더니 강 하류 쪽으로 1.6킬로미터쯤 떨어진 지점에 코뿔소 시체가 있었다. 전날 물을 마시다 독화살에 변을 당한 게 분명했다.

 밀렵꾼들의 발자국이 수없이 찍혀 있었고, 동물들이 물을 마시는 곳 근처의 나무들 위에도 덫이 설치되어 있었다.

 7월 8일 밤에는 시끄러운 음악회가 열렸다. 엘자의 짝이 '푸푸' 거리는가 하면, 표범 한 마리가 재채기를 해댔고, 하이에나들은 밤새 으르렁거렸다. 다음 날 저녁 텐트에서 엘자의 몸에 붙은 체체파리를 떼어내고 있을 때였다. 엘자는 내 무릎을 베고 누워 있었다. 갑자기 엘자의 짝이 크게 포효하는 소리에 나는 깜짝 놀랐다. 엘자는 부엌 강이 있는 방향으로 쏜살같이 튀어나갔다. 새끼들도 뒤쫓아갔지만 곧 되돌아와서는 당황한 표정으로 텐트 밖에 자리를 잡고 앉았다. 한참 지나서 돌아온 엘자는 계속 야영지에 머물렀다. 결국 엘자의 짝도 소리쳐 부르는 것을 포기했다. 엘자가 자리를 뜨자마자 우두둑 하고 뼈가 부서지는 소리가 들려왔다. 하이에나들이 남은 먹이를 먹는 소리였다.

다음 날 저녁 엘자가 새끼들과 함께 나타났다. 내가 잠자리에 들고 나서 엘자는 세 번이나 강을 건너려고 했다. 하지만 그때마다 나는 엘자를 소리쳐 불러 남은 먹이를 지키라고 타일렀다. 어쩌다 이웃이 된 약탈자들한테까지 공짜로 음식을 제공할 마음이 전혀 없었기 때문이다. 엘자는 내 말에 복종했고, 동이 트기 직전에야 강을 건너갔다. 그 시간에는 더 이상 먹이를 지킬 필요가 없었기 때문이다.

사흘 동안 엘자는 해가 지고 나서 한참 후에야 야영지에 도착하다가 네 번째 날(그러니까 7월 15일)에는 새끼 두 마리만 데리고 왔다. 제스파가 보이지 않았다. 걱정이 됐다. 그래서 얼마간 기다리다가 녀석의 이름을 부르기 시작했다. 그제야 엘자는 아들을 찾으러 나서기로 결심했는지 새끼들을 데리고 강 위쪽으로 올라갔다.

한 시간 동안 엘자가 아들을 부르는 소리가 들렸다. 그러다 점차 멀어졌다.

그리고 나서 갑자기 겁에 질린 듯 끽끽거리는 비비들 소리와 함께 수사자의 사나운 포효 소리가 들려왔다. 엘자가 수사자들에게 공격을 받고 있는 게 분명했다. 일이 어떻게 돌아가고 있는지 궁금했지만 날이 어두워서 밖에 나갈 수가 없었기 때문에 나는 초조하게 결과를 기다렸다.

잠시 후 엘자가 돌아왔다. 머리와 어깨는 온통 긁힌 상처투성이였고, 오른쪽 귓바퀴도 심하게 물어뜯겨서 손가락 두 개가 들어갈 정도로 벌어져 있었다. 여태껏 입은 상처 중에서 가장 심한 상처였다. 어미와 함께 돌아온 리틀 엘자와 고파는 약간 떨어져서 앉았다. 몹시 겁을 집어먹은 듯했다. 엘자의 상처에 술파닐아미드를 뿌리려고 했지만 엘자는 버럭 짜증을 내며 가까이 다가오지 못하게 했다. 갖다 준 먹이에도 엘자는 전혀 관심을 보이지 않았다. 나는 나와 새끼들 사이의 중간쯤에 고기를 갖다 놓았다. 녀석들은 고기에 달려들더니 어두운 데로 끌고 갔다. 곧이어 고기를 찢어발기는 소리가 들렸다.

나는 한참 동안 엘자와 함께 앉아 있었다. 엘자가 고개를 옆으로 숙이자 상처에서 피가 뚝뚝 떨어졌다. 엘자는 마침내 일어나더니 새끼들을 불러 강을 건넜다.

날이 밝아야 제스파를 찾으러 나갈 텐데 도무지 기다릴 수가 없었다. 다음 날 아침 마케데와 누루와 함께 엘자의 발자국을 좇아 동굴바위로 갔다. 다행히 온 가족이 모여 있었다. 제스파가 무사하다는 것을 알았으니 이제 엘자를 치료하는 데 집중할 수 있었다. 귀의 상처에서는 아직도 피가 펑펑 쏟아지고 있었다. 엘자는 가끔 머리를 흔들어 안에 고여 있는 피를 털어냈다. 위치 때문에 상처를 핥을 수는 없었지만 엘자는 파리 떼를 떼어내려고 연신 상처 부위를 긁어댔다. 상처에 좋을 리가 없었다.

*새끼들과 강을 건너는 엘자.*

새끼들은 모두 기분이 가라앉아 보였지만 제스파는 어미를 다정스레 핥아댔다.

마케데와 누루는 안 보이는 곳에 멀찍이 떨어져 있었다. 상처에 M & B 파우더를 뿌리려고 했지만 엘자는 전혀 협조해주지 않았다. 내가 다가가면 고개를 치워버리는 통에 상당히 애를 먹었다. 그때였다. 갑자기 사람 목소리가 들려왔다. 밀렵꾼들일 수도 있었다. 빨리 판단을 내려야 했다. 그대로 있는 게 상책이지 않을까? 하지만 엘자가 우리와 함께 있고 싶어 하지 않는 눈치였기 때문에 그 반대일 수도 있었다. 만약 엘자가 새끼들을 데리고 다른 데로 이동한다면 밀렵꾼들의 수중에 떨어지는 건 시간 문제였다. 나는 녀석이 배가 고파서 내 뒤를 따라오기를 바라면서 야영지로 향했다.

우리는 전날 밤의 격전지를 돌아보기 위해 멀리 우회했다. 알고 보니 야영지에서 800미터쯤 떨어진 강 한복판의 모래톱이 격전지였다. 수사자 발자국과 비비들 발자국이 섞여 있었지만 수사자가 한 마리뿐인지 아닌지는 확인할 길이 없었다.

초조하게 기다리고 있는데, 오후 늦게야 엘자와 새끼들이 도착했다. 그제야 엘자의 먹이에 M & B 정제 몇 알을 겨우 집어넣을 수 있었다. 매일 열다섯 알씩 복용하게 할 수 있다면 상처가 썩는 걸 막을 수 있을 터였다. 귀가 축 늘어진 것으로 보아 근육까지 다친 듯했다. 엘자는 피가 고이는 게 성가신지 연신 고개를 흔들어댔다.

수사자와 마주치는 데 원인을 제공한 제스파는 아주 살갑게 굴었다. 녀석은 나를 핥기도 하고, 몇 번인가는 고개를 외로 꼰 채 한참 동안 나를 똑바로 쳐다보기도 했다.

고양이과 동물들은 오랫동안 똑바로 쳐다볼 수 없다고 하지만 엘자와 엘자의 자매들이나 엘자의 새끼들은 그렇지 않았다. 녀석들은 눈에 다양한 표정을 실어 우리가 말로 하는 것보다도 훨씬 분명하게 자기 감정을 표현했다.

엘자가 잠잘 채비를 하고 나자 수사자가 울부짖기 시작했다. 엘자에게 경고를 보내는 듯했다. 잠시 후 엘자는 새끼들과 함께 사라졌다.

다음 날 오후 녀석들은 다시 돌아왔다. 제스파는 가끔 코로 내 등을 콕콕 찌르기도 하면서 다정하게 굴었다. 하지만 제스파와 나 사이에 떡 버티고 있는 모양으로 보아 엘자는 그러는 게 마뜩찮은 모양이었다.

저녁 무렵 누루가 염소들을 트럭 쪽으로 몰고 가는데, 새끼들이 염소들에게 관심을 보였다. 그런 일은 처음이었다. 물론 살아 있는 염소들과 부딪치지 않도록 우리 나름대로 조심하긴 했지만 녀석들은 염소들이 울어대도 한 번도 반응을 보인 적이 없었다.

그 날 밤 수사자 두 마리가 으드득거리며 뼈를 씹는 소리가 들려왔다. 조지의 텐트 앞에 놓아둔 고기를 먹는 모양이었다. 녀석들은 한참 동안 있다가 일꾼들이 부엌에서 수군거리는 소리를 듣고 새벽녘이 되어서야 떠났다. 그러고 나서 강을 건너는 소리에 이어 비비들이 우짖는 소리가 들려왔다. 사자들도 큰 소리로 푸푸거리며 대거리를 했다. 야영지 근처에서 커다란 수사자 한 마리와 암사자의 발자국이 발견되었다.

엘자는 며칠 동안 나타나지 않았다. 아마도 사자 부부가 근처에 남아 있기 때문인 듯했다. 녀석들은 다음 날도 염소 트럭 주변에서 으르렁거렸다.

일꾼들과 함께 몇 번이나 엘자를 찾으러 나갔지만 그때마다 허탕만 쳤다. 수색하는 데 너무 정신을 팔다 하마터면 코뿔소와 버펄로 몇 마리와 부딪칠 뻔했다.

나흘째 엘자가 보이지 않자 몹시 불안했다. 부상 때문에 사냥하는 데 지장이 클 게 분명했다. 게다가 밀렵꾼들도 해코지를 할 수 있었다. 7월 20일 저녁 독수리 떼가 공중에서 선회하는 것을 본 순간 가슴이 쿵

내려앉았다. 조사를 해봤지만 밀렵꾼들이 활동하고 있다는 증거만 명백해졌다. 밀렵꾼들은 강 양쪽을 따라 동물들이 물을 마시는 곳 근처마다 숨어 있었다. 최근에 불을 피웠던 흔적과 시커멓게 그을린 동물의 뼈도 발견되었다.

세 시간 후 야영지로 돌아와보니 밀렵꾼들을 잡아오라고 조지가 파견한 수렵 감시원 두 명이 안으로 1.6킬로미터쯤 들어간 강 건너 수풀 밑에서 엘자와 새끼들을 보았다는 소식을 전했다.

엘자는 그늘에 누워 있었고, 새끼들은 잠들어 있었던 모양이었다. 엘자는 사람들이 다가가는 것을 보고도 꼼짝도 하지 않았다고 했다. 몸이 아주 많이 아프다면 모를까, 이방인들이 접근해도 신경을 쓰지 않았다니 이상했다.

마케데가 허기를 채울 만큼은 아니고 엘자가 야영지로 돌아올 생각이 들 정도로만 고기를 갖다 주자고 제안했다. 엘자의 은신처가 가까워지자 일꾼들에게 뒤에 남아 있으라는 신호를 보낸 후 엘자를 소리쳐 불렀다.

엘자는 고개를 한쪽으로 기울인 채 천천히 걸어왔다. 밀렵꾼들이 쉽게 찾을 수 있는 그런 노출된 장소에 있었다니 뜻밖이었다. 귀의 상처는 썩어서 고름이 나오고 있었다. 상당히 고통스러울 듯했다. 엘자가 머리를 흔들자(다친 뒤로 자주 그랬다) 귀에 고름이 가득 고인 듯한 소리가 들렸다. 뿐만 아니라 엘자의 몸은 금파리 떼로 뒤덮여 있었다. 리틀 엘자도 그랬다. 엘자에게서는 금파리들을 떼어냈지만 리틀 엘자는 너무 사납게 굴어서 떼어내지 못했다. 한편 새끼들은 우리가 가져간 고기를 서로 차지하려고 한바탕 난리를 피웠다. 곧이어 반들반들한 뼈다귀를 제외하고는 아무것도 남지 않았다. 엘자는 체념한 듯 뼈다귀를 물끄러미 쳐다보았다. 이로써 암사자는 혼자서만 실컷 먹고 새끼들은 배를 곯린다는 속설은 거짓말이라는 게 드러난 셈이었다. 제스파는 거칠거칠한 혀로 내 손을 핥아 먹이를 준 것에 고마움을 표했다. 엘자를 야영지로 유인하려고 "마지, 차쿨라, 마야마"라고 소리쳤지만 엘자는 움직이려 들지 않았다. 그래서 할 수 없이 혼자 돌아왔다.

사진을 너무 많이 찍어서 필름을 갈아 끼우러 야영지로 향했다. 바로 그때 새끼들이 맞은편 강둑에 도착했다. 녀석들은 강까지 지름길을 택한 모양이었다. 갑자기 엘자가 수풀에서 뛰어나와 나를 덮쳤다. 내가 엉뚱한 방향에서 나타나서 신경이 쓰인 데다 새끼들이 걱정됐던 것이다. 엘자는 오후 내내 예민해 있었다. 새끼들이 우연히 귀를 건드릴 때마다 짜증을 부리면서 으르렁대는 것으로 보아 고통스러운 게 분명했다. 제스파는 어미의 상태를 아는 듯 계속 엘자를 핥아댔다.

그 날 밤 엘자와 새끼들은 내가 잠자리에 들고 나서 야영지를 떠났다. 표범의 기침 소리와 사자의 포효 소리가 들린 직후였다. 나는 자리에서 일어나 일꾼들을 불러 내 텐트를 에워싸고 있는 가시나무 울타리를 치워달라고 했다. 그래야 밖으로 나갈 수 있었고, 밖으로 나가야 먹다 남은 고기를 차 안으로 옮겨다 놓을 수 있었기 때문이다. 이웃의 포식자들에게 엘자의 먹이를 나누어주고 싶지 않았다. 그랬다가는 엘자를 내쫓는 셈이 될 터였기 때문이다.

    사냥을 할 수 있을 정도로 귀가 완쾌되자마자 나는 엘자를 떠나기로 결심했다. 나 혼자 야영지에서 지낸 지가 벌써 3주가 지났다. 조지의 일정이 늦어지고 있었다. 나는 그가 어서 돌아오기를 바랐다. 그가 와서 텐트를 차지해야 약탈자들이 텐트 근처에 매달아둔 고기에 손대지 않을 터였기 때문이다. 그가 없는 동안 야생 수사자들이 매일 밤 야영지 주변을 배회했다. 위급 상황이 발생하면 마케데와 이브라힘이 총을 사용할 수 있긴 했지만 그들의 안전이 걱정스러웠다.

    마침내 조지가 도착했다. 낯선 사자 울음소리가 조지를 반겼다. 엘자가 며칠 동안 보이지 않고 있다는 소식을 듣고 그는 엘자를 찾아 나서기로 했다. 아울러 그는 엘자를 자주 공격했던 사자 부부를 겁주어 몰아내기로 했다. 이 무렵 우리는 녀석들에 대해 꽤 많이 파악했다. 최소한 목소리를 구분할 수 있었을 뿐만 아니라 발자국과도 익숙해졌다. 강을 따라 15킬로미터 정도가 녀석들의 활동 무대였다. 물론 녀석들은 엘자 외에 다른 사자들과도 왕국을 공유했지만 계속해서 야영지 근처에서 지내는 사자는 엘자밖에 없었다. 낯선 수사자의 짝인 포악한 암사자가 엘자보다 먼저 이 지역에 뿌리를 내리긴 했지만 우리로선 엘자가 무엇 때문에 그 암사자의 비위를 건드렸는지 알 길이 없었다. 수사자의 애정을 놓고 엘자와 경쟁한 적은 없었지만 우리가 보기에 젊은 짝에 대한 암사자의 집착은 아주 강했다. 어쩌면 엘자가 녀석이 사냥하는 걸 방해했거나 녀석의 영역을 침범했을지도 모른다. 아니면 녀석의 성질이 워낙 더러워서 그런 것일 수도 있었다. 어쨌든 녀석이 엘자와 새끼들을 강가로 내쫓았고, 짝과 함께 며칠 동안 큰바위를 차지하고 있었다는 건 분명한 사실인 듯했다.

강 건너편을 샅샅이 뒤진 끝에 마침내 새끼들의 발자국을 발견했다. 발자국은 우리가 국경바위라고 부르는 바위지대로 이어져 있었다. 엘자의 구역이 끝나는 곳에 있다고 해서 붙여진 이름이었다. 하지만 그때쯤엔 날이 너무 어두워서 야영지로 돌아가는 것 외에는 달리 어떻게 해볼 도리가 없었다. 다음 날 아침 다시 그 자리에 가보니 새끼들의 발자국 위에 수사자와 암사자의 발자국이 겹쳐져 있었다. 우리는 희망에 부풀어 발자국을 따라갔다. 하지만 발자국이 너무 멀리까지 나 있는 점으로 보아 엘자의 것일 리가 없었다. 집으로 돌아가는 길에 강 옆에서 창이 내려꽂히게 장치한 덫을 발견했다. 덫은 나무 위에 매달려 있었다.

직경 30센티미터, 길이 60센티미터 정도의 통나무로 이루어진 덫은 걸렸다 하면 치명적이다. 땅바닥과 마주보고 있는 가로면에 독을 묻힌 창이 부착되어 있기 때문이다. 통나무가 발사되면서 그 밑을 지나는 동물에게 떨어지면 그 무게에 의해 창이 아무리 두꺼운 가죽도 꿰뚫게 되어 있다.

다음 날 우리는 강 건너 상류 쪽을 수색했다. 거기에도 사자 부부와 새끼들의 발자국이 찍혀 있었다. 발자국은 야영지에서 8킬로미터 떨어진 곳에서부터 우리가 아는 한 엘자가 한 번도 가본 적이 없는 수풀 쪽으로 이어져 있었다. 우리가 바오밥나무로 다가가자 놀란 동물들이 후

닥닥 도망치는 소리가 들렸다. 순간 토토의 눈에 사자의 뒷다리와 새끼 세 마리의 모습이 얼핏 들어왔다. 엘자의 새끼들일 가능성이 높았다. 녀석들은 번개처럼 사라졌고, 우리가 아무리 불러도 아무 대답이 없었다.

조지와 나는 얼마간 녀석들의 흔적을 좇아갔지만 판단이 서질 않았다. 만약 엘자네 식구들이었다면 왜 우리를 보고 도망쳤을까? 하지만 새끼들 발자국 주변에 찍혀 있던 암사자 발자국은 엘자의 발자국이 아니었을까? 돌아오는 길에 우리는 새로운 사자 발자국을 발견했다. 발자국은 우리가 방금 지나쳐 온 방향으로 이어져 있었다.

다음 날 아침 다시 그 자리에 가보았더니 반경 500미터 지역에서 수사자와 암사자, 새끼들 발자국이 발견되었다. 모두 아주 최근에 찍힌 것이었다. 발자국은 마른 강바닥과 바위지대 쪽으로 이어졌다. 하지만 우리가 채 그곳에 도착하기 전에 엘자네 식구가 갑자기 나타나 강 쪽으로 되짚어 달려가더니 강을 건넜다.

건너편 강둑의 발자국은 아직도 젖어 있었다. 우리 소리를 듣고 도망친 게 분명했다. 지금쯤 녀석들은 뿔뿔이 흩어진 채 힘껏 내달리고 있을 터였다.

두 시간 동안 추적을 하고 나서 마른 강바닥에 모여 있는 녀석들을 발견했다. 숨을 죽이고 다가가는데 비비들이 울어대기 시작했다. 그와 동시에 수사자의 포효 소리도 들려왔다. 수사자와 우리의 거리는 매우 가까웠다.

밤에 자주 듣던 목소리였다. 일꾼들은 녀석의 목쉰 소리가 들려올 때면 말라리아에 걸려서 그렇다고 말하곤 했다.

조지는 계속 녀석의 뒤를 밟았다. 잠시 후 두 번째 포효 소리가 들렸다. 어찌나 가까운지 귀가 다 먹먹할 지경이었다. 순간 불과 30미터 전방에서 녀석의 뒷다리가 눈에 들어왔다. 일꾼들은 녀석의 머리와 갈기를 보았다고 했다.

사자가 오전 11시에 울부짖는다는 것은 아주 이례적인 일이다. 녀석은 분명 암사자를 부르고 있었다. 곧이어 비비들이 짖어대는 방향에서 암사자 소리가 들려왔다. 엘자이기를 바라면서 우리는 녀석을 우회해 주변을 샅샅이 살폈다. 하지만 아무것도 보이지 않았다.

이제 지치기도 하고 목도 말랐다. 우리는 그 자리에 주저앉아 차를 마셨다. 우리는 엘자가 사라진 이유를 두 가지로 좁혔다. 첫 번째는 야영지에서 지내다 성질이 더러운 암사자에게 공격을 당하느니 위험하더라도 목쉰 수사자와 함께 생활하는 쪽을 택했을 수 있었다. 그렇다면 전날 우리가 발견한 발자국은 이 녀석의 것일 확률이 높았다. 낙관적인 견해였다. 물론 비관적인 견해도 있었다. 그러니까 엘자는 썩어가는 귀 때문에 죽었고, 새끼들은 야생 사자 부부에게 입양됐다는 것이었다.

돌아오는 길에 부엌 강 근처에서 독수리 떼를 목격했다. 일꾼들이 상황을 알아보러 앞장서서 달려갔다.

가슴을 졸이고 있는데, 곧이어 일꾼들이 얼룩영양의 시체라고 소리쳤다. 아마도 밤사이 들개 떼에게 희생당한 듯했다.

그 다음 이틀도 걷거나 차를 이용해 엘자의 구역을 샅샅이 뒤지며 보냈다.

조지는 7월 마지막 주에 떠났고, 나는 계속해서 엘자를 수색했다. 이튿날 아침 마케데와 함께 차도를 따라 큰바위 쪽으로 걸어가다 분명히 야영지로 향하고 있는 사자 발자국을 발견했다. 그 옆에는 뾰족한 신발 자국도 찍혀 있었다. 마케데는 최근에 밀렵꾼의 은신처에서 봤던 발자국과 동일하다고 했다. 사자 발자국과 신발 자국은 조지의 자동차 타이어 자국과 겹쳐져 있었다.

밀렵꾼들은 보나마나 우리의 움직임을 예의 주시하고 있다가 조지의 차가 출발하는 소리를 듣고는 다음 날 아침 정찰하러 왔던 게 틀림없었다. 그들은 내가 남아 있는 것을 발견하고는 이루 말할 수 없이 실망했을 게 분명했다.

이제 엘자는 수렵 감시원들이 수풀에서 우연히 마주친 것을 제외하고는 포악한 암사자에게 공격당하고 나서 모습을 감춘 지가 2주가 넘었다. 그동안 새끼들까지도 흔적이 없었다.

나는 비참한 기분이 들어 마케데에게 엘자를 사랑하느냐고 물었다. 그는 놀라는 눈치였지만 따뜻한 목소리로 "내가 이렇게 사랑하는데 대체 어디 있는 걸까요?"라고 대답했다. 그 말에 더욱 울적해졌다. 마케데는 나를 지켜보다가 화난 목소리로 꾸짖었다. "마님 마음 속엔 죽음만 가득해요. 지금 마님은 죽음을 생각하고 죽음을 얘기하면서 세상 만물을 돌보시는 하느님이 안 계시는 것처럼 행동하고 있잖아요. 하느님께서 엘자를 돌봐주실 거예요. 난 그렇게 믿어요."

마케데의 질책에 용기를 얻어 기운을 차리고 다시 수색을 계속했다. 하지만 아무 성과 없이 이틀이 지났다.

엘자와 새끼들이 사라진 지 열엿새째 되는 날 저녁 램프를 켠 후 어둠 속에 앉아 한잔 하면서 혹시나 하는 마음으로 주변에서 들려오는 소리에 열심히 귀를 기울이고 있었다. 갑자기 뭔가가 후닥닥 움직였다. 엘자였다. 엘자는 나를 보더니 무척이나 반가워했고, 그 바람에 나는 하마터면 의자에서 떨어질 뻔했다. 야위긴 했지만 건강해 보였고, 귀의 상처도 복판은 아직도 고름이 흘렀지만 겉은 나아가고 있었다. 엘자는 배가 몹시 고팠던지 내 지시를 받고 고기를 가져오는 일꾼들에게 와락 덤벼들었다. 내가 "안 돼, 엘자, 안 돼"라고 소리치자 엘자는 멈춰 서서 나한테로 다시 오더니 고기를 텐트 앞 사슬에 매달 때까지 얌전히 기다렸다. 그러고는 고기에 달려들어 허겁지겁 먹기 시작했다. 엘자는 혼자서 염소를 반 마리나 먹어치우고 나서 불빛이 없는 곳을 찾아 남은 고기를 끌고 갔다. 그러더니 마침내 작업실이 있는 방향으로 사라졌다.

엘자가 무사하다는 것을 알았으니 더 이상 걱정할 필요가 없었다. 하지만 새끼들은 어디 있는 걸까? 엘자는 겨우 30분밖에 머물지 않았다. 그래서 염소를 마저 해치우러 새끼들을 데리고 다시 오지 않을까 싶어 밤 늦게까지 기다렸다. 하지만 아무 기척이 없자 결국 내가 나서서 남은 염소 고기를 차로 옮겨다 놓았다. 약탈자들 손에 넘어가면 안 되기 때문이었다. 그러고 나서 잠자리에 들었다.

8월 1일 새벽, 새끼들이 가르랑거리는 소리에 잠이 깼다. 녀석들은 내 텐트 쪽으로 기어오고 있었다. 나는 일꾼들에게 소리쳐 고기를 가져오라고 한 다음 고기를 놓고 싸움을 벌이는 새끼들을 지켜보고 있는 엘자 곁으로 다가갔다.

엘자가 어젯밤 먹고 남긴 고기로는 허기진 사자 네 마리의 배를 흡족하게 채우기에 부족했다. 나는 마케데에게 염소를 한 마리 더 잡으라고 지시한 후 그가 염소의 목을 따는 동안 엘자를 조용히 시켰다. 엘자의 자제심은 놀라울 정도였다. 일꾼들이 10미터 앞에 고기를 던져주자 엘자는 그제야 자리에서 일어나 강 근처 수풀로 고기를 끌고 갔다.

리틀 엘자와 고파는 어미를 따라갔지만 제스파는 뼈다귀를 어적어적 깨물어 먹느라 정신이 팔린 나머지 주위에서 무슨 일이 일어나고 있는지 전혀 눈치 채지 못했다. 그러다 한참 지나서야 식구들을 찾더니 남은 고기를 강으로 끌고 내려갔다.

나는 근처에 있는 치자나무 덤불숲에 앉아 엘자의 먹이에 약을 집어넣을 기회를 노렸다. 귀의 썩은 상처를 낫게 하는 데 도움이 되는 약이었다. 엘자나 새끼들이나 야영지에 나타나지 않은 십 며칠 동안 사냥을 했을 게 분명한데도 새로 긁힌 상처가 단 한 군데도 없어 깜짝 놀랐다.

새끼들은 먹이 중에서 제일 좋은 부위를 차지하기 위해 서로 으르렁거리면서 할퀴어댔다. 수풀에서 생활하면서 녀석들은 야생 본능이 더욱 발달해 있었다. 녀석들은 미심쩍은 소리에 계속 예민하게 반응했고, 비비들이 짖자 거의 소스라치게 놀랐다.

새끼 두 마리는 전보다 낯을 더 많이 가리는 데다 내가 조금만 움직여도 움찔거렸지만 놀랍게도 제스파는 내게로 다가와서는 고개를 한쪽으로 기울이더니 탐색하는 듯한 표정으로 내 팔을 핥아댔다. 계속 친구로 지내자는 표시인 게 분명했다.

해가 하늘 높이 떴고, 날이 점점 무더워지고 있었다. 새끼들은 더 이상 먹을 수 없을 때까지 실컷 먹고 나자 그늘에서 자맥질도 하고, 씨름도 하고, 물을 튀기기도 하면서 신나게 놀았다. 그렇게 한참을 놀다가 마침내 바위 위 그늘로 사라졌다. 엘자도 함께였다.

녀석들이 바위 위에다 앞발을 척 걸친 채 꾸벅꾸벅 조는 모습을 지켜보면서 나의 신념 부족을 나무라던 마케데의 말을 떠올렸다. 참으로 행복한 일가족의 모습이었다.

오랫동안 자리를 비운 사이 녀석들에게 무슨 일이 일어났는지 알아보기 위해 마케데에게 엘자가 야영지에 도착했을 때 남겨놓은 발자국을 따라가보라고 지시했다.

그 사이 나는 엘자의 상처를 소독해주었다. 엘자는 너무 졸린 나머지 내가 치료를 하거나 말거나 가만히 있었다.

마케데가 돌아와서 엘자의 구역이 끝나는 곳까지 추적했는데, 그곳 바위지대에서 엘자와 새끼들 발자국뿐만 아니라 적어도 수사자 한 마리의 발자국도 발견했다고 보고했다.

그 말을 들으니 엘자와 새끼들이 어떻게 먹이를 조달했는지뿐만 아니라 수렵 감시원과 우리를 봤을 때 보였던 엘자의 이상한 행동이 비로소 이해가 되는 듯했다. 이는 한창 때의 암사자들이 보이는 반응이었다.

엘자가 아직도 새끼들에게 젖을 빨리고 있었기 때문에 짝에게 관심을 보이리라고는 꿈에도 생각지 못했었다. 그러니까 야생 암사자는 새끼들이 사냥하는 법을 깨우쳐 독립할 때까지 보살피느라 3년에 한 번씩만 새끼를 낳는다는 통념을 철석같이 믿었던 것이다. 그렇다면 엘자는 우리가 공급해준 먹이 때문에 예상했던 것보다 훨씬 빨리 다시 임신 가능한 상태로 돌아갔단 말인가? 이제 7개월 반으로 접어든 새끼들은 젖을 먹지 않고도 살아남을 수 있었다. 우리가 여태껏 남아 있는 이유는 오로지 제 상처를 치료하고 새끼들에게 사냥하는 법을 가르칠 수 있도록 도와주기 위해서라는 것을 엘자가 알 리 없었다.

# 19

## 덤불숲에 도사리고 있는 위험들

그 날 저녁 9시쯤 엘자와 새끼들은 강에서 나오더니 내 텐트 앞에 죽치고 앉아 저녁밥을 달라고 성화를 부렸다. 남은 고기가 아직도 치자나무 덤불숲에 있었기 때문에 마케데와 토토를 불러 고기를 끌고 오는 것을 도와달라고 했다. 우리는 램프를 집어들고 야영지에서부터 강으로 이어지는 울창한 덤불숲 사이의 비좁은 오솔길을 내려갔다.

막대기와 방풍 램프로 무장한 마케데가 앞장을 섰고, 토토가 그 뒤를 따랐다. 나는 램프를 들고 맨 뒤에서 따라갔다. 몇 미터쯤 걸어 내려갔을까, 와장창 하는 소리와 함께 마케데의 램프가 박살났다. 곧이어 시커먼 물체가 덤벼들어 나를 넘어뜨리는 바람에 내가 들고 있던 램프도 산산조각으로 부서졌다.

다음 순간 엘자가 나를 핥아대고 있었다. 나는 간신히 몸을 추슬러 똑바로 앉자마자 마케데와 토토를 소리쳐 불렀다. 머리를 부여잡고 내 옆에 누워 있던 토토가 희미한 신음 소리에 이어 "버펄로, 버펄로"라고 내뱉더니 비틀거리며 일어섰다. 바로 그때 부엌이 있는 쪽에서 마케데의 목소리가 들려왔다. 그는 자기는 괜찮다며 고함을 질러대고 있었다. 토토도 정신을 차렸다. 그는 마케데가 갑자기 오솔길 옆으로 뛰어들어 막대기로 버펄로를 내려치는 것을 보았다고 말했다. 그러고 나서 곧바로 땅바닥에 패대기쳐졌고, 그 다음엔 내가 엎어졌다. 엘자와 버펄로가 일대일로 마주치는 순간 무슨 일이 벌어졌는지는 우리 중 아무도 알지 못했다. 다행히 토토는 쓰러져 있던 종려나무 둥치에 부딪치면서 머리에 혹이 생긴 것말고는 별다른 부상을 입지 않았다. 나는 팔에서 피가 나는 것 같았고, 허벅지가 욱신거렸다. 하지만 어서 야영지로 돌아가고 싶었다. 상처는 그러고 나서 조사해도 늦지 않을 터였다. 이 사고는 아무리 온순한 사자도 피냄새를 맡거나 피맛을 보면 사나워진다는 세간의 통념이 완전히 틀렸다는 것을 입증해보였다.

버펄로에게서 우리를 구하기 위해 달려온 엘자는 우리가 다쳤다는 것을 아는지 더없이 친절하고 다정하게 굴었다.

우리를 공격한 버펄로는 지난 몇 주 동안 작업실에서부터 강가 수풀을 지나 모래톱에 발자국을 남긴 수놈이 틀림없었다. 모래톱에 나 있는 삼각형 자국은 그곳이 녀석이 물을 마시는 장소라는 것을 말해주었다. 목을 축이고 나면 녀석은 대개 상류 쪽으로 올라갔다.

녀석은 늘 자정이 지나서야 물을 마시러 나왔다.

무엇 때문인지는 몰라도 오늘 저녁 녀석은 전에 없이 목이 말랐던 게 분명했고, 그래서 평소보다 아주 일찍 물을 마시러 나왔던 것이다. 아마도 엘자는 녀석이 움직이는 소리를 듣고 9시에 새끼들을 데리고 야영지를 찾은 모양이었다. 녀석은 우리가 램프를 들고 강으로 내려가는 것을 보고는 놀란 나머지 안전한 곳을 찾아 내달린다는 게 그만 우리와 맞부딪쳤던 것이다.

나는 녀석에게 허벅지를 몇 차례 걷어 채였는데, 자국이 좀 남았을 뿐 다행히 많이 다치지는 않았다.

엘자와 함께 야영지에 돌아와보니 새끼들이 어미를 기다리고 있었다. 엘자가 대체 무슨 수로 새끼들을 따라오지 못하게 했는지 정말 궁금하지 않을 수 없었다.

마케데가 걱정이 되어서 곧장 부엌으로 달려갔다. 마케데는 상처 하나 없이 멀쩡한 모습으로 감탄하는 동료들에게 맨손으로 버펄로와 싸운 무용담을 얘기하고 있었다. 다리에 부상을 입은 나의 출현으로 마케데의 체면이 다소 깎였을 테지만 중요한 것은 우리 모두 무사하다는 사실이었다.

그 날 밤은 몹시 힘들었다. 온몸이 욱신거려서 이리저리 몸을 뒤척이며 편한 자세를 찾아보았지만 여의치가 않았던 데다 숨을 쉴 때마다 갈비뼈가 아팠다.

다음 날 오후 엘자는 강 위쪽으로 한참 먹이를 끌고 가서는 강을 건

버펄로들.

너더니 너무 가팔라서 웬만한 짐승은 도저히 접근할 수 없을 듯한 강둑으로 올라갔다. 이처럼 이상한 행동을 하는 것을 보니 엘자도 나처럼 버펄로에게 놀랐던 모양이었다.

 어느새 8월이 시작되었다. 엘자는 점점 협조적으로 나왔지만 제스파는 그 반대였다. 녀석은 날이 갈수록 말을 듣지 않았다. 예를 들어 엘자는 염소들에게 해코지를 한 적이 한 번도 없었지만 제스파는 염소들에게 도를 넘어선 관심을 보였다.

 어느 날 저녁 누루가 염소들을 몰고 내 트럭 쪽으로 가고 있을 때였다. 제스파는 이를 보더니 염소 떼를 향해 곧장 내달렸다. 녀석은 부엌을 쏜살같이 지나 돗자리 위에 무릎을 꿇고 저녁 기도에 열중하고 있는 이브라힘 곁을 스치듯 지나더니 물통들 사이를 요리조리 빠져나와서는 모닥불 주변을 빙 돌아 트럭에 이르렀다. 마침 염소들은 막 트럭 안으로 들어가려던 참이었다.

녀석의 의도는 불을 보듯 뻔했다. 나는 얼른 달려가서 막대기를 집어들고 녀석의 코앞에 들이밀고는 단호한 어조로 "안 돼, 안 돼"라고 소리쳤다.

제스파는 당황한 표정으로 킁킁거리며 막대기 냄새를 맡더니 이내 막대기와 씨름을 하기 시작했다. 그 사이 누루는 염소들을 트럭 안으로 집어넣을 시간을 벌었다. 그러고 나서 제스파는 나와 함께 엘자 곁으로 걸어갔다. 엘자는 줄곧 아들이 노는 모습을 지켜보고 있었다. 엘자는 내가 혼을 내고 나면 종종 아들을 찰싹찰싹 때리거나 우리 둘 사이에 끼어들어 제스파를 통제하는 것을 도와주곤 했다. 하지만 엘자의 지원이 있다 하더라도 나의 명령과 막대기의 효과는 그리 오래갈 것 같지 않았다. 제스파는 활력과 호기심과 장난기를 주체하지 못했다. 녀석은 아직 어리지만 명실공히 야생 수사자였고, 아주 빠른 속도로 성장하고 있었다. 이제 녀석과 녀석의 동생, 녀석의 누이가 야생 생활을 하도록 떠날 때가 다가왔다. 내가 이런 생각을 하는 동안 녀석은 다른 새끼들을 뒤쫓다가 그만 엘자에게 물그릇을 엎지르고 말았다. 물을 뒤집어쓴 엘자는 아들을 한 대 세게 때리고 나서 물이 뚝뚝 떨어지는 육중한 몸으로 제스파를 눌렀다. 우리는 그 광경이 재미있어 웃음을 터뜨렸지만 결과적으로 엘자를 화나게 한 셈이 되고 말았다. 엘자는 우리를 못마땅하게 쳐다보더니 행동거지가 얌전한 새끼 두 마리를 데리고 자리를 떴다. 그러고 나서 엘자는 랜드로버 지붕 위로 뛰어올랐다. 나는 화해도 하고 사과도 할 겸 엘자에게 갔다.

보름달이 휘영청 내걸린 하늘에서는 별들이 반짝이고 있었다. 눈을 크게 뜬 탓에 거의 검은색으로 보이는 엘자의 커다란 두 눈동자가 심각하게 나를 내려다보았다. 마치 "내 수업을 망쳤잖아요"라고 말하는 듯했다. 나는 실크처럼 부드러운 엘자의 머리를 쓰다듬으며 한동안 함께 있었다.

함염지가 있는 방향에서 코뿔소 두 마리가 히힝거리며 사랑을 나누는 소리가 들려왔다. 엘자는 긴장된 표정으로 새끼들 쪽으로 얼른 고개를 돌렸지만 녀석들이 식사하는 데 정신이 팔려 있는 것을 보고는 더 이상 신경을 쓰지 않았다. 잠시 후 코뿔소 부부가 강을 건너는 소리가 들렸다.

조지가 돌아왔다. 북부 국경지대를 관할하는 밀렵 감시 팀도 함께 왔다. 조지는 먼저 그 사람들을 시켜 강 건너 부족민을 포섭해 밀렵꾼들에 대한 정보를 캐낼 작정이었다. 원래는 팀이 꾸려지는 대로 엘자네 식구들을 떠나기로 했었다. 엘자의 상처도 어느 정도 치료가 되었고, 이제는 녀석들대로 살게 내버려두어도 괜찮을 듯했기 때문이다. 하지만 수렵 감시원들이 돌아오자 우리의 계획을 바꿀 수밖에 없었다. 그들은 피의자를 몇 명 붙잡아 데려왔다. 정보원 한 명이 조지에게 우리가 야영지를 떠나자마자 밀렵꾼들이 독화살로 엘자를 죽이기로 했다는 소식을 전했다. 그는 또 야영지를 불태우던 날 밀렵꾼 세 명이 바위너구리를 사냥하러 엘자의 큰바위 위로 올라갔다가 그 가운데 한 명이 뱀에 물리는 바람에 포기했다는 얘기도 덧붙였다.

건기가 시작되면 밀렵꾼들이 활동에 나설 테고, 우리가 먹이 공급을 중단하면 밀렵 감시 팀이 아무리 유능하다 하더라도 엘자가 멀리 사냥을 나갔다가 원주민들과 마주치는 것까지 막을 수는 없을 터였다.

그렇다고 우리가 마냥 머무를 경우 새끼들의 야생 생활 적응이 늦어지면서 녀석들의 버릇을 망칠 수 있었다. 하지만 설불리 떠났다가 비극을 초래하느니 차라리 그 편이 나았다.

어느 날 저녁 체체파리 떼가 특히 극성을 부렸다. 엘자와 제스파, 고파가 파리 떼를 눌러 죽이려고 내 텐트 바닥에 대고 데굴데굴 굴렀다. 그 과정에서 녀석들은 벽에 기대어 세워두었던 야전 침대 두 개를 넘어뜨렸다. 엘자가 그 중 하나를 차지하고 누웠고, 제스파도 나머지를 차지했지만 고파는 바닥에 있는 깔개에 만족했다. 야생으로 돌려보내려는 우리의 바람과 정반대로 사자 두 마리가 침대에 늘어져 있는 모습은 정말 익살스러웠다. 리틀 엘자만이 밖에 있었다. 녀석은 전에 없이 사나워져서 아무리 얼르고 달래도 안으로 들어오지 않았다. 적어도 녀석만큼이라도 내 양심의 짐을 덜어주었다.

어느 날 오후 엘자와 새끼들과 함께 강둑에 앉아 있었다. 엘자의 상처를 살피기에는 아주 좋은 기회였다. 그동안 술파닐아미드를 꽤 많이 주었는데도 상처는 아직도 낫지 않았다. 이빨도 송곳니 두 개가 부러져 있었다.

새끼 때 감염됐던 십이지장충이 이빨 가장자리를 돌아가며 홈을 파 놓은 데다 톱니처럼 깔쭉깔쭉한 부분을 따라 균열이 생겨나 있었다. 발톱이 주요 무기이긴 했지만 부러진 이빨 때문에 사냥할 때 지장이 있을 듯했다.

날이 어두워지자 우리는 야영지로 돌아왔다. 엘자는 저녁 내내 안절부절못하더니 결국 새끼들과 함께 수풀 속으로 사라졌다.

한밤중에 사자들이 포효하는 소리에 잠이 깼다. 그러고 나서 시끄럽게 싸우는 소리에 이어 잠시 잠잠하다 싶더니 또다시 싸우는 소리가 들렸다. 마침내 사자 한 마리가 처량하게 울부짖는 소리가 들려왔다. 전투에서 부상을 입은 게 분명했다. 엘자가 아니기를 바랄 뿐이었다. 잠시 후 동물이 강을 건너는 소리가 들리더니 이윽고 사방이 조용해졌다.

우리는 새벽녘에 일어나 호전적인 손님들이 밤새 남긴 자국을 살펴보았다. 강포한 암사자와 그 짝이었다. 녀석들이 야영지로 접근하자 엘자가 겁도 없이 건드렸던 모양이었다. 여섯 시간 동안 엘자의 흔적을 따라가보니 강을 건너 국경바위로 이어져 있었다. 거기서부터 새끼들 발자국도 보였다.

하루 종일 찾았지만 엘자는 보이지 않았다. 해질 무렵 총을 쏘아 신호를 보냈다. 잠시 후 아주 먼 곳에서 엘자가 울부짖는 소리가 들리더니 결국 제스파와 함께 엘자가 모습을 나타냈다.

엘자는 다리를 심하게 절면서도 최대한 빨리 우리에게 오고 싶어 하는 눈치였다. 하지만 그 와중에서도 나머지 새끼 두 마리가 제대로 따라오고 있는지 확인하러 한두 번 멈춰 서서 뒤를 돌아보았다. 우리를 보자 엘자와 제스파 모두 우리 다리에 몸을 비벼대면서 한껏 반가움을 표시했다. 엘자의 한쪽 앞발에 깊은 상처가 나 있는 것을 발견한 것은 그때였다. 피가 흐르고 있었다. 보나마나 상당히 아플 듯했다. 빨리 집으로 데려가 상처를 소독해주는 수밖에 없었다.

거기서 야영지까지는 한참 떨어져 있었다. 날은 점점 어두워지는 데다 버펄로와 코뿔소 들의 발자국으로 판단하건대 꾸물거릴 시간이 없었다. 모든 정황으로 보아 서둘러야 했다. 하지만 조지가 서두르라고 계속 고함을 지르는데도 우리보다 걸음이 늦은 새끼들을 기다리느라 자주 멈춰 서야 했다. 제스파는 조지와 뒤에 쳐진 우리 사이를 뛰어다니며 양몰이 개처럼 행동했다.

이번에는 체체파리 떼가 도움이 됐다. 온몸이 체체파리들로 뒤덮인 엘자가 나한테 파리를 떼어달라고 할 요량으로 나와 보조를 맞추었기 때문이다. 제스파도 체체파리 떼의 공격을 받았다. 녀석은 생전 처음으로 그 부드러운 몸통을 내 다리에 기대더니 어서 귀찮은 파리들을 떼어달라고 호소했다. 녀석을 만지는 건 내 원칙에 위배됐지만 파리 떼를 떼어내려면 어쩔 수가 없었다.

엘자는 수풀에다 자주 오줌을 지렸다. 다시 사랑에 빠진 걸까?

야영지로 돌아왔을 때는 우리 모두 완전히 녹초가 되어 있었다. 엘자는 식사를 거부했지만 랜드로버 지붕에 앉아 새끼들이 고기를 찢어발기는 모습을 지켜보다가 간간이 어둠 속을 뚫어질 듯 응시했다. 엘자가 새끼들을 데리고 야영지를 떠난 것은 아홉 시가 다 되어서였다. 한밤중에 큰바위 쪽에서 사자가 으르렁거리는 소리가 들려왔다.

그 후 며칠 동안 엘자는 매일 오후 야영지에 들렀고, 그때마다 나는 엘자의 상처를 소독해주었다.

엘자의 상태가 나아지자 우리는 새끼들과 함께 강을 따라 악어 사냥에 나섰다. 잠시 후 우리는 엘자가 새끼들에게 꼼짝 말고 가만히 있으라고 명령하는 모습을 볼 수 있었다.

엘자는 수사슴 냄새를 맡고 몰래 다가갔지만 들키고 말았다. 그동안 새끼들은 어미의 사냥을 방해하지 않기 위해 마치 그 자리에 얼어붙은 듯 미동도 하지 않고 있었다. 하지만 나중에는 물도 튀기고 나무에도 올라갈 정도로 활기를 되찾았다. 녀석들은 발톱으로 나무 껍질을 찍어 몸통을 끌어올리는 방식으로 나무를 탔다. 때로 지상에서 3미터 높이까지 오르기도 했다.

엘자가 보이는 본능적인 반응은 또 있었다. 새끼들이 깊은 웅덩이에 사는 악어의 사정권에서 100여 미터밖에 떨어지지 않은 곳에서 놀고 있었지만 엘자는 악어를 전혀 경계하지 않았다. 평소 같으면 물결이 조금만 일어도 잔뜩 긴장할 텐데 녀석이 접근해도 본척만척하는 점으로 미루어 아마도 엘자는 녀석이 배가 가득 찼다는 것을 아는 모양이었다. 우리가 관찰한 바에 따르면 엘자는 위험하지 않은 놀이와 위험한 놀이를 구분하는 듯했다. 예를 들어 먹이를 놓고 벌이는 조지와 제스파의 줄다리기는 위험하지 않은 놀이에 속했지만 조지가 강에다 막대기를 던지면 위험 신호로 받아들였다. 그럴 때면 엘자는 즉시 새끼들과 강물 사이에 버티고 앉아 새끼들이 강에 뛰어들지 못하게 하거나, 새끼들이 놀란 것 같으면 녀석들이 본 것은 악어의 주둥이가 아니라 떠다니는 나무 조각에 불과하다는 것을 납득시켰다.

8월 12일 나이로비에 갔다가 8월 18일에 돌아왔다. 늦은 저녁을 먹는 동안 사자 두 마리가 포효하는 소리가 들렸다. 소리로 보아 강 상류 쪽에서 빠른 속도로 야영지로 접근하고 있었다. 엘자는 새끼들을 남겨 두고 소리가 들리는 쪽으로 사라졌다. 그러고 나서 45분쯤 후에 돌아왔지만 새끼들이 보이지 않자 야영지 주변을 돌아다니며 새끼들을 찾기 시작했다. 그러는 동안 엘자의 표정은 몹시 초조해 보였다.

갑자기 부엌 바로 뒤에서 들려오는 듯한 우레 같은 포효 소리에 우리는 깜짝 놀랐다. 조지가 그쪽에다 대고 횃불을 비쳤더니 이글거리는 사자 눈동자가 보였다.

엘자는 우리 텐트 가까이에 서서 대담하게 맞고함을 질러댔다. 다행히 새끼들이 돌아왔다. 엘자는 그 즉시 새끼들을 데리고 사라졌다. 곧이어 엘자와 새끼들이 급하게 강을 건너는 소리가 들려왔다.

이윽고 사방은 다시 고요해졌고, 우리는 잠자리에 들었다. 하지만 새벽 1시 30분쯤 조지가 텐트 근처에서 나는 소음에 잠에서 깼다. 횃불을 비쳐보니 낯선 암사자가 30미터 전방에 앉아 있었다. 암사자는 천천히 일어났다. 잠시 후 조지가 달아나게 할 목적으로 암사자 머리 위에다 대고 총을 한 방 쏘았지만 또 다른 사자를 포효하게 만드는 것 외에는 아무 효과가 없었다.

녀석들은 1시간 반 동안이나 서로 울부짖으며 으르렁거리다가 사라졌다.

다음 날 저녁 엘자는 매우 늦은 시간에 나타나 텐트 가까이에 자리를 잡았다. 기운이 넘치는 제스파는 손 닿는 것마다 뒤집어엎는 데 재미를 붙였다. 그 바람에 병과 접시, 칼붙이가 식탁에서 깨끗이 사라졌고, 소총이 보관대에서 치워졌으며, 탄약 자루가 모습을 감추었다. 마분지 보관함은 처음엔 다른 새끼들 앞에서 의기양양하게 행진을 하나 싶더니 곧이어 산산조각이 났다. 아침에 일어나보니 엘자네 식구들이 아직도 야영지에 있었다. 좀처럼 드문 일이었다. 일꾼들은 안전한 부엌 울타리 안에서 녀석들이 가기를 기다렸지만 녀석들은 떠날 마음이 전혀 없어 보였다. 조지가 다가가자 엘자는 조지를 사정없이 넘어뜨렸다. 그러고 나서 조지가 내 텐트 주위에 둘러쳐져 있던 가시나무 울타리를 치우자 나도 운을 한 번 시험해보기로 했다. 나는 엘자를 부르며 가까이 접근했다. 하지만 엘자는 반쯤 감은 눈으로 나를 쳐다보기만 했다. 나는 계속 경계를 늦추지 않았고, 그 사이 엘자는 나를 향해 천천히 다가왔다. 그러고 나서 나와 거리가 10미터쯤 됐을 때였다. 엘자는 갑자기 전속력으로 달려와서는 나를 넘어뜨리고 그 위에 앉더니 핥아대기 시작했다.

엘자는 아주 다정하게 굴었다. 아마도 엘자는 이를 몸을 풀기 위한 아침 운동쯤으로 생각하는 눈치였다. 하지만 엘자는 우리가 이렇게 갑자기 달려들어 넘어뜨리는 장난을 싫어한다는 것을 아주 잘 알고 있었다. 엘자가 거기에 빠져들기는 새끼들이 태어난 후로 처음이었다.

나중에 엘자는 새끼들을 데리고 작업실 아래쪽으로 내려갔다. 오후에 우리도 합류했다. 제스파는 조지의 소총이 탐나는지 그의 손에서 낚아채려고 무진 애를 썼다. 하지만 곧 주인이 경계를 서는 한은 탈취가 불가능하다는 것을 깨닫는 눈치였다. 그 후 제스파가 동생과 누이 뒤를 좇는 척하면서 조지의 주의를 딴 데로 돌리려고 애쓰는 모습을 보고 있자니 절로 웃음이 나왔다. 방심한 조지가 카메라를 집으려고 소총을 내려놓는 순간 제스파는 기다렸다는 듯이 냉큼 그 위에 올라탔다. 곧이어 만만찮은 줄다리기가 이어졌다. 엘자는 이 광경을 예의 주시하고 있다가 결국 조지를 구하러 다가왔다. 엘자는 아들을 깔고 앉았다. 그 상태에서는 아무리 제스파라고 해도 총을 놓을 수밖에 없었다. 하지만 엘자가 너무 오래 아들을 깔고 앉는 바람에 나중에는 제스파가 걱정이 되었다. 마침내 풀려난 제스파는 아직도 소총이 탐나는 표정으로 그 옆에 웅크리고 앉았지만 조금 전에 비하면 무척 얌전해져 있었다. 하지만 엘자는 바르게 행동하는 아들이 못내 미심쩍은지 가끔씩 제스파와 소총 사이를 왔다 갔다 했다.

이윽고 엘자가 뒤로 벌렁 드러누워 앞발을 공중에다 내뻗은 채 낮게 가르랑거렸다. 그 소리에 새끼들은 즉시 반응을 보이며 젖을 빨기 시작했다. 엘자는 무척 행복해 보였지만 새끼들의 날카로운 이빨이 엘자를 다치게 할까봐 걱정이 됐다. 더없이 한가로운 광경이었다. 바로 그때 딱새 한 마리가 하얀 꼬리 깃털을 기다란 기차처럼 길게 늘어뜨린 채 머리 위로 날아갔다. 새끼들은 이제 8개월째로 접어들고 있었다. 엘자가 녀석들을 자랑스러워하는 건 너무도 당연한 일이었다.

녀석들이 꾸벅꾸벅 졸기 시작했다. 젖을 얼마나 빨아댔는지 둥그런 배가 터지기 직전이었다. 엘자는 몸을 일으켜 등을 활처럼 구부리고 늘어지게 하품을 하더니 내게로 다가와 몇 번 핥아대고는 내 옆에 앉았다. 그러고는 한동안 내 어깨에다 한쪽 앞발을 척 걸치더니 내 무릎에 머리를 얹고 잠이 들었다. 엘자와 꼬마 수사자들이 잠자는 동안 리틀 엘자는 식구들 머리맡에서 보초를 섰다. 그러면서 두 번인가 워터벅영양에게 몰래 다가갔지만 모두 실패했다.

잠자리에 들었는데 우두둑우두둑 하는 소리가 들려왔다. 그 소리는 다음 날 아침까지 계속되었다. 보나마나 엘자네 식구들이 밤새 야영지에서 지내면서 남은 고기를 마저 해치우고 있는 게 분명했다. 다음 날에도 녀석들은 텐트 바로 옆에서 지냈다. 그 날 저녁 새끼들의 아비가 울부짖는 소리가 들렸다. 엘자가 좀처럼 멀리 가지 않으려고 했던 이유는 녀석이 가까이에 있었기 때문이었다. 엘자는 그 후로도 사흘 동안 야영지를 떠나지 않았다.

# 20

## 새끼들과 카메라

야영지 주변은 정말이지 에덴 동산 같았다. 우리와 이 지역을 공유하는 동물들은 우리에게 아주 익숙해져서 전혀 놀라는 기색 없이 바로 코앞까지 다가올 때가 많았다. 물고기조차 우리와 친해졌는지 우리를 보면 우리 쪽으로 헤엄쳐 왔다.

이 글을 쓰는 동안 비비 50여 마리가 맞은편 강둑을 따라 행진하고 있다. 비비 무리 한복판에는 부시벅영양 세 마리, 그러니까 엄마, 아빠, 새끼가 끼어 있다. 아마도 안전을 위해 일부러 비비 무리에 섞인 듯했다. 비비 한 마리가 바로 옆을 스치고 지나가도 녀석들은 천하태평이다.

이보다 평화로운 광경은 없을 것 같았다. 비비들은 덩치가 작은 동물을 찢어 죽인다는 세간의 소문은 근거가 없는 듯했다. 밀렵꾼들의 위협만 없다면 이곳에서의 생활은 그야말로 이상적일 터였다. 포악한 암사자도 밀렵꾼들에 비하면 그다지 위험하지 않다. 어떤 경우든 엘자는 자연의 일부다. 그런 점에서는 사자들 사이의 암투도 마찬가지다.

지금 엘자는 적을 만나러 밖으로 나갔다. 우리가 이런 사실을 처음 접한 것은 8월 셋째 주였다. 그 날 밤 엘자와 새끼들은 텐트 앞에서 저녁 식사를 하고 있었다. 갑자기 엘자가 으르렁거리면서 사라지더니 한 시간 후에 다시 돌아왔다. 밤에 사자 두 마리가 야영지로 접근하는 소리가 들리더니 잠시 후 끔찍한 싸움이 벌어졌다. 새벽 무렵 엘자가 새끼들을 데리고 큰바위 쪽으로 가는 소리가 들렸다. 오후에 우리는 수풀에서 야영지로 오고 있던 엘자를 만났다. 엘자는 머리, 특히 다친 귀 근처의 머리가 온통 물린 자국으로 뒤덮여 있었다.

엘자가 야영지에 도착하자 나는 어젯밤 먹다 남은 고기를 가져왔다. 고기는 조금밖에 남아 있지 않았다. 엘자는 고기에 손도 대려고 하지 않았지만 새끼들은 허겁지겁 먹었다. 일꾼들이 새로 잡은 고기를 가져오자 엘자는 그제야 먹기 시작했다. 만약 엘자도 새끼들처럼 몹시 시장했다면 내가 처음에 고기를 주었을 때 손을 대지 않았던 이유가 궁금했다. 혹시 고기가 충분하지 않다는 것을 알고 새끼들 배부터 채우려고 했던 건 아니었을까?

그 날 저녁 이브라힘이 내가 최근에 주문한 랜드로버를 몰고 도착했다. 사자에도 끄떡없는 최신형이었다. 이브라힘은 우편물도 가져왔다. 나는 자리에 앉아 「일러스트레이티드 런던 뉴스(Illustrated London News)」지에 실린 엘자의 기사를 읽었다. 엘자는 세계적으로 유명한 동물로 소개되어 있었다. 반가운 소식이었지만 가엾은 엘자는 고통 때문에 머리를 제대로 들지도 못했다.

다음 날 작업실에서 우리와 합류한 엘자는 여전히 고통스러워했다. 그렇지만 타자기 소리에 마음이 동한 제스파가 나를 괴롭히자 바로 매를 들어 버릇을 고쳐놓았다.

자기가 속한 야생의 세계가 아니라 우리가 속한 낯선 세계에 대해 아직도 배울 게 많은 불쌍한 제스파는 호기심이 무척이나 많았다. 어느 날 밤의 일이다. 조지의 텐트에서 부시럭거리는 소리가 들려왔다. 다음 날 아침 눈을 떠보니 내 망원경이 사라지고 없었다. 결국 텐트 아래쪽 수풀에서 망원경을 넣는 가죽 상자 조각을 발견했다. 거기에는 제스파의 젖니 자국이 나 있었다. 다행히 망원경은 근처에 얌전하게 놓여 있었고, 렌즈도 멀쩡했다. 제스파는 분명 골칫거리였지만 너무나 사랑스러워서 오랫동안 화를 낼 수가 없었다.

8개월째로 접어들면서 녀석은 아기 때의 솜털이 모두 빠졌지만 그래도 털은 토끼털처럼 부드러웠다. 어느새 녀석은 엘자의 일거수일투족을 흉내내면서 우리가 자기를 어미처럼 대해주기를 바랐다. 때로 녀석은 어슬렁어슬렁 다가와서는 내 손 밑에 벌렁 드러눕곤 했다. 쓰다듬어 달라는 표시였다. 내 원칙에는 위배되지만 나는 가끔 녀석의 주문대로 해주었다. 녀석은 종종 나랑 놀고 싶어 했다. 녀석은 물론 좋은 의도로 그러겠지만 자기 식구들을 대하듯 나를 물거나 할퀼 확률이 높았다. 엘자는 그런 상황에서는 자기 힘을 자제했지만 녀석은 달랐다. 그만큼 야생 사자에 가깝다는 얘기였다.

엘자의 새끼들이 우리를 대하는 태도는 저마다 달랐다. 제스파는 처음에는 데면데면하게 굴었지만 지칠 줄 모르는 호기심을 주체하지 못하고 우리와 어울리면서 아주 살갑게 대했다. 그렇지만 허물없는 정도까지는 아니었다.

리틀 엘자는 정말 사나워서 우리가 가까이 다가가면 으르렁거리면서 도망쳐버렸다. 두 오빠에 비하면 덜 난폭했지만 자기가 원하는 게 있으면 녀석은 조용하고 효과적인 방법을 동원해 반드시 손에 넣고야 말았다. 한번은 제스파가 갓 잡은 염소를 수풀로 끌고 들어가려고 낑낑대고 있었다. 녀석은 끌어당겨 보기도 하고, 홱 잡아당겨 보기도 하고, 타넘어보기도 했지만 염소 시체는 꿈쩍도 하지 않았다. 그러고 나서 고파가 형을 도우러 나타났다. 두 녀석은 최선을 다했지만 힘이 빠지는지 결국 포기하고는 숨을 헐떡이며 염소 시체 옆에 앉았다. 그러자 멀리서 이 모습을 지켜보고 있던 리틀 엘자가 다가와서는 젖 먹던 힘까지 내가며 짐을 안전한 장소로 끌고 가기 시작했다. 곧이어 숨을 헐떡이던 두 오빠도 합세했다.

고파는 체체파리가 기승을 부릴 때면 텐트를 자주 이용했다. 덕분에 녀석이 무척이나 질투심이 많다는 것을 알게 되었다. 예를 들어 내가 엘자 옆에 앉으면 녀석은 못마땅한 눈초리로 한참이나 나를 뚫어질 듯 쳐다보았다. 표정을 보아하니 자기 엄마를 나와 공유하고 싶지 않은 게 분명했다. 어느 날 저녁 나는 텐트 입구에 앉아 있었고, 녀석은 맞은편

리틀 엘자.

끝에 앉아 있었다. 엘자는 우리 둘을 관찰하며 중간에 누워 있었다. 고파가 텐트 천을 씹어대기에 최대한 단호한 어조로 "안 돼, 안 돼"라고 말했다. 그런데 놀랍게도 녀석은 나를 향해 으르렁댔다. 하지만 씹는 행동은 멈추었다. 잠시 후 녀석은 다시 천을 입으로 가져갔고, 내가 "안 돼"라고 말하자 역시 으르렁거렸지만 그만두었다.

지금까지 새끼들은 막대기나 그 외 녀석들이 겁을 집어먹을 만한 물건을 들고 억지로 떼어놓지 않아도 우리가 "안 돼"라고 말하면 순종을 했다.

야영지에서 평화로운 하루를 보내고 나서 엘자와 새끼들은 아침 일찍부터 서둘러 강을 건넜다. 그래서 그 직후 마케데로부터 암사자 발자국을 발견했다는 보고를 받고 깜짝 놀랐다. 전날 밤에 찍힌 발자국은 부엌이 있는 강 상류 쪽으로 이어져 있었다. 포악한 암사자의 발자국일까? 엘자는 특별히 경계하는 기색을 보이지는 않았지만 하루 반 동안 자취를 감추었다가 해가 지고 나서 돌아왔다. 요사이 엘자는 약간 떨어진 곳에 새끼들을 숨겨놓고는 고기를 끌고 황급히 사라졌다. 그때마다 새끼들도 함께 사라졌다. 다음 날 아침 식구들 모두가 강을 건너고 없었다. 며칠 후 온 식구가 다시 야영지를 찾았다. 새벽 무렵 사자 두 마리가 강 위쪽에서 야영지로 접근하는 소리가 들렸다. 엘자는 즉시 새끼들을 데리고 자리를 떴다. 곧이어 식구들이 급하게 작업실로 내려가는 모습이 희미하게 보였다. 잠시 후 엘자 혼자 돌아와서는 사자들이 있는 방향으로 성큼성큼 걸어갔다. 아무 소리도 들리지 않았지만 우리는 귀에 온 신경을 집중했다. 30분쯤 지났을까, 마침내 엘자가 돌아와 새끼들을 소리쳐 불렀다. 아무 대답이 없자 엘자는 사색이 되어서는 이리저리 뛰어다니며 새끼들을 부르고 또 불렀다. 나는 텐트 주위에 둘러쳤던 가시나무 울타리를 빠져나오자마자 엘자와 합류해 새끼들을 찾아 나섰다. 하지만 엘자는 나를 보고도 으르렁거리기만 할 뿐이었다. 그러고 나서는 차도를 따라 코를 킁킁거리며 냄새를 맡더니 큰바위 쪽으로 사라졌다. 잠시 후 그쪽 방향에서 푸푸거리는 소리가 들려왔지만 수사자 두 마리인 듯했다. 오후가 되자 모든 게 조용해졌고, 우리는 엘자를 찾으러 나섰다. 길가에서 우리는 엘자의 발자국뿐만 아니라 다른 암사자의 발자국도 발견했다. 둘 다 바위 쪽으로 이어져 있었다.

그 날 밤 엘자는 야영지에 오지 않았다. 하지만 이튿날 오후 조지가 이시올로로 출발하고 나서 두 시간 후 새끼들과 함께 도착했다. 다들 건강해 보였지만 몹시 불안해했다. 엘자는 야영지 주변의 수풀을 몇 번이나 샅샅이 조사하더니 동이 트기 훨씬 전에 자취를 감추었다.

9월 초에 우리는 줄리언 헉슬리 경이 유네스코의 지원으로 동아프리카 야생동물들의 보존 실태를 조사하러 곧 온다는 소식을 들었다. 그에게서 북부 국경지대를 구경시켜줄 수 있느냐는 편지를 받고 우리는 무척 기뻤다. 그에게 이 지역이 처한 문제와 현실적인 해결책 부재를 알릴 수 있는 좋은 기회였기 때문이다.

우리는 줄리언 경의 방문이 야생동물의 보존에 관심이 있는 모든 이들에게 큰 격려가 되리라는 것을 믿어 의심치 않았다. 우리는 그가 엘자를 보고 싶어 하리는 것도 알고 있었다. 이 무렵 우리는 정당하고 충분한 이유가 있는 사람들에 한해서만 엘자를 만나보게 하고 있었다. 줄리언 경은 분명히 그럴 자격이 있었다. 그가 시간을 쪼개서라도 엘자를 만나겠다고 해서 기뻤다.

9월 7일과 9월 9일 사이에 우리는 줄리언 경에게 북부 국경지대 일부를 안내하고 나서 오후 늦게 엘자의 구역에 도착했다.

우리는 평소처럼 총을 쏘아 신호를 보냈다. 20분 후 비비들이 짖는 소리가 들렸다. 엘자와 새끼들이 오고 있다는 신호였다. 엘자는 나를 거의 넘어뜨릴 정도로 열렬히 환영을 하고 나서 랜드로버 꼭대기로 풀쩍 뛰어올랐다. 그 사이 새끼들은 우리가 가져다 준 고기를 안전한 장소로 끌고 가느라 여념이 없었다. 우리는 30분 동안 녀석들을 지켜보다가 자리를 떴다. 그렇게 금세 차가 가버리자 엘자는 무척 당황한 듯한 표정을 지었다.

그러고 나서 다시 엘자를 방문하는데, 조지가 자동차뿐만 아니라 트럭까지 몰고 도착했다. 곧이어 엔진 소리를 듣고 엘자와 새끼들이 나타났다. 조지는 데이비드 애튼버러와 제프 멀리건이 내일 아침 런던에서 도착할 예정이니 그들을 위해 가장 가까운 활주로를 확보해야 한다는 소식을 전했다. 사실 그동안 우리는 BBC에서 엘자와 새끼들의 이야기를 영화로 만드는 문제를 놓고 데이비드 애튼버러와 서신을 주고받고 있었다.

전에도 엘자를 영화에 출연시키자는 제의를 여러 번 받은 적이 있었지만 영화 제작진이 와서 법석을 떨어대면 엘자가 놀랄까봐 거절했었다. 이번에는 두 명만 와서 걱정이 훨씬 줄어들었지만 그들도 계속해서 보호를 필요로 할 터였다. 우리는 내 랜드로버에 가시나무 울타리를 둘러치고, 트럭에 텐트를 쳐서 손님들의 임시 숙소로 제공할 예정이었다. 그리고 텐트를 하나 더 세워 탈의실과 화장실, 장비 보관소로 사용하게 할 계획이었다.

잠자리에 들자마자 강 위쪽에서 수사자의 포효 소리가 들려왔다. 그 즉시 엘자가 사라졌다. 이튿날인 9월 13일 조지가 아침 일찍부터 자기 텐트로 나를 불렀다. 뜻밖에도 거기에는 엘자가 있었다. 엘자는 몰골이 말이 아니었다. 머리며 가슴이며 어깨며 앞발이 깊이 베인 피투성이 상처 자국으로 뒤덮여 있었다. 기운이 하나도 없어 보였다. 내가 옆에 다가가서 무릎을 꿇고 상처를 살피자 엘자는 물끄러미 나를 쳐다보기만 했다. 밤새 아무 소리도 듣지 못했기 때문에 싸움이 일어난 줄은 까맣게 모르고 있었다. 상처를 소독하려고 하자 엘자는 벌떡 일어나 강 쪽으로 느릿느릿 걸음을 옮겨놓았다. 상당히 고통스러운 모양이었다. 나는 즉시 밖으로 나가 패혈증의 위험을 가라앉혀 주기를 바라면서 M & B 정제를 엘자의 음식에 섞었다. 외과 처치는 엘자를 아프게 할 게 뻔했기 때문이다. 모든 게 준비되고 20분 동안이나 엘자를 찾았지만 아무 데도 보이지 않았다. 나는 조지에게 새끼들을 찾는 일을 맡기고 손님들을 마중하러 갔다. 영화 제작자는 고사하고 방문객을 맞이하기에도 최악의 시기였다. 그 사람들이 작업 한 번 못해 보고 떠나게 될까봐 걱정스러웠다. 나는 그들을 만나자마자 이 우울한 소식부터 알렸다. 곧이어 우리는 데이비드와 제프와 같은 동물 애호가를 만난 게 우리에게는 더없이 큰 행운이라는 점을 깨닫게 되었다. .

우리는 점심 시간에 야영지에 도착했다. 조지가 새끼들을 수색하러 나갔다가 허탕만 치고 방금 돌아와 있었다. 손님들이 짐을 푸는 동안 나는 엘자를 찾으러 나갔다. 엘자는 작업실 근처의 울창한 덤불숲 밑에 있었다. 엘자는 숨을 헐떡거리다가 내가 상처에 붙은 파리 떼를 떼어주자 아주 조용해졌다. 나는 물도 가져오고 엘자의 먹이에 M & B 정제도 섞을 겸 야영지로 돌아왔다. 내가 분주히 준비하는 모습을 보더니 데이비드가 도와주겠다고 나섰다. 그는 물통을 들고 나와 함께 작업실로 향했다. 나는 데이비드더러 엘자에게서 조금 떨어진 곳에 물통을 내려놓으라고 했다.

가엾은 엘자, 녀석이 그렇게 고통스러워하는 모습은 일찍이 본 적이 없었다. 엘자는 고개를 쳐들 엄두도 내지 못하다 내가 머리를 받쳐주자 그제야 물을 마시기 시작했다. 엘자는 한동안 소리를 내며 물을 마셨다. 그러고 나서 고기를 먹었지만 혼자 있고 싶어 하는 기색이 역력했다. 그래서 우리는 얼른 자리를 비켜줬다.

엘자를 위해 달리 해줄 수 있는 일이 아무것도 없었기 때문에 조지와 나는 강 건너로 새끼들을 찾으러 갔다. 우리는 걸으면서 내내 녀석들의 이름을 소리쳐 불렀다. 마침내 수풀 뒤에서 새끼 한 마리가 눈에 띄었다. 하지만 우리가 다가가자 녀석은 달아나버렸다. 우리는 녀석을 더 이상 겁주지 않기 위해 그만 집으로 돌아가기로 했다. 그러면서 새끼들이 무사히 어미 품으로 돌아오기를 기원했다. 제스파가 첫 번째 테이프를 끊었다. 저녁 6시쯤 녀석이 강을 건너 엘자를 찾아온 데 이어 강 건너에서 또 다른 녀석이 야옹거리는 소리가 들렸다. 엘자도 그 소리를 들었는지 성치 않은 몸을 끌고 강둑으로 나가 새끼를 소리쳐 부르기 시작했다. 녀석은 고파였다. 고파는 어미를 보자 얼른 강을 헤엄쳐 건넜다. 새끼들은 내가 주는 먹이를 남김없이 먹어치웠지만 엘자는 손도 대지 않았다. 제스파와 고파가 먹이를 먹는 동안 우리는 손님들과 함께 강가로 산책을 나갔다. 돌아오는 길에 텐트 앞에 세워둔 랜드로버 지붕에서 엘자를 발견하고 우리는 깜짝 놀랐다. 우리는 거기서 불과 몇 미터밖에 떨어지지 않은 곳에서 술을 마시며 저녁 식사를 했지만 엘자는 우리 존재는 안중에도 없었다. 리틀 엘자가 걱정이 됐다. 다행히 잠자리에 들고 나서 얼마 후 조지가 야영지로 돌아오고 있는 녀석을 발견했다.

자정이 지나 엘자와 새끼들은 어딘가로 사라졌고, 잠시 후 사나운 암사자의 포효 소리가 들려왔다. 다음 날 엘자는 하루 종일 나타나지 않았다. 조지가 큰바위에서 사나운 암사자를 발견했다. 엘자가 잠적한 이유로 충분했다. 그 날 밤에도 포효 소리가 들렸다. 엘자가 걱정이 되어 우리는 날이 밝자마자 밖으로 나왔다. 조지가 강 위쪽으로 엘자를 찾으러 간 사이 나는 마케데와 누루, 그리고 수렵 감시원 한 명과 함께 반대 방향을 수색했다. 우리는 엘자를 찾을 경우에 대비해 물을 가지고 갔다. 국경바위에서 800미터 지난 지점에서 엘자의 발자국을 발견했다. 엘자가 그렇게까지 멀리 간 적은 거의 없었다. 엘자는 모든 게 안전한지 주변을 정찰하고 있었다. 잠시 후 새끼들도 모습을 드러냈다. 녀석들은 몹시 목이 마른 듯했다. 물을 채 붓기도 전에 녀석들이 플라스틱 물통으로 달려드는 바람에 하마터면 물통도 산산조각 나고 내 손도 긁힐 뻔했다.

야영지로 출발하면서 멀찌감치 물러서 있던 일꾼들도 우리와 합류했다. 엘자와 제스파는 수렵 감시원에게 다가가 못마땅한 듯 코를 킁킁거렸다. 그는 내 충고에 따라 바위처럼 꼼짝 않고 서 있었지만 표정은 행동과 달리 불안해 보였다. 상황이 정리되는 대로 마케데와 함께 그를 먼저 야영지로 돌려보냈다.

엘자의 상처는 많이 나아졌지만 여전히 소독이 필요했다. 엘자와 새끼들은 한참을 달랜 후에야 우리를 따라나섰다. 우리는 천천히 야영지로 향했다. 누루는 총을 들고 나와 함께 남았다. 나는 집에 거의 다 왔다고 생각됐을 때 누루에게 먼저 가서 데이비드에게 우리가 온다는 사실을 알리라고 말했다. 그래야 사자들이 강을 건너는 모습을 촬영할 수 있을 터였기 때문이다. 누루가 가고 나자 약간 불안해졌다. 잠시 후 불안감은 진짜 걱정으로 바뀌었다. 거리를 잘못 계산하는 바람에 수풀에서 길을 잃었기 때문이다. 한낮이라 몹시 무더웠다. 엘자와 새끼들은 수풀마다 멈춰 서서는 그늘로 들어가 숨을 헐떡였다. 가장 가까운 강 줄기를 찾아 무작정 따라가는 게 최선의 방법이었다. 어떤 강 줄기든 내가 방향을 구분할 수 있는 강으로 이어지게 마련이었기 때문이다. 곧이어 좁다란 지류가 나왔다. 나는 가파른 강둑을 끼고 걸어갔다. 엘자는 묵묵히 내 뒤를 따랐고, 새끼들은 어미 뒤에서 까불거리며 좇아왔다. 방향을 트는 순간 나는 선 채로 코뿔소와 마주쳤다. 그런 상황에서는 한쪽으로 재빨리 피해 서서 성난 짐승을 지나가게 하는 수밖에 없었다. 나는 뒤돌아서서 왔던 길을 따라 있는 힘껏 내달렸다. 내 뒤에서는 코뿔소가 콧김을 씩씩 내뿜으며 달려오고 있었다. 마침내 강둑에서 조그만 틈새를 발견했다. 생각할 겨를도 없이 나는 그 위로 몸을 날려 수풀로 뛰어들었다. 바로 그 순간 코뿔소가 갑자기 방향을 바꿔 반대쪽으로 돌진했다. 엘자를 본 게 틀림없었다. 엘자는 가만히 서서 우리를 지켜보고 있었다. 나로선 무척 다행한 일이 아닐 수 없었다. 게다가 엘자가 코뿔소를 보고도 평소와 달리 쫓아가지 않아 매우 기뻤다.

몇 분 후 누루가 내게로 다가오는 모습이 보이자 마음이 한결 놓였다. 나를 구하러 달려와준 데 대해 고맙다는 말을 막 하려는 순간 누루는 자기도 코뿔소를 만나 쫓기다 거기까지 오게 됐다는 이야기를 들려주었다. 우리는 코뿔소와의 기이한 인연을 놓고 한바탕 웃고 나서 나란히 야영지로 돌아갔다.

야영지는 비어 있었다. 마케데가 와서 내가 엘자를 찾았다는 소식을 전하자 조지와 데이비드, 제프가 나를 도우러 나갔던 것이다. 나는 그들에게 우리 모두 집에 무사히 도착했다는 걸 알리기 위해 수렵 감시원 한 명을 내보냈다. 그동안 엘자와 새끼들은 강에서 장난을 치고 있었다. 뙤약볕 아래서 오래 걸은 뒤라 아주 시원할 듯했다. 그러고 나서 녀석들은 고기를 끌고 수풀로 들어가 그곳에서 지내다 자정 무렵이 되자 강을 건너갔다.

저녁이 되어야 엘자와 새끼들 모습을 촬영할 수 있을 것 같아 다음날 아침엔 손님들과 함께 바위너구리 사진을 찍으며 보냈다. 우리는 무더위에 녹초가 된 채 돌아와 늦은 점심을 먹고는 작업실로 내려갔다. 그랬더니 낮잠을 즐길 수 있게 야전 침대들이 준비되어 있었다. 침대는 일렬로 늘어서 있었다. 내 침대는 바깥쪽에, 데이비드의 침대는 복판에, 조지의 침대는 그 옆에 놓여 있었다. 제프는 카메라를 들고 오느라 약간 뒤처져 있었다. 곧이어 까무룩 잠이 들었지만 온몸이 젖은 엘자가 내 위에 올라타 다정하게 핥아대면서 육중한 체구로 짓누르는 바람에 잠에서

9개월째에도 새끼들에게 젖을 물리는 엘자.

깼다. 그와 동시에 데이비드가 조지의 침대를 훌쩍 뛰어넘어 제프와 합류했다. 두 사람은 서로 번갈아가며 재빨리 카메라 셔터를 눌러댔다. 이제 엘자는 조지에게 달려들어 반가움을 표시하더니 아주 점잖게 텐트 쪽으로 걸어가서는 그 가운데 한 곳을 차지하고 앉았다. 엘자는 손님들을 깡그리 무시했고, 우리가 저녁 늦게 술을 마실 때도 똑같이 행동했다. 엘자는 제스파와 함께 텐트 안에 있다가 밖으로 나와 제프의 발에서 불과 2미터도 채 떨어지지 않은 곳을 지나갔지만 그에게는 눈곱만큼도 관심을 보이지 않았다. 엘자에게 그는 그곳에 없는 존재와 다를 바 없었다.

다음 날 아침 엘자의 발자국을 좇다가 푸푸바위 중간 지점에서 잠들어 있는 엘자를 발견했다. 엘자를 방해하고 싶지 않았기 때문에 우리는 집으로 돌아와 차를 마신 후 다시 그 장소로 갔다. 이번에는 모든 각도에서 사진을 찍어도 될 만큼 카메라도 충분히 들고 갔다.

엘자와 새끼들은 바위 등성이 위에서 더 바랄 나위가 없을 정도로 근사한 포즈를 취하고 있었다. 마침내 엘자가 아래로 내려왔다. 이번에는 데이비드와 제프의 무릎에도 머리를 비벼 아는 척을 했다. 엘자는 날이 저물어 야영지로 돌아올 때까지 우리와 함께 있었다. 하지만 새끼들은 낯선 사람들의 존재가 불편했던지 내내 바위 위에서 지냈다.

사진을 찍을 때의 엘자 표정으로 보아 골이 난 것 같지는 않았지만 저녁 식사를 하러 올지는 의문이었다. 최근 들어 엘자는 자기가 제일 좋아하는 일꾼을 보고도 야영지에서 모습을 감추었다. 하지만 걱정할 필요가 없었다. 손님들에게 엘자기 나타나지 않을 가능성이 매우 높다고 말하려는 찰나 녀석이 와락 달려드는 바람에 하마터면 나는 넘어질 뻔했다. 이로 인해 엘자는 아프리카인들은 매우 경계했던 데 비해 유럽인들은 전혀 의심하지 않는 것 같다는 내 생각은 더욱 굳어졌다.

엘자가 제일 좋아하는 고기에 간유를 섞어 접시에 담아 갖다 주려고 하는데, 제스파가 갑자기 달려들더니 접시를 핥았다.

이런 일이 일어나는 동안 제프가 마침 녹음기를 시험하고 있었는데, 어느새 녹음이 되었는지 녹음기에서 사나운 암사자의 포효 소리가 흘러나왔다. 순간 제스파는 귀를 쫑긋 세우고 고개를 옆으로 기울인 채 암사자 목소리에 온 신경을 집중했다. 그러고 나서 맛있는 간식도 놓아두고 어미에게 달려가 위험을 알렸다.

다음 날 오후 우리는 큰바위에서 다시 엘자의 모습을 촬영했다. 엘자는 새끼들을 데려와 우리와 놀게 함으로써 데이비드와 제프에게 호의를 보였다. 흥미롭게도 제스파는 엘자가 새끼 때 했던 반응을 그대로 되풀이했다. 녀석은 상대방이 자기를 좋아하는지, 아니면 무서워하는지를 귀신같이 간파하고는 그에 따라 행동했다. 데이비드는 제스파가 걸핏하면 몰래 다가와 덤벼드는 통에 녀석을 피해 다니느라 진땀을 흘렸다. 날이 너무 어두워서 이런 장면을 찍을 수 없었던 게 정말 유감스러웠다.

야영지에서의 마지막 날 저녁 손님들은 랜드로버 지붕 위에 앉아 있는 엘자에게 작별 인사를 했다. 엘자의 앞발을 잡고 흔드는 그들을 보면서 엘자가 그들에게 단순히 사진 모델 이상의 의미가 되었구나 하는 생각을 했다. 영화를 찍는 동안 두 사람이 보여준 세심한 배려에 감사의 말을 전하고 싶다.

# 21

## 엘자, 새끼들을 가르치다

9월 21일 오후에 조지와 나, 토토는 수풀에서 엘자네 식구들을 만났다. 엘자는 평소처럼 우리를 반겼고, 제스파도 조지와 나를 핥아 반가움을 표시했다. 하지만 제스파가 토토도 핥으려 하자 엘자는 못마땅한 표정으로 그 둘 사이에 끼어들었다. 이는 엘자의 태도가 변했다는 증거였다. 지금까지는 누루와 마케데처럼 토토도 좋아했기 때문이다. 새끼들이 태어난 이후로 엘자는 아프리카인들이 접근하지 못하게 했다. 이제 그와 같은 금제는 토토에게까지 확장되었다.

다음 날 오후 우리는 엘자와 새끼들이 강에서 노는 모습을 지켜보았다. 새끼들이 물장구를 치기도 하고 떠다니는 막대기를 차지하려고 서로 아웅다웅하는 동안 엘자는 우리 모두를 감시할 수 있는 자세로 토토 가까이에 자리를 잡고 앉았다.

집으로 돌아오는 길에 제스파는 토토의 소총에 지대한 관심을 보이면서 몰래 다가가 뒤에서 덮치곤 했다. 엘자는 몇 번이나 뜯어말려도 제스파가 말을 듣지 않자 나중에는 아예 아들을 깔고 앉아 토토가 제스파의 사정권에서 벗어날 수 있는 시간을 벌어주었다.

그 날 저녁따라 체체파리 떼가 특히 극성을 부렸다. 엘자는 내 텐트 안에서 바닥에 벌렁 드러누운 채 가르랑거리며 파리들을 떼어달라고 호소했다. 그래서 임무를 수행하러 안으로 들어갔더니 제스파와 고파가 이미 어미한테 달려들어 데굴데굴 몸을 굴리며 파리들을 으깨 죽이고 있었다. 내가 엘자에게 접근하자 녀석들은 나를 향해 으르렁거렸다. 곧이어 내가 엘자의 몸에 붙은 파리 떼를 제거하기 시작하자 엘자는 새끼들을 핥기 시작했다. 녀석들의 질투심을 잠재우려는 의도가 분명했다. 대체로 엘자는 내가 체체파리를 제거하는 동안 가만히 있었고, 어떤 도움이든 달갑게 받아들였다. 그래서 이튿날 아침 엘자가 새끼들과 함께 노는 모습을 지켜볼 동안 엘자가 두 번이나 나를 쳐내면서 심지어는 덤벼들기까지 했을 때 깜짝 놀랐다.

밤에도 엘자는 우리가 잠자리에 들고 나서 아주 잠깐 야영지에 들렀을 뿐 하루 동안 나타나지 않았다. 다음 날 저녁 엘자는 새끼들을 데리고 왔지만 매우 냉랭했다. 엘자는 먹이를 챙겨 나의 시야 밖으로 끌고 가더니 이내 사라져버렸다.

다음 날 저녁 산책에서 돌아와보니 제스파가 나의 유일한 토피(자귀풀 심으로 만든 헬멧-옮긴이)를 씹어 망가뜨리느라 여념이 없었다. 뜨거운 태양이 내리쬐이는 밖으로 나갈 때면 토피가 필요했기 때문에 큰일이었다. 엘자는 자기 아들의 짓궂은 장난을 보상하려는 듯 특히 다정하게 굴었다. 우리는 한동안 강가에 앉아 물총새의 움직임을 관찰했다. 물총새는 우리가 하나도 무섭지 않은지 아주 가까이까지 다가왔다.

이 무렵 고파는 나뿐만 아니라 자기 형까지 시샘할 정도로 질투심이 나날이 늘어가고 있었다. 제스파가 어미와 함께 놀고 있으면 녀석은 둘 사이에 끼어들어 방해를 하기가 일쑤였고, 엘자가 내 곁으로 다가오면 웅크리고 앉아 엘자가 자기한테로 올 때까지 으르렁거렸다.

조지가 떠나고 난 후 나는 밤이 되면 고기를 사슬에 붙들어 맨 다음 그 근처에 세워둔 랜드로버 안에서 잠을 잤다. 포식자들에게 고기를 뺏기고 싶지 않았기 때문이다.

어느 날 밤 나무들이 부러지는 소리와 코끼리 울음소리에 잠에서 깼다. 처음엔 작업실과 텐트 사이의 강 하류 쪽에서 들려왔지만 점점 소리가 가까워져서 불안했다. 코끼리가 텐트가 있는 데로 올라오면 대책이 서지 않았기 때문이다. 엘자는 새끼들과 함께 차 옆에 앉아 있다가 소리를 듣고는 나와 같은 생각을 하는지 불안한 표정을 지었다. 우리 모두 소리에 온 신경을 기울였다. 갑자기 커다란 물체가 강둑을 따라 이동하는 게 보였다. 잠시 후 물체는 멈춰 서더니 가만히 서 있었다. 영원할 것 같던 시간이 지나고 물체는 어둠 속으로 사라졌다. 엘자와 새끼들은 나처럼 쥐죽은 듯이 조용하게 앉아 소음이 그칠 때까지 경계 태새를 취했다. 그러고 나서 엘자는 모습을 감추었다.

햇불에 어른거리는 초록색 눈동자 두 개를 본 것은 그 직후였다. 눈동자는 점점 가까이 다가왔다. 나는 근처를 배회하는 약탈자겠거니 생각하고는 고기에 가시덤불을 덮기 위해 차에서 나왔다. 하지만 커다란 나뭇가지를 끌고 오려는데, 엘자가 와락 달려들었다. 나는 다시 차에 올라탔다. 잠시 후 엘자와 새끼들이 식사를 끝내고 사라지는 것 같자 나는 다시 밖으로 나왔다. 자칼들에게 공짜로 음식을 나누어주고 싶은 마음이 추호도 없었기 때문이다. 그런데 사라진 줄 알았던 엘자가 나한테 풀쩍 뛰어오르더니 고기를 낚아챘다. 우리는 밤새 서로를 지켜보았다. 엘자가 이기긴 했지만 그 대가로 이미 배가 부른 데도 꾸역꾸역 먹어야 했다.

10월 들어 빌리 콜린스와 나는 둘이 만나서 『야성의 엘자』 후속편 출간 계획을 의논하는 게 좋겠다는 데 의견의 일치를 보았다.

나는 그를 데리러 나이로비로 갔다. 저녁 식사 무렵 야영지에 도착해보니 엘자네 가족이 텐트 앞에서 먹이를 먹고 있었다. 나는 약간 긴장했지만 엘자는 우리 둘을 아주 반갑게 맞이하더니 다시 먹이가 있는 데로 돌아갔다. 그 날 저녁 우리는 엘자에게서 불과 몇 미터 떨어지지 않은 곳에서 보냈지만 엘자에게 우리는 안중에도 없었다.

다음 날은 몹시 무더웠고, 덤불숲도 바싹 말라 있었다. 평소 같으면 서늘한 작업실도 숨이 턱턱 막혔다. 우리는 아침에 작업실로 나가 일을 시작했다. 비비와 영양, 새들 때문에 정신이 산만한 와중에서도 우리는 일을 꽤 많이 했다. 우리는 차를 마시고 나서 오후 늦게야 엘자를 찾으

엘자와 제스파.

러 나섰다, 멀리까지 나갔는데도 보이지 않아 조그만 오솔길을 따라 야영지로 돌아오는데 갑자기 엘자와 제스파가 나타나 내 다리에 몸을 부벼댔다.

엘자는 평소처럼 빌리를 대했지만 제스파는 그의 흰 양말과 테니스화에 엄청나게 관심을 보였다. 녀석은 수풀마다 숨어 빌리를 덮치려고 했지만 우리가 계속 방해하자 결국엔 골이 잔뜩 나서는 다른 새끼들과 합류했다. 그 날 저녁 엘자는 랜드로버 지붕 위에서 지냈다.

다음 날 아침 엘자가 찢어진 모기장 틈으로 나를 핥아 잠을 깨웠다. 내 텐트에는 어떻게 들어왔을까? 빌리의 텐트에도 들어가려고 했을지 모른다는 생각이 퍼뜩 들어 그를 소리쳐 불렀다. 그는 엘자가 자기를 가만히 내버려 두었다고 대답했다. 바로 그때 토토가 아침 차를 들고 들어왔다. 토토를 보자 엘자는 내 침대에서 물러나 가시나무 울타리 쪽문으로 어슬렁어슬렁 다가갔다. 거기서 엘자는 토토가 문을 한쪽으로 밀쳐 주길 기다렸다가 조용히 빠져나가서는 새끼들을 데리고 큰바위 쪽으로 사라졌다.

나는 서둘러 옷을 챙겨 입은 다음 빌리가 어떤 고초를 겪었는지 확인하러 밖으로 나갔다. 그는 엘자가 우리가 쳐놓은 가시나무 울타리 쪽문을 비집고 들어오려다 랜드로버 위로 뛰어올랐다고 말했다. 엘자는 암만 해도 그에게 갈 수 없다는 것을 깨닫고서야 방향을 돌려 나한테로 왔던 것이다.

똑같은 장소에서 잠을 잤는데도 데이비드 애튼버러나 제프에게는 털끝만큼도 관심을 보이지 않았었다. 엘자가 침대를 함께 쓰자고 조르는 사람은 나와 조지밖에 없었다.

오후에 우리는 푸푸바위에 있는 엘자네 식구들을 방문했다. 엘자와 제스파는 우리를 보자마자 밑으로 달려 내려와 열렬히 환영했다. 엘자는 우리와 함께 간 마케데에게도 반가움을 표시했다. 하지만 제스파가 마케데의 다리에 머리를 비비려고 하자 얼른 끼어들어 못 하게 제지했다. 고파와 리틀 엘자는 계속 바위에 남아 있었다. 우리가 몇 십 미터쯤 앞장서서 수풀로 걸어가자 엘자가 녀석들을 소리쳐 불렀다. 녀석들은 그제야 내려왔지만 우리를 슬금슬금 피했다. 우리가 강에 도착하고서야 모습을 드러낸 녀석들은 물 속에 들어가 더위를 식히며 우리의 일거수일투족을 예의 주시했다. 제스파는 엘자에게 다가가 매우 다정하게 굴었다. 하지만 집으로 돌아올 때는 짓궂은 장난으로 우리 발목을 붙잡는 바람에 야영지에 도착했을 때는 밤이 벌써 이슥해져 있었다. 빌리는 이번에는 흰색 양말을 신고 있지 않았지만 여전히 제스파의 관심을 끌었다. 녀석은 빌리의 발 앞에 앉아 자기가 지을 수 있는 가장 뻔뻔한 표정으로 그를 올려다보면서 가지 못하게 막았다. 빌리는 녀석을 피하기 위해 이리저리 방향을 바꾸어 보았지만 그때마다 녀석이 빌리의 발길을 가로막는 바람에 실패했다. 엘자가 한두 번 개입해 아들을 패대기쳤지만 그럴수록 녀석은 짓궂어지기만 했다. 앞장서서 가던 조지는 갑자기 제스파가 앞발로 뒤에서 꽉 끌어안는 바람에 하마터면 넘어질 뻔했다. 그 날 저녁 제스파는 악동 중의 악동이었다. 야영지에 도착해 녀석이 저녁 식사에 달려들고 나서야 비로소 평화로워질 수 있었다.

10월 12일은 빌리가 야영지에서 보내는 마지막 날이었다. 그래서 일부러 엘자네 식구들을 찾으러 나섰지만 어디에도 없었다. 포기하고 돌아와보니 엘자와 제스파가 와 있었다. 빌리는 랜드로버 위에 드러누워 있는 엘자의 머리를 쓰다듬어 주었다. 평소 엘자는 우리한테만 그러도록 허락하는데, 그 날은 가만히 있었다.

10월 둘째 주에 조지가 다시 야영지로 돌아왔고, 며칠 동안 평화로운 일상이 이어졌다. 그러던 어느 날 밤 포악한 암사자와 녀석의 짝이 큰바위 쪽에서 엄청난 소리로 포효하며 자신들의 도착을 알려왔다. 그 소리를 듣더니 엘자는 새끼들을 데리고 강을 건넜다.

이튿날 새벽 조지는 포악한 암사자가 하늘을 등진 채 큰바위 위에 서 있는 모습을 발견했다. 암사자는 조지가 400미터 전방으로 다가갈 때까지 가만히 있다가 자취를 감추었다.

그 날 저녁 엘자는 야영지에 들러 급하게 먹이를 먹고 갔지만 그 후로 48시간 동안 나타나지 않았다. 이번에는 내가 수색 임무를 맡았다. 엘자가 걱정이 되어 밖으로 나가 찾아보았지만 아무런 흔적도 발견할 수 없었다. 다음 날 아침 우리는 야영지 곳곳에서 엘자와 새끼들의 발자국을 발견했다. 나는 녀석들이 야영지에 있으면서도 아무 소리를 내지 않아 이상하다고 생각했다. 녀석들의 발자국을 따라가보니 코뿔소와 코끼리의 발자국과 겹쳐져 있었다.

그 날 저녁 엘자네 식구들이 모습을 나타냈지만 엘자는 기분이 몹시 가라앉아 있었다. 엘자는 나나 고파, 리틀 엘자는 본 척도 하지 않고 오로지 제스파에게만 관심을 기울였다. 어미가 가까이 다가올 때마다 일부러 벌렁 드러누워 어미의 관심을 끌려고 안간힘을 쓰는 고파가 안쓰러웠다. 그때마다 엘자는 고파는 아랑곳도 하지 않고 녀석을 타넘어 제스파에게 갔다.

저녁 8시 30분쯤 사자 두 마리가 울부짖기 시작했다. 온 식구가 귀를 쫑긋 세웠지만 엘자와 제스파만 작업실 쪽으로 황급히 사라졌다. 곧이어 고파와 리틀 엘자도 뒤를 따랐지만 다시 돌아와 마저 먹이를 먹었다. 녀석들은 게걸스레 먹다가 아주 가까운 데서 무시무시한 포효 소리가 들려오자 방금 전에 강을 건너간 어미를 좇아 전속력으로 질주했다.

나는 남은 고기를 안전한 곳으로 옮겼다. 사자들은 밤새 울부짖었다. 이튿날 오후 날이 이미 어둑어둑해지고 있을 때였다. 나는 마케데와 함께 암사자 한 마리가 큰바위로 기어올라 그 위에 앉는 것을 보았다. 분명 포악한 암사자였다. 나는 망원경을 꺼내 처음으로 녀석을 자세히 관찰했다. 녀석은 엘자보다 털 색깔도 어둡고 체구도 육중한 데다 다소 못생긴 편이었다. 녀석은 바위 꼭대기에서 우리를 노려보면서 계속 울부짖었다. 그 날 밤 거기서 자려는 모양이었다. 당연히 엘자는 보이지 않았다.

아침에 우리는 사나운 암사자와 녀석의 짝이 남긴 발자국을 추적했다. 발자국은 강을 거슬러 우리가 녀석들의 서식처로 믿고 있는 지역으로 이어져 있었다. 그 날 밤 새끼들을 데리고 저녁을 먹으러 야영지에 들렀던 것으로 미루어 엘자도 이 사실을 알고 있는 게 분명했다. 엘자는 나한테는 관심도 주지 않다가 새끼들이 자리를 잡고 먹이를 먹기 시작하자 그제야 전처럼 다정하게 굴었다. 이는 새끼들의 질투심을 유발하지 않기 위해 엘자가 생각해낸 새로운 전략이었다.

공기는 숨이 막힐 듯 답답했고, 번개가 주기적으로 지평선에 내리쳤다. 잠자리에 들자마자 강풍이 불기 시작하더니 나무들이 삐걱삐걱 울어대고 텐트 천이 펄럭였다. 곧이어 빗방울이 쏟아졌다. 그 기세대로라면 머잖아 사방이 물에 잠기고 말 것 같았다. 비는 밤새 퍼부었다. 우리는 폭우가 홍수로 이어지지 않기를 간절히 바랐다. 그랬다가는 텐트

말뚝이 뽑혀져 나갈 수도 있었기 때문이다. 아니나 다를까, 결국 기둥이 무너지는 바람에 공간을 확보하기 위해서는 머리로 기둥을 받치고 있어야 했다. 그 사이 강물은 내 발목 근처까지 흘러든 듯했다.

밖으로 나가보니 조지의 텐트는 이미 무너져 내렸고, 안에서 엘자의 신음 소리가 들려왔다. 곧이어 엘자가 제스파와 고파와 함께 나타났다. 온몸이 진흙투성이긴 했지만 젖지는 않았다. 하지만 이런 폭우에도 리틀 엘자는 보호소로 들어오길 거부한 채 가시나무 울타리 밖에서 물에 빠진 생쥐 꼴을 하고 있었다.

나는 물에 젖은 소지품들을 정리해 사자들이 손대지 못하도록 차로 나르기 시작했다. 그 과정에서 제스파는 내가 옮기려는 상자마다 차지하고 앉는 데 재미를 붙여 기어이 나를 '거들었다'. 일을 모두 끝내고 엘자와 제스파, 고파, 나는 내 텐트 안으로 들어가 쪼그리고 앉았다. 리틀 엘자는 천막 입구까지 들어오는 데에는 동의했지만 그 이상은 발을 떼어놓지 않았다. 거기서라도 최소한 비를 피할 수는 있었다.

비는 나흘 동안이나 계속 내렸다.

하지만 반사막지대에 있는 엘자의 집은 근처에 있는 산의 덕을 톡톡히 보고 있었다. 이 산에서 흘러나오는 작은 개울들은 건조지대로 흘러드는데, 야영지에서 가장 가까운 개울은 이제 그 어느 때보다도 수위가 높아져 있었다. 시뻘건 급류가 우레 같은 소리를 내며 강둑을 강타하더니 식탁만한 높이의 물이 작업실을 집어삼키면서 뿌리가 뽑혀 나간 종려나무를 비롯해 엄청난 양의 쓰레기를 부려놓았다. 엘자와 새끼들이 우리와 함께 있고, 먹이도 충분히 확보하고 있어서 마음이 가벼웠다.

사흘 만에 햇볕에 시커멓게 그을려 있던 야영지 주변은 온통 녹색으로 바뀌었고, 하도 말라서 금방이라도 부서질 것 같던 덤불숲도 이제는 화려한 초목을 자랑했다. 형형색색의 꽃들을 피워내느라 기력을 너무 많이 소진하지 않았을까 싶을 정도로 불과 3, 4일 만에 땅은 색색의 꽃들로 뒤덮여 있었다.

덤불숲의 동물들은 황폐한 가뭄에 이어 찾아온 풍요로운 환경에 신속하게 적응해나갔다.

일주일 후 비가 그치자 여기저기서 새로 태어난 동물들이 눈에 띄었다. 밝은 색깔의 왕도마뱀 새끼들이 강가에 나와 일광욕을 하다가 내가 접근하자 하얀 거품이 이는 물 속으로 뛰어들었다. 작업실 근처에서는 몸집이 딱 동전만한 새끼 거북 두 마리가 멱을 감고 있었다. 녀석들은 어른 거북의 완벽한 축소판이었다. 건너편 바위지대에서 종종 마주치곤 했던 어른 거북은 몸집이 커다란 수프 접시만했다. 하지만 정말 괴상한 탁아소는 따로 있었다. 어느 날 아침 강 아래쪽으로 걸어 내려가고 있을 때였다. 엘자가 강을 건널 때 애용하는 지점 가운데 하나인 깊은 웅덩이 근처에서 거대한 올챙이처럼 생긴 물체를 발견했던 것이다. 녀석들은 일렬종대로 늘어서서 열심히 몸을 움직이고 있었다. 가까이 다가가서 보니 새끼 악어들이었다. 몸 길이가 18센티미터에 불과한 것으로 보아 태어난 지 2, 3일밖에 되지 않은 게 분명했다.

땅의 상태가 여행해도 될 만큼 회복되자마자 조지가 야영지에 도착했다. 수렵 감시원 다섯 명도 함께 왔다. 그들은 정찰을 강화해 밀렵을 근절할 작정이었다. 그 사람들이 엘자와 함께 지낼 수는 없는 노릇이었기 때문에 조지는 곧바로 그들이 머물 초소를 짓고 자동차 도로를 내는 작업을 지휘하기 시작했다.

우리는 2주 안에 작업이 꽤 많이 진척되기를 바랐다. 그러고 나면 엘자를 점차 독립시킬 생각이었다. 그래야 새끼들도 어미를 따라 사냥을 하면서 진정한 야생성을 띠게 될 터였기 때문이다. 예상 외로 우리의 체류 기간이 연장되는 바람에 녀석들은 야영지에서의 생활에 길들여지고 있었다. 그렇다고 우리가 녀석들을 통제하는 것은 아니었다. 하지만 이제 제스파는 우리와 상당히 친해졌다. 그래도 그 점만 빼면 녀석들의 야생 본능은 그대로 남아 있었다. 게다가 고파와 리틀 엘자가 우리를 보고도 가만히 있는 유일한 이유는 어미가 우리를 계속 친구라고 우기기 때문이었다.

우리는 엘자가 새끼들에게 우리를 해쳐서는 안 된다고 따로 가르치는지, 아니면 녀석들이 그저 어미의 본을 보고 그대로 따라하는 것인지 궁금했다. 어쨌든 이제 녀석들은 제법 의젓하게 행동했다. 특히 제스파는 우리와 놀 때나 질투가 날 때면 자제심을 잃고 엄청난 해를 미칠 수 있었지만 늘 잘 참았다. 심지어는 화가 잔뜩 나서 우리에게 그 사실을 경고할 때도 스스로를 잘 제어했다.

제스파에 비하면 고파는 덜 우호적이었지만 우리가 건드리지만 않으면 아무런 말썽도 피우지 않았다.

리틀 엘자는 여전히 수줍음이 많았지만 그래도 지금은 전에 비해 우리한테 덜 예민하게 반응했다. 우리는 새끼들 중 어느 누구도 엘자를 따라 랜드로버 지붕 위로 뛰어오르려고 하지 않는 것을 보고 깜짝 놀랐다. 하지만 녀석들은 엘자가 자기들의 짓궂은 장난을 피해 차 지붕 위로 올라가버리면 실망한 표정으로 어미를 올려다보곤 했다. 나무를 타는 능력으로 판단하건대 녀석들은 일단 보닛 위로 뛰어오른 다음 거기서 다시 지붕 위로 쉽게 뛰어오를 수 있었다. 엘자도 어렸을 때는 그랬다. 하지만 무슨 이유 때문인지 녀석들은 랜드로버를 출입금지 지역으로 여기는 듯했다.

조지가 없는 동안 제스파와 고파가 그의 텐트를 일종의 '굴'로 사용했다. 그 결과 그가 돌아왔을 때는 밤마다 텐트가 북적거렸다. 조지는 엘자와 함께 야전 침대에서 자는 걸 좋아했고, 제스파와 고파와 리틀 엘자는 그 주변에서 잤다. 나는 저러다 언제고 문제가 터지면 어쩌나 걱정이 됐지만 녀석들은 아주 얌전하게 행동했다. 제스파가 조지의 발가락을 가지고 장난치려고 할 때마다 조지가 단호하게 "안 돼"라고 말하면 녀석은 즉시 그만두었다.

녀석들이 조지의 텐트를 얼마나 편안하게 여기는지는 어느 날 밤의 사건으로 입증이 되고도 남았다. 그 날 밤 엘자가 몸을 뒤척이다 침대를 뒤집어엎는 바람에 조지는 제스파 위로 쿵 떨어지고 말았다. 하지만 그 뒤로 아무런 소동도 일어나지 않았고, 조지의 머리맡에서 잠자고 있던 고파는 꿈쩍도 하지 않았다.

다음 날 야영지로 돌아와보니 제스파를 제외한 온 식구가 열심히 고기를 뜯어먹고 있었다. 알고 보니 제스파는 텐트 뒤에 숨어 식탁에서 훔친 뿔새 구이를 맛있게 먹고 있었다. 하지만 녀석의 표정이 하도 짓궂어서 한바탕 웃는 수밖에 달리 도리가 없었다. 그렇지만 녀석이 날고기보다 조리한 고기를 좋아한다니 의외였다. 다음 날에는 더 놀라운 일이 벌어졌다. 덤불숲에서 우연히 엘자네 식구들과 마주쳤는데, 새끼들이 젖을 빨고 있었던 것이다. 녀석들은 이제 10개월 반째로 접어들었고, 엘자의 젖은 홀쭉해 있어서 젖이 제대로 나올 것 같지도 않았다.

녀석들이 아직도 젖을 빨고 있긴 했지만 이제 제스파와 고파에게서는 사춘기의 첫 징후들이 발견되었다. 녀석들은 얼굴과 목 둘레에 어느새 보송보송한 수염이 자라나 있었다. 수염이 조금만 더 길면 무척 귀여울 것 같았다. 엘자가 우리를 반갑게 맞이하는 동안 제스파는 우리 사이에 끼어들어 자기도 쓰다듬어 달라고 졸라댔다. 엘자는 우리를 쳐다보더니 알았다는 듯 아들을 핥아주었다.

우리는 함께 야영지로 돌아왔다. 야영지 앞에 어젯밤 먹다 남은 고기가 놓여 있었지만 엘자는 냄새를 맡아보지도 않고 새 고기를 달라고 고집을 부렸다. 나중에 표범 한 마리가 강 건너편에서 으르렁대자 엘자는 새끼들을 남겨둔 채 후다닥 뛰어나갔다. 15분쯤 후에 새끼들도 어미 뒤를 따랐다. 이제 엘자가 스스로 알아서 자기 영역을 지키려는 모습을 보니 무척 흐뭇했다.

그 날 밤 사자 한 마리가 울부짖었다. 나중에 발자국을 쫓아가보니 큰바위 쪽으로 이어져 있었다. 그 때문에 새끼들이 놀랐던 모양이었다.

11월 24일, 엘자가 강을 건너는 데도 새끼들은 어미를 따라가지 않겠다고 버텼다. 그 바람에 엘자는 두 번이나 되돌아가서 새끼들이 강을 건너도록 구슬러야 했다. 일단 강을 건너자 녀석들은 언제 그랬냐는 듯 팔팔해졌다. 엘자는 제스파를 마치 짐짝처럼 굴리고 또 굴렸고(제스파는 이 장난을 좋아했다), 가엾은 고파는 그 둘 사이에 어정쩡하게 뛰어들어 자기도 아는 척 좀 해달라고 떼를 썼다. 내가 가까이 다가가 사진을 찍으려고 하자 고파가 으르렁거렸다. 그러자 제스파가 달려들어 고파를 세게 한 대 쥐어박았고, 고파는 갑자기 날아든 형의 주먹에 망연자실한 표정을 지었다. 장난에 불과했지만 여기서도 두 형제의 판이한 성격이 그대로 드러났다. 하지만 늘 그렇듯이 자리를 잡고 앉아 저녁을 먹을 때는 모든 질투가 깨끗이 사라졌다.

조지가 뿔새를 한 마리 사냥해와서 리틀 엘자에게 주려고 등뒤에다 숨긴 채 가지고 나왔다. 나는 한동안 기다리다가 녀석이 빤히 쳐다보기만 하기에 뿔새를 보여주었다. 녀석은 즉시 상황을 파악했다. 녀석은 오빠들과 함께 계속 식사를 하면서도 내가 약간 떨어진 곳으로 걸어가자 나를 주의 깊게 살폈다. 나는 제스파와 고파가 고기에 집중할 때까지 기다렸다가 새를 덤불숲 뒤에 떨어뜨렸다. 리틀 엘자는 그런 내 행동을 유심히 지켜보았다. 잠시 후 나를 지켜보는 녀석이 리틀 엘자밖에 없다는 것을 확인하고 나서 나는 계속해서 리틀 엘자와 새를 가리켰다. 다음 순간 리틀 엘자는 전광석화처럼 달려들더니 새를 집어 누구의 방해도 받지 않고 혼자 먹을 수 있는 수풀로 가지고 들어갔다.

다음 날 엘자네 식구들은 작업실 맞은편 강가에 있는 바위턱에 앉아 있었다. 그 아래쪽에는 한때 커다란 악어가 서식하던 깊은 웅덩이가 하나 있다. 새끼들은 불안해 보였고, 엘자만 헤엄쳐 건너왔다. 엘자는 우리가 가져온 고기를 끌고 도로 강을 건넜지만 이번에는 웅덩이를 피해 상류 쪽으로 헤엄쳐 갔다. 그쪽은 강둑이 훨씬 가팔랐지만 악어가 한 번도 나타나지 않은 지점이었다.

고기를 먹지 않고 나무 타기 놀이에 열중하는 것으로 보아 새끼들은 배가 그다지 고프지 않은 듯했다. 녀석들은 강 위에 걸려 있는 비탈진 나뭇가지 위에서 아슬아슬하게 균형을 잡고 있었다. 아마도 그 위에 있는 나뭇가지를 꺾어 철천지 원수를 향해 물 속으로 집어던지려는 모양이었다. 마침내 엘자가 녀석들과 합류했다. 이쪽에서 보고 있자니 엘자는 새끼들에게 이 나뭇가지에서 저 나뭇가지로 옮겨 다니는 법을 가르치는 듯했다.

해가 저물어도 고기는 손도 안 댄 채로 그대로 있었다. 저러다 고기를 도둑맞거나 고기를 놓고 엘자가 약탈자와 싸움을 벌일 수도 있었다. 둘 다 우리가 원하는 바가 아니었기 때문에 조지가 나서서 고기를 회수해오기로 했다.

우선은 엘자네 식구들부터 우리 쪽으로 건너오게 해야 했다. 안 그랬다가는 고기를 가져가지 못하게 할 터였기 때문이다. 조지가 상류 쪽으로 올라가 녀석들 눈에 띄지 않게 강을 건너는 동안 나는 공중에다 대고 뿔새를 흔들어 보였다. 이 속임수는 효과가 있어서 녀석들은 강을 건너 나와 합류했다. 하지만 불행히도 조지가 고기에 다가가는 순간 엘자가 이를 보고는 황급히 강을 다시 건너 고기 곁을 떠나지 않았다. 조지가 엘자를 구슬려 고기를 들고 강을 건너는 데에는 한참이 걸렸다. 그러고 나서도 엘자는 얼굴 가득 미심쩍은 표정을 지은 채 조지 바로 곁에 붙어 헤엄을 쳤다. 이런 일이 일어나는 동안 새끼들은 강둑 위아래를 뛰어다녔다. 다들 잔뜩 흥분한 눈치였지만 다행히 엘자에게 가려고 하지는 않았다. 평소 녀석들은 강을 전혀 무서워하지 않는 데다 지금 있는 지점에서는 걸어서도 건널 수 있었기 때문에 뜻밖이었다. 하지만 그 날 밤 녀석들은 구겨졌던 자존심을 되찾았다. 일몰 직후 함염지에서 코뿔소 소리가 들려왔다. 소리를 듣자마자 엘자는 곧바로 튀어나갔고, 새끼들도 어미를 뒤따랐다. 잠시 후 코뿔소가 씩씩거리는 소리가 들리는 것으로 미루어 급하게 퇴각하고 있는 게 분명했다.

그렇게 크고 사나운 짐승과 맞붙다니 새끼들이 참으로 대견해 보였다.

제스파는 장난기가 발동할 때면 어릿광대처럼 행동했다. 하루는 특별히 기운이 넘치는지 모두를 달달 볶으면서 놀자고 졸라대기에 어떻게 나오나 보려고 나무로 만든 찻쟁반을 강 위에 걸려 있는 나뭇가지에 올려놓았다. 녀석은 나무를 타고 올라가 한쪽 앞발로 흔들거리는 쟁반을 누른 채 이빨로 두께가 2.5센티미터쯤 되는 쟁반 테두리를 집으려고 애를 썼다. 수평을 유지하기에 충분할 만큼 쟁반을 이빨로 꽉 붙들자 녀석은 아주 조심스럽게 나무에서 내려오기 시작했다. 그러다 몇 번씩 멈춰 서서는 우리가 자기를 지켜보고 있는지 확인했다. 마침내 무사히 땅에 내려온 녀석은 고파와 리틀 엘자가 뒤쫓아가 공연의 막을 내리게 할 때까지 전리품을 들고 개선장군처럼 행진했다.

조지의 휴가가 끝나가는 데다 우리가 떠나기에는 지금이 적기인 듯했다. 밀렵꾼들도 떠난 것 같았고, 엘자도 이제 자기 영역을 지킬 수 있었다. 새끼들도 충분히 힘이 세져서 어미와 함께 사냥을 하며 야생 생활을 할 때가 되었다. 게다가 녀석들은 날이 갈수록 질투가 늘어나고 있었다. 엘자에 대한 우리의 애정 때문에 자칫 녀석들을 자극하기라도 하면 좋을 게 하나도 없었다.

우리는 우선 자리를 비우는 기간을 늘리기도 했다. 처음엔 엿새 동안만 떠나 있을 예정이었지만 폭우 때문에 다시 야영지를 찾기까지 아흐레가 걸렸다.

총을 쏘아 신호를 보냈는데도 엘자는 나타나지 않았고, 발자국도 보이지 않았다. 하지만 강이 넘쳐서 발자국이 씻겨 나갔을 확률이 높았다. 잠시 후 큰바위 쪽으로 걸어가다가 새끼들과 함께 야영지로 오고 있는 엘자와 마주쳤다. 다들 헉헉대는 것으로 보아 내 신호를 듣고 멀리서부터 달려온 듯했다. 엘자네는 우리를 보자 반가워했고, 특히 제스파는 엘자와 나 사이에 억지로 끼어들어 재회의 기쁨을 함께 나누었다. 하지만 고파와 리틀 엘자는 여전히 거리를 유지했다. 다들 아주 건강했고, 우리와 떠날 때와 마찬가지로 투실투실 살이 쪄 있었다.

고기를 가져다주자 엘자는 그 앞에 자리를 잡고 앉았지만 새끼들은 고기에 달려들지 않고 한동안 노는 데 열중했다. 엘자가 실컷 먹고 나서 내게 다가와 진하게 애정을 표시했지만 새끼들은 그제야 먹는 데 정신이 팔려 이를 눈치채지 못했다. 당연히 질투 어린 반응도 없었다. 아마도 엘자가 일부러 그렇게 의도한 것 같았다.

엘자가 소동이나 반목을 막으려고 얼마나 신경을 쓰는지는 다음 날 증명이 되었다. 나는 새끼들에게 뿔새 한 마리를 던져주고는 녀석들이 서로 차지하려고 싸우는 모습을 지켜보았다. 그런데 고파가 제스파와 리틀 엘자, 나를 향해 그 어느 때보다도 사납게 으르렁거렸다. 엘자는 이를 듣고는 무슨 일이 일어나고 있는지 확인하러 즉시 달려왔다. 하지만 별로 심각한 일이 아니라는 것을 알고는 다시 랜드로버 지붕으로 돌아갔다.

몇 분 후 나는 엘자에게로 갔다. 새끼들은 여전히 먹는 데 열중하고 있었다. 그런데 엘자가 으르렁거리면서 두 번이나 나를 쳐냈다. 나는 깜짝 놀라서 즉시 뒤로 물러섰다. 그런 대접을 받을 줄은 꿈에도 생각지 못했기 때문이다. 곧이어 엘자가 차에서 뛰어 내려와 다정하게 비벼댔다. 방금 전의 무례한 행동을 보상하려는 의도가 분명했다. 내가 쓰다듬어주자 엘자는 한쪽 앞발을 내게 걸친 채 내 옆에 앉았다. 새끼들이 우리와 합류하자 엘자는 자세를 바꿔 반대쪽으로 몸을 돌렸다. 엘자는 이제 더 이상 나만의 차지가 아니었던 것이다.

엘자는 여전히 새끼들이 우리와 친구로 지내기를 무척이나 바라는 눈치였다. 어느 날 저녁 제스파가 우리가 준 먹이를 실컷 먹고 나서 텐트 안으로 들어왔다. 녀석은 너무 배가 불러 놀 엄두도 내지 못하고 벌렁 드러누웠다. 배가 부른 상태에서는 그 자세가 제일 편했기 때문이다. 녀석은 분명 쓰다듬어 달라는 표정으로 나를 쳐다보았다. 그 정도면 얌전한 편이었고, 날랜 앞발과 날카로운 발톱으로부터 상대적으로 안전할 것 같아 녀석의 부드러운 털을 어루만졌다. 녀석은 눈을 감고 젖을 빨 때 내는 소리를 냈다. 만족스럽다는 표시였다. 곧이어 자동차 지붕 위에서 우리를 지켜보고 있던 엘자가 합류해 제스파와 나를 번갈아 핥아댔다. 우리가 그렇게까지 친하게 지내는 모습을 보게 되어 무척 기쁘다는 듯한 태도였다.

 이 행복한 순간은 고파가 갑자기 몰래 들어와 엘자 등에 올라타는 것으로 끝이 났다. 녀석의 얼굴에는 내가 나가주었으면 하는 기색이 역력했다. 그래서 할 수 없이 밖으로 나왔다.

 엘자는 새끼들을 귀여워하면서도 녀석들이 우리가 싫어하는 행동을 하면 한 번도 그냥 지나치는 법이 없었다. 순전히 야생 본능에 따라 행동했을 때도 그랬다.

 밤에는 대개 염소들을 내 트럭에 몰아넣었지만 한동안은 가시나무 울타리 안에 가두어야 했다. 수리를 하러 트럭을 맡겨야 했기 때문이다. 이 기간 동안 한 번인가 제스파가 울타리를 집요하게 공격하는 바람에 염소들의 안위가 걱정이 되었다. 녀석의 관심을 딴 데로 돌리려고 별의별 방법을 다 취해봤지만 아무 효과가 없었다. 그 후 엘자가 우리를 도우러 왔다. 엘자는 아들의 주의를 끌려고 주변을 껑충거리며 뛰어다녔지만 녀석은 어미에게 눈길조차 주지 않았다. 그러고 나서 엘자가 아들을 몇 대 때리자 녀석도 같이 때렸다. 모자가 서로 피싸움을 벌이는 모습은 아주 재미있었다. 마침내 제스파는 염소에 대한 생각은 깡그리 잊어버리고 어미를 따라 저녁 식사가 기다리고 있는 텐트로 들어갔다.

하지만 식사를 끝내자 제스파는 염소를 대신할 다른 오락거리를 찾아 나섰다.

녀석은 우유 깡통을 발견하고는 텐트 바닥이 온통 끈적끈적한 얼룩으로 뒤덮일 때까지 이리저리 굴리며 놀았다. 그러고 나서 조지의 베개를 낚아챘지만 깃털이 콧잔등을 간질이자 또 다른 장난감을 찾아 나섰다. 녀석은 내가 제지하기도 전에 반진고리를 집어들고는 어둠 속으로 줄행랑을 쳤다. 녀석의 턱에 눌려 반진고리가 열리면 안에 있는 내용물을 집어삼킬지도 몰랐기 때문에 나는 혼비백산해서는 우리 저녁인 뿔새구이를 들고 서둘러 녀석을 쫓아갔다. 다행히 뿔새 구이의 효과는 바로 나타났다. 뿔새 구이를 보자 녀석은 반진고리를 내팽개쳤다. 그 바람에 안에 있던 바늘, 핀, 면도날, 가위가 풀밭 위로 흩어졌다. 새끼들에게 위험할 수 있었기 때문에 우리는 조심스럽게 흩어진 물건들을 주워 담았다.

# 22

### 새해가 밝아오다

이시올로로 떠날 때가 되었다. 이제 새끼들을 자연의 품에 맡겨야 했다.

12월 3일, 엘자의 집이 있는 지역을 관할하는 행정관을 방문했다. 그는 엘자를 다른 곳으로 옮겨야 할지도 모른다고 경고했다. 원주민들이 엄격해진 밀렵 감시를 우리와 엘자의 탓으로 돌리는 데다, 최근에 탕가니카(지금은 잔지바르와 통합되어 탄자니아가 됨-옮긴이)에서 길들인 사자가 한 여성을 죽인 사건을 엘자에 대한 반감을 조장하는 데 이용하고 있다는 게 그 이유였다.

나흘 후 원주민 두 명이 엘자의 야영지에서 22킬로미터 떨어진 곳에서 사자에게 물렸다는 소문이 우리 귀에 들어왔다. 조지는 이를 조사하기 위해 즉시 야영지로 출발했다. 하지만 너무 늦게 야영지에 도착해서 그 날은 조사 활동을 벌일 수가 없었다. 그 날 저녁 엘자와 새끼들은 텐트 근처에서 신나게 놀았다. 허겁지겁 먹이를 먹긴 했지만 7일 전 녀석들을 남겨두고 떠났을 때처럼 다들 아주 건강한 모습이었다. 동이 트자마자 조지는 수렵 감시탑으로 갔다. 하지만 원주민이 사자에게 물렸다는 소식은 아무도 듣지 못했다고 했다. 조지는 소문의 진상을 확인하기 위해 수렵 감시원들을 파견한 뒤 다시 야영지로 돌아왔다.

엘자네 식구들을 텐트 근처에 붙잡아두기 위해 조지가 고기를 던져주자 녀석들은 고기를 끌고 가까운 수풀로 들어가 저녁 때까지 나오지 않았다.

나는 다음 날 야영지에 도착했다. 날도 저물었고 일꾼들도 너무 지쳐 있어서 트럭의 짐을 그대로 둔 채 가져간 염소들을 밤새 트럭에 놓아두었다. 대신 가시나무 울타리로 단속을 했다.

차 두 대가 시끄럽게 털털거리며 도착하는 소리를 들었을 게 분명했지만 엘자는 나타나지 않았다. 엘자가 그러기는 처음이었다.

잠자리에 들고 나서 새끼들이 염소들을 위해 둘러친 방벽을 공격하는 소리가 들렸다. 와지끈 하고 나무가 부러지는 소리, 사자들이 으르렁거리는 소리, 염소들이 이리저리 날뛰며 울어대는 소리로 밖에서 무슨 일이 일어나고 있는지 보지 않고도 알 수 있었다. 우리는 서둘러 밖으로 나갔지만 이미 엘자와 고파, 리틀 엘자가 각각 염소를 한 마리씩 죽인 뒤였다. 제스파는 앞발로 염소를 짓누르고 있었다. 다행히 조지가 염소를 무사히 구해낼 수 있었다.

부서진 울타리를 다시 세우고, 겁에 질린 염소들을 달래 트럭 안으로 몰아넣는 데 두 시간이 걸렸다. 그 사이 시끄러운 소리에 호기심이 동한 하이에나들이 주변으로 모여들었다.

엘자는 잡은 염소를 가지고 강을 건넜다. 조지는 엘자의 뒤를 밟다 커다란 악어가 엘자에게 다가가는 것을 보고 총을 쏘았지만 빗나갔다. 그는 악어가 다시 나타날까봐 새벽 2시까지 엘자 곁에 앉아 지켰지만 악어는 끝내 나타나지 않았다. 새끼들은 엘자 혼자 강을 건넌 것을 알고는 몹시 당황했다. 녀석들은 30분 동안 걱정스럽게 가르랑대더니 기껏 잡은 염소를 팽겨쳐둔 채 마침내 어미와 합류했다.

그 날 오후 수렵 감시원들이 돌아왔다. 그들은 원주민이 사자에게 물렸다는 소문을 뒷받침할 만한 근거는 하나도 수집하지 못했지만 밀렵꾼과 정치 모리배들이 원주민들을 선동해 엘자에 대한 반감을 고조시키고 있다는 증거는 많이 갖고 있었다. 엘자의 목숨이 위태로웠다. 뭔가 조치를 취해야 했다.

우리는 원래 계획했던 것보다 훨씬 일정을 오래 잡아 이미 6개월을 야영지에서 보낸 뒤였다. 엘자와 새끼들을 밀렵꾼들의 손에서 지키기 위해서였지만 그 때문에 녀석들의 야생 생활을 방해하는 결과를 낳았다. 더 오래 머문다면 새끼들은 우리에게 너무 길들여져서 앞으로 수풀에서의 삶에 적응하는 데 문제가 생길 터였다.

이뿐만 아니라 우리가 계속 금렵구역에서 야영을 할 경우 원주민들의 적대감만 악화시킬 뿐이었다. 그렇다고 엘자와 새끼들을 방치해둘 수도 없는 상황이었기 때문에 우리가 생각할 수 있는 유일한 해결책은 새로운 보금자리를 물색해 엘자네 식구들을 가능한 한 빨리 옮기는 것이었다.

엘자를 풀어놓을 곳을 찾을 때도 상당히 어려웠다. 지금은 새끼들까지 계산에 넣어야 했기 때문에 그보다 훨씬 힘들 터였다. 이제 어미에게서 사냥하는 법과 자연의 적으로부터 스스로를 보호하는 법을 배웠으니 녀석들은 수풀에서 충분히 살아갈 수 있었다. 하지만 야생동물들뿐만 아니라 이제 녀석들에게 가장 위험한 적으로 밝혀진 인간에게서도 안전한 곳은 대체 어디일까?

다음 날 아침 조지는 야영지를 내게 맡기고 이 문제를 해결할 방도를 모색하러 이시올로로 떠났다.

오후에 누루와 함께 푸푸바위로 갔다. 엘자는 그곳에 있었다. 엘자는 곧장 달려 내려와 우리를 반겼지만 내가 잠자는 새끼들을 보러 바위 등성이를 올라가기 시작하자 내 길을 막고 앉아 나를 제지했다. 엘자는 우리가 집으로 향하고 나서야 새끼들을 소리쳐 불렀다. 망원경으로 보니 제스파와 고파는 밑으로 내려왔지만 리틀 엘자는 보초처럼 꼭대기에 그대로 남아 있었다.

날이 저물자 엘자네 식구들이 야영지에 도착했다. 저녁을 먹은 후 엘자와 두 아들은 텐트에서 한바탕 놀다 서로 꼭 부둥켜안고 꾸벅꾸벅 졸기 시작했다. 내가 그 모습을 스케치하는 동안 리틀 엘자는 텐트 밖에서 우리를 지켜보았다. 밤에 사자 한 마리가 울부짖었다. 녀석은 그 후 내리 사흘을 야영지 근처에 머물렀다. 그동안 엘자는 아주 가까운 곳에서 지냈다. 엘자는 수사자가 떠나고 나서야 새끼들을 데리고 큰바위 쪽으로 갔다가 사자가 또 나타나기 전에 서둘러 저녁을 먹으려는 듯 오후 늦게 다시 돌아왔다.

나는 엘자네 식구들이 야영지로 오는 것 같으면 대개 마중을 나갔는데, 제스파의 행동은 종종 나를 감동시켰다. 엘자와 내가 서로 반가워할라 치면 녀석도 꼭 끼어들었지만 아무래도 녀석은 내가 자기 발톱을 무서워한다는 것을 아는 듯했다. 궁둥이를 내 쪽으로 돌리고 얌전하게 앉아 있는 모습이 마치 내가 자기를 쓰다듬는 동안은 우연히라도 할퀴는 일이 없을 것이라는 점을 확인시켜 주려는 듯했기 때문이다.

12월 20일은 새끼들이 처음 맞이하는 생일이었다. 강물이 너무 불어서 건널 수가 없어 애를 태우고 있는데, 오후 늦게 엘자네 식구들이 나타났다. 몸은 젖었지만 다들 무사해서 무척 기뻤다.

내가 마련한 생일 음식은 뿔새였다. 나는 녀석들이 골고루 한 조각씩 먹을 수 있도록 뿔새를 네 부부분으로 잘랐다. 특별 간식을 맛나게 먹은 후 엘자는 랜드로버 위로 뛰어올랐고, 새끼들은 내가 녀석들을 위해 준비한 고기를 찢어발겼다.

다들 먹는 데 열중인 모습을 보고 나는 마케데를 불러 산책에 동행해달라고 부탁했다. 우리가 출발하자마자 엘자가 차에서 뛰어 내려와 우리를 좇아왔다. 그러고 나서 제스파도 어미가 없어진 것을 알고는 먹이를 먹다 말고 우리를 뒤따라왔다. 곧이어 고파와 리틀 엘자도 수풀 사이로 서로 앞서거니 뒤서거니 하면서 나란히 우리 뒤를 좇아왔다.

큰바위에서 가장 가까운 오솔길에 도착하자 엘자와 새끼들은 모래에 누워 뒹굴었다. 나는 잠시 기다리면서 지는 해가 바위를 주황색으로 물들이는 모습을 지켜보았다. 그러고 나서도 엘자가 꼼짝도 하지 않았기 때문에 녀석들이 바위에서 그 날 밤을 지내려나 보다 생각하면서 야영지로 돌아왔다. 그래서 엘자가 나를 쫓아왔을 때 깜짝 놀랐다. 엘자는 내가 체체파리 떼를 떼어낼 수 있도록 내 곁으로 바짝 다가왔고, 제스파는 말 잘 듣는 아이처럼 부지런히 우리를 따라왔다. 고파와 리틀 엘자는 늑장을 부렸다. 녀석들은 우리보다 한참 뒤처져서 뛰어왔다. 그 바람에 우리는 자주 멈춰 서서 녀석들을 기다려야 했다.

엘자는 그저 나와 함께 산책하기 위해 뒤따라온 듯했다. 새끼들이 태어난 뒤로 엘자가 그러기는 처음이었다. 녀석들의 생일을 축하하는 데에는 좋은 방법인 것 같았다.

야영지에 도착하자 엘자는 곧장 내 텐트로 뛰어들었고, 두 아들도 뒤따라 들어가 코를 비벼대며 앞발로 어미를 꽉 끌어안았다. 나는 엘자가 랜드로버 지붕 위로 물러나고 새끼들이 저녁을 먹기 시작할 때까지 세 모자의 모습을 스케치했다. 새끼들이 나를 보지 않는다는 것을 확인하고 나는 엘자에게 다가가 부드럽게 쓰다듬어 주었다. 엘자는 무척 좋아했다. 나는 엘자가 처음 1년 동안 새끼들을 우리와 나누어 가진 것에 대해, 어린 동물들에게는 도처에 위험이 도사리고 있는 그 1년 동안 우리와 걱정을 나누어 가진 것에 대해 고마움을 표시하고 싶었다. 하지만 잠시 후 비록 친구 사이이긴 하지만 우리는 서로 다른 세상에 속해 있다는 사실을 상기시켜 주기라도 하듯 수사자가 갑자기 포효하기 시작했다. 엘자는 그 소리에 신경을 곤두세우더니 어딘가로 사라졌다.

이튿날 아침 강 위쪽에서 암사자의 발자국을 발견했지만 엘자의 흔적은 없었다. 엘자는 그 다음 날 밤까지 나타나지 않았다. 엘자가 사라지고 나서 두 번째 밤에 사자 두 마리가 울부짖는 소리를 듣고 엘자가 왜 야영지에 나타나지 않았는지 이해가 됐다. 그래서 다음 날 오전 9시에 푸푸바위에서 목청껏 포효하는 엘자를 발견하고는 깜짝 놀랐다. 엘자를 소리쳐 불렀지만 엘자는 나는 안중에도 없이 한 시간 동안이나 울부짖었다. 평소 같으면 어림도 없는 이 시간에 대체 누구를 소리쳐 부르는 걸까?

엘자는 그 날 밤 새끼들을 데리고 저녁을 먹으러 왔지만 수사자가 포효하자 즉시 강을 건너 사라졌다.

12월 23일, 엘자와 새끼들은 야영지에서 밤을 보냈다. 나는 아침을 먹고 나서 차도를 따라 산책하면서 간밤의 방문객들이 남긴 흔적을 살폈다. 엘자와 새끼들도 나를 따랐다. 나는 마케데를 불러 3킬로미터 가량 함께 산책했다.

제스파는 나한테 몸을 비벼대면서 특히 살갑게 굴었다. 녀석의 눈에 붙은 진드기를 떼어낼 때도 녀석은 가만히 서 있었다. 자칼 두 마리가 일광욕을 하는 모습이 눈에 띄었다. 전에도 같은 장소에서 녀석들이 일광욕을 하는 걸 본 적이 있었다. 녀석들은 우리가 접근해도 전혀 두려운 기색을 보이지 않았다. 이제 녀석들과 우리의 거리는 30미터도 채 되지 않았지만 녀석들은 꿈쩍도 하지 않다가 엘자가 달려들자 그제야 도망쳤다. 하지만 엘자가 등을 돌리자마자 수풀 사이로 삐죽 고개를 내밀었다. 아주 느긋한 표정이었다.

우리는 엘자와 새끼들이 물을 마시는 웅덩이까지 계속 걸어갔다. 햇볕이 점점 뜨거워지고 있어서 엘자가 그곳에서 하루 종일 지내겠다고 해도 하나도 이상하게 생각하지 않았을 테지만 엘자는 대견하게도 금세 되짚어와 우리와 함께 천천히 집으로 돌아갔다.

나는 우리가 일요일에 산책을 나온 일가족 같다는 느낌을 떨칠 수가 없었다. 실은 크리스마스 이브 아침이었지만 엘자가 그런 사실을 알 리가 없었다. 엘자가 하고 많은 날들 중 하필 이날을 선택한 것이나 내가 엘자네 식구들과 산책을 나옴으로써 이 날을 기념하고 싶다고 생각한 것은 기묘한 우연의 일치였다.

아까 자칼을 보았던 곳에 도착하니 녀석들은 아직도 거기에 있었다. 사자들의 동작이 굼뜬 것을 보더니 녀석들은 우리가 다가가도 아예 일어나려고도 하지 않았다.

엘자와 새끼들은 점점 뜨거워지는 태양에 무척 힘들어하면서 종종 나무 그늘 밑에 들어가 휴식을 취했다. 하지만 큰바위가 가까워지자 수풀을 헤치고 갑자기 전속력으로 질주하더니 몇 발자국 만에 바위 꼭대기로 뛰어올라 돌들 사이에 자리를 잡았다. 나는 최선을 다해 녀석들 뒤를 좇아 바위를 기어올랐지만 엘자는 이제 자기들끼리만 있었으면 하는 기색이 역력했다. 엘자는 자신의 두 세계가 나뉘는 지점을 언제나 정확하게 파악했다. 나는 새끼들을 보호하는 엘자의 모습을 사진에 담는 것으로 만족해야 했다.

그 날 오후에 조지가 우편물이 가득 든 가방을 들고 도착했다. 크리스마스 장식을 위해 주변을 거닐며 꽃을 꺾는 동안 그는 엘자와 새끼들의 새 보금자리를 물색하기 위해 여기저기 답사하고 온 이야기를 들려주었다. 그는 루돌프 호수 지역을 엘자네 식구들에게 가장 안전한 장소로 꼽고 있었다. 그는 당국으로부터 필요하다면 엘자네를 그리로 옮겨도 된다는 허락까지 이미 받아둔 상태였고, 곧 적당한 장소를 찾기 위해 그 지역을 정찰할 예정이었다.

케냐에서 이 지역은 매우 험할 뿐만 아니라 주변 환경도 혹독하다. 그래서 조지의 계획을 듣는 순간 마음이 착잡했다. 설상가상으로 엘자는 하필이면 이때를 골라 집으로 돌아오는 우리와 합류했다. 새끼들은 뒤에 처져서 차도를 따라 달리며 신나게 놀고 있었다. 호수를 에워싸고 있는 화산암투성이 사막을 어슬렁거리며 돌아다닐 녀석들의 모습을 상상하자니 도저히 참을 수가 없었다.

야영지에 도착하고 나서 엘자네 식구들부터 저녁을 챙겨주고 녀석들이 먹는 데 정신이 팔려 있는 동안 나는 크리스마스 만찬 식탁을 준비했다. 먼저 작년부터 보관하고 있던 조그만 은색 크리스마스 트리를 꺼내 꽃과 반짝이로 장식한 다음 식탁 한 복판에 올려놓았다. 이 트리는 런던에서 방금 공수해 식탁 앞에 세워둔 트리보다 훨씬 작았다. 그리고

새끼들의 첫 번째 크리스마스. 제스파가 바닥에 주저앉아 양초가 점점 낮게 타들어가는 모습을 지켜보고 있다.

나서 조지와 일꾼들에게 줄 선물을 가져왔다.

제스파는 내가 준비하는 모습을 아주 주의 깊게 지켜보다가 양초를 집으려고 등을 돌린 순간 조지의 셔츠가 들어 있는 꾸러미를 낚아채 수풀로 사라졌다. 고파도 즉시 형과 합류했다. 두 녀석은 셔츠를 가지고 한동안 원 없이 놀았다. 마침내 녀석들 손에서 셔츠를 구했을 때는 이미 조지에게 줄 상태가 아니었다.

이제 날도 거의 저물어서 초에 불을 붙이기 시작했다. 그 모습을 보더니 제스파는 와서 나를 돕기로 단단히 작정을 했다. 나는 녀석이 식탁보를 잡아당겨 자기 쪽으로 장식품이며 불붙은 양초를 끌어내리지 못하게 하느라 진땀을 뺐다. 한참 만에 녀석을 겨우 달래 밖으로 내보내고 나서야 남은 초에 불을 붙일 수 있었다.

모든 준비가 끝나자 녀석은 다시 나타나서는 고개를 외로 꼰 채 반짝거리는 크리스마스 트리를 쳐다보더니 바닥에 주저앉아 초가 점점 낮게 타들어가는 모습을 물끄러미 지켜보았다. 불꽃이 꺼지자 야영지에서의 행복한 나날도 이것으로 끝인 듯한 느낌이 들었다. 불을 모두 끄자 어둠이 더욱 짙어 보였다. 시커먼 어둠은 마치 우리의 미래를 암시하는 듯했다. 엘자와 새끼들은 식탁에서 몇 미터 떨어진 풀밭에서 평화롭게 쉬고 있었다. 하지만 날이 어두워서 맨눈으로는 거의 보이지 않았다.

잠시 후 조지와 나는 우편물을 읽기 시작했다. 내용을 모두 확인하는 데는 상당한 시간이 걸렸다. 편지를 읽는 동안 우리는 상상의 나래를 펴고 온 세상을 두루 여행하면서 엘자와 새끼들과 우리가 행복하기를 기원하는 사람들 곁으로 날아갔다.

신의 은총인지 마지막 편지 가운데 하나를 개봉했더니 아프리카 지구 의회로부터 엘자와 새끼들을 금렵구역에서 옮기라는 명령이 들어 있었다.

# 3부

영원히 자유로워지다
(Forever Free)

# 23

## 추방 명령

 엘자가 우리하고만 친숙하기 때문에 다른 사람들에게는 위협이 될 수 있다는 게 의회가 제시한 이유였다.

 그동안 지역 당국은 엘자를 방사할 지역을 찾는 데 도움을 주었을 뿐만 아니라 녀석을 야생보호구역의 귀중한 자산으로 여겼다. 뜻밖의 일이었다.

 하지만 추방 명령이 내려진 지금 우리가 해야 할 일은 엘자 가족의 피해를 최소화하면서 만족할 만한 새로운 보금자리를 찾는 것이었다.

 우리는 탕가니카, 우간다, 로디지아, 남아프리카공화국에 거주하는 친구들에게 엘자네 가족에게 적합한 서식처를 추천해달라는 서신을 발송했다. 조지는 엘자네 가족을 케냐에서 이송하기에 앞서 케냐 북부의 루돌프 호수 동부 해안지역을 정찰하고 싶어 했다.

그의 계획은 나를 다소 곤혹스럽게 했다. 호수 주변은 야생동물이 거의 살 수 없는 황량한 지역이었기 때문에 엘자네 가족이 결국에는 우리에게 먹이를 의존할 수밖에 없을 것이라는 우려 때문이었다. 게다가 그곳은 거리가 너무 멀어 응급 상황이 발생했을 때 신속하게 도움을 제공하기가 어려웠다.

우리는 엘자네 가족을 옮기기 위한 계획을 세웠다. 먼저 경사로를 만들어 그 꼭대기를 5톤 트럭의 바닥과 일치시키고 트럭 안에 엘자네 가족이 먹을 음식을 놓아둔 뒤 일단 새끼들이 새로운 장소에서 음식을 먹는 데 익숙해지면 강한 철사로 우리를 만들고 문을 달아 새끼들이 먹이를 먹는 동안 잠글 계획이었다. 이런 식으로 우리는 엘자네 가족의 편리한 여행을 위해 트럭을 개조하기로 결정했다.

우리는 작업실 근처의 함염지 옆에 경사로를 만들기 시작했다. 새끼들을 지켜보는 내 마음은 무척 무거웠다. 녀석들은 자신들이 뛰놀던 곳에서 낯선 작업이 진행되는 것을 바라보며 무척 신이 난 듯 새로 퍼올린 흙 냄새를 맡더니 곧 그 위에서 뒹굴며 즐거워했다. 모든 일이 자신들을 즐겁게 하려는 것인 줄 아는 모양이었다.

12월 28일, 조지는 루돌프 호수로 정찰을 떠났다. 그 날 오후 나는 강 근처에서 엘자네 가족을 만났다. 엘자와 제스파는 여느 때처럼 나를 반겨주었다. 우리는 함께 물가로 갔다. 새끼들은 곧 강물에 뛰어들어 자맥질을 하며 서로를 쫓아다녔다. 엘자와 나는 강둑에서 녀석들을 바라보았다. 새끼들이 강물에서 노는 동안 엘자는 근엄한 태도로 지켜보았다. 녀석들이 물에 흠뻑 젖은 모습으로 나타나자 엘자도 놀이에 가담해 녀석들을 새로운 놀이 장소로 안내했다. 새로운 놀이 장소는 다름 아닌 근처의 나무 한 그루였다. 새끼들은 잽싸게 나무 위로 오르려고 애썼지만 엘자에게 곧 추월당했다. 엘자는 몇 번 만에 녀석들보다 훨씬 높은 곳으로 뛰어올랐다. 엘자가 높이 오를수록 내 가슴은 두근거렸다. 나무 위의 가느다란 가지들이 엘자의 무게를 이기지 못하고 축 늘어지는 모습이 여간 걱정스럽지 않았다. 마침내 엘자는 나무 꼭대기에 도달했다. 엘자가 그런 행동을 하는 이유가 궁금했다. 새끼들에게 나무 타는 방법을 가르치기 위해서일까? 엘자는 나뭇가지가 더 이상 자신의 무게를 지탱하지 못하는 것을 보고 어정쩡한 자세로 간신히 몸을 돌렸다. 녀석은 주의 깊게 나뭇가지마다 시험하더니 조금씩 몸을 움직여 내려오기 시작했다. 가까스로 나무 아래까지 기어 내려온 엘자는 궁색한 모양새로 땅에 내려섰다. 하지만 일부러 장난삼아 굴러 떨어지는 모습을 연출했다는 듯이 벌떡 몸을 일으켜 새끼들의 주위를 뛰어다니기 시작했다. 새끼들은 엘자를 좇았다. 집으로 돌아오는 동안에도 숨바꼭질은 계속되었다. 녀석들은 덤불숲에 매복해 있다가 갑자기 모습을 드러내곤 했다. 물론 나는 종종 녀석들의 희생양이 되어야 했다.

다음 날 늦은 오후 나는 새끼들을 잘 돌보면서 다정하게 놀아주는 엘자의 엄마다운 모습을 확인할 수 있었다. 엘자네 가족이 저 멀리 작업실 맞은편 강둑에 모습을 드러냈다. 그런데 녀석들이 다가올 무렵 몸 길이가 1.8미터 정도 되는 악어가 강으로 미끄러져 들어가는 모습이 눈에 들어왔다. 엘자의 새끼들은 바위가 솟아 있는 강가를 출랑거리며 오르락내리락하다가 갑자기 놀라서 밑에 있는 깊은 웅덩이로 뛰어내렸다. 나는 이미 악어의 출현을 목격한 터라 녀석들의 행동에 별로 놀라지 않았다.

엘자는 새끼들을 일일이 핥아주었다. 나중에 녀석들은 모두 강물로 뛰어들어 서로 찰싹 붙어 안전하게 헤엄쳐 건너왔다. 새끼들은 잠시 긴장을 푼 뒤 젖은 몸을 말리려고 서로 추격전을 벌였다. 엘자도 새끼들과 합류했다. 엘자는 제스파의 꼬리를 입으로 물고 함께 원을 그리며 돌았다. 엘자도 제스파처럼 놀이를 즐기는 표정이 역력했다.

마침내 제스파는 내 옆에 오더니 등을 돌리고 앉았다. 쓰다듬어 주었으면 하는 눈치였다. 제스파는 내가 자기 발톱에 상처를 입을까봐 조심스러워하는 것을 알고 있는 듯했다. 녀석은 엘자와 달리 아직도 사람들과 놀이를 할 때 발톱을 감추는 법을 배우지 못했다.

오후 산책을 나갈 무렵 녀석들이 내 뒤를 따라왔다. 엘자 가족과 함께 산책을 나가는 것은 새로운 습관이었다. 나는 그 시간이 매우 좋았다. 길을 걷는 도중에 마주치는 동식물들에 대해 새끼들이 보이는 반응을 관찰할 수 있었을 뿐만 아니라 엘자와 더 많은 시간을 보낼 수 있었기 때문이다. 새끼들이 태어난 후로 엘자와 단둘이 보내는 시간이 상당히 줄어들었다. 큰바위에 도착해보니 고파와 리틀 엘자가 뒤처져 있었다. 나는 서둘러 따라오라고 다그쳤지만 녀석들은 말을 듣지 않았다. 엘자는 녀석들이 아무 해도 입지 않을 거라고 생각했는지 걱정 없다는 표정으로 나를 따라왔다. 엘자는 최근에 새끼들을 단속하는 일이 잦았지만 녀석들이 나름대로 독립심을 보일 때면 크게 걱정하지 않는 눈치였다. 하지만 제스파는 불안한 기색이 역력했다. 녀석은 우리 사이를 왔다 갔다 하더니 마지못한 표정으로 결국 우리 뒤를 따라왔다.

우리는 약 3킬로미터 정도 걸었다. 날씨가 점차 추워지자 엘자와 제스파가 놀이를 시작했다. 고양이처럼 주위를 뛰어다니며 상대를 놀라게 하려고 서로 애쓰는 모습을 보는 게 즐거웠다.

돌아오는 길에 산등성이의 바위지대에서 고파와 리틀 엘자를 보았다. 찬란한 노을을 배경으로 녀석들의 윤곽이 선명했다. 녀석들은 산등성이 아래를 걷고 있는 나를 지켜보았다. 엘자와 제스파는 큰바위 꼭대기에 기어올라가 낮은 목소리로 녀석들을 불렀다. 녀석들은 늘어지게 기지개를 펴면서 귀여운 목소리로 잠시 울부짖다가 엘자를 향해 걸어왔다.

저녁 내내 먹이를 준비하고 기다렸지만 엘자와 새끼들이 나타날 조짐은 보이지 않았다. 저녁 늦게 새끼들의 아비가 으르렁거리는 소리가 들려왔다. 그 소리로 보아 녀석들이 근처에 없는 게 분명했다. 다음 날 아침 나는 밤새 아무 일이 없었는지 살펴보기 위해 누루와 함께 바위로 갔다. 바위 밑에서 사자의 발자국이 발견되었다.

엘자와 새끼들은 이틀 동안 야영지 주변에 모습을 드러내지 않았다. 그 사이 새끼들의 아비가 포효하는 소리가 종종 들려왔다. 엘자는 저녁 늦게 돌아왔다. 제스파와 고파만 엘자와 동행했다. 하지만 엘자는 리틀 엘자가 없는데도 별로 동요하는 듯한 기색을 보이지 않았다. 녀석들은 배불리 먹고 나서 모두 바위로 돌아갔다.

다음 날 아침 녀석들의 발자국을 따라가보았다. 마침내 바위에서 고파와 리틀 엘자의 모습을 확인했다. 나는 녀석들의 아비가 근처에 있을 것이라고 예상하고 집으로 돌아왔다.

오후 늦게 엘자 가족 전부가 차도를 따라 모습을 드러냈다. 고파와 리틀 엘자는 숨을 헐떡이고 있었다. 녀석들은 자칼의 뒤를 쫓고 있었다. 약간 떨어진 곳에서 자칼의 소리가 들렸다. 엘자가 나를 반기는 동안 누루에게 얼른 야영지로 돌아가서 먹이를 준비하라고 일렀다. 하지만 제스파는 누루와 숨바꼭질을 하고 싶어 하는 눈치였다. 누루는 새끼들을 따돌리려고 진땀을 흘렸다. 마침내 엘자가 개입해 새끼들을 만류했다. 엘자는 새끼들의 관심을 자기에게 돌리게 한 뒤 누루가 임무를 완수할 때까지 함께 놀아주었다. 엘자가 그런 식의 행동을 보인 적이 한두 번이 아니었기 때문에 의도적인 행동으로 이해할 수밖에 없었다. 야영지에 도착하자 새끼들은 곧장 먹이에 달려들었다. 하지만 엘자는 매우 초조한 듯했다. 녀석은 몇 번이나 들락거리면서 수풀을 살피더니 새끼들만 내버려둔 채 사라졌다.

1월 1일, 나는 마음이 몹시 불안했다. 새해에는 과연 어떤 일이 일어날지 걱정스러웠다. 제스파가 그런 내 마음을 알았는지 가까이 와서 '안전한 자세(발톱에 상처를 입지 않게 하려는 자세)'를 취하더니 함께 놀자는 의사를 표시했다. 나는 녀석을 다정하게 토닥여주었다. 그런데 녀석이 갑작스레 벌렁 뒹굴었다. 나는 깜짝 놀라 본능적으로 뒤로 물러났다. 녀석은 당황스런 표정을 짓더니 다시 안전한 자세를 취하고 고개를

1년 된 엘자의 새끼들.

숙였다. 내가 녀석의 발톱을 두려워하는 것을 이해하지 못하는 듯했다. 녀석은 자꾸만 함께 놀자는 의사를 표시했다. 나는 엘자가 어렸을 때 발톱을 감추는 방법부터 가르친 연후에 자유롭게 어울렸듯이 녀석에게도 그렇게 하고 싶었지만 불가능했다.

다음 날 아침에도 똑같은 일이 일어났다. 제스파는 놀고 싶어 했다. 물론 나도 녀석과 놀고 싶었다. 하지만 녀석의 발톱이 몸에 닿을 뻔할 때마다 뒷걸음질을 쳐야 했다. 엘자는 랜드로버 위에서 그 장면을 지켜보았다. 엘자는 나의 신중한 태도 때문에 제스파가 실망하는 모습을 알아차렸다. 차에서 내려온 엘자는 제스파를 껴안으며 핥아주었다. 제스파는 다시 명랑한 태도를 되찾았다. 그 사이 리틀 엘자가 초조한 듯 주위를 살금살금 돌아다니더니 수풀에 몸을 감추었다. 내 모습에 겁을 먹고 몸을 숨긴 게 분명했다. 엘자는 다가가서 녀석이 긴장을 풀 때까지 옆에서 뒹굴었다. 제스파와 고파가 함께 놀이에 가담하자 엘자는 다시 랜드로버 꼭대기로 올라갔다. 나는 엘자에게 다가가서 제스파와 놀아주지 못해 미안한 마음을 표시하려고 했다. 하지만 내가 접근하자 엘자는 나를 철썩 때리더니 저녁 내내 겉돌았다.

1월 2일, 켄 스미스와 피터 소(둘 다 인근 지역의 수렵 감시원이다)가 트럭을 타고 도착했다. 야생동물 보호관청의 동의 아래 엘자 가족의 이동을 돕기 위해 온 것이었다. 켄은 정부 소유의 트럭과 경사로의 높이가 맞는지를 측정했다. 아울러 그는 정부 소유의 트럭을 빌려주겠다고 제안했다. 게다가 그 트럭에 맞는 사자 운반용 상자를 주문하겠다고 하면서 정부 소유의 트럭을 사자 운반용으로 개조할 때까지 우리의 낡은 트럭을 그대로 사용하게 해주었다. 이는 시간을 낭비하지 않고 새끼들이 트럭에서 먹이를 먹는 데 익숙하게 만들려는 조처였다.

켄은 엘자가 우리 인생의 일부로 자리잡은 계기를 마련해준 식인사자 사냥에 함께 나섰던 사람이다. 그는 그 후 두 번 더 찾아와서 엘자를 본 적이 있었지만 새끼들을 본 적은 없었다. 우리는 측량을 마친 후 함께 엘자 가족을 찾아 나섰다. 녀석들은 강둑에 있었다. 하지만 새끼들은 낯선 두 사람의 모습을 보더니 곧 줄행랑을 쳤다. 엘자는 옛 친구인 켄을 반겼지만 피터에게는 별다른 관심을 보이지 않았다. 엘자는 사진을 찍는 동안 가만히 있었다. 손님들이 엘자에게 다가가자 제스파가 근심스런 표정으로 나뭇잎 사이로 이쪽을 내다보았다. 필요한 경우에는 언제라도 엘자를 보호하겠다는 생각인 듯했다. 마침내 제스파가 모습을 드러냈다. 하지만 녀석은 켄과 피터로부터 안전 거리를 유지했다.

우리는 녀석들을 놀라게 하고 싶지 않았기 때문에 야영지에 돌아온 뒤 트럭을 길에서 수백 미터 떨어진 아래쪽으로 내려보냈다. 잠시 후 엘자가 혼자 나타났다. 녀석은 잠시 우리를 물끄러미 지켜보더니 켄에게 다가와 앞발로 감싸안았다. 하지만 피터에게는 여전히 아무 관심을 보이지 않았다. 엘자의 행동은 마치 그에게 떠나야 할 시간이 되었음을 알려주는 듯했다. 마침내 그들이 떠나자 곧 새끼들이 튀어나와 놀이를 시작했다. 우리는 이 일을 계기로 녀석들이 낯선 사람들과 마주치는 걸 더욱 꺼리게 되었다는 것을 짐작할 수 있었다. 제스파는 조지와 나에 대해서는 의심을 풀었지만 그 밖의 다른 사람들은 전혀 신뢰하지 않았다.

다음 날 나는 나에 대한 제스파의 신뢰를 확인할 수 있었다. 눈꺼풀에 붙은 진드기와 두어 마리의 구더기를 떼어주는데도 녀석은 가만히 있었다. 대부분의 야생동물에 기생하는 구더기들은 그 자체로는 아무 해가 없지만 동물의 면역력을 약화시켜 다른 질병에 쉽게 감염되게 만들었다.

제스파는 구더기들을 처리하는 동안 미동조차 하지 않았다. 그러고 나서 녀석은 자신의 상처를 혀로 핥더니 안정된 자세를 취하고 만져달라는 의사를 표시했다. 녀석은 처음으로 내게 부드러운 콧구멍을 만지도록 허락했다. 아마도 해충을 제거해준 데 대한 감사의 표시인 듯했다.

그 날 저녁 녀석은 천막 안에 들어와 쪼그려 앉더니 내가 만져줄 때까지 가만히 있었다. 애정을 원하는 제스파의 태도는 심각한 문제를 야기했다. 물론 나는 녀석을 실망시키고 싶지 않았다. 하지만 녀석의 태도는 발톱 때문에 입을 수도 있는 부상의 위험 외에도 새끼들을 야생 사자로 키우려는 본래의 목적에 어긋났다. 인간에게 친근감을 표시하는 제스파의 행동은 이미 녀석의 미래를 위태롭게 했다. 하지만 고파와 리틀 엘자는 달랐다. 녀석들은 늘 야생 사자다운 반응을 보였다.

제스파는 새끼들의 대장이었다. 어느 날 오후 나는 큰 난관에 부딪힌 제스파를 발견했다. 녀석은 강둑 저 멀리에 혼자 있었고, 나머지 가족은 이미 강을 건넌 상태였다. 녀석은 가족들을 좇아가고 싶었지만 강물을 근심스런 표정으로 내려보고 있었다. 악어를 겁내고 있는 표정이 역력했다. 나는 강물에 나무와 돌을 던져 도와주려고 했지만 녀석은 오로지 강물 속의 악어에만 신경을 쓰는 듯 심각한 표정을 지었다. 하지만 잠시 후 마음의 결정을 내렸는지 녀석은 강물에 뛰어들어 일부러 강물을 휘저어 물결을 일으키며 가능한 한 빨리 헤엄을 치기 시작했다. 엘자는 몇 십 미터 떨어진 곳에서 악어들을 놀라게 해 쫓아내려고 애쓰는 내 모습을 지켜보았다. 제스파가 안전하게 강을 건너오자 엘자는 내게 와서 다정하게 핥아주었다. 제스파도 오후 내내 여느 때보다 더 다정하게 굴었다.

나중에 텐트가 있는 곳으로 이어지는 좁은 길을 걷고 있을 때 고파가 수풀에 숨어 있다가 사납게 포효했다. 나는 깜짝 놀랐지만 무엇이 녀석의 비위를 건드렸는지 알 수 없었다. 나중에야 녀석이 그곳에서 먹이를 먹고 있었다는 사실을 알게 되었다. 그러니까 녀석이 먹이를 먹어치우던 장소에서 불과 몇 발자국 떨어진 곳을 걷고 있었던 셈이었다. 녀석의 행동은 먹이를 지키기 위한 본능에서 비롯된 것이었다.

다음 날 트럭이 도착했다. 우리는 트럭을 깨끗이 씻은 다음 경사로 옆에 세웠다. 하지만 휘발유와 기름과 아프리카인들의 냄새 때문에 그 어떤 방법으로도 새끼들을 트럭에 접근하게 만들 수 없었다. 나는 엘자를 먼저 트럭에 불러들이면 자연히 새끼들도 따라 들어올 것이라고 생각하고 온갖 수단을 동원했지만 심지어 엘자조차도 트럭 안으로 들어오려고 하지 않았다. 트럭에 대한 녀석들의 의심이 사라지기를 기다리는 것 외에는 달리 도리가 없었다. 지금까지 새끼들이 한 번도 트럭을 타본 적이 없다는 생각이 떠오르자 너무 무리한 기대를 하는 게 아닌가 하는 생각이 들었다.

  1월 8일, 점심 시간이 가까울 무렵 작업실 건너편 강둑에서 비비들의 소란스런 소리가 들려왔다. 이는 엘자네 가족이 근처에 있다는 것을 의미했다. 나중에 스케치북을 들고 작업실로 갔더니 엘자와 새끼들이 있었다. 녀석들은 모두 잠을 자고 있었다. 녀석들을 그릴 수 있는 절호의 기회였다. 가엾은 엘자는 구더기에 감염되어 있었다. 내가 떼어주려고 하자 엘자는 귀를 곧추세우면서 으르렁거렸다. 할 수 없이 녀석을 가만히 내버려둘 수밖에 없었다.

  날이 어두워졌는데도 리틀 엘자의 기척이 보이지 않자 걱정스러웠다. 하지만 엘자의 표정이 태평했기 때문에 나도 더 이상 걱정하지 않기로 했다. 엘자의 본능이 나보다 훨씬 믿을 만하다는 사실을 여러 차례 확인한 바 있었기 때문이다. 엘자는 근처에 위험한 요소가 있을 경우에는 즉시 알아차렸을 뿐만 아니라 눈에 띄지 않는 방법으로 자신의 의사를 새끼들에게 전달할 수 있었다. 엘자가 새끼들과 의사소통을 하기 위해 어떤 몸짓이나 음성을 사용하는지를 관찰하기 위해 여러 차례 주의를 기울였지만 전혀 알아차릴 수 없었다. 하지만 엘자는 다양한 상황에서 새끼들을 통제할 수 있는 능력을 지니고 있었다. 엘자는 물 속에 있는 악어나 새끼들에게 위험을 초래할지도 모르는 야생동물들을 쉽게 감지해냈다. 또한 엘자는 상당히 멀리 떨어져 있을 때는 물론이고, 심지어는 우리가 꽤 오랫동안 자리를 비운 뒤에도 우리가 야영지에 도착하는 시간을 늘 알아차렸다. 더욱이 엘자는 겉으로 드러나는 사람들의 태도와 상관없이 그들이 정말로 자기를 좋아하는지 아닌지를 정확히 판단하는 본능을 지녔다.

나는 엘자를 비롯해 고도로 발달된 야생동물이 도대체 어떤 기능을 보유하고 있기에 그런 능력을 발휘할 수 있는지 궁금했다. 아마도 텔레파시의 일종인 듯했다. 우리 인간도 언어를 사용하는 능력을 갖기 전에는 그런 능력을 갖추고 있었을 게 틀림없다.

스케치를 마친 후 우리는 야영지로 돌아왔다. 나는 녀석들에게 저녁을 챙겨주었다. 식사를 마치자 엘자가 갑자기 벌떡 일어나 강 쪽을 향해 귀를 쫑긋 세우더니 천천히 그쪽으로 걸어가기 시작했다. 나도 곧장 녀석의 뒤를 쫓아갔다. 우리는 한동안 강둑을 따라 걸었다. 그러다가 엘자는 갑자기 방향을 틀어 작업실을 가로질러 수풀을 헤치고 강가에 이르렀다. 나는 엘자 뒤에 바짝 따라붙었다. 희미한 불빛 속에서 리틀 엘자기 반대편 강둑 위로 올라갔다가 다시 내려가는 모습이 보였다. 강물에 들어가는 것을 두려워하는 모습이 역력했다. 그 지점의 강물은 상당히 깊었을 뿐만 아니라 커다란 악어가 여러 번 목격되기도 했다. 엘자는 애정이 담뿍 담긴 낮은 울음소리를 토해내더니 리틀 엘자에게서 눈을 떼지 않고 재빠르게 상류 쪽으로 거슬러 올라갔다. 리틀 엘자는 반대편 강둑에서 엘자를 좇아 움직였다. 마침내 강물이 얕은 곳에 도달하자 엘자는 발걸음을 멈춘 뒤 리틀 엘자에게 건너라는 신호를 보냈다. 그제야 리틀 엘자는 용기를 내어 강물을 건넜다.

날은 이미 어두워지고 있었다. 나는 이미 많이 놀란 리틀 엘자가 나를 발견하고 또다시 놀라는 것을 방지하기 위해 왔던 길을 되짚어 집으로 향했다. 우거진 수풀 사이를 빠져나와보니 놀랍게도 제스파와 고파가 엘자와 리틀 엘자가 돌아오기를 기다리고 있었다. 나는 엘자네 가족을 방해하지 않기 위해 지름길을 택해 집으로 돌아왔다. 나중에 엘자는 내 텐트에 왔다. 엘자는 우리가 함께 걱정했던 일이 무사히 끝나 가족들이 다시 모이게 된 것이 마냥 즐겁기라도 한 듯이 내게 몸을 비벼대며 다정스럽게 굴었다.

하지만 그 날 저녁 엘자에게 또 다른 걱정거리가 생겼다. 내게 비벼대던 엘자의 몸이 갑자기 굳어졌다. 엘자는 머리를 낮추어 어깨와 수평이 되게 하더니 어둠 속으로 총총히 사라졌다. 엘자는 곧 되돌아왔지만 다시 쏜살같이 밖으로 달려나갔다. 엘자는 새끼들과 저녁 식사를 할 때까지 그런 행동을 여러 번 되풀이했다. 그러고 나서 얼마 지나지 않아 불과 20미터 정도 떨어진 곳에서 새끼들의 아비가 포효하는 소리가 들려왔다. 나는 그 소리에 깜짝 놀랐다. 포효 소리가 그친 뒤 곧 푸푸거리는 사자 특유의 소리가 들려왔다. 소리가 나는 횟수를 세어보니 모두 열두 번이었다. 엘자 가족은 식사를 중단하고 수사자와 먹이 사이에 서서 움직이지 않았다. 녀석들은 수사가가 떠날 때까지 기다렸다가 비로소 다시 먹이를 먹기 시작했다. 녀석들은 밤새 야영지 근처에서 머물다가 아침 일찍 다른 곳으로 떠나 스물네 시간 동안 모습을 보이지 않았다. 나는 녀석들이 다시 돌아오자 고기를 조금 주었다. 새끼들은 고기를 수풀로 끌고 들어갔지만 먹지 않고 엘자와 내가 있는 곳으로 다가왔다. 나는 엘자와 함염지 근처에 있었다.

트럭을 함염지에 있는 경사지에 갖다 댄 지 엿새가 지났다. 주변의 흔적을 살폈더니 녀석들은 그동안 한 번도 트럭에 접근한 적이 없는 게 분명했다. 나는 트럭 위에 올라가서 엘자를 불렀다. 엘자는 약간 주저하는 듯하더니 나를 쫓아왔다. 하지만 트럭 입구를 가로막고 배를 깔고 누웠다. 내가 트럭에서 나오는 것을 제지하는 한편 제스파가 트럭에 올라타는 것을 막기 위한 행동 같았다. 잠시 후 엘자는 텐트로 돌아와 랜드로버 위에 올라탔다. 새끼들은 먹이를 먹기 시작했다. 나는 엘자와 놀기 시작했다. 구더기가 생긴 곳 가운데 두 곳이 썩어들어 가고 있었다. 손으로 구더기를 제거해주려고 할 때마다 엘자는 몸을 피했다. 다음 날 다시 엘자를 치료해주려고 했지만 녀석은 훨씬 더 민감한 반응을 보였다.

나는 벌레 물린 곳이나 긁힌 상처가 감염되는 것을 방지하기 위해 항상 약간의 술파닐아미드를 지니고 다녔다. 하지만 조지는 그 약이 인체에는 매우 효과적이지만 동물의 경우에는 면역력의 약화로 자연적인 치유력을 상실했다고 판단될 경우에만 사용하는 게 좋다고 믿었다. 때문에 나는 엘자에게 슬파닐아미드를 사용하지 않고 감염된 곳이 저절로 치유되기를 바랐다. 나는 엘자가 전에 구더기에 감염되었을 때처럼 상처를 깨끗이 혀로 핥아내고 있을 것으로 생각했다.

다음 날 엘자 가족은 부엌 강에서 하루를 지냈다. 누루와 나는 오후에 그곳에서 녀석들을 발견했다. 나는 누루에게 야영지로 돌아가 먹이를 준비하라고 지시했다. 새끼들은 염소들에게 눈독을 들이기 시작했다. 엘자는 새끼들이 염소들에게 접근하지 못하게 하려고 애를 썼다. 엘자의 협조가 없었더라면 아마도 우리 사이의 평화로운 관계는 깨어졌을 게 틀림없다. 엘자는 새끼들이 매복해 있다가 나를 습격할 때도 다치는 일이 없게 하려고 항상 노력했다. 물론 새끼들은 나를 친구로 생각하고 함께 놀려고 했다. 하지만 녀석들의 발톱은 매우 날카로웠다. 엘자는 새끼들 때문에 내가 궁지에 몰릴 때마다 구원의 손길을 내민 뒤 앞발로 나를 가볍게 토닥거려 주었다. 게다가 새끼들이 함께 놀기를 꺼리는 나를 의아하게 생각한 나머지 적대감을 갖지 않도록 잘 타일러주곤 했다.

　엘자의 모습에서 우리 모두가 좋은 관계를 유지하기를 바라는 마음을 읽을 수 있었다. 다음 날 오후 나는 엘자의 깊은 속을 헤아릴 수 있는 또 하나의 증거를 포착했다. 누루와 나는 푸푸바위에서 엘자 가족을 발견했다. 엘자는 내가 부르는 소리를 듣고 즉시 달려와서 애정을 표시했다. 엘자는 나와 함께 있는 짧은 시간을 만끽하려는 눈치였다. 하지만 제스파가 나타나자 엘자는 곧 초연한 태도를 취했다. 엘자는 새끼들의 질투심을 자극하지 않으려고 노력하는 듯했다. 엘자는 제스파가 옆에 있을 때는 늘 조심했다. 특히 고파와 리틀 엘자가 근처에 있을 때는 더욱 신중을 기해 나에 대한 애정 표현을 극도로 자제했다. 녀석들이 내게 질투심을 느낄 가능성이 제스파보다 더 많았기 때문이다.

　우리는 울창한 수풀을 가로질러 강가로 나갔다. 누루는 제스파 때문에 곤욕을 치렀다. 제스파는 숨을 만한 곳을 모조리 이용해 잠복해 있다가 갑자기 달려들어 그의 소총을 낚아채려고 했다. 그때마다 엘자는 제스파와 누루 사이에서 중재자 역할을 해주었다.

강에 도착하고 나서 누루에게 지름길로 집에 돌아가 엘자 가족의 저녁 식사를 준비하라고 부탁했다. 누루는 가능한 한 빨리 조용히 빠져나가려고 했다. 하지만 제스파는 재미있는 놀이 상대를 놓치고 싶지 않다는 듯이 몰래 뒤쫓아갔다. 말렸지만 아무 소용이 없었다. 하지만 누루는 스스로 난국을 타개할 수 있는 충분한 재능을 가지고 있었다. 그에게는 동물들을 다루는 독특한 재능이 있었다. 그는 동물들을 잘 달래 따돌리는 능력이 탁월했다. 나는 엘자의 새끼들이 귀찮게 할 때마다 강제적인 수단을 동원하지 않고 적절한 방법으로 녀석들의 관심을 따돌리는 누루의 모습을 종종 보아왔다. 누루는 몇 년 동안 매일 녀석들을 상대해 오면서도 긁힌 상처로 고통받은 적이 한 번도 없었다. 그는 자기가 하는 일을 진정으로 좋아했다. 사자들을 다루는 데 다른 누구보다도 누루가 있어주어서 정말 다행이었다.

누루가 야영지로 가고 있는 동안 나는 강가에 있는 다른 새끼들을 데려왔다. 우리가 작업실에 도착할 무렵 제스파가 우리와 합류했다. 나는 신이 나서 이리저리 뛰어다니는 녀석의 모습을 보며 가엾은 누루가 녀석에게 얼마나 많이 시달렸을지를 익히 짐작할 수 있었다. 야영지에 도착하자 새끼들은 먹이를 향해 달려들었다. 엘자는 조심스럽게 랜드로버 지붕 위로 올라갔다. 구더기로 인한 상처 때문에 고통스러워하는 표정이 역력했다. 하지만 녀석은 구더기를 제거해주는 것은 고사하고 부어오른 상처를 만지는 것조차 허락하지 않았다.

## 24

### 병이 든 엘자

조지는 2주 예정으로 루돌프 호수로 답사를 떠났다. 켄 스미스와 그 지역을 담당하는 수렵 감시원이 조지와 합류했다. 나는 그들이 볼일이 끝나는 대로 아무 때고 돌아오리라는 예상은 하고 있었지만 그런데도 자동차 소리가 들리면 가슴이 철렁 내려앉았다. 왜냐하면 그 소리는 엘자의 행복한 생활이 잠시 중단되어야 한다는 것을 의미했기 때문이다. 엘자의 삶은 새로운 지역에서 어떻게 펼쳐질까? 새끼들을 위해 안전한 서식처를 확보하려면 얼마나 많은 암사자들과 싸워야 할까? 이런저런 생각으로 마음이 복잡했다. 엘자는 자신의 고향을 사랑했다. 게다가 영역권도 이미 확고하게 구축한 상태였다. 엘자네 가족은 이제 이곳의 이상적인 환경과 자신들에게 친숙한 모든 것을 뒤로한 채 새로운 지역에서 다시금 행복한 생활을 시작해야 할 상황에 처했다. 이성을 가진 사람도 낯선 지역에 가면 쉽게 적응하지 못하고 비극적인 종말을 맞이할 때가 종종 있는데, 하물며 인간보다 더 까다롭고 서식처에 대한 의존도가 높은 야생동물의 경우에는 낯선 지역에 적응하기가 더욱 힘들지 않을까 하는 생각이 들었다.

엘자네 가족은 지금 작업실에서 휴식을 취하고 있었다. 작업실 측면의 우거진 수풀은 큰 나무들이 많아 녀석들에게 뜨거운 햇빛을 피할 수 있는 서늘한 휴식 공간을 마련해주었다. 그곳은 낮잠을 즐기기에 적합한 부드러운 모래와 강에서 불어오는 산들바람 등 모든 게 갖추어진 이상적인 공간이었다. 엘자네 가족은 아침부터 내내 거기 있었다. 나는 오후 늦게 스케치북을 들고 녀석들을 찾아 나섰다. 그림을 그리는 동안 새들이 지저귀는 소리와 강물이 한가롭게 흐르는 소리가 들려왔다. 참으로 평화롭고 만족스런 오후였다.

날이 서늘해지자 엘자가 깨어나 기지개를 펴더니 제스파에게 다가가 혀로 핥아주었다. 녀석은 뒤로 벌렁 드러누우며 앞발로 엘자를 껴안았다. 그런 다음 엘자는 내게 다가와 내 얼굴에 자신의 얼굴을 비벼대면서 나를 핥았다. 엘자는 다시 고파에게 가서 역시 애정이 가득 담긴 동작을 반복했고, 마지막에는 리틀 엘자에게 갔다. 엘자는 가장 가까운 곳에 있는 제스파를 시작으로 가장 멀리 있는 리틀 엘자에게까지 차례로 다정하게 인사를 건넸다. 이는 집에 돌아갈 시간이 됐음을 알리려는 엘자의 의사표현 방식이기도 했다. 엘자는 몇 미터마다 고개를 돌려 우리가 따라오고 있는지 확인하면서 야영지를 향해 발걸음을 떼어놓았다.

하지만 우리는 그렇게 빨리 움직일 수가 없었다. 제스파가 온갖 것에 참견하느라 어슬렁거렸기 때문이다. 나는 간신히 스케치 도구와 카메라를 챙겨 돌아갈 준비를 했다. 고파와 리틀 엘자는 앞서 가버렸다. 막 길을 나서려는 찰나 녀석들이 막아서는 바람에 나는 다시 자리에 주저앉아 녀석들의 익살에 무관심한 척해야 했다. 이미 사방에는 어둠이 깔렸고, 모기들이 활동을 개시했다. 어쩔 수 없이 바닥에 앉아 있어야 하는 나로서는 별로 달갑지 않은 상황이었다. 다행히 엘자가 나의 딱한 처지를 눈치 채고 구해주었다. 엘자는 새끼들과 놀아주는 척하면서 나에 대한 녀석들의 관심을 다른 곳으로 유인했다. 녀석들은 엘자의 뒤를 쫓으며 서로 장난질을 치고 추격전을 벌이면서 즐거워했다. 그 덕분에 나는 집으로 돌아올 수 있었다.

그 날 저녁 나는 처음으로 고파가 성적 충동을 느끼는 모습을 목격했다. 녀석은 처음에는 엘자에게, 나중에는 제스파에게 장난을 쳤다. 단지 장난에 불과했지만 성적 본능에 의한 행동임에 틀림없었다. 녀석은 아직 그게 무엇인지 이해하지 못했다. 나는 그렇게 일찍부터 성적 충동을 느끼는 것을 보고 놀라지 않을 수 없었다. 새끼들은 이제 겨우 열두 달 반밖에 되지 않은 데다 아직도 젖니가 빠지지 않은 상태였다.

그 날 밤 내내 야영지 주변에서는 엘자네 가족의 소리가 들려왔다. 아침을 먹고 나서 녀석들은 함염지 너머의 종려나무 목재들이 쌓여 있는 곳을 향해 무리지어 달려갔다. 엘자는 그곳에 서서 트럭을 면밀히 살펴보더니 조심스럽게 운전석 지붕으로 올라가 앉았다. 나는 엘자가 그

달콤한 낮잠 시간!

런 행동을 취하기를 열흘 동안이나 기다려왔다. 마침내 엘자는 자기와 새끼들을 싣고 멀리 떠날 트럭에 대한 신뢰감을 보여주었다.

나는 엘자 옆에 앉아 녀석의 구더기를 처리해주려고 했지만 성공하지 못했다. 엘자는 구더기들을 핥아댔다. 엘자의 몸에는 부풀어오른 곳이 모두 일곱 군데 있었다. 하지만 때로는 열다섯 군데에 이르는 적도 있었기 때문에 여간 걱정스럽지 않았다.

잠시 후 새끼들이 덤불숲으로 사라졌다. 엘자는 새끼들의 뒤를 쫓았다. 녀석들은 오후에 다시 모습을 나타내더니 목재 위에서 뛰놀기 시작했다. 엘자는 새끼들이 귀찮게 구는 것을 더 이상 참지 못하고 트럭 운전석 지붕에 올라가 몸을 피했다. 물론 새끼들은 쉽게 엘자의 뒤를 쫓을 수 있었다. 하지만 녀석들은 트럭 옆을 지날 때마다 가능한 한 멀리 우회하기를 좋아했다.

엘자는 오후 내내 운전석 지붕에서 휴식을 취하다가 그곳에서 나와 새끼들을 지켜보았다. 내가 산책을 나갔을 때 엘자는 따라오지 않았다. 엘자는 내가 다시 돌아올 때까지 똑같은 자세로 앉아 있었다. 날이 어두워지자 엘자는 비로소 지붕에서 내려와 내 텐트 앞에 있는 풀밭에 드러누웠다. 엘자는 여느 때와는 달리 랜드로버 지붕 위로 뛰어오르려고 하지 않았다. 나는 엘자에게 가까이 다가가려고 했지만 근처 수풀에서 휴식을 취하고 있던 고파와 제스파의 방해로 좌절되었다.

다음 날 아침 일찍 나는 엘자가 부드러운 음성으로 새끼들을 부르는 소리를 들었다. 엘자의 음성은 언제나 내 마음을 차분하게 가라앉혀 주었다.

엘자네 가족은 곧 작업실이 있는 쪽으로 사라졌다. 오후에 나는 스케치북을 들고 그곳으로 갔다. 엘자는 다정한 태도로 나를 반겨주었다. 심지어는 고파도 머리를 내게 기울이며 다정하게 굴었다. 우리는 또다시 즐거운 오후를 보냈다. 내가 그림을 그리는 동안 새끼들은 자유롭게 뛰어놀았다. 하지만 엘자가 병들면 어쩌나 하는 불안감이 엄습했다. 그 일만 아니면 아무것도 걱정할 게 없었다. 기적이 일어나야만 엘자가 치유될 수 있을 것 같았다. 나는 엘자에게 불안해하는 눈치를 보이지 않으려고 노력했다. 구더기로 인한 상처는 벌써 증세가 상당히 악화되어 보였다.

엘자는 집에 돌아갈 시간이 되었다고 생각했는지 여느 때처럼 우리를 차례로 핥으며 자리를 정리하자는 의사를 표현했다. 나는 엘자가 우리 다섯의 우호적인 관계를 어느 정도까지 지켜낼 수 있을지, 또 녀석들이 언제까지 나를 무리의 일원으로 인정해줄지 궁금했다. 새끼들이 자연에서 야생동물로 살아갈 수 있으려면 우리와 맺은 관계를 반드시 청산해야 했다. 우리가 엘자네 가족과 친근한 관계를 유지해온 것은 밀렵꾼들로부터 녀석들을 보호하기 위해 어쩔 수 없이 취한 조처였다. 만약 엘자네 가족이 루돌프 호수로 이주하지 못한다면 완벽한 야생 생활을 할 가능성이 지연될 뿐만 아니라 심지어는 아예 희박해질 수도 있었다. 결국 그렇게 되면 엘자네 가족은 야생 생활을 할 수 없을 뿐더러 나 또한 녀석들의 무리 가운데 하나로 살아가야 했다. 이는 나의 다른 모든 특권을 포기해야 한다는 것을 의미했다. 나로서는 너무 큰 희생이 아닐 수 없었다.

엘자는 계속해서 자신의 상처들을 핥아댔다. 나는 그와 같은 행동이 상처를 빨리 아물게 하는 데 도움이 되기를 바랐다. 그 날 밤 엘자는 내 텐트 밖 풀밭에 드러누운 채 음식을 거부했다. 내가 엘자를 지켜보고 있는 동안 고파가 다가와 함께 놀자는 의사를 표시했다. 보기 드문 일이었다. 나는 녀석의 요구에 응하고 싶었다. 하지만 제스파와 마찬가지로 녀석도 사람과 놀 때 발톱을 감추는 법을 배우지 못했다. 나는 본의 아니게 녀석에게 실망을 안겨줄 수밖에 없었다. 나는 녀석의 곁에 쭈그리고 앉아 얼굴을 들여다보면서 부드럽게 이름을 불렀다. 같이 놀아주지 못해도 녀석을 사랑한다는 마음을 전하고 싶었기 때문이다. 제스파는 그런 어색한 상황에서 벗어나고 싶었는지 갑자기 고파에게 달려들었다. 두 녀석은 어느새 갈기가 많이 자라 있었다. 고파의 갈기는 제스파의 것보다 훨씬 짙고, 길이도 거의 두 배에 가까웠다. 녀석의 포효 소리는 위엄이 있었고, 때로는 매우 위협적이었다. 녀석은 모든 면에서 강한 면모를 갖춘 젊은 수사자였다.

다음 날 오후 나는 다시 엘자네 가족을 작업실에서 발견했다. 평소와 마찬가지로 스케치북을 가져왔지만 엘자 옆에 앉아 머리를 다독이며 녀석을 위로하고 싶었다. 엘자는 가만히 누워 자기를 만지는 것을 허락했다. 하지만 내 손이 등 쪽을 향하거나 상처 근처에 다가갈 때면 으르렁거리며 건드리지 말라는 의사를 분명히 표시했다. 엘자의 코는 축축하고 차가웠다. 엘자가 아프다는 명백한 증거였다. 심지어 두 곳의 상처는 곪아가고 있었다. 고름이 흘러나오는 게 눈에 보였다. 고름이 흘러나오고 나면 상처가 굳기를 바랄 뿐이었다. 엘자의 자연적인 치유능력을 약화시키지 않기 위해 술파닐아미드의 사용은 계속 삼갔다. 나는 엘자가 아파하는 원인이 전적으로 구더기 때문이라고 확신했기 때문에 녀석의 혈액을 채취해 다른 감염 여부를 살펴볼 생각을 하지 않았다.

날이 어두워지자 엘자는 강가에서 몇 미터 떨어져 있는 수풀 속으로 들어갔다. 야영지로 돌아가려고 할 무렵에도 엘자는 여전히 새끼들과 그곳에 있는 것 같았다. 하지만 엘자가 한참 동안 나타나지 않자 슬슬 걱정이 되기 시작했다. 나는 엘자를 소리쳐 불렀다. 다행히 엘자는 곧 모습을 드러냈다. 녀석은 텐트 안으로 천천히 걸어 들어와서 나를 부드럽게 핥아주었다. 그 후 엘자는 다시 어둠 속으로 사라졌다. 그 날 저녁 나는 엘자와 새끼들을 다시 보지 못했다.

날이 밝자 나는 엘자네 가족의 흔적을 찾아 나섰다. 녀석들은 푸푸 바위에 있었다. 나는 녀석들을 방해하지 않으려고 먼 거리에서 바위를 그리기 시작했다. 하지만 갑자기 소나기가 내리는 바람에 그림 그리기를 중단해야 했다.

오후에 바위가 있는 곳에 다시 가보았다. 망원경을 통해 바위에 있는 새끼 두 마리를 볼 수 있었다. 하지만 엘자와 제스파는 보이지 않았다. 근처에 있을 것이라는 생각으로 소리쳐 불러보았지만 아무 응답이 없었다. 그 날 밤 엘자 가족은 야영지에 나타나지 않았다. 그다지 이상한 일은 아니었지만 엘자의 건강 상태가 좋지 않았기 때문에 은근히 걱정이 되지 않을 수 없었다. 동이 트자마자 나는 바위로 달려갔다. 다행히도 바위 위에 엘자 가족이 모두 있었다. 내가 소리쳐 부르자 엘자만 고개를 쳐들어 보였고, 새끼들은 움직이지 않았다.

오후 서너 시쯤 누루와 함께 다시 바위에 가보았다. 엘자가 바위 아래의 수풀에서 튀어나왔다. 곧이어 제스파도 그 뒤를 따라왔다. 엘자는 우리를 다정하게 맞아주었다. 하지만 숨쉬기가 곤란한 듯했고, 거동이 매우 불편해 보였다. 제스파는 엘자의 경호원처럼 행동했다. 녀석 때문에 엘자를 만져주기가 어려웠다. 나는 고파와 리틀 엘자가 올 때까지 엘자 옆에 앉아서 기다리다가 녀석들이 도착하자 다 함께 야영지로 출발했다. 엘자는 새끼들이 성가시게 구는 것을 싫어했다. 게다가 몸이 부딪히거나 닿는 것에 극도로 예민하게 반응했다. 새끼들 가운데 하나가 매복해 있다가 장난을 걸어오면 엘자는 귀를 곤두세운 채 으르렁거렸다. 하지만 내가 곁에서 체체파리를 쫓아주는 것은 마다하지 않았다. 그렇지만 새끼들이 귀찮게 굴 때면 화를 내는 모습이 역력했다. 나는 엘자의 그런 반응을 한 번도 본적이 없었다. 엘자는 수풀을 지나 차도로 나오는 짧은 거리를 지나면서도 몇 번이나 땅에 주저앉곤 했다. 하지만 차도에 도착한 뒤부터는 전보다 수월하게 몸을 움직였다. 야영지에 돌아오자마자 엘자는 랜드로버로 향했다. 녀석은 상처 부위가 압박되지 않게 극도로 조심하면서 랜드로버 지붕 위에 엎드렸다. 엘자는 저녁 내내 그런 자세로 꼼짝도 하지 않았다. 나는 엘자에게 녀석이 평소 즐겨먹는 골수를 갖다주었지만 쳐다보기만 할 뿐 먹기를 거부했다. 내가 앞발을 토닥여주려고 하자 녀석은 몸을 빼내 내 손이 미치지 않는 곳으로 물러났다.

잠에서 깨어나보니 새끼들이 서로 쫓고 쫓기면서 텐트 주위를 뛰어다니는 소리가 들렸다. 하지만 엘자의 모습은 보이지 않았다. 나는 엘자의 귀에 익은 울음소리가 들려오기를 기다렸다. 하지만 들려오는 것은 제스파의 앙칼진 목소리뿐이었다. 울타리 쪽문을 통해 이쪽을 엿보고 있는 녀석의 모습이 보였다. 밖으로 나오자 강둑에 서 있는 고파의 모습이 눈에 들어왔다. 녀석은 막 건너편으로 건너가려던 참이었다. 녀석은 나를 보고 푸푸 소리를 내더니 강물에 몸을 던졌다. 곧이어 다른 새끼들이 녀석을 맞이하는 소리가 들려왔다.

추방 명령을 받은 지가 벌써 4주가 다 되어가고 있었다. 조지가 루돌프 호수로 답사를 떠난 지도 이미 3주가 지났다. 답사를 떠나기 전 우리는 1월 20일경에 이동을 시작하자고 계획을 세웠었다. 오늘이 19일이었다. 새끼들은 한 번도 트럭에 올라가지 않았다. 우리 트럭도 아직 도착하지 않았고, 엘자는 아픈 상태였다. 엘자네 가족의 새로운 보금자리는 고사하고 녀석들을 운송할 방법조차 찾지 못했다. 계획했던 일정에 큰 차질이 빚어지게 된 셈이었다.

## 25

엘자의 죽음

그 날 저녁에 조지가 돌아왔다. 그가 전해준 소식은 별로 좋지 않았다.

조지와 켄 스미스는 랜드로버 두 대와 트럭 한 대를 끌고 먼저 롱겐도티 산지와 접해 있는 알리아 만으로 향했다. 알리아 만은 엘자를 데리고 도보여행을 한 적이 있던 장소로, 그곳에서 뻗어나온 한적한 계곡들 일부는 루돌프 호수로 이어져 있다. 조지는 그곳을 엘자네 가족이 살기에 적합한 후보지 가운데 하나로 생각했다. 그때까지 아무도 자동차로 여행해본 적이 없는 곳이었기 때문에 무엇보다도 접근방법부터 찾아야 했다.

조지는 상당히 광활한 지역을 답사했다. 그의 판단에 따르면 무아트가 유일한 후보지였다. 하지만 일단 접근방법을 찾은 다음 허가를 받아 땅을 빌리는 순서를 밟아야 했다.

조지는 이시올로로 돌아가기 전에 마사비트 족의 땅을 관할하는 지방 장관에게 무아트 근처의 땅을 빌려줄 수 있는지 타진했다. 아울러 그는 100킬로미터의 도로 건설과 비행기의 이착륙 공간을 마련하는 데 협조해줄 수 있느냐고 물었다. 지방 장관은 가능하다고 대답했다. 물론 비용은 모두 우리가 부담해야 했다. 비용이 만만치 않았기 때문에 조지는 나와 의논해보기로 하고 결정을 유보했다.

여기까지가 답사를 마친 조지의 이야기였다.

나는 엘자 가족의 새로운 서식처를 루돌프 호수 근처에 마련한다는 계획이 썩 마음에 들지 않았다. 조지가 야영지로 돌아오는 길에 수거한 우편물 가운데 로디지아, 베추아나랜드, 남아프리카공화국 등지에서 온 편지가 포함되어 있었다. 우리의 요청에 대한 답신으로 날아온 그 편지들은 다른 대안을 제시하고 있었다. 그런 편지들을 보니 마음이 조금 놓였다.

우리는 이들 지역의 생태 상황이 엘자 가족에게 적합한지 어떤지를 전혀 알지 못했다. 조지는 내게 나이로비에 가서 그 지역들을 잘 아는 수렵 감시국장 이안 그림우드 소령의 조언을 구해보라고 제안했다. 우리는 그가 그곳들이 적합하지 않다고 할 경우에는 즉시 마사비트 족 지방 장관에게 도로와 비행기 활주로 건설 작업에 착수하라는 전보를 보낼 생각이었다. 내가 없는 동안 조지는 새끼들에게 트럭에서 먹이를 먹는 훈련을 시키기로 했다. 며칠 안으로 철사로 만든 우리가 완성될 예정이었다.

시간이 없었기 때문에 나는 엘자의 상태를 확인하는 대로 나이로비에 가겠다고 동의했다. 그 날 저녁 우리는 엘자네 가족을 보지 못했다. 하지만 멀리 건너편 강둑에서 녀석들의 소리가 들려왔다. 다음 날 아침 일찍 우리는 강을 건너 반대편으로 갔다. 엘자네 가족은 강에서 불과 몇 미터밖에 떨어지지 않은 곳에 있었다. 엘자는 우거진 덤불숲 속에서 모습을 나타내더니 내게 다정하게 몸을 비벼댔다. 나는 녀석의 머리와 귀 뒤를 긁어주었다. 엘자의 털은 마치 벨벳처럼 부드러웠고, 몸집은 단단했다. 나는 오랫동안 엘자를 만져주었다. 엘자는 조지와 누루에게 간단하게 인사를 건네고 나서 새끼들이 숨어 있는 수풀로 다시 돌아갔다.

조지는 엘자의 상태가 앞서 구더기에 감염된 것을 발견했을 때보다 훨씬 악화되어 있다는 사실을 눈치 채지 못했다. 나도 마찬가지였다. 하지만 엘자가 이틀 동안 아무것도 먹지 못한 눈치였기 때문에 출발하기 전에 강둑에 약간의 먹이를 갖다 놓았다. 엘자는 저 멀리에서 우리의 행동을 지켜보았다. 조지는 엘자가 건너와 먹이를 가져가려고 하지 않자 먹이를 물에 띄워 건너편으로 옮겨다주었다. 조지는 웅크리고 있는 엘자의 코앞에 먹이를 놓아두었다. 엘자는 혼자서만 먹는 게 걸렸던지 고기를 끌고 가파른 비탈길을 올라가더니 곧 새끼들이 있는 수풀 속으로 사라졌다.

엘자가 새끼들을 돌보는 마지막 모습을 보면서 마음이 다소 불안했지만 나는 결국 나이로비로 출발했다. 나이로비에 도착하자 "엘자의 상태가 악화되었음. 고열에 시달리고 있음. 오레오마이신을 보내주기 바람"이라고 적힌 조지의 전보를 받았다.

걱정이 잔뜩 앞섰지만 약품을 보내준 것에 만족하고 나이로비에서 하룻밤을 더 묵으면서 엘자네 가족의 이동 문제를 마무리짓기로 했다.

그림우드 소령은 로디지아와 베추아나랜드에서 제안한 서식처의 생태 조건이 엘자 가족에게 적합하지 않다고 설명하면서 루돌프 호수가 더 나을 것이라는 의견을 제시했다. 또한 그는 철사로 만든 우리에 칸막이를 하는 게 좋겠다고 제안했다. 엘자네 가족을 전부 하나의 우리에 넣어 운반할 경우 자칫 한 녀석이 겁을 집어먹고 날뛰다가 다른 녀석들을 해칠지도 모른다는 생각에서였다.

나는 마사비트 족 지방 장관에게 앞서 조지와 의논한 대로 공사를 시작하라는 전보를 보냈다.

다음 날 아침 나이로비를 떠나기 전에 몇 가지 긴급한 문제를 처리해야 했기 때문에 일찍 일어났다. 아래층에 내려가자 켄이 나를 기다리고 있었다. 이시올로에서 막 도착한 그의 모습은 피곤하고 초췌해 보였다. 그는 엘자가 몹시 위독하다는 조지의 메시지를 전했다. 조지는 한밤중에 그에게 긴급 구조 신호를 보내 내게 속히 돌아오라는 연락을 취해 줄 것과 수의사가 필요하다고 알려왔던 모양이었다. 켄은 이시올로에 있는 수의사 존 맥도널드에게 연락했다. 그는 즉시 조지에게로 출발했다. 그런 다음 켄은 조지의 메시지를 전하려고 나이로비까지 290킬로미터나 되는 거리를 달려왔던 것이다. 그가 참으로 고맙게 느껴졌다.

나는 전세 비행기로 켄과 함께 야영지와 가장 가까우면서도 비행기 활주로가 있는 작은 소말리아 마을에 도착했다. 우리는 그곳에서 다행히 낡은 랜드로버를 빌려 탈 수 있었다. 그곳에서 야영지까지의 거리는 약 110킬로미터였다.

우리는 오후 늦게 야영지에 도착했다. 우리는 엘자를 놀라게 하지 않기 위해 자동차를 먼 곳에 주차하고 걸어갔다. 나는 작업실로 급히 달려갔다. 조지는 그곳에 혼자 앉아 있었다. 그는 아무 말도 없이 나를 쳐다보았다. 그의 시선과 마주치는 순간 가슴이 철렁 내려앉았다.

충격이 다소 가시자 조지는 나를 엘자의 무덤으로 데려갔다.

엘자의 무덤은 녀석이 내게 새끼들을 처음 소개했던 모래톱과 강둑이 내려다보이는 텐트 근처의 나무 아래에 있었다. 엘자네 가족은 종종 그 나무 그늘 아래서 뛰어놀곤 했었다. 그곳은 새끼들이 앞발로 거친 나무 껍질을 긁으며 발톱을 날카롭게 갈던 곳이기도 했고, 지난해에는 엘자의 짝이었던 수사자가 크리스마스 만찬으로 준 먹이를 가져가려다가 실패했던 곳이기도 했다.

조지는 내가 없는 동안에 일어났던 일을 말해주었다. 그가 말한 내용은 다음과 같았다.


당신이 떠난 후 텐트를 경사지 옆으로 옮긴 다음 엘자네 가족이 나타나기를 기다렸소. 하지만 그 날 밤 녀석들은 모습을 드러내지 않았소. 아침에 나는 강 상류 쪽에 있는 수렵 감시탑에 가봐야 했소. 그 일 때문에 오후가 되어서야 비로소 엘자를 찾아볼 수 있는 시간적 여유를 갖게 되었다오. 나는 새끼들이 건너편 강둑에서 놀고 있는 모습을 발견했소. 엘자는 그보다 약간 위쪽에 위치한 작은 덤불숲 아래 누워 있었소. 녀석은 몸을 일으키더니 나와 마케데를 반갑게 맞아주었소. 새끼들도 달려와 엘자 주위에서 뛰어놀았다오.

나는 다시 야영지로 돌아왔소. 그 날 밤에도 녀석들은 나타나지 않았소. 아침 식사 전에 나는 엘자를 찾기 위해 나갔소. 엘자는 지난밤에 보았던 그곳에서 멀리 떨어지지 않은 곳에 혼자 누워 있었소. 엘자는 내가 부르는 소리에 응답했지만 일어나 맞이하지는 않았소. 녀석은 숨쉬기가 매우 곤란한 듯했고, 고통스러워하는 것 같았소. 어디가 아픈 게 분명했소. 나는 야영지에 돌아오자마자 즉시 이시올로로 트럭을 보내 당신에게 엘자의 증세가 심각하다는 말과 함께 오레오마이신을 보내달라는 전보를 치게 했소. 아울러 상황을 설명하는 편지도 띄웠소.

그런 다음 술파티아졸(이전에 세균감염을 치료하는 데 사용했던 합성약물-옮긴이)을 섞어 넣은 뇌수(腦髓)와 고기를 담은 접시와 물을 가지고 엘자에게 돌아갔소. 녀석은 물만 조금 마시고는 뇌수는 핥아보기만 할 뿐 전혀 먹으려 하지 않았소. 나는 다시 술파티아졸을 물에 섞어 주었지만 엘자는 거부했소.

나중에 야영지에 돌아와 점심을 먹은 후 다시 엘자를 찾아 나섰소. 엘자는 전에 있던 곳에서 약간 자리를 옮겨 키가 큰 풀 위에 누워 있었소. 엘자의 상태가 시간이 갈수록 심각해지는 것을 보고 매우 놀랐소. 녀석은 먹이를 아예 쳐다보지도 않았고, 세숫대야에 담아준 물만 조금 마셨소.

그 날 밤 엘자를 도저히 홀로 놓아둘 수 없다는 생각이 들었소. 그렇게 약해진 상태에서는 하이에나나 버펄로, 혹은 다른 암사자의 공격을 받을지도 몰랐기 때문이오. 결국 나는 엘자 곁에서 잠을 자기로 결정하고 일꾼들에게 내 침대와 염소 고기와 램프를 옮겨놓으라고 지시했소. 나는 숲에서 그 날 밤을 지새우며 램프를 밤새 켜놓았소. 새끼들이 물가에서 올라와 염소 고기를 먹었소. 나중에 제스파가 내 침대에서 이불을 끌어내리려고 했소. 엘자는 조금 나아 보이는 듯했소. 녀석은 두 번이나 내 침대에 와서는 머리를 다정스럽게 비벼댔소.

나는 자다가 한 번 눈을 떴는데, 새끼들이 내 머리맡 뒤편에서 잔뜩 긴장한 채 무언가를 열심히 주시하고 있는 모습이 보였소. 그 순간 씩씩거리는 콧소리가 들려왔소. 나는 얼른 손전등을 비추었소. 그러자 버펄로가 수풀 속으로 황급히 사라지는 모습이 보였소. 엘자는 내 침대 옆에 누워 있었소. 새끼들은 신이 난 듯 장난을 치면서 엘자가 함께 놀아주기를 원하는 것 같았소. 하지만 엘자는 새끼들이 접근할 때마다 으르렁거렸소.

새벽에 엘자는 상당히 편안해진 듯 보였소. 나는 야영지로 돌아가 아침 식사를 한 다음 약간의 타이핑 작업을 마쳤소.

10시경이 되자 나는 다시 엘자가 걱정스러워 녀석을 찾아 나섰소. 하지만 녀석을 발견할 수 없었소. 아무리 불러도 대답도 없고, 새끼들의 흔적도 찾을 수 없었소. 두어 시간 동안 강 위아래를 찾아 헤매다가 마침내 야영지 근처에 있는 작은 섬 근처에서 강물에 몸을 반쯤 담근 채 누워 있는 엘자를 찾을 수 있었소. 엘자는 매우 아픈 듯이 보였소. 숨소리도 매우 거친 데다 극도로 쇠약해져 있었소. 나는 양손으로 물을 떠서 엘자에게 주었지만 녀석은 물을 삼키지 못했소.

나는 약 한 시간 동안 엘자 곁에 앉아 있었소. 갑자기 엘자가 힘들게 몸을 일으키더니 가파른 언덕을 기어올라 섬에 올라서서는 그만 털썩 쓰러지고 말았소. 나는 누루를 불러 강을 건너기 쉬운 곳까지 길을 만들라고 지시했소. 그런 다음 누루에게 엘자를 맡겨놓고 야영지로 달려가 침대와 천막 지지대를 이용해 즉석에서 들것을 만들기 시작했소. 나는 완성된 들것을 가지고 섬으로 달려갔소. 엘자가 항상 침대 위에 눕는 것을 좋아했기 때문에 몸을 굴려 들것에 올라오기를 바라는 마음으로 들것을 녀석의 곁에 내려놓았소. 엘자가 들것에 몸을 눕히면 사람들의 도움을 받아 들것을 들고 강을 건너 내 텐트로 올 생각이었소. 하지만 엘자는 들것에 오르려고 하지 않았소. 약 3시경에 엘자는 갑자기 벌떡 일어나더니 비척거리며 강을 향해 걸어갔소. 녀석은 내 도움을 받으며 강물을 건너 부엌 강 아래쪽 둑에 도착했소. 엘자는 무척 힘이 들었는지 완전히 탈진한 채 강둑에 한동안 누워 있었소. 그때쯤 엘자는 이미 강을 건넜기 때문에 야영지까지의 거리는 그리 멀지 않은 상태였소. 새끼들이 섬에 모습을 드러냈소. 엘자의 냄새를 맡고 나타난 것이 분명했소. 하지만 녀석들은 강을 건너오기를 주저하는 것 같았소.

엘자는 우리 텐트 아래의 모래톱을 향해 천천히 걸음을 떼어놓았소. 녀석은 가는 도중에 두 번이나 걸음을 멈추며 휴식을 취했다오.

나는 새끼들에게 고기를 들어 보여주었소. 내가 먹이를 모래톱까지 끌고 가는 동안 녀석들은 강 건너편에서 내가 가는 방향으로 따라왔소. 제스파와 리틀 엘자는 헤엄쳐 강을 건너왔지만, 고파는 주저하다가 다른 녀석들이 먹이를 먹기 시작하자 용기를 내어 강을 건너왔소. 녀석이 뭍에 도착하자 제스파가 몸을 숨기고 있다가 장난삼아 달려들었소.

두 시간 동안 엘자는 모래톱에 드러누워 있었소. 제스파는 엘자 곁을 떠나지 않았소. 엘자는 두 번 몸을 일으켜 강가로 가서 물을 마시려고 했지만 물을 삼킬 수가 없었소. 참으로 애처로운 모습이었다오. 나는 손으로 물을 떠서 엘자의 입에 부어주었지만 물은 땅바닥으로 흘러내릴 뿐이었소. 날이 어두워지자 엘자는 좁은 오솔길을 따라 올라가더니 전에 내 텐트가 있었던 곳, 그러니까 경사지 옆으로 옮기기 전에 있었던 장소에 몸을 눕혔소.

나는 주사기로 약간의 우유와 위스키를 엘자의 입에 넣어주었소. 녀석은 가까스로 조금 삼킬 수가 있었소. 나는 엘자에게 담요를 덮어주면서 그 자리에 가만히 있기를 바랐소. 엘자가 그 날 밤을 넘기지 못할 것 같은 불길한 예감이 들어 몹시 절망스러웠소. 나는 초조한 마음으로 당신에게 메시지를 보냈고, 트럭이 늦는 것을 보고 몹시 마음을 졸였소. 이제 엘자를 살릴 수 있는 유일한 희망은 가능한 한 빨리 수의사를 데려오는 것밖에 없다고 판단했소. 그리고 한편으로는 엘자를 혼자 놓아둘 수 없다는 생각이 들었소. 녀석이 한밤중에 다른 곳으로 몸을 움직일 경우에는 다시 찾기가 불가능했기 때문이었소.

하지만 결국 나는 엘자를 한 시간 반 정도 홀로 남겨둘 수밖에 없다는 결심을 했소. 혹시 트럭이 여울목에 빠지기라도 했을 경우에는 갔다 왔다 하는 데 대략 그 정도의 시간이 필요했기 때문이오. 나는 야영지에서 3킬로미터가 채 못 되는 지점에서 트럭과 마주치게 되었소. 트럭은 이시올로에 갈 때나 돌아올 때나 여울목에 빠져 고생해야 했소. 운전사는 엘자에게 필요한 약을 가져왔소. 나는 켄에게 편지를 보내 엘자가 수의사를 필요로 하는 긴급한 상황임을 알리는 동시에 당신에게 신속히 연락을 취해줄 것을 당부했소. 그런 다음 트럭 운전사에게 내 랜드로버를 빌려줘 이시올로로 곧장 되돌아가게 했소.

다행히 엘자는 자리에서 움직이지 않았소. 새끼들이 모습을 드러냈고, 나는 녀석들에게 약간의 고기를 주었소.

엘자가 약을 삼키게 하는 것은 불가능했소. 녀석은 안정을 찾지 못하고 일어나서 몇 발자국씩 서성대다가 다시 드러눕곤 했소. 온갖 방법을 사용해 약물을 먹이려고 했지만 성공을 거두지 못했다오.

밤 11시경에 엘자는 작업실 근처에 있는 내 텐트 안에 들어와서 그곳에서 한 시간 정도 누워 있었소. 그런 다음 몸을 일으키더니 천천히 강 쪽으로 내려가서 강물에 발을 들여놓고 잠시 물을 마시려고 시도했소. 하지만 결국 한 모금도 삼키지 못했소. 녀석은 다시 내 텐트에 돌아와 자리에 누웠소.

그러는 사이에 새끼들이 천막에 왔소. 제스파가 코로 엘자를 건드려 보았지만 녀석은 반응을 보이지 않았소.

새벽 1시 45분경 엘자는 텐트 밖으로 나가더니 작업실을 지나 강물 속으로 걸어 들어갔소. 나는 엘자를 멈추게 하려고 했지만 녀석은 고집스럽게 새끼들과 자주 뛰어놀던 모래톱을 향해 발걸음을 옮겼다오. 엘자는 그곳의 축축한 진흙 바닥에 몸을 눕혔소. 고통이 매우 심한 모습이 역력했소. 녀석은 몇 번이고 일어나 앉으려고 했다가 다시 눕기를 반복했다오. 전보다 숨쉬기가 더욱 곤란했는지 연신 거친 숨을 몰아쉬었소.

나는 엘자를 작업실의 마른 모래 위로 이동하게 하려고 했지만 아무리 애를 써도 녀석은 움직이려 들지 않았소. 정말 애처롭고 가슴 아픈 모습이었다오. 순간 녀석의 목숨을 끊어 고통을 덜어주고 싶기도 했소. 하지만 나는 수의사가 제시간에 오기만 하면 녀석을 구할지도 모른다는 생각에 마지막 희망을 걸기로 했소.

약 4시 30분경 일꾼들의 도움으로 엘자를 들것에 실어 힘들게 내 텐트로 옮겼소. 엘자는 자리에 누웠고, 나도 녹초가 되어 녀석의 곁에 누웠소.

먼동이 트자 엘자는 갑자기 텐트 앞으로 걸어가더니 그만 털썩 쓰러지고 말았소. 나는 엘자의 머리를 무릎에 올려놓았소. 몇 분 뒤 엘자는 잠시 일어나 앉더니 가슴을 찢는 듯한 외마디 울부짖음을 터뜨리고는 그만 쓰러지고 말았다오.

그렇게 엘자는 세상을 떠났소.

새끼들도 근처에 있었다. 녀석들도 당황스럽고 슬픈 표정이 역력했다. 제스파가 엘자에게 다가가 혀로 얼굴을 핥았다. 녀석은 매우 놀란 듯한 모습을 보이더니 몇 미터 떨어진 수풀에 숨어 있는 다른 녀석들의 곁으로 돌아갔다.

엘자가 죽고 나서 30분 뒤 수의사 존 맥도널드가 이시올로에서 도착했다. 조지는 마음이 내키지 않았지만 결국 의학의 발전과 새끼들의 안위를 위해 엘자의 시체를 해부해 질병의 원인을 찾자는 데 동의했다.

해부가 끝난 뒤 엘자는 생전에 종종 휴식을 취했던 아카시아 나무 밑에 매장되었다(그 나무는 야영지에서 가까운 강둑에 우뚝 서 있다). 수렵 감시원들은 조지의 명령에 따라 엘자의 무덤 위로 세 발의 예포를 발사했다. 총성이 널리 울려 퍼졌다. 아마 엘자의 짝이었던 수사자도 어느 숲 속에선가 그 소리에 잠시 걸음을 멈추었을지도 모른다.

1961년 1월 24일의 일이었다.

# 26

## 엘자 새끼들의 보호자

이제 우리는 새끼들의 보호자가 되었다.

나는 해가 진 후 강가로 가서 1년 전 엘자가 새끼들을 소개해주었던 모래톱에 앉아 제법 오랜 시간을 보냈다. 갑자기 강 건너편에서 희미한 울음소리가 들려왔다. 새끼들이라는 직감이 들었다. 나는 녀석들이 내 음성을 인식하기를 바라면서 소리쳐 불러보았다. 제스파가 덤불숲 사이에서 이쪽을 엿보는 모습이 어둠 속에 어렴풋이 드러났다. 하지만 녀석은 곧 모습을 감추었다.

나는 새끼들이 쉽게 발견할 수 있는 공터에 먹이를 갖다 놓았다. 하지만 녀석들은 모습을 드러내기는커녕 아무리 불러도 반응이 없었다. 여느 때와 달리 하이에나 떼가 울부짖는 소리만 들려올 뿐이었다. 나중에는 조지의 텐트 근처에 먹이를 놓아두었다. 하지만 새끼들은 그 날 밤 나타나지 않았다. 하이에나 떼의 불길한 울음소리 때문에 몹시 걱정스러웠다. 새끼들이 아직 하이에나의 공격에 맞설 만큼 강하지 않다는 생각이 들어서였다.

다음 날 아침 녀석들을 찾기 위해 계속 수색 작업을 벌였다. 우리는 제스파가 남긴 전날 저녁의 흔적을 좇았다. 녀석의 흔적은 상류지역으로 이어져 있었다. 그곳은 엘자가 죽기 전날 주저앉곤 했던 섬 근처였다. 우리는 약간의 고기를 가지고 갔다. 새끼들을 발견할 경우에는 조금씩 맛을 보여주며 야영지로 녀석들을 유도할 생각이었다. 하지만 울창한 수풀 사이에 몸을 숨긴 채 허기진 눈빛으로 고기를 노려보는 제스파를 발견하자 우리는 고기를 송두리째 내주고 말았다. 녀석은 즉시 고기를 잡아채더니 정신없이 먹어댔다. 그런 일이 있고 나서 부스럭거리는 소리와 함께 약 20미터 떨어진 곳에서 리틀 엘자가 모습을 나타냈다. 하지만 서로 눈이 마주치자 쏜살같이 사라져버렸다.

우리는 밤중에 들려왔던 하이에나 떼의 울음소리가 걱정이 되어 새끼들이 가급적 야영지 근처에 머물기를 원했다. 녀석들이 스스로 우리를 찾아오게 하려는 생각에서 먹이를 더 이상 제공하지 않기로 했다.

그러는 사이 켄이 이시올로로 돌아가야 했기 때문에 우리는 함께 그를 배웅했다. 배웅을 마치고 돌아온 후 리틀 엘자와 고파에게 줄 먹이를 들고 다시 밖으로 나갔다. 하지만 제스파를 남겨두고 돌아왔던 장소에 도착하자마자 녀석이 수풀에서 뛰어나와 미처 저지할 사이도 없이 순식간에 먹이를 채가고 말았다. 주린 배를 움켜쥐고 있을 리틀 엘자와

엘자의 무덤. 우리는 돌을 원추형으로 쌓아올려 무덤을 만들고 근처의 잡초를 뽑았다.

고파를 생각하니 마음이 매우 언짢았다. 우리는 다시 가서 남은 먹이를 들고 왔다. 고파가 먹이에 눈독을 들이며 모습을 드러냈다. 먹이를 끌고 야영지로 돌아가자 세 녀석 모두 우리 뒤를 졸졸 따라왔다. 하지만 녀석들은 초조한 빛이 역력했다. 우리는 먹이를 강물 위에 띄웠다. 하지만 녀석들은 건너편 강둑에 그대로 머물러 있었다. 두 시간 동안 먹이 주변을 지키며 새끼들의 이름을 소리쳐 불러보았지만 녀석들은 그런 우리의 모습을 지켜보기만 할 뿐 강을 건너오려고 하지 않았다. 우리는 먹이를 나무에 묶어놓고 야영지로 돌아갔다. 그러는 사이 일꾼들은 큰바위에서 트럭 석 대 분량에 해당하는 돌을 모았다. 우리는 그 돌을 엘자의 무덤

위에 쌓아올리고 주변의 풀들을 깨끗이 정리했다.

날이 희끄무레하게 밝아오자 조지와 나는 새끼들의 상황을 살피려고 밖으로 나갔다. 제스파와 리틀 엘자는 먹이 옆에서 만족스런 모습으로 휴식을 취하고 있었지만 고파는 여전히 건너편 강둑에 남아 있었다. 조지는 녀석을 유인하기 위해 먹이를 야영지로 끌고 가기 시작했다. 하지만 제스파가 길을 막아서며 먹이에 달려들었다. 우리는 고파가 선뜻 용기를 내어 강을 건너와서 자기 몫을 챙기기를 바라는 마음으로 텐트로 돌아올 수밖에 없었다.

그러고 나서 조지의 텐트 밖에 앉아 있는데, 제스파가 날카롭게 울부짖는 소리가 들려왔다(조지의 텐트는 여전히 경사지 근처에 있었다). 우리는 일꾼들에게 다시 먹이를 갖다 놓으라고 지시했다. 먹이를 갖다 놓자 제스파가 어슬렁거리며 다가왔다. 하지만 녀석은 고기에 입을 대지 않았다. 고기를 텐트 근처로 이동해놓자 녀석은 모습을 감추었다. 그러는 사이 우리는 오후에 새끼들을 보았던 장소에 놓아두고 왔던 먹이 운반용 사슬을 되찾으러 가보았다. 하지만 사슬과 먹이 모두 사라지고 없었다.

우리는 다시 텐트로 돌아왔다. 세 녀석이 모두 먹이를 찢어 먹고 있었다. 하지만 우리가 접근하자 녀석들은 잽싸게 줄행랑을 쳤다. 제스파가 와서 일단 주위를 탐색한 뒤 다른 녀석들을 불러 함께 고기를 먹은 게 분명해 보였다. 엘자가 죽은 이후로 제스파가 녀석들의 우두머리 겸 보호자 역할을 하고 있었다. 우리가 잠자리에 들고 나서 녀석들은 다시 와서 남은 먹이를 해치웠다. 먼동이 트자 나는 녀석들을 찾아 나섰다. 세 녀석 모두 푸푸바위에 있었다. 녀석들은 나를 보았지만 내가 부르는 소리에 반응하지 않았다. 나는 조지를 불러왔다. 우리는 바위가 바라다보이는 맞은편 산등성이에 올랐다. 그곳 산등성이와 바위는 깊은 균열로 인해 서로 분리되어 있었다. 위치를 그곳으로 정한 이유는 녀석들을 안심시키기 위해서였다. 녀석들은 다시 모습을 드러냈고, 그 자리에 붙박인 채 우리를 약 두 시간 동안 가만히 응시했다. 우리는 열심히 의사를 전하려고 노력했지만 녀석들은 유심히 바라만 볼 뿐이었다. 나는 마치 살인을 저지른 죄인 같은 심정을 느끼기 시작했다. 우리는 녀석들을 놓아둔 채로 돌아와야 했다. 새끼들이 도착한 것은 저녁이 훨씬 지난 후였다. 제스파는 먹이를 덥석 집어 물고는 근처의 수풀에 몸을 숨기고 있는 다른 녀석들에게 끌고 갔다.

나는 가까이 다가가서 부드러운 음성으로 제스파의 이름을 연거푸 불렀다. 녀석은 내게 다가오더니 몸을 만지도록 허락했다. 나는 이전처럼 신뢰를 받는 느낌이 들어 행복했다. 제스파는 다시 리틀 엘자와 고파가 있는 곳으로 돌아갔다. 나는 녀석이 흥미를 느끼기를 바라는 마음으로 나뭇가지 하나를 손에 들고 빙빙 돌렸다. 아니나 다를까, 녀석은 다가오더니 나뭇가지를 물었다. 우리는 서로 줄다리기를 했다. 결국 녀석은 나뭇가지를 빼앗아 입에 물고는 의기양양한 모습으로 다른 녀석들이 있는 곳으로 돌아갔다.

녀석들은 야영지에서 밤새 머물렀다. 자다가 눈이 떠질 때마다 녀석들이 움직이는 소리와 하이에나의 음침한 울음소리가 들려왔다.

아침에 조지는 수렵 감시탑을 점검하기 위해 상류지역으로 올라가야 했다. 나는 새끼들과 함께 시간을 보내기로 했다. 혹시나 녀석들의 활동이 둔한 대낮에 내 모습을 보여주면 신뢰를 얻어낼 수 있을지도 모른다는 생각에서였다. 나는 건너편 강둑에 있는 제스파를 발견했다. 덤불 아래서 졸고 있던 녀석은 내가 가까이 접근해도 가만히 있었지만 예리한 눈빛으로 나의 일거수일투족을 지켜보았다. 약 한 시간 후 녀석은 몸을 일으켜 가버렸다. 나는 녀석의 흔적을 따라갔다. 그러자 갈라진 나뭇가지가 매달려 있는 키 큰 나무가 나타났다. 그 나무는 수심이 깊은 지점의 강바닥에 우뚝 서 있었다. 나머지 두 녀석이 강이 굽어지는 곳을 돌아 내달리는 모습이 어렴풋이 눈에 들어왔다.

갑자기 무언가가 나를 지켜보고 있는 느낌이 들었다. 위를 올려다보니 제스파가 갈라진 나뭇가지 위에 올라앉아 있었다. 녀석은 풀쩍 뛰어내리더니 고파와 리틀 엘자가 있는 곳으로 달려갔다. 나는 녀석들에게 안정을 되찾을 시간을 주기 위해 약 한 시간 동안 나무 아래 가만히 있었다. 그런 다음 다시 녀석들의 뒤를 쫓았다. 녀석들은 강이 굽어지는 곳에 있었는데, 제스파가 뒤쪽을 경계하고 있었다. 나는 10미터 이내로 접근한 다음 땅바닥에 주저앉아 한 시간 동안 움직이지 않았다. 그러고 나서 조심스럽게 제스파와 약 3미터 정도 떨어진 곳까지 접근했다. 제스파는 즉시 달아나려 했지만 내가 이름을 부르자 몸을 돌려 가까이 다가와서는 내 눈을 똑바로 쳐다보았다. 그러더니 다시 모습을 감추었다.

긴 풀이 나 있는 수풀에서 흔적을 찾는 것은 불가능했기 때문에 나는 하류 쪽으로 걸어 내려갔다. 다시 누군가가 나를 지켜보고 있는 듯한 느낌을 받았다. 뒤돌아보니 제스파가 내 뒤에 웅크리고 있었다. 나는 땅바닥에 주저앉아 녀석도 나와 같은 자세를 취하기를 바랐다. 하지만 녀석은 처음 내게 접근했을 때처럼 조용히 물러났다. 나는 두 시간 동안 땅바닥에 앉아 있었다. 약 20미터 떨어진 곳에서 무언가가 움직이는 모습이 보였다. 그러고 얼마 지나지 않아서 새끼 두 마리가 덤불숲 밑에서 졸고 있는 모습이 눈에 띄었다. 오후 서너 시가 될 때까지 우리 셋 중 아무도 움직이지 않았다. 그 무렵 조지가 나타났다. 그러자 새끼들은 사라졌다. 우리는 제스파가 전속력으로 짙게 우거진 덤불숲 사이를 가로질러 달려가는 모습을 어렴풋이 볼 수 있었다.

이전에 새끼들이 우리와 가깝게 지냈던 이유가 전적으로 엘자 때문이었다는 사실이 명백해졌다. 엘자가 죽은 이후부터 새끼들은 우리가 부르는 소리에 응답하기는커녕 우리의 소리를 듣거나 냄새를 맡을 때마다 달아나버렸다. 우리 때문에 새끼들이 야영지를 피해 달아나지 않도록 하기 위해 먹이를 텐트 아래쪽에 있는 모래톱에 갖다 놓았다. 그러고 나서 우리는 엘자의 무덤에 심을 나무들을 구하러 나섰다.

강 건너편에서 비비들이 보통 때보다 시끄럽게 울어대는 바람에 우리는 아침 일찍 잠에서 깨어났다. 무슨 일인지 알아보려고 강을 건넜다. 몸을 감추고 있는 엘자 새끼들의 모습이 곧 눈에 띄었다. 우리는 가지고 온 먹이 두 덩이 가운데 하나를 녀석들에게 준 다음 다른 하나는 높이 쳐들어 보이기만 하고 다시 강을 건너와서 보이는 곳에 놓아두었다. 나는 오전 내내 독수리들이 고기를 먹지 못하게 막았다. 새끼들은 나를 지켜보고 있었지만 강을 헤엄쳐 건너오려고 하지 않았다.

정오가 되자 나는 녀석들이 배가 몹시 고플 것이라는 생각이 들었다. 나는 더 이상 기다리지 않고 고기를 강물에 띄워 보냈다. 제스파가 즉시 고기를 물고 종려나무 숲으로 가지고 갔다. 나는 강을 건넌 뒤 녀석들의 눈이 닿지 않는 곳에 몸을 숨긴 채 허겁지겁 먹이를 해치우는 녀석들을 지켜보았다. 녀석들은 이따금 물을 마시러 강가로 내려갔다. 먹이를 다 먹은 후 제스파가 내장을 땅에 묻고 나무 위로 올라가는 모습을 보았다. 녀석은 한참 동안 그곳에 머물러 있더니 덤불숲에 있는 다른 녀석들과 합류했다.

오후 서너 시쯤 조지와 나는 다시 새끼들을 찾아 나섰다. 우리는 곧 녀석들과 마주쳤다. 하지만 우리가 가까이 다가가자 녀석들은 달아나버렸다. 날이 어두워지고 나서 강 건너편에서 하이에나들의 울음소리가 들려왔다. 나는 새끼들이 걱정스러웠다. 자정 무렵 새끼들의 아비가 녀석들을 부르는 소리가 들려왔다. 수사자의 소리는 강 상류에서 시작해 점점 가까워졌다. 수사자는 엘자의 무덤 맞은편에서 짧게 세 번 으르렁거렸다. 엘자를 부르는 소리일까, 하는 생각이 들었다.

밤하늘이 매우 맑았다. 별들이 평소보다 크게 보였고, 남십자성이 엘자의 무덤 바로 위에 떠 있었다. 수사자가 울부짖을 때 새끼들은 아마도 가까운 곳에 있었던 게 분명했다. 아침에 보니 녀석들의 흔적이 야영지에서 시작해 강 건너편으로 이어져 있었기 때문이다. 우리는 다음 날 하루 종일 새끼들의 발자국을 추적했다. 하지만 아무 데서도 녀석들을 볼 수 없었다. 날이 어두워지기 바로 직전에 야영지에서 멀리 떨어진 한 지점에서 수사자와 새끼들이 함께 어울렸던 흔적이 발견되었다.

다음 날에도 추적 작업을 벌였지만 아무 소득이 없었다. 그 과정에서 우리는 버펄로 몇 마리와 코뿔소와 마주친 데 이어 호저(豪猪)의 공격을 받았다. 녀석들의 뒤를 밟으며 우리는 하류지역에서 수사자 한 마리를, 그리고 상류지역에서 또 다른 수사자와 암사자 한 마리를 보았을 뿐이다. 우리는 녀석들의 흔적이 혹시 우리가 본 사나운 수사자와 암사자의 흔적이 아닌지 의심스러웠다.

저녁이 되면서 우리는 먹이를 랜드로버에 매달아놓고 새끼들이 오기를 기다렸다. 하지만 허사였다.

엘자가 죽은 지 꼭 일주일이 지났다. 우리는 새끼들이 우리를 신뢰하기를 기대했지만 배가 고플 때를 제외하고는 녀석들은 우리를 피했다. 돌이켜 생각하면 엘자의 삶은 일종의 악순환을 예고하는 듯했다. 녀석의 때 이른 죽음도 그것과 무관하지 않았다. 엘자는 살아 있는 동안 반쯤 길들여진 상태로 지냈다. 엘자의 그런 모습은 새끼들에게 영향을 주어 녀석들이 야생에서 살아갈 수 있는 가능성을 희박하게 만들었다. 새끼들이 자연적인 서식처를 떠나 척박한 루돌프 호숫가에서 살아가야 할 운명으로 전락한 것도 엘자 때문이었다. 이제 엘자가 죽고 없는 상황에서 새끼들은 야생 수사자들에게 입양되어 함께 살든지, 아니면 금렵

지역이나 국립공원에서 살든지 둘 중의 하나를 선택해야 했다. 물론 엘자의 경우에는 사람과 너무 친숙해 있었던 탓에 두 가지 중 어느 한 가지도 가능하지 않았을 것이다. 반면 새끼들은 스스로 둘 중 하나를 선택할 수 있을 만큼 충분히 성장했다. 과거에도 종종 그랬지만 나는 엘자가 과연 새끼들의 문제를 어떻게 해결했을지 궁금했다.

새끼들의 신뢰를 되찾을 수 있는 방법을 생각하느라 마음이 산란했기 때문에 나는 그 날 밤을 뜬눈으로 지새웠다(녀석들은 최소한 열 달 동안은 우리 도움이 필요한 상태였다). 엘자가 새끼들을 데리고 강을 건너와 우리에게 소개해준 지 꼭 1년이 지났다.

나는 몸이 별로 좋지 않았기 때문에 녀석들을 찾는 일을 다음 날 오후까지 미루었다가 누루와 함께 바위지대를 둘러보았다. 하지만 헛수고였다. 집으로 돌아오는 길에 하이에나 한 마리의 흔적이 야영지 근처의 종려나무가 있는 곳까지 이어져 있는 게 확인되었다. 그곳에서 우리는 마침내 새끼들을 발견했다. 제스파는 나를 따라 텐트가 있는 곳까지 왔다. 녀석은 일꾼들이 먹이를 준비하는 동안 내가 만지는 것을 허락했다. 먹이가 준비되자 녀석은 잽싸게 달려들어 먹이를 끌고 숨어 있는 새끼들에게 가져갔다. 그러고 나서 녀석은 자기 몫의 먹이를 먹기 전에 내게 다가와서는 안전한 자세를 취하며 함께 놀자는 의사를 표명했다. 녀석은 머리를 숙이더니 땅바닥에 몸을 굴렸다. 가까이 다가가자 녀석은 번개처럼 내게 달려들었다. 나는 깜짝 놀라 몸을 뒤로 뺐다. 녀석이 날카로운 발톱을 세워 엘자의 가죽을 붙잡고 노는 모습을 종종 본 적이 있었기 때문이다. 내 피부가 엘자의 피부와 다르다는 것을 녀석이 알 리가 없었다. 허탈해하는 녀석의 마음을 달래주려고 나는 낡은 타이어도 굴려주고 막대기도 던져주었다. 녀석은 잠시 그것들을 가지고 놀더니 생명이 없는 물체라서 흥이 깨졌는지 곧 지루한 듯한 표정을 지으며 새끼들이 있는 곳으로 돌아갔다.

나는 제스파가 먹이를 다 먹고 나서 기분이 안정될 때를 기다렸다. 약 두 시간을 기다린 후 녀석에게 다가갔다. 녀석은 다시 앞발을 쳐들고 잽싸게 덮쳐왔다. 더 이상 접근하는 게 불가능했다. 나는 고파에게 부드러운 어조로 말을 걸었다. 하지만 녀석을 나를 향해 으르렁거리더니 귀를 곤추세운 채 다른 곳으로 피해버렸다. 제스파가 녀석의 뒤를 쫓아갔다. 제스파는 고파와 나 사이에 자리를 잡고 앉았다. 고파를 보호하기 위한 동작임이 분명했다. 갑자기 함염지에서 짐승의 콧소리가 들려왔다. 내가 손전등을 가져오는 동안 제스파는 먹이를 가시덤불 안으로 옮겼다.

제스파는 어렸지만 자신의 도움을 필요로 하는 상황에서는 책임 있는 우두머리답게 행동했다. 녀석은 언제나 다른 새끼들을 도울 준비가 되어 있었다.

오후 늦게 조지가 이시올로에서 돌아왔다.

엘자의 해부 결과가 나왔다. 엘자의 사인은 진드기를 통해 전이된 바베시아라는 기생충 때문이었다. 이 기생충은 적혈구를 파괴한다. 엘자의 감염 정도는 4퍼센트에 불과했지만 망고파리에게 물려 면역력이 약화된 상태였기 때문에 치명적인 결과를 낳게 된 것이었다.
그런 질병이 사자에게서 발견되기는 처음이었다.

# 27

## 새끼들의 이동 계획

조지가 돌아온 날 새끼들은 날이 저물자 야영지에 모습을 드러냈다. 제스파가 앞장을 섰고, 그 뒤를 고파와 리틀 엘자가 따라왔다. 제스파는 또다시 함께 놀자는 의사를 표명했다. 조지가 돌아와 있는 상황이었기 때문에 나는 발톱에 긁히는 위험을 감수하기로 마음먹고 두려움을 억누르며 가만히 손을 내밀었다. 눈 깜짝할 사이에 제스파는 손가락 관절이 있는 부위를 찢어놓았다. 심각한 상처는 아니었지만 다시는 제스파와 함께 놀지 않겠다는 결심을 하기에 충분했다.

조지는 그림우드 소령이 다음 날 이시올로를 거쳐간다는 소식을 가져왔다. 나는 새끼들의 장래를 논의하고 싶었기 때문에 그를 만나기로 결정했다. 그의 도움을 빌려 동아프리카의 동물보호지역에 녀석들의 새로운 서식처를 마련했으면 좋겠다는 생각을 했기 때문이다.

그림우드 소령은 매우 협조적이었다. 그는 케냐와 탕가니카의 국립공원 관계자들에게 연락을 취해보겠다고 약속했다.

나는 야영지로 돌아오면서 엘자를 네덜란드로 데려갈 때 사용하려고 만들었던 낡은 운송용 상자를 가져왔다. 새끼들이 그 안에서 먹이를 먹도록 유인해볼 생각에서였다.

우리의 계획은 다음과 같았다. 먼저 새끼들이 땅에 놓아둔 커다란 운송용 상자에서 먹이를 먹는 데 익숙해지게 만든 다음 세 녀석이 모두 상자 안에 들어가면 문을 닫아 잠근다. 그런 다음에는 적당량의 진정제를 섞은 골수를 세 개의 접시에 담아 새끼들이 밖으로 달아나기에는 너무 작은 두 번째 문을 통해 밀어 넣는다. 그렇게 하면 약효가 발휘되었을 때 새끼들이 운송용 상자 안에 안전하게 머물 수 있을 것 같았다. 이 단계는 특히 아주 중요했다. 자칫 새끼들이 약을 먹은 후에 탈출한다면 의식이 온전치 못한 상태에서 헤매다가 다른 맹수들의 먹이가 될 수도 있었기 때문이다. 마지막으로 새끼들이 약효 때문에 몸을 움직이지 못하는 틈을 타서 세 녀석을 5톤 트럭의 적재함에 맞게 설계한 세 개의 운송용 상자에 따로 나누어 싣는다.

나는 자정 무렵에 돌아왔다. 새끼들은 세 마리 모두 텐트 옆에 있는 자신들의 먹이를 지키며 앉아 있었다. 녀석들은 자동차 전조등 불빛을 개의치 않았다. 심지어 내가 일부러 전조등을 녀석들의 정면에 비추었는데도 그랬다. 낮에는 다소 초조했겠지만 날이 저물고 어둠이 깔리자 마음의 안정을 찾은 듯이 보였다. 조지는 다음 날 아침 이시올로로 돌아가야 했기 때문에 내가 혼자서 야영지의 일을 떠맡아야 했다. 나는 혼자 있을 때는 항상 랜드로버 안에서 잠을 자는 한편, 맹수들을 경계하기 위해 차를 먹이 곁에 주차시켰다.

2월 10일 저녁이었다. 새끼들은 저녁 식사를 마친 후 텐트 주위를 돌며 서로 추격전을 벌였다. 녀석들의 모습을 지켜보면서 마음이 흐뭇했다. 새끼들은 엘자가 죽은 뒤로 매우 의기소침한 상태였다. 녀석들은 그때까지만 해도 먹이를 먹은 후 우두커니 앉아 있기만 할 뿐 즐겁게 뛰논 적이 없었다.

다음 날 저녁 나는 이시올로에서 가져온 낡은 운송용 상자를 제 위치에 갖다 놓고 그 옆에 고기를 두었다. 새끼들은 다른 날과 비슷한 시간에 모습을 드러냈다. 제스파는 의심스러운 듯 몇 번 냄새를 맡더니 운송용 상자 안으로 들어갔다. 그런 다음 다시 나와 고파와 리틀 엘자와 함께 먹이 옆에 앉았다. 나는 나지막한 목소리로 녀석들에게 말을 걸었다. 녀석들이 나를 보면 먹이를 연상하기를 바라는 마음에서였다. 나는 매일 세 개의 접시를 준비해 각각의 접시에 대구 간유와 뇌수와 골수를 섞은 먹이를 가득 채웠다. 그런 식으로 새끼들이 따로따로 자기 몫을 먹는 훈련이 되어 있어야만 진정제를 먹여야 할 날에 각자 적정량의 약물이 섞인 먹이를 먹을 것이라는 생각에서였다.

다음 사흘 동안 새끼들은 전과 다름없는 생활을 했다. 녀석들은 전에 엘자가 있을 때와 같이 낮 시간에는 강 건너편으로 가서 지내다가 밤이 되면 먹이를 먹으려고 야영지로 찾아왔다. 나는 녀석들의 일상생활에 전혀 개입하지 않았다. 녀석들을 안심하게 만들어 신뢰를 얻기 위해서였다. 나의 생각은 점차 성공을 거두고 있었다. 어느 날 저녁 제스파가 다른 때보다 일찍, 그러니까 약 6시경에 강을 건너와서는 내 손에 들려 있는 접시를 깨끗이 비웠다. 내가 엘자라는 이름을 부를 때마다(나는 엘자의 새끼인 리틀 엘자를 '엘자'라고 불렀다) 제스파는 매우 민감한 반응을 보였다. 제스파와 고파는 자신들의 이름을 잘 알고 있었다. 리틀 엘자가 엄마와 같은 이름을 가진 것이 녀석들에게 혼동을 불러일으켰지만 나는 곧 익숙해지리라고 생각했다. 긴급한 상황이 발생할 경우에 대비해 리틀 엘자가 내가 부르는 소리를 인지하는 게 매우 중요했다.

함께 평화로운 저녁 시간을 보낸 후 나는 랜드로버 안으로 들어갔다. 새벽 3시경 녀석들의 아비가 강 건너편에서 낮게 울부짖는 소리가 들려왔다. 수사자의 울음소리는 새끼들에게 무엇인가를 말하는 듯했다. 나중에 다시 큰바위 쪽에서 수사자의 울음소리가 들려왔다. 나는 누루에게서 아침에 새끼들의 발자국이 큰바위를 향해 이어져 있는 것을 발견했다는 말을 전해들었다.

오후에 나는 새끼들의 발자국을 살펴보기 위해 누루와 함께 밖으로 나갔다. 수사자의 흔적과 녀석들의 발자국이 한데 어우러져 있는 것이 확인되었다. 녀석들을 방해하고 싶은 마음이 없었기 때문에 다시 야영지에 돌아와 어두워질 때까지 두 마리의 앵무새를 지켜보며 지냈다.

제스파는 오후 8시경에 돌아왔다. 다른 녀석들도 곧 뒤따라왔다. 이른 새벽까지 나는 녀석들이 먹이를 먹고 뛰어노는 모습을 지켜보았다. 수사자가 녀석들을 키우면서 사냥하는 법을 가르쳐주었으면 좋겠다는 생각이 들었다.

조지는 이튿날에 돌아왔다. 그가 돌아온 시점과 제스파가 운송용 상자 안에서 처음 먹이를 먹는 시점이 우연히 일치했다. 고파와 리틀 엘자는 제스파를 지켜보았지만 따라할 생각은 없는 듯했다. 하지만 우리가 모두 잠자리에 들자 녀석들은 비로소 용기를 내어 운송용 상자에 들어가 먹이를 먹었다. 우리는 안도의 한숨을 내쉬었다. 이로써 새끼들은 낯선 물체에 대한 두려움을 극복한 셈이었다. 우리는 즉시 녀석들을 운반할 우리를 주문했다.

우리는 우리의 세 면을 철 막대로 만들기로 결정했다. 여행하는 동안 새끼들이 서로를 해치지 못하게 하는 한편, 서로를 바라보며 용기를 얻도록 하기 위해서였다. 물론 녀석들이 철 막대에 몸을 비벼댈 위험이 없지 않았다. 하지만 우리는 어두운 우리에 갇혀 여행하는 동안 공포감 때문에 발생할지 모르는 정신적 충격보다는 차라리 육체적인 상처가 훨씬 쉽게 아물 것 같은 생각이 들었다. 아울러 운송용 우리의 나머지 한 쪽 면은 나무로 만든 문을 달 예정이었다.

마음의 결심이 서자 나는 350킬로미터 떨어져 있는 난유키에 가서 운송용 우리 세 개를 주문했다. 야영지로 돌아오는 길에 이시올로를 경유했다. 그곳에서 새끼들의 불안한 심리상태를 치유하는 데 도움을 줄 수 있는 약품을 제공하겠다는 제약회사의 메시지를 전해 받았다. 엘자가 죽은 후 각지에서 많은 위로의 편지가 날아들었다. 이는 엘자가 전세계 사람들로부터 많은 사랑을 받았다는 증거였다. 각지의 동물원 책임자들이 새끼들을 데려가겠다는 제안을 해왔지만 제약회사의 메시지는 녀석들에게 즉각적인 도움을 제공할 수 있는 최초의 제안이었다. 나는 제약회사 관계자를 만나기 위해 이시올로에서 기다렸다. 그들은 내게 새끼들의 저항력을 강화시켜줄 수 있는 가루로 된 테라마이신을 전달했다. 그들의 정성에 마음이 뭉클했다.

그들은 진정제에 관해서도 많은 정보를 알려주었다. 그들은 리브리엄만이 새끼들에게 사용할 수 있는 유일한 진정제라고 말해주었다. 아울러 그들은 사자들이 약물에 매우 민감할 뿐만 아니라 개체에 따라 반응이 각기 다르기 때문에 약효를 장담할 수 없다는 말도 잊지 않았다.

야영지에 도착하자 조지는 내가 없는 동안 매우 신나는 시간을 보냈다고 말했다. 조지의 말에 의하면 내가 자리를 비운 첫째 날 새끼들은 늦은 오후에 야영지를 찾아와서는 수사자가 부르는 소리를 듣고서도 텐트 옆을 떠나지 않고 밤새 머물러 있었다고 한다. 이튿날 오후에는 조지가 녀석들의 흔적을 좇아 푸푸바위까지 가서 바위 위에 올라가 이름을 불렀더니 제스파가 다가와 머리를 만지도록 허락했다고 했다. 리틀 엘자도 멀리서나마 모습을 드러냈고, 고파는 바위 뒤에 숨어서 양쪽 귀 끝만을 살짝 내비쳤다고 했다.

집에 돌아오는 길에 조지는 버펄로 세 마리와 코뿔소 한 마리와 마주쳤다. 새끼들이 그와 함께 있지 않아서 다행이었다. 새끼들은 날이 어두워지자 다시 야영지에 나타나 운송용 상자 밖에 사슬로 묶어둔 고기를 먹어치웠다. 제스파가 남은 고기를 상자 안으로 끌어다 놓았다. 녀석들은 식사를 마친 후 강 건너편으로 건너가서 그곳에서 꼬박 하루 동안 놀면서 시간을 보냈다. 조지는 녀석들이 나무를 기어오르는 모습을 보았다. 녀석들은 제법 높은 곳까지 올라갔다. 저녁 식사 시간에 녀석들이 나타나지 않았기 때문에 다음 날 아침 누루가 먹다 남은 고기를 들고 작업실로 향했다. 먹이를 서늘한 나무 그늘 아래 매달아놓기 위해서였다. 그가 막 나무에서 내려오려는 찰나에 제스파가 펄쩍 뛰어올랐다. 하지만 간발의 차이로 그가 있는 곳까지 닿지는 못했다. 그 후 얼마 지나지 않아서 조지가 돌아왔다. 그는 제스파가 나무에 매달아놓은 먹이를 낚아채려는 모습을 보았다. 리틀 엘자가 건너편에 있는 타마린드나무에서 그 모습을 지켜보고 있었다. 제스파가 물을 마시러 간 틈을 타서 조지는 먹이를 잘라 땅바닥에 떨어뜨려 놓았다. 잠시 후 다시 돌아온 제스파는 먹이를 강으로 끌고 내려간 다음 강물에 띄워 다른 녀석들이 있는 곳으로 보내주었다.

　오후 서너 시쯤 모래톱으로 나간 조지를 보고 새끼들은 깜짝 놀랐다. 고파와 리틀 엘자가 먼저 줄행랑을 쳤고, 곧이어 제스파가 그 뒤를 쫓아갔다. 한 시간 후 조지는 강을 건너가 약 20분 동안 소리쳐 불렀지만 아무 응답이 없었다. 그 순간 타마린드나무 위에서 무언가가 움직이는 게 감지되었다. 표범 한 마리가 나무 꼭대기의 가지에 웅크리고 앉아 새끼들에게서 훔친 고기를 먹고 있었.

　제스파가 나타나서 나무를 기어오르며 표범을 향해 다가갔다. 표범은 제스파를 향해 으르렁거렸다. 나무 꼭대기의 가지는 가늘고 약했기 때문에 제스파의 무게를 감당하지 못했다. 녀석은 아래쪽 가지에 걸터앉을 수밖에 없었다.

조지는 그 상황을 좀더 잘 관찰하기 위해 강둑으로 올라갔다. 그 순간 표범이 벌떡 몸을 일으키더니 제스파의 곁을 스치며 나무 아래로 뛰어 내려왔다. 땅에 내려온 표범은 쏜살같이 도망쳤고, 그 뒤를 새끼 세 마리가 추적했다. 조지는 녀석들의 흔적을 뒤쫓으며 강 아래로 내려가다가 제스파와 마주쳤다. 녀석은 주변 나무들의 꼭대기를 주시하고 있었다. 조지는 표범의 흔적을 찾지 못한 채 제스파를 놓아두고 야영지로 돌아왔다.

날이 어두워지고 나서 한참 지난 후 새끼들은 야영지에 돌아왔다. 제스파는 조지가 내민 파이 접시에서 대구 간유를 해치웠고, 고파는 운송용 상자 안에서 자신의 몫을 먹었다. 내가 도착한 것은 그 무렵이었다. 녀석들이 운송용 상자 안에서 먹이를 먹는 데 익숙해진 모습을 보니 기분이 좋았다.

우리는 제스파가 매우 자랑스러웠다. 표범과 사자는 서로 원수지간이다. 물론 표범은 다 자란 사자를 결코 이길 수 없다. 하지만 어린 사자가 표범과 대적할 때는 문제는 달라진다. 제스파는 아직 어린 데도 표범과 맞서는 용기를 보여주었다.

나는 아침에 낮게 울부짖는 소리를 듣고 잠에서 깨어났다. 엘자가 아닐까 하는 착각이 들 정도로 친숙한 소리였다. 다름 아닌 제스파의 소리였다. 녀석은 다른 녀석들에게 텐트 주변에서 뛰노는 것을 중지하고 자기를 따라 강가로 가자는 의사를 표시했다. 곧이어 세 녀석이 철벅거리며 강을 건너는 소리가 들려왔다. 잠시 후 상류 쪽에서 수사자 두 마리가 포효하는 소리가 대기를 갈랐다.

그 날 밤 늦게 제스파가 잠시 모습을 드러냈다가 즉시 고파와 리틀 엘자가 있는 곳으로 되돌아갔다. 모든 게 안전한지를 잠시 살피러 온 것이 분명했다. 녀석은 대구 간유를 핥아먹었다. 내가 머리와 콧등과 귀를 만져도 녀석은 가만히 있었다. 야영지의 불이 꺼진 후 조지는 리틀 엘자가 운송용 상자로 다가가 다른 녀석들과 합류하는 모습을 보았다. 운송용 상자에는 세 마리의 사자 외에 먹이까지 들어 있어서 좀 비좁았다.

다음 날 조지가 이시올로로 떠났기 때문에 다시금 나 혼자서 모든 것을 관할해야 했다. 오후에 새끼들이 작업실 근처의 모래톱에 모습을 드러냈다. 뚜렷한 모습을 갖춘 고파의 갈기는 매우 인상적이었다. 녀석의 갈기는 제스파의 금빛 갈기보다 5센티미터 정도 더 길고 색깔도 훨씬 짙었다.

그 날 밤 첨벙거리는 소리가 들렸다. 버펄로가 강물에 뛰어드는 소리와 비슷했다. 새끼들은 내내 모습을 보이지 않다가 다음 날 저녁이 되어서야 비로소 나타났다. 녀석들은 모두 굶주려 있었다. 리틀 엘자는 다른 두 녀석을 주먹으로 쳐댔다. 자기 몫의 대구 간유를 빼앗기지 않으려는 의도가 역력했다. 대개의 경우 두 녀석은 리틀 엘자의 몫까지 모두 핥아먹었다.

녀석들은 여전히 먹이를 찢어발기는 데 서툴렀다. 나는 기회를 엿보고 있다가 녀석들을 도와주었다. 제스파는 내가 먹이에 손을 대자 나를 공격했다. 나와 먹이가 모두 운송용 상자 안에 있는 데다 녀석들이 밖으로 나가는 입구를 막아서고 있는 상황에서 벌어진 일이라 매우 위험했다. 다행히 녀석은 내가 도움을 주려는 것을 알아차리고 일을 끝마칠 때까지 가만히 기다렸다. 이는 녀석이 선한 본성과 약간의 지성을 가지고 있다는 것을 보여주는 증거였다. 녀석의 그런 행동은 엘자를 생각나게 했다.

그 후 하루가 훨씬 지나서야 새끼들을 다시 볼 수 있었다. 아침 일찍 녀석들 아비의 울음소리가 들렸다. 첫 번째 울음소리는 매우 가까운 곳에서, 그리고 마지막 울음소리는 큰바위 쪽에서 들려왔다. 그 후 새끼들이 낡은 철모에서 물을 핥아먹는 소리가 들렸다. 낡은 철모는 여전히 녀석들이 좋아하는 물그릇이었다. 나는 차에서 나와 녀석들이 먹이를 먹을 수 있도록 운송용 상자를 열어주었다. 하지만 녀석들은 나한테 눈길 한 번 주지 않고 곧바로 큰바위를 향해 걸어갔다. 먹이를 먹는 것보다 아비와 함께 놀고 싶어 하는 눈치가 역력했다. 수사자가 녀석들에게 먹이를 제공해줄 수도 있겠다는 생각이 들었다. 밤새 큰바위에서 푸푸거리는 소리가 반복해서 들려왔다. 다음 날 아침에 보니 사자들의 흔적이 그곳으로 이어져 있었다. 다음 날 저녁 수사자는 새끼들을 놓아두고 다시 떠나버렸다. 실망스러운 일이었다. 나는 수사자가 어슬렁거리며 돌아다니는 소리를 들었다. 새끼들은 매우 굶주린 상태로 야영지에 돌아왔다. 하지만 녀석들은 서두르지 않고 운송용 상자를 열어줄 때까지 기다렸다. 문을 열어주고 다시 랜드로버로 돌아가자 녀석들은 쏜살같이 달려들어 먹이를 말끔히 해치우고는 새벽녘에 다시 강을 건너갔다.

# 28

### 새끼들과 사자 무리

어느 날 저녁이었다. 새끼들은 처음으로 엘자의 무덤 옆에서 휴식을 취했다. 무덤을 만든 지 거의 한 달이 지나서였다. 그곳은 녀석들이 좋아하는 놀이터였지만 엘자가 죽은 후로는 거기서 녀석들이 뛰노는 모습을 보거나 녀석들의 흔적을 발견한 적이 없었다.

아마 우연한 일일 수도 있겠지만 사자들의 강력한 후각능력 때문일 가능성도 배제할 수 없었다. 그것도 아니면 고도의 지성을 소유한 동물들의 경우에는 어느 정도 죽음에 대한 이해가 가능하다는 증거일 수도 있다.

특히 코끼리의 경우가 그렇다. 한때 동료 코끼리들로부터 존경을 받는 것처럼 보였던 코끼리가 한 마리 있었다. 녀석이 죽은 뒤 다른 두 마리의 수코끼리가 며칠 동안 시체 곁에 머물러 있다가 상아를 빼내고 나서 시체와 약간 떨어진 곳에 잘 갈무리하는 모습이 목격되었다. 또 한 번은 조지가 위험한 코끼리를 죽여야 했을 때도 흥미로운 사건이 일어났다. 조지는 이시올로의 집 마당에서 한밤중에 그 코끼리를 쏘아 죽인 후 냄새가 날 것에 대비해 시체를 다른 곳으로 치웠다. 다음 날 아침 다른 코끼리들이 죽은 코끼리의 어깨뼈를 뜯어내 녀석이 총살되었던 장소에 가져다 놓은 게 목격되었다.

우리는 코끼리가 인간의 죽음에 관해서도 관심을 갖는 모습을 여러 차례 목격할 수 있었다.

한번은 사파리 여행을 하는 도중에 그 지역 부족민들로부터 다음과 같은 이야기를 들었다. 이야기인즉 얼마 전 한 남자가 코끼리 때문에 사망하는 사고가 일어났는데, 그 후로 사고를 일으킨 코끼리가 매일 오후가 되면 사건 현장에 와서 한두 시간 정도 우두커니 서 있는 모습이 목격되었다고 했다. 확인 결과 그들의 말은 사실인 듯했다.

2월 27일 우리는 푸푸바위의 대극 그늘 아래서 휴식을 취하고 있는 새끼들을 발견했다. 소리쳐 부르자 제스파가 달려와서는 내 곁에 앉더니 다소곳이 머리를 숙였다. 하지만 녀석의 눈은 고파와 리틀 엘자를 주시했다. 잠시 후 리틀 엘자가 우리 쪽으로 조금 다가왔다. 하지만 고파는 멀리 떨어져서 마치 우리가 없는 듯이 행동했다. 나는 제스파에게 전에 보지 못했던 커다란 진드기가 붙어 있는 것을 발견하고 깜짝 놀랐다. 혹시나 바베시아병을 옮길지도 모른다는 두려움 때문이었다. 나는 온갖 기지를 발휘해 진드기를 제거해주려고 했지만 녀석의 방해로 번번이 실패할 수밖에 없었다. 녀석은 그런 나의 행동을 함께 놀자는 표시로 이해했다. 마치 시간이 정체되어 있는 듯한 상쾌하고 평화로운 오후였다. 주변의 모든 것에 엘자에 관한 추억이 담겨 있었다. 제스파는 선한 본성과 지성과 책임감을 갖추었다는 점에서 엘자와 매우 비슷했다. 우리는 사진을 찍으며 석양이 붉게 물들 때까지 시간을 보내다가 집으로 돌아왔다.

우리가 바위에서 내려오자마자 고파와 리틀 엘자가 제스파에게 다가왔다. 세 녀석 모두 석양빛에 뚜렷한 윤곽을 드러낸 채 바위에 서 있었다. 우리를 지켜보는 듯했지만 실제로는 바위 밑에 숨어 있다가 우리의 접근에 놀라 쏜살같이 튀어나간 버펄로를 보고 있을 가능성이 높았다. 다행히 버펄로도 우리와 마주치는 게 싫었던 모양이었다. 새끼들은 저무는 석양에 모습이 보이지 않을 때까지 그 자리에 우두커니 서 있었다.

그 후 이틀 동안 새끼들은 야영지에 모습을 드러내지 않았다. 조지는 강 건너편에서 수사자의 울음소리가 들려오자 녀석들의 흔적을 찾아 나섰다. 그는 푸푸바위에서 가장 가까운 강가에서 물을 마시는 녀석들을 발견했다. 녀석들은 물을 마신 후 다른 쪽으로 건너갔다. 다음 날 조지는 하류 쪽으로 약 3킬로미터 정도 떨어진 곳에서 녀석들의 발자국을 발견했다. 거기서 조금만 더 가면 수사자와 암사자들의 무리가 있는 곳이 나왔다. 발자국은 모두 바위가 많은 산등성이로 이어져 있었다. 산등성이는 지난 7월 엘자가 16일 동안 없어졌을 때 마케데가 녀석의 흔적을 추적하느라 와본 곳이기도 했다.

조지는 산등성이를 돌아보다가 새끼들의 흔적은 바위 한쪽 끝에서 중단된 반면 수사자들과 암사자들의 발자국은 반대편 끝에서 멈추어진 것을 발견했다.

나는 다리가 불편했기 때문에 조지와 동행하지 않았다. 나뭇가지에 정강이를 찢긴 지 3주가 흘렀다. 처음에는 상처가 아무는 듯했지만 다시 악화되는 바람에 고통이 매우 심했다. 나는 근처 산지에 있는 선교병원에 도움을 청하기로 하고 아침 일찍 이브라힘과 함께 길을 나섰다. 의사는 내 상처를 보자마자 곧바로 나를 수술실로 옮겼다. 의사와 간호사는 이틀 동안 매우 친절하게 보살펴주었다. 그 후 다리는 야영지로 돌아올 정도로 충분히 회복되었다. 당시 이브라힘은 수색 상황에 관한 소식을 적은 조지의 쪽지를 선교병원에 있는 내게 전해주었다. 쪽지에 적힌 내용은 다음과 같았다.

3월 3일. 새끼들은 어제 낮에도 밤에도 나타나지 않았소. 나는 오전 7시경에 출발해 건너편 강둑을 따라 하류지역으로 내려갔소. 하지만 새로운 흔적을 전혀 발견하지 못했소. 그 후 나와 누루는 폭포를 지나 강을 건넜소. 강을 건너자 새끼들의 모습이 보였소. 제스파가 우리에게 다가와 옆에 앉았고, 다른 녀석들은 덤불숲에 숨어 있었소. 우리는 야영지를 향해 출발할 채비를 갖추었소. 나는 새끼들이 한낮의 뜨거운 열기를 피해 서늘한 덤불숲 아래서 휴식을 취하겠거니 생각하고는 녀석들을 남겨둔 채 야영지로 돌아왔소. 도착해보니 약 11시 30분경이었소. 그때 이브라힘이 당신의 수술 소식을 전해줍디다. 아울러 그는 오후 5시경 야영지와 병원 사이를 흐르는 작은 강을 건넌 직후 큰 수사자와 새끼 세 마리가 길가에 앉아 있는 모습을 보았다고 했소. 새끼들 가운데 둘은 수놈에 하나는 암놈인데다 연령도 엘자의 새끼들과 비슷했다지 뭐요. 당연히 이브라힘은 녀석들이 엘자의 새끼들이고 큰 수사자는 녀석들의 아비가 틀림없다고 생각했소. 그는 녀석들과 몇 미터 떨어진 곳에 차를 세웠소. 수사자와 새끼 두 마리는 몸을 움직여 조금 떨어진 곳으로 물러났지만 세 번째 새끼는 그대로 차도변에 앉아 있었소. 이브라힘이 "제스파, 제스파, 쿠-쿠-우!"라고 소리치자 새끼는 고개를 다소곳이 숙였소. 이브라힘이 자동차 문을 열고 반쯤 나오는데도 새끼는 여전히 그 자리에 앉아 있었소. 그러는 사이 다른 녀석들이 나타나서 자동차 반대편에 쭈그리고 앉았소. 참으로 이상한 일 아니오? 만일 내가 정오에 엘자의 새끼들을 보지 않았다면 이브라힘이 본 사자 새끼들이 녀석들이 분명하다고 생각하고는 즉시 차를 몰고 강으로 갔을 것이오. 정말 신기한 일이 아닐 수 없소. 새끼들은 오후 7시 30분경에 나타났는데, 전혀 배고픈 기색을 보이지 않았소. 녀석들은 밤새 야영지에 머물러 있다가 아침에 푸푸바위를 향해 나갔소. 그 후 두 마리 이상 되는 수사자들의 울음소리가 강 위쪽에서 들려왔다오.

3월 4일. 오후 5시경 푸푸바위 꼭대기에 올라갔소. 그곳에서 새끼들을 발견했다오. 리틀 엘자만 모습을 드러내 나와 약 12미터 정도 떨어진 곳에 앉더니 석양이 질 때까지 그대로 있었소. 그리고 나서 야영지로 돌아왔소. 밤 11시경이 되었는데도 새끼들은 오지 않았소. 그래서 나도 그냥 잠을 잤소. 밤 12시 30분에 눈을 떠보니 제스파가 내 텐트 안에 있습디다. 나는 일어나서 녀석에게 대구 간유와 뇌수를 주었소. 다른 녀석들은 운송용 상자 안에서 염소 고기를 먹었소. 나는 다시 잠자리로 돌아갔소. 새벽 1시 30분경 새끼들 가운데 한 마리가 푸푸거리며 소리를 내는 바람에 잠에서 깼소. 다른 사자들이 야영지에 있다는 신호가 분명했소. 잠자리에서 일어나는 순간 근처 숲에서 으르렁거리며 싸우는 소리가 들려왔소. 그러더니 곧이어 몇 미터 밖에서 수사자 두 마리가 목청껏 포효하는 소리가 들렸소. 녀석들은 한동안 야영지 안과 주위에서 크게 울부짖었소. 그러더니 한 녀석이 낮은 음성으로 다른 녀석을 부르며 작업실을 향해 갔다가 다시 큰 바위 쪽으로 난 길을 따라 사라졌소. 그 뒤에도 몇 차례 으르렁거리며 싸우는 소리가 들렸소. 나중에 녀석들은 부엌 강 쪽으로 갔고, 그 후 나는 부엌 강 근처에서 새끼가 내는 듯한 울음소리를 들을 수 있었소. 몇 분 뒤 수사자들은 다시 야영지로 돌아왔소. 그리고 나서 몇 차례 더 포효하는 소리가 들리더니 마침내 물을 튀기며 강물을 건너는 소리가 들렸소. 그러고는 포효 소리가 강 하류 쪽으로 점차 멀어집디다.

3월 5일. 먼동이 틀 무렵 야영지 안팎에서 온통 사자의 흔적이 발견되었소. 사자들은 엘자가 죽기 직전 몸을 눕혔던 모래톱에서 서로 추격전을 벌이며 놀았던 게 분명하오. 강 건너편에서 새끼 사자 두 마리의 흔적을 발견하고는 그 흔적을 따라 산등성이 위로 올라간 다음 삼바바위를 향해 나아갔소. 그러던 중 흔적을 잃어버렸고, 그 후 작은 협곡 위로 나 있는 큰 수사자의 흔적과 마주쳤소. 나는 엘자가 누워 쉬곤 했던 바위들 근처에서 암사자와 새끼 사자의 흔적을 발견했소.

두 가지 추측이 가능했소. 즉, 새끼들이 수사자들의 출현에 놀란 나머지 강을 건너 달아났거나 아니면 사자들의 무리에 합류해 함께 가버렸거나 둘 중 하나인 듯하오. 새끼들이 오전 12시 30분이 되어서야 야영지에 모습을 드러냈다는 사실로 미루어볼 때 녀석들은 야영지로 돌아오기까지 다른 사자들과 함께 있었고, 나중에 사자들이 녀석들을 뒤쫓아왔을 가능성이 매우 높다고 생각되오.

조지는 내가 병원에서 퇴원하던 3월 5일에 이시올로를 향해 떠나야 했다. 그 날 밤 새끼들은 모습을 드러내지 않았다. 나는 기뻐해야 할지 걱정해야 할지 몰랐다. 녀석들이 사자 무리와 합류해 암사자에게 교육을 받았다면 추방 문제가 제기되기 전에 야생으로 돌아갈 수 있었을 것이며, 또한 그렇게 되는 게 최선일 것이다. 하지만 정반대로 녀석들은 야생 사자들에게 쫓겨 도움이 필요한 절박한 상황에 놓였을지도 모른다.

마케데와 누루가 새끼들을 찾아 나섰지만 나는 다리가 아직 온전치 못했기 때문에 함께 길을 나설 수 없었다. 나는 다리가 아픈 게 새끼들이 스스로 살아갈 방도를 찾도록 하는 데 오히려 도움이 될 수도 있다고 자위했다. 만일 새끼들이 야생 사자들 무리에 입양되었다면 내가 법석을 떠는 게 오히려 녀석들을 받아들인 수사자와 암사자를 자극해 입양을 포기하게 만들 수도 있다는 생각이 들었기 때문이다. 하지만 녀석들이 사자 무리에 합류했는지 어떤지 확인할 수 없었기 때문에 마음이 몹시 불안했다.

다시 이틀이 지났지만 새끼들 소식은 전혀 없었다. 그 무렵 조지가 돌아왔다. 그는 즉시 수색 작업을 벌였지만 아무 소득이 없었다. 다음 날 아침 조지와 누루가 다시 수색을 나갔다. 마침내 그들은 새끼들이 한 젊은 사자와 함께 있는 모습을 발견했다. 조지는 새끼들이 사자무리에 입양되었다고 생각하고는 녀석들을 입양한 수사자와 암사자를 자극하지 않기 위해 추적을 중단했다.

우리는 새끼들이 스스로 자신들의 장래를 해결했을 것이라고 믿기 시작했다. 그 이유는 녀석들이 열이틀 동안이나 모습을 전혀 드러내지 않았기 때문이다.

## 29

### 난관에 처한 새끼들

3월 16일, 조지와 누루는 매일 벌이는 수색 작업을 위해 일찌감치 길을 나섰다.

나 혼자 야영지에 있는데, 수렵 감시원 두 명과 정보 제공자 한 명이 13일과 14일 저녁에 사자 세 마리가 타나 강에서 마을로 내려와 암소 네 마리를 해쳤다는 소식을 전해주었다. 원주민들은 돌과 불과 몽둥이를 던지며 사자들을 쫓아내려고 했지만 녀석들은 잠시 도망쳤다가 끈질기게 다시 돌아오곤 했던 모양이었다. 원주민들은 마을을 습격한 사자들이 엘자의 새끼들이라고 믿었다. 그들은 조지가 와서 녀석들을 처리해줄 것을 요청했다.

나는 즉시 사람들을 보내 조지와 연락을 취했다. 그들은 총을 쏘아 조지에게 신호를 보냈다. 다들 야영지로 돌아와 점심을 먹고 나서 사자들이 습격했다는 장소로 떠났다.

그곳에는 모두 여덟 개의 보마가 옹기종기 모여 있었다. 보마는 진흙으로 만든 작은 오두막집으로 둘레에는 너비 약 1.8미터, 높이는 성인의 어깨만한 가시나무 울타리가 쳐져 있었다. 보마 주위의 숲은 빽빽한 덤불로 이루어져 있었기 때문에 사자들이 눈에 띄지 않고 접근하기가 매우 용이했다. 원주민들의 보마는 타나 강과 근접해 있었다. 원주민들은 그곳에서 가축들에게 물을 먹였다.

조지는 암사자 한 마리의 발자국을 발견했다. 침입이 거의 불가능한 가시나무 울타리를 뚫고 들어왔다가 다시 밖으로 나간 흔적이 역력했다. 그는 다른 수사자의 흔적도 조사했다. 가축들의 발자국 때문에 대부분의 흔적이 지워져 있어서 정확한 조사가 어려웠다. 하지만 그는 사자들의 흔적을 쫓다 녀석들이 물을 먹었던 강가의 장소를 발견했다. 그는 지난밤 생긴 새로운 흔적을 발견할지도 모른다는 기대감에 계속 강 하류를 탐색했다. 조지의 노력은 헛되지 않았다. 그는 사자 세 마리가 남긴 새로운 흔적을 발견했다.

그는 수렵 감시원 두 명과 길잡이 한 명을 대동하고 흔적을 쫓아 나섰다. 약 한 시간 뒤 그들은 물이 말라 붙은 수로지역에 이르렀다. 그곳에는 풀이 많이 나 있었다. 조지는 거기서 약 3미터 정도 떨어진 곳에서 잠들어 있는 암사자 한 마리를 발견했다. 녀석의 몸은 나무 둥치에 반쯤 가려져 있는 상태였다. 조지는 몇 분 동안 녀석을 가만히 지켜보았다. 녀석은 이미 성숙한 암사자처럼 보였다. 몇 걸음 뒤쳐져 있던 수렵 감시원이 소총을 톡톡 두들기며 조지에게 신호를 보냈다. 조지는 자신의 소총을 내려다보았다. 그제야 그는 총에 총알을 장전하는 것을 깜빡했다는 게 생각났다. 그는 놀이쇠를 움직여 총알을 장전했다. 다행히 암사자는 놀이쇠가 철컥거리며 움직이는 소리에도 잠을 깨지 않았다. 수렵 감시원은 목소리를 낮추어 다 자란 암사자라고 말하면서 조지에게 어서 총을 발사하라고 재촉했다. 그런 상황에서 사자의 머리에 총알을 박아 넣는 것은 매우 쉬웠다. 하지만 조지는 왠지 주저할 수밖에 없었다. 갑자기 암사자가 몸을 일으키더니 그의 눈을 똑바로 쳐다보았다. 녀석은 얼굴을 잔뜩 찌푸리며 낮게 으르렁거리더니 줄행랑을 쳤다. 그와 동시에 두 마리의 다른 수사자들도 함께 꽁무니를 빼는 소리가 들려왔다. 조지는 녀석들이 엘자의 새끼들이 아니라는 확신이 들었지만 어쨌든 만에 하나 녀석들일 수도 있다는 기우에서 총을 쏘지 않은 것을 다행으로 여겼다. 조지는 새끼들의 이름을 불렀지만 아무 응답이 없었다. 마을을 습격한 사자들이 엘자의 새끼들이 아니라는 조지의 판단은 튼튼한 가시나무 울타리를 뚫고 마을에 침입해 다 자란 암소 두 마리를 쉽게 살해한 행동으로 보아 옳은 듯했다. 상당한 경험을 갖춘 사자들의 소행이 분명해 보였기 때문이다.

    조지는 원주민들에게 또다시 사자들의 습격이 있을 경우에는 즉시 알려달라고 부탁하고 야영지로 돌아왔다.

    다음 날 아침 조지는 누루와 함께 코끼리강 어귀를 향해 길을 나섰다. 그는 강에 떠 있는 섬에서 새끼 사자 두 마리가 휴식을 취하고 있는 모습을 보았다. 하지만 녀석들은 망원경으로 자세히 확인하기도 전에 달아나버렸다. 그와 동시에 여러 마리의 사자들이 달아나는 소리가 들려왔다. 조지는 녀석들의 흔적을 쫓다가 전날 밤 살해된 게 확실해 보이는 어린 버펄로의 시체를 발견했다. 흔적으로 보아 사자 다섯 마리가 버펄로를 먹어치운 듯했다. 조지는 엘자의 새끼들과 녀석들을 입양한 수사자와 암사자의 흔적이 틀림없다고 생각했다. 그는 제스파의 이름을 불렀다. 희미하게 울부짖는 소리가 강 건너편에서 들려온 듯해서 한동안 계속 녀석의 이름을 불러댔지만 아무 응답이 없었다. 그는 다시 야영지로 돌아왔다.

다음 날에는 무시무시한 천둥이 쳐대면서 밤새 폭우가 내렸다. 아침이 되자 강물은 걸어서 건너기가 쉽지 않을 정도로 많이 불어 있었다. 하지만 정보 제공자는 간신히 강을 건너와 타나 강 유역에 사는 원주민 촌장의 말을 전했다. 가축들이 또다시 사자들의 습격을 받았다는 소식이었다.

조지는 즉시 랜드로버를 몰고 현장으로 출동했다. 밤새 내린 비 때문에 그는 어쩔 수 없이 우회도로를 이용해야 했다. 나는 새끼들이 나타날 것에 대비해 야영지에 남아 있었다.

그로부터 이틀이 지난 후 나는 엘자의 무덤에 가보았다. 그곳에 앉아 있는 동안 큰바위에서 뭔가 움직이는 모습이 얼핏 눈에 잡혔다. 망원경으로 보니 두 마리의 사자가 바위 꼭대기에서 일광욕을 즐기고 있었다. 나는 다리가 불편했지만 최선을 다해 그곳을 향해 걷기 시작했다.

나는 곧 사자 세 마리와 엘자의 새끼들과 몸집이 비슷한 새끼 사자 세 마리를 볼 수 있었다. 녀석들은 하늘을 배경으로 산등성이에 누워 있었다. 나는 몇 분 동안 녀석들을 지켜보았다. 녀석들은 한가롭게 휴식을 취하고 있었다. 암사자 한 마리가 배를 하늘로 향한 채 누워서 놀고 있는 새끼들을 핥아주고 있었다. 나는 사진을 몇 장 찍었다. 하지만 망원 렌즈를 부착해도 사진이 잘 나오지 않을 만큼 거리가 멀었기 때문에 조심스럽게 사자 무리가 있는 곳으로 이동했다. 내가 약 350미터 전방에 이르자 사자들은 깜짝 놀라더니 서로 앞을 다투어 엘자가 산고를 시작했던 바위 틈새로 사라졌다. 단지 새끼 한 마리만 뒤에 남아 있었다. 녀석은 머리를 앞발에 기댄 채 웅크리고 앉아 나를 물끄러미 바라보았다. 녀석의 행동은 내게 제스파일지도 모른다는 생각을 갖게 했다. 하지만 녀석이 아침 해를 배경으로 몸을 일으켜 똑바로 앉자 제스파와 닮은 구석이 전혀 없어 보였다. 가까이 다가가려고 하자 녀석도 곧 일어나 사라져버렸다.

　녀석들이 한가롭게 휴식을 취하고 있는 모습을 보자 엘자가 죽은 이후 처음으로 마음의 평화를 느낄 수 있었다. 녀석들이 엘자의 새끼라고 확신할 수는 없었지만 사자 두 마리와 엘자의 새끼들과 나이가 비슷한 새끼 사자 세 마리가 갑자기 야영지 주위에 나타난 것은 우연치고는 너무 기묘했다.

　텐트로 돌아오자 수렵 감시원 두 명이 조지의 편지를 건네주었다. 편지의 내용은 다음과 같았다.

험한 도로를 65킬로미터나 달려간 뒤 수풀이 빽빽하게 우거진 곳을 13킬로미터나 지나 일요일인 26일에 겨우 원주민 마을에 도착했소. 사자들이 습격했다는 보마 근처에 유인할 먹이를 갖다 놓고 기다렸지만 그 날 밤에는 사자들의 모습이 전혀 보이지 않았소. 아침에 타나 강둑에 위치한 마을에서 약 3킬로미터 떨어진 곳에 텐트를 치고 사자들의 흔적을 찾기 위해 강 아래를 수색했다오. 하지만 새로운 흔적은 발견되지 않았소. 나중에 수렵 감시원들이 도착해 사자들이 밤 사이 다른 보마에 침입하려고 했지만 사람들에 의해 쫓겨났다는 소식을 전해주었소. 수렵 감시원들은 녀석들의 흔적을 쫓았지만 놓치고 말았다고 하는구려. 나는 다시 사자들이 습격을 시도했다는 보마에서 800미터 정도 떨어진 공터에 미끼를 갖다 두고 기다렸소. 밤 11시경 갑자기 리틀 엘자가 모습을 드러내더니 나무 둥치에 묶어둔 먹이에 달려들었소. 녀석의 뒤를 즉시 제스파가 따라왔소. 제스파의 엉덩이에는 화살이 꽂혀 있었소. 다행히 독화살은 아니었소. 두 녀석 모두 먹이를 먹기 시작했소. 또한 고파가 조금 떨어진 곳에 숨어 있는 모습도 볼 수 있었소. 마침내 녀석도 먹이를 먹기 위해 다가왔소. 녀석들은 모두 비쩍 말라 있는 데다 몹시 굶주린 듯이 보였소. 녀석들은 내가 부르는 소리에도 전혀 겁을 내지 않고 한 시간 만에 작은 염소 한 마리를 먹어 치웠소. 나는 랜드로버 뒤에 물그릇을 갖다 놓았소. 녀석들은 마음이 내킬 때마다 종종 물그릇에 와서 물을 먹었소. 녀석들이 내 목소리를 알아들은 게 확실하다는 생각이 들었소. 나는 녀석들이 오늘 밤 다시 올 것이라고 확신하오. 보마를 습격한 것이 녀석들이라는 사실이 분명해졌소. 우리는 많은 보상을 해야 할 듯하오. 이브라힘에게 당신 랜드로버를 내주고 즉시 이리로 보내주구려. 그가 올 때 염소들도 모두 보내주오. 내가 먹을 약간의 식량과 내 작은 텐트와 탁자와 의자와 상자들도 잊지 마오. 나는 즉시 지역 주민들의 도움을 받아 도로를 만들어야 할 듯하오. 그런 다음 야영지 전체를 옮기고 이곳에 운송용 상자를 적재한 트럭을 가지고 와서 새끼들을 신속히 다른 곳으로 옮겨야 할 듯하오. 하지만 무엇보다도 가장 시급한 일은 이브라힘 편에 염소들을 보내는 것이오. 강물이 너무 깊으면 멀리 돌아와야 하겠지만 그렇다고 해도 오늘 안으로는 반드시 이곳에 도착해야 하오. 새끼들은 매우 굶주려 있소. 내가 녀석들을 먹이지 않으면 다시 보마를 습격할 것이오. 그 사나운 암사자가 3월 4일 새끼들을 우리 야영 지역에서 쫓아내버린 것이 계기가 되어 이 모든 어려움이 발생한 듯하오.

이만 줄이오. 참, 탄약도 모두 보내주구려.

# 30

## 위기

나는 조지의 편지를 읽는 동안 온몸에 맥이 탁 풀렸다. 무엇보다도 엘자의 새끼들과 비슷한 크기의 새끼 세 마리가 포함된 사자 무리가 하필 이런 때 주변에 출현해 우리로 하여금 제스파, 고파, 리틀 엘자가 여전히 야영지 주변에서 활동하고 있다고 오판하게 믿었다는 게 정말 놀라웠다.

그러고 나자 엘자가 임신했을 때 자기 염소를 갖다 주며 마치 이모처럼 행동했던 사자 무리가 생각났다. 엘자가 새끼를 낳기 전에 사나운 암사자가 먼저 새끼를 낳았다는 말인가? 만일 그렇다면 야영지 주변은 엘자를 풀어놓기 전부터 사나운 암사자의 영역이었을 가능성이 매우 높았다. 그랬을 경우 사나운 암사자는 인간들과 친밀하게 지내는 낯선 사자의 출현에 위기감을 느끼고는 강 상류지역으로 철수해 그곳에 새끼들을 데려다 놓았을지도 모른다. 그러고 보니 지난 7월의 어느 날 엘자를 찾으러 나섰다가 상류지역에 있는 바오밥나무 근처에서 사자 가족을 발견하고는 녀석들의 이상한 행동에 놀랐던 일이 떠올랐다. 나는 우리가 '사나운 암사자'라고 부르는 이 암사자와 녀석의 새끼들을 엘자 가족으로 오인했던 것은 아닌가 하는 생각이 들었다. 그 후 사나운 암사자는 이따금 모습을 드러내 야영지 주변을 살폈다. 그때마다 녀석은 강 상류지역에서 나타나곤 했다. 정찰을 나올 때는 항상 혼자였던 점으로 보아 녀석은 새끼들을 안전한 곳에 놓아두기를 좋아했던 듯하다. 이런 추측이 옳다면 사나운 암사자가 엘자를 공격했던 이유는 자신의 옛 영토를 회복하기 위해서였음이 분명했다. 녀석은 그럴 때마다 야영지에 있는 우리를 발견하고는 어쩔 수 없이 되돌아가곤 했을 것이다. 하지만 엘자가 죽은 마당에 녀석은 더 이상 주저할 필요가 없었다. 녀석은 엘자의 새끼들을 내쫓고 옛 영토를 재탈환할 수 있는 절호의 기회를 맞이했을 것이다. 이런 추측이 맞다면 내가 오늘 아침 엘자의 새끼들로 오인했던 사자 무리는 바로 사나운 암사자의 가족이 틀림없었다.

　몇 시간 전만 해도 나는 엘자의 새끼들이 안전할 뿐만 아니라 타나 원주민의 보마를 공격했던 일과는 전혀 무관할 것이라며 마음을 놓고 있었는데, 이런 생각이 들자 몹시 불안해졌다.

　엘자의 새끼들은 어떻게 몇 주 동안이나 스스로 생존할 수 있었을까? 녀석들은 아직 어려서 야생동물을 사냥하는 법을 알지 못했기 때문에 혹독한 굶주림에 시달리다가 결국에는 마을에 내려가 염소들을 잡아

먹었던 것이 틀림없었다. 녀석들은 아마도 화가 난 부족민들의 성난 공격에 깜짝 놀랐을 것이다. 이제는 사람들이 녀석들을 죽이지 않도록 서둘러 녀석들을 구해낸 다음 그동안의 피해를 보상하고 가능한 한 빨리 안전한 서식처를 찾아주는 수밖에 달리 도리가 없었다.

나는 더 이상 야영지에 머물러야 할 이유가 없었기 때문에 즉시 염소 다섯 마리와 중요한 야영지 시설을 챙겨서 이브라힘과 수렵 감시원 한 명을 대동한 채 길을 떠났다. 차가 비좁았기 때문에 다른 수렵 감시원과 나머지 일행은 숲을 가로질러 걸어와야 했다.

우리는 매우 험한 길을 덜거덕거리며 달려갔다. 주변 경관은 마치 거인이 돌 던지기를 하면서 놀기라도 한 듯 온통 크고 작은 돌멩이들로 가득했다. 군데군데 원주민들의 마을이 거대한 바위들 사이에 고즈넉이 자리를 잡고 들어앉아 있었다. 마치 작은 무덤처럼 보이는 흙으로 만든 둥근 오두막집들은 주변 경관과 완벽한 조화를 이루었다.

우리는 날이 어두워지기 직전에 타나에 도착했다.

그때부터는 수렵 감시원의 안내를 따라 도보로 13킬로미터 정도의 거리를 걸어가야 했다. 숲이 너무 빽빽해 한치 앞을 분간하기가 어려웠기 때문이다.

두 시간 정도 숲을 뚫고 나아가자 눈앞에 폭이 약 45미터 정도 되는 강이 모습을 드러냈다. 강물은 매우 빠르게 흐르고 있었다. 우리는 자동차 팬벨트를 떼어낸 뒤 가파른 강둑 아래로 내려가 강물 속으로 들어갔다. 무릎까지 차 오르는 강물을 건너 마침내 건너편에 도착했다.

그곳에서 우리는 촌장이 사는 보마를 발견했다. 하지만 조지의 텐트가 있는 곳에 가려면 3킬로미터 정도를 더 걸어가야 했다. 드디어 그곳에 도착한 우리는 조지가 새끼들을 기다리며 매복해 있다는 소식을 들었다. 나는 장비를 모두 내려놓고 조지가 있는 곳으로 차를 몰았다. 내가 그곳에 도착한 시간은 오후 9시경이었다.

우리는 새끼들이 오기를 기다렸다. 기다리는 동안 녀석들의 주의를 끌기 위해 간간이 강력한 스포트라이트를 비추었다. 그 사이 조지는 내게 제스파가 화살을 맞았다는 소식을 전해주었다.

25일 밤 부족민들은 사자들을 잡아 죽이려고 길을 나섰다. 그들은 녀석들 가운데 하나(즉, 제스파)를 염소 떼를 보호하기 위해 쳐놓은 가시나무 울타리 속으로 몰아넣었다. 녀석은 염소 두 마리를 죽인 후 시체를 물고 사라지려는 찰나 활과 독화살로 무장한 성난 부족민들에게 포위되고 말았다. 녀석은 두꺼운 가시나무 울타리 안에 몸을 숨겼다. 부족민들은 울타리 안으로 약 스무 발의 독화살을 날렸다. 다행히 울타리가 두꺼워 화살이 뚫고 들어가지 못했다. 그 가운데 원주민 소년이 쏜 화살 한 대만이 목표물에 명중했다. 운 좋게도 그 화살촉에는 독이 묻어 있지 않았다. 소년의 나이가 너무 어려서 어른들이 독화살을 사용하지 못하게 했기 때문이다.

화살은 제스파의 엉덩이에 깊숙이 박히지 않았다. 화살촉과 약 8센티미터 정도의 화살대가 거죽에 박힌 채 그 가운데 2.5센티미터 정도가 밖으로 나와 아래로 축 처져 있는 상태였다. 조지는 화살대의 무게 때문에 화살촉이 저절로 빠져 나와주기를 바랐다. 그럴 경우에는 제스파가 상처를 혀로 쉽게 핥을 수 있기 때문에 감염을 막을 수 있었다. 조지는 제스파가 누워 있는 모습을 여러 번 보았는데, 화살에 상처를 입긴 했지만 고통을 느끼는 기색이 전혀 없었고 활동에도 제한을 받지 않았다고 했다. 새끼들은 조지를 거부하지 않고 매우 살갑게 굴었다. 하지만 제스파는 조지가 화살촉을 제거할 수 있도록 허락하지는 않았다.

조지는 원주민 서른 명의 도움을 받아 강을 따라 약 13킬로미터 정도의 도로를 냈다. 우리는 그 도로를 이용해 트럭으로 야영 장비를 옮길 수 있었다.

나중에 우리는 하마가 다니는 강가를 피해 한적한 곳에 야영지를 다시 설치했다.

그런 다음 우리는 즉시 당면한 문제를 해결하기 위한 계획에 착수했다. 조지는 새끼들이 보마에 접근할 때 이용하는 길목에 랜드로버를 갖다 놓고 그 안에서 밤을 새우기로 결정했다. 물론 그는 새끼들을 위해 먹이도 준비했다. 나는 야영지에 머물면서 역시 먹이를 준비했고, 수렵 감시원들은 원주민들의 보마를 보호하기로 했다. 우리 가운데 누구라도 먼저 새끼들을 발견하면 즉시 신호탄을 발사해 조지에게 알리기로 했다. 수렵 감시원들이 발견했을 경우에는 한 발, 내가 발견했을 경우에는 두 발을 발사하기로 했다.

날이 어두워지자 조지는 자신의 매복지를 향해 출발했다. 하지만 그 날 밤 새끼들은 다른 길을 이용해 보마를 습격했다. 녀석들은 양 한 마리를 잡아 먹으려고 했지만 수렵 감시원들이 쏜 공포탄에 놀라 먹이를 놓아둔 채로 도망쳤다.

그 날 밤 내내 비가 내렸기 때문에 다음 날까지 녀석들의 흔적을 추적하기가 어렵게 되었다. 조지는 새끼들을 랜드로버가 있는 곳으로 유인하기 위해 숲에서부터 랜드로버가 있는 곳까지 먹이를 끌고 갔다. 녀석들이 먹이 냄새를 맡고 뒤쫓아오게 할 생각에서였다. 하지만 다음 날 아침에 보니 먹이를 노리고 나타난 것은 하이에나와 자칼뿐이었다. 결국 다음 날 저녁에도 새끼들은 다른 보마를 습격해 염소 두 마리를 해쳤지만 전처럼 먹기도 전에 도망쳐야 했다.

곧 비가 쏟아질 듯했기 때문에 우리는 걱정스러웠다. 비가 올 경우에는 트럭을 움직일 수 없어서 기동력을 잃게 되기 때문이었다. 우리가 가진 트럭은 숲이 우거진 곳에서는 무용지물이었다. 그렇다고 해서 켄 스미스의 트럭을 무한정 빌릴 수도 없었다. 야영 장비를 나를 때도 트럭이 필요했지만 무엇보다도 새끼들을 붙잡았을 때 녀석들을 운반하려면 반드시 트럭이 필요했다. 사실 그렇게 하려면 트럭 두 대가 필요했다. 게다가 새끼들의 운송을 위한 트럭과 야영 장비를 실어 나를 트럭 외에도 우리의 개인 장비를 운반할 랜드로버가 두 대는 있어야 했다. 더욱이 랜드로버에는 짐을 가득 실을 수가 없었다. 험한 길을 가다가 트럭에 문제가 생기면 랜드로버로 트럭을 견인해야 했기 때문이다.

이런저런 논의를 마친 후 나는 이시올로에 가서 켄의 트럭과 똑같은 크기의 새 트럭(즉, 이미 주문한 세 개의 운송용 우리를 실을 수 있는 크기의 트럭)을 주문하는 게 낫겠다는 결론을 내렸다.

다음 날 아침 새끼들이 보마 두 곳을 습격했지만 피해를 입히기 전에 쫓겨나고 말았다는 소식을 전해들은 후 나는 충실한 이브라힘과 함께 이시올로로 떠났다.

새 트럭을 주문하면서 이것저것 문의한 결과 트럭이 완성되어 전달되기까지는 약 3주가 걸린다는 것을 알게 되었다. 시간이 생각보다 많이 걸렸기 때문에 문제였다. 나는 비상사태를 대비해 사파리 회사에 트럭을 빌릴 수 있는지 물어보았다. 그들은 가능하다고 대답했다. 나는 필요한 몇 가지 준비를 끝낸 후 켄의 트럭을 타고 옛 야영지로 돌아와 두고 왔던 장비를 챙긴 다음 그곳에서 하룻밤을 묵었다.

그 날 밤은 매우 조용했다. 부드러운 달빛이 주변에 있는 모든 것을 감싸안으며 평화로운 정경을 연출했다. 나는 뜬눈으로 누워 있었다. 밤늦은 시각에 새끼들의 아비가 야영지 주위를 돌아다니며 한동안 푸푸거리다 큰바위가 있는 방향으로 움직이더니 마침내 강을 건너 사라지는 소리가 들렸다. 이것이 내가 옛 야영지에서 보낸 마지막 밤이었다. 그곳은 내게 마치 집과도 같았다.

우리는 오후 늦게 타나에 도착했다. 조지는 하루도 빠지지 않고 낮에는 새끼들의 흔적을 쫓고, 밤에는 매복해서 기다렸지만 녀석들을 보지 못했다. 그런데도 녀석들이 여전히 매일 밤 보마를 습격했다는 소식이 들려왔다.

조지는 잠을 자지 못해 매우 피곤해 보였다. 이시올로에 처리해야 할 일이 산적해 있다는 것도 걱정이었다. 하지만 현재와 같은 상황이 지속되는 한 그는 단 하룻밤도 타나를 떠날 수 없었다.

우리는 다음 날 아침 수색대원이 옛 야영지가 있던 방향으로 나 있는 사자의 흔적을 쫓다가 수렵 감시탑 반대편 강가에서 놓치고 말았다는 보고를 전해들었다.

그 날 저녁 9시경 먹이를 준비하고 매복해 있는 조지에게 제스파와 리틀 엘자가 찾아왔다. 녀석들은 비쩍 마른 상태였고, 제스파의 엉덩이에는 여전히 화살이 꽂혀 있었다. 하지만 두 녀석은 조금도 초조한 기색을 띠지 않았다. 제스파는 조지가 내민 파이 접시에서 대구 간유를 핥아 먹었다. 녀석들은 게걸스럽게 먹이를 먹어치웠고, 새벽 5시가 될 때까지 자리를 뜨지 않았다. 이 일이 있은 후 우리는 고파가 제스파와 리틀 엘자의 곁을 떠나 혼자 행동하고 있다는 사실을 알게 되었다. 아침에 수색대원으로부터 전해들은 옛 야영지 방향으로 나 있는 사자의 흔적은 고파의 것일 가능성이 매우 높았다.

조지는 부족민들의 피해를 보상해주는 일을 하면서 그 날의 남은 시간을 보냈다. 피해액은 상당히 컸다. 저녁이 되자 조지는 새끼들이 잠을 자는 곳으로 추정되는 장소와 가까운 곳에 자리를 정하고 녀석들을 기다렸다. 밤새 비가 내렸다. 새끼들은 끝내 모습을 드러내지 않았다. 대신 녀석들은 전날 밤 조지를 보았던 장소에 나타났다. 조지를 발견하지 못한 녀석들은 보마 세 곳을 습격해 염소 두 마리를 죽이고 여섯 마리에게 부상을 입혔다. 아침에 흔적을 쫓던 수색대원들이 멀리 달아나

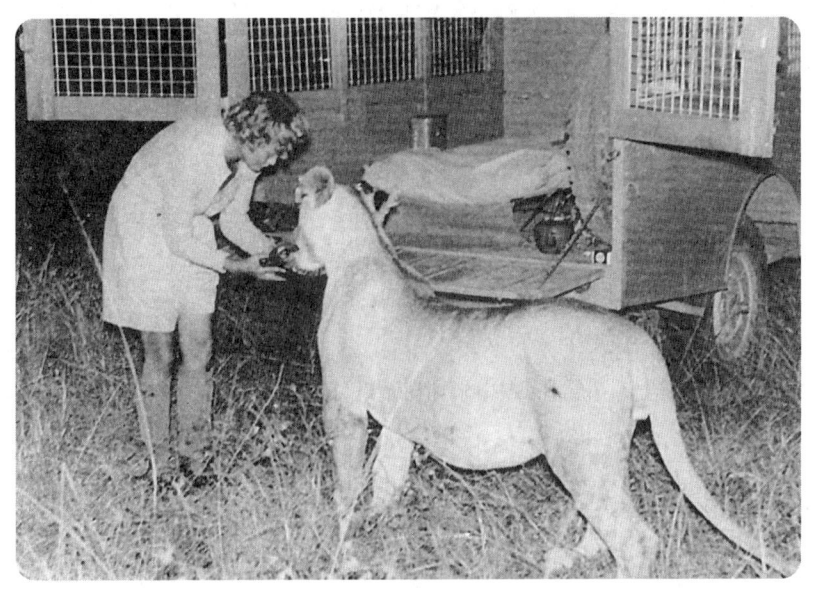

대구간유를 핥아먹는 제스파. 녀석들 모두 대구 간유라면 사족을 못 썼기 때문에 서로 다투지 않게 하려면 각자의 몫을 따로 할당해야 했다.

는 새끼 두 마리의 모습을 목격했다.

나중에 옛 야영지에서 온 수렵 감시원 한 명이 4월 5일 밤 새끼 사자가 나타나 조지의 텐트가 서 있던 주위에 온통 발자국을 남겨놓은 뒤 큰바위 쪽으로 사라진 데 이어, 다음 날 밤에는 큰 수사자를 대동하고 다시 모습을 드러냈지만 큰 수사자는 야영지로 오지 않고 강을 건너 사라졌고 새끼 사자만 우리가 '숲의 냉장고'로 애용하던 나무를 먼저 둘러본 뒤 엘자의 무덤에 잠시 들렀다가 마침내 낡은 운송용 상자 안을 기웃거렸다고 보고했다. 우리는 고파가 틀림없다는 확신이 들었다. 아마도 살해한 먹이를 먹기도 전에 쫓겨난 뒤 배가 너무 고픈 나머지 혹시나 야영지에서 먹이를 준비하고 있는 우리를 만날지도 모른다는 생각으로 평소의 소심한 성격까지 떨쳐버리고 옛 고향을 찾기로 마음을 먹었던 듯하다.

만일 고파가 다른 새끼들의 안내자 역할을 하면서 녀석들을 옛 야영지로 되돌아가게 만들 수만 있다면 우리의 일이 훨씬 수월해질 터였다.

그 날 밤 새끼들은 보마에 내려갔다가 부족민들이 버린 염소 시체 일부를 먹어치우고 나서 돌아오는 길에 조지가 있는 곳에서 100미터 정도 떨어진 지역을 거쳐 지나갔다. 우리는 마음이 몹시 조급해졌다. 우리가 할 수 있는 일이라곤 보마를 둘러싼 가시나무 울타리를 강화하는 한편, 수렵 감시원들을 배치해 가능한 한 많은 숫자의 보마를 지키도록 하는 것밖에 없었다.

다음 날은 하루 종일 하늘에 비구름이 가득했다. 잠자리에 들 무렵 세찬 빗줄기가 억수같이 퍼붓기 시작했다. 나는 사자들에게 둘러싸인 작은 텐트 안에서 폭우를 견디며 앉아 있을 조지가 걱정스러웠다. 더욱이 하마가 움직이면서 내는 육중한 소리가 평소보다 훨씬 더 가깝게 들려왔다. 하지만 이런저런 걱정에도 불구하고 결국 나는 졸다가 잠이 들었다.

나는 어렴풋이 철썩철썩 하는 소리가 규칙적으로 들려오는 것을 의식하고 갑자기 잠에서 깼다. 하지만 빗방울이 텐트 지붕에 부딪히는 소리와 불과 몇 미터 떨어진 곳에서 만수가 된 타나 강의 세찬 물소리가 뒤섞여 들려오는 바람에 무슨 소리인지 정확하게 분간하기가 어려웠다. 나는 부러진 나뭇가지가 텐트를 스치는 소리일 거라고 생각하고는 더 이상 관심을 기울이지 않았다. 잠시 후 텐트의 지지대 가운데 하나가 무너졌다. 손전등을 켜보니 철썩이는 소리는 다름 아닌 불어난 강물이 텐트를 치는 소리였다.

원래 우리는 정상 수면보다 3미터 정도 높은 곳에 야영지를 설치했었다. 하지만 타나 강의 수면은 불과 세 시간 만에 그만큼 높이 불어나 있었다. 사방을 둘러봐도 온통 물밖에 보이지 않았다. 손전등을 비춰보니 강가의 육지는 이미 군데군데 깊은 웅덩이들을 거느린 늪지로 변해버린 상태였다. 내 텐트가 있는 곳이 우리가 움직일 수 있는 유일한 공간이었다. 만일 강물이 이 상태로 30센티미터만 더 불어난다면 모든 게 물에 잠길 수밖에 없는 상황이었다.

공포감이 몰려왔다. 나는 일꾼들을 소리쳐 불렀다. 하지만 그들의 텐트는 200미터 떨어진 곳에 있는 데다 강물이 세차게 흘러내렸기 때문에 소리가 제대로 전달되지 않았다. 나는 있는 힘껏 그들에게 달려갔다. 그들은 텐트 입구를 단단히 잠그고 깊은 잠을 자고 있었다. 내가 달려가 깨우지 않았더라면 텐트에 갇힌 채 모두 익사하고 말았을 것이다.

일꾼들은 잠이 덜 깬 채 비틀거리며 밖으로 걸어나왔다. 하지만 눈앞의 위기를 의식하는 순간 정신을 번쩍 차렸다. 그들은 즉시 소총과 의약품과 음식과 장비 등이 보관되어 있는 조지의 큰 텐트를 철거했다. 이미 물이 반쯤 들어찬 상태였기 때문에 현지에서 조달할 수 있는 것들은 그대로 버려두었다. 그런 다음 우리는 내 텐트를 철거했다. 작동되는 유일한 물건은 내 손전등밖에 없었다. 하지만 그것마저도 곧 물에 빠져 쓸모없게 되어버렸다. 나는 이브라힘이 함께 있는 것을 무척이나 다행스럽게 여겼다. 그는 공포에 사로잡힌 사람들을 진두지휘하며 급류에 휩쓸려갈 뻔한 대부분의 장비를 구해냈다.

우리는 한동안 안전한 곳에 몸을 피할 수 있었다. 하지만 기적이 일어나지 않는 한 강가의 육지가 모두 물에 잠기는 것은 시간 문제일 뿐이었다.

나는 수심을 측정하기 위해 막대기를 진흙에 꽂은 다음 초조한 마음으로 지켜보았다. 하지만 다행히도 수면은 같은 높이를 유지했다. 물이 조금만 더 불어났더라도 야영지가 모두 휩쓸려가고 말았을 것이다.

우리는 조지의 랜드로버를 구하기 위해 신속하게 움직였다. 랜드로버는 물에 반쯤 잠겨 일시적으로 작동이 불가능한 상태였다. 다행히 랜드로버가 나무 가까이 있었기 때문에 즉석에서 만든 도르래를 이용해 물 위로 끌어올려 공중에 매달아 놓음으로써 물살에 휩쓸려가는 것을 막을 수 있었다. 그 일에도 이브라힘이 큰 도움이 되었다. 또다시 그가 함께 있다는 것이 무척이나 다행스럽게 여겨졌다. 랜드로버를 안전하게 갈무리한 뒤 우리는 동이 트기를 기다렸다. 모두 물에 흠뻑 젖은 채 기진맥진해 있었다.

동이 트자마자 조지가 돌아왔다. 밤새 물에 젖어 추위 속에 떨었던 탓인지 몸이 뻣뻣하게 경직되어 있었다. 그의 말에 의하면 비가 내리기 전에 제스파와 리틀 엘자가 와서 먹이를 많이 먹고 나서 곧 사라졌고, 그 후 폭우가 내리기 시작하자 지지대가 쓰러져 텐트가 머리 위로 무너져 내리는 바람에 젖은 텐트 밑에서 몸을 웅크리고 남은 시간을 보낼 수밖에 없었다고 했다. 그는 혹시 새끼들이 다시 돌아와 무너진 텐트를 탐색하며 이리저리 뒤적거릴까봐 매우 걱정스러웠다고도 했다. 그럴 경우에는 속수무책으로 녀석들에게 시달릴 수밖에 없었기 때문이다. 하지만 나중에 드러난 사실이지만 리틀 엘자와 제스파는 다른 일에 정신을 빼앗기고 있었다. 즉, 녀석들은 먹이를 충분히 먹었음에도 보마에 내려가서 염소 한 마리를 죽이고 말았던 것이다.

아침을 먹을 때쯤 강물은 1.8미터나 줄어들어 있었다. 나는 망원경으로 세차게 흐르는 강물을 바라보다가 강물에 휩쓸려온 잔해들 가운데서 작은 배 하나가 섬에 있는 나무 꼭대기에 거꾸로 뒤집힌 채 얹혀 있는 모습을 볼 수 있었다. 그 밖에도 건너편 강둑에 아름다운 골리앗왜가리가 앉아 있는 모습이 눈에 띄었다. 녀석은 물살이 세차게 부딪히는 바위가 있는 곳에서 물고기를 사냥하고 있었다. 매우 힘들게 아침 식사를 준비하는 모습이 역력해 보였다.

## 31

### 새끼들의 포획을 위한 준비

내가 물에 젖은 물건들을 말리기 위해 햇볕에 너는 동안 조지는 새끼들을 찾아 나섰다. 그는 녀석들을 발견하지 못했다. 하지만 그 날 밤 그가 먹이를 준비하고 내 차에 앉아 있을 때 제스파와 리틀엘자가 모습을 드러냈다. 녀석들은 먹이를 게걸스럽게 먹고 나서는 밤 11시까지 머물렀다. 아침 일찍 조지는 두 녀석이 포효하는 소리를 들었다. 그가 알고 있는 한 녀석들의 첫 번째 포효 소리였다. 녀석들의 포효 소리는 아직 완벽한 상태는 아니었지만 그런 대로 제법 웅장했다. 우리는 녀석들이 고파를 부르는 것인지 아니면 새로 개척한 영역에 대한 권리를 주장하는 것인지 궁금했다.

다음 날 저녁 두 녀석은 일찌감치 모습을 드러냈다. 조지가 마련해 준 먹이를 절반 정도 먹어치웠을 때 비가 내리기 시작하자 녀석들은 모습을 감추었다. 그러고 나서는 보마 하나를 습격해 염소들을 덮쳤다. 죽은 염소가 세 마리, 부상당한 염소가 네 마리 이상이나 되었다. 사나운 야생동물의 본성을 드러낸 사건이었다.

다음 날 저녁 조지는 새끼들에게 가다가 진흙탕에 빠져 고생했다. 마침내 그는 자신을 기다리고 있는 제스파와 리틀 엘자의 모습을 발견했다. 조지는 녀석들이 자신이 마련해준 먹이를 경쟁적으로 먹어치우는 소리를 들으며 한동안 어둠 속에 앉아 있었다. 나중에 그는 자동차 전조등을 켰다. 놀랍게도 그의 눈앞에 새끼 세 마리가 보였다. 고파가 돌아온 게 분명했다. 녀석은 형과 누이와 인사를 나눈 후 곧바로 먹이를 차지하더니 다른 녀석들이 가까이 오는 것을 용납하지 않았다. 녀석은 매우 굶주린 상태임이 분명했지만 아주 건강해 보였다. 녀석은 일주일이 넘게 사라졌다가 나타난 것이었다. 조지는 그동안 녀석이 최소한 두 번 이상 충분히 먹이를 먹지 않았다면 그런 몸 상태를 유지할 수 없었을 것이라고 추측했다. 새끼들 모두가 각자에게 주어진 대구 간유를 낼름 먹어치웠다. 그 후 녀석들은 보마가 있는 방향으로 사라졌다. 조지는 수렵 감시원들의 주의를 환기시키기 위해 신호탄을 발사했다. 수렵 감시원들은 공포탄으로 녀석들을 겁주어 쫓아버렸다.

앞서 말한 대로 지금까지 우리는 새끼들을 운송용 상자에 넣으려는 계획을 세웠다. 하지만 녀석들은 우리의 계획에 비협조적으로 나왔다. 그럼에도 우리는 다시금 녀석들을 포획할 만반의 준비를 갖추는 것이 필요하다고 판단했다. 날이 갈수록 날씨는 더 나빠졌다. 비가 내려 트럭 운송이 불가능해지기 전에 운송용 우리를 마련하는 것이 시급했다.

나는 필요한 물건들을 준비하기 위해 이브라힘과 함께 이시올로로 떠났다. 그곳에서 그림우드 소령으로부터 몇 군데 야생동물 보호지역을 두루 탐문해본 결과 탕가니카의 세렝게티 국립공원으로부터 허락을 얻어냈다는 소식을 전해들었다. 나는 그에게 깊은 사의를 표명했다. 나는 너무나 기뻤다. 왜냐하면 세렝게티 국립공원은 사자들로 유명할 뿐만 아니라 많은 동물들이 서식하고 있는 곳이었기 때문이다. 엘자의 새끼들에게 그곳은 더할 나위 없이 훌륭한 보금자리가 될 터였다.

나는 세렝게티 국립공원의 관리자에게 관대한 처사를 고맙게 생각한다는 인사말과 더불어 새끼들이 이제 겨우 16개월밖에 되지 않은 데다 젖니가 빠진 지가 얼마 되지 않아 두 살이 될 때까지는 독자적으로 사냥을 할 수 없기 때문에 최소한 한두 달은 우리의 도움이 더 필요할 것이라는 내용의 편지를 보냈다. 물론 제스파가 엉덩이에 화살을 맞았다는 이야기도 빼놓지 않았다.

이시올로에 있는 동안 비가 그칠 줄 모르고 내렸기 때문에 홍수로 길이 막히기 전에 야영지로 돌아갈 수 있을지 은근히 걱정스러웠다. 하지만 다행히도 세 개의 운송용 우리와 트럭 한 대를 마련해 야영지로 돌아갈 수 있었다. 조지는 내가 없는 나흘 밤 동안 새끼들이 날마다 그를 찾아왔으며, 마을을 몇 번 습격했지만 피해를 입히기 전에 쫓겨났다는 얘기를 들려주었다. 그가 취한 일련의 신중한 조처들, 즉 가시나무 울타리를 강화하고, 가장 취약한 원주민의 집에 수렵 감시원들을 배치해 지키게 하고, 새끼들의 습격이 예상될 때마다 공포탄을 발사한 것이 큰 효과를 거두었던 셈이다.

조지는 새끼들에게 뿔새 두 마리를 준 이야기도 들려주었다. 뿔새를 던져주자 녀석들은 즉시 싸움을 시작했다. 녀석들은 뿔새를 보더니 그가 제공한 죽은 먹이에는 아무 관심도 보이지 않았다. 리틀 엘자는 발바닥에 가시가 박혀 심하게 저는데도 사납게 행동하는 바람에 도저히 막을 도리가 없었다.

새끼들은 현재 매우 건강한 상태였다. 제스파는 엉덩이에 여전히 화살촉이 박혀 있었지만 불편을 느끼거나 행동에 제약을 받지 않았다. 녀석들은 조지에 대한 신뢰를 회복했으며, 그가 먹이와 마실 물과 대구 간유를 주기 위해 가까이 접근해도 전혀 경계하지 않았다. 녀석들의 신뢰는 어두운 밤에만 국한되지 않았다. 그 전날 조지는 환한 대낮에 수풀 속에서 잠들어 있는 녀석들을 발견했다. 녀석들은 전혀 놀라지 않았고, 다만 천천히 일어나 약간 떨어진 곳으로 가더니 다시 잠에 곯아떨어졌다.

녀석들은 이전과는 달라진 태도를 보였지만 우리는 여전히 활화산을 안고 있는 듯한 심정이었다. 주변의 숲은 염소 떼와 양 떼로 북적이는 데다 어린아이들이 가축 떼를 돌보고 있는 형편이었다. 새끼들을 빨리 붙잡아 다른 곳으로 옮기는 게 모두에게 이로웠다.

우리는 새끼들을 포획하기 위해 녀석들이 낮에 드러누워 휴식을 취하는 장소 근처의 숲에 공터를 만들었다. 그런 다음 세 개의 운송용 우리를 나란히 늘어놓았다. 조지는 운송용 우리에 밧줄로 도르래와 연결된 함정문을 매달았다. 도르래는 운송용 우리들 양쪽 옆에 서 있는 두 그루의 나뭇가지 양끝을 묶어 설치한 나무 기둥에 매어놓았다. 그러고 나서 조지는 세 개의 밧줄 끝을 하나로 묶어 꼬아 굵은 밧줄 하나로 만들어 운송용 우리들로부터 전방 약 20미터 떨어진 곳에 서 있는 나무에 묶어놓았다. 그는 그곳에다 랜드로버를 세워놓고 그 안에서 새끼들을 기다릴 생각이었다. 새끼 세 마리가 따로따로 운송용 우리에 들어갈 경우 밧줄을 풀기만 하면 세 개의 문이 동시에 떨어져 닫히게 되어 있었다.

가장 시급한 일은 새끼들이 운송용 우리 안에서 먹이를 먹는 데 익숙하게 만드는 것이었다. 그러면서 녀석들을 우리 안에 가둘 수 있는 결정적인 순간을 기다려야 했다. 녀석들은 이미 열하루 동안 꼬박꼬박 모습을 드러내 조지가 제공하는 먹이를 받아먹은 상태였다. 조지는 녀석들을 함정문이 설치되어 있는 방향으로 유인하기 위해 먹이를 주는 위치를 운송용 우리가 있는 쪽으로 조금씩 이동했다. 그는 새끼들을 운송용 우리가 있는 곳에서 약 400미터 정도 떨어진 곳까지 유인한 다음 먹이를 랜드로버에 붙들어 매놓았다. 그런 다음 새끼들이 나타나자 먹이를 천천히 운송용 우리가 있는 방향으로 끌어왔다.

새끼들은 커다란 운송용 우리들을 보면서도 전혀 두려워하는 기색이 없었다. 고파는 심지어 운송용 우리 안에서 먹이를 먹었다.

녀석들을 운송용 우리 안에 가두어 넣을 순간이 곧 다가올 것 같앉다.

그동안 우리는 제스파의 엉덩이에 박힌 화살촉을 제거하고 싶었다. 조지는 원주민 노인들에게 부족전쟁 당시 부상자의 살갗에 박힌 화살촉을 제거했던 방법을 기억하고 있느냐고 물었다. 그들은 화살을 그대로 잡아 빼는 것보다 화살대를 빙빙 돌려 화살촉을 느슨하게 만든 다음에 잡아 빼는 것이 상처를 덜 입힐 수 있다고 조언했다. 하지만 제스파가 화살대를 빙빙 돌리도록 가만히 있을 것 같지가 않았다. 조지는 궁리 끝에 박힌 화살의 가시보다 좀더 큰 가시를 만들어 가장자리를 면도날처럼 날카롭게 다듬었다. 그는 그렇게 해서 만든 나무 가시를 화살촉 밑에 박아 넣어 두 개를 동시에 잡아당기면 상처를 필요 이상으로 크게 남기지 않고도 뽑아낼 수 있을 것이라고 생각했다. 그렇게 하기 위해서는 제스파를 먼저 운송용 우리에 가둔 다음 스프레이로 된 국소 마취제를 사용해야 했다. 조지는 새끼 세 마리를 모두 운송용 우리에 가두어 넣은 다음 세렝게티 국립공원으로 출발하기 전에 그 일을 처리하기로 마음먹었다. 나는 스프레이 마취약과 차량에 필요한 체인을 준비하기 위해 이브라힘과 함께 이시올로로 떠났다. 우리는 켄의 트럭을 이용했다. 켄의 트럭은 손볼 곳이 많았을 뿐만 아니라 도로가 젖어서 운행하는 데 애를 먹었다. 5톤이나 되는 트럭이 젖은 도로에서 미끄러질 때마다 정말 아찔했다. 하늘에는 먹구름이 잔뜩 끼어 있었다. 비가 더 많이 올 것이 분명했다. 나는 상황이 더 나빠지기 전에 돌아오기 위해 급히 서둘러야 했다.

다행히 필요한 물건들을 구입하는 데 하루밖에 걸리지 않았다. 나는 줄리안 매킨드에게 전화를 걸었다. 그는 다음 날 아침 우리를 방문해 새끼들을 포획하는 일을 도와주겠다고 약속했다. 그런 다음 나로모루에 사는 수의사 존 버거와 나이로비의 수의사에게 전화를 걸었다. 두 사람 모두 우리가 새끼들을 운반해가야 할 길목에 살고 있었다. 나는 그들에게 우리가 편리한 시간에 그곳을 통과하게 되면 제스파의 수술이 가능한지를 타진했다. 스프레이 마취제가 제스파의 두꺼운 거죽에 효과를 발휘할지 확신이 서질 않았고, 또 실패할 가능성이 높은 처치를 굳이 감행하고 싶지 않았기 때문이다.

줄리안이 도착하자 나는 그에게 우리가 세운 새끼들 포획 계획을 설명했다. 그는 새끼 세 마리가 모두 들어갈 수 있는 운송용 상자를 이시올로에서 구해 가져가는 게 좋겠다고 조언했다. 그는 먼저 커다란 운송용 상자로 새끼들을 포획한 다음 각자 분리된 운송용 상자로 옮기는 것이 훨씬 쉽다고 판단했다. 새끼들이 동시에 세 개의 운송용 상자에 모두 들어가 있을 가능성은 그리 높지 않다는 생각 때문이었다. 우리도 세 녀석을 따로따로 포획하다가 첫 번째 녀석을 붙잡는 순간 다른 녀석들이 놀라 달아날 위험이 있다는 것을 모르는 바 아니었다.

우리는 다소 불편했지만 큰 운송용 상자를 트럭에 싣고 그 안에 염소들을 가득 채웠다. 줄리안은 따로 움직이기 위해 자신의 랜드로버를 가져왔다.

그 날 밤 마치 양동이로 물을 퍼붓는 듯 많은 비가 내렸다. 자동차들은 도로에 깊은 바퀴자국을 내며 이리저리 미끄러졌다. 운전자들은 도랑에 빠지거나 다른 차와 충돌하지 않기 위해 안간힘을 썼다. 갑작스런 호우가 상황을 훨씬 더 어렵게 만들었다. 강까지의 거리가 아직 상당히 먼 데도 거센 급류가 흐르는 소리가 들려왔다. 나는 차로 강을 건너기가 불가능하다는 것을 직감했다. 아니나 다를까, 가파른 강둑 사이로 수심이 거의 3미터 정도나 되는 강물이 콸콸 흘러내리고 있었다. 우리는 내일이면 강물이 줄어들기를 바라면서 강가에 텐트를 치고 밤을 지새울 수밖에 없었다.

하지만 아침에 일어나보니 강물이 줄기는커녕 더 불어나 있었다. 나는 수렵 감시원 두 명에게 우회로를 통해 조지에게 달려가서 우리가 처한 어려운 상황을 알리는 한편, 새로 낸 도로로 그의 랜드로버를 보내 물이 줄어드는 대로 우리를 견인해가도록 부탁하라고 당부했다. 하지만 우회로를 이용하려면 숲을 가로질러 곧장 난 길에 비해 최소한 24킬로미터나 넌 길로 돌아가야 했다. 그러고 나서 우리는 가만히 앉아 구원의 손길이 올 때까지 기다렸다.

## 32

### 새끼들의 포획

이시올로에서 수거해온 우편물 가운데서 "총살을 당해야 할지도 모르는 엘자의 새끼들"이니 "죽음의 위기에 처한 엘자의 새끼들"이니 "사형선고를 받은 엘자의 새끼들"이니 하는 머리기사들이 눈에 띄었다.

나는 경악을 금치 못했다. 신문기사에는 그림우드 소령이 나이로비에서 기자들에게 말한 내용이 적혀 있었다. 내용인즉 그림우드 소령이 조지에게 새끼들을 포획해 야생동물 보호지역으로 이송하라고 지시했으며, 만일 그런 시도가 실패할 경우에는 총살하라고 명령했다는 것이었다. 그림우드 소령이 우리에게 먼저 알리지도 않고 그런 명령을 내렸다고 신문기자들에게 말한 것은 전혀 그답지 않은 처사라고 생각되었다. 아니나 다를까, 내가 생각했던 대로 나중에 보니 신문기자들이 그의 말을 오해한 것으로 판명되었다.

  물론 나는 새끼들이 인명을 해친다면, 심지어 가볍게 상처를 입힌다 해도 마땅히 사형선고를 받아야 한다고 생각했다. 다행히 녀석들은 지금까지 한 번도 사람을 해친 적이 없었다. 하지만 녀석들을 가능한 한 빨리 다른 곳으로 옮겨야 했다. 그런 생각을 하는 동안 나는 급한 물살을 이루며 흘러가는 강물 앞에서 무력하게 앉아 기다려야 했다.

  갑자기 비가 그쳤다. 이브라힘과 나는 천천히 줄어드는 강물을 초조한 마음으로 지켜보았다. 나는 도보로 야영지로 달려간 수렵 감시원들의 행보가 늦어질 것에 대비해 줄리안에게 그의 차에 이브라힘을 태우고 더 이상 갈 수 없을 때까지 야영지를 향해 가다가 이브라힘을 내려주면 그가 도보로 남은 길을 달려가 조지에게 소식을 전하는 게 어떻겠느냐고 제안했다.

  그들은 함께 길을 떠났다. 랜드로버가 더 이상 갈 수 없는 곳에 이르자 이브라힘은 허리까지 빠지는 진흙길을 수 킬로미터나 헤치고 야영지에 도착했다. 내가 예상했던 대로 그가 수렵 감시원들보다 한발 빨랐다. 조지는 그의 차에 이브라힘을 태우고 우리가 있는 곳으로 달려왔다. 다음 날 정오 무렵 건너편 강둑에서 우리를 향해 반갑게 손을 흔드는 조지의 모습을 볼 수 있었다.

  건너편 강둑에 도착하자 우리는 트럭과 운전자를 뒤에 남겨두고 비좁은 랜드로버 안에 구겨 앉았다. 랜드로버는 새로 낸 도로를 털컹거리며 달려갔다.

조지는 야영지에 도착하자마자 운송용 상자를 이용해 덫을 설치한 장소로 우리를 데려갔다. 그가 밧줄을 풀자 문짝 세 개가 마치 기요틴(단두대)처럼 동시에 내려와 닫혔다. 문짝은 작은 틈만 남기고 완전히 상자를 밀폐했다. 틈을 놓아둔 것은 혹시나 사자들의 꼬리가 밖으로 비어져 나올 것에 대비해서였다. 그 어떤 전문가도 그보다 더 나은 장치를 고안할 수 없을 정도로 조지의 방법은 완벽했다. 나는 그가 매우 자랑스러웠다.

조지는 새끼들이 밤마다 나타나서는 각자 운송용 상자에 들어가 그가 준비해둔 먹이를 먹었다고 말했다. 심지어 제스파의 경우에는 운송용 상자에 밤새 틀어박혀 있었다. 문제는 두 마리의 새끼가 동시에 하나의 운송용 상자에 들어가거나 세 마리가 각자 따로 들어가더라도 머리나 엉덩이가 문 밖으로 불쑥 튀어나와 있는 것이었다. 그런 경우에는 기요틴 장치를 사용하기가 불가능했다. 녀석들이 기요틴 장치를 사용할 수 있는 안전한 자세로 동시에 운송용 상자에 들어간 기회를 제때 포착하는 것이 관건이었다.

모든 걱정이 사라지고 이제 새끼들을 포획할 날만 기다리면 된다고 생각하며 안도의 한숨을 내쉬는 순간 청천벽력과도 같은 우편물 하나가 우리에게 전달되었다. 우리가 현재 머물고 있는 지역을 관할하는 지방 장관에게서 날아온 편지였다. 편지에는 새끼들을 정해준 시간 안에 포획해 운반하라는 최후 통첩이 적혀 있었다. 지방 장관은 최후 통첩을 보내 미안하게 생각하지만 현재 상황을 정치적으로 이용하려는 움직임 때문에 정해진 시간이 경과할 경우에는 더 이상 우리를 도와줄 수 없다고 덧붙였다.

우리는 매우 난감했다. 새끼들을 포획할 날이 멀지 않긴 했지만 여러 가지 복잡한 상황이 얽혀 있었기 때문이다. 먼저 내 다리가 온전하지 않았고, 일행 가운데 아픈 사람이 있었으며, 조지도 새끼들에게 전적인 관심을 기울이기 위해 사표를 제출했지만 아직 수리되지 않은 탓에 이시올로로 돌아가야 했고, 줄리안도 떠나야 했으며, 언제 폭우가 쏟아져 우리의 일정을 지체하게 할지 몰랐다. 한 가지 다행스런 일은 새끼들이 지난 9일 동안 보마를 습격하는 일을 중단하고 매일 밤 조지에게 찾아와 먹이를 먹는다는 것이었다.

어느새 4월 24일이었다. 2월 27일 푸푸바위에서 제스파와 함께 시간을 보낸 이후로 한 번도 녀석들을 보지 못했다. 녀석들을 다시 보고 싶은 생각에 나는 조지를 따라 나서기로 했다. 나는 내 차를 조지의 차 옆에 바짝 대놓고 테라마이신을 섞은 먹이를 준비해 운송용 상자 안에 들여놓았다. 그런 다음 우리는 차 안에서 녀석들을 기다렸다.

날이 어두워진 직후 무언가가 내 차를 스치고 지나가는 것을 느낄 수 있었다. 제스파였다. 녀석은 조용히 운송용 상자를 향해 곧장 다가갔다. 다른 차가 와 있는 것을 보고서도 전혀 개의치 않는 눈치였다. 녀석은 테라마이신이 섞여 있는 먹이를 두 번 베어먹은 다음 대구 간유가 담긴 접시를 물고 랜드로버 밖에 서 있는 조지를 향해 걸어갔다. 녀석은 간유를 깨끗이 핥아먹더니 다시 먹이가 있는 곳으로 갔다. 녀석은 나를

*새끼들을 운송할 우리.*

보고도 조금도 놀라는 기색이 없었다. 내가 "쿠쿠" 하고 부드러운 음성으로 부르자 녀석은 잠시 귀만 쫑긋 세우더니 계속해서 먹이를 먹었다. 녀석은 엄청나게 자라 있었다. 엘자처럼 날렵한 몸매를 지니고 있으면서도 맷집이 매우 좋아 보였다. 화살은 여전히 엉덩이에 박혀 있었다. 찢어진 상처에서 약간의 분비물이 흘러나오고 있었지만 부어 있지도 않았고 염증도 없어 보였다. 녀석은 이따금씩 앉아서 상처를 핥았다. 녀석이 몸을 자유롭게 움직이는 모습을 보자 마음이 놓였다.

그때 갑자기 내 차 뒤의 숲에서 부스럭거리는 소리가 들려왔다. 급히 손전등을 비추어보니 20미터쯤 떨어진 곳에 고파가 있었다. 녀석은 약 25분 동안 그곳에 숨어 있다가 모습을 드러낸 것이었다. 그 뒤를 따라 리틀 엘자도 모습을 드러냈다. 내가 "쿠쿠" 하고 녀석들을 불렀지만 녀석들은 친근감을 표시하지 않았다. 오히려 고파는 두 번이나 부리나케 달아났다. 하지만 녀석은 결국 먹이 냄새에 끌려 조심스럽게 운송용 상자를 향해 살금살금 기어왔다. 녀석은 고기를 약간 먹고 대구 간유를 해치운 다음 다시 먹이를 먹기 시작했다. 리틀 엘자는 매우 조심스러워했다. 녀석이 마침내 운송용 상자에 다가가기로 결정했을 때는 자정이 훨씬 넘어서였다. 그때는 이미 제스파와 고파가 테라마이신이 섞인 먹이와 대구 간유를 모두 먹어치운 후였다.

세 녀석 모두 매우 건강해 보였다. 조지가 타나에서 녀석들을 처음 봤을 때 찍은 사진 속의 모습과는 너무나 대조적이었다. 당시 녀석들의 모습은 보기에도 딱할 정도로 비쩍 말라 있었다. 나는 조지가 그동안 많은 노력을 기울여 녀석들을 돌봐주었다는 것을 알 수 있었다. 녀석들이 최고로 건강한 상태를 누리며 우리에 대한 신뢰감을 회복한 것은 전적으로 조지의 인내심과 현명함 덕분이었다. 녀석들은 새벽 4시가 되자 먹이를 배불리 먹고 사라졌다. 우리는 그때까지 녀석들을 지켜보았다.

다음 날 아침 우리는 이브라힘 편에 편지를 들려 이시올로로 급히 보내야 했다. 날씨는 매우 험악했다. 우리는 640킬로미터에 달하는 진창 도로를 다녀와야 하는 그의 여정이 너무 지체되지 않기만을 바랄 뿐이었다.

그 날 저녁 새끼들은 나타나지 않았다. 우리는 녀석들이 지난밤 먹이를 많이 먹었기 때문에 먹이 생각이 나지 않았을 것으로 생각하고는 그다지 염려하지 않았다. 그 날 밤 내내 수사자가 포효하는 소리가 들려왔다. 다음 날 아침에는 녀석들의 흔적을 찾으러 나갈 수 없었다. 폭우에 흔적이 말끔히 지워졌기 때문이다. 날이 어두워지자 제스파가 나타났다. 나는 녀석의 모습을 보고 마음이 놓였다. 하지만 녀석은 금방 사라졌다. 약 한 시간 후 멀리서 녀석이 다른 녀석들을 부르는 소리가 들려왔다. 그 사이 잠깐 모습을 드러낸 고파도 제스파가 부르는 소리를 듣더니 총총히 사라졌다. 이윽고 새끼 세 마리가 모두 나타났다. 수사자의 포효 소리가 들렸지만 녀석들은 관심을 보이지 않았다. 제스파와 리틀 엘자는 각자 따로 운송용 상자에서 먹이를 먹는 데 여념이 없었다. 고파는 여기저기를 기웃거렸지만 따돌림을 당하자 뚱한 표정으로 세 번째 운송용 상자 입구에 쪼그리고 앉았다. 녀석이 과연 상자 안으로 들어갈지 궁금했다. 그럴 경우 문짝을 닫아 녀석들을 모두 붙잡을 수 있었다. 우리는 최근에 나타난 수사자가 녀석들을 포획하려는 순간 소리쳐 부를까봐 마음이 조마조마했다. 만일 녀석들이 다른 곳으로 가버린다면 더 이상은 녀석들을 사형집행 영장이나 부족민들의 화살로부터 보호하기가 어려웠다.

다음 날 밤 첫 번째 포효 소리가 들리자 새끼들은 먹는 것을 중단하고 귀를 쫑긋거리다가 소리가 나는 방향으로 서둘러 달려갔다. 또다시 걱정이 되기 시작했다. 녀석들은 나중에 다시 돌아와 남은 먹이를 헤치왔다. 하지만 녀석들이 늘 이렇게 다시 되돌아올지는 의문이었다.

이브라힘은 향후 10일 내에는 새 트럭을 구할 수 없을 것이라는 소식을 전해왔다. 그 밖에도 폭우로 인해 도로가 공식적으로 봉쇄되는 바람에 차를 움직일 수 없다는 게 또 하나의 걱정거리였다.

그 사이 새끼들의 뒤를 쫓던 사람들이 돌아왔다. 그들은 새끼들의 흔적이 야생 사자가 간 방향으로 이어져 있었다고 보고했다. 트럭이 준비되고 날씨가 좋아져 도로가 다시 개통될 때까지 기다리다가는 새끼들이 야생 사자 주변을 어슬렁거리다가 자칫 변을 당할 가능성이 높았다.

그 날 밤 새끼들은 나타나지 않았다. 나는 녀석들이 새 친구와 함께 재미있게 놀고 있을 것이라고 추측했다. 하지만 동시에 녀석들의 유예 기간이 얼마 남지 않았다는 생각이 떠올랐다. 한 가지 다행스러웠던 점은 우리가 있는 지역에 이틀 동안 비가 오지 않았다는 것이었다. 지역의 상황에 따라 도로 봉쇄 조처가 유연하게 적용되었기 때문에 비가 이대로만 멈추어준다면, 나아가 새끼들을 운송용 상자에 잡아 가둘 수만 있다면 최소한 타나 지역에서는 벗어날 수 있을 것 같았다.

우리는 함정장치를 개선하고 새끼들을 포획할 경우 각자가 해야 할 임무를 다시 점검하는 한편, 제스파의 화살촉을 제거하는 데 사용할 메스를 날카롭게 가는 데 그 날 하루를 소비했다. 그런 일들을 하느라 분주한데도 시간은 마냥 더디게만 느껴졌다.

내가 고깃덩이에 테라마이신을 섞는 일을 막 끝마치던 찰나 제스파가 모습을 드러냈다. 녀석은 고기 두 덩이를 먹고 랜드로버 앞에 와서 앉더니 우리를 지켜보았다. 그러는 사이 고파와 리틀 엘자가 각자 운송용 상자 안으로 들어갔다. 밝은 달빛에 비친 녀석들의 모습은 매우 사랑스러웠다. 나는 녀석들을 어서 위험이 고조되고 있는 지역에서 옮겨주고 싶었다. 하지만 그런 내 생각을 조롱하듯 하필 그 순간에 수사자의 포효 소리가 들려왔다. 녀석들은 번개같이 사라졌다. 조지의 랜드로버에서도 한숨이 터져 나오는 소리가 들렸다. 며칠 남아 있지 않은 날 가운데 하루가 또 아무 소득 없이 사라지고 말았다. 나는 체념한 채 조지에게 내가 불침번을 설 차례가 오거나 그 전이라도 무슨 일이 있으면 나를 깨우라고 부탁한 뒤 잠자리에 누웠다. 실망이 컸지만 매우 피곤했기 때문에 곧 잠이 들었다.

갑자기 운송용 상자의 문짝이 꽝 하고 닫히는 소리에 나는 잠에서 깼다. 그러고 나서 찬물을 끼얹은 듯한 침묵이 이어졌다. 마치 모든 게 갑자기 정지된 듯 느껴졌다. 잠시 후 운송용 상자 안에서 요동치는 소리가 들리기 시작했다. 조지와 나는 동시에 운송용 상자가 있는 곳으로 달려가 튀어나온 꼬리가 다치는 것을 방지하기 위해 문짝 아래 놓아두었던 나무 토막을 재빠르게 빼낸 뒤 녀석들의 탈출을 방지하기 위해 좁은 틈을 완전히 밀폐했다.

조지와 나는 새끼들을 안전하게 보호할 수 있게 되었다는 생각에 안도의 한숨을 크게 내쉬었지만 녀석들을 속인 것이 못내 언짢았다. 아무튼 나는 조지가 혼자 어려운 일을 해낸 것이 고마웠다. 나는 키스로 고마움을 표시했지만 그는 쓸쓸한 미소를 지을 따름이었다.

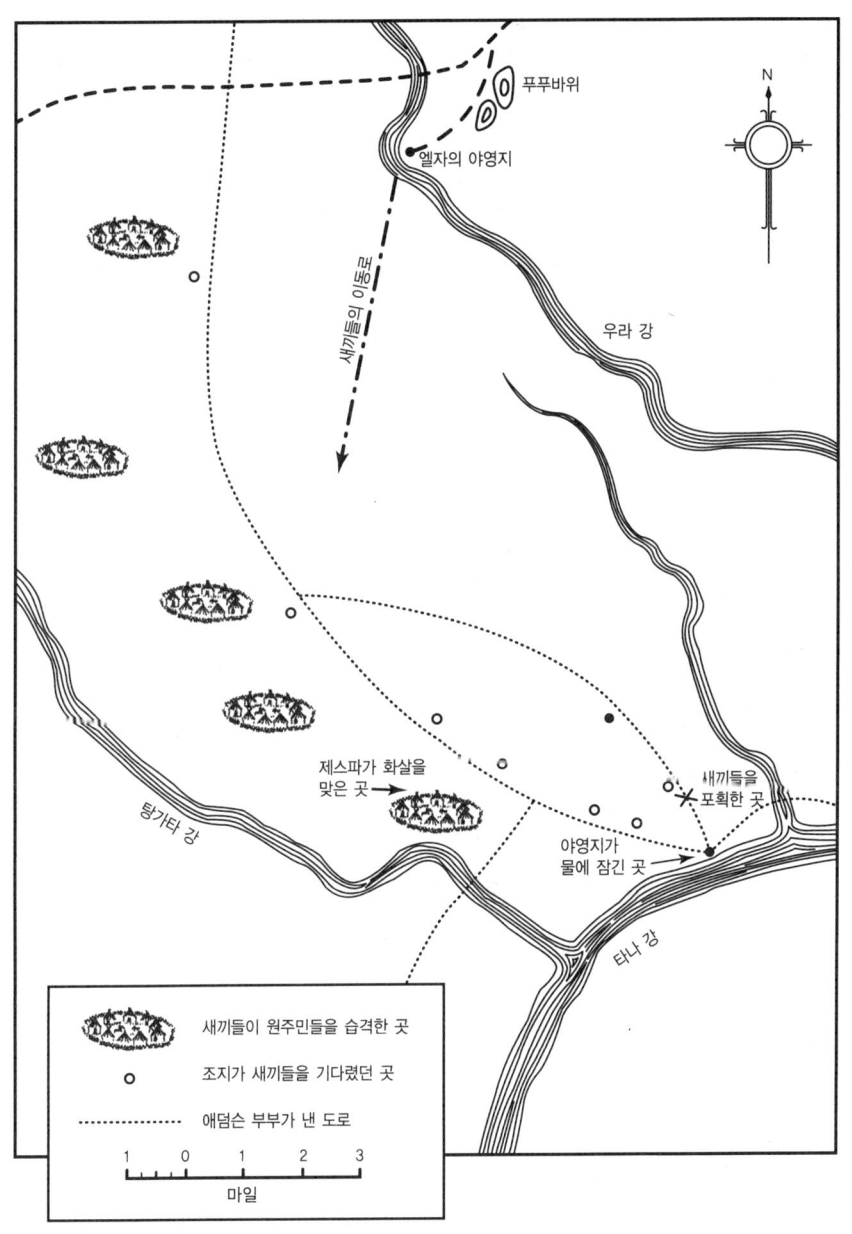

〈새끼들을 포획한 곳〉

# 33

## 세렝게티 국립공원을 향한 여정

새끼들의 불편과 당혹스러움을 최소화하기 위해서는 곧바로 이송을 서둘러야 했다. 조지가 운송용 상자를 지키고 있는 동안 나는 야영지로 돌아가 사람들을 깨우고 녀석들을 포획했다는 소식을 전했다. 그런 다음 함께 장비를 챙기고 나서 날이 밝는 대로 트럭에 운송용 상자를 올려 실을 채비를 했다.

달빛이 남아 있는 하늘 위로 새벽 여명이 천천히 빛을 드리우기 시작했다. 우리의 인생에 또 하나의 커다란 변화를 예고하는 하루가 시작된 셈이었다.

모든 게 준비되자 우리는 5톤 트럭을 운송용 상자가 있는 곳으로 이동했다. 조지는 제스파가 첫 충격에서 벗어난 뒤부터는 마음을 진정하고 운송용 상자 안에서 밤새 조용히 앉아 있었고, 리틀 엘자도 녀석의 모범을 따랐지만, 고파는 오랫동안 몸부림을 쳤다고 말했다. 고파는 트럭에 운송용 상자를 싣는 일을 도와주러 온 일꾼들을 향해 여전히 사납게 으르렁거렸다.

부족민들에게 사자들에게 접근하지 말라는 주의를 주었지만 사람들은 아랑곳하지 않고 시끄럽게 모여들었다. 이것이 고파에게 두려움을 불러일으켰다. 녀석이 상자 안에서 요동치는 바람에 천장의 판자 하나는 아예 떨어져 나갔고, 두 개는 부러졌다. 우리는 즉시 그 틈을 방수깔개로 막은 다음 그 위에다 철제 막대를 가로질러 얹어놓고 두꺼운 밧줄로 묶었다. 그러고 나서 우리는 운송용 상자를 끌어올렸다. 상자 무게는 각각 360킬로그램이 훨씬 넘었다. 인부들은 힘을 모으기 위해 리듬을 붙여 "영차, 영차" 소리를 지르며 작업을 진행했다. 그 소리는 흥분한 새끼들에게 두려움을 불러일으켰다. 무거운 운송용 상자가 도르래 장치에 의해 공중 높이 올라갔다. 겁이 난 새끼들이 상자 안에서 왔다 갔다 하는 바람에 상자가 크게 흔들렸다. 우리는 리블 엘자를 먼저 내려놓았다. 녀석의 상자는 트럭의 측면을 따라 길게 놓였다. 그러자 트럭의 절반이 가득 찼다. 그 다음에는 고파의 상자를 같은 요령으로 트럭에 올려놓았다. 그러자 트럭의 나머지 절반이 가득 찼다. 우리는 나무 문짝이 운전자 뒤를 향하도록 놓는 것을 잊지 않았다. 마지막으로 제스파의 상자는 트럭 뒤에 넓게 안착시켰다. 그런 식으로 상자들을 놓았기 때문에 새끼들은 비록 창살에 의해 분리되어 있었지만 서로의 모습을 잘 볼 수 있었다. 뿐만 아니라 틈이 날 때 트럭 뒤에서 제스파의 화살촉을 제거할

새끼들의 고향에서 녀석들과 보내는 마지막 날.

수 있는 또 하나의 이점을 가져다주었다. 하지만 녀석이 너무 흥분한 상태였기 때문에 당장 화살촉 제거 수술을 할 수는 없었다. 우리는 나중에 우리가 하든지, 아니면 수의사에게 수술을 맡기든지 할 생각이었다.

　어떤 먹이도 입에 대지 않으려고 했기 때문에 새끼들에게 진정제를 먹일 수 있는 기회가 없었다. 다행히 녀석들은 그 전에 먹이를 충분히 먹은 상태였다. 우리는 운송용 상자 안에 먹이와 물그릇을 놓아둔 다음 여행 도중에 나뭇가지들이 새끼들을 치는 것을 방지하기 위해 방수깔개로 적재함을 덮었다.

출발 준비가 끝났다. 나는 빠진 게 없는지 마지막으로 둘러보았다. 절망적인 표정을 짓는 제스파의 모습을 보려니 마음이 착잡했다. 우리는 와자지껄 떠드는 군중을 뒤로하고 이동하기 시작했다.

처음 22킬로미터는 길이 매우 험했다. 새로 난 길을 따라 짙게 우거진 풀숲을 헤치고 가는 동안 트럭은 돌과 자갈 위를 지날 때마다 심하게 요동쳤다. 트럭이 흔들리는데도 새끼들은 가만히 엎드려 여행에 잘 적응했다.

강물은 여전히 불어 있는 상태였지만 건너는 데 별 문제 없었다. 내 랜드로버와 새끼들을 실은 트럭이 안전하게 먼저 건넜다. 하지만 다른 차들은 온통 진흙탕이 되어버린 가파른 강둑을 오르지 못했기 때문에 새끼들을 실은 트럭의 견인을 받아야 했다.

시꺼먼 먹구름이 사방에서 몰려들기 시작했다. 엄청난 폭풍우를 몰고 올 비구름이었다. 우리는 진흙길에 미끄러지면서 96킬로미터를 달려 가까스로 우리 뒤를 쫓아오는 폭풍우를 피할 수 있었다. 해질 무렵 지방 장관의 관청에 도착했다. 우리는 지방 장관에게 메시지를 남겨놓고 여행을 계속했다.

그 지역의 경계선을 넘는 순간 나는 깊은 한숨을 내쉬었다. 새끼들이 사형선고를 받은 지역에서 벗어났다는 안도감 때문이었다. 나는 우리 뒤를 바짝 쫓아오던 폭풍우를 바라보며 자칫 폭우에 오도가도 못 할 신세가 될 뻔했다는 생각에 가슴을 쓸어내렸다.

우리는 모두 1,120킬로미터를 여행했다. 이제부터는 해발 2,280미터에 이르는 고산지대로 이어지는 길을 달려야 했다. 우리는 해발 365미터부터 시작해 2,130미터 높이의 산지에 도달했다. 적도를 지났건만 날씨가 견딜 수 없을 정도로 추웠다. 우리 위로는 해발 5,180미터에 달하는 케냐 산의 험준한 설봉(雪峰)이 우뚝 솟아 있었다. 산봉우리는 두꺼운 구름으로 뒤덮여 있었고, 그 아래를 지나는 우리의 머리 위로 가랑비가 흩날렸다.

이때까지만 해도 우리 일행은 서로 가깝게 붙어서 여행했다. 차 한 대가 뒤처지면 나머지 자동차들이 기다렸다. 그러다 보니 제스파의 수술을 맡아줄 수의사가 살고 있는 작은 마을에 도착하기도 전에 이미 저녁 9시가 되고 말았다.

하지만 시간이 매우 늦었음에도 불구하고 존 버거는 친절하게도 즉석에서 화살촉 제거 수술을 해주겠다고 나섰다. 그렇지만 제스파가 낯선 사람을 보고 사납게 행동했기 때문에 마취제를 주사할 만한 거리를 확보할 수가 없었다. 그는 앞으로 2~3주 정도 지나면 화살촉이 저절로 빠질 것이라며 나를 안심시켰다. 사실 녀석의 상처는 별로 깊지 않았다. 녀석은 매우 건강해 보였으며, 활동을 하는 데 아무런 장애도 느끼지 않았다. 하지만 화살촉이 저절로 나오지 않을 것에 대비해 그는 내게 약간의 살균제와 함께 특별히 긴 총알 제거용 핀셋을 빌려주면서 나중에 핀셋으로 화살촉을 뽑아낼 수 있을 것이라고 말했다. 우리는 그가 대접하는 커피를 고맙게 마셨다. 생각해보니 아침 식사 이후로 아무것도 먹은 게 없었다.

우리는 몸을 녹인 다음 곧바로 여행을 강행했다. 날씨는 더욱 험악해졌고, 가는 비가 굵어져 폭우로 변하면서 기온이 급강하했다. 새끼들을 실은 트럭의 방수포가 풀어져 펄럭거릴 때마다 멈추어 다시 고정시켰다. 스며드는 빗물을 피하기 위해 상자 한쪽 구석에 몸을 웅크리고 있는 녀석들의 모습을 보니 마음이 무척 안쓰러웠다. 우리는 해발 1,525미터 위를 밤새 쉬지 않고 달렸다. 녀석들이 폐렴에 걸리지 않을까 걱정스러웠다. 도중에 범죄자를 수색하는 아프리카 경찰에게 두 번 검문을 받았다. 우리는 트럭에는 사람이 아무도 없고 인간을 한 번도 해치지 않은 사자 세 마리뿐이라며 그들을 안심시켰다.

우리는 새벽 3시에 나이로비에 도착해 연료를 가득 채웠다. 꾸벅꾸벅 졸던 주유소 직원은 사자들을 보고 꿈을 꾸는 듯한 표정을 지었다. 낮 시간에 마을들을 지날 때 사람들이 보일 반응을 생각하니 벌써부터 걱정이 앞섰다.

새벽 3시부터 낮 시간 동안은 우리 모두에게 큰 부담을 안겨주었다. 카지아도 평원을 지나는 동안 차갑고 매서운 돌풍과 국지적인 소나기를 만났다. 운전자들은 미끄러운 도로를 운전하느라 극심한 피로에 시달렸다. 나는 졸음에 겨운 조지를 대신해 핸들을 잡았다. 이때의 여정은 새끼들에게도 큰 고통을 안겨주었을 것이 분명했다.

먼동이 틀 무렵 우리는 나망가에서 불과 몇 킬로미터 떨어진 곳에 도착했다. 그곳은 탕가니카 국경 근처에 있었다. 우리는 거기서 간단한 휴식을 취하며 뜨거운 차로 추위를 달랬다. 새끼들은 완전히 지친 상태였다. 녀석들은 무표정한 얼굴로 우리 안에 누워 있었다. 녀석들의 얼굴에는 창살과 계속 맞부딪치는 바람에 약간의 상처가 나 있었다. 운송용 상자 안에 있는 고기에는 구더기가 잔뜩 들러붙어 있었다. 우리는 미리 준비한 긁개로 부패한 고기를 제거하려고 애썼다. 하지만 고기가 쇠창살에 단단히 묶여 있었기 때문에 제거가 불가능했다. 우리는 썩은 고기를 그대로 둔 채 새끼들에게 신선한 고기와 물을 제공하는 수밖에 없었다. 하지만 녀석들은 먹이에 아무런 관심을 보이지 않았다.

새끼들의 불편을 가능한 한 최소화하기 위해 나는 전속력으로 먼저 약 160킬로미터 정도 떨어져 있는 아루샤를 향해 달려가서 국립공원 관장에게 우리의 도착을 알리는 한편, 새끼들을 방사할 장소를 찾기로 했다. 우리가 주말에 이동하는 바람에 도착 전보를 보낼 기회가 없었기 때문이다. 조지는 새끼들과 함께 오기로 했다. 우리는 마을에서 그리 멀지 않은 곳에서 다시 만날 예정이었다. 마을 밖을 장소로 정한 이유는 호기심을 보일 사람들의 눈을 피하기 위해서였다.

아침 날씨는 매우 쾌적했다. 어젯밤에 몰려들었던 구름은 모두 사라지고, 킬로만자로 산이 아침 안개를 뚫고 높이 자태를 드러냈다. 밤에 내린 눈으로 덮여 있는 산봉우리에 부드러운 아침 햇살이 비친 모습은 마치 이 세상이 아닌 듯한 신비한 분위기를 자아냈다. 아무리 봐도 얼음으로 뒤덮인 화산이라고는 믿기 어려운 모습이었다. 나는 종종 멀리서 킬로만자로 산을 바라보며 감탄하곤 했다. 게다가 정상에 올라간 적도 있었다. 하지만 오늘 보는 킬로만자로는 전보다 더욱 위엄 있고 고고하게 보였다. 그곳은 야생동물들이 자유롭게 서식할 수 있는, 훼손되지 않은 천연의 성지였다. 하지만 불과 몇 년 전만 해도 야생동물들이 많았던 평원에 불과 기린 세 마리와 몇 안 되는 영양만이 뛰놀고 있는 모습을 보면서 몹시 안타까웠다. 아스팔트 길이 점점 늘어나면서 동물들의 생태계가 파괴되고 있었다. 나 자신도 자동차를 몰고 가는 한 사람으로서 그런 파괴적인 행위에 동참하고 있는 듯한 생각이 들어 마음이 울적했다. 하지만 새끼들을 인간의 위협이 없는 야생으로 돌려보내기 위해 이곳에 왔다고 생각하며 자위했다. 앞으로 국립공원과 같은 야생동물의 피난처가 얼마나 버틸 수 있느냐 하는 문제는 헌신적인 몇몇 사람들의 적극적인 도움과 관심만이 아니라 인종에 상관없이 아프리카에 살고 있는 모든 사람의 후원에 달려 있다는 생각이 들었다. 이런 생각이 들자 엘자와 새끼들의 이야기를 담은 내 책을 팔아 얻은 수입을 동물보존을 위한 사업에 투자해야겠다는 결심이 더욱 확고해졌다.

나는 아루샤에서 국립공원 소장을 만나 새끼들을 방사할 장소를 논의했다. 그는 공원의 중심지라고 할 수 있는 세로네라를 추천했다. 그곳은 공원 관리자들이 살고 있는 데다 관광객들이 수없이 드나드는 장소이기도 했다. 나는 깜짝 놀라 좀더 한적한 장소를 허락해달라고 요청했다. 그러자 소장은 새끼들을 좀더 먼 지역, 그러니까 늘 물이 마르지 않는 강가에 풀어놓도록 허락했다. 그는 공원 내에 있는 관리자들에게 도중에 우리를 만나거든 그 장소를 안내해주라고 무전으로 지시하는 친절을 베풀었을 뿐만 아니라 뭐든지 필요한 것이 있으면 도움을 아끼지 않겠다고 약속했다.

　나는 소장을 만나고 나와서 조지를 기다렸다. 그가 100킬로미터의 길을 달려 아루샤에 도착하기까지는 약 다섯 시간이 걸렸다. 그 바람에 우리는 세렝게티 국립공원에 해가 지기 전에 도착할 수 없었다. 우리는 만야라 단층애(斷層崖) 기슭에 위치한 음투-야-움부에서 야영하는 수밖에 없었다.

　새끼들의 상태는 매우 애처로웠다. 얼굴은 멍이 들고, 뼈가 불거져 나온 곳은 마찰로 인해 상처가 나 있었다. 더욱이 운송용 상자 안에서 썩어가고 있는 고기 때문에 금파리 떼가 몰려들어 녀석들의 몸에 난 상처 위로 붕붕거리며 날아다녔다. 녀석들은 앞발로 얼굴을 가리며 파리 떼의 공격을 막으려고 했지만 헛수고였다. 녀석들이 고통받는 모습을 지켜보고 있자니 가슴이 매우 아팠다.

　일꾼들이 모두 지쳐 있었기 때문에 우리는 텐트를 치지 않고 그냥 잠을 자기로 했다. 나는 운송용 상자 근처에 침대를 펼치고 몸을 눕혔다. 밤새 새끼들이 잠을 자지 못하고 서성이는 소리가 들렸다. 동이 트자마자 나는 사람들을 깨웠다. 사람들은 그런 나를 탐탁지 않게 여겼지만 나는 새끼들의 고통을 한시라도 빨리 덜어주고 싶은 생각밖에 없었다.

　우리는 단층애를 오르기 시작했다. 그러자 곧 만야라 호수가 모습을 드러냈다. 그러고 나서 몇 킬로미터에 걸쳐 숲이 이어졌다. 숲에서는 호수가 보이지 않았다. 만야라 호수는 탕가니카의 유명한 관광명소 가운데 하나였다. 호수 수면은 플라밍고를 비롯한 물새들로 뒤덮여 있었다. 그 밖에 물을 마시려고 숲에서 나와 호숫가에 몰려든 코끼리, 버펄로, 사자들의 모습도 눈에 띄었다.

하늘에 구름이 몰려들면서 작은 빗방울이 떨어졌기 때문에 우리는 그런 광경을 한가롭게 지켜볼 여유가 없었다. 우리는 속력을 내어 거대한 화산들로 이루어진 고지대를 계속해서 오르기 시작했다. 불행히도 빗줄기가 금방 거세지는 바람에 몇 미터 앞을 분간하기가 어려워졌다. 그 바람에 화산들은 물론 직경이 16킬로미터에 달하는 세계 최대의 분화구인 응고롱고로를 볼 수가 없었다. 다만 도로 가장자리에 피어난 거대한 로벨리아(이 식물은 높이가 2.7미터까지 자란다)의 꼭대기 잎을 보고 그곳에서부터 가파른 경사지가 시작된다는 것을 추측할 수 있을 뿐이었다.

높이 올라갈수록 안개가 더욱 짙어졌다. 옷 속을 뚫고 냉기가 엄습하기 시작했다. 그렇게 높은 지역을 한 번도 여행한 적이 없는 일꾼들의 검은 피부가 추위 때문에 검푸른 빛을 띠었다. 길에 널려 있는 동물들의 배설물은 관광객들만이 아니라 코끼리와 버펄로를 비롯한 야생동물들도 그 길을 애용하고 있음을 암시했다. 한번은 숲에서 갑자기 코끼리 한 마리가 튀어나오는 바람에 급히 차를 멈추어야 했던 적도 있었다.

마침내 우리는 응고롱고로 분화구 가장자리에 도착했다. 전에 나는 그곳을 방문해 아래를 내려다본 적이 있었다. 당시에는 분화구 밑바닥(깊이 457미터)에 다양한 동물들이 살고 있었다. 하지만 이번에는 구름에 가려 아무것도 보이지 않았다. 우리는 분화구 가장자리 주위로 나 있는 미끄러운 도로를 따라 조심스럽게 차를 몰았다. 그렇게 몇 킬로미터를 지나자 갑자기 안개가 모두 걷혔다. 마치 휘장이 걷히면서 새로운 장면이 시작되는 듯했다. 우리의 발 아래 세렝게티 평원이 따뜻한 햇살을 받으며 그 자태를 드러냈다.

우리 앞에는 울퉁불퉁한 경사지가 놓여 있었다. 경사지는 마치 금으로 만들어놓은 듯한 노오란 솜방망이로 온통 뒤덮여 있었다. 꽃들이 우거진 사이로 거대한 얼룩말 떼와 영양과 톰슨가젤과 마사이 부족민들이 기르는 가축 떼가 한가롭게 풀을 뜯고 있었다. 이는 마사이 부족이 유제류를 밀렵하지 않기 때문에 볼 수 있는 보기 드문 광경이었다.

우리는 신속하게 고도 1,520미터 지역으로 내려왔다. 그곳에서 맞이하는 햇빛은 껴입었던 옷을 벗어도 될 만큼 따사로웠다. 우리는 유명한 올두바이 협곡을 지났다. 이제 앞으로 약 110킬로미터 정도만 더 가면 목적지에 도달할 수 있었다. 지금까지의 도로 상태는 양호한 편이었다. 하지만 그때부터 도로가 갑자기 험해지기 시작했다. 화산재 위로 난 바큇자국의 깊이가 무릎까지 올라올 정도였다. 자동차가 덜컹거리며 달리자 먼지가 잔뜩 올라와 구석구석 스며들었다.

기온이 상승하자 새끼들이 질식 상태에 빠지는 것을 예방하기 위해 트럭을 덮었던 방수용 천을 걷어냈다. 하지만 그런 조처는 녀석들의 상처가 온통 먼지로 뒤덮이는 결과를 낳았다. 자동차가 험한 길을 내달리는 동안 상자들은 사정없이 덜컹거렸다. 그 바람에 녀석들은 힘든 상황을 견뎌내야 했다. 우리는 종종 가던 길을 멈추고 구덩이에 빠진 자동차를 들어올리거나 부러진 스프링을 교체해야 했다. 지금까지는 한기가 엄습하는 추운 곳을 지났지만 이제는 지옥처럼 뜨거운 열기와 먼지가 이는 길을 80킬로미터나 달려가야 했다. 어느 쪽이 더 낫다고 할 수 없었다. 우리는 공원 관리자를 만나기로 되어 있는 나비 구릉에 예정보다 두 시간 늦게 도착했다. 그는 우리 일행이 먼지를 잔뜩 일으키며 마치 애벌레처럼 꿈틀거리며 길을 달려오는 모습을 보고 먼저 나와 기다리고 있었다.

거대한 폭풍우가 몰려들고 있던 데다 여전히 먼지가 잔뜩 쌓인 길이 아직도 많이 남아 있었기 때문에 우리는 서로 간단하게 인사말을 주고받았다. 먼지가 쌓인 길에 비라도 뿌리면 그야말로 보통 문제가 아니었다. 도중에 우리는 영양과 얼룩말이 엄청난 떼를 이루고 있는 모습을 보았다. 영양과 얼묵말의 이동은 일 년에 한 번 있는 동물들의 대이동을 알리는 전조였다. 하지만 우리는 그렇게 많은 야생동물이 모여 있는 모습을 한 번도 본 적이 없었다. 들판의 습지를 요리조리 피해 다니며 동물들 사이를 누빈 끝에 우리는 마침내 오후 늦은 시각에 새끼들을 방사할 장소에 도착했다.

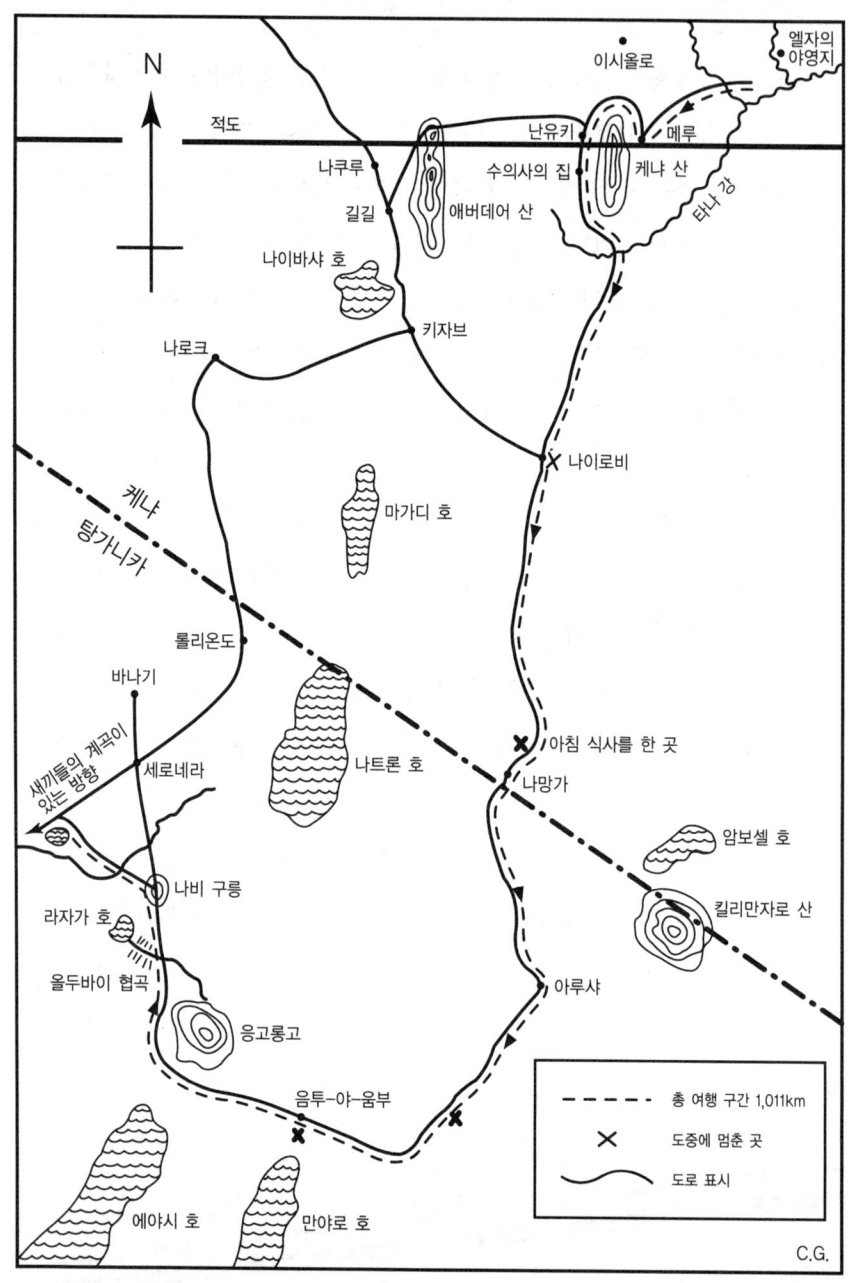

〈새끼들과 함께한 여행〉

# 34

## 새끼들의 방사

새끼들의 새로운 서식처는 길이가 약 65킬로미터에 달하는 드넓은 계곡을 앞에 두고 있는 매우 아름다운 곳이었다. 계곡의 한쪽 편은 가파른 단층애로 이루어진 가운데 정상은 고원지대였으며, 다른 한쪽은 작은 산들로 겹겹이 둘러싸여 있었다. 게다가 근처에는 계곡의 중심으로 흘러드는 구불구불한 강도 있었다. 양쪽 강둑에는 키작은 식물들과 나무들이 짙게 우거져 있어서 야생동물들이 몸을 숨기기에 안성맞춤이었다. 위로 올라갈수록 짙게 우거진 가시나무와 풀들로 뒤덮인 계곡은 전체가 마치 하나의 공원과도 같았다. 하지만 모기와 체체파리들의 낙원이기도 했다. 체체파리는 야생동물들을 보호하는 수호신이나 다름없었다. 왜냐하면 체체파리는 야생동물에게는 해가 없지만 사람과 가축에게는 치명적이기 때문이다.

우리는 먼저 새끼들을 편안히 쉬게 해줄 수 있는 방법을 찾았다. 우리는 튼튼해 보이는 아카시아 나무를 고른 뒤 그 가지에 도르래를 설치하고 운송용 상자를 땅에 내렸다. 새끼들을 포획한 지 사흘 만의 일이었다. 녀석들의 고생이 끝나는 마지막 순간이 다가왔다. 녀석들은 쑥 들어간 눈으로 이렇다 할 표정이라곤 없이 상자 바닥에 드러누워 있었다. 너무 피곤한 탓에 주변에 관심을 기울일 힘조차 없는 듯했다. 우리는 귀찮았지만 공용 상자를 가지고 온 것을 다행으로 여겼다. 새끼들이 그 안에서 여행의 피로를 풀 수 있었기 때문이다.

우리는 먼저 공용 상자의 뒤를 열어 젖힌 후 리틀 엘자의 상자와 고파의 상자 문 입구가 공용 상자와 마주보도록 내려놓았다. 그런 다음 도르래를 사용해 운송용 상자의 문을 들어올렸다.

잠시 아무 움직임도 없다가 갑자기 고파가 리틀 엘자의 상자로 뛰어들었다. 고파는 리틀 엘자 곁에 앉았다. 녀석들은 다시 만난 게 너무나도 기쁘다는 듯 서로를 핥으며 껴안았다. 우리는 즉시 문을 닫은 후 고파의 빈 상자를 치우고 제스파를 담고 있는 상자를 갖다 놓았다. 문을 열자마자 제스파는 전광석화처럼 튀어나가 고파와 리틀 엘자를 막아섰다. 마치 더 이상의 피해를 당하게 하지 않겠다는 듯한 행동이었다. 녀석은 그런 다음 다른 녀석들을 핥고 껴안으며 재회의 기쁨을 나누었다.

우리는 녀석들의 그런 모습을 지켜보면서 운송용 상자를 서로 바라볼 수 있게 만들어 운반한 것이 백 번 잘한 일이라고 생각했다. 물론 그렇게 함으로써 상처는 더 많이 났을지도 모른다. 하지만 정신적인 실망

세렝게티에 도착하던 날.

보다는 육체적인 상처를 치유하기가 쉬운 법이있다. 우리는 녀석들이 며칠 동안 서로 떨어져 있었지만 이전처럼 친밀하게 지내는 모습을 보고 마음이 매우 흐뭇했다.

새끼들에게는 휴식을 취하면서 주린 배를 채울 수 있는 시간이 필요했다. 우리는 공용 상자 안에 먹이를 넣어준 뒤 일꾼들에게 약간 떨어진 곳에 야영지를 설치하라고 지시했다. 그런 다음 우리의 랜드로버를 운송용 상자 양편에 주차시켰다. 밤에 먹이를 노리고 찾아올지도 모르는 야생동물로부터 녀석들을 보호하기 위해서였다.

밤 9시경 모든 일을 마치고 우리는 편안한 잠자리에 들 수 있었다. 하지만 고파가 곧 안정을 잃고 서성거렸다. 나는 밤새 고파가 몸을 움직이며 뼈를 씹어먹는 소리를 들을 수 있었다. 다음 날 아침에 보니 전날 주었던 먹이가 하나도 남아 있지 않았다. 그것을 보니 마음이 놓였다. 하지만 새끼들은 다시 더러운 운송용 상자 안에 들어가 있었다. 낯선 환경보다는 여행하는 동안 익숙해진 상자 안이 더 편안하게 느껴졌던 모양이었다. 그 바람에 우리는 썩은 먹이를 제거할 기회를 놓치고 말았다.

새끼들이 안정을 되찾을 때까지 녀석들을 상자 안에 가두어놓는 게 좋을 듯했다. 우리는 녀석들을 공용 상자로 유인하기 위해 그 안에다 신선한 먹이를 가져다놓았다. 녀석들을 방해하지 않고 가만히 놓아두는 것이 좋을 듯했기 때문에 인부들에게 운송용 상자 근처에 접근하지 말라고 엄격히 당부했다. 우리는 최소한 1.5킬로미터 정도 떨어진 곳으로 나가 야영지를 설치할 장소를 물색했다. 텐트를 설치하고 나서 다시 돌아와보니 새끼들은 여전히 파리들이 붕붕거리며 날아다니고 있는 더러운 상자 안에서 꼼짝도 하지 않고 있었다. 우리는 가능한 한 상자를 깨끗하게 청소했다. 새끼들은 그런 우리가 매우 못마땅한 듯했다. 녀석들은 자신들의 작은 영역을 지키기 위해 으르렁거리며 앞발을 휘둘러댔다. 조지와 나는 상자의 오물들을 치우면서 몇 번이나 욕지기가 올라왔다. 상자 청소를 마친 뒤 우리는 야영지로 되돌아와 목욕을 하고 나서 나흘 만에 처음으로 따뜻한 식사를 했다.

식사 도중에 공원 관리자가 와서 야영지를 설치하는 문제를 논의했다. 공원 당국은 친절하게도 새끼들이 새로운 환경에 적응해나가면서 스스로를 보호할 수 있을 때까지 녀석들을 돌볼 수 있도록 허락했다. 공원 관리자는 국립공원 밖에 살고 있는 야생동물을 사냥해 새끼들에게 먹일 수 있다고 알려주었다.

    우리는 새끼들이 있는 곳으로 돌아왔다. 녀석들은 모두 공용 상자에 누워 있었다. 녀석들의 얼굴을 본 순간 우리는 깜짝 놀랐다. 그물 모양의 철사로 만들어진 공용 상자가 철제 막대로 만들어진 운송용 상자보다 훨씬 더 많은 찰과상을 입혔기 때문이다. 녀석들이 그물 모양의 철사에 몸을 부딪힐 때마다 아물던 상처가 다시 터졌을 뿐만 아니라 파리를 쫓기 위해 앞발을 휘둘러대는 바람에 더욱더 심각한 사태를 초래했다. 셋 중에서도 고파의 상태가 가장 심했다. 녀석과 리틀 엘자는 우리가 상자 가까이 다가갈 때마다 사납게 으르렁거렸다. 제스파는 우리의 존재쯤은 안중에도 없는 듯했다. 심지어 화살촉을 뽑아낼 때도 가만히 있어주었다. 하지만 우리는 화살촉을 제거하지 못했다.

    우리는 잠자리에 들었다. 공용 상자는 두 대의 랜드로버 사이에 놓여 있었다. 얼마 지나지 않아 사자가 접근하는 소리가 들려왔다. 푸푸거리는 소리가 빠르게 가까워졌다. 우리는 여러 마리의 동물들이 야영지 주변을 배회하는 모습을 볼 수 있었다. 녀석들의 눈빛이 손전등 불빛에 반사되었다. 새끼들은 다른 동물들의 소리에 촉각을 곤두세웠다. 우리는 소리를 질러 짐승들을 쫓아보냈다. 다시 정적이 찾아왔다. 나는 나직한 목소리로 새끼들의 이름을 불렀다. 곧이어 녀석들이 먹이를 찢는 소리가 들려왔다. 새끼들 가운데 한 녀석의 숨소리가 무겁게 느껴졌다. 나는 녀석이 폐렴에 걸릴까봐 걱정스러웠다. 하지만 아침에 일어나보니 이슬이 많이 내리긴 했지만 새끼들은 모두 건강해 보였다. 다들 매우 만족스러운 표정이었고, 배도 먹이를 충분히 먹었다는 듯 불룩해져 있었다.

신선하고 상쾌한 아침이었다. 1,067미터에 이르는 고지대인데도 전에 엘자와 함께 지냈던 곳보다도 훨씬 더 서늘했다. 해가 뜨자 우리는 전날 저녁 상자를 덮었던 방수깔개를 걷어냈다. 날씨가 더워지면서 파리 떼가 나타나 새끼들에게 달려들었다. 제스파는 한쪽 앞발로는 리틀 엘자를 껴안고, 다른 쪽 앞발로는 상처에 붙은 파리를 털어냈다.

아침을 먹고 나서 조지는 사냥을 하기 위해 국립공원 밖으로 차를 몰고 나갔다. 그동안 나는 새끼들 곁에 머물렀다. 제스파가 기회를 제공할 때마다 나는 녀석의 엉덩이에서 화살촉을 제거하려고 노력했다. 녀석은 내가 거죽을 꼬집어 세게 잡아당기는 데도 전혀 개의치 않았다. 하지만 화살촉은 녀석의 몸에서 떨어질 줄을 몰랐다. 화살에 맞은 지 이미 다섯 주가 지났다. 나는 녀석의 상처를 보는 게 끔찍했다. 하지만 몇 주가 지나면 화살촉이 저절로 빠질 것이라는 수의사의 조언을 떠올리며 가만히 기다리기로 했다.

새끼들은 오전 내내 파리 떼의 공격에 정신을 차리지 못했다. 녀석들은 비좁은 상자 안을 왔다 갔다 하며 철사에 머리를 비벼댔다. 그 바람에 상처가 다시 벌어졌다. 결국 녀석들은 서로 바짝 달라붙은 채 나무라는 듯한 눈길로 나를 쳐다보았다. 상처에서는 피가 흐르는 데다 더러운 몰골로 우리 안에 갇혀 있었지만 녀석들은 사자다운 기품을 잃지 않았다.

세렝게티 국립공원은 우리가 기대했던 것보다 새끼들에게 훨씬 훌륭한 서식처였다. 하지만 기후와 생태 조건이 녀석들의 옛 고향과 너무 많이 달랐다. 녀석들이 처음 보는 동물들이 대부분이었다. 심지어 사자들도 녀석들과는 종이 달랐다. 녀석들이 서로 어떤 반응을 보일지, 영역권을 놓고 어떤 문제가 발생할지 궁금했다. 국립공원 안에는 모든 동물이 충분히 먹고 지낼 수 있을 만큼 먹이가 풍부했기 때문에 나는 엘자를 공격했던 사나운 암사자와 달리 그곳의 사자들이 녀석들을 관대하게 대해주기만을 바랄 따름이었다.

오후 3시경 조지가 사냥한 짐승을 가지고 돌아왔다. 우리는 새끼들을 방사하는 문제를 논의했다. 원래는 새끼들이 여행하면서 쌓인 피로를 풀도록 하루나 이틀 동안 상자 안에 더 놓아둘 생각이었지만 파리 떼 때문에 마음을 바꿔 곧장 녀석들을 방사하기로 결정했다.

햇빛이 한창 강하게 내리쬘 때였다. 날씨가 뜨거울 때는 새끼들의 움직임이 굼뜨기 때문에 놀라서 달아날 가능성이 비교적 적었다. 게다가 그런 시각에는 다른 야생 사자들을 만날 확률도 그렇게 많지 않았다. 우리는 상자와 강 사이에 먹이를 놓은 다음 여행용 상자 가운데 하나를 들어올려 새끼들이 나갈 수 있는 길을 열어주었다. 새끼들은 우리가 그렇게 하는 모습을 보고는 두려워하며 공용 상자 한쪽 구석으로 멀찍이

새끼들을 방사하다.

달아나서 서로 몸을 맞대고 웅크렸다. 잠시 후 고파가 출구로 다가와 조심스럽게 탐색하더니 몇 번이나 뒷걸음질을 치며 물러났다. 하지만 녀석은 곧 기품 있는 태도로 밖으로 걸어나왔다. 녀석은 먹이에는 눈길을 주지 않고 천천히 강을 향해 나아갔다. 약 100미터 정도 걸어간 후 녀석은 잠시 머뭇거리더니 다시 침착하게 계속 걸음을 옮겨놓았다.

제스파와 리틀 엘자는 서로 꼭 껴안고 있었다. 녀석들은 고파가 걸어나가는 모습을 지켜보며 잠시 의아한 표정을 지었다. 잠시 후 제스파가 출구로 다가가 밖으로 걸어나갔다. 녀석도 천천히 강을 향해 걸어갔다. 그러다 몇 번이나 발을 멈추고 리틀 엘자를 돌아다보았다.

　리틀 엘자는 운송용 상자 안에서 일어났다 앉았다 하면서 안절부절못했다. 다른 녀석들을 따라가고 싶은데 어떻게 할지를 몰라 혼란스러워하는 기색이 역력했다. 하지만 마침내 녀석도 자유에 이르는 길을 발견하고는 재빨리 제스파의 뒤를 쫓았다. 세 녀석은 모두 갈대 숲으로 사라졌다. 그 순간 폭우가 쏟아져 우리의 시야를 가렸다.

## 35

동물들의 대이동

비가 그치자마자 우리는 새끼들을 마지막으로 보았던 장소를 망원경으로 살피기 시작했다. 하지만 아무 흔적도 발견하지 못했다. 나는 녀석들이 곧장 강가에 다가갔을 것이라는 생각에 마음이 즐거웠다. 이는 녀석들이 물을 마시는 장소를 알게 되었다는 의미였기 때문이다.

강은 엘자의 야영지에 있던 강만큼 근사하진 않았지만 그런 대로 새끼들의 필요를 충족시켜주기에 충분했다. 강바닥에는 신선한 물이 천천히 흐르고 있었다. 건기인데도 몇몇 웅덩이에는 물이 남아 있었다. 웅덩이에 고여 있는 물은 뿌얘 보였다. 강 건너편에는 작은 산들이 줄지어 서 있었고, 그 안에는 함염지가 숨겨져 있었다. 많은 동물들이 빈번하게 그곳을 찾는 모습이 눈에 띄었다. 그 지역 사자들이 새끼들을 받아주기만 한다면 녀석들이 힘들지 않게 살아갈 수 있을 것이라고 생각하니 마음이 놓였다.

지역 사자들과 싸우는 것을 방지하기 위해 우리가 첫 번째 해야 할 일은 새끼들에게 먹이를 줄 수 있는 장소를 찾는 것이었다. 즉, 지역 사자들이나 다른 맹수들의 방해를 받지 않고 먹이를 먹을 수 있는 장소를 물색해야 했다. 공용 상자 안에 먹이를 두는 것은 위험했다. 제한된 공간에서 새끼들이 자칫 궁지에 몰릴 수도 있기 때문이었다. 위험한 상황에 처했을 때 쉽게 빠져나갈 수 있는 탈출구가 확보된 공간이 필요했다. 우리는 공용 상자를 큰 나무 근처로 옮긴 다음 양옆에 랜드로버를 주차해 공터를 만들었다. 그리고 나서 두꺼운 나뭇가지에 도르래를 부착해 먹이를 들어올린 다음 밧줄 끝을 랜드로버에 매달았다. 이렇게 하면 밤중에 새끼들이 왔을 때 먹이를 내려주는 한편, 녀석들이 없을 때는 약탈자들의 손길이 닿지 않도록 먹이를 들어올릴 수 있었다. 우리는 그 날 밤 새끼들이 모습을 드러내리라고 기대하지 않았다. 배가 고프지 않다면 며칠 동안 갇혀 지냈던 상자로 돌아올 리가 없다고 판단했기 때문이다.

날이 어두워지자 곧 서너 마리의 사자 무리가 가까이 접근했다. 손전등 불빛에 녀석들의 눈빛이 반짝거렸다. 수사자가 접근할 때는 매번, 낮은 울음소리를 동반하기 때문에 알아차리기가 쉬웠지만 암자사는 몰래 접근하기 때문에 숨소리를 듣고서야 비로소 랜드로버 옆에 웅크리고 있는 녀석의 존재를 확인할 수 있었다. 하지만 녀석들이 아무리 재간을 부려도 우리가 보호하는 먹이에 다가올 수는 없었다.

다음 날 아침 일찍 우리는 망원경으로 강둑을 샅샅이 살폈지만 새끼들의 모습은 보이지 않았다. 해가 떠올라 햇살이 강물 수면에 비칠 때가 되어서야 비로소 녀석들이 숲에서 나오는 모습을 볼 수 있었다. 녀석들이 나타난 곳은 전날 밤 사라졌던 장소와 매우 가까웠다. 내가 부르자 녀석들은 나를 쳐다봤지만 달려오지는 않았다. 바로 그때 비비들의 모습이 시야에 들어왔다. 새끼들은 천천히 산꼭대기를 향해 올라갔고, 비비들이 그 뒤를 쫓았다. 마침내 녀석들과 비비들의 모습이 정상 너머로 완전히 사라졌다.

새끼들의 뒤를 쫓을 수 있으리라는 기대감으로 우리는 차를 몰고 강을 건너 산 저편 기슭으로 향했지만 녀석들은 보이지 않았다. 돌아오는 길에 랜드로버 한 대가 우리를 따라와 새 트럭이 준비되었으니 나이로비에서 찾아가라는 전보를 전해주었다. 세렝게티 국립공원에서는 일반 우편물은 이따금 찾아오는 자동차 편으로 전달되었지만 전보의 경우에는 아루샤 본부에서 무전으로 매일 두 차례씩 송달되었.

우리는 이브라힘에게 켄과 다우니가 싼 값에 빌려주었던 트럭을 되돌려주고 새 트럭을 찾아오게 했다.

다음 날 새끼들은 밤 9시경에 나타났다. 녀석들은 배가 몹시 고팠는지 정신없이 먹이를 먹었다. 하지만 조지가 전조등을 켜자 녀석들은 황급히 달아났다가 한 시간 뒤에야 돌아왔다. 다시 돌아온 뒤에는 차분하게 먹이를 해치웠다. 제스파는 한 번으로는 성이 차지 않았는지 대구

세렝게티에서 조지와 함께 있는 제스파.

간유를 또 달라고 보챘다. 녀석은 이전처럼 조지가 내미는 접시에 담긴 간유를 깨끗이 먹어치웠다. 최근에 여행을 하면서 고생하긴 했지만 녀석은 여전히 우리를 신뢰하고 있는 게 분명했다.

이른 아침에 나는 새끼들이 강 쪽으로 이동하는 소리를 들었다. 짧은 포효 소리가 연달아 이어졌다. 사자의 포효 소리는 대개 푸푸 하는 소리로 끝나는 게 보통이었지만 이번 경우에는 그 소리가 들리지 않았다.

리틀 엘자는 다른 새끼들이 없는 틈을 타 먹이를 마음껏 먹어치웠다. 나중에는 세 녀석 모두 배불리 먹고 나서 먼동이 틀 무렵 다시 사라졌다. 녀석들이 사라진 직후 수사자가 크게 울부짖는 소리가 들려왔다.

소리가 난 장소는 매우 가까웠다. 곧이어 붉게 물든 새벽 하늘을 배경으로 뚜렷한 자태를 드러낸 수사자의 모습을 볼 수 있었다. 멋들어진 검은색 갈기를 가진 녀석은 먹이가 있는 방향에다 코를 대고 냄새를 맡으며 다가오더니 조지의 차 뒤편으로 걸어가서는 안에서 펄럭이는 모기장을 지켜보았다. 녀석이 먹이에 흥미를 보이며 접근하는 순간 우리는 목청껏 소리를 내질렀다. 녀석의 포효 소리에는 훨씬 못 미쳤지만 아무튼 우리는 녀석을 놀라게 만들어 야영지 쪽으로 달아나게 하는 데 성공했다. 녀석이 사라진 후 우리는 녀석의 손길이 미치지 못하는 곳까지 먹이를 감아올린 다음 뜨거운 차로 몸을 녹이려고 야영지로 돌아갔다.

야영지에 돌아오자 검은색 갈기를 가진 그 수사자가 놀란 일꾼들과 불과 100미터 거리를 유지한 채 서 있었다. 트럭 위로 몸을 피한 일꾼들은 우리에게 녀석의 존재를 알리며 조심하라고 소리쳤다. 뜻하지 않게 자신의 영역을 침해당한 수사자는 어떻게 해야 할지 몰라 당황스러워하는 기색이 역력했다.

저녁이 되자 우리는 다시 먹이가 있는 곳으로 돌아갔다. 해질 무렵에 고파가 모습을 드러냈다. 하지만 녀석은 주위가 충분히 어두워져 먹이에 안전하게 다가갈 수 있다는 판단이 설 때까지 근처에 있는 울창한 풀숲에 숨어 기다렸다. 제스파가 곧 녀석의 뒤를 따라왔다. 하지만 리틀 엘자는 나타나지 않았다. 그 대신 검은색 갈기를 가진 수사자와 녀석의 두 암사자가 모습을 드러냈다. 녀석들은 내 랜드로버와 약 7미터 정도 떨어진 곳에 웅크리고 앉았다. 그 반대편에서는 고파와 제스파가 열심히 먹이를 먹고 있었다. 야생 사자 세 마리가 굶주린 채 풀밭에 웅크리고 앉아 있는 가운데 엘자의 새끼들이 내 차 옆에서 먹이를 먹고 있는 어설픈 광경을 사진에 담고 싶었지만 안타깝게도 플래시를 가지고 오지 않아 뜻을 이루지 못했다. 제스파와 고파는 지역 사자들이 근접해 있는데도 별로 개의치 않았다. 녀석들은 배불리 먹은 다음 등을 깔고 드러눕기까지 했다. 녀석들은 우리가 보호해줄 것을 철석같이 믿고는 안전을 확신하는 듯했다.

그때 갑자기 강 건너편에서 희미하게 부르는 소리가 들려왔다. 리틀 엘자의 목소리인 듯했다. 제스파와 고파는 야생 사자들을 피하기 위해 조지의 차 뒤로 숨었다. 우리는 먹이를 감아 올리고 나서 야생 사자들이 꼼짝 못하도록 밤새 감시했다.

5월 7일, 조지는 아침 일찍 먹이를 잡기 위해 국립공원 밖으로 나갔다. 경계지역까지 가는 길은 매우 험했다. 나는 그가 오후가 되어서야 돌아오겠거니 생각했다. 점심시간 무렵 먹구름이 야영지 위로 잔뜩 몰려들었다. 첫 번째 빗방울이 떨어지기 시작할 때 느닷없이 랜드로버 한 대가 나타났다. 차에는 공원 관리인을 비롯해 국립공원 재단 이사장과 그의 일행이 타고 있었다. 이사장은 엘자의 새끼들을 데려와 세렝게티 국립공원의 위상을 높여준 데 대해 감사의 말을 건넸다. 하지만 그는 늦어도 5월 말까지는 떠나야 한다고 말했다. 6월부터 관광철이 시작되는데, 관광객들이 우리가 텐트를 치고 사자들을 먹이는 모습을 보면 불만을 제기할지도 모른다는 이유에서였다. 나는 깜짝 놀라며 엘자의 새끼들이 스스로를 보호할 수 있을 때까지 홀로 놓아둘 수 없다고 강조했다. 나는 그가 우려하는 상황을 피하기 위해 관광객들의 발길이 미치지 않는 한적한 장소로 야영지를 옮기겠다고 제안하는 한편, 새끼들을 먹이는 일을 눈에 띄지 않게 조심해서 하겠다고 약속했다. 아울러 5월 말이면 새끼들이 17개월이 되는데, 통상 그 나이의 사자는 스스로 사냥할 능력이 없다는 점을 거듭 강조했다.

때마침 조지가 돌아와 내 의견을 지지했다. 하지만 재단 이사장은 우리의 제안을 받아들이지 않았다. 우리는 실망하지 않을 수 없었다. 새끼들은 방사한 지 불과 며칠밖에 되지 않았다. 녀석들은 아직도 우리에게 의존하고 있었다. 그런 녀석들을 막연히 홀로 살아가기를 바라며 방치한다는 것은 생각만 해도 끔찍한 일이었다.

우리가 이 문제로 머리를 싸매고 있는데, 몇 사람의 방문객이 더 우리를 찾아왔다. 그들 중에는 생태학을 연구하는 미국의 과학자 톨벗 부부도 있었다. 그들의 견해는 매우 고무적이었다. 그들은 많은 점에서 우리와 생각이 비슷했다. 우리는 곧 친구가 되었다.

밤을 지내는 장소로 되돌아가보니 새끼들이 먼저 와서 우리를 기다리고 있었다. 조지는 장시간의 운전으로 피곤했기 때문에 잠을 청했고, 나 혼자 새끼들을 지켰다. 제스파는 내 차 뒤에 와서 만져달라는 의사를 표시했다. 녀석은 내가 쓰다듬어주는 동안 가만히 있었다. 엘자의 야영지를 떠난 이후로 녀석이 그런 행동을 보이기는 처음이었다. 녀석은 그 동안의 우여곡절에도 불구하고 엘자의 경우처럼 여전히 우리를 신뢰하면서 다른 녀석들과 우리 사이를 조정하는 중재자 역할을 했다. 제스파가 없었더라면 고파와 리틀 엘자는 결코 우리를 받아들이지 않았을 것이다. 고파는 사자 무리의 우두머리가 되기에 충분한 힘과 독립심을 가지고 있었지만 엘자와 제스파의 경우처럼 다감한 정서나 이해력은 갖추지 못했다. 고파는 타나를 떠나 옛 집으로 돌아가 그곳에서 홀로 일주일을 지내는 독립심과 가장 먼저 자유를 찾아 공용 상자 밖으로 걸어나오는 용기를 지녔을 뿐만 아니라, 매번 먹이를 먹을 때마다 수사자답게 자신의 몫을 장악했다. 하지만 두려움이나 정신적 고통에 사로잡힐 때는 어미인 엘자를 찾았듯이 제스파에게 달려가 위로와 도움을 청했다.

제스파는 다른 새끼들의 정신적인 지주로 자리잡은 듯했다. 그 때문에 고파보다 육체적으로 다소 약하면서도 우두머리가 될 수 있었던 것 같다. 녀석은 어렸을 때부터 늘 어미인 엘자를 보호했던 데다 엘자가 죽은 뒤에는 다른 녀석들을 이끌었다. 녀석은 항상 앞장서서 위험 여부를 탐색했을 뿐만 아니라 실제로 위험한 일이 발생하면 가장 먼저 행동을 취했다. 최근에도 리틀 엘자가 놀라 도망칠 때마다 녀석은 늘 뒤따라가서 위로를 건네고는 다시 데려오곤 했다.

새끼들은 신선한 먹이를 먹으며 밤을 새웠다. 새벽이 되자 녀석들은 불룩해진 배를 양옆으로 출렁이며 다른 곳으로 사라졌다. 상자에 부딪치면서 생긴 상처를 제외하고는 녀석들의 건강상태는 완벽했다. 물론 제스파는 엉덩이에 여전히 화살촉을 꽂고 다녔다.

그 후 이틀 동안 새끼들의 모습은 보이지 않았다. 다친 다리 탓에 나는 먼 거리를 걸을 수 없어 조지가 녀석들을 찾아 나섰다. 그는 계곡을 가로질러 단층애 지역으로 이어져 있는 녀석들의 흔적을 발견했다. 발자국이 발견된 지점은 바위들이 많아 녀석들에게 훌륭한 휴식처가 되기에 충분한 곳으로, 먹이를 먹는 장소와는 3킬로미터 정도 떨어져 있었다. 지역 사자들로부터 안전한 거리를 유지하기 위해 일부러 그곳을 선택한 게 아닌가 하는 생각이 들었다.

다음 날 밤 우리가 보초를 서자마자 곧 새끼들이 모습을 드러냈다. 다른 때와는 달리 녀석들은 초조한 기색을 보이더니 꽤 먼 곳에서 수사자가 울부짖는 소리를 듣고 부리나케 사라졌다. 녀석들은 새벽 3시가 되어서야 비로소 돌아와 허겁지겁 먹이를 먹었다. 하지만 다 먹지 않고 남겼다. 잠시 후 사자 여러 마리가 울부짖는 소리가 가까운 곳에서 들려왔다. 우리는 녀석들이 서두른 이유를 알 수 있었다.

다음 날 밤에도 똑같은 일이 발생했다. 리틀 엘자는 특히 초조해 보였다. 녀석은 심지어 우리가 손전등을 비추자 놀라 달아나기까지 했다.

하루 종일 비가 내렸다. 우리는 일찍 먹이가 있는 곳으로 갔다. 그곳에 도착해보니 제스파가 먹이를 매달아놓은 나뭇가지 위로 조심스럽게 접근하고 있었다. 녀석은 위에서부터 먹이에 접근하려고 시도했다. 다른 새끼들은 수풀에 반쯤 몸을 숨긴 채 녀석을 지켜보고 있었다. 우리가 먹이를 땅에 내려주자 세 녀석 모두 정신없이 달려들어 밤새 먹이를 먹었다. 아침이 되자 뼈다귀 몇 개 외에는 아무것도 남지 않았다. 우리는 다시 국립공원 밖에서 사냥을 해와야 했다.

검은색 갈기를 가진 수사자와 녀석의 두 암사자가 야영지와 매우 가까운 곳을 지나갔다. 그때까지만 해도 우리는 사자들이 은밀하게 사랑을 나누는 줄로만 알고 있었다. 하지만 이 수사자는 다른 암사자가 보고 있는 앞에서도 서슴없이 짝짓기를 시도했다. 뜻밖이었다. 게다가 1.5킬로미터도 채 떨어지지 않은 곳에서는 멋진 황금색 갈기를 가진 수사자가 확 트인 평원에서 햇빛을 쬐고 있었다. 녀석은 우리에게 아무런 관심도 보이지 않았다. 카메라 셔터를 누르는 소리에도 녀석은 마치 우리가 없는 듯 한가롭게 기지개를 켜며 하품을 했다. 그 후 필름을 채 갈아끼울 여유도 없이 서로 사랑을 나누는 사자 한 쌍이 또 눈에 띄었다. 서로 찰싹 달라붙어 있는 녀석들은 매우 피곤해 보였다. 녀석들도 우리의 존재를 전혀 의식하지 않았다.

좀더 차를 몰고 가다보니 숲이 더 울창해지고 산들이 많아지면서, 야생동물들도 더 많이 눈에 띄었다. 그렇게 우리는 국립공원의 경계지역에 도착했다. 계속해서 차를 몰면 인근의 부족민들이 개설한 거대한 가축시장 한가운데를 통과해야 할 듯싶었다. 우리는 차를 몰고 가는 동안 거의 모든 나무 아래마다 아프리카영양(또는 누라고도 함 - 옮긴이)들과 얼룩말들이 그늘 가장자리까지 늘어서 있는 모습을 볼 수 있었다. 뜨거운 햇빛을 피할 그늘을 찾지 못한 동물들은 어디로 가야 할지 몰라 이리저리 방황하고 있었다. 눈을 감자 황소개구리의 합창 소리가 들려오는 듯했다. 얼룩말들이 내지르는 소리는 우리가 늪지가 아니라 수많은 동물들이 일 년에 한 차례씩 대이동을 준비하는 초원지대에 와 있음을 일깨워주었다. 동물들의 이동 목표는 빅토리아 호수와 그곳에 인접해 있는 마라 보호지역이었다. 제때에 세렝게티 국립공원에 도착해 이런 진기한 광경을 보게 되다니 정말 운이 좋았다.

사냥한 먹이를 가지고 새끼들과 만나는 장소에 돌아와보니 고파와 제스파가 아카시아나무 위에서 아슬아슬한 곡예를 펼치고 있었다. 리틀 엘자는 근처에 숨어 있었다. 갑자기 고파가 리틀 엘자가 있는 방향에다 대고 귀를 쫑긋 세우더니 황급히 나무에서 기어 내려왔다. 땅에 거의 다 다르자 녀석은 서둘러 뛰어내리다가 그만 쿵 소리를 내며 떨어졌다. 녀석은 몸을 벌떡 일으켜 세우더니 겸연쩍은 표정을 지으며 즉시 리틀 엘자가 있는 곳으로 달려갔다. 제스파는 나뭇가지에 그대로 있다가 접시를 내밀자 대구 간유를 핥아먹으려고 급하게 달려오다가 하마터면 넘어질 뻔했다. 녀석의 상처는 거의 아물어 그 위에 털까지 자라기 시작했다. 하지만 화살촉이 박힌 엉덩이에서는 여전히 분비물이 흘러 보기가 매우 고약했다.

날이 어두워지자 리틀 엘자가 먹이를 먹으러 다가왔지만 초조해하는 기색이 역력했다. 나는 녀석을 안심시키기 위해 이름을 불렀다. 나중에 우리는 야생 사자들과 하이에나 떼를 쫓아내느라 애를 먹었다. 하지만 새끼들은 총총히 모습을 감춘 뒤로는 다시 돌아오지 않았다.

아침을 먹고 나서 동물들의 대이동을 좀더 구경하기 위해 밖으로 나갔다. 가는 도중에 짝짓기를 했던 수사자와 암사자를 다시 만났다. 녀석들은 탁 트인 곳에 누워 우리를 쳐다보았지만 25미터 거리 안으로 접근해도 별다른 반응을 보이지 않았다. 녀석들은 우리를 전혀 의식하지 않고 다시 짝짓기를 시도했다. 수사자의 교미 시간은 약 3분 동안 지속되었다. 교미가 끝나자 수사자는 암사자의 앞이마를 살짝 깨물었다. 암사자는 나지막하게 가르랑거려 수사자에게 답례했다. 20분 후 수사자는 다시 암사자에게 다가갔다. 하지만 이번에는 암사자가 앞발을 휘둘러 수사자를 쫓아보냈다. 암사자는 그런 식의 행동을 세 차례 반복하더니 하는 수 없이 수사자를 다시 받아들였다. 수사자는 이전처럼 암사자의 앞이마를 깨물었다. 우리는 녀석들을 계속 지켜보았다. 약 20분 후 수사자는 암사자와 세 번째 교미를 시도했다. 이번에는 목을 가볍게 문 다음 암사자를 놓아주었다. 그런 다음 두 녀석 모두 잠이 들었다. 주위는 고요했고, 마치 시간이 멈춘 듯했다. 자동차에 시동을 거는 소리에 암사자가 고개를 들어 반쯤 감긴 눈으로 우리를 바라보았지만 수사자는 미동도 하지 않았다.

세렝게티 국립공원에는 암사자들의 숫자가 수사자들보다 훨씬 많다는 이야기를 들은 적이 있었다. 아마도 사랑을 나누는 사자들을 쉽게 볼 수 있었던 것은 바로 이런 이유 때문이 아니었나 싶다. 수사자들은 늘 하렘(수컷 한 마리와 암컷 여러 마리로 이루어진 공동체를 말함-옮긴이)을 형성하면서 많은 가족들을 거느린다. 암사자들은 새끼를 낳은 뒤에는 2년 동안 녀석들을 돌본다. 아울러 그동안에는 수사자에게 교미를 허락하지 않는다. 하지만 이곳에서는 암사자들의 숫자가 너무 많았기 때문에 우리가 본 수사자들 중 상당수가 좀 말라 보였다. 우리가 생각하기에는 아마도 수사자의 교미기가 대개 4, 5일 동안 지속되는 데에서 그 이유를 찾아야 할 듯했다. 교미를 하는 동안에는 수사자와 암사자는 먹이를 먹기는커녕 물도 거의 마시지 않는다. 이곳에서는 암사자들에 비해 수사자의 숫자가 부족했기 때문에 수사자들은 종종 굶주림에 시달려야 했다.

새끼들은 사흘 동안이나 나타나지 않았다. 하지만 굶주린 맹수들의 활동은 매우 활발했다. 특히 검은색 갈기를 지닌 수사자와 녀석의 암사자들이 가까운 곳에서 어슬렁거렸다. 녀석들은 새끼들에게 자신들의 영역을 차지하도록 내버려두지 않겠다는 의지를 내보였다.

결국 새끼들을 먹일 수 있는 새로운 장소를 물색해야 했다. 그러기 위해서는 먼저 녀석들을 찾는 것이 급선무였다.

대이동이 있을 때면 사자들은 대개 이동하는 동물들의 뒤를 따라간다. 일상적인 사냥보다는 낙오된 동물들을 사냥하는 게 더 쉽다는 사실을 알고 있기 때문이다. 우리는 우선 엘자의 새끼들이 영역을 내놓지 않으려는 검은색 갈기를 지닌 수사자의 무리를 피해 어디로 달아났는지부터 알아야 했다.

우리는 며칠 동안 이곳저곳을 찾아 헤맸다. 하지만 풀도 무성할 뿐더러 땅도 완전히 마른 상태여서 흔적을 찾기가 어려웠다.

그렇게 많은 사자들을 보기는 처음이었다. 우리는 바위에 앉아 있는 다섯 마리에 이어 그곳에서 얼마 떨어지지 않은 작은 언덕 위에서 일곱 마리를 목격했다. 작은 언덕 위의 사자들은 심지어 우리가 불과 대여섯 발자국 정도밖에 떨어지지 않은 곳을 지날 때에도 고개를 들어 위아래로 쳐다보기만 했을 뿐 움직이지 않았다. 그리고 나서 계속 길을 가다가 세 번째 사자 무리를 만났다. 이번에는 암사자 한 마리와 아주 어린 새끼 두 마리, 중간쯤 자란 새끼 두 마리와 위풍당당한 수사자 두 마리였다. 거기서 얼마 떨어지지 않은 곳에서는 검은색 갈기를 지닌 수사자 두 마리가 언덕 위를 활보하고 있었다. 날씨가 더워지고 있었기 때문에 녀석들의 움직임은 그렇게 활발하지 못했다. 나중에 우리는 다 자란 수사자 두 마리가 함께 있는 모습을 보고 놀라곤 했다. 하지만 세렝게티 국립공원에서는 수사자들끼리 몇 년 동안이나 함께 지내는 일이 종종 있다고 했다.

작은 호수에 이르자 플라밍고들이 눈에 띄었다. 우리는 머리가 망치처럼 생긴 황새가 얕은 물가에서 먹이를 쪼아먹고 있는 모습을 지켜보았다. 황새와 가까운 곳에서는 왕도마뱀 한 마리가 잠을 자고 있었다. 이곳의 도마뱀은 종류가 좀 큰 것 같았다. 녀석의 몸길이는 약 1.2미터에 달했다. 우리가 녀석을 지켜보고 있는 동안 자칼 한 마리가 뒤에서부터 소리 없이 도마뱀에게 접근했다. 좋은 의도로 그러는 게 아닌 것이 분명했다. 우리는 자칼이 아프리카독사를 잡아먹었다는 얘기나 루돌프 호수 근처에 사는 사자들이 악어를 잡아먹었다는 말만 들어보았을 뿐 육식동물이 파충류를 잡아먹는 모습을 직접 본 적은 한 번도 없었다. 도마뱀은 자칼이 충분히 덮칠 만한 거리까지 접근했는데도 위험을 전혀 느끼지 못하는 듯 보였다. 하지만 녀석은 예상과는 달리 꼬리를 위협적으로 흔들었다. 그러자 자칼은 놀라서 펄쩍 뛰어오르더니 멀리 달아나 버렸다. 도마뱀은 다시 잠이 들었다. 하지만 자칼은 쉽게 포기하지 않았다. 녀석은 다시 돌아와 이번에는 도마뱀의 정면에서 공격을 감행했다. 도마뱀은 "쉿" 소리를 크게 내질렀다. 자칼은 이번에도 놀라서 숲으로 달아났다. 달아나던 자칼은 암사자 한 마리와 마주쳤다. 녀석의 양옆에는 귀여운 사자 새끼들이 빠끔히 얼굴을 내밀고 있었다. 자칼은 황급히 뒷걸음질을 치더니 꽁무니를 뺐다. 암사자는 천천히 물가로 내려와 도마뱀과 가까운 곳에서 물을 마시기 시작했다. 도마뱀은 비척거리며 급히 자리를 떴다. 망치 모양의 머리를 한 황새는 그런 주변의 일들에 전혀 관심을 기울이지 않고 먹이를 쪼아먹는 데 여념이 없었다. 녀석은 자칼도 도마뱀도 사자도 안중에 없었다.

새끼들이 엿새 동안이나 모습을 드러내지 않았기 때문에 조금 불안했다. 우리는 녀석들이 독립적인 생활을 하는 데 다소 시간이 걸릴 것으로 예상했다. 그런데 녀석들이 갑자기 모습을 감추자 걱정이 앞서기 시작했다. 우리는 녀석들에게도 고양이의 경우처럼 본래 살던 곳을 찾아가는 본능이 있는지 궁금했다. 만일 그렇다면 녀석들은 지금 직선거리로만 해도 640킬로미터나 되는 길을 걸어 옛 고향으로 되돌아가고 있을지도 몰랐다(우리가 온 길로 따지면 1,120킬로미터나 되었다). 녀석들이 도로를 따라 걸어갔을 가능성은 희박했지만 우리는 혹시나 하는 심정으로 그 점을 확인하기 위해 공원 관리자를 처음 만났던 곳까지 약 50킬로미터의 거리를 달려갔다. 도중에 초원으로 이동하고 있는 동물들의 무리를 만났다. 톰슨가젤의 경우에는 무리의 길이가 약 5킬로미터 정도에 이르렀다. 녀석들은 마치 자석에 이끌린 듯 전방을 향해 계속 걸음을 옮겨놓았다. 먹이를 잡기 쉽다는 한 가지 이유만으로 새끼들이 이곳까지 뒤따라왔으리라고는 생각할 수 없었다. 녀석들이 몸을 감출 만한 수풀이 전혀 없는 확 트인 초원이었기 때문이다. 우리는 바위들이 있는 곳과 산지의 수풀 속을 샅샅이 뒤졌다. 하지만 녀석들의 모습은 어디에도 없었다. 우리는 수색을 포기하고 야영지로 돌아왔다.

다음 날 아침 우리는 지도를 꺼내 세렝게티 국립공원에서 엘자의 야영지까지 직선을 그어보았다.

국립공원에서 시작된 직선은 곧 사자들을 사냥하는 것으로 유명한 마사이 부족의 거주지로 이어졌다. 유럽의 지배를 받기 이전만 해도 마사이 부족 청년들은 사내다운 기개를 과시하기 위해 창으로 사자를 잡아 그 갈기를 벗겨 머리장식을 만들었다. 그들은 특별한 의식이 있을 때마다 자신의 용기를 입증하는 증거로 머리장식을 모자처럼 쓰곤 했다. 창으로 사자를 잡는 것은 수렵금지법에 위배되는 행동이었지만 여전히 은밀하게 이루어졌다. 따라서 그들로부터 새끼들에 관한 솔직한 정보를 건네 듣기란 거의 불가능했다. 우리는 마케데를 마사이 족이 사는 곳에 보내 일상적인 대화를 나누는 것처럼 하면서 새끼들에 대한 정보를 입수해오게 하는 게 좋겠다고 생각했다. 마케데는 투르카나 족이었지만 마사이 족의 말을 할 수 있었다. 우리는 만일 새끼들이 가축을 해쳤다면 마케데를 통해 녀석들을 죽이지 못하도록 설득할 생각이었다.

경계지역을 향해 가는 도중에 우리는 잠시 세로네라에서 차를 멈추고 국립공원 소장을 방문했다. 그는 우리의 고충을 이해한다고 말했지만 그래도 월말까지는 국립공원을 떠나야 한다고 강조했다. 남은 시간은 열흘, 너무 짧았다. 우리는 초원을 지나는 동안 많은 사자들을 보았다. 그 가운데는 암사자 다섯 마리가 무리를 지어 다양한 크기의 새끼 여덟 마리에게 젖을 빨리는 모습도 보였다. 새끼들은 여러 마리의 암사자들을 오가며 젖을 빨았고, 암사자들은 자기 새끼와 다른 암컷의 새끼를 가리지 않았다.

그 다음 날 아침 조지가 야영지 근처를 수색하는 동안 나는 마케데를 태우고 마사이 족이 사는 곳에 가서 그가 묵을 집을 물색할 계획이었다.

우리는 야영지로 되돌아가자마자 아침 일찍 출발할 생각으로 미리 짐을 꾸렸다. 시간이 매우 촉박했기 때문에 조지는 즉시 계곡을 수색하기로 했다. 다음 날 아침 그는 득의의 미소를 지으며 돌아왔다. 그가 새끼들을 발견했거나 새끼들이 그를 발견했거나 둘 중 하나였다.

그의 말은 이랬다. 그는 계곡을 따라 10킬로미터 정도 차를 몬 뒤 차를 주차시켰다. 그러고 나서 멀리서도 볼 수 있도록 전조등을 밝게 켜놓았다. 그러고는 가끔씩 사방에다 대고 스포트라이트도 비추었다.

저녁 9시경 새끼들이 건강한 모습으로 나타났다. 녀석들은 배고파 하지는 않았지만 몹시 목이 마른 듯했다. 고파와 제스파가 달려들어 조지가 주는 물을 모두 핥아먹는 바람에 가엾은 리틀 엘자는 한 모금도 마시지 못했다. 녀석들은 모두 다정하게 굴었다. 심지어 제스파는 조지의 차에 올라타려고 했다. 녀석들은 조지가 내준 먹이를 거의 먹지 않고 밤새 그곳에 머물면서 하이에나를 쫓아다니며 놀았다. 동이 트자 녀석들은 작은 계곡으로 사라졌다. 조지는 내게 소식을 전하기 위해 급히 달려왔다. 그는 마침 국립공원 경계지역을 향해 가고 있는 나를 멈추어 세웠다. 새끼들이 엘자의 야영지에서 사나운 암사자를 겪어본 경험 때문에 국립공원 내의 사자들을 피해 한적한 지역을 찾아 자신들의 영역으로 삼았음이 명백해졌다.

우리는 야영지를 그대로 둔 채 매일 저녁 새끼들이 사라진 계곡 근처에 가서 차 안에서 밤을 지새우기로 결정했다. 녀석들이 새로운 보금자리로 선택한 계곡은 단층애 기슭에 자리잡고 있었다. 그곳까지는 체체파리가 미치지 못했다. 계곡의 길이는 약 2.5킬로미터 정도였으며, 두 개의 작은 골짜기가 들어가고 나오는 출입구의 역할을 했다. 그 가운데 하나는 안전한 피난처를 제공했다. 골짜기는 길이가 약 800미터 정도에 높이와 폭은 각각 2.7미터와 1.5미터에 이르렀다. 골짜기 위에는 식물들이 빽빽이 들어차 햇빛을 완전히 차단해주었다. 덕분에 무더운 대낮에도 계곡의 공기는 항상 서늘했다.

위험이 다가오고 있음을 멀리서 감지할 경우에는 출입구를 형성하는 골짜기 안으로 들어가 단층애 사이로 난 절벽 가운데 한 곳을 기어올라 피신하기에 적합했다. 그 위쪽은 바위들과 울창한 덤불로 가려져 있어 적을 피하고 관찰하는 데 유리한 위치를 제공했다. 단층애 꼭대기에 올라서면 강까지 이어진 국립공원의 전경과 아름드리 나무들이 물결을 이루며 드넓게 펼쳐져 있는 모습을 볼 수 있었다. 뿐만 아니라 국립공원을 구성하는 또 다른 계곡과 그 너머의 산악지대와 겹겹이 포개진 계곡들이 수평선 너머까지 길게 늘어선 모습까지 한눈에 들어왔다. 강이 지나는 곳 주변에는 울창한 녹지대가 형성되어 있었다. 녹지대는 계곡을 따라 구불구불 이어지면서 멀리 안개 속으로 흐릿하게 사라졌다. 새끼들은 우리가 골라준 곳보다도 훨씬 더 좋은 서식처를 스스로 발견한 셈이었다.

녀석들이 머무는 계곡에 도착한 시각은 늦은 오후였다. 우리는 단층애와 강 사이에 서 있는 큰 나무 아래 자리를 잡은 후 나뭇가지에 먹이를 달아 위로 올렸다. 새끼들은 곧 골짜기에서 나왔지만 수풀 속에 몸을 감추었다. 날이 어두워지자 녀석들은 수풀에서 나와 물그릇을 향해 다가왔다. 녀석들은 몹시 목이 말랐는지 눈 깜짝할 새에 물그릇을 비우는 바람에 여러 번 물그릇에 물을 가득 채워주어야 했다. 녀석들은 아주 건강해 보였다. 운송용 상자에 긁힌 상처들도 모두 잘 아물고 있었다. 하지만 제스파의 엉덩이에 박힌 화살촉은 빠져나올 기미가 보이지 않았다. 녀석이 접시에서 대구 간유를 핥아먹고 있는 사이에 손을 뻗어 화살촉을 빼내려고 했지만 녀석은 허락하지 않았다. 녀석들은 갈증을 달랜 후 어둠 속으로 사라졌다가 조지가 전조등을 끄자 다시 나타나 먹이를 해치웠다. 밤에 활동하는 습관은 여전해서 녀석들은 밤에 나타났다가 새벽에 사라지는 행동을 되풀이했다.

# 36

## 새끼들의 계곡

조지는 즉시 세로네라에 새끼들을 발견했다는 소식을 전했다.

나중에 우리는 다시 국립공원 소장을 만나 새끼들의 미래를 논의했다. 그는 지금 당장 철수해야 한다고 주장했지만 우리는 새끼들이 아직은 스스로를 보호할 수 있는 상태가 아니라고 맞섰다. 우리는 특히 제스파의 엉덩이에 박혀 있는 화살촉을 언급했다. 그는 어쨌든 5월 말까지 머무르면서 새끼들을 돌보라고 말했다.

그 날 날이 어두워지자 제스파와 고파가 골짜기에서 모습을 드러냈다. 하지만 리틀 엘자의 모습은 보이지 않았다. 제스파가 리틀 엘자를 데리러 가서 누이와 함께 불빛이 미치지 않는 어두운 곳에 앉아 있는 동안 고파는 게걸스럽게 먹이를 해치웠다. 나중에 조지가 불빛을 끄자 두 녀석도 비로소 모습을 드러내고는 고파와 함께 먹이를 먹기 시작했다.

다음 날 우리는 동물들의 대이동을 또 한 번 구경하기 위해 나갔다. 정말 보기 드문 장관이 아닐 수 없었다. 대이동을 시작하기에 앞서 동물들이 떼를 지어 모여드는 데에만 몇 주가 걸렸다. 그동안 동물들은 초원을 온통 헤집고 다녔다. 높이가 1미터에 달했던 풀이 겨우 이틀 만에 땅에서 약 10센티미터만 남은 채 모두 사라졌다. 대이동에 걸린 실제적인 시간은 며칠에 불과했다. 동물들이 화급을 다투며 모여 이동하는 모습은 말로 설명하기는 그렇고 눈으로 직접 보아야만 믿을 수 있다.

우리는 놀란 눈으로 수만 마리의 동물들이 떼지어 이동하는 모습을 지켜보았다. 때로는 지축이 흔들리는 듯한 느낌이 들기도 했다. 아프리카영양들은 수백 마리씩 무리를 지어 이동하거나 잘 다져진 길을 따라 일렬종대로 이동했다. 얼룩말은 가능한 한 물가에 바짝 붙어 이동했다. 아프리카영양과 얼룩말이 주를 이루었지만 톰슨가젤과 그랜트가젤에 이어 콩고니나 토피처럼 그보다 몸집이 작은 동물들도 많이 눈에 띄었다. 우리가 세어본 바에 의하면 일런드영양의 숫자도 이백여 마리에 달했다. 배고픈 자칼과 하이에나 떼는 이동하는 동물들의 주변을 서성이며 낙오되는 동물들을 잡아먹을 기회를 호시탐탐 노리고 있었다. 온 사방이 셀 수 없이 많은 동물들로 가득 뒤덮여 있었다.

동물들은 서늘한 시간에는 원기 왕성했다. 특히 털이 많은 아프리카영양들의 행동은 우리를 즐겁게 했다. 아프리카영양 수컷들은 대오를 이탈하는 암컷들을 단속하기에 바쁜가 하면, 경쟁상대끼리는 서로 싸우기도 했다. 암컷들은 끈질기게 구애공세를 펴는 수컷들을 향해 머리를 들이받거나 뒷발질을 하기도 했다. 동물들이 이동할 때마다 우리는 흙먼지를 가득 뒤집어써야 했다. 나는 카메라가 너무 걱정된 나머지 먼지가 들어가지 않도록 잘 싸두었다. 하지만 그러다보니 사진을 찍을 수가 없었다. 수백 마리의 얼룩말 떼가 우리의 랜드로버 옆을 질주할 때면 녀석들의 뒷발에 채인 흙먼지가 뭉게구름처럼 뭉글뭉글 피어올랐다. 녀석들이 다 지나가고 나서 나는 사자 한 마리가 마지막 얼룩말에게 번개처럼 달려드는 모습을 볼 수 있었다. 하지만 녀석은 먹이를 놓치고 말았다. 두 번째 사자도 다른 얼룩말에게 달려들었지만 역시 실패했다.

먼지가 가라앉은 후에 보니 그 두 마리 사자가 나무 아래 힘없이 앉아 있는 모습이 눈에 들어왔다. 그 가운데 한 마리는 매우 늙고 야위어 있었다. 아마도 녀석은 함께 있는 젊은 사자가 사냥해오는 먹이에 의존해 살아가는 듯했다.

그 날 저녁 우리는 다시 골짜기로 돌아왔다. 새끼들은 매우 지쳐 보였다. 그 중에서도 특히 제스파가 가장 지쳐 보였다. 녀석은 내 랜드로버 옆에서 휴식을 취했다. 리틀 엘자가 가까이 다가올 때마다 녀석은 누이를 다정스레 핥아주었다. 잠시 후 리틀 엘자가 약간 멀리 떨어진 곳으로 가자 녀석은 서둘러 뒤쫓아갔다. 고파는 이미 먹이를 해치우는 중이었다. 리틀 엘자도 마침내 용기를 내어 먹이를 먹기 시작한 데 이어 제스파도 대구 간유를 핥아먹기 시작했다. 그러고 나서 녀석은 내 차 옆에서 밤을 보냈다.

다음 날 아침 우리는 새끼들의 골짜기가 속해 있는 약 65킬로미터 정도의 계곡을 탐사하기로 했다. 얼마 동안은 차가 다니는 길이 이어졌지만 길은 곧 사라지고 빽빽하게 우거진 수풀이 앞을 가로막았다. 우리는 어깨 높이까지 오는 풀과 가시나무를 헤치며 전진해야 했다.

풀과 나무가 워낙 많다보니 동물들의 모습은 찾아보기 힘들었다. 거친 황야를 좋아하는 듯이 보이는 코뿔소만이 눈에 띄었을 뿐이다. 녀석들의 두꺼운 피부가 그렇게 부러울 수가 없었다.

계곡이 끝나는 곳은 넓은 평원이었다. 평원에는 대개는 물가에 서식하는 보라수스야자나무 한 그루가 외로이 서 있었다. 이 밖에 어림잡아 3천 마리에 달하는 토피 떼도 있었다. 그렇게 많은 토피 떼를 보기는 처음이었다. 나중에 들은 바에 의하면 때로 한꺼번에 5천여 마리에 이르는 토피가 한곳에 모일 때도 있다고 한다.

오후 늦게 우리는 다시 새끼들이 있는 계곡으로 돌아왔다. 녀석들이 우리를 기다리고 있는 모습을 보니 매우 기뻤다. 이를 계기로 녀석들이 야행성 습관을 버리고 국립공원 안의 다른 사자들처럼 탁 트인 곳에서 아무런 거리낌 없이 살아갔으면 하는 마음이 간절했다. 만일 녀석들이 생태환경이 다른 곳에 적응할 수 있다면 녀석들 자신에게도 이익이 될 뿐만 아니라, 녀석들과 비슷한 운명에 처한 사자들을 새로운 지역으로 데려와 방사해도 괜찮다는 희망적인 선례를 남길 수 있을 터였다. 그날 밤은 날씨가 추웠다. 새끼들은 밤 10시경에 사라졌다.

야영지에 돌아와보니 국립공원 소장이 보낸 편지 한 통이 우리를 기다리고 있었다. 그는 5월 31일까지 철수할 것을 다시 한 번 강조하면서 새끼들에게 더 이상 먹이를 가져다주지 말라고 덧붙였다.

우리는 골짜기로 차를 몰았다. 새끼들은 우리를 기다리고 있었다. 제스파는 먹이를 멀리했다. 녀석은 식욕이 전혀 없는지 고기에는 손도 대지 않았다. 녀석은 건강해 보이긴 했지만 화살촉이 박힌 부위가 감염되었을 수도 있었다. 이 밖에 또 다른 가능성도 배제할 수 없었다. 즉, 맨 처음 엘자를 세렝게티 국립공원과 환경이 비슷한 초원지대에 방사했을 때처럼 녀석도 체체파리나 진드기가 옮기는 병에 감염되어 고열에 시달리고 있을 수도 있었다. 아무튼 제스파는 이틀 동안 생기가 없어 보였고, 지금은 심각할 정도로 상태가 악화되어 있었다.

다음 날 아침 우리는 제스파의 상태가 걱정되어 새끼들이 사는 골짜기의 가장자리를 따라 걸으며 망원경으로 울창한 수풀 사이를 더듬었다. 이윽고 우리는 새끼들을 발견했다. 하지만 녀석들은 우리를 발견하고는 깜짝 놀라 절벽을 향해 황급히 달려갔다. 나는 소리쳐 불렀지만 녀석들은 뒤도 돌아보지 않았다. 우리는 다시 야영지로 돌아올 수밖에 없었다.

새끼들이 있는 골짜기와 야영지는 몇 킬로미터의 거리를 사이에 두고 있었다. 그 길은 국립공원이 자리한 계곡 일대에서 가장 근사했다.

검은 바윗돌들이 있는 곳을 가로질러 오다가 매끈한 돌을 하나 주웠다. 엘자의 묘비로 사용하면 좋겠다는 생각이 불현듯 떠올랐기 때문이다. 더욱이 새끼들의 새로운 보금자리에서 채집한 돌로 엘자의 묘비를 세운다면 더 이상 바랄 나위가 없을 듯했다. 나는 돌이 얼마나 단단한지 확인하기 위해 석영으로 표면을 긁어보았다. 돌에는 긁힌 자국이 전혀 나타나지 않았다. 나중에 엘자의 묘비를 만든 석공은 묘비에 글을 새기는 동안 끌이 다섯 개나 부러졌다고 불평했다. 그는 그 돌이 화강암이나 대리석보다 훨씬 단단하더라고 전하면서 다시는 그런 돌로 작업하지 않겠다고 잘라 말했다.

다음 날 저녁 새끼들은 날이 어두워진 후에야 모습을 드러냈다. 녀석들이 아직도 야행성 습관을 버리지 못한 징후였기 때문에 다소 실망스러웠다.

제스파는 대구 간유를 한 번 핥아먹은 뒤 랜드로버 뒤로 가서 앉았다. 다른 새끼들은 자기들 몫을 다 먹어치우고는 제스파에게 가서 함께 놀자는 시늉을 했다. 하지만 제스파는 녀석들을 핥아주었을 뿐 움직이려고 하지 않았다.

동이 틀 무렵 고파와 리틀 엘자는 다시 먹이를 먹은 다음 제스파에게 가서 골짜기로 가자고 졸라댔다. 잠시 후 제스파는 천천히 몸을 일으키더니 녀석들의 뒤를 따라가기 시작했다. 내가 이름을 부르자 녀석은 다시 돌아와 내 앞에 섰다. 나는 이전에 엘자에게 했던 것처럼 먹이를 가리키며 먹으라고 말했다. 녀석도 엘자처럼 먹이가 있는 곳으로 다가가 먹기 시작했다. 녀석이 먹이에 입을 댄 것은 사흘 만에 처음이었다. 고파와 리틀 엘자가 소리쳐 부를 때마다 제스파는 고개를 쳐들었다. 하지만 내가 "제스파, 고기, 고기. 어서 조금 더 먹어"라고 말하자

랜드로버 지붕 위에 올라탄 제스파.

녀석은 다시 먹이를 먹기 시작했다.

결국 고파가 되돌아와서 제스파의 엉덩이로 뛰어올라 함께 골짜기로 가자는 의사를 표시했다.

테라마이신이 아직도 약간 남아 있었기에 그 날 밤 당장 제스파에게 먹이기로 했다. 녀석만 홀로 남은 게 참으로 다행이었다. 덕분에 녀석에게 테라마이신을 섞은 대구 간유를 먹일 수 있었기 때문이다. 만일 고파가 있었다면 녀석이 대부분을 먹어치웠을 게 분명했다.

남아 있는 먹이는 이미 상해 있었다. 신선한 먹이에 익숙한 새끼들은 냄새를 맡더니 역겹다는 표정을 지었다.

사자들이 먹이를 먹기 전에 의도적으로 일부를 남겨 썩게 만든다는 세간의 통념은 사실이 아니다. 물론 사자들은 배가 아주 고프면 아무거나 먹어치운다. 나는 새끼들이 빠른 시일 안에 신선한 먹이를 스스로 마련하는 방법을 배우기를 바랄 뿐이었다. 내가 이런 생각에 잠겨 있는 동안 리틀 엘자가 단호한 표정으로 마치 먹이를 사냥하러 가기라도 하듯 휙 하고 사라졌다. 그 뒤를 고파가 쫓아갔다. 하지만 제스파는 간간이 머리만 쳐들 뿐 꼼짝도 하지 않고 누워 있었다. 고파와 리틀 엘자가 돌아오자 녀석은 최선을 다해 함께 어울리려고 했지만 몸이 불편한 기색이 역력했다.

제스파를 그런 상태로 방치한다는 것은 생각조차 할 수 없었다. 우리는 이브라힘 편에 편지를 보내 세로네라에 있는 공원 관리자에게 상황을 설명한 뒤 국립공원에 며칠 더 머물 수 있게 해달라고 요청했다. 그런데 하필이면 제스파에게 줄 먹이가 다 떨어지고 없었다. 시간이 없었기 때문에 조지는 먹이를 사냥하기 위해 서둘러 국립공원 밖까지 65킬로미터를 달려갔다. 국립공원 소장의 지시를 어긴 셈이었지만 그가 잘 이해해주기를 바랄 뿐이었다. 국립공원 경계선 근처에서 저공 비행을 하는 비행기를 목격했다. 우리는 동물들의 대이동을 조사하는 비행기겠거니 생각했다. 야영지로 돌아오는 도중에 비행기에서 조지가 먹이를 사냥해가는 모습을 목격한 공원 관리인과 마주쳤다. 그는 우리에게 금렵 지시를 어기고 동물을 사냥한 이유를 물었다. 우리는 먼저 사과의 말을 건넨 다음 상황을 설명하고 새끼들 근처에 머물 수 있도록 시간을 연장해달라고 요청했다. 그는 자신은 체류를 연장해줄 위치가 못 된다고 대답한 뒤 아루샤에 있는 국립공원 소장에게 직접 부탁해보라고 조언했다. 게다가 그는 친절하게도 나이로비에 무전을 보내 나를 실어갈 비행기가 있는지 알아보겠다고 말했다. 그의 배려로 비행기 편을 예약할 수 있었다. 그 날 밤 우리는 여느 때와 다름없이 새끼들과 함께 있었다.

다음 날 아침 나는 발아래로 펼쳐진 근사한 풍경을 내려다보며 국립공원 소장과 점심 약속이 되어 있는 아루샤로 날아갔다. 그는 조지가 지시를 어기고 동물을 사냥한 데 대해 불쾌감을 표시했다. 나는 사과와 함께 당면한 상황을 설명했다. 그는 정 그렇다면 새끼들을 다시 붙잡아 탕가니카에 있는 두 곳의 야생동물 보호지역 가운데 한 곳으로 옮기는 게 어떻겠느냐고 제안했다. 그의 말에 따르면 그곳은 국립공원법이 미치지 않기 때문에 새끼들이 아플 경우 함께 있을 수 있었다. 나는 새끼들을 또다시 이동시키고 싶지 않았다. 더욱이 지도를 살펴보니 그 계획에는 또 다른 문제점이 있었다. 국립공원 소장이 제안한 지역은 둘 다 규모가 너무 작아서 새끼들이 쉽게 보호지역을 이탈해 인구가 제법 많은 시골지역에 침입할 가능성이 높았다. 나는 그의 제안을 받아들일 수 없었다. 그러자 소장은 체류기간을 8일 더 연장해주는 한편, 지금부터 우리가 떠나야 할 6월 8일까지 국립공원 밖에서 세 차례의 먹이 사냥을 허락해주었다. 그는 서로 오해가 없도록 하기 위해 이를 문서로 작성해 건네주었다. 결국 6월 8일 이후에는 새끼들을 다른 곳으로 옮기든지 아니면 자연의 법칙에 순응하게 하든지 둘 중 하나를 선택하라는 뜻이었다. 아울러 그는 우리가 자신이 제공하는 도움보다 더 많은 도움을 필요로 한다면 기꺼이 국립공원 재단 이사장과의 면담을 주선해 사정을 이야기할 수 있게 해주겠다고 제안했다.

나는 야영지로 돌아왔다. 마음이 무거워 그런지 몸까지 아파왔다. 여느 때와 다름없이 나는 곧장 골짜기로 가서 조지와 합류했다. 하지만 그 날 밤 새끼들은 끝내 모습을 보이지 않았고, 얼룩말이 울부짖는 소리만 들려왔다. 다음 날 아침 나는 열이 몹시 심했지만 조지와 함께 새끼들을 찾아 나섰다. 하지만 녀석들의 흔적은 발견되지 않았다.

새끼들은 날이 어두워진 뒤에야 비로소 모습을 드러냈다. 녀석들은 즉시 대구 간유를 먹었다. 최근 들어 녀석들은 대구 간유를 서로 독차지하려 들었다. 우리는 한 녀석이 너무 많이 먹지 않도록 각자의 몫을 따로 준비해야 했다.

나는 테라마이신을 섞은 고기를 접시에 담아 제스파에게 주었다. 녀석은 한쪽 앞발을 들어올려 접시를 땅으로 밀어 내렸다. 그러고는 앞발을 공중으로 쳐든 채 고기를 먹었다. 녀석은 날카로운 자기 발톱이 내 손에 상처를 입힐까봐 조심하는 것처럼 보였다.

나중에 희미한 사자 울음소리가 들려오자 새끼들은 모두 소리가 나는 방향으로 총총히 사라졌다.

녀석들이 없는 동안 우리는 먹이를 노리고 달려드는 하이에나 무리를 쫓느라 바빴다. 하이에나 무리는 새끼들이 돌아오자 비로소 자취를 감추었다. 새끼들은 서둘러 먹이를 좀더 먹고는 골짜기로 사라졌다. 녀석들이 사라지자 하이에나 무리가 다시 모습을 드러냈다. 우리는 먹이를 녀석들의 손길이 닿지 않는 곳까지 감아 올렸다. 다음 날 저녁 어젯밤의 사자가 다시 부르는 소리가 들려왔다. 새끼들은 먹이에는 거의 입을 대지 않고 소리가 들리는 방향으로 달려갔다. 사흘째 되던 날 밤 고파와 리틀 엘자는 배가 몹시 고팠는지 먹이를 허겁지겁 먹기 시작했다. 하지만 제스파는 먹지 않았다. 녀석의 상태는 테라마이신 덕분에 많이 나아지긴 했지만 아직 완전하지는 못했다.

제스파의 그런 모습을 보면서 나는 재단 이사장에게 사정을 이야기해야겠다고 결심했다. 나는 화살에 다친 제스파의 상처는 수술을 필요로 할지도 모르며 현재 우리의 도움이 없으면 안 된다는 점을 지적하는 한편, 새끼들이 스스로 먹이를 잡아먹을 수 있을 정도로 성장하지 않은 상태에서 그대로 방치한다면 녀석들의 방사계획은 실패로 끝날 확률이 높다는 점을 강조했다. 하지만 나의 이런 주장은 재단 이사장을 설득하지 못했다. 그는 우리가 정해진 날짜에 떠나기를 원했다.

이제 우리에게 주어진 시간은 사흘밖에 남지 않았다. 하지만 야영지로 돌아오는 동안 관광객의 신분으로 국립공원에 머문다면 아무도 나를 방해하지 못할 것이라는 생각이 문득 떠올랐다.

물론 그렇게 할 경우에는 정해진 장소에 머물면서 새끼들을 보기 위해 날마다 먼 거리를 운전해야 했다. 게다가 녀석들에게 먹이를 주지도 못할 테고, 한밤중에 녀석들을 만나지도 못할 것이 분명했다. 하지만 그래도 녀석들의 모습을 매일 볼 수 있었다. 생각이 여기에 미치자 나는 즉시 방향을 돌려 세로네라로 달려가 야영할 장소를 예약했다. 그곳 직원은 내 요청을 국립공원 소장에게 보고하겠다고 말했다. 나는 가슴이 철렁했지만 어쨌든 희망을 품고 신청서를 제출했다.

우리는 남은 시간을 최대한 활용하기 위해 골짜기를 향해 차를 몰았다. 하지만 새끼들은 저녁이 되어도 나타나지 않았다. 녀석들을 기다리는 동안 우리는 혼자 서성이고 있는 임팔라영양을 지켜보았다. 우리가 골짜기를 방문할 때마다 녀석은 늘 무리에서 떨어져 나와 혼자 놀고 있었다. 녀석은 새끼들에 대해서도 전혀 관심을 기울이지 않았다. 물론 새끼들 역시 녀석에게 접근하려고 하지 않았다. 녀석과 새끼들 사이의 이런 서먹한 관계는 우리가 국립공원에 머무는 동안 줄곧 유지되었다.

그 사이 제스파가 나타나 약이 섞인 먹이를 해치웠다. 고파도 곧 먹이에 달려들었다. 리틀 엘자는 멀리서 울부짖는 얼룩말을 쫓아갔다가 잔뜩 허기진 모습으로 돌아왔다. 녀석은 먹이를 함께 먹으려고 하는 제스파를 가로막고 혼자서 먹이를 독차지했다. 제스파는 순순히 리틀 엘자에게 먹이를 양보했다. 그러고는 누이가 먹이를 다 먹을 때까지 약간 떨어진 곳에 앉아 있다가 앞발로 남은 뼈다귀들을 가져와 이쪽저쪽 헤집으며 뼈에 붙은 고기를 뜯어먹었다. 제스파는 엘자와 마찬가지로 이기적인 구석이라곤 전혀 없이 매우 관대했다.

다음 날 아침 조지는 우리에게 허락된 마지막 사냥에 나섰다.

골짜기로 돌아와 새로 잡은 먹이를 던져주자 새끼들은 서로 경쟁하

듯 재빨리 달려들었다. 녀석들이 유능한 사냥꾼이 될 때까지 당분간 심한 배고픔을 경험하게 될 것이라고 생각하니 마음이 착잡했다. 고파와 리틀 엘자는 건강상태가 양호한 편이어서 다소 마음이 놓였지만 제스파의 경우에는 걱정이 태산이었다.

비가 오기 시작하자 새끼들은 모습을 감추었다. 조지는 먹이를 감아 올렸다. 하지만 녀석들은 그렇게 멀리 가지 않았다. 녀석들은 다시 되돌아와서는 감아 올린 먹이를 향해 뛰어올랐다. 저러다 밧줄이 끊어질까봐 걱정스러웠다. 조지가 다시 먹이를 내려주자 녀석들은 마치 살아 있는 동물을 사냥할 때처럼 즉시 죽은 먹이의 숨통을 물어 압박했다. 녀석들의 이런 행동은 먹이를 죽이는 첫 번째 규칙을 본능적으로 터득하고 있다는 증거였다. 우리는 마음이 조금 놓였다.

6월 7일, 나는 야영지 예약을 확인하기 위해 세로네라에 갔다. 공원 당국은 내가 일반 관광객과 똑같이 행동하기로 약속한다면 머물러도 좋다고 말했다.

야영지로 돌아오는 길에 나는 검은색 갈기의 수사자와 다시 마주쳤다. 녀석은 자신의 짝과 두 마리의 새끼를 거느린 또 다른 암사자 한 마리를 대동하고 있었다. 새끼들은 생후 5주 정도 된 듯 보였다. 나는 이들 사자 무리가 몇 주 전 엘자의 새끼들을 방사지역에서 쫓아낸 녀석들이 분명하다는 생각이 들었다.

우리는 비가 억수같이 쏟아지는 가운데 차 안에서 추위에 떨며 마지막 남은 하룻밤을 보냈다. 빗소리가 하도 커서 새끼들을 부르는 우리의 목소리는 멀리까지 미치지 못했다. 비가 그친 후에도 새끼들은 모습을 드러내지 않았다. 녀석들의 야행성 습관을 고려할 때 아쉽지만 다음 번 기회를 기다려야 할 것 같았다. 아침을 알리는 새들의 지저귐 소리에 이어 먼동이 트는 모습을 보자 마음이 무척 착잡했다.

찌르레기 한 무리가 아침으로 죽은 먹이를 쪼아먹고 있다가 조지가 먹이를 내려놓기 시작하자 그에게 달려들었다. 우리는 큰 뼈를 쪼갠 다음 새끼들이 좋아하는 골수를 긁어냈다. 그러고는 고기를 골짜기로 끌고 가 새끼들이 오기 전에 하이에나 무리가 나타나지 않기를 바라면서 나뭇가지로 잘 덮어놓았다. 모든 일을 마친 후 우리는 새끼들을 찾아 나섰다. 우리는 골짜기를 천천히 거닐면서 녀석들의 이름을 불렀다. 하지만 녀석들의 흔적은 보이지 않았다.

짐을 꾸리는 동안 나는 망원경으로 주변 지역을 살펴보았다. 배터러수리 두 마리가 하늘 높이 날아오르는 모습이 시야에 잡혔다. 며칠 전에도 녀석들이 날개를 곧게 편 채 비행하는 모습을 본 적이 있었다. 녀석들의 둥지가 새끼들이 있는 골짜기 위에 있는 게 분명했다.

조지가 자동차에 시동을 걸고 기다리는 동안 나는 멀리 단층애 꼭대기에서 노란 점 하나를 발견했다. 제스파의 머리였다. 내가 소리쳐 부르자 고파와 리틀 엘자도 모습을 드러냈다. 새끼들에게 작별인사도 없이 떠날 수는 없었다. 조지는 자동차 엔진을 끄고는 나와 함께 단층애를 오르기 시작했다.

고파와 리틀 엘자는 자신들의 영역을 침범하는 것이 싫었는지 골짜기 입구를 향해 달아났다. 하지만 제스파는 가만히 앉아서 우리를 기다렸을 뿐만 아니라 사진을 찍을 수 있게 허락하기까지 했다. 그런 다음 녀석은 천천히 다른 녀석들의 뒤를 따라갔다. 그 사이에도 녀석은 몇 번이나 고개를 돌려 우리를 쳐다보았다. 과연 녀석들을 다시 볼 수 있을지 궁금했다.

# 37

## 세렝게티 국립공원의 관광객

야영지를 철수하는 데 낮 시간의 대부분이 소요되었다. 세로네라에 도착한 시각은 오후 서너 시가 지나서였다. 관광객들에게 숙박을 제공하는 오두막집 근처에 공원 관리인 세 명과 그들의 가족이 살고 있었다. 그들은 방문객들이 야영을 원할 경우 약 1.6킬로미터 정도 떨어진 곳에 있는 공식적인 야영장소를 안내해주는 일을 맡고 있었다. 나는 천막의 침대 안에서 동이 트는 모습을 볼 수 있는 확 트인 장소를 선택했다.

조지가 떠난 후 우리는 텐트를 설치하기 시작했다. 바로 그때 소나기가 한 차례 쏟아져 대부분의 물건을 흠뻑 적셔놓았다. 밤에는 하이에나들이 울부짖는 소리가 들렸을 뿐만 아니라 사자 한 마리가 숨소리가 들릴 정도로 내 천막에 가깝게 접근했다. 다행히 일꾼들은 트럭에서 잠을 자고 있었기 때문에 그들의 안전을 걱정할 필요는 없었다.

나중에 나는 세로네라에 가서 체류에 필요한 절차를 밟았다. 공원 당국은 국립공원법상 관광객이 무기를 소지하는 것은 방문 규칙에 어긋난다며 무기를 반납하라고 요구했다.

내가 공원 관리자에게 사자가 밤중에 나타날 경우에는 어떻게 해야 하느냐고 묻자 그는 씽긋 웃으면서 "소리쳐서 쫓아보내세요"라고 대답했다(내가 세렝게티 국립공원을 떠날 무렵에는 소리쳐서 사자를 쫓아보내는 전문가가 되어 있었다).

다음 날 아침 일찍 나는 누루와 현지 운전사를 대동하고 새끼들을 찾으러 갔다. 골짜기까지는 미끄러운 도로를 따라 40킬로미터를 달려야 했다. 녀석들은 큰 나무 아래 누워 있었다. 그때는 이미 9시였다. 확트인 장소에서 그렇게 늦은 시간에 녀석들의 모습을 보기는 처음이었다. 나는 녀석들이 우리가 올 줄 알고 기다리고 있었는지 궁금했다. 녀석들이 먼저 우리를 찾은 적은 한 번도 없었다. 하지만 녀석들은 늘 우리가 찾아주기를 기다렸다. 엘자의 경우와 똑같았다. 엘자도 방사한 뒤에는 우리를 자기 영역을 방문한 손님처럼 맞이했다. 새끼들의 현재 행동으로 보아 버림받았다는 불안감은 갖고 있지 않은 게 분명했다. 이는 녀석들이 새로운 환경에 잘 적응하고 있다는 증거였다. 이런 점에서 녀석들의 방사계획은 성공을 거둔 셈이었다.

나는 새끼들을 소리쳐 불렀다. 하지만 녀석들은 움직이지 않았다. 내가 차에서 내려오자 녀석들은 벌떡 일어나 달아났다. 나는 다시 차에 올라타 녀석들의 뒤를 쫓았다. 얼마 가지 않아서 고파와 제스파는 나무 밑에 멈추어 섰지만 리틀 엘자는 시야에서 완전히 사라졌다. 나는 감추어놓은 먹이가 어떻게 되었는지 살펴보려고 골짜기로 가보았지만 먹이의 흔적이 전혀 발견되지 않았다.

그러고 나서 나는 다시 나무가 있는 곳으로 되돌아왔다. 고파와 제스파는 여전히 그곳에 있었다. 나는 녀석들 앞으로 가 이름을 불렀지만 녀석들은 쳐다보기만 할 뿐 움직이지 않았다. 나는 앉아서 편지를 쓰기 시작했다. 나중에 고파가 강가로 내려갔다. 잠시 후 제스파가 천천히 그 뒤를 쫓았다. 두어 시간 뒤 얼룩말 한 마리가 번개처럼 질주해 가더니 그 뒤를 임팔라영양 한 무리가 마치 비행을 하듯이 따라갔다. 혹시나 새끼들이 녀석들을 추적하는 게 아닌가 싶어 제스파가 사라진 곳으로 급히 차를 몰았다. 가는 도중에 금빛 갈기를 가진 젊은 수사자와 거의 충돌할 뻔했다. 우리는 계곡으로 좀더 내려가다가 다 자란 암사자 한 마리를 발견했다. 곧이어 암사자 두 마리를 더 발견했지만 새끼들의 자취는 없었다.

날이 어둡기 전에 세로네라에 도착하려면 곧 출발해야 했다. 자동차가 고장이 나는 바람에 다음 날 아침 10시가 되어서야 비로소 수리가 끝났다. 골짜기에 도착할 무렵에는 시간상으로 탁 트인 장소에서 새끼들을 보게 될 가능성은 거의 없었다.

자동차를 몰고 가는 동안 멋진 적갈색 갈기를 가진 수사자가 배가 불러 만족스런 모습으로 사냥한 먹이 옆에서 잠을 자고 있는 모습이 보였다. 자칼 세 마리가 머리를 처박고 먹이를 먹고 있었지만 수사자는 귀도 움직이지 않았다. 녀석은 약 200미터 정도 떨어진 나무 아래 앉아 있는 금빛 갈기를 가진 두 마리의 젊은 수사자에게도 관심을 두지 않았다.

마침내 골짜기에 도착했지만 홀로 떨어진 임팔라영양 외에는 아무것도 보이지 않았다.

어제 새끼들이 초조한 기색을 보인 이유가 내가 고용한 낯선 운전사 때문이 아닐까 하는 생각이 들었기 때문에 오늘은 누루만 데리고 골짜기에 왔는데도 녀석들을 볼 수 있는 행운은 끝내 따라주지 않았다. 우리는 허탕을 치고 다시 세로네라로 되돌아가야 했다. 금빛 갈기의 수사자와 그 무리는 아침에 보았던 장소에 그대로 있었다.

다음 날 아침 골짜기로 가는 도중에 점박이 하이에나 열두 마리가 한쪽 방향으로 달려가는 모습이 보였다. 그곳에서 좀더 가다보니 한 무리의 동물이 한데 어울려 있었다. 망원경으로 자세히 살펴보니 들개 여섯 마리가 사냥감을 죽이고 있었다. 녀석들이 잠시 물러난 틈을 타서 현장을 조사했더니 하이에나 새끼 한 마리가 비척거리며 걷고 있었다. 하지만 들개들은 녀석에게 두 번째 공격을 시도했다. 나는 들개 여섯 마리가 어린 새끼를 죽이는 것을 차마 볼 수 없어 신속하게 차를 앞으로 몰았다. 들개들은 놀라 주춤거리며 뒤로 물러났다. 나는 자동차로 들개와 새끼 사이를 가로막았다. 녀석이 하이에나 무리가 있는 곳으로 걸어갈 수 있는 시간을 벌어주기 위해서였다. 녀석의 등에서는 피가 흐르고 있었지만 고통스러운 표정도 없었고 그렇게 심한 부상을 입은 것 같지도 않았다. 녀석은 종종 걸음을 멈춘 채 들개들을 돌아보았다. 바로 그때 다른 새끼가 들개들이 있는 방향으로 움직이고 있는 모습이 눈에 띄었다. 나는 어느 방향으로 차를 움직여야 할지, 어떻게 해야 두 마리의 새끼를 동시에 보호할 수 있을지 판단이 서질 않았다. 그러는 사이 다 자란 하이에나들이 새끼들에게 다가와 안전한 곳으로 인도했다. 들개들은 이내 관심을 다른 곳으로 돌렸다. 녀석들은 서로의 뒷다리를 건드리며 노는 척하면서 교묘하게 근처에 있는 톰슨가젤에게 접근했다. 그때 갑자기 하이에나 네 마리가 들개들에게 달려들었다. 그러자 들개들은 멀리 달아났다. 의외의 일이었다. 물론 하이에나는 강한 턱을 가지고 있는 데다 특히 떼로 몰려 있을 때는 매우 위험한 존재다. 하지만 들개들이 이미 피맛을 본 희생자를 버려둔 채 수적으로 열세인 하이에나의 공격을 받고 도망치리라고는 전혀 예상하지 못했다.

그 날 아침 우리가 본 동물들 가운데는 약 50여 마리의 임팔라영양도 포함되어 있었다. 녀석들은 수금처럼 생긴 뿔과 균형이 잘 잡힌 날씬한 몸매와 붉은빛 모피를 자랑하며 아주 아름답게 생긴 다른 종류의 영양들 틈에 섞여 있었다. 우리가 다가가자 한 녀석이 우아한 몸놀림으로 펄쩍 뛰어 달아났다. 그러자 곧 전체 무리가 리드미컬하게 점프를 시작했다. 녀석들이 점프를 시작한 것은 우리 때문이었지만 외부적인 요인이 없더라도 녀석들은 종종 재미삼아 점프를 하기도 한다. 지금은 계절적으로 암수가 한데 섞여 있는 시간이지만 일 년 중 몇 달 동안은 암수가 각기 따로 무리를 형성한다. 숫자를 세어보니 수컷이 40마리, 암컷이

70마리였다. 때로는 수컷 한 마리가 암컷들을 보호하기도 했다.

새끼들이 있는 골짜기 입구에서 사자 두 쌍이 짝짓기를 하고 있는 모습이 시야에 잡혔다. 이전에 본 적이 있는 녀석들이었다. 골짜기에 도착하자 최근에 살해된 것으로 보이는 임팔라영양의 턱뼈가 눈에 띄었다. 나는 홀로 있던 임팔라영양이 염려되어 주변을 둘러보았다. 녀석은 다행히도 조금 멀리 떨어진 곳에서 물을 마시고 있었다. 새끼들의 이름을 불러보았지만 슬며시 자리를 뜨는 하이에나 한 마리 외에는 아무것도 볼 수 없었다.

그 날도 허탕을 쳤다. 도로는 매우 험했다. 몇 번이나 풀 속에 가려진 개미핥기 구멍에 바퀴가 빠지곤 했다. 그때마다 우리는 바퀴를 들어올려야 했다.

매일 아침 일찍 우리는 새끼들이 있는 골짜기를 향해 출발했다. 해는 아직도 낮게 걸려 있었고, 안개가 피어오른 초원은 구슬처럼 반짝이는 이슬의 바다를 이루고 있었다. 눈을 돌리는 곳마다 수북한 털이나 매끄러운 몸매를 자랑하는 동물들을 비롯해 줄무늬나 점, 또는 한 가지 색을 지닌 동물들의 모습이 보였다. 각양각색의 모양과 뿔을 가진 동물들이 모두 즐겁게 장난을 치며 뛰놀고 있는 모습이 참으로 보기 좋았다. 늘 변함없는 습관에 따라 행동하는 동물들이 많았기 때문에 시간이 지나면서 개별적인 구별이 가능해졌다.

어느 날 우리는 엘자의 새끼들을 꼭 닮은 사자 세 마리를 지켜보며 시간을 보냈다. 누루에게 녀석들이 제스파, 고파, 리틀 엘자가 아니라고 아무리 말해도 믿지 않았다. 그가 잘못 보았다는 것을 보여주기 위해 녀석들의 이름을 불러보았다. 하지만 녀석들은 아무런 반응이 없었다. 나는 물그릇을 자동차 옆에 갖다 놓고 녀석들을 시험해보았다. 우두머리로 보이는 수사자가 물그릇을 보더니 내게 으르렁거리면서 다른 곳으로 가버렸다. 하필 엘자의 새끼들과 비슷한 연령의 새끼 사자 세 마리가 어미를 잃어버린 것이나 리틀 엘자를 닮은 암컷이 리틀 엘자와 비슷한 행동을 하는 것이나 모두 기이했다. 녀석은 리틀 엘자가 하듯이 어깨 사이에 머리를 틀어박은 채 앉아 있었다. 수컷 새끼들은 제스파의 경우처럼 엉덩이에 화살이 박히지도 않았고, 또 고파처럼 배가 축 늘어지지도 않았다. 몇 시간 동안 지켜보았지만 녀석들은 엘자의 새끼들이 아닌 게 분명했다. 하지만 차를 몰고 가는 동안 혹시나 하는 의구심에서 다시 돌아가 확인했지만 역시 엘자의 새끼들이 아니라는 확신이 들었다.

    제스파와 고파와 리틀 엘자가 체체파리나 주변의 사자들에게 쉽게 적응하지 못할 것이라는 확신이 들었기 때문에 나는 녀석들을 찾기 위해 단층애 기슭을 따라 체체파리나 사자들이 별로 없는 골짜기 안으로 좀더 깊숙이 들어갔다. 침식작용으로 인해 깊숙이 패인 강바닥이 특히 눈에 띄었다. 그 지역은 가파른 벼랑으로 둘러싸여 있었을 뿐만 아니라 계곡을 가로지르는 것보다도 더 안전하게 강가에 도달할 수 있었다. 강가 주변에는 임팔라영양들이 매우 많았기 때문에 우리는 그곳을 임팔라영양 강이라고 명명했다. 맞은편 강가는 야생 사자들의 영역이었다. 야생 사자들과 처음 마주쳤을 때는 무더위가 한창 기승을 부리는 한낮이었다. 우리는 암사자 한 마리와 거의 다 자란 암컷 새끼 두 마리가 낮잠을 즐기고 있는 모습을 발견했다. 근처에는 죽은 먹이가 놓여 있었다. 녀석들은 이미 배불리 먹은 상태였으면서도 여전히 먹이를 지키고 있었다. 죽은 먹이 위의 나무에는 독수리 떼가 까맣게 몰려들어 있었다. 나뭇가지 위에는 세 번째 암사자 새끼가 누워 있었다. 잠시 후 녀석은 기지개를 펴면서 늘어지게 하품을 하더니 천천히 땅으로 내려와 어미 곁에 털썩 주저앉았다.

날씨가 매우 무더웠기 때문에 사자들은 너나 할 것 없이 모두 숨을 헐떡였다. 갑자기 새끼 사자들 가운데 두 마리가 잎이 무성한 작은 나무로 다가가서는 가느다란 가지를 타고 오르기 시작했다. 나뭇가지들은 녀석들의 체중을 이기지 못하고 크게 휘청거렸다. 하지만 녀석들은 전혀 놀라는 기색이 없이 불어오는 산들바람을 만끽했다.

그리고 나서 우리는 조금 전에 보았던 암사자 네 마리가 강바닥에 패인 물웅덩이로 가는 모습을 또다시 볼 수 있었다. 녀석들의 어미가 앞장을 서서 앞발로 조심스레 진흙 바닥을 확인하며 걷고 있었다. 더 이상 앞으로 나갔다가는 진흙에 깊이 빠질 것을 알았던지 녀석은 물가로 가서 물을 마시지는 못하고 대신 자기 마음에 드는 장소를 찾아 시원한 진흙 위에 드러눕는 것으로 만족했다. 새끼 두 마리가 어미가 하는 대로 따라했다. 우리는 엘자가 그런 식으로 신중하게 행동하는 모습을 여러 번 지켜본 적이 있었다. 사자들은 원래 진흙에 빠지지 않도록 늘 조심한다. 나는 전에 사자 한 마리가 진흙에 갇혀 빠져나오지 못했던 게 생각났다.

가뭄이 심할 때는 코끼리들이 갈증을 참지 못하고 진흙에 뛰어드는 경우가 종종 있다. 녀석들은 빠져나오려고 몸부림칠수록 더욱 깊이 빠져든다. 우리도 이따금 진흙에 빠져 죽어가는 코끼리를 구해주려고 애쓴 적이 있다. 때로는 코끼리 여러 마리가 한 장소에 빠지는 경우도 있다. 아마 코끼리 무덤에 관한 신화가 생겨난 데에는 이런 식의 죽음이 한몫했을 가능성도 배제할 수 없다. 하지만 하마, 코뿔소, 버펄로와 같이 진흙에서 뒹굴기를 좋아하는 덩치 큰 동물들이 진흙에 빠져 곤경을 당하는 모습은 본 적이 없다. 그런 동물들의 경우에는 같은 진흙 구덩이라도 어디가 안전하고 위험한지를 본능적으로 알고 있는 듯했다.

며칠 뒤 동일한 지역에서 네 마리의 암사자와 커다란 수사자와 마주쳤다. 새끼들이 기존 사자들의 영역에 머물 가능성은 희박했기 때문에 계곡 안쪽으로 좀더 멀리 들어가서 녀석들을 찾는 게 나을 듯했다. 우리는 64킬로미터를 더 달려 계곡 끝에 도착했다. 그곳에는 얼룩말과 영양의 거대한 무리가 모여 있었다. 녀석들은 체체파리들 때문에 곤욕을 치르고 있었다. 그 광경을 보자 그곳도 새끼들이 보금자리를 틀기에는 적합하지 않다는 생각이 들었다. 지금까지 가보지 않은 유일한 지역은 새끼들의 골짜기 맞은편, 즉 강 건너편의 산지와 단층애의 뒷부분뿐이었다.

그곳 산지까지는 자동차가 닿을 만한 길이 없었기 때문에 매우 난감했다. 하지만 멀리 돌아서 가면 경사가 다소 완만한 단층애의 뒤쪽에 도착할 수 있을 것이라는 생각이 들었다. 결국 우리는 며칠 동안 거친 초원을 덜컹거리며 달려가야 했다. 하지만 결국 나는 그 계획을 취소하고 말았다. 마을이 없는 한적한 산지에서 자동차가 고장나면 큰일이었기 때문이다.

매일 아침 나는 새로운 희망을 품고 길을 나섰다가 매일 저녁 실망을 가득 안고 돌아와야 했다.

야영지로 돌아오는 우리의 뒤에서 태양이 내리쬐고 있었다. 덕분에 동물들의 모습이 뚜렷하게 보였다.

그 날 저녁은 매우 평화로웠다. 하지만 그와 같은 평화는 맹수들이 먹이 사냥을 위해 전의를 가다듬는 짧은 휴지기에 불과했다. 주변에서 서성이는 하이에나 떼가 그 점을 일깨워주었다. 직접 먹이를 사냥하는 고양이과 동물들과는 달리 하이에나는 대개 다른 맹수들이 잡은 먹이를 낚아챌 기회를 엿보거나 방어능력이 없는 어린 영양과 같은 희생자를 찾아 나선다.

야영지에서 밤을 지새는 동안 종종 흥미로운 일들이 발생했다. 예를 들어 사자들이 야영지 주위를 으르렁거리며 돌아다니곤 했다. 나는 곧 녀석들 대부분의 목소리를 구분하게 되었다. 한번은 잠에서 깨어나 보니 핥는 소리가 들려왔다. 나는 반쯤 졸린 상태로 가만히 귀를 기울였다. 나중에 알고 보니 암사자가 내 텐트 안에 들어와 세숫대야의 물을 마시는 소리였다. 암사자와 나 사이에는 탁자 하나밖에 없었다. 나는 소리를 지르며 녀석을 쫓아냈다. 녀석은 마지못한 듯 텐트 밖으로 나갔다.

나는 이 사건을 공원 관리인에게 말했다. 그는 세렝게티 국립공원의 사자들은 종종 순전히 호기심에서 텐트에 들어와 안을 돌아보다 방수깔개를 끌어내기도 한다고 했다.

밤중에 내 텐트에 찾아온 사자들 때문에 가슴을 조린 적도 있었지만 적막한 밤 공기를 가르는 사자들의 포효 소리는 하나도 무섭지 않았다. 오히려 녀석들의 소리는 아주 듣기 좋았을 뿐만 아니라 가만히 가슴을 파고들기도 했다. 세로네라 근처에 사는 사자들은 어렸을 때부터 방문객들에게 익숙해졌기 때문에 상당히 우호적이었다. 어린 사자들 상당수가 어미 젖을 빨 때부터 주변에 모여든 관광객들의 자동차를 보고 자랐기 때문에 사람들과 자동차를 당연시했다.

사람들이 자동차를 타고 사냥하는 지역에 사는 동물들을 제외한 나머지 동물들의 경우에는 자동차를 이상한 습관과 독특한 냄새를 가지고 있지만 별로 위험하지 않은 동료처럼 생각하는 듯했다. 관광객들이 차 안에서 너무 소리를 지르거나 크게 움직이지 않는 한 동물들은 별다른 위험을 느끼지 않았다. 하지만 관광객들이 차에서 나올 경우에는 놀라서 줄행랑을 치는 것이 보통이었다.

매일 우리는 많은 사자를 만났지만 새끼들의 흔적은 보이지 않았다. 그러는 사이 국립공원 소장이 잠시 세로네라를 방문했다. 나는 그에게 새끼들이 있을 것으로 짐작되는 곳에 자동차를 몰고 가서 며칠 밤만 지내게 해달라고 간청했다. 나는 낮에는 아무리 노력해도 녀석들을 찾을 수 없지만 밤에 자동차 전조등을 비치면 녀석들이 관심을 갖고 찾아

올 것이라고 설명했다. 하지만 그는 내 요구를 들어줄 마음이 없었다. 나는 하는 수 없이 전과 다름없는 일상을 보내야 했다.

우리는 될 수 있는 대로 강 건너편 산지 근처를 수색했다.

건기가 찾아왔기 때문에 이제 동물들은 물웅덩이나 강물이 마르지 않은 곳을 찾을 수밖에 없었다.

이때는 밀렵군들의 활동이 최고조에 달하는 시기이기도 했다. 그들은 동물들이 갈증을 해소하는 장소를 정확히 알고 있었기 때문에 공원 관리인들은 그들의 밀렵을 막기 위해 가능한 한 모든 노력을 기울여야 했다. 공원 관리인들이 압수한 독화살과 창과 덫은 보기만 해도 끔찍했다. 하지만 압수된 무기는 극히 일부에 지나지 않았다. 철사로 만든 덫은 가격이 저렴한 데다 구하기도 쉬웠다.

동아프리카에서 밀렵, 기근, 홍수 및 거주지와 농작물 재배를 위한 합법적인 자연파괴로 인해 희생되는 야생동물들의 숫자는 자연세계의 생존 자체를 위협할 정도로 엄청나다. 어느 날 야생동물들이 멸종될지도 모른다는 생각을 할 때마다 나는 소스라치게 놀라곤 한다. 동물들과 더불어 사는 동안 나는 최선을 다해 그들을 도울 것이다. 동물들을 돕는 것은 곧 인간을 돕는 것이다. 야생동물들을 모조리 없앨 경우 인간이 속해 있는 자연세계도 균형이 무너질 수밖에 없다. 퀘이커 교도가 발행하는 한 잡지는 동물들에 대한 사람들의 태도에 경종을 울리고 있다. 그 잡지는 이렇게 지적했다. "태초에 인간에게 동물들을 다스릴 권한이 주어졌을 때 인간은 죄를 짓지 아니한 상태였다. 그때만 해도 인간은 하느님께 불순종하지 않았으며 날마다 그분과 친밀한 교제를 나누며 살았다. 우리는 이런 사실을 쉽게 간과하는 경향이 있다"(《에덴의 동쪽으로(Eastward to Eden)》, 1960년 8월 5일자 「더 프렌드(The Friend)」).

나는 새끼들을 찾으러 날마다 차를 몰고 다니는 동안 인간이 스스로를 자연세계로부터 분리해야 하는 이유를 생각하느라 많은 시간을 보내곤 했다. 하지만 엘자에 관한 책을 읽은 독자들이 보낸 편지들은 아직도 야생동물이나 대자연과 깊은 관계를 맺고 싶어 하는 사람들이 많다는 사실을 확인해주었다. 그들은 단지 책을 읽는 데 그치지 않고 지금 우리 앞을 가로막고 있는 저 암사자들과 새끼들을 직접 보고 싶어 했다. 녀석들은 우리를 보내줄 생각이 전혀 없는 듯 햇볕 아래에서 게으르게 기지개를 켜고 있다.

아무 소득도 없이 날짜만 자꾸 흘러갔다. 나는 결국 조지에게 이리로 돌아와 새끼들을 찾는 데 협조해달라는 편지를 보냈다.

며칠 뒤 국립공원 소장과 공원 관리인이 내 텐트를 찾았다. 나는 새끼들이 밤에 자동차 불빛을 보면 모습을 드러낼지도 모른다고 말하면서 다시 한 번 며칠 밤만 국립공원 내에서 보내게 해달라고 요청했다. 아울러 필요하다면 무장한 아프리카인 경호원의 보호를 받아서라도 단층애와 산지를 도보로 수색하게 해달라고 부탁했다. 나는 제스파의 상태와 새끼들이 아직 어리다는 점을 강조했다. 소장은 다음번 재단 이사회 회의 때 내 요청을 논의해 보겠다고 대답했다. 그러면서 그는 그때까지 기다리지 말고 재단 이사장에게 편지를 보내보라고 조언했다. 나는 그의 말대로 편지를 보냈다.

어느 날 저녁 타자를 치고 있는데 밖에서 영어로 말하는 소리가 들려왔다. 깜짝 놀라 주위를 돌아보니 낯선 남자 세 명이 눈에 띄었다. 그들은 케냐에 사는 농부들로 휴가를 맞이해 국립공원에 놀러온 사람들이었다. 그들은 내 텐트와 몇 백 미터 떨어진 곳을 야영지로 정했다. 그들은 내 천막의 불빛을 보고 찾아와서는 함께 술을 마시자고 권했다.

나는 그들에게서 불빛도 없이 수백 미터를 걸어왔다는 말을 듣고 깜짝 놀랐다. 나는 주변에 사자들이 많이 돌아다닐 뿐만 아니라 사자들이 몸을 숨길 만한 은폐물도 적지 않다고 경고했다. 그들은 별 쓸데없는 걱정을 한다는 듯 웃었지만 결국에는 내가 준 램프를 들고 자신들의 텐트로 돌아갔다.

다음 날 저녁 나는 그들과 저녁 식사를 같이했다. 놀랍게도 그들은 텐트도 치지 않고 땅에서 불과 10센티미터 정도밖에 떨어지지 않은 낮은 침대에서 잠을 잤다. 잠을 사는 동인 새끼들이 찾아오면 어쩌려고 그러느냐고 물었더니 그들은 다시 웃음을 터뜨렸다. 나를 사서 걱정하는 여자로 생각하는 표정이 역력했다.

다음 날 아침 우리는 야영지 아래쪽 개울가에서 다시 만났다. 우리는 길에서 열세 마리나 되는 사자 무리와 마주치는 바람에 가던 길을 멈추어야 했다. 제법 오랜 시간이 경과했다. 마침내 사자 무리는 다른 곳으로 사라졌고, 우리는 가던 길을 계속 갈 수 있었다. 농부들은 그 날 국립공원을 떠났다. 저녁에 텐트로 돌아와보니 포도주 한 병과 편지 한 장이 놓여 있었다. 편지에는 어두워졌을 때 누가 찾아올지 걱정하지 말고 용기를 내라는 내용이 적혀 있었다. 나는 그들의 말이 옳다고 생각했지만 그래도 한데서 그렇게 낮은 침대를 놓고 잠을 잘 잘 수 있을지는 의문이었다.

7월 1일, 조지로부터 전보가 날아왔다. 7월 4일에 도착한다는 내용이었다. 그동안 나는 수색을 계속했다.

집에 돌아오는 길에 우연히 사파리를 즐기는 관광객들과 마주쳤다. 그들은 내게 전날 밤 사자 두 마리가 자신들의 텐트 주위를 지나갔는데, 그 중 한 마리가 다리를 절고 있었다고 귀띔해주었다.

텐트에 돌아와보니 조지가 와 있었다. 그는 한 달 동안의 출장을 마치고 열흘의 휴가를 얻은 상태였다. 그는 너무 걱정이 된 나머지 단 한 시간도 낭비할 수 없어서 밤새 길을 달려왔다고 했다.

그는 잠을 자지 못한 상태였지만 즉시 새끼들을 찾아 나설 채비를 갖추었다. 그는 공원 내에서 며칠 밤을 지내게 해달라고 재단 이사회에 요청한 문제에 대한 소장의 답변을 전해주었다. 조지의 말을 빌리면 이랬다. 소장은 재단 이사회에서 우리의 요청을 논의한 뒤 거기에 대한 결정 내용을 공식 서한을 통해 전해주겠다고 했다. 아울러 소장은 우리의 문제에 관심을 기울이고 있다는 점을 알아주기를 바란다는 말도 덧붙였다. 별다른 결정사항은 없었지만 그의 말은 우리에게 희망을 갖게 해주었다.

공원 관리자가 아루샤에 갔다가 그 날 저녁에 돌아왔다는 소식을 듣고 나는 잠시 그를 방문했다. 관리인은 소장의 편지를 가지고 왔다. 편지에서 그는 우리가 일정한 조건만 준수한다면 일주일 동안 국립공원 내에서 밤을 지새우면서 새끼들에게 대구 간유와 물을 제공하는 한편, 우리가 원한다면 안전을 보장할 수는 없지만 어디든 가도 좋다고 했다. 뿐만 아니라 조지가 호신용 무기를 소지할 수 있도록 허용하겠다는 내용도 적혀 있었다. 아울러 소장은 새끼들을 탕가니카의 음코마지 야생동물 보호지역으로 옮겨도 좋다는 허락을 받았다고 하면서 그곳은 국립공원이 아니기 때문에 얼마든지 새끼들과 함께 지낼 수 있다고 설명했다. 하지만 그는 새끼들의 이동 여부는 전적으로 우리의 결정에 달려 있다고 말했다.

제시된 조건은 다음과 같았다. 수색이 이루어지는 지역에 즉시 운송용 상자를 보내 새끼들을 발견하는 대로 이동시킬 것인지 그대로 놓아둘 것인지를 결정할 것, 만일 새끼들을 이동시킬 마음이 없다면 더 이상의 예외적인 요구사항을 제시하지 말고 즉시 국립공원을 떠날 것, 이동을 결정했다면 공원 관리자에게 즉시 고지할 것, 공원 관리자의 허가 없이 동물을 잡지 말 것, 매일매일의 상황을 빠짐없이 소장에게 보고할 것 등이었다.

야영지로 돌아오는 길에 사파리 관광을 위해 도착한 관광객들을 지나쳤다. 그들은 이제 막 도착해 우리 텐트와 수백 미터 떨어진 곳에 텐트를 치는 중이었다. 그들도 역시 케냐에서 온 농부들이었다.

우리는 일주일 동안의 야영을 위해 자동차에 짐을 꾸렸다. 수년 동안 야생동물들 사이에서 지내다보니 숙면을 이루지 못하는 습관이 배어 있었다. 그 날 밤 나는 멀리서 들려오는 자동차 엔진 소리에 잠이 깼다. 잠시 후 공원 관리자가 도착했다. 그는 사자가 우리 옆에서 야영을 하던 방문객을 공격했으며, 여전히 주변을 배회하고 있다고 설명하면서 즉시 자동차 안으로 피신하라고 말했다. 그는 세로네라에는 몰핀이 없다면서 혹시 가진 게 있느냐고 물었다. 사자에게 물린 관광객의 상처는 매우 심각했다. 다행히 조지가 2회분의 몰핀을 가지고 있어서 술폰아미드와 함께 모두 건네주었다. 관리인은 먼동이 트자마자 비행기를 이용해 부상자를 나이로비로 수송할 것이라고 말하면서 크게 염려하지 않아도 될 듯하다며 총총히 사라졌다. 그러고 나서 얼마 지나지 않아 우리는 비행기가 이륙하는 소리를 들을 수 있었다.

그 사이 조지는 누루와 나머지 일꾼들에게 램프를 밝히고 대기하고 있으라고 지시했다.

아침 일찍 우리는 몇 백 미터 떨어져 있는 사고 현장으로 달려갔다. 사고를 당한 사람의 친구들이 도움을 필요로 하는지 알아보기 위해서였다. 땅에 난 흔적으로 보아 사자 두 마리가 우리의 야영장소를 지나쳐 도로를 따라 다음 야영장소에 도착해서는 그곳에 자리를 잡은 것으로 드러났다. 수사자 두 마리 중 한 녀석은 다른 녀석보다 몸집이 컸다. 얘기를 들어보니 몸집이 큰 사자가 모닥불로 다가가 커다란 법랑 주전자를 낚아챈 뒤 턱의 힘을 과시하려는 듯 주전자를 씹어버린 모양이었다. 야영을 하던 사람은 모두 다섯이었다. 부부 한 쌍과 남자 세 명이었다.

부부가 사용했던 텐트 하나는 출입구를 밤새 막아놓았고, 다른 세 남자는 한 텐트에서 잠을 잤다. 그 날 밤은 매우 따뜻했다. 세 남자는 모기장을 내린 채 야전 침대를 나란히 배치했다. 더욱이 그들은 텐트 입구를 열어놓고는 입구를 향해 머리를 두고 잠을 잤던 모양이었다. 한 남자는 자신의 머리 뒤에 있는 스탠드 위에 그릇을 놓아두었고, 한 남자는 중간에 있는 침대에서 잠을 잤다. 하지만 세 번째 남자의 경우에는 침대 옆이 바로 바깥이었다. 밤중에 중간 침대에서 잠을 자던 농부가 신음 소리에 잠에서 깨어나보니 옆의 침대가 비어 있었다. 깜짝 놀란 그는 즉시 손전등을 켰다. 그러자 약 15미터 떨어진 곳에서 친구의 머리통을 입에 넣고 있는 사자의 모습이 보였다. 그는 사람들을 깨웠고, 두 명의 아프리카인 하인이 용기 있게 사자에게 달려들었다. 한 하인이 사자에게 긴 칼을 날렸다. 사자는 칼에 맞았는지 물고 있던 남자를 내려놓더니 사납게 칼자루를 물어뜯은 다음 약간 떨어진 곳으로 몸을 피했다. 부상당한 농부는 즉시 구조되었다. 그동안에도 사지는 계속해서 야영지 주위를 맴돌다 자동차가 달려오는 모습을 보고서야 비로소 다른 곳으로 사라졌다.

오두막집의 방문객들 가운데 유럽인 외과의사 조수가 있어서 부상당한 농부를 응급처치했다. 그리고 나서 공원 관리인들과 그 아내들이 나이로비행 비행기가 이륙할 때까지 그를 돌봐주었다. 하지만 불행히도 그의 상처는 치명적이어서 수술대 위에서 그만 목숨을 잃고 말았다.

이는 세렝게티 국립공원이 문을 연 이후로 처음 발생한 사건이었다. 그 날 아침 공원 관리인 두 명이 문제의 사자 두 마리를 총살했다. 몸집이 큰 사자는 어깨에 상처를 입은 상태였다. 그 때문에 사냥활동에 심각한 장애가 생겼음에 틀림없었다. 그런 상황에서는 아프리카 어느 지역의 사자라도 쉽게 인간을 해칠 수밖에 없다.

# 38

## 새끼들과의 재회

그 날 아침 국립공원 소장이 비행기로 도착했다. 우리는 그와 의견을 주고받았다. 그는 국립공원 내에서 일주일 동안의 야영을 확약했지만 새끼들의 상태를 확인하기도 전에 미리 녀석들이 굶주렸을 것으로 예상해 먹이를 준비할 필요는 없을 것이라고 강조했다. 아울러 그는 비상사태가 발생할 경우에는 공원 관리인에게 도움을 요청할 수 있을 것이라고 덧붙였다. 조지의 휴가가 8일밖에 남지 않았기 때문에 편지에 제시된 조건대로 운송용 상자를 옮겨올 시간이 부족했다. 게다가 운송용 상자가 필요할지 여부를 결정하기도 어려웠다. 우리는 출발 전에 야영지를 세로네라로 옮겨야 했다. 안전장치가 마련되기 전에 야영을 하다가 발생할지도 모르는 더 이상의 사고를 방지하기 위해서였다.

결국 우리는 그 날 오후 늦게서야 새끼들의 골짜기를 향해 떠날 수 있었다. 그곳에 도착한 후 우리는 조지가 5월에 새끼들을 발견했던 작은 평야지역에 차를 주차시켰다.

그 날 밤 새끼들은 모습을 드러내지 않았다.

아침 일찍 우리는 새끼들의 골짜기 근처로 차를 몰았다. 그러고 나서 한 달쯤 전에 새끼들을 본 적이 있는 단층애 꼭대기로 발걸음을 옮겼다. 우리는 거의 세 시간 동안 정상 주변을 돌아다니면서 새끼들의 이름을 불러보았지만 헛수고였다. 우리는 다음 계곡으로 내려갔다가 다시 차가 있는 곳으로 발길을 돌렸다. 새끼들의 골짜기로 이어지는 봉우리에 도착한 순간 조지가 갑자기 내 어깨를 붙잡았다. 새끼들 세 마리 모두가 자동차 옆에서 우리가 오기를 기다리고 있는 모습이 눈에 들어왔다. 녀석들은 우리와 헤어진 적이 없는 것처럼 여느 때와 다름없는 태도를 보였다. 제스파는 과거에 엘자가 그랬듯이 나지막하게 가르랑거리면서 우리를 반겼다. 나는 녀석의 머리를 쓰다듬어 주었다. 우리가 다른 새끼들을 보러 간 사이에 녀석은 땅바닥에 주저앉아 우리를 지켜보았다. 우리가 접근하자 두 녀석은 나무 아래로 몸을 피했다. 하지만 대구 간유와 물을 주자 다시 와서 잽싸게 핥아먹었다. 녀석들은 많이 야윈 상태였지만 그런 대로 건강해 보였다. 제스파와 고파는 갈기가 완전히 없어져 마치 암사자처럼 보였다. 제스파의 털은 윤기를 잃었고, 엉덩이에는 여전히 화살촉이 박혀 있었다. 상처에서는 진물이 흘렀다. 그 바람에 파리들이 꼬였다. 녀석은 연신 상처를 핥아댔다. 녀석의 몸에는 다른 동물들과 싸울 때 생긴 것으로 보이는 작은 상처들이 눈에 띄었다. 녀석은 다정하게 굴면서 가까이 접근했지만 화살촉을 뽑도록 허락하지는 않았다.

새끼들을 다시 보게 되어 너무 기뻤다. 우리는 녀석들을 지켜보며 몇 가지 의문점에 대해 얘기했다. 사자들이 갈기를 잃게 되는 이유는 무엇일까? 집에서 기르는 고양이의 경우 스트레스를 받으면 털이 빠진다는 것은 알고 있었다. 제스파와 고파가 갈기를 잃게 된 이유가 새로운 환경에 적응하는 데서 오는 스트레스 때문은 아닐지 궁금했다. 왜 녀석들은 오늘에서야 모습을 보였을까? 어젯밤 자동차 불빛을 보고 우리가 왔다는 것을 알았을까? 아니면 우리가 골짜기를 수색할 때 낯선 운전사의 모습에 겁을 집어먹고 감히 밖으로 나오지 못하고 숨어 있었을까?

전에는 더운 낮 시간이면 녀석들은 늘 그늘을 찾곤 했다. 하지만 지금은 우리가 점심을 먹는 동안 햇빛이 제법 많이 비치는 나무 아래 그대로 머물러 있었다. 조지가 초원에 두고 온 두 번째 자동차를 가지러 갔을 때도 녀석들은 별로 개의치 않고 그 날 내내 탁 트인 초원에 그대로 머물러 있었다. 세렝게티 국립공원 사자들의 습성을 서서히 닮아가고 있는 듯했다.

홀로 지내는 임팔라영양은 변함없이 그 자리에 그대로 있었다. 날이 어두워지자 녀석은 느릿느릿 언덕을 내려가면서 풀을 뜯었다. 리틀 엘자가 녀석에게 살금살금 다가갔다. 잠시 후 제스파도 그 뒤를 따랐다. 영양이 풀을 뜯고 있는 동안 녀석들은 낮게 웅크린 채 포복을 하면서 조금씩 접근을 시도했지만 영양이 고개를 들어 녀석들이 있는 쪽을 바라보자 마치 그 자리에 얼어붙은 듯 꼼짝도 하지 않았다. 고파는 뒤에 남아서 영양을 쳐다보기만 했다. 마침내 영양이 눈치를 채고 훌쩍 달아나자 녀석들은 단념하고 돌아왔다.

우리는 장비 가운데 일부는 자동차 안에 설치한 야전 침대 옆에 놓아두고, 나머지는 자동차 지붕 위에 올려놓았다. 제스파는 혹시나 먹이를 찾을지도 모른다고 생각했는지 물건들을 뒤졌다. 심지어 고파와 리틀 엘자조차도 우리를 피하지 않고 가까이 다가왔다. 하지만 대구 간유 외에는 녀석들에게 줄 게 아무것도 없었다. 우리는 녀석들이 대구 간유를 마음껏 먹도록 놓아두었다. 대구 간유가 녀석들의 몸에 좋다고 생각했기 때문이다. 녀석들은 실컷 먹고 나서 랜드로버 옆에 앉았다. 녀석들은 밤새 주위에서 뛰놀았다. 제스파는 먹이를 줄까봐 몇 번이나 우리에게 다가왔다. 표정으로 보아 먹이를 주지 않는 것을 이상하게 생각하는 기색이 역력했다.

불안했던 몇 주가 지나고 새끼들의 방사가 그런 대로 성공을 거두어가고 있는 듯한 데다 녀석들의 건강상태가 비교적 양호한 것을 보니 마음이 크게 놓였다. 유일한 걱정거리가 있다면 제스파의 상처에서 진물이 나오고, 또 녀석의 털이 윤기라곤 없이 푸석해 보이는 것이었다. 우리는 이미 긴 여정으로 고생을 한 새끼들을 다시 이동시킬 생각이 없었다. 국립공원 내에서 제스파의 상처를 수술할 수 있다면 굳이 녀석을 따로 옮길 필요도 없었다. 우리는 일주일 동안 녀석을 잘 돌봐준 다음 수술 준비를 하는 게 최선이라고 생각했다.

다음 날 아침 우리는 산 아래 약 400미터 지점에서 수풀 아래 앉아 있는 새끼들을 발견했다. 제스파가 즉시 몸을 움직여 우리와 다른 녀석들 사이에 앉았다. 나는 녀석에게 대구 간유를 주었다. 그 날 아침 녀석의 털은 처음 보았을 때보다 더 푸석푸석해져 있었다. 게다가 콩알만한 크기의 발진이 온몸을 뒤덮고 있었다. 나는 매우 걱정스러웠지만 발진의 원인을 알기 전까지 섣부른 판단을 하고 싶지 않았다. 녀석의 발진상태는 전에 엘자가 개미들 위에서 몸을 구른 후에 생겨난 것과 약간 비슷했다. 아직 제스파의 발진이 엘자의 것과 똑같다고 확신할 수는 없었지만 계속 관찰할 필요가 있는 것만은 분명했다. 그러려면 새끼들에게 먹이를 공급해주어야 했다. 안 그랬다간 녀석들이 사냥을 하기 위해 모습을 감출 터였기 때문이다.

조지는 새끼들에게 먹이를 주어도 된다는 허락을 받는 한편, 엘자의 책을 펴낸 출판사에 전보를 보내 소식을 알리기 위해 세로네라로 급히 차를 몰았다.

조지는 전보를 보내는 동안 흥분을 감추지 못했다. 그는 아루샤에 있는 국립공원 소장에게도 "새끼들을 발견했음. 녀석들의 건강은 매우 양호함"이라는 전보를 날렸다. 하지만 이 전보는 잘못된 인상을 심어주어 나중에 심각한 오해를 야기했다. 조지가 없는 동안 나는 수풀 아래서 졸고 있는 새끼들을 지켜보았다.

점심 무렵 약 120마리 정도의 톰슨가젤이 홀로 지내는 임팔라영양과 함께 모습을 드러냈다. 톰슨가젤 무리는 나를 보자마자 걸음을 멈추더니 새끼들 쪽으로 돌아서서는 녀석들과 불과 20미터 떨어진 곳에서 풀을 뜯기 시작했다. 장난기가 많은 한 톰슨가젤은 새끼들이 있는 수풀까지 다가갔다. 톰슨가젤들은 모두 근처에 사자가 없는 듯이 행동했다. 새끼들은 머리를 앞발에 대고 웅크린 채 녀석들을 지켜보았다. 그렇게 약 30분 정도가 지나갔다. 그때 갑자기 리틀 엘자가 전속력으로 톰슨가젤 떼를 향해 돌진했다. 톰슨가젤들은 대부분 계곡으로 달아났고, 약 25마리 정도만 낙오된 채 뒤에 남았다. 잠시 후 리틀 엘자는 녀석들을 쫓기 시작했다. 하지만 단지 장난삼아 그러는게 분명했다. 양측 모두 장난에 별로 흥미를 보이지 않았지만 제스파와 고파가 가세하면서 분위기는 달라졌다. 녀석들이 접근하자 톰슨가젤들은 시끄럽게 또각거리며 바위와 언덕 위로 흩어졌다. 뒤에는 어린 새끼와 녀석의 아비만 덩그러니 남았다. 톰슨가젤 부자인지 부녀인지는 조용히 새끼들의 움직임을 관찰하다가 새끼들이 돌아가자 자리를 떴다. 톰슨가젤 아비와 새끼는 천천히 계곡을 타고 내려가 다른 녀석들과 합류했다. 톰슨가젤 어미가 도중에 마중나와 새끼를 핥아주며 안전하게 무리가 있는 곳으로 인도했다.

 조지는 빈 손으로 돌아왔다. 공원 관리인이 부재중이었기 때문에 오후까지 기다렸다가 소장에게 무전으로 연락했다. 그는 소장으로부터 국립공원에서 약 100킬로미터 정도 떨어져 있는 작은 마을에서 염소 두 마리를 구입해도 좋다는 허락을 받았다. 하지만 그 날은 그곳까지 다녀올 시간이 없었기 때문에 다음 날로 연기해야 했다.

 해가 지자 새끼들은 먹이를 먹으러 찾아왔지만 대구 간유밖에 줄

게 없었다. 녀석들은 간유를 핥아먹은 후 일찌감치 사라졌다. 다음 날 아침 조지는 염소를 가지러 출발했다. 나는 장비를 정리하고 침대에 공기를 넣었다. 물건들이 모두 땅에 펼쳐져 있는 동안 새끼들이 다시 나타났다. 녀석들은 좋은 놀이기구를 얻은 듯 신이 났다. 하지만 모두 얌전하게 행동해준 덕분에 별다른 피해 없이 장비들을 수거할 수 있었다. 그러고 나서 녀석들은 수풀 그늘에 들어가 남은 낮 시간을 보냈다.

조지는 염소를 가지고 오후 6시경에 돌아왔다. 제스파는 먹이를 보자마자 달려들어 물고 달아났다. 고파와 리틀 엘자가 녀석의 뒤를 쫓았다. 잠시 싸움이 벌어졌다. 세 녀석은 자리에 앉아 먹이를 움켜쥔 채 서로 코를 맞대고 신경전을 벌였다. 녀석들은 점점 사나워져서는 침을 흘리며 서로 으르렁거렸다. 약 한 시간 동안 그런 식의 긴장관계가 이어졌지만 아무도 포기하려 들지 않았다. 고파가 먼저 먹이를 먹으려고 시도했다. 하지만 제스파가 즉시 먹이를 낚아챘다. 다시 신경전이 벌어졌다. 제스파와 고파가 서로 뒤로 엉킨 채 서로 으르렁대는 동안 리틀 엘자가 조용히 먹이를 물어뜯었다. 마침내 제스파와 고파는 긴장을 풀었고, 곧이어 세 녀석 모두 사이좋게 먹이를 나누어 먹었다.

우리는 두 번째 염소를 자동차 지붕에 놓아두었다. 새끼들이 자동차에는 한 번도 접근한 적이 없었기에 거기다 두면 다음 날까지 안전하게 보관할 수 있을 것 같아서였다. 하지만 우리는 쿵하는 소리에 아침 일찍 잠에서 깼다. 자동차가 심하게 흔들리고 있었다. 다음 순간 제스파가 지붕에서 먹이를 물고 자동차 보닛 위로 뛰어내려 골짜기로 사라지는 모습과 그 뒤를 다른 녀석들이 쫓고 있는 모습이 눈에 들어왔다.

약 두 시간 후 제스파가 다시 모습을 드러냈다. 녀석은 거침없이 여분의 장비를 놓아둔 자동차 지붕 위로 뛰어올라 그곳에 있는 여러 가지 물건들에 깊은 관심을 보였다. 지붕에는 병들이 들어 있는 상자, 고무방석, 접이식 의자 등이 있었다. 녀석은 잽싸게 상자 안에 있는 물건들을 쏟아냈다. 물건들이 요란한 소리를 내며 땅에 떨어졌다. 녀석은 나머지 장비들도 샅샅이 뒤지기 시작했다. 그렇게 한참을 놀더니 앞발에 머리를 베고 휴식을 취하면서 무심한 눈빛으로 우리를 바라보았다. 고파와 리틀 엘자는 제스파를 주시했지만 함께 어울릴 용기를 내지 못했다. 그리고 나서 녀석들은 쓰러진 나무 위에 올라 놀기 시작했다. 제스파도 곧 녀석들과 합류했다. 세 녀석은 한동안 서로 장난을 치다가 골짜기로 사라졌다.

가까운 산 정상 위로 독수리 떼가 원을 그리며 선회하는 모습이 보였다. 어젯밤 가까운 곳에서 사자 울음소리가 들렸는데, 아마도 녀석이 잡은 먹이를 노리는 듯했다. 우리는 점심 식사를 마치고 새끼들을 찾아 나섰다. 녀석들은 절벽 아래의 우거진 수풀에서 잠들어 있었다. 녀석들 옆에는 최근에 잡은 리드벅영양이 놓여 있었다. 녀석들이 직접 잡았는지, 아니면 표범이 잡은 것을 빼앗았는지는 알 길이 없었다. 만일 사냥이 이루어졌다면 분명히 그 소리가 들렸겠지만 아무 소리도 들은 바가 없었다. 이상한 일이었다.

저녁에 우리는 다시 새끼들에게 갔다. 녀석들은 리드벅영양을 해치우고 나서 남은 고기를 잘 숨겨놓았다. 근처 수풀에서 사자들의 숨소리가 들려왔지만 모습을 볼 수는 없었다. 사자처럼 덩치가 큰 짐승이 완벽하게 몸을 감출 수 있다는 게 매우 신기했다. 특히 조지와 나는 불과 몇십 센티미터 떨어지지 않은 곳에 있었기 때문에 더욱 그랬다. 나중에 우리는 표범이 울부짖는 소리를 들을 수 있었다. 결국 먹이를 사냥한 장본인이 녀석이라는 게 밝혀진 셈이었다.

날이 어두워지자 새끼들이 찾아와 물을 마신 후 우리 옆에서 밤을 보냈다. 하지만 아침이 되자 녀석들은 다시 모습을 감추었다. 점심 시간 후 녀석들은 다시 골짜기에서 나왔다. 제스파는 내 자동차 지붕 위로 펄쩍 뛰어올랐다. 그러는 동안 고파와 리틀 엘자는 약 50미터 떨어진 곳에 서 있는 나무 그늘 아래 누워 있었다. 나는 제스파가 조지의 자동차보다 내 자동차를 좋아하는 이유가 궁금했다. 그게 자기 차라고 생각했기 때문일까, 아니면 둘 중에서 내 차가 더 편안하게 느껴졌기 때문일까? 엘사는 링싱 고지의 차를 더 좋아했다.

임팔라영양은 여느 때와 변함없이 그 자리에 모습을 드러냈다. 녀석은 콧소리를 내며 킁킁거렸지만 새끼들은 전혀 관심을 보이지 않았다. 리틀 엘자는 톰슨가젤들에게 몰래 다가갔지만 사냥할 생각이 없는 게 분명했다. 녀석은 곧 자리를 정하고 앉았다. 나는 제스파 옆에 앉아 기회가 있을 때마다 화살촉을 뽑아내려고 했다. 녀석은 내가 튀어나온 화살대를 만지작거려도 가만히 있었다. 하지만 화살촉은 전보다 더욱 단단하게 박혀 있었다. 저절로 빠져나올 가능성이 매우 희박했다. 화살촉은 바로 피부 아래에 박혀 있었다. 조금만 칼로 째면 화살촉이 쉽게 빠질 듯했다. 개미에게 물려 생긴 듯한 발진도 모두 사라지고 없었다. 하지만 털은 여전히 윤기가 없고 텁수룩했다. 그럼에도 석양빛에 비친 녀석의 털은 금빛을 드러냈다. 녀석의 생김새와 표정은 엘자와 매우 흡사했다. 엘자가 그랬듯이 나를 열심히 쳐다보는 녀석을 보고 있노라면 갑자기 엘자가 되살아온 듯한 느낌이 들었다.

밤이 되자 우리는 자동차 안으로 들어갔다. 곧 내 랜드로버의 지붕천이 제스파의 몸무게 때문에 불룩 내려앉았다. 나는 침대에 누워 지붕천을 사이에 두고 녀석의 몸을 톡톡 건드렸다. 나중에 조지는 차가 흔들리는 바람에 잠에서 깨어났다. 그는 마치 차 안에 들어가고 싶다는 듯한 눈빛으로 랜드로버 뒤쪽에 몸을 기댄 채 서 있는 제스파를 발견했다. 다른 녀석들의 흔적은 보이지 않았고, 제스파만 홀로 있다가 동이 트자 다른 곳으로 사라졌다.

우리는 아침 내내 새끼들을 찾았지만 녀석들의 흔적을 발견할 수 없었다. 하지만 오후 서너 시가 되자 녀석들은 골짜기에서 모습을 드러냈다. 제스파는 내 랜드로버 보닛에 올라가 앉았다. 나는 화살촉을 제거해주기 위해 마지막 노력을 기울였지만 헛수고에 그치고 말았다.

내일이면 새끼들 곁을 떠나야 했다. 제스파의 상처 외에는 모든 것이 만족스러웠다. 지금은 행동에 그다지 제약을 끼칠 만한 상처가 아니었지만 시간이 흐를수록 녀석의 건강을 위협할 수도 있었다. 윤기를 잃은 털은 세균에 감염될 수도 있다는 것을 암시했다. 예를 들어 먹이를 사냥할 때 상처가 찢어지거나 화살촉이 더 깊게 박힐 수도 있었다. 그런 경우에는 심각한 상처를 일으켜 사냥능력을 손상시킬 수도 있었다. 한시라도 빨리 수술을 해주는 것이 최선책인 듯했다. 우리는 서로 의견을 나눈 뒤 새끼들과 있는 시간을 최대한 활용하기로 결정했다. 다음 날 아침 우리는 바쁘게 서두른 덕분에 무전으로 국립공원 소장과 연락을 취해 수술을 해도 좋다는 허락을 받아냈다. 제스파를 가둘 운송용 상자와 마취제를 투여하고 수술을 집도할 수의사가 필요했다. 조지는 수술이 끝날 때까지 휴가를 연장할 수 있을 것이라고 확신했다.

날이 어두워지자 제스파가 와서 대구 간유를 먹었다. 일주일 전에 개봉한 통에는 대구 간유가 얼마 남아 있지 않았다. 나는 남은 양을 세 녀석에게 균등하게 나누어주고 싶었다. 통을 잡고 있는 나를 본 순간 제스파가 다가와 낚아채려 했다. 나는 "안 돼, 제스파. 그러지 마"라고 말했다. 그러자 녀석은 어리둥절해하며 마음에 상처를 입었는지 돌아서서 가버렸다. 나는 대구 간유를 세 개의 접시에 나누어 부었다. 고파와 리틀 엘자는 즉시 자기들의 몫을 핥아먹었다. 하지만 제스파는 화가 났는지 접시를 내밀어도 가까이 다가오려고 하지 않았다. 나는 접시를 땅에 내려놓지 못했다. 그럴 경우에는 다른 녀석들이 와서 다 먹어버릴 것이 분명했기 때문이다. 나는 제스파의 마음을 달래주려고 최선을 다했다. 하지만 녀석은 냉담한 표정으로 나를 외면했다.

새끼들은 서로를 핥아주기도 하고 랜드로버 뒤에서 다정한 모습으로 뒹굴면서 저녁 시간을 보냈다. 그리고 나서 밤 11시경이 되자 모두 자리를 떴다. 수의사를 대동하고 곧 돌아올 예정이었지만 아무튼 이것이 녀석들의 마지막 모습이었다.

한밤중에 사자들이 낮은 목소리로 서로를 부르는 소리가 들렸다. 우리는 그것이 새끼들이 사냥하는 소리이기를 바랐다.

다음 날 아침 우리는 즉시 제스파의 수술에 필요한 준비를 마쳐야겠다는 생각으로 세로네라를 향해 출발했다. 하지만 우리의 뜻대로 되지 않았다. 아루샤를 거쳐 돌아오는 길에 우리는 국립공원 소장을 찾아 다시 한 번 선처를 호소했다. 그는 재단 이사회의 다음번 회의가 8월에 있다면서 그때 사정을 말해보라고 제안했다. 우리는 무거운 마음으로 탕가니카를 떠났다.

# 39

## 긴 수색작업

나이로비에 도착하자 우리는 켄 스미스가 북부 국경지대의 수석 수렵 감시원으로 임명되었다는 반가운 소식을 들었다.

덕분에 조지는 자유롭게 새끼들을 돌볼 수 있게 되었다. 우리는 탕가니가 국립공원 소장에게 편지를 보내 8월 중순에 있는 재단 이사회 모임에서 이사들에게 제스파의 수술 문제를 언급해달라고 요청했다.

    나는 먼저 우리가 살던 정부공관에서 가구들을 빼내 케냐 국립공원에서 빌린 셋집으로 옮기기 위해 이시올로로 출발했다. 새 거처는 옛날 집과 약 13킬로미터 정도 떨어진 곳에 있었다. 그 사이에 조지는 토머스코브영양 떼를 본래의 장소에서 약 480킬로미터 떨어져 있는 보호지역으로 이동하는 것을 돕기 위해 출발했다. 이동 이유는 토머스코브영양의 존재가 인간들의 이익과 충돌을 빚었기 때문이다. 이동에 소요되는 경비는 수렵 감시청과 엘자 재단의 재정보조 및 엘자의 책에서 얻는 인세로 충당되었다. 토머스코브는 자태가 매우 아름다운 영양일 뿐만 아니라 케냐 지역에서 5백여 마리에 이르는 영양은 이 종밖에 없다.

8월 말경에 빌리 콜린스가 동아프리카를 다시 방문했다. 한편으로는 아루샤 회의에 참석할 목적도 있었지만 다른 한편으로는 엘자의 새끼들을 마지막으로 한 번 더 볼 생각으로 아프리카를 찾은 것이었다. 이번 회의는 야생동물 보호에 관심이 있는 전세계 대표를 초대해 동아프리카 지역의 동물보호 문제를 논의하기 위해 개최되었다.

빌리 콜린스가 나이로비에 도착할 무렵 공교롭게도 이사들이 제스파의 수술을 반대했다는 내용을 담은 국립공원 소장의 전보가 날아들었다.

아프리카에서 가장 탁월한 수의사 가운데 한 명으로 손꼽히는 마케레레 수의과 대학의 T. 하트훈이 제스파의 상태가 심각할 경우 즉시 수술을 맡아주겠다고 약속했다. 그가 마침 나이로비에 있었던 덕분에 우리는 그와 함께 그 문제를 상의할 수 있었다. 아울러 그 자리에는 동아프리카 자연보호협회의 설립자이자 회장인 노엘 사이먼과 그림우드 소령도 함께 있었다. 우리는 당면 문제를 어떻게 처리할지를 논의했다.

우리는 빌리와 내가 세렝게티 국립공원에서 일주일 동안 머무르며 새끼들을 찾아보는 한편, 빌리가 직접 아루샤에서 재단 이사장을 만나 그를 설득한 뒤 필요하다고 판단될 경우에는 하트훈이 제스파를 수술할 수 있게 해달라고 요청키로 결정했다.

아루샤를 지나가는 도중에 빌리는 국립공원 소장을 만나 새끼들을 찾을 수 있도록 공원 내에서 밤을 지내게 해달라는 뜻을 전달함과 동시에 만일 필요하다고 판단될 때는 즉시 제스파의 수술을 집도할 수 있도록 허락을 구했다. 하지만 대화를 나눈 후에도 소장의 태도는 변함이 없었다. 그렇지만 두 사람은 일단 새끼들을 먼저 찾은 후 빌리가 재단 이사장에게 직접 문제를 논의하기로 합의했다.

세로네라에 도착한 후 우리는 아침 일찍 새끼들을 방사한 장소를 향해 출발했다. 목적지에 도착해보니 한 달 전부터 통계 조사원들이 거기서 생활하고 있었다. 우리는 그들에게 사자들을 본 적이 있느냐고 물었다. 그들은 사자들을 많이 보긴 했지만 엘자의 새끼들을 보았는지에 대해서는 확신할 수 없다고 말했다.

우리는 다시 새끼들의 골짜기로 발길을 돌렸다. 나는 제스파와 고파와 리틀 엘자를 불렀지만 아무 응답이 없었다. 우리는 계속해서 골짜기를 더듬었다. 독수리가 모여 앉은 나무를 볼 때마다 혹시나 새끼들이 먹이를 먹고 있나 해서 그곳을 향해 부지런히 차를 몰았다. 하지만 항상 허탕이었다. 우리는 여러 무리의 사자들을 목격했다. 한 곳에서는 약 2백여 마리의 버펄로 떼와 마주치는 바람에 황급히 차를 돌려야 했다. 우리는 어둡기 전에 모든 관광객은 세로네라로 돌아와야 한다는 국립공원의 규정을 어기지 않는 한도에서 최대한 늦게까지 수색작업을 벌였다.

이튿날에는 강가를 수색하기 시작했다. 가뭄이 심해서인지 강가에는 전보다 많은 동물이 모여 있었다. 우리는 다시 골짜기로 방향을 돌려

치타.

오랫동안 새끼들의 이름을 불렀지만 아무 흔적도 발견하지 못했다. 야영지로 돌아오는 길에 우리는 개미언덕에 서 있는 잘생긴 치타를 비롯해 커다란 물웅덩이에서 물을 마시고 있는 표범과 주걱부리황새를 보았다.

넷째 날이 되자 빌리의 몸이 좋지 않았다. 그는 체체파리에게 사정없이 물어뜯겨 팔과 다리가 온통 퉁퉁 부었다. 다행히도 의사가 오두막집에 머물고 있었다. 그는 알레르기라는 진단을 받고 약을 처방 받았다. 의사는 빌리에게 체체파리가 있는 지역에 가지 말라고 권고했다.

어느 날 저녁 우리는 공원 관리인과 그의 아내와 함께 식사를 했다.

우리는 소장도 만났는데, 그는 주거지 개발계획 때문에 국립공원으로 강제 이송된 코뿔소를 내일 방사할 예정이니 와서 보라고 말했다. 공원에 코뿔소를 방사하기는 처음이었다.

많은 사람들이 방사 장면을 보기 위해 모여들었다. 운송용 상자의 문이 열리면서 코뿔소의 모습이 보이자 한 차례 소동이 일어났다. 당황한 코뿔소는 자동차를 향해 걸어갔다. 자동차 주인은 조심하라는 고함 소리에 놀라 황급히 차를 몰고 피했다. 코뿔소는 다시 방향을 틀더니 이번에는 국립공원 소장의 차가 있는 곳을 지나 강을 향해 천천히 내려갔다. 그러고는 마침내 수풀 속으로 사라졌다. 나는 코뿔소가 얌전하게 행동하는 것을 보고 안도의 한숨을 내쉬었다. 코뿔소는 특히 화가 나면 가장 난폭한 동물이기 때문이다.

빌리는 이 기회를 이용해 제스파의 수술을 허락해달라는 편지를 소장에게 건넸다. 그러고 나서 우리는 세렝게티 국립공원을 떠났다.

아루샤를 향해 가는 도중에 만야라 단층애에 도착하자 석양이 지고 있었다. 빛이 사라지고 있는 공간이 무한정 넓어 보였다. 갑자기 우리 귀에 콧노래 소리와 실로폰과 같은 악기를 연주하는 듯한 소리가 들려왔다. 아프리카 어린이 두 명이 광활한 초원에서 집에서 만든 악기를 연주하고 있었다. 악기는 빈 나무상자에 길이가 서로 다른 쇠막대 몇 개를 부착시킨 형태를 띠고 있었다. 어린 소년이 어둠 속을 향해 걸어가는 모습을 지켜보면서 나는 아프리카가 그의 것이고, 그가 곧 아프리카라는 생각이 들었다.

다음 날 나는 회의에 참석한 다양한 사람들과 점심 식사를 했다. 그 가운데는 재단 이사장도 포함되어 있었다. 우리는 만약의 경우 제스파를 수술해야 할지도 모른다는 점을 그에게 주지시키기 위해 최선의 노력을 기울였다. 하지만 우리는 그를 설득할 수 없었다. 이사장의 거절에 특히 실망이 컸던 노엘 사이먼은 나중에 동아프리카 자연보호협회를 대신해 재단 이사장에게 편지를 보냈다. 그는 편지를 통해 조지에게 열흘의 시간을 주어 하트훈과 함께 제스파를 찾아 필요하다면 수술을 해야 한다고 주장했다. 나는 제스파를 찾아야 한다는 주장이 나의 이기적인 동기에서 나온 것이 아니라는 점을 보여주기 위해 조지와 하트훈을 따라가지 않기로 마음을 굳혔다. 그러고 나서 우리는 나이로비로 향했고, 빌리는 비행기를 타고 유럽으로 떠났다.

이시올로에 돌아와보니 조지가 와 있었다. 그는 엘자의 무덤이 코끼리와 코뿔소에 의해 파손되었다는 소식을 전해주었다. 우리는 상황을 살펴보기 위해 길을 떠났다. 나는 코끼리로 인한 더 이상의 피해를 막기 위해 엘자의 무덤을 봉할 시멘트 한 자루와 녀석의 이름이 새겨진 석판을 가져갔다.

막상 현장에 가보니 우리가 생각했던 것보다 훼손 정도가 훨씬 미미했다. 하지만 코뿔소가 그곳을 휴식처로 삼아온 것은 틀림없었다. 녀석들은 대극 두 그루와 알로에를 모두 먹어치웠을 뿐만 아니라 작업실이 있는 곳과 강둑에 난 풀들을 밟아 납작하게 만들어놓았다. 코끼리와 코뿔소의 배설물이 도처에 널려 있었다. 나는 엘자의 야영지로 돌아가

표범과 녀석이 사냥한 먹이.

는 것이 다소 두려웠지만 막상 와보니 이상하게 집에 온 것처럼 평안했다.

　다음 날 아침 우리는 큰바위로 가서 바위 표면을 깨뜨렸다. 깨진 돌들은 가파른 경사지를 타고 아래로 굴러 떨어졌다. 우리는 그 돌들을 트럭에 가득 싣고 왔다. 우리는 돌무덤을 만든 뒤 시멘트로 전체를 완전히 밀봉할 생각이었다. 그리고 무덤의 전면에는 엘자의 이름과 날짜가 새겨진 검은 석판을 붙일 예정이었다. 엘자의 무덤을 만드는 데 일주일이 걸렸다. 그 일을 마치기까지 견디기 어려운 침묵이 이어졌다.

우리는 10월 말에 재단 이사회의 결정이 내려질 때까지 기다렸다. 결과는 부정적이었다. 우리는 제스파를 찾기 위해 즉시 세렝게티 국립공원으로 돌아갈 계획을 세웠다. 하지만 빗속을 뚫고 달려가 관광객의 신분으로 녀석을 찾는 것 외에는 달리 도리가 없었다.

북부 국경지대에는 이미 비가 내리기 시작했다. 우리는 랜드로버 두 대와 트럭 한 대를 끌고 탕가니카를 향해 출발했다. 도로가 온통 물로 넘쳐나는 바람에 이동하는 데 애를 먹었다.

세렝게티 국립공원에 도착할 무렵 하늘에는 금세라도 비를 쏟을 듯한 먹구름이 잔뜩 끼어 있었다.

우리는 전과 동일한 장소에 텐트를 쳤다. 초원에는 거대한 무리의 영양과 얼룩말이 가득했다. 그 가운데는 새끼들도 많았다. 우리는 엘자 새끼들의 골짜기로 향했다. 한쪽 눈이 먼 암사자가 골짜기 입구를 가로막고 서 있었다. 전에 본 적이 있는 녀석이었다. 녀석은 도로에 누워 움직이려고 하지 않았다. 하는 수 없이 우회해야 했다. 골짜기에는 새끼들의 흔적이 보이지 않았다. 계곡을 향해 차를 몰고 가는 동안 사자 다섯 마리가 얼룩말을 사냥하는 모습이 보였다. 녀석들 가운데는 젊은 사자 두 마리도 끼어 있었다. 한 녀석은 짧은 금빛 갈기를 가지고 있었고, 다른 한 녀석은 짧지만 더 짙은 갈기를 지니고 있었다. 우리는 녀석들을 약 네 시간 동안 지켜보며 제스파와 고파가 아님을 확인했다.

우리는 골짜기에 밤새 빈 차를 세워두면 새끼들이 찾아올지도 모른다고 생각했다. 랜드로버의 친숙한 모습에 녀석들이 모습을 드러낸다면 다음 날 아침 흔적을 발견할 수 있을 테고, 운이 좋을 경우에는 녀석들이 우리를 기다릴 가능성도 있었다. 우리는 내 랜드로버를 먼 거리에서도 볼 수 있도록 놓아둔 채 조지의 랜드로버를 타고 야영지로 돌아왔다.

그 날 밤 비가 억수같이 쏟아졌기 때문에 다음 날 아침 출발이 다소 늦어졌다. 우리는 새끼들의 골짜기 근처에서 새끼 여섯 마리를 거느린 암사자 네 마리가 먹이를 먹고 있는 모습을 발견하고는 녀석들을 관찰하기 위해 차를 멈췄다. 곧 랜드로버 뒤에서 우리를 지켜보고 있는 다섯 번째 암사자의 모습이 눈에 띄었다. 그렇게 많은 암사자를 한꺼번에 보기는 처음이었다. 우리는 수사자가 근처에 있을 것으로 추정했다.

골짜기에 도착해 어젯밤 세워둔 랜드로버 근처에서 사자의 흔적을 찾았지만 헛수고였다. 우리는 한동안 차를 그대로 놓아두기로 하고는 스페어 타이어를 치운 뒤 바퀴를 가시나무 덤불로 가려놓았다. 고무까지 먹어치우는 하이에나 때문이었다.

비가 충분히 내렸는지 잠시 그쳤다. 초원은 온통 물바다였다. 어려운 상황이었지만 우리는 매일 아침 골짜기로 가서 단층애 뒤편을 수색했다. 하지만 새끼들의 흔적은 보이지 않았다. 우리는 하루에 약 160킬로미터를 달리며 수색을 계속했다.

곧이어 빗줄기가 다시 거세지기 시작했다. 강가를 따라 차를 모는 것은 더 이상 불가능했다. 심지어 단층애 기슭에 있는 고지대조차 상태가 나빴다. 한번은 개미언덕을 발견했는데, 마치 시멘트처럼 딱딱해서 차를 몰기가 좋았다. 조지는 진흙에 빠진 차를 끌어올리기 위해 종종 도르래와 씨름을 하곤 했다. 그때마다 그는 밧줄 한쪽을 나무에 묶고 다른 한쪽을 어깨에 걸친 채 힘을 써야 했다.

우리는 진흙에 빠지지 않기 위해 될 수 있는 대로 산등성이를 따라 차를 몰았다. 산등성이에는 동물들이 거의 눈에 띄지 않았다.

하지만 마침내 강을 건너야 할 때가 다가왔다. 자동차는 곧 흙탕물 속으로 빠져들었다. 물이 랜드로버 밑바닥까지 차 올랐다. 하루 종일 차를 꺼내려고 애를 썼지만 헛수고였다.

날이 어둡기 전에 조지는 마지막으로 다시 한 번 랜드로버를 끌어내려고 시도했다. 하지만 있는 힘을 다해 밧줄을 끌어당기는 순간 나뭇가지가 부러졌고, 그 바람에 그는 뒤로 공중제비를 돌며 차가운 물 속으로 곤두박질치고 말았다.

우리는 그 자리에서 밤을 지새우는 수밖에 없었다.

조지는 자동차 뒤에 자리를 정했고, 나는 앞자리에서 최대한 편안한 자세를 취했다. 나는 근심스런 눈빛으로 여전히 높아지고 있는 수위를 바라보았다. 물은 이미 랜드로버 좌석이 있는 곳까지 차 올라 있었다. 다행히 우리에게는 휴대용 난로가 있었다. 조지는 난로에 불을 붙인 뒤 그 위에 젖은 옷을 걸쳐 말렸다. 우리는 아주 불편한 하룻밤을 보내야 했다. 초원에서 밤을 지내며 자동차 전조등으로 새끼들을 유인할 수 있게 해달라고 요청했던 우리가 사고를 당해 전조등이 전혀 효과를 발휘하지 못하는 상태에서 밤을 지새우다니 우습게 느껴졌다.

다음 날 아침 11시경 자동차 엔진 소리가 들렸다. 누군가가 우리를 찾고 있을지도 모른다는 생각이 들었다. 하지만 그 소리는 곧 사라졌다. 우리는 뼛속까지 흠뻑 젖은 채 억수같이 쏟아지는 비를 맞으며 랜드로버를 끌어내려고 애썼다. 하지만 24시간 동안의 온갖 수고에도 불구하고 랜드로버는 1센티미터도 움직이지 않았다. 이대로라면 걸어서 세로네라로 돌아가야 할 판이었다. 우리는 완전히 기진맥진한 상태였다. 게다가 걸어서 갈 경우 매우 멀 뿐만 아니라 위험하기도 했다. 하지만 그런 끔찍한 상태로 또 하룻밤을 지새우는 것보다는 나을 듯했다. 막 길을 떠나려는 찰나에 랜드로버 한 대가 나타났다. 이틀 전 세로네라에서 우리 옆에 텐트를 쳤던 미국인이었다. 그는 우리가 돌아오지 않자 일꾼들이 차 두 대로 우리를 찾아 나섰지만 폭우 때문에 아무런 흔적도 발견하지 못했다는 말을 전해주었다. 아침에 들었던 자동차 엔진 소리는 그 중 하나였던 셈이다. 랜드로버를 견인해 앞에서 끌고 뒤에서 밀기를 2시간, 마침내 우리는 나란히 차를 몰고 세로네라로 돌아왔다. 그 날 저녁 우리는 마지막 남은 세리주를 마시면서 무사 귀환을 축하했다.

그렇게 심한 폭우는 생전 처음이었다. 약 75퍼센트의 동물들이 늪으로 변해버린 초원을 피해 응고롱고 분화구 근처의 고지대로 피신했을 정도였다. 사자들도 피난 행렬에 섞여 있었다. 새끼들도 그 틈에 끼어 있을지 몰랐다. 전례없는 홍수 때문에 며칠 동안 야영지에 갇혀 지내야 했다.

날씨는 갈수록 가관이었다. 초원에는 동물들이 거의 보이지 않았다. 오두막집 근처에 있는 사자들은 먹이를 사냥하기 위해 먼 거리를 여행해야 했다. 그 결과 너무 어려서 어미를 쫓아갈 수 없는 새끼들의 경우에는 오래 걸릴 때는 꼬박 이틀 동안이나 홀로 방치된 채 지내야 했다. 새끼들은 물론 암사자들까지 비쩍 말라 있었다. 공원 관리인들은 암사자가 새끼들을 버리는 것을 막기 위해 때로 수사슴을 잡아 먹이로 주곤 했다. 세로네라의 사자들은 그 덕을 많이 보았다. 하지만 오두막집에서 멀리 떨어져 사는 갓 태어난 새끼들의 경우에는 이런 상황에서 어떻게 살아남을지 궁금했다.

나는 치통이 심했기 때문에 나이로비에 가서 치과 치료를 받고 싶었다. 다행히 그런 날씨에도 비행기가 다녀 나이로비에 갈 수 있었다.

나이로비에서 닷새를 머물다가 다시 야영지로 돌아왔다. 다음 날 우리는 골짜기로 향했다. 이번에는 다행히 랜드로버가 구덩이에 빠질 때마다 쉽게 건져낼 수 있었기 때문에 그때까지 위험지역으로 생각했던 장소를 그런 대로 수월하게 달릴 수 있었다.

골짜기에 내 랜드로버를 놓고 온 지 한 달이 지났다. 하지만 빗물에 흔적이 모두 씻겨 내려갔기 때문에 새끼들이 왔었는지 확인할 길이 없었다. 우리는 차를 좀더 놓아두고 기다리기로 했다.

골짜기를 따라 약 15킬로미터 정도를 달렸지만 버펄로 외에 다른 동물들은 보이지 않았다. 체체파리가 떼를 지어 돌아다녔다. 파리들은 랜드로버 위에도 새까맣게 내려앉아 있었다. 차를 정지했을 때도 체체파리는 떠날 줄을 몰랐다. 아무리 오래 기다려도 마찬가지였다. 이를 통해 우리는 체체파리가 이동하는 물체만을 쫓는다는 이론은 잘못된 것임을 알게 되었다.

12월 6일, 공원 관리인 두 명이 우리를 찾아와 필립 왕자가 12월 11일과 12일 이틀간 세렝게티 국립공원을 방문할 예정이니 8일부터 13일까지 세로네라를 떠나 있어야 한다고 말했다. 그들은 그동안 약 18킬로미터 떨어진 바나기에서 머무는 게 어떻겠느냐고 제안했다. 우리는 11일과 12일을 제외한 다른 날, 그러니까 왕자가 공원에 없는 날에는 새끼들을 수색할 수 있도록 허락해달라고 요청했지만 소장은 허락하지 않았다. 우리는 하는 수 없이 바나기로 이동했다.

세로네라가 세워지기 전만 해도 바나기는 세렝게티 국립공원의 본부였다. 이곳 공관은 국립공원에서 연구를 하는 사람들의 숙소로 사용되고 있었다. 마이클 그르지멕을 기념하는 실험실이 공관 근처에 지어져 있다. 언젠가 그곳은 과학적인 연구의 중심지가 될지도 모른다. 두 채의 건물은 강이 내려다보이는 작은 언덕에 서 있었고, 그곳으로 가려면 강을 건너야 했다. 시멘트로 만든 둑길은 건기에는 다니기가 편했지만 홍수가 났을 때는 세로네라 쪽에서 가려면 양쪽 강둑에 서 있는 나무에 연결된 대나무 다리만을 이용해야 했다.

우리는 바나기에서 하루 종일 편지를 쓰고 무전기에 귀를 기울이며 지냈다. 무전기에서는 홍수로 어려움을 겪고 있는 작은 소말리아 마을로부터 도움을 요청하는 내용이 들려왔다. 그곳은 엘자의 야영지 근처였다.

12월 13일, 우리는 다시 세로네라로 돌아와 새끼들의 골짜기로 향했다. 가는 도중에 우리는 한쪽 눈을 다친 암사자를 발견했다. 녀석은 약 25분 동안 우리를 가만히 지켜보았다. 리틀 엘자와 닮은 구석은 없었지만 혹시나 하는 마음으로 새끼들의 이름을 부르며 접시를 녀석에게 흔들어 보였다. 하지만 녀석은 계속 쳐다보다가 골짜기로 사라졌다. 야생 암사자가 그렇게 오랫동안 우리를 응시하다니 좀처럼 보기 드문 일이었다. 아마도 녀석은 골짜기 안에 새끼들을 숨기고 있는 듯했다.

한 가지 고백할 일이 있다. 지난번에 나이로비를 방문했을 때 나는 제스파의 일이 너무 걱정스러워 난생 처음으로 점쟁이에게 자문을 구한 적이 있었다. 그는 매우 유명한 사람이었다. 그는 12월 21일에 내 별자리에 변화가 일어나면서 뜻하지 않은 행운을 맞이하게 될 것이라고 했다. (나는 그가 말하는 행운이란 새끼들을 찾는 일일 것이라고 생각했다.) 그는 그 날이 되면 무엇이 됐든 푸른색 물건을 지참하라고 권했다. 그 이유는 푸른색이 내 행운의 색이었기 때문이다. 나는 부끄러운 생각이 들어 점쟁이를 찾아갔었다는 얘기를 조지에게 하진 않았지만 낮이나 밤이나 푸른색 손수건을 지니고 다녔다. 12월 21일이 되자 가슴이 설레었다. 그 날 아침 우리는 골짜기에 갈 예정이었지만 도중에 함염지 위에 형성된 큰 호수를 우연히 발견했다. 조지는 호수의 깊이를 파악하기 위해 물 속으로 걸어 들어갔다. 물은 그의 허벅지까지 올라왔다. 그는 팬벨트를 떼어낸 뒤 호수 안으로 차를 몰았다. 우리는 즉시 오도가도 못하는 신세가 되고 말았다. 물이 좌석이 있는 곳까지 차 올랐다. 나는 최대한 빨리 옷을 벗고는 카메라를 움켜잡은 채 밖으로 걸어나갔다. 급히 서

두르는 바람에 푸른색 손수건을 가져오는 것을 깜빡 잊고 말았다. 뒤를 돌아보니 손수건은 저 멀리 떠내려가고 있었다. 손수건과 함께 점쟁이에 대한 나의 믿음도 사라졌다. 우리는 그 날 남은 시간을 자동차를 끌어내는 데 모두 사용해야 했다. 그 바람에 다음 날 아침이 되어서야 비로소 골짜기에 갈 수 있었다. 내 랜드로버는 여전히 그곳에 있었다. 하지만 기린 한 마리와 하이에나 한 쌍 외에는 아무것도 보이지 않았다. 체체파리들이 극성이었다. 길이 매우 험해서 차 뒤축이 부러지고 말았다. 우리는 덜컹거리는 차를 몰고 진흙길에 미끄러지면서 저녁이 되어서야 세로네라에 도착했다. 사람들은 조지의 랜드로버를 보더니 "저기 잠수함이 온다"고 소리쳤다. 나는 일찍 잠자리에 들었지만 새벽 5시경에 잠에서 깼다. 수사자 두 마리가 부엌 쪽에서 푸푸거리는 소리가 들려왔다. 고개를 돌렸더니 텐트 문이 열려 있는 모습이 눈에 들어왔다. 잠시 후 육중한 몸이 텐트에 부딪히더니 텐트를 묶은 밧줄을 끌어당기기 시작했다. 곧이어 거대한 수사자 한 마리가 텐트 안으로 들어와 내 침대와 불과 몇 십 센티미터 떨어진 곳에 멈추었다. 큰 갈기를 가진 녀석의 모습은 마치 거대한 분첩을 보는 듯했다. 다행히 우리 사이에는 야전 탁자가 놓여 있었다. 덕분에 소리를 지를 여유가 생겼다. 내가 소리를 지르자 녀석은 뒤로 펄쩍 뛰어 물러나더니 그대로 밖으로 나가 다른 녀석에게로 돌아갔다. 두 녀석은 종종걸음으로 조지의 텐트를 지나가더니 한동안 푸푸거리며 숨을 내쉬었다. 녀석들은 아마도 손전등 불빛에 호기심이 동해 다가온 듯했다. 다음 날 저녁 두 녀석은 다시 우리를 찾아왔다. 이번에는 미리 소리를 질러 텐트 안으로 들어오지 못하게 했다. 녀석들은 텐트 사이를 지나 어둠 속으로 총총히 사라졌다.

조지의 랜드로버가 수리에 들어갔다. 손볼 곳이 많았기 때문이다. 크리스마스 이브에 우리는 트럭을 타고 골짜기에 가보았다. 내 랜드로버는 여전히 그곳에 주차되어 있었다. 트럭 운전사는 우리를 내려놓고 돌아갔고, 우리는 랜드로버로 옮겨 탔다.

비는 그칠 줄을 몰랐고, 새끼들의 흔적은 보이지 않았다. 날이 저물자 우리는 실망한 채 야영지로 차를 몰았다. 강가에 도착해보니 강물이 급속도로 불어나고 있었다. 수위는 이미 2.5미터에 달했다. 세로네라로 돌아갈 길이 막힌 셈이었다. 할 수 없이 초원에서 밤을 지새워야 했다. 매우 불편한 상황이었지만 새끼들이 전조등을 보고 찾아올지도 모른다는 희망을 가져보았다. 우리는 강에서 멀리 떨어진 공터에 차를 세우고는 전조등을 켜두었다.

자동차 불빛 때문에 수많은 모기와 곤충들이 모여들었다. 모기약이 없었기 때문에 그대로 당할 수밖에 없었다. 자동차 창문을 닦을 때 사용하는 천으로 얼굴이 물리지 않도록 가리는 것 외에는 달리 도리가 없었다.

수사자의 울음소리가 두 차례 들려왔다. 새끼들일지도 모른다는 생각이 들었다. 하지만 나타난 것은 하이에나 한 마리뿐이었다. 녀석은 타이어에 눈독을 들였다. 녀석은 아무리 소리를 질러도 꿈쩍도 하지 않다가 우리 냄새를 맡고서야 비로소 꽁무니를 뺐다. 나는 앞좌석에 누워 지난 두 번의 크리스마스를 생각했다. 1959년 크리스마스에는 새끼들을 낳은 뒤 갑자기 모습을 드러낸 엘자가 재회의 기쁨에 겨운 나머지 그만 식탁에 차려진 크리스마스 음식을 뒤엎어버린 일이 있었고, 1960년 크리스마스 이브에는 엘자와 새끼들이 촛불에 불을 붙이는 것을 지켜보다가 제스파가 갑자기 조지에게 줄 선물을 낚아채 줄행랑을 쳤던 일이 있었다. 추방 명령서가 담긴 편지 봉투를 열어보았던 것도 그때였다.

오늘은 이전 상황과는 사뭇 달랐다. 아침에 조지에게 크리스마스 인사말을 건네자 그는 놀란 표정으로 "오늘이 크리스마스야?"라고 물었다. 나는 크리스마스 이브를 야영지가 아니라 차 안에서 지낸 것이 즐거웠다. 하지만 조지는 구조대가 우리를 찾느라 얼마 남아 있지 않은 휘발유를 낭비하는 것을 막아야 한다며 즉시 세로네라로 돌아가자고 제안했다.

밤새 불어난 강을 건너느라 약간의 어려움이 있었다. 우리는 곧 깊은 웅덩이에 빠졌다. 머리를 어찌나 세게 부딪쳤던지 눈앞에 별이 보였지만 점쟁이가 약속한 행운의 별은 보이지 않았다.

야영지에 도착하자 일꾼들이 밤새 사자들이 근처를 배회했다고 말했다. 근처에 찍힌 거대한 발자국이 그들의 말을 입증했다.

크리스마스 편지와 선물들이 우리를 기다리고 있었다. 세계 각지에서 온 것들이었다. 선물 가운데는 야영을 해야 하는 우리의 처지를 고려해서 보내준 것들도 더러 있었다. 그 밖에도 여러 가지 좋은 선물들이 많았다. 그것들을 세로네라로 가지고 가면 야영지에서의 생활이 한결

수리를 하고 난 후의
엘자의 무덤.

얼룩말떼.

우리가 본 새끼들의 마지막 모습.

새끼들을 수색하려다가 강바닥에 빠진 랜드로버를 끌어내고 있는 조지.

편안해질 듯싶었다.

즐거운 저녁 시간을 보내는 동안 우리는 신기한 현상을 관찰했다. 노을이 서서히 서쪽으로 사라지고 있는 동안 동쪽에도 마치 거울에 반사된 듯 노을이 비쳤다. 서쪽의 노을빛보다는 덜 선명했지만 둘 다 똑같은 노을임에 틀림없었다. 이런 현상은 북부 국경지대의 반사막지대에서도 이따금씩 눈에 띄었다.

새벽부터 저녁까지 새끼들을 찾는 작업은 계속되었다. 그러는 사이 한 무리의 야생동물들이 계곡으로 돌아가고 있었다. 그 가운데는 새끼 다섯 마리를 거느린 암사자 세 마리도 있었다. 서로 마주친 적이 많았기 때문에 녀석들도 우리에게 익숙해져 있었다. 어느 날 오후에는 암사자들이 새끼들을 바로 우리 차 옆에 놓아둔 채 버펄로 사냥에 나선 적도 있었다.

잠시 날씨가 좋아졌다가 다시 세찬 빗줄기가 쏟아졌다. 높은 지대만 골라 다니면서 새끼들을 찾는 수밖에 달리 도리가 없었다. 비가 내리는 동안 우리는 산지를 철저히 수색하기로 결정했다. 먼저 초원을 가로질러야만 산등성이에 도달할 수 있었다.

물에 잠긴 초원은 인간들은 물론 동물들조차 싫어할 수밖에 없는 상태였다. 어느 날 아침에는 새끼 두 마리를 거느린 암사자가 물을 피하려고 나무 위에 올라가 있는 모습이 눈에 띄었다. 사진을 찍으려고 다가가는 순간 새끼들이 땅에 떨어졌다. 암사자는 나무에서 뛰어내려 다시 새끼들을 다른 나무 위로 옮겼다. 이번 여행길에서 우리는 매우 즐거운 광경을 목격했다. 자칼 세 마리가 성난 뿔새 떼에게 쫓기고 있었다. 자칼들이 방향을 바꿀 때마다 뿔새들은 소리를 꽥꽥 지르며 녀석들에게 달려들었다. 자칼들은 다리 사이에 꼬리를 감춘 채 안전한 곳으로 물러났다가 잠시 뒤 공격을 재개했다. 하지만 뿔새들이 더욱 거칠게 달려들자 녀석들은 마침내 꽁무니를 뺐다.

비는 몇 주 동안 그칠 줄을 몰랐다. 우리의 잠수함도 점차 달구지가 되어갔다. 센터볼트가 없어진 데 이어 U볼트와 브레이크파이프, 스타터와 배기 파이프가 부러졌다. 하지만 홍수로 인해 야영지에서 꼼짝 못 하게 될 때까지 랜드로버는 우리를 위해 주어진 사명을 완수했다. 그 후 나는 랜드로버를 침실로 이용했다. 텐트에 빗물이 많이 새어 들어왔기 때문이다. 어쨌든 새끼 다섯 마리를 거느린 사자 무리가 야영지 근처에 머물고 있었기 때문에 차를 침실로 정한 것은 매우 잘한 일이었다.

## 40

### 자유의 품에서

우리는 몇 달 동안이나 혹독한 날씨와 맞서 싸워야 했다. 자동차도 망가진 데다 미처 처리하지 못한 중요한 일들도 많았다. 더욱이 건강도 나빠졌다. 그런 상황에서 새끼들을 찾을 수 있는 가능성은 매우 희박했다. 2월 2일, 국립공원 소장이 세로네라를 방문했을 때 나는 다시 공원 내에서의 야영을 허락해달라는 편지를 보냈다. 나는 그것만이 새끼들을 찾을 수 있는 유일한 방법이라는 점을 강조했다. 그는 자신은 그런 결정을 내릴 권한이 없다고 말하면서 원한다면 그 문제를 3월에 있을 재단 이사회에 제출하겠다고 제안했다. 그때까지 제스파가 살아 있다면 화살촉이 저절로 빠지지 않는 한 녀석은 일 년 동안 그것을 몸에 지니고 다니는 셈이 된다. 재단 이사회의 허락이 내려지기를 기다려야 하는 입장에서 이전처럼 수색작업을 계속하는 수밖에 없었다. 우리는 단층애와 그 뒤쪽에 이르는 길을 찾으려고 했지만 허사였다. 하지만 결국 빗줄기가 약해진 틈을 타서 단층애 꼭대기까지 접근해 그 위로 차를 몰고 다니는 데 성공했다. 이른 아침과 오후 늦은 시각이 새끼들을 찾기에 가장 적합한 시간이었다. 하지만 날이 어두워지면 세로네라에 머물러야 한다는 국립공원의 규정을 지키다보니 그런 시간에 수색작업을 벌이는 것은 불가능했다.

어느 날 저녁 국립공원 소장이 우리를 찾아왔다. 나는 내가 직접 재단 이사회에 출두해 상황을 설명할 수 있다면 공원 당국의 입장과 우리의 입장을 조정하기가 어렵지 않을 것이라고 말했다. 그는 나의 제안이 가능한지 알아본 뒤 연락해주겠다고 약속했다. 그와 함께 온 야영지 관리인은 이틀 전 자신의 랜드로버를 세워놓은 헛간으로 다가갔을 때 암사자 한 마리가 차 뒷좌석에서 튀어나왔고, 오늘도 똑같은 일이 있었다고 말했다. 아마도 비를 피하려고 헛간에 들어온 모양이었다. 그는 앞으로는 차에 덮개를 씌워놓겠다고 했다.

며칠 뒤 재단 이사회가 나의 요청을 허락했다는 통보를 받았다. 약속 시간에 맞추어 나는 아루샤로 출발했고, 조지는 혼자서 새끼들을 찾기로 했다. 초원을 가로질러 가는 동안 아프리카영양과 얼룩말로 이루어진 거대한 무리가 고지에서 아래로 다시 이동하는 모습을 볼 수 있었다. 지금까지는 저지대를 수색할 필요가 없었지만 동물들이 돌아오는 모습을 보니 새끼들도 저 틈에 함께 있지 않을까 하는 생각이 들었다. 나는 나중에 돌아와서 확인해야겠다고 마음먹었다.

재단 이사회는 회장을 비롯해 세 명의 이사와 국립공원 소장으로 구성되어 있었다. 수의사 한 사람도 조언자의 신분으로 그 자리에 동석했다. 나는 국립공원 내에서의 야영을 허락해달라고 요청하는 한편, 새끼들을 발견했을 경우 즉시 제스파의 상태를 살펴보고 필요한 조처를 취하게 해달라고 말했다. 내 요청은 제스파를 한 번도 보지 못한 수의사의 충고와 7월에 조지가 보낸 전문의 내용(즉, "새끼들은 매우 건강함")을 근거로 거절되었다. 나는 새끼들의 상태를 면밀히 관찰한 결과, 제스파의 상태가 전문의 내용과 크게 다르다는 사실을 발견했다고 지적했다. 나는 많은 전문가들이 사자의 몸에 화살촉이 박혀 있을 경우에는 적절한 조처가 필요하다고 지적했다는 점을 강조하면서 그들이 확신이 서지 않았다면 굳이 자신의 명성에 누가 될 말을 했겠느냐고 덧붙였다. 하지만 아무리 말해도 소용이 없었다. 우리는 결국 지난 9개월 동안 늘 그랬듯이 다시 원점으로 되돌아왔다. 나는 자리를 뜨면서 세렝게티 국립공원이 다음번 우기(즉, 4월과 5월)에 문을 닫는다는 사실에 잠시 마음이 끌렸지만 결국 6월에 일반 관광객의 신분으로 다시 오는 수밖에는 달리 도리가 없었다. 그들은 그 점에 대해서까지 반대할 수는 없었다.

  조지에게 회의 결과를 알려주자 그는 탕가니카의 자연농림부 장관에게 직접 말해보자고 제안했다. 나는 테와 장관에게 우기에 국립공원 내에서 야영을 하면서 수색작업을 할 수 있게 해달라고 요청했지만 대답은 부정적이었다.

  남아 있는 시간 동안 우리는 체체파리가 없는 지역을 집중적으로 수색한 뒤 필요하다고 판단될 경우에는 6월에 다시 돌아와서 제스파를 찾기로 결정했다. 우리는 사파리를 마치고 돌아온 공원 관리인으로부터 한 백인 사냥꾼이 최근에 다리를 저는 젊은 수사자 한 마리를 목격했다는 정보를 전해들었다. 녀석은 스스로 사냥을 할 수 없었기 때문에 함께 다니는 다른 녀석들이 잡아주는 먹이에 의존해야 했다. 공원 관리인은 녀석을 돕기 위해 총을 쏘아 톰슨가젤 두 마리를 잡아주었다. 하지만 녀석이 회복할 수 있을지 확신이 서지 않아 필요한 경우에는 안락사를 시키려고 녀석의 동태를 예의 주시하고 있었다. 공원 관리인은 녀석의 몸에 상처가 없었기 때문에 제스파는 아닌 게 분명한 듯하다고 말했다. 하지만 우리는 그의 말을 듣자마자 즉시 녀석을 찾기 위해 출발했다. 가는 도중에 사파리 팀으로부터 젊은 수사자 두 마리를 보았는데, 그 중 한 마리가 다리를 절고 있었다는 소식을 전해들었다. 우리는 그 사자들이 공원 관리인이 보았던 녀석들일 리는 없다고 생각했다. 왜냐하면 녀석들은 공원 관리인이 보았다는 지점에서 16킬로미터나 떨어진 곳에서 목격되었기 때문이다. 다리를 저는 사자가 그렇게 먼 거리를 이동할 가능성은 극히 희박했다.

나비 구릉에서 수백 미터 떨어진 곳에 바위들과 나무 몇 그루가 서 있었다. 서늘한 그늘을 드리우는 나무들은 사자들이 누워서 쉬기에 매우 적합했다. 게다가 그곳은 전망이 좋아서 야생동물들로 뒤덮인 초원을 관찰하기에 아주 이상적이었다.

우리는 바위가 있는 곳에서 젊은 수사자 두 마리를 발견했다. 조지

나는 엘자의 새끼들을 수색하면서 마주쳤던 모든 사자들에게서 엘자, 제스파, 고파, 리틀 엘자의 고유한 본성, 즉 아프리카 사자들의 훌륭한 기개를 엿볼 수 있었다.

가 전에 본 적이 있던 녀석들이었다. 전에는 한 녀석이 몸이 불편한 상태였는데, 지금은 완전히 회복되어 있었다. 녀석들은 엘자의 새끼들이 그랬듯이 서로 머리를 다정하게 비비고 있었다. 근처에는 다 자란 암사자가 한 마리가 있었다. 차를 멈추고 사진을 찍으려고 하자 녀석은 벌렁 드러누워 네 발을 허공으로 향한 채 늘어지게 하품을 해댔다.

어느 날 아침 우리는 작은 언덕 위에서 금빛 갈기를 지닌 젊은 수사자 한 마리와 암사자 세 마리를 발견했다. 녀석들은 우리가 접근해도 움직이지 않았다. 수사자는 제스파보다 나이가 좀더 들어 보였지만 생김새가 매우 흡사했다. 나는 언젠가는 제스파도 자신의 하렘을 형성해 행복한 삶을 영위하기를 바랐다. 오후 늦게 다시 녀석들과 초원에서 마주쳤다. 녀석들은 저녁거리로 400미터 전방에서 한가롭게 풀을 뜯고 있는 얼룩말 세 마리와 새끼를 노렸다.

　암사자 가운데 한 녀석이 배를 땅에 납작 붙인 채 앞으로 전진했다. 30미터 정도 전진한 후 녀석은 동작을 멈추고 다른 녀석들이 따라올 때까지 기다렸다. 녀석들이 목표물과 70미터 정도 떨어진 곳에 이르렀을 때 얼룩말 한 마리가 녀석들의 접근을 눈치 챘다. 녀석들은 자신들이 노출되었음을 알고는 그 자리에서 꼼짝하지 않고 숨을 죽였다. 얼룩말은 가만히 녀석들을 쳐다보더니 다시 풀을 뜯기 시작했다. 그러는 사이 얼룩말 새끼가 풀을 뜯으며 점차 사자가 있는 곳으로 움직였다. 주변은 온통 고요하고 평화로운데 어린 얼룩말 새끼가 위험을 의식하지 못한 채 사자들이 있는 곳으로 가는 것을 보니 매우 안타까웠다. 사자들은 서두르지 않고 대오를 유지한 채 눈빛만 번득이며 가만히 엎드려 있었다. 사자들도 먹고살아야 했기 때문에 생존을 위한 사냥을 나무라고 싶지는 않았다. 나는 그 모습을 지켜보면서 오래 전 무방비 상태의 사슴을 사냥하는 행위를 멋진 스포츠라고 생각했던 때를 떠올렸다. 자연에서 오랫동안 동물들과 함께 지내오면서 나는 인간의 헛된 욕망을 채우기 위해 무고한 동물들의 생명을 해치는 게 얼마나 어리석은 짓인지를 깨닫게 되었다.

　날이 어두워지기 시작했기 때문에 우리는 녀석들의 사냥 결과를 확인하지 못하고 야영지로 발길을 돌려야 했다. 하지만 다음 날 그 장소에 와보니 얼룩말의 시체도 없고 사자들의 모습도 전혀 보이지 않았다. 얼룩말 새끼가 위기를 잘 모면한 듯했다. 거기서 몇 미터 떨어진 곳에서는 암사자 세 마리가 금방 잡은 것으로 보이는 아프리카영양을 게걸스럽게 먹고 있었다. 한 녀석이 입으로 영양의 털을 조심스럽게 뽑아 내뱉았다. 녀석의 그런 모습은 털이나 깃털을 싫어했던 엘자를 연상케 했다. 엘자는 뿔새를 좋아했지만 깃털을 뽑아주지 않으면 먹기를 거부했다. 그 날 오후 우리는 우연히 들개들의 재회 의식을 엿볼 수 있었다. 녀석들의 굴 주위에 여덟 마리가 있었고, 다른 한 녀석이 숨을 헐떡이며 도착했다. 녀석은 다른 녀석들과 일일이 몸을 비비며 인사를 나누었다. 녀석은 인사를 마친 후 조금 떨어진 곳에 가서 배설물을 배출했다. 그런 다음 다시 와서 다른 녀석들과 함께 휴식을 취했다. 나중에 네 마리가 더 모습을 드러냈다. 녀석들도 앞의 녀석과 똑같은 행동을 취했다. 이를 통해 우리는 들개가 굴에 돌아오면 다른 들개들에게 인사를 건넨 후 굴 주위에 배설물을 묻히는 것이 들개의 습관임을 알게 되었다.

나비 구릉을 우회해 야영지로 돌아오는 길에 우리는 여덟 마리의 사자 무리를 발견하고 차를 세웠다. 젊은 수사자 한 마리가 즉시 달려와서는 가까운 곳에 자리를 잡고 앉아 우리를 쳐다보았다. 녀석의 생김새는 잠시 착각을 일으킬 정도로 제스파와 너무 닮아 있었다. 하지만 녀석의 몸에는 상처도 없었고 행동거지도 낯설었다. 우리는 몇 가지 확인을 해보고 싶었지만 날이 어두워지기 전에 세로네라로 돌아가야 했기 때문에 그럴 시간이 없었다.

아침 일찍 우리는 다시 어제 본 녀석을 찾으러 나갔다. 사자들은 어제와 조금 떨어진 곳에서 졸고 있었다. 녀석들은 실컷 포식한 상태였기 때문에 우리에게 별로 관심을 기울이지 않았다. 하지만 젊은 수사자는 우리에게 다가와 랜드로버 주위를 돌아보며 다정한 태도를 보였다. 제스파일까? 간유 접시로 확인해보면 될 터였다. 간유 접시를 내밀자 녀석은 전혀 관심을 보이지 않았다. 그때 녀석의 형제들이 용기를 내어 다가오더니 랜드로버 주위를 돌며 뛰놀기 시작했다. 새끼들 가운데 가장 몸집이 큰 수사자는 다 자란 사자들이 밤에 있을 사냥에 대비해 에너지를 비축하고 있는 동안 다른 녀석들의 행동을 감시했다. 그런 습관을 비롯해 여러 가지 면에서 녀석은 제스파와 매우 흡사했지만 우리는 녀석들이 엘자의 새끼가 아니라는 확신을 갖게 되었다. 젊은 수사자는 우리가 위험한 존재가 아니라는 것을 확인하고는 아비 곁으로 달려가 머리를 앞발에 올린 채 편안한 자세를 취했다. 하지만 녀석은 다른 녀석들이 모두 잠든 상태에서도 실눈으로 우리를 지켜보았다.

다리를 저는 사자가 제스파일지도 모른다는 생각 때문에 녀석을 찾고 싶었지만 아무리 해도 발견할 길이 없어 거의 포기하기에 이르렀다. 그러던 어느 날 우리는 빗물로 생겨난 웅덩이 곁에서 녀석을 발견했다. 녀석과 함께 다니는 사자도 같이 있었다. 그곳에서 멀지 않은 곳에는 짧은 갈기를 지닌 어린 사자 두 마리의 모습도 보였다. 네 마리의 수사자는 모두 독신으로 함께 무리를 구성한 듯했다. 어쩌면 다리를 저는 사자를 도와주려는 모임일 수도 있었다. 우리가 접근하자 녀석은 몸을 일으켜 세웠다. 하지만 다친 다리로 몸을 지탱하기가 힘들었는지 그 자리에 다시 주저앉았다. 엉덩이는 살이 없어 쭈글쭈글했고, 몸도 깡말라 있었으며, 눈에는 고통의 빛이 가득했다. 나는 녀석이 제스파가 아니라는 사실을 단번에 알아차렸다. 하지만 엘자의 새끼들도 그와 비슷한 상황일 것이라고 생각하니 마음이 몹시 아팠다.

두 달 동안 세렝게티 국립공원을 떠나 있어야 할 때가 다가오기까지 시간이 얼마 남아 있지 않았다. 우리는 나비 구릉 주위에 사는 사자들에 대해서는 이미 모든 조사를 마쳤기 때문에 남은 기간 동안에는 새끼들의 골짜기를 집중적으로 수색하기로 했다.

어느 날 야영지로 돌아오는 길에 하늘을 선회하고 있는 독수리 떼를 발견했다. 우리는 그곳을 향해 부지런히 차를 몰았다. 사자 두 마리가 버펄로를 먹고 있는 모습이 눈에 띄었다. 녀석들은 다 자란 사자였다. 그렇지만 않았다면 제스파와 고파인 줄 착각하기에 충분했다. 금빛 털을 가진 수사자는 제스파처럼 가늘고 긴 주둥이와 황금색 눈빛에 위엄을 갖춘 모습이었을 뿐만 아니라 성질도 매우 온순했다. 그리고 좀더 짙은 색의 털을 가진 녀석은 고파처럼 사시였다. 하지만 완전히 발달된 갈기로 추정하건대 녀석들의 나이는 최소한 네 살 족히 되어 보였다.

우리는 국립공원에서 남은 시간을 보내는 동안 떠나기 전에 새끼들을 한 번이라도 보기 위해 먼동이 틀 때부터 해질 무렵까지 우리가 할 수 있는 노력은 모두 기울였다. 우리가 국립공원에서 보낸 시간은 모두 5개월이었다. 체류기간 동안 대부분 혹독한 날씨가 이어졌다. 우리는 건강이 허락하고 자동차가 움직이는 한 쉬지 않고 차를 몰며 새끼들이 있을 것으로 예상되는 장소를 모조리 살펴보았다. 하지만 녀석들은 보이지 않았다. 물론 수확도 있었다. 국립공원 내의 야생동물들을 관찰하면서 우기의 행동습관을 이해하게 되었고, 자동차가 다닐 수 있는 길을 새롭게 발견함으로써 공원 관리인들이 그동안 접근하지 못했던 장소까지 다가갈 수 있는 계기를 마련했다는 점에서 그랬다.

마지막 날 독수리 떼가 있는 곳으로 달려갔더니 닷새 전 제스파와 고파를 닮은 녀석들을 만났던 장소에 버펄로 한 마리가 죽어 있었다.

고파를 닮은 짙은 색깔의 수사자는 버펄로를 배불리 먹고 나서 세 마리의 자칼로부터 먹이를 지키고 있었다. 자칼들은 버펄로 고기를 한 입 베어 물려고 호시탐탐 기회를 노렸다. 하지만 수사자가 으르렁거리자 녀석들은 줄행랑을 쳤다. 금빛 털을 가진 수사자는 먹이를 지키는 일에는 관심을 보이지 않고 나무 그늘에 누워 있었다. 아침 바람에 녀석의 갈기가 너울거렸다.

녀석들의 모습은 정말 매력적이었다. 녀석들은 초연한 듯하면서도 다정했으며, 침착하면서도 위엄이 있었다. 녀석들을 바라보고 있노라니 사람들이 사자들에게 매력을 느끼면서 녀석들을 미덕의 상징으로 삼는 이유를 쉽게 짐작할 수 있었다. 흔히 일컫는 대로 동물의 왕인 사자는 너그러운 군주와 비슷하다. 녀석들은 연약한 동물을 잡아먹는 맹수지만 야생세계의 균형을 유지하는 데 반드시 필요한 존재다. 녀석들은 몸이 약해 사냥을 할 수 없는 경우나 외부적인 공격을 받는 경우를 제외하고는 결코 인간을 공격하지 않을 뿐만 아니라 일단 배가 부르면 절대 다른 동물을 해치지 않는다. 다른 동물들도 녀석들이 배가 부른 경우에는 경계심을 늦추고 녀석들 주위에서 한가롭게 풀을 뜯는다.

　그런 모습을 직접 볼 수 있어 너무 행복했다. 나는 엘자의 새끼들을 생각했다. 지금 녀석들은 어디에 있을까? 녀석들이 어디에 있든 내 마음도 그곳에 함께 있었다. 하지만 눈앞에 있는 두 녀석도 내게는 무척 사랑스러웠다. 나는 두 녀석의 아름다운 모습을 지켜보면서 엘자의 새끼들이 지니고 있는 고유한 품성을 녀석들에게서도 발견할 수 있었다. 나는 녀석들을 수색하면서 마주쳤던 모든 사자들에게서 엘자, 제스파, 고파, 리틀 엘자의 고유한 본성, 즉 아프리카 사자들의 훌륭한 기개를 엿볼 수 있었다. 하느님이 녀석들이 해를 당하지 않게 지켜주시고, 녀석들의 왕국에 무한한 축복을 내려주시기를 바란다.

　　　　　　　　　　　　　　1962년 6월, 세렝게티 국립공원에서

조이와 조지.

〈현재의 아프리카 지도〉

1. 엘자를 처음 방사한 곳(1부)
2. 엘자가 버펄로를 익사시킨 곳(1부)
3. 엘자가 오소리와 마주친 곳
4. 왕도마뱀이 바위에서 갑자기 모습을 드러낸 곳
5. 새끼들이 태어난 곳
6. 엘자가 짝과 조우한 곳
7. 조이가 새끼들을 처음 만난 곳
8. 코뿔새 둥지
9. 엘자와 새끼들이 워터벅영양을 죽인 곳
10. 7월에 엘자와 새끼들이 없어졌을 때 녀석들을 발견한 덤불숲
11. 7월에 수색작업을 할 때 엘자와 새끼들이 조이 일행을 피해 강을 건넌 곳
12. 7월에 엘자와 새끼들의 흔적을 찾아 이곳까지 수색했다. 낯선 수사자 발자국도 함께 찍혀 있었다.
13. 7월에 엘자네 식구들이 없어졌을 때 이곳도 수색했다.
14. 조이가 코뿔소와 맞닥뜨린 곳

〈엘자의 야영지〉

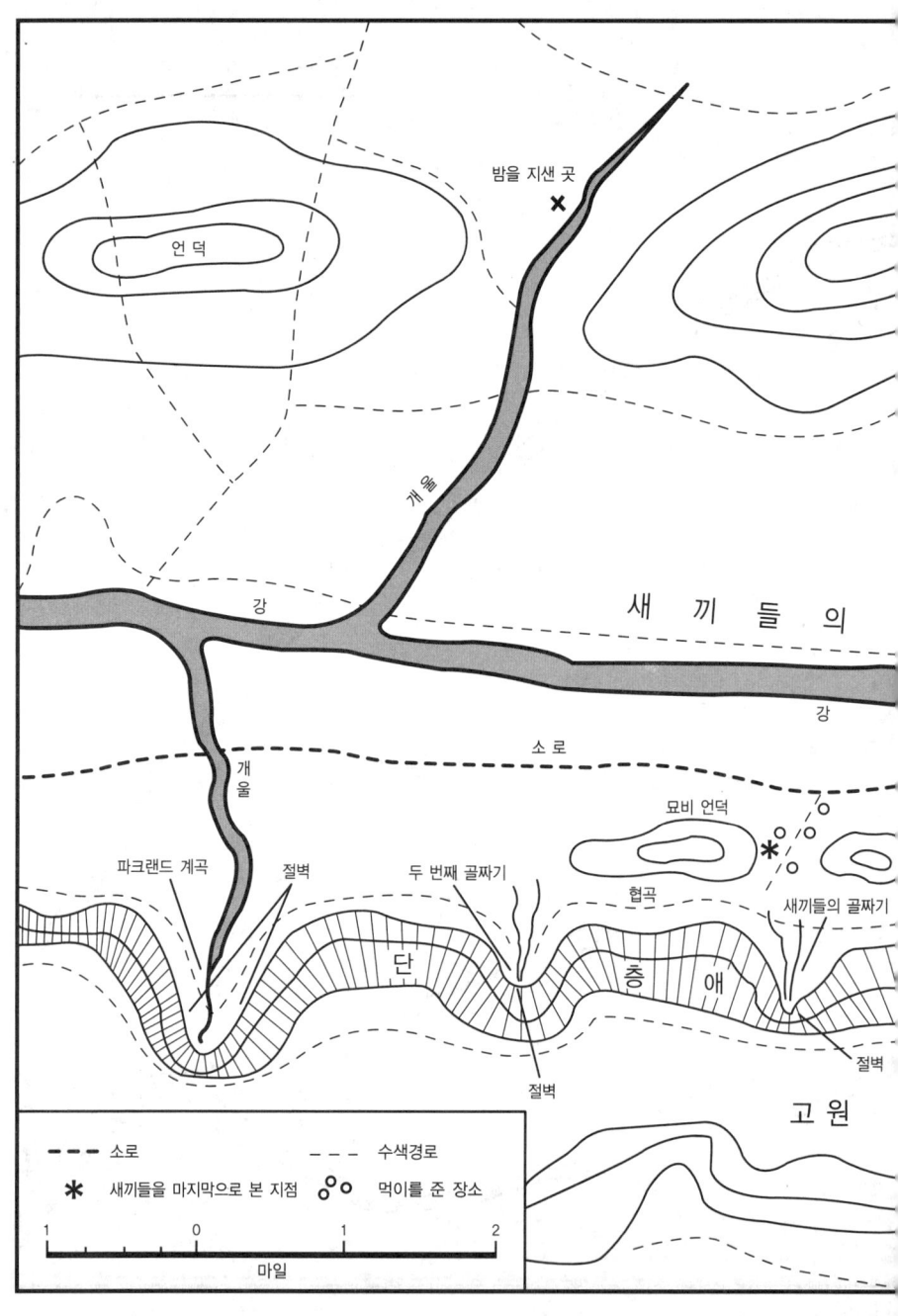

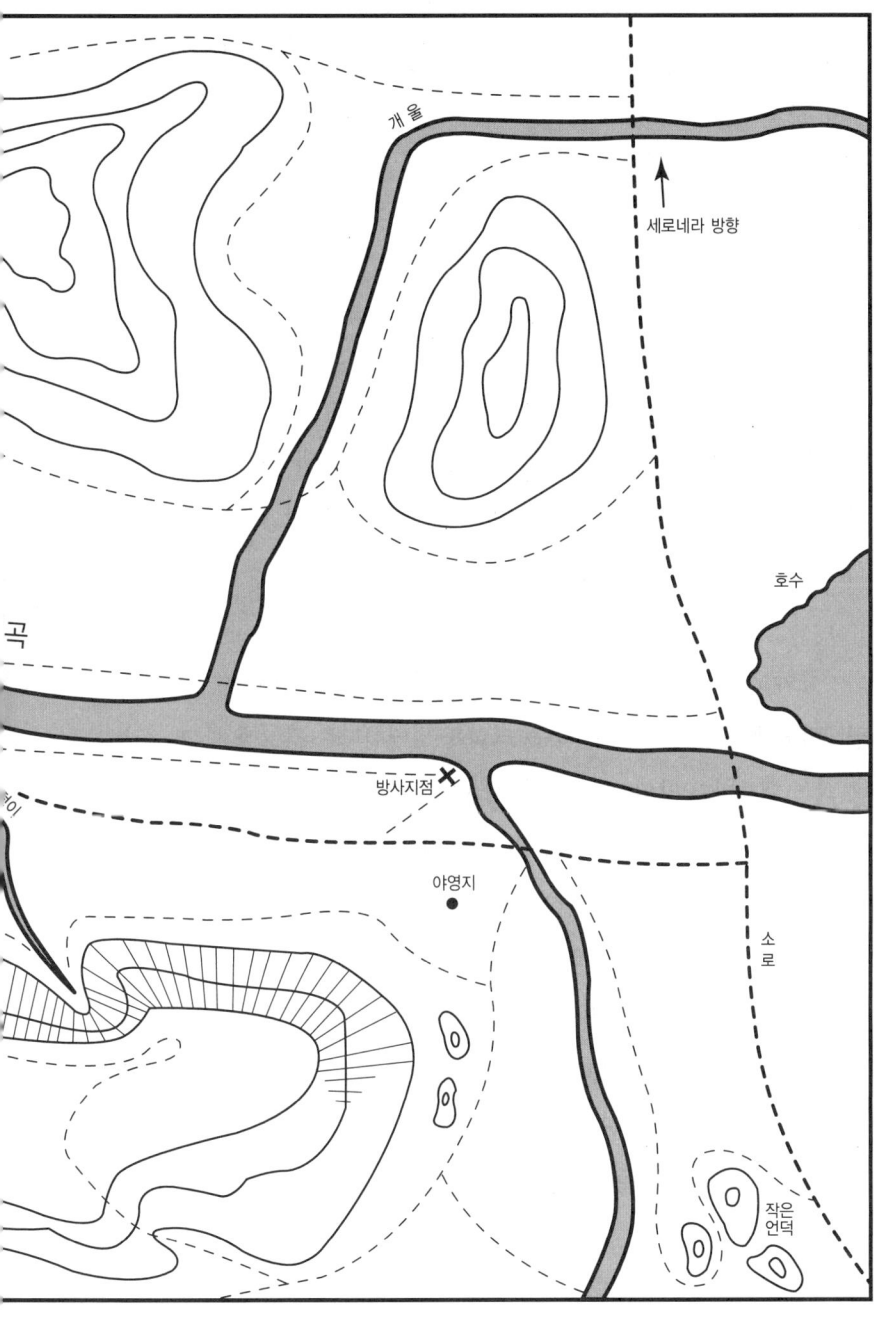

〈세렝게티에 있는 새끼들의 계곡〉

### ●●● 옮긴이의 말

어떤 대상을 영원히 잊지 않는 가장 좋은 방법은 그 대상을 잃어버리는 것이라는 말이 있다. 애덤슨 부부에게는 엘자와 엘자가 낳은 새끼들인 제스파와 고파, 리틀 엘자가 그랬을 것이다.

중학교 때인지 고등학교 때인지는 확실치 않지만 어쨌든 그 어간에 텔레비전에서 〈야성의 엘자〉라는 영화를 방영한다는 광고를 보고 시간에 맞춰 텔레비전 앞에 앉았다. '야성'이라는 낱말과 '엘자'라는 이름이 울리는 뉘앙스가 어쩐지 재미있을 것 같다는 생각이 들게 했기 때문이다. 하지만 막상 영화를 본 순간 나는 적잖이 실망했다. 알고 보니 엘자라는 암사자의 야생 생활 적응기를 다룬 흑백 다큐멘터리였던 것이다. 드라마 구조를 좋아했던 내게 그 영화는 마치 신문을 읽는 듯한 느낌을 주었다. 그리고 나서 몇 년 후 진짜 신문에서 엘자를 돌봐주었던 영국 여성이 다른 사자에게 물려 죽었다는 기사를 접했다. 잠시 안타까운 생각이 들기도 했지만 그것으로 끝이었다. 그때로부터 한참 지나 내가 그 영화의 모태가 된 『야성의 엘자(Born Free)』 시리즈를 번역하게 될 줄은 꿈에도 생각지 못했다.

짐작하겠지만 이 책은 엘자라는 암사자의 성장기와 야생 생활 적응기를 기록한 일종의 육아 보고서라고 할 수 있다. 엘자의 임신과 출산, 그리고 새끼들의 이야기는 나중에 덧붙여졌다. 이 책을 쓴 조이 애덤슨은 케냐 국경지대에서 수렵 감독관으로 일하던 남편과 함께 아프리카의 광활한 지역을 누비며 자연과 야생동물들과 벗삼아 지내던 어느 날, 졸지에 어미를 잃은 사자 새끼 세 마리를 접하게 된다. 새끼들을 자식처럼 키우며 적어 내려간 그녀의 일기는 때로는 재미를, 때로는 가슴 뭉클한 감동을 전달한다. 새끼들이 덩치가 커지면서 위로 두 마리는 동물원으로 보내고, 막내 엘자만 마지막까지 돌보다 부부는 엘자를 야생으로 돌려보내기로 결심하기에 이른다. 자신들의 생활까지 포기하면서 엘자가 야생에 적응할 수 있도록 온갖 정성을 쏟는 부부의 모습은 눈물겹기까지 하다. 점차 야생 암사자로서의 위용을 갖추어 나가던 엘자는 부부가 바라던 대로 야생 수사자를 짝으로 맞이해 출산을 하게 된다. 새끼들은 모두 세 마리로 부부는 새끼들에게 제스파, 고파, 리틀 엘자라는 이름을 지어준다. 새끼들이 젖을 뗄 때가 다가오면서 부부가 자신들의 할 일을 다했다고 생각할 즈음 엘자는 원인 모를 병으로 세상을 떠나고, 사냥하기에는 아직 나이가 어린 새끼들만 남겨진다. 우여곡절 끝에 새끼들을 세렝게티 국립공원의 계곡으로 옮겨 겨우 한숨을 돌리는 순간 새끼들의 종적은 묘연해진다. 애덤슨 부부는 공원에서 살다시피 하면서 새벽부터 해질녘까지 새끼들을 찾아 나서지만 어디로 숨었는지 새끼들은 끝내 나타나지 않는다. 하지만 거기가 끝이 아니다. 부부는 엘자와 새끼들을 지켜보면서 인간이 문명을 일구면서 떠나온 자연의 소중함을 새삼 느낄 수 있었다. 나아가 "엘자의 새끼들을 수색하면서 마주쳤던 모든 사자들에게서 엘자, 제스파, 고파, 리틀 엘자의 고유한 본성, 즉 아프리카 사자들의 훌륭한 기개를 엿보기"도 했다.

이 책에는 이들 부부가 겪은 이런 소중한 경험이 부인인 조이 애덤슨의 재치 넘치는 문장과 함께 고스란히 녹아 있다. 덕분에 독자들은 아프리카에 직접 가보지 않고도 우기와 건기가 번갈아 가며 찾아오는 광활한 초원에서 펼쳐지는 생명의 드라마를 생생하게 느낄 수 있을 것이다. 문명을 일구면서 자연에서 멀어졌다지만 인간도 결국 자연에서 왔다. 그 둘이 지금처럼 따로따로가 아니라 따로이면서 또 같이할 수 있는 방법을 고민하게 만든다, 이 책은. 비록 잠시 동안에 불과하다 할지라도.

• 옮긴이 **강미경**

1964년 제주 출생으로 이화여자대학교 사범대학 영어교육학과를 졸업했다. 현재 전문번역가로 활동중이며, 인문 교양서를 비롯해 영어권의 다양한 양서들을 우리말로 옮겼다. 번역서로는 『유혹의 기술』, 『유혹의 기술 2』, 『권력과 탐욕의 역사』, 『도서관, 그 소란스러운 역사』, 『나의 그림 일기』 등 다수가 있다.

## 야성의 엘자

**1판 1쇄 인쇄** 2005년 4월 13일
**1판 1쇄 발행** 2005년 4월 20일

**지은이** 조이 애덤슨
**옮긴이** 강미경
**펴낸이** 조추자
**펴낸곳** 도서출판 두레
**등록** 1978년 8월 17일 제1-101호
**주소** 서울시 마포구 공덕1동 105-225
**전화** 02)702-2119(영업), 02)703-8781(편집)
**팩스** 02)715-9420
**이메일** dourei@chol.com

ISBN 89-7443-069-X 03840

* 가격은 뒷표지에 적혀 있습니다.
* 잘못 만들어진 책은 바꾸어 드립니다.